DESTILLIER- UND REKTIFIZIERTECHNIK

VON

DR.-ING. HABIL. EMIL KIRSCHBAUM
O. PROFESSOR AN DER UNIVERSITÄT KARLSRUHE (TH)

4., NEUE, ERWEITERTE AUFLAGE

MIT 352 ABBILDUNGEN IM TEXT
UND 4 KURVENTAFELN

SPRINGER-VERLAG
BERLIN HEIDELBERG GMBH 1969

Professor Dr.-Ing. EMIL KIRSCHBAUM
Institut für Apparatebau und Verfahrenstechnik
der Universität Karlsruhe (TH)
7500 Karlsruhe, Kaiserstraße 12

ISBN 978-3-662-11459-9 ISBN 978-3-662-11458-2 (eBook)
DOI 10.1007/978-3-662-11458-2

Ursprünglich erschienen bei Springer-Verlag Berlin · Heidelberg 1969
Softcover reprint of the hardcover 4th edition 1969

Library of Congress Catalog Card Number 69-12383·

Titel Nr. 0506

Meinen Eltern

gewidmet

Vorwort zur vierten Auflage

Die dritte Auflage meines Werkes Destillier- und Rektifiziertechnik war in kurzer Zeit vergriffen. Dafür können zwei Gründe angeführt werden. Erstens ist durch vielseitige Forschungen der Bedeutung des Gebietes entsprochen worden. Sie hatten eine geradezu stürmische Entwicklung in der konstruktiven Gestaltung zur Folge. Beide Seiten, sowohl die Theorie als auch die praktische Ausführung werden in der vorliegenden Auflage behandelt.

Zweitens hat sich das Anwendungsgebiet der Destillier- und Rektifiziertechnik in ungeahntem Umfang entwickelt, so daß die Zeit für eine Neuauflage reif ist, in welcher der neueste Stand der Wissenschaft und Technik zum Ausdruck kommt. Ein angemessener Umfang entspricht sowohl den Anforderungen des Lernenden als auch des in der Industrie tätigen Ingenieurs und Chemikers. Gerade die Vielgestaltigkeit des Apparatebaues und der Verfahrenstechnik zeigt auf dem zu behandelnden Gebiet den *Einfluß der Intuition auf die Tätigkeit des Schaffenden.*

So sind gegenüber den letzten Auflagen eine beachtliche Anzahl von Kapiteln neu aufgenommen und es sind dafür gegenüber den vergriffenen Auflagen manche Abschnitte fallengelassen worden, soweit es die Vermittlung der fundamentalen theoretischen und praktischen Kenntnisse zuließ. Stets wird von den physikalischen Grunderscheinungen und ihrer mathematischen Erfassung ausgegangen, welche Ergebnisse zeitigen, die unmittelbar praktisch anwendbar sind. Ihr Gebrauch wird in besonderen Fällen durch Beispiele erläutert. Einem leichteren Verständnis dienen Skizzen und Zeichnungen, die stellenweise einer werkstattgerechten Ausführung entsprechen.

Zum ersten Male ist *die Trennung von Vielstoffgemischen durch teilweise offene Destillation* behandelt und es sind an Hand von Beispielen die allgemeingültigen Ergebnisse erläutert worden, während sich die früheren Auflagen in erschöpfender Weise lediglich mit den Zweistoffgemischen einschließlich der geschlossenen Destillation und der Betrachtung von Stoff- und Wärmeübergangszahlen bei der Teilkondensation befaßten. Die vorstehend erwähnten Untersuchungen führten zur Behandlung der Grundlagen der *Teilkondensation von Mehrstoffgemischen.*

Mit Bezug auf die unter tiefsten Drucken zu zerlegenden Gemische ist in der vorliegenden Auflage zum ersten Male nicht nur auf die Theorie, sondern auch auf eine genial entwickelte Apparatur der *Molekular-*

destillation eingegangen. Dieses Kapitel ist für unsere Verhältnisse besonders wichtig, da es in deutscher Sprache kein Buch über die Molekulardestillation, trotz ihrer steigenden Anwendung und großen Bedeutung, gibt. Die *Redestillation* wird anschließend zum ersten Male in Theorie und in der neuesten praktischen Ausführung einer eingehenden Betrachtung unterzogen.

Die Redestillation leitet bereits über zur *Rektifikation*, welche durch die rein adiabatische Arbeitsweise gekennzeichnet ist und den zweiten Teil des Buches einleitet. Als Zwischenbetrachtung sind zum Zwecke der Übertragung von Laboratoriumsversuchen mit Luft auf beliebige Gemische im Großbetrieb die *vergleichbare Luftgeschwindigkeit* und der vor allem in Amerika gebrauchte *F-Faktor* eingeschaltet.

Anschließend werden die Grundbegriffe der Rektifikation und die fundamentalen Beziehungen an Hand von Bilanzgleichungen aufgestellt, aus denen für die Vorausberechnung eines Rektifizierapparates einfache graphische Darstellungen sich ergeben, welche bereits den physikalischen Vorgang bei der Rektifikation aufzeigen. Im Zusammenhang damit sind erstmals sämtliche Methoden für die Beurteilung des Stoffaustausches und damit zur *Bestimmung der Trennwirkung von Austauschböden*, zusammengestellt wobei auch die bei uns bislang kaum benützten Berechnungsweisen berücksichtigt sind, die beispielsweise in den USA unter Aufwendung erheblicher Mittel im Rahmen eines 5-Jahres-Planes an 3 Universitäten gewonnen worden sind. Eine Untersuchung des Verfassers über die Teilübergangszahlen beweist, welche Rolle die einzelnen physikalischen Größen spielen und welch große Bedeutung einer bestimmten dimensionslosen Zahl, nämlich der *Schmidt-Zahl*, beim Rektifiziervorgang zukommt.

Der Verfasser hat Wert darauf gelegt, in dieser Auflage die Wirkungsweise und Bauart aller heute verwendeten Rektifizierböden eingehend zu beschreiben. Dabei ist vor allem auf die *Ventiltellerböden* und auf den *weitlochigen Siebboden* hinzuweisen, der unter seiner Leitung in jahrelanger Arbeit betriebsreif gestaltet worden ist. Es besteht Anlaß darauf hinzuweisen, daß dieser weitlochige Siebboden, der Bohrungen von 10 mm bis 15 mm und mehr aufweist, und der sich in Großanlagen bereits bewährte, vom Verfasser nicht zum Patent angemeldet ist.

Zwecks Unterbauung der theoretischen Ableitung zur Bemessung des Säulendurchmessers sind unter der Leitung des Verfassers Versuche, die sich über Jahre erstreckten, mit Glocken-, Sieb- und Ventiltellerböden durchgeführt worden, wobei *Bodenabstände bis zu 500 mm* in Anwendung kamen. Im Buch konnte aus der sehr großen Zahl der erhaltenen Belastungs- und Druckverlustkurven nur ein kleiner Teil wiedergegeben werden. Es zeigte sich, daß die Berechnung des Säulendurchmessers nach den angegebenen Gleichungen bis zu dem genannten *größten Bodenabstand* gelten.

Nach einer Betrachtung der vor allem in der Absorptions- und Desorptionstechnik gebräuchlichen *Füllkörper* ist auf die Bedeutung der *Regelung von Rektifizieranlagen* lediglich an Hand eines vielgestaltigen Beispieles hingewiesen worden, zumal über die Temperatur-, Druck- und Mengenregelung eingehende Werke vorliegen.

Bei den Versuchen mit großen Bodenabständen und bei der Auswertung der Ergebnisse im Hinblick auf die Brauchbarkeit der abgeleiteten Berechnungsgleichungen des Säulendurchmessers waren meine ehemaligen Mitarbeiter, die Herren Dipl.-Ing. R. SCHMIDT und Dipl.-Ing. B. WAHL tätig, denen ich aufrichtig danke. Für die Mithilfe bei der Bearbeitung und der Durchsicht der Korrekturen bin ich zu besonderem Dank meinem ehemaligen Mitarbeiter, Herrn Dipl.-Ing. J. BANDEL verpflichtet.

Vor allem im Hinblick auf die vielfachen Neueinfügungen und die damit verbundenen Schwierigkeiten gebührt Dank und Anerkennung dem Springer-Verlag, welcher auf alle Wünsche des Verfassers einging und auch die vorliegende vierte Auflage wieder vorbildlich ausstattete.

Karlsruhe, im März 1969

Emil Kirschbaum

Vorwort zur ersten Auflage

Während die Verfahrenstechnik (das Chemie-Ingenieurwesen) und das Gesamtgebiet des Apparatebaues in Sammelwerken zusammenfassend und ihrer wachsenden Bedeutung entsprechend behandelt sind, haben die einzelnen Gebiete des Apparatebaues im Schrifttum nicht den ihnen gebührenden Niederschlag gefunden. Ein Grund für diesen Tatbestand ist darin zu suchen, daß im Drange der betrieblichen Durchführung von Verfahren zur Herstellung vieler Verbrauchsstoffe die ausführende Praxis dem Stande der Forschung und Lehre weit vorauseilte. Dieser Unstimmigkeit wurde bei uns insofern etwas abgeholfen, als unter Mitwirkung der deutschen Industrie das Lehrgebiet für Apparatebau und die Studienrichtung für Chemie-Ingenieure vor über zehn Jahren erstmalig in den Studienplan einer deutschen technischen Hochschule (Karlsruhe) aufgenommen wurden und als sich die Forschung in Deutschland gerade der in diesem Buche zu behandelnden Destillier- und Rektifiziertechnik besonders angenommen hatte. Wie wichtig diese für die Wirtschaft und Lebenshaltung eines Volkes ist, geht beispielsweise aus dem einfachen Hinweis daraus hervor, daß alle flüssigen Treibstoffe in Destillier- und Rektifizierapparaten hergestellt werden und daß letztere einen bedeutenden Teil der Einrichtungen chemischer Fabriken und anderer Werke zur Gewinnung lebenswichtiger Stoffe darstellen. Es ist ohne Zweifel, daß die Destillier- und Rektifizierapparate gerade in der jüngsten Entwicklung der Technik an Bedeutung noch zugenommen haben.

Das vorliegende Buch will sowohl eine der aufgezeigten Lücken im Schrifttum schließen als auch die Erkenntnisse der Forschung in Verbindung mit den Aufgaben der Technik zusammenfassen. Als solches ist es für den lernenden und für den in der Praxis tätigen Ingenieur gedacht. Wenn einerseits auf theoretische und streng wissenschaftliche Grundlagen zurückgegriffen wird, so ist andererseits besonderer Wert auf eine ingenieurmäßige Behandlung des Gebietes gelegt, und es sind in diesem Sinne auch bauliche Ausführungen aufgenommen.

Mit Rücksicht auf den zweckmäßigsten Umfang war es nicht zulässig, die Destillier- und Rektifizierverfahren und -apparate einzelner Industriezweige, z. B. der Spiritusbrennereien, der schon anderweitig behandelten Alkoholentwässerung, der Öldestillation, der Teerdestillation, der Zerlegung flüssiger Gase (z. B. Luft), der Säurekonzentrierung, der Ammoniakabtreibung, der Lösungsmittelrückgewinnung, der Bunabetriebe usw. zu erläutern. Es ist vielmehr die Behandlung der allgemeingültigen, grundsätzlichen Zusammenhänge und Ausführungen in den Vordergrund gestellt und nur an Hand von Zahlen- und Ausführungsbeispielen wird auf Sondergebiete eingegangen. Selbst dabei sind manche Vorgänge nur am Beispiel der Zweistoffgemische aufgezeigt, wenn sie auch bei Flüssigkeitsgemischen mit mehr als zwei Einzelstoffen in Erscheinung treten. Solche Gemische kennzeichnende Fragen werden jedoch besonders erörtert. Mit diesen allgemeinen Grundlagen ist aber der Ingenieur imstande, auch vollkommen neue Aufgaben der Trennung von Flüssigkeitsgemischen zu bewältigen.

In der technischen Wärmelehre wird bei der Behandlung von Zweistoffgemischen mittels zeichnerischer Methoden ausschließlich das Wärmeinhalt-Konzentrations-Bild benützt, während sich in der Destillier- und Rektifiziertechnik Ausmittlungsverfahren einbürgerten, welche die Gleichheit der molaren Verdampfungswärmen der zu trennenden Flüssigkeiten zur Voraussetzung haben. Beide Darstellungsweisen haben ihre Vor- und Nachteile. Deshalb sind in diesem Werk beide behandelt, wenn in ihm auch von dem zweitgenannten Verfahren in Anbetracht seiner großen praktischen Bedeutung auch für die Vielstoffgemische mehr Gebrauch gemacht wird. Soweit wie möglich ist überhaupt einfachen, übersichtlichen zeichnerischen Ausmittlungen gegenüber umständlichen Rechnungsweisen der Vorzug gegeben. Gleichzeitig ist die Absicht verwirklicht, die Vermittlung der allgemeinen Grundlagen mit Unterlagen zu verquicken, welche für die praktische Berechnung und betriebliche Beurteilung der Apparate erforderlich sind. In diesem Sinne sind die Zahlentafeln und Kurvenblätter im Anhang beigefügt.

Karlsruhe, im November 1939

Emil Kirschbaum

Vorwort zur zweiten Auflage

Die Tatsache, daß bei noch gesättigtem Büchermarkte die erste Auflage kurze Zeit nach ihrem Erscheinen vergriffen war, beweist die Richtigkeit dessen, was im ersten Vorwort über die Bedeutung des in diesem Buche zu behandelnden Gebietes ausgesagt ist. Dieser Sachverhalt hat sich in der Zwischenzeit nicht geändert. Nur zeitbedingte Ereignisse und Umstände verhinderten bis heute die Drucklegung der zweiten Auflage. Dafür, daß sie nun doch in der altbekannten mustergültigen Ausführung des Verlages und darüber hinaus gegenüber der ersten Auflage in vervielfachter Exemplarzahl erscheint, muß einleitend dem Verlage Dank und Anerkennung ausgesprochen werden.

Auch jetzt war wieder die Absicht richtunggebend, die Theorie und die praktischen Belange der Destillier- und Rektifiziertechnik in knappestem Umfang, klar, in der einfachsten Darstellungsweise und dem neuesten Stande der Erkenntnisse entsprechend zu beleuchten. Indem einerseits gerade auf den letztgenannten Punkt besonderer Wert gelegt wurde, muß andererseits zugestanden werden, daß die Behandlung mancher wichtiger Einflüsse als heute noch ungeklärt zurückgestellt werden mußte, wenn auch zu ihrer Erforschung gerade im Laboratorium des Verfassers planmäßige Untersuchungen schon vor Jahren begonnen wurden, welche durch die erwähnten tragischen Ereignisse unterbunden worden sind. Im Rahmen dieser Arbeiten sollte beispielsweise der Einfluß physikalischer Werte der zu trennenden Flüssigkeitsgemische oder auch baulicher Größen auf die Rektifizierwirkung festgestellt werden, was wahrscheinlich zum Gebrauch bestimmter dimensionsloser Kenngrößen geführt hätte, wie sie für die Berechnung von Wärmeaustauschapparaten schon lange mit Vorteil verwendet werden. Ferner sei aus der Reihe baulicher Einflüsse auf den Durchmesser der Glocken von Austauschböden verwiesen, welcher nicht nur die Trennwirkung, sondern auch vor allem den Herstellungsaufwand bedingt. In der Füllkörpertechnik mußten in gleicher Weise eine Anzahl systematischer Untersuchungen theoretischer und konstruktiver Art unterbrochen werden. Diesem zeitbedingten Mangel, welcher infolge der stetigen Weiterentwicklung eines Gebietes bei der Drucklegung eines Buches bis zu einem gewissen Grade unvermeidlich ist, steht dennoch das Positivum neuer Erkenntnisse und Ergänzungen gegenüber, welche die jetzt vorliegende Auflage kennzeichnen. Sie bestehen in folgendem:

Der gekoppelte Wärme- und Stoffaustausch, wie er bei der Zerlegung von Flüssigkeitsgemischen mittels Rektifikation vorliegt, wird auf eine einfache Grundvorstellung zurückgeführt und gedeutet. Sein Erkennen ermöglicht z. B. die Berücksichtigung der Ungleichheit der molaren Verdampfungswärmen der Gemischkomponenten bei der Berechnung der Destillier- und Rektifizierapparate. Ferner wird es mit ihm möglich, den Einfluß der Gemischkonzentration auf den Wirkungsgrad von Austauschböden zu erklären und Füllkörpersäulen nach einer neuartigen Methode zu berechnen. Die Vielstoffgemische werden in ihrem physikalischen Siedeverhalten und in ihrer rechnerischen Behandlung zum Zwecke der großtechnischen Zerlegung eingehender als bisher behandelt. Dabei war es unerläßlich, die Ausführungen über die einfache Destillation und deren grundsätzliche Kennzeichnung auf eine breitere Basis zu stellen. Erstmalig sind auch Sonderbauarten von Rektifizierböden im Hinblick auf die allgemeine Gültigkeit der sowohl theoretisch als auch praktisch bedeutsamen Erkenntnisse einer Betrachtung unterzogen. Ebenfalls fußend auf Versuchen des Verfassers ist der Abschnitt über Füllkörpertechnik wesentlich erweitert worden. Wenn auch diese Neubearbeitungen Ende 1947 bereits abgeschlossen waren, so wurden doch noch in der Folgezeit erschienene Forschungen verwertet, soweit dies mit Rücksicht auf die Drucklegung möglich war.

Um die Destillier- und Rektifiziertechnik möglichst als ein geschlossenes Ganzes darzustellen, ist diesmal das Kapitel über die Molekulardestillation fortgefallen und die speziellen Laboratoriumsgeräte wurden bewußt nicht mit aufgenommen. Dafür ist gegenüber dem ursprünglichen Umfang der Anhang auf ein Vielfaches angewachsen, in welchem tabellarisch und in graphischen Bildern die Phasengleichgewichte und mit ihnen im Zusammenhang stehende physikalische Werte wiedergegeben sind. Für ihre Aufstellung war vor allem das amerikanische Schrifttum eine Fundgrube. Während früher bei der Sammlung und Zusammenstellung dieser Unterlagen mein ehemaliger Assistent, Herr Dr.-Ing. Karl Kienzle, tätig war, worauf zu Beginn des Anhanges der ersten Auflage hingewiesen wurde, war es jetzt Herr Dipl.-Chem. Dr. Hermann Stage, Köln-Niehl, welcher die von ihm und vom Verfasser gesammelten Unterlagen als selbständige Neufassung zu dem rektifiziertechnisch-physikalischen Sammelwerk des Anhanges verarbeitete. Nach dessen Abschluß hat der Verfasser nur einzelne in der Zwischenzeit erhaltene Unterlagen nachgeliefert. Für die verdienstvolle Mitarbeit der beiden genannten Herren danke ich auch an dieser Stelle.

Vor allem aber gilt mein Dank derjenigen, welche mir durch ihre aufopfernde Fürsorge die Abfassung der vorliegenden zweiten Auflage neben meiner übrigen beruflichen Tätigkeit ermöglichte: *Meiner Mutter.*

Grötzingen bei Karlsruhe (Baden), Weihnachten 1949

Emil Kirschbaum

Vorwort zur dritten Auflage

Was im Vorwort der ersten Auflage über die Entwicklung des in dem vorliegenden Werk behandelten Gebietes ausgesagt ist, hat sich beim Erscheinen der zweiten und noch deutlicher der jetzt fertiggestellten dritten Auflage bewahrheitet. So scheint die Zeit reif zu sein für die Drucklegung eines Sammelwerkes über die Destillier- und Rektifiziertechnik, das wenigstens acht Bände umfassen und in dessen Mittelpunkt der Aufgabenkreis des vorliegenden Werkes stehen könnte. Indessen ist diesem Verlangen in der Zwischenzeit wenigstens teilweise Genüge getan, indem einzelne Gebiete unabhängig voneinander an verschiedenen Stellen behandelt worden sind. Dadurch sind die Grenzen des Stoffgebietes des vorliegenden Buches angedeutet. Diesen Tatbestand berücksichtigend wurde bei der Abfassung der neuen Auflage Wert darauf gelegt, die physikalischen und theoretischen Grundlagen auf noch breiter Basis als früher zu behandeln und auch die im Laufe der Entwicklung sich als richtig und wichtig erweisenden baulichen und betrieblichen Belange zu berücksichtigen. Um das Verständnis zu erleichtern, sind Zahlenbeispiele im Anschluß an mathematische Formulierungen angeführt, wobei schwierigere Fälle bevorzugt sind. In diesem Sinne sind in dem nunmehr beachtlich erweiterten Abschnitt über die Trennung von Mehrstoffgemischen durch Teilkondensation Auswertungen aufgenommen, welche zeigen, daß die in der Destillier- und Rektifiziertechnik vorliegenden manchmal schwer erkenntlichen Zusammenhänge beim Stoff- und Wärmeaustausch zahlenmäßig erfaßbar sind und durch begrifflich klare Werte gekennzeichnet werden können. In Anbetracht des in der Natur der Sache liegenden Umfanges stellt es eine Aufgabe für sich dar, das Gesamtgebiet unter Berücksichtigung des neuesten Standes der Erkenntnisse auf knappestem Umfang zu behandeln. Dieser gewährt dem Studierenden und auch dem in der Praxis Tätigen zweifellos eine Erleichterung. Das gesteckte Ziel wurde dadurch erreicht, daß Abschnitte soweit fallen gelassen wurden, daß es gerade noch vertretbar war und dafür Neues aufgenommen werden konnte.

So wurde der Umfang des Anhanges der zweiten Auflage auf denjenigen der ersten Auflage verkleinert und dafür auf die in der Zwischenzeit über Phasengleichgewichte erschienene Literatur verwiesen. Selbst das vom Verfasser stammende Kapitel über die Berechnung der Höhe von Füllkörpersäulen mittels der Wärmeübergangszahl wurde völlig gestrichen und an seine Stelle wurden die Berechnungsweisen erweitert, bei denen der Begriff der Wertungszahl Anwendung findet. Im Gegensatz zur ersten Auflage ist aus dem genannten Grunde der Abschnitt über die Molekulardestillation wieder nicht aufgenommen worden. Bei der Erläuterung baulicher Einzelheiten ist denjenigen der Vorzug gegeben worden, deren Wirkungsweise genügend fundiert ist, die sich bereits bewährt haben und deren Bekanntgabe nichts im Wege steht.

Von den im Vorwort der letzten Auflage als Zukunftsaufgabe gekennzeichneten Problemen konnten wichtige einer Lösung entgegengeführt werden. Beispielsweise gelang es, sämtliche Einflußgrößen, welche die Abmessungen von Rektifiziersäulen mit Austauschböden bedingen und die zum Teil durch über Jahrzehnte sich erstreckende Versuche erforscht waren, auch theoretisch zu fundieren und durch Aufstellung von Gleichungen mathematisch zu erfassen, in denen der Energieumsatz zum Ausdruck kommt. In der Beziehung zur Berechnung des Säulenquerschnittes treten nunmehr dimensionslose Kennzahlen auf, in denen sämtliche physikalischen und konstruktiven Größen enthalten sind, welche eine Rolle spielen. Ferner ist durch planmäßige Untersuchungen geklärt worden, wie entscheidend Belastbarkeit und Wirkung sowie Druckverlust vom Durchmesser der Glocken von Austauschböden beeinflußt werden. Wenn diese beispielhaft angeführten Teilaufgaben im Institut des Unterzeichneten gelöst wurden, so geht aus diesem Tatbestand hervor, daß das vorliegende Buch zwangsweise bis zu einem gewissen Grade eines persönlichen Charakters nicht entbehren kann.

Daß es trotz Arbeitsüberlastung in kurzer Zeit fertiggestellt werden konnte, verdanke ich vor allem der Hilfe meines Mitarbeiters, Herrn Dr.-Ing. Erwin Tröster, welcher mich durch Übernahme redaktioneller Arbeiten und Korrekturlesen sowie durch Zeichnen bzw. Umzeichnen von Bildern wesentlich entlastete. Es ist mir ein Bedürfnis, ihm dafür aufrichtigen Dank zu sagen.

Dank und Anerkennung gebührt auch dem Springer-Verlag, mit dem zusammenzuarbeiten mir wieder ein Vergnügen war, der auf alle Wünsche einging und das Werk vorbildlich ausstattete.

Karlsruhe, im April 1960

Emil Kirschbaum

Inhaltsverzeichnis

Erläuterung der algebraischen Bezeichnungen

(Die Dimension einer Bezeichnung ist hinter letzterer in eckigen Klammern gesetzt. Dort, wo sie fehlt, ist die Bezeichnung dimensionslos.)

Es bedeuten:

A [Mol/h] bzw. [kg/h] die in einer Stunde aus einer Abtriebssäule strömende Ablaufmenge

A' [Mol/h] bzw. [kg/h] die in einer Stunde aus einer Maischesäule strömende Ablaufmenge

A^z[Mol/h] bzw. [kg/h] die in einer Stunde aus einer Luttersäule strömende Ablaufmenge

a_F [Mol-%] die theoretische Anreicherung eines Rektifizierbodens

a_x, a_y die Aktivitäten des Leichter- bzw. Schwerersiedenden im Flüssigkeitsgemisch

B [kg] die Flüssigkeitsmenge in einer Destillierblase

B^* [kg] die anfängliche Blasenfüllung

B_1 [kg] und B_2 [kg] die Flüssigkeitsmengen in einer Destillierblase am Anfang und am Ende einer absatzweisen Destillation

B' [m³/m²h] die Rieselmenge

b [Mol-%] die wirkliche Anreicherung eines Rektifizierbodens

b^* [Mol-%] die theoretische Anreicherung eines Rektifizierbodens

C [kg/h] die Kondensatmenge

C_g [kg/h] die auf einer Kühlfläche stündlich insgesamt niedergeschlagene Kondensatmenge

D [Mol/h] bzw. [kg/h] die stündlich durch die Verstärkungssäule strömende Dampfmenge

D' [Mol/h] bzw. [kg/h] die stündlich durch die Abtriebssäule strömende Dampfmenge

d [mm] den Lochdurchmesser eines Siebbodens

d_g [m] bzw. [mm] den Glockendurchmesser

d_r [mm] die Füllkörperabmessung

d_S [m] bzw. [mm] den Säulendurchmesser

d_T [m] den Tropfendurchmesser

E [Mol/h] bzw. [kg/h] die stündlich anfallende Erzeugnismenge

E' [°Engler] die Zähigkeit

e einen Faktor, durch welchen bei der Berechnung die Zuflußtemperatur der Mischung berücksichtigt wird

e [mm] die Dampfdurchdringtiefe

F [Mol/h] bzw. [kg/h] die stündlich durch die Verstärkungssäule strömende Flüssigkeitsmenge

F [m²] die Austauschfläche

F' [Mol/h] bzw. [kg/h] die stündlich durch die Abtriebssäule strömende Flüssigkeitsmenge

F_x'' [ata] die Fugazität des reinen Leichtersiedenden im Dampfzustand bei der Temperatur und dem Gesamtdruck des Gemisches

F_{x0}'' [ata] die Fugazität des reinen Leichtersiedenden im flüssigen Zustand bei der vorhandenen Temperatur und dem dazugehörigen Sattdampfdruck

f [m²] den Säulenquerschnitt
f_x, f_y die Aktivitätskoeffizienten des Leichter- und des Schwerersiedenden
G [kg] eine Dampf- oder Flüssigkeitsmenge
H [m] bzw. [mm] den Abstand zwischen zwei Rektifizierböden oder die Schichthöhe einer Füllkörpersäule
H [m] die Höhe einer Übergangseinheit
ΔH [cm] den Abstand zwischen Glocke und darüber liegendem Rektifizierboden
J [kg] den Flüssigkeitsinhalt (Betriebsinhalt) einer Rektifiziersäule
J_1 und J_2 Integralwerte
i [kcal/kg] den Wärmeinhalt eines Flüssigkeitsgemisches
i_1 [kcal/kg] oder i_2 [kcal/kg] den Wärmeinhalt je kg beliebiger Einzelstoffe
K die Gleichgewichtskonstante
k einen Korrekturfaktor
L [Mol/h] die stündliche Menge an Leichtersiedendem
M [Mol/h] bzw. [kg/h] die stündlich zu zerlegende Mischungsmenge
N die Zahl der Übergangseinheiten
n [U/min] die Drehzahl
n die wirkliche Anzahl von Rektifizierböden
n_s die wahre spez. Wertungszahl
n_s' die mittlere spez. Wertungszahl
n_{sg} die günstigste spez. Wertungszahl
n_t die theoretische Bodenzahl oder die Wertungszahl
O [m²/m³] die Füllkörperoberfläche je m³ Füllraum
P_x, P_y oder P_z [kp/m²] oder [mm Q.-S.] die Siededrücke der reinen Einzelstoffe eines Gemisches zu einer bestimmten Temperatur
p [kp/m²] oder [mm Q.-S.] den Gesamtdruck
p_x, p_y oder p_z [kp/m²] oder [mm Q.-S.] die Dampfteildrücke der Einzelstoffe eines Gemisches
Δp [mm W.-S.] den Druckverlust in dem durch eine Rektifiziersäule strömenden Dampf
Q [kcal/h] den stündlichen Wärmeverbrauch eines Rektifizierapparates
Q [kcal/h] die auf einem theoretisch arbeitenden Boden stündlich ausgetauschte Wärmemenge
Q' [kcal/h] die Heizleistung einer Destillierblase
Q_B [kcal/h] die Heizwärme eines stetig arbeitenden Rektifizierapparates
Q_K [kcal/h] die in einer Stunde anfallende Kondensationswärme des Erzeugnisses
Q_M [kcal/Mol] die Mindestrücklaufwärme
Q_R [kcal/h] die Rücklaufwärme
q_B [kcal/kg] die spez. Heizwärme
q_{BM} [kcal/kg] die spez. Mindestheizwärme
q_R [kcal/kg] die spez. Rücklaufwärme
q_{RM} [kcal/kg] die spez. Mindestrücklaufwärme
q_t [kcal/kg] die isotherme Mischungswärme
R [m³/m²h] die Rieselstärke
R eine für die Belastbarkeit eines Bodens maßgebliche dimensionslose Kenngröße
r [kcal/Mol] die molare Verdampfungswärme eines Gemisches
r_1 [kcal/Mol] oder r_2 [kcal/Mol] die molare Verdampfungswärme beliebiger Einzelstoffe

$\bar{r}$ [kcal/kg] Verdampfungswärme je 1 kg Gemisch
$\bar{r}_1$ [kcal/kg] oder $\bar{r}_2$ [kcal/kg] Verdampfungswärme je 1 kg Einzelstoff
S [Mol/h] die stündliche Menge an Schwerersiedendem
s das Verstärkungsverhältnis (Austauschverhältnis)
s_M das mittlere Verstärkungsverhältnis (Austauschverhältnis) der Böden einer Rektifiziersäule
s_M den Stufenmittelwert
s'_M den Summenmittelwert
s^* das theoretische Verstärkungsverhältnis
T [°K] oder t [°C] die Temperatur
t [mm] die Teilung eines Siebbodens
t_{E_s} [°C] die Kondensationstemperatur der aus dem Rücklaufkondensator strömenden Flüssigkeit
V [m³] ein Dampfvolumen
v das Rücklaufverhältnis
v_M das Mindestrücklaufverhältnis
v_0 das Rücklaufverhältnis am Kolonnenkopf
w_D, w_L [m/s] Dampf- oder Luftgeschwindigkeit
w [m/s] die Luft- oder Gasgeschwindigkeit im leer gedachten Säulenquerschnitt
w_D [m/s] die Dampfgeschwindigkeit im leer gedachten Querschnitt einer Rektifiziersäule
w_o [m/s] die obere Grenzgeschwindigkeit
w_u [m/s] die untere Grenzgeschwindigkeit
x [Mol-%] den Gehalt des am leichtesten siedenden Stoffes eines Gemisches
x_S [m] den Schwerpunktabstand
y [Mol-%] den Gehalt des schwerer siedenden Stoffes eines Gemisches
Z [h] die Austauschzeit
z [Mol-%] den Gehalt des am schwersten siedenden Stoffes eines Gemisches

Griechische Buchstaben

α [kcal/m²h °C] Wärmeübergangszahl
α, α' Neigungswinkel der Verstärkungs- bzw. Abtriebsgerade
α_{xy}, α_{yz} relative Flüchtigkeit des Leichtersiedenden gegenüber dem Mittelsiedenden bzw. des Mittelsiedenden gegenüber dem Schwerersiedenden
β [Mol/mh] Diffusionszahl, bezogen auf das Gefälle der Gehalte
β' [m²/h] Diffusionszahl, bezogen auf das Gefälle der Konzentration
γ [kg/m³] spez. Gewicht
ζ Strömungsfaktor
η [%] Wirkungsgrad eines Rektifizierbodens
ϑ [°C] Temperaturunterschied
μ [kg/Mol] Molekulargewicht eines Gemisches
μ_x, μ_y, μ_z [kg/Mol] Molekulargewicht der Einzelstoffe
ν_F [m²/s] kinematische Zähigkeit
ξ [Gew.-%] Gehalt des am leichtesten siedenden Stoffes
o [Gew.-%] Gehalt des mittel siedenden Stoffes
π [Gew.-%] Gehalt des am schwersten siedenden Stoffes
ϱ [kg/m³] Dichte
σ [kg/m²h] oder [kmol/m²h] Stoffaustauschzahl, Stoffübergangszahl

φ	Querschnittsverhältnis eines Rektifizierbodens
φ_G	Querschnittsverhältnis bezogen auf Summe der Glockenquerschnitte
φ_H	Querschnittsverhältnis bezogen auf Summe der Dampfhalsquerschnitte

Die Indizes beziehen sich auf:

A	den Ablauf
a	den Querschnitt a–a
B	die Destillierblase
b	den Querschnitt b–b
D	den Dampf
E	das Erzeugnis oder das Destillat
F	die Flüssigkeit
L	das Leichtersiedende
M	die Zulaufmischung
o	die Berührungsfläche zwischen Dampf und Flüssigkeit
S	das Schwerersiedende
S	den Zulaufboden
x	das Leichtersiedende
y	das Mittelsiedende
z	das Schwerstsiedende

A. Allgemeines

Die Destillier- und Rektifizierapparate dienen dazu, Flüssigkeitsgemische in ihre Bestandteile zu trennen oder in Flüssigkeitsgemische zu zerlegen, die andere Zusammensetzungen als das Ausgangsgemisch aufweisen.

Unter Destillieren versteht man im allgemeinen Sinne das Entwickeln von Dämpfen aus einer Flüssigkeit und in der Regel das anschließende Niederschlagen (Verflüssigen) der so entstandenen Dämpfe. Werden diese aus einem Flüssigkeitsgemisch erzeugt, so führt das Destillieren bereits zu einer Zerlegung des Ausgangsgemisches, indem gegenüber diesem die niedergeschlagenen Dämpfe eine andere Zusammensetzung besitzen. Es besteht sogar die Möglichkeit, mittels des Destillierens ein Flüssigkeitsgemisch in Gemische von verschiedener Zusammensetzung zu zerlegen. Dabei werden die aus dem Ausgangsgemisch gebildeten Dämpfe niedergeschlagen und das laufend anfallende Kondensat absatzweise in getrennten Teilen (Fraktionen) aufgefangen. Diese Arbeitsweise wird mit fraktionierter Destillation bezeichnet.

Das Destillieren war viele Jahrhunderte lang das einzige physikalische Verfahren zur Veränderung der Konzentration löslicher Flüssigkeitsgemische oder zur Gewinnung bestimmter reiner Flüssigkeiten, z. B. von ätherischen Ölen. Erst spät (1817) und durch das praktische Verlangen nach weitestgehender Anreicherung eines Stoffes im flüssigen Gemisch, z. B. von Alkohol im Alkohol-Wassergemisch, bedingt wurde ein völlig neuer Weg gefunden, welcher es ermöglichte, in einem Zuge Flüssigkeitsgemische in die reinen Bestandteile zu zerlegen, beispielsweise das Gemisch Benzol-Toluol-Xylol in einem Arbeitsgange in die reinen Einzelstoffe zu trennen. Dieses Verfahren wird mit Rektifizieren bezeichnet. Bei ihm werden lediglich die flüssige und die dampfförmige Phase unter gegenseitiger Berührung im Gegenstrom zueinander geführt. Die Klärung der dabei sich abspielenden physikalischen Vorgänge hat die Forscher bis zur heutigen Zeit beschäftigt. Die praktische Durchführung und Anwendung der Rektifikation, die unweigerlich zu den größten Erfindungen des chemischen Apparatebaues zählt, ist dabei zunächst einer systematischen wissenschaftlichen Durchdringung weit vorausgeeilt. Erst in jüngster Zeit läßt letztere eine merkliche Aufholung erkennen.

Weil bei der praktischen Durchführung des Rektifizierens Dämpfe erzeugt und niedergeschlagen sowie Flüssigkeiten gekühlt werden, versteht man unter einem Rektifizierapparat die eigentliche Rektifiziervorrichtung, in welcher der erwähnte Gegenstrom der Phasen verwirklicht wird, und die angeschlossenen Wärmeaustauscher zum Verdampfen, Kondensieren und Kühlen. Die zwangsläufige Verbindung des Rektifizierens mit dem Destillieren läßt die Bezeichnung der zur Anwendung kommenden technischen Einrichtungen mit „Destillier- und Rektifizierapparate" als gerechtfertigt erscheinen[1]. Für ihre wissenschaftliche, betriebliche und konstruktive Beherrschung ist die Kenntnis der theoretischen Unterlagen Voraussetzung. Diese werden deshalb zuerst behandelt.

B. Theoretische Grundlagen

I. Maßeinheiten

In der Technik werden meist die Mengen in Kilogramm (kg) und die Zusammensetzung (Konzentration) eines Gemisches in Hundertteilen (Gewichtsprozenten, Gew.-%) eines bestimmten Stoffes im Gemisch angegeben. Die in diesem Buch angegebenen Gleichungen sind überwiegend zugeschnittene Größengleichungen. Die angegebenen Beziehungen können ohne Umrechnungsfaktoren ausgewertet werden, wenn die einzelnen Größen in den vorgeschriebenen Einheiten eingesetzt werden. Die im weiteren Verlauf verwendeten Angaben „Gewicht" und „Gewichtprozent" sind als Mengenangaben zu verstehen. Die Einheit der Menge (Masse) im internationalen Maßsystem ist das kg[2]. Für die theoretische Untersuchung der physikalischen Vorgänge sowie für die rechnerische Behandlung der Destillier- und Rektifizierapparate ist es aber zweckmäßig und in bestimmten Fällen sogar erforderlich, die Menge eines Stoffes in Molen und die Zusammensetzung durch Molprozente [Mol-%] eines bestimmten Stoffes im Gemisch auszudrücken.

Ein Kilomol, das im folgenden mit Mol bezeichnet wird, stellt die Anzahl an Kilogrammen dar, welche der Zahlenwert für das Molekulargewicht des betreffenden Stoffes angibt. Danach entspricht ein Mol Wasser einer Menge von 18,01 kg Wasser. Auch die Menge des Mols eines Gemisches ist aus der Angabe des sogenannten mittleren Molekulargewichtes μ [kg/Mol] einer Mischung bestimmt. Letzteres sei im folgenden im Hinblick auf eine möglichst allgemeine Anwendbarkeit der Ergebnisse für ein Dreistoffgemsich ermittelt. Die Molekulargewichte der

---

[1] Der begriffliche Inhalt der in der Destillier- und Rektifiziertechnik gebräuchlichen Bezeichnungen ist festgelegt in dem Normblatt DIN 7052 „Zerlegung flüssiger Gemische durch Destillieren und Rektifizieren" (1943) Beuth-Vertrieb G. m. b. H., Berlin W 15.

[2] Siehe hiezu: HAHNEMANN, H. W.: Die Umstellung auf das Internationale Einheitssystem. Düsseldorf: VDI-Verlag 1959.

einzelnen drei Stoffe seien mit μ_x, μ_y, μ_z und die Anteile der einzelnen Stoffe in Gewichtsprozenten mit ξ, o und π gegeben. Da

$$\frac{\xi}{\mu_x} + \frac{o}{\mu_y} + \frac{\pi}{\mu_z} = \frac{100}{\mu}$$

sein muß, besteht zwischen dem mittleren Molekulargewicht der Mischung einerseits und den Molekulargewichten der Einzelstoffe andererseits folgende Beziehung:

$$\mu = \frac{100}{\frac{\xi}{\mu_x} + \frac{o}{\mu_y} + \frac{\pi}{\mu_z}}\,. \tag{1}$$

Für ein Zweistoffgemisch (binäres Gemisch), für welches der Gehalt des leichter siedenden Stoffes mit ξ und das Molekulargewicht desselben Stoffes mit μ_x sowie dasjenige des anderen Stoffes mit μ_y gegeben sind, vereinfacht sich Gl. (1) zu:

$$\mu = \frac{100}{\frac{\xi}{\mu_x} + \frac{100 - \xi}{\mu_y}}\,. \tag{1a}$$

Bei der Angabe eines bestimmten Gemisches wird im folgenden der am leichtesten siedende Stoff stets an erster Stelle genannt.

Zahlenbeispiel: Wie groß ist das mittlere Molekulargewicht eines Äthylalkohol-Wassergemisches mit 10 Gew.-% Alkohol, wenn das Molekulargewicht des Äthylalkohols zu 46,05 kg/Mol. und dasjenige des Wassers zu 18,01 kg/Mol gegeben sind?

Lösung: $$\mu = \frac{100}{\frac{10}{46{,}05} + \frac{100 - 10}{18{,}01}} = 19{,}15 \text{ kg/Mol.}$$

Aus der Deutung, daß der Zahlenwert für die Molprozente eines bestimmten Stoffes in einem Gemisch gegeben ist durch die Anzahl Mole des betreffenden Stoffes in 100 Molen des Gemisches, folgt die Umrechnung des Zahlenwertes der Gewichtsprozente ξ, o und π [Gew.-%] in den Zahlenwert der Molprozente x, y und z [Mol-%] der betreffenden Stoffe:

$$\left.\begin{aligned} x &= \frac{\frac{\xi}{\mu_x}}{\frac{\xi}{\mu_x} + \frac{o}{\mu_y} + \frac{\pi}{\mu_z}} \cdot 100 \text{ [Mol-\%]}, \\ y &= \frac{\frac{o}{\mu_y}}{\frac{\xi}{\mu_x} + \frac{o}{\mu_y} + \frac{\pi}{\mu_z}} \cdot 100 \text{ [Mol-\%]}, \\ z &= \frac{\frac{\pi}{\mu_z}}{\frac{\xi}{\mu_x} + \frac{o}{\mu_y} + \frac{\pi}{\mu_z}} \cdot 100 \text{ [Mol-\%]}. \end{aligned}\right\} \tag{2}$$

Für ein Zweistoff-Gemisch gehen die Gln. (2) über in:

$$x = \frac{\frac{\xi}{\mu_x}}{\frac{\xi}{\mu_x} + \frac{100-\xi}{\mu_y}} \cdot 100 = \frac{100}{1 + \frac{\mu_x}{\mu_y}\frac{100-\xi}{\xi}} \text{ [Mol-\%]}. \qquad (2\,\text{a})$$

Zur Umrechnung der Molprozente eines Zweistoffgemisches in Gewichtsprozente dient die aus Gl. (2a) folgende Beziehung:

$$\xi = \frac{\frac{x}{\mu_y}}{\frac{x}{\mu_y} + \frac{100-x}{\mu_x}} \cdot 100 = \frac{100}{1 + \frac{\mu_y}{\mu_x}\frac{100-x}{x}} \text{ [Gew.-\%]}. \qquad (2\,\text{b})$$

Zahlenbeispiel: Wieviel Mol-% entsprechen 30 Gew.-% Benzol eines Benzol-Toluolgemisches? Das Molekulargewicht des Benzols beträgt $\mu_x = 78{,}05$ kg/Mol, dasjenige des Toluols $\mu_y = 92{,}05$ kg/Mol.

Lösung: $$x = \frac{100}{1 + \frac{78{,}05}{92{,}05}\frac{100-30}{30}} = 33{,}6 \text{ Mol-\%}.$$

Zur Vereinfachung der Umrechnung wird die Abhängigkeit der Zahlenwerte für die Molprozente von den Zahlenwerten für die Gewichtsprozente in einem zeichnerischen Bild wiedergegeben, in welchem die Gewichtsprozente als Abszisse und die Molprozente als Ordinate aufgetragen sind. Dieser Zusammenhang ist für ein bestimmtes Gemisch durch die sogenannte Umrechnungskurve wiedergegeben. In Abb. 1 sind die Umrechnungskurven für die beiden Gemische Äthylalkohol-Wasser und Benzol-Toluol dargestellt. Aus ihm kann beispielsweise abgelesen werden, daß 10 Gew.-% Alkohol in einem Äthylalkohol-Wassergemisch einem Alkoholgehalt von 4,25 Mol-% entsprechen.

Das mittlere Molekulargewicht kann auch aus den Zahlenwerten für die Gehalte in Mol-% der einzelnen Stoffe ermittelt werden. Der Gehalt des leichtest siedenden Stoffes in Mol-% ist gegeben durch:

$$x = \frac{\frac{\xi}{\mu_x}}{\frac{100}{\mu}} \cdot 100 = \frac{\mu}{\mu_x}\,\xi.$$

Daraus folgt:

$$\xi = \frac{\mu_x}{\mu}\,x,$$

ferner

$$o = \frac{\mu_y}{\mu}\,y$$

und

$$\pi = \frac{\mu_z}{\mu}\,z.$$

Die Summe der Werte auf beiden Seiten der letzten drei Gleichungen ergibt:

$$\xi + o + \pi = 100 = \frac{1}{\mu}(x\,\mu_x + y\,\mu_y + z\,\mu_z).$$

Daraus folgt die gesuchte Gleichung:

$$\mu = \frac{1}{100}\,(x\,\mu_x + y\,\mu_y + z\,\mu_z)\,. \tag{3}$$

Im folgenden werden dort, wo es notwendig oder zweckmäßig ist, Berechnungen in molaren Einheiten durchgeführt, und es werden auch

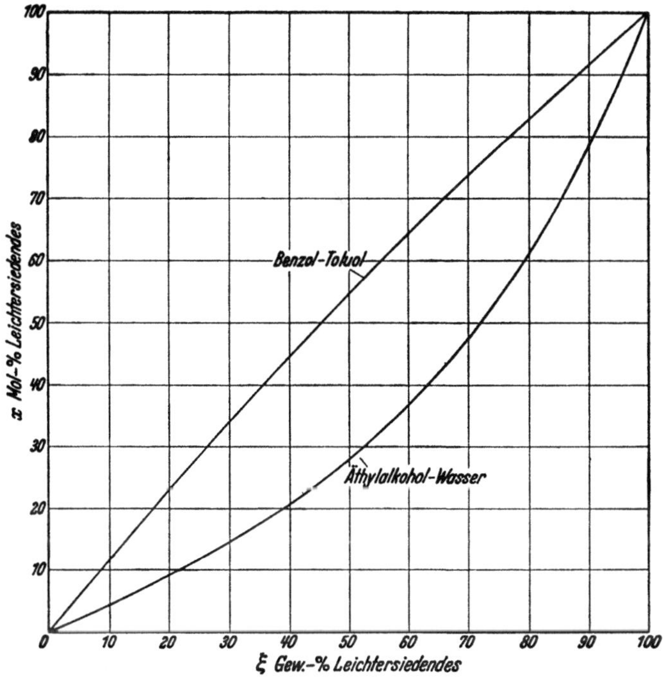

Abb. 1. Umrechnungskurven der Gemische Äthylalkohol-Wasser und Benzol-Toluol (Der leichter siedende Stoff ist stets zuerst genannt)

Ergebnisse und Zahlenwerte in dieser Maßeinheit wiedergegeben. Wenn es aber dem praktischen Gebrauch dienlicher ist und zudem noch der allgemeinen Übung entspricht, werden Gewichtseinheiten verwendet. Aus den angegebenen Gründen muß diese äußerliche Uneinheitlichkeit in Kauf genommen werden.

II. Beziehungen zwischen Dampfkonzentration und Dampfteildruck in Mehrstoffgemischen

Aus den einleitenden Darlegungen über die begriffliche Deutung des Destillierens und Rektifizierens geht hervor, daß die zu trennenden Gemische flüssig und dampfförmig nebeneinander auftreten, miteinander in Wechselwirkung stehen oder in einer der beiden Phasen vorliegen. Deshalb werden zur Kennzeichnung des Unterschiedes zwischen Flüssigkeits- und Dampfzusammensetzung die für den Flüssigkeitszustand geltenden Gehalte mit dem tiefgestellten Zeiger F und die für den Dampfzustand geltenden Gehalte mit dem tiefgestellten Zeiger D versehen. Danach werden die Gehalte in Mol-% in der Flüssigkeit eines Dreistoffgemisches (ternären Gemisches) mit x_F, y_F, z_F [Mol-%] und die Gehalte der entsprechenden Stoffe im Dampf mit x_D, y_D und z_D [Mol-%] bezeichnet. Um dort, wo eine rechnerische Lösung überhaupt möglich ist, von der Zusammensetzung der einen Phase auf diejenige der anderen schließen zu können, muß der Umweg über die absoluten Teildrücke der einzelnen Stoffe p_x, p_y und p_z [kp/m²] beschritten werden, welche sich bei einer bestimmten Temperatur t [°C] einstellen. Ihre Summe ergibt den Gesamtdruck p [kp/m²]. Die Menge eines Dampfgemisches von 100 kg möge einen Rauminhalt von V [m³] einnehmen. In ihm sind dann vom leichtest siedenden Stoff ξ_D [kg] enthalten. Mit der Annahme, daß sowohl jeder Bestandteil als auch die dampfförmige Mischung das Gesetz idealer Gase befolgen, gilt:

$$\frac{\xi_D}{\mu_x} = \frac{p_x V}{848 \cdot (273 + t)},$$

$$\frac{o_D}{\mu_y} = \frac{p_y V}{848 \cdot (273 + t)},$$

$$\frac{\pi_D}{\mu_z} = \frac{p_z V}{848 \cdot (273 + t)}$$

und

$$\frac{100}{\mu} = \frac{p V}{848 \cdot (273 + t)}.$$

Für den leichtest siedenden Stoff ergibt sich hieraus:

$$x_D = \frac{\frac{\xi_D}{\mu_x}}{\frac{100}{\mu}} \cdot 100 = \frac{\frac{p_x V}{848 \cdot (273 + t)}}{\frac{p V}{848 \cdot (273 + t)}} \cdot 100 = \frac{p_x}{p} \cdot 100 \text{ [Mol-\%]},$$

für den mittel siedenden Stoff:

$$y_D = \frac{p_y}{p} \cdot 100 \text{ [Mol-\%]} \tag{4}$$

und für den schwer siedenden Stoff:

$$z_D = \frac{p_z}{p} \cdot 100 \text{ [Mol-\%]}.$$

Weist beispielsweise bei einem Gesamtdruck von 760 mm Q.-S. ein Stoff einen Dampfteildruck von 380 mm Q.-S. auf, so erhält das Dampfgemisch 50 Mol-% von dem betreffenden Stoff.

III. Gleichgewicht siedender Mehrstoffgemische

1. Allgemeines

Für die Verfolgung der beim Destillieren und Rektifizieren sich abspielenden Vorgänge ist die Kenntnis der beim Sieden eines Mehrstoffgemisches sich einstellenden Gleichgewichtszustände erforderlich. Es ist dabei die Frage zu beantworten, welche Zusammensetzung Flüssigkeit und Dampf bei einer gegebenen Siedetemperatur t und bei einem gegebenen Gesamtdruck p haben. Von seiten der Thermodynamik ist diese Frage unter anderem dahingehend beantwortet worden[1], daß das Gleichgewicht durch einen Kleinstwert des freien Wärmeinhaltes („freien Enthalpie") gekennzeichnet ist. Unter der Annahme, daß für den Dampf die Gesetze des idealen Gaszustandes gelten, folgt aus den thermodynamischen Gleichgewichtsbedingungen die Beziehung[2]:

$$x_F \left(\frac{\partial \ln p_x}{\partial x_F}\right)_t + y_F \left(\frac{\partial \ln p_y}{\partial x_F}\right)_t + z_F \left(\frac{\partial \ln p_z}{\partial x_F}\right)_t + \cdots = 0\,. \qquad (5)$$

Der tiefgestellte Zeiger t besagt, daß der Differentialquotient für gleichbleibende Temperatur gilt. Von der Gleichhaltung des Gesamtdruckes kann abgesehen werden, indem man die Eigenschaften der Flüssigkeit als unabhängig vom Druck voraussetzt. Für ein Zweistoffgemisch geht Gl. (5) über in:

$$x_F \left(\frac{\partial \ln p_x}{\partial x_F}\right)_t = (x_F - 100) \cdot \left(\frac{\partial \ln p_y}{\partial x_F}\right)_t. \qquad (6)$$

Diese Beziehung wurde erstmalig von DUHEM[3] und MARGULES[4] angegeben. Mit ihr kann der Verlauf des Dampfteildruckes des einen Stoffes in Abhängigkeit von der Flüssigkeitskonzentration aus dem z. B. experimentell gefundenen Verlauf des Dampfteildruckes des anderen Stoffes bestimmt werden, sofern ein Punkt der Kurve bekannt ist. Eine gewisse praktische Bedeutung erhält Gl. (6) aber erst dadurch, daß sie den Verlauf der Dampfteildrücke für bestimmte wichtige Fälle, wenigstens in den wichtigsten Kennzeichnungen, anzugeben vermag. Zu diesem Zweck setzt man die beiden Seiten der Gl. (6) einer passend gewählten Funktion, zum

---

[1] PLANCK, M.: Vorlesungen über Thermodynamik, 8. Aufl., S. 113 u. 176. Berlin-Leipzig: W. de Gruyter 1927. Siehe auch: PRIGOGINE, I., u. R. DEFAY: Chemische Thermodynamik. Leipzig: VEB Deutscher Verlag für Grundstoffindustrie 1962.

[2] LEWIS, G. N., u. M. RANDALL: Thermodynamik (Deutsch von O. REDLICH), S. 175—178. Wien: J. Springer 1927.

[3] DUHEM, P.: Trav. Mem. Fac. Lille **1894**, 75—79.

[4] MARGULES, M.: Sitzber. Akad. Wiss. Wien **104**, 1243 (1895). (Siehe dazu A. EUCKEN: Lehrbuch der chemischen Physik, S. 442. Leipzig: Akademische Verlagsgesellschaft 1930.

Beispiel einer Konstanten C gleich[1]. Durch Integration erhält man dann:

$$\left.\begin{aligned} p_x &= \left(\frac{x_F}{100}\right)^C P_x, \\ p_y &= \left(\frac{100 - x_F}{100}\right)^C P_x, \end{aligned}\right\} \tag{7}$$

wobei P_x und P_y die Siededrücke der reinen Komponenten bei der vorliegenden Siedetemperatur bedeuten. Je nach der Wahl von C erhält man die erwähnten kennzeichnenden Fälle. Sie sind im folgenden aufgeführt, wobei ein den betreffenden Fall festlegender Zahlenwert für C genannt ist:

$C = 0$: Die flüssigen Einzelstoffe sind ineinander unlöslich. Die Teildrücke sind unabhängig von der Flüssigkeitskonzentration.

$C = 1$: Es liegt bei vollkommener Löslichkeit eine ideale Lösung vor. Die Dampfteildrücke sind verhältnisgleich den Flüssigkeitskonzentrationen.

$C = 0{,}5$ oder $C = 2$ (beispielsweise, nicht allgemein): Die Dampfteildrücke verändern sich bei konstanter Temperatur in Abhängigkeit von der Flüssigkeitskonzentration nach einer gekrümmten Linie. Dabei weist der Gesamtdruck bei einer bestimmten Konzentration einen Höchstwert (Maximumdampfdruck bei $C = 0{,}5$) oder einen Mindestwert (Minimumdampfdruck bei $C = 2$) auf.

Die geschilderten Möglichkeiten, welche als Grenzfälle aufzufassen sind, werden anschließend besonders behandelt. Darüber hinaus wird auch auf die teilweise Löslichkeit eingegangen. Das kennzeichnende Verhalten eines Flüssigkeitsgemisches muß aber stets zuerst durch Versuche erforscht werden. Abgesehen von der vollkommenen Unlöslichkeit und von dem Fall der idealen Lösung muß auch der Verlauf der einzelnen Kurven stets versuchsmäßig festgelegt werden. Den Verlauf dieser Kurven kann man durch eine Gleichung beliebig genau wiedergeben, wenn man die beiden Seiten der Gl. (6) nicht einfach einer Konstanten, sondern nach MARGULES[2] einer Potenzreihe ($C + C_1 x_F + C_2 x_F^2 + C_3 x_F^3 + \cdots$) gleichsetzt[3]. Eine Ungenauigkeit ist in den Gln. (7) insofern enthalten als sie bei nichtidealen löslichen Gemischen für große und kleine Gehalte an Leichtersiedendem nicht streng gelten

[1] HAUSEN, H.: Materialtrennung durch Destillation und Rektifikation in dem Sammelwerk von EUCKEN-JAKOB: Der Chemie-Ingenieur, Bd. I, Teil III, Kap. XV. Leipzig: Akademische Verlagsgesellschaft 1933.

[2] Siehe Fußnote 4, S. 7

[3] HAUSEN, H.: Rektifikation von Dreistoffgemischen, insbesondere von Sauerstoff-Stickstoff-Argongemischen. Forschungsheft, Ausgabe A, Nr. 1, S. 10, VDI-Verlag 1935. Die Gln. 7 werden zur Bestimmung der Gleichgewichtsverhältnisse des Dreistoffgemisches Sauerstoff-Stickstoff-Argon benutzt. In den Gleichungen wird $C = 1$ gesetzt und die rechte Seite mit einer e-Funktion multipliziert, weil die Anwesenheit des Argons das ideale Verhalten des Gemisches stört.

(siehe z. B. Abb. 12). Im ersten Falle ist nämlich in Wirklichkeit p_x direkt proportional x_F und im zweiten Falle p_y direkt proportional y_F. Der Vollständigkeit halber ist noch darauf hinzuweisen, daß es Flüssigkeitsgemische gibt, welche zu keinem der geschilderten Grenzfälle gehören und die beispielsweise zwischen demjenigen eines idealen Gemisches und einem solchen mit Minimum- oder Maximumsiedepunkt liegen.

2. Unlösliche Zweistoffgemische

Das Verhalten ineinander unlöslicher Stoffe wird am einfachsten am Beispiel des unlöslichen Zweistoffgemisches erläutert. In ihm verhält sich jeder Stoff so, als ob der andere nicht vorhanden wäre, d. h. jeder Stoff besitzt bei einer bestimmten Temperatur im Dampf einen Teildruck, der unabhängig von der Zusammensetzung der siedenden Flüssigkeit und gleich dem Siededruck (Dampfdruck) des einzelnen reinen Stoffes bei derselben Temperatur ist. In der Technik ist der eine unlösliche Stoff fast immer Wasser. Für diesen Fall ist in Abb. 2 gezeigt,

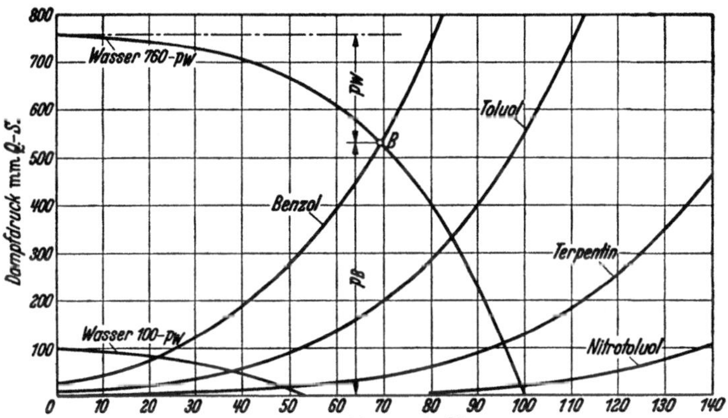

Abb. 2. Siedekurven von in Wasser unlöslichen Flüssigkeiten und Bestimmung der Siedetemperatur und der Dampfteildrücke von unlöslichen Zweistoffgemischen

wie die Siedetemperatur des Gemisches und die Zusammensetzung des Dampfes für einen beliebigen Gesamtdruck ermittelt werden können. Als Abszisse ist die Siedetemperatur und als Ordinate der zu einer bestimmten Temperatur gehörige Siededruck der mit Wasser vermischten Stoffe aufgetragen. Sollen die Zustände für einen Gesamtdruck von $p = 760$ mm Q.-S. untersucht werden, so wird nicht unmittelbar der Siededruck p_W des Wassers in Abhängigkeit von der Siedetemperatur in das Bild eingetragen, sondern an seiner Stelle der Unterschied

$760 - p_W$. In dem Schnittpunkt dieser $760 - p_W$-Linie[1] mit der Siedekurve eines bestimmten Stoffes können unmittelbar die Siedetemperatur des Gemisches und die Dampfteildrücke abgelesen werden. Der Schnittpunkt B in Abb. 2 liefert beispielsweise für das Gemisch Benzol-Wasser eine Siedetemperatur von 69 °C, einen Dampfteildruck des Benzols von $p_B = 534$ mm Q.-S. und einen Dampfteildruck des Wassers von $p_W = 226$ mm Q.-S. Der Benzolgehalt im Dampf ergibt sich mit Gl. (4) zu:

$$x_D = \frac{534}{760} \cdot 100 = 70{,}2 \text{ Mol-\%}.$$

In gleicher Weise können Siedetemperaturen und Dampfzusammensetzungen ermittelt werden, wenn der Gesamtdruck nicht 760 mm Q.-S., sondern beispielsweise nur $p = 100$ mm Q.-S. beträgt. An Stelle der Siedekurve des Wassers wird dann der Druckunterschied $100 - p_W$ in Abhängigkeit von der Siedetemperatur aufgetragen. Auch diese Linie ist in Abb. 2 eingezeichnet, wobei wieder p_W den zu einer bestimmten Siedetemperatur des Wassers gehörigen Dampfdruck des reinen Wassers bedeutet. Bei dem niedrigeren Gesamtdruck sinkt die Siedetemperatur des Gemisches auf etwa 21,5 °C und der Benzolgehalt im Dampf steigt auf 82 Mol-%. Mit sinkendem Druck nimmt also der Benzolgehalt im Dampf zu.

Aus der Kennzeichnung der unlöslichen Gemische geht hervor, daß der Dampfteildruck jedes Stoffes und der Gesamtdruck unabhängig von dem Gehalt x_F [Mol-%] des leichter siedenden Stoffes in der Flüssigkeit sind, wie es Abb. 3 zeigt. Weil jeder Stoff als Sattdampf dem Flüssigkeitsgemisch entweicht, sind die Dampfteildrücke p_x und p_y der beiden Komponenten unabhängig von der Flüssigkeitszusammensetzung und gleich den Sattdampfdrücken P_x und P_y der reinen Stoffe zu der vorliegenden Siedetemperatur:

$$\left.\begin{aligned} p_x &= P_x \\ \text{und} \quad p_y &= P_y \,. \end{aligned}\right\} \tag{8}$$

Zu der Darstellung gemäß Abb. 3 ist noch zu bemerken, daß es vollkommen unlösliche Gemische in der Technik kaum gibt. Die dick ausgezogenen Geraden sind deshalb in den Gebieten sehr niederer Gehalte der einzelnen Stoffe durch die gestrichelt angegebenen Linien zu ersetzen. Aus Abb. 3 und Gl. (4) folgt, daß bei unlöslichen Gemischen der Dampf mit gleichbleibender und von der Flüssigkeitskonzentration unabhängiger Zusammensetzung übergeht (s. Abb. 4). Die waagrechte Gerade der Abb. 4, welche den Benzolgehalt im Dampf angibt, schneidet die Diagonale im Punkte A. Dieser gibt den Zustand an, bei welchem Flüssigkeit und Dampf gleiche Zusammensetzungen haben. Ein solcher Zustands-

[1] Hausbrand, E.: Destillation mit eingeblasenem Wasserdampf. Apparatebau **33**, 302—304 (1921).

punkt wird allgemein als ausgezeichneter Punkt bezeichnet. Bei unlöslichen Gemischen besitzt demnach der Dampf die Zusammensetzung des ausgezeichneten Punktes.

An Hand der Abb. 2 ist gezeigt, daß die Siedetemperatur eines unlöslichen Gemisches tiefer liegt als die Siedetemperaturen der beiden einzelnen Bestandteile. Dabei ergab sich für einen Gesamtdruck von $p = 760$ mm Q.-S. für das Benzol-Wassergemisch eine Siedetemperatur von 69 °C, während Wasser allein bei 100 °C und Benzol allein bei 80 °C sieden. Von dieser Erscheinung macht die Technik durch die sogenannte Wasserdampf-Destillation Gebrauch. Sie wird bei Flüssigkeiten

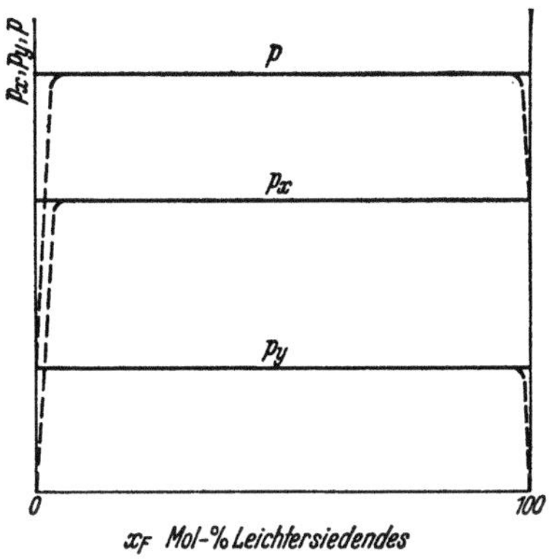

Abb. 3

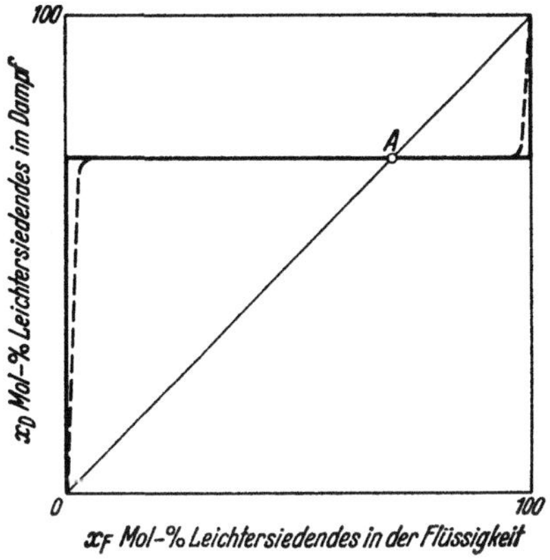

Abb. 4

Abb. 3. Abhängigkeit der Dampfteildrücke p_x und p_y sowie des Gesamtdruckes p von der Flüssigkeitszusammensetzung eines unlöslichen Zweistoffgemisches bei gleichgehaltener Siedetemperatur

Abb. 4. Dampfzusammensetzung (x_D [Mol-%] an Leichtersiedendem) in Abhängigkeit von der Flüssigkeitszusammensetzung (x_F [Mol-%] an Leichtersiedendem) eines unlöslichen Zweistoffgemisches bei konstantem Gesamtdruck ($p = 760$ mm Q.-S., Benzol-Wasser)

mit einem sehr hoch liegenden Siedepunkt oder bei solchen Flüssigkeiten angewendet, die sich, wie z. B. Fettsäuren, bei ihrer eigenen Siedetemperatur bereits zersetzen. Der Zweck dieses Verfahrens ist die Gewinnung einer Flüssigkeit in reinem Zustand, vor allem die Befreiung einer Flüssigkeit von nicht flüchtigen Verunreinigungen. Bei der praktischen Durchführung dieser Arbeitsweise wird vielfach Wasserdampf in die Flüssigkeit eingeblasen. Dieser muß in fein verteiltem Zustand eingeführt werden und die abzudestillierende Flüssigkeit und das Wasser müssen fein verteilt an die Verdampfungsoberfläche gelangen, damit sich der Gleichgewichtszustand ausbilden kann, wie er an Hand der Abb. 2

für unlösliche Gemische gekennzeichnet ist. Abweichungen von diesem Gleichgewichtszustand und damit verbundene Störungen ergeben sich dann, wenn der eingeleitete Dampf in großen Blasen durch die Flüssigkeit hindurchschlagen kann oder wenn nicht beide Flüssigkeiten die Verdampfungsoberfläche berühren. Mit dem eingeblasenen Dampf kann der gesamte Wärmebedarf gedeckt werden, wie das folgende Beispiel zeigt. Um eine Überfüllung der Blase mit Kondenswasser zu vermeiden, wird aber auch die zur Verdampfung erforderliche Wärme teilweise oder ganz durch Heizflächen übertragen.

Zahlenbeispiel: Wieviel kg Einblasedampf mit einem Druck von 1,5 ata und einer Temperatur von 120° C sind erforderlich, um durch atmosphärische Wasserdampf-Destillation 100 kg Terpentin zu erzeugen? Letzteres hat eine Verdampfungswärme von 74 kcal/kg und ein Molekulargewicht von $\mu_y = 136$ kg/Mol. Dasjenige des Wassers beträgt $\mu_x = 18{,}01$ kg/Mol.

Lösung: Aus Abb. 2 ist die Siedetemperatur des Gemisches mit 96° C, der Dampfteildruck des Terpentins zu $p_x = 114$ mm Q.-S. und der Dampfteildruck des Wassers zu $p_y = 646$ mm Q.-S. abzulesen. Der Dampf enthält also

$$x_D = \frac{646}{760} \cdot 100 = 85 \text{ Mol-\% Wasser.}$$

Dies entspricht nach Gl. (2b)

$$\xi_D = \frac{\dfrac{x_D}{\mu_y}}{\dfrac{x_D}{\mu_y} + \dfrac{100 - x_D}{\mu_x}} \cdot 100 = \frac{\dfrac{85}{136}}{\dfrac{85}{136} + \dfrac{15}{18{,}01}} \cdot 100 = 42{,}8 \text{ Gew.-\% Wasser.}$$

Danach gehen mit $G_T = 100$ kg Terpentin

$$G_W = \frac{42{,}8}{100 - 42{,}8} \cdot 100 = 74{,}8 \text{ kg Wasser}$$

über. Zur Verdampfung des Terpentins sind $100 \cdot 74 = 7400$ kcal aufzuwenden. Der Gesamtwärmeinhalt des Heizdampfes beträgt 648 kcal/kg und derjenige des Wasserdampfes mit 96° C nur 637 kcal/kg. Zur Austreibung von 100 kg Terpentin werden danach

$$G_K = \frac{7400 - 74{,}8 \cdot (648 - 637)}{648 - 96} = 11{,}9 \text{ kg}$$

Wasserdampf im Flüssigkeitsgemisch kondensiert. Der gesamte Dampfverbrauch zur Erzeugung von 100 kg Terpentin beträgt demnach $74{,}8 + 11{,}9 = 86{,}7$ kg.

Aus Abb. 2 geht hervor, daß die einfache Wasserdampfdestillation, bei welcher im Dampfgemisch gesättigter Wasserdampf entweicht, nur so lange angewendet werden kann, als die Destillationstemperatur kleiner als die Kondensationstemperatur des reinen Wasserdampfes ist. In allen anderen Fällen muß überhitzter Wasserdampf benutzt werden. Dabei ist es zweckmäßig, den Wasserdampf bereits überhitzt in die Flüssigkeit einzublasen und die Verdampfungswärme durch mit Feuergasen oder Dampf beheizte Flächen der Flüssigkeit zuzuführen. Grundsätzlich könnte man eine ähnliche Wirkung auch durch Einblasen von Luft in die Flüssigkeit erreichen, indem die Luft einen bestimmten Teildruck im Gesamtdruck einnimmt und damit ebenfalls die Siedetemperatur der Flüssigkeit erniedrigt. Weil aber die Luft ohne unwirtschaftliche Mehrkosten nicht verflüssigt werden kann und stets beachtliche Mengen des zu gewinnenden Stoffes mit sich fortführt, ist diese Arbeitsweise wegen der mit ihr zusammenhängenden Stoffverluste unzweckmäßig. Es wird deshalb Wasserdampf verwendet, der mit den Dämpfen der zu gewinnenden Flüssigkeit

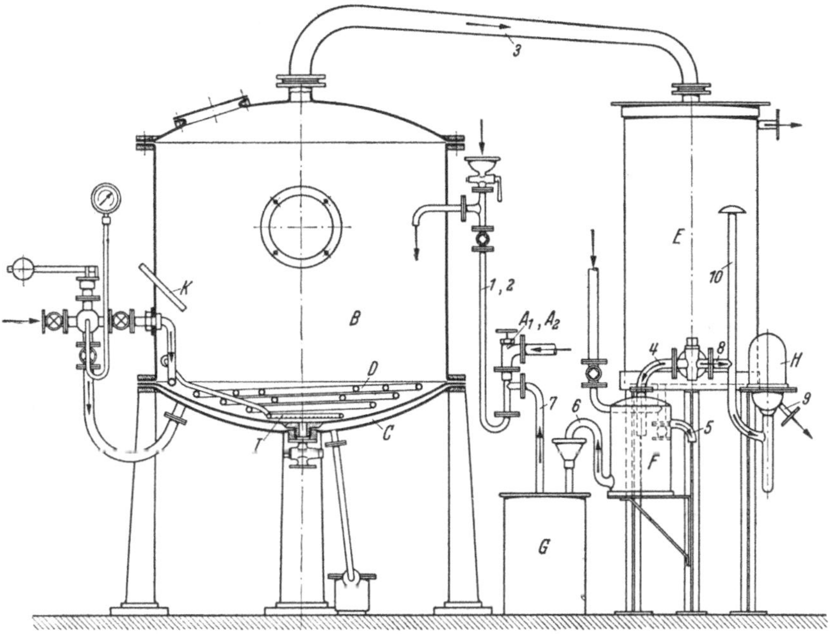

Abb. 5. Wasserdampfdestillationsanlage

Durch zwei nebeneinander angeordnete Dampfstrahlsauger A_1, A_2 wird die Destillierblase B durch zwei nebeneinanderliegende Leitungen *1*, *2* mit Öl und Wasser gefüllt. Die Verdampfungswärme wird der Flüssigkeit durch einen Doppelboden C und eine Heizdampfschlange D zugeführt. Das Dampfgemisch strömt durch Leitung *3* in den Wärmeaustauscher E zur Kondensation und Kühlung. Es gelangt durch einen Dreiwegehahn und Leitung *4* in die Scheideflasche F, aus der oben durch Leitung *5* das gewonnene Öl und unten durch Leitung *6* Wasser in den Behälter G abfließt. Letzteres wird durch den Dampfstrahlsauger A_1 über Leitung *7* in die Blase befördert. Soll dauernd ohne diesen Rücklauf destilliert werden, so wird die mittelbare Heizung abgeschaltet und durch Rohr I Dampf in das Gemisch eingeblasen. Wird ohne Wasser destilliert, so wird das Erzeugnis über den Dreiwegehahn, Leitung *8*, Vorlage H und Leitung *9* entnommen, während unkondensierbare Gase durch das Rohr *10* abströmen. Durch ein im Thermometerbeutel K steckendes Thermometer wird der Gang der Destillation verfolgt

niedergeschlagen und wegen der Unlöslichkeit durch Abstehen abgetrennt werden kann. In Abb. 5 ist beispielhaft eine Wasserdampf-Destillationsanlage gezeigt und erläutert.

Die für die unlöslichen Zweistoffgemische aufgestellten Gesetze haben entsprechend für unlösliche Dreistoff- und solche Gemische mit mehr als 3 Bestandteilen Gültigkeit.

3. Teilweise lösliche Zweistoffgemische

Abweichend von der vollkommenen Unlöslichkeit sinkt bei teilweiser Löslichkeit der Dampfteildruck desjenigen Stoffes, welcher in geringerer Menge in der Flüssigkeit vorhanden ist. Es ergibt sich daraus eine Abhängigkeit der Dampfteildrücke p_x des leichter siedenden und p_y des schwerer siedenden Stoffes sowie des Gesamtdruckes p von dem Gehalt x_F [Mol-%] an Leichtersiedendem in der Flüssigkeit für gleichgehaltene Siedetemperatur, wie sie Abb. 6 zeigt. Bei niedrigem Gehalt an leichter siedendem Stoff in der Flüssigkeit ist letzterer vollkommen im Gemisch gelöst. Sein Teildruck wächst zunächst mit steigender Konzentration von Null an und geht in einen gleichbleibenden Wert im Unlöslichkeitsgebiet über, welches zwischen den Flüssigkeitskonzentrationen x_{F_1} und x_{F_2} liegt. Bei hohen Werten von x_F steigt p_x weiter bis auf den Wert P_x, welcher den Dampfdruck der reinen leichter siedenden Komponente bei der vorliegenden Siedetemperatur darstellt. Entsprechendes gilt für den Dampfteildruck des schwerer siedenden Stoffes, welcher in reinem Zustande bei der gleichen Siedetemperatur den Siededruck P_y aufweist. Mit diesem beginnend steigt der Gesamtdruck mit wachsendem Gehalt an Leichtersiedendem in der Flüssigkeit auf einen Wert an, der in dem Bereich der Unlöslichkeit gleichbleibt, um bei hohen Gehalten an Leichtersiedendem in der Flüssigkeit auf den Wert P_x zu fallen. Der genannte gleichbleibende Wert von p innerhalb des Unlöslichkeitsgebietes stellt demnach einen Höchstwert (Maximumdampfdruck) dar.

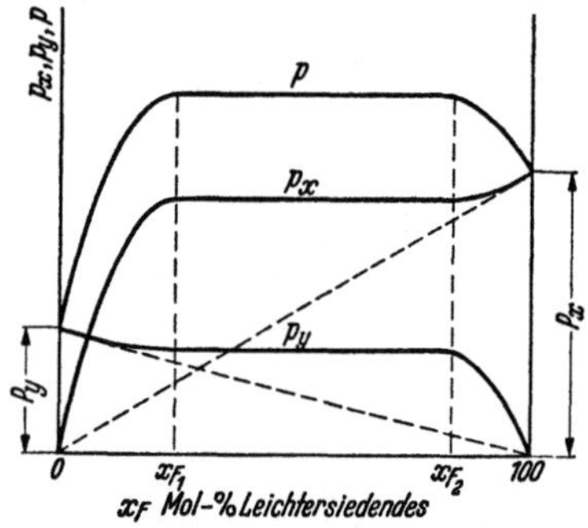

Abb. 6. Dampfteildrücke p_x und p_y sowie Gesamtdruck p in Abhängigkeit vom Gehalt x_F [Mol-%] an Leichtersiedendem in der Flüssigkeit eines teilweise löslichen Zweitstoffgemisches bei gleichbleibender Siedetemperatur

Das Unlöslichkeitsgebiet ist durch das folgende Verhalten gekennzeichnet. Während bei Flüssigkeitsgehalten, welche kleiner als x_{F_1} und größer als x_{F_2} sind, die beiden Flüssigkeiten vollkommen ineinander löslich sind, ergeben sich für Gehalte innerhalb des Unlöslichkeitsgebietes ineinander unlösliche Flüssigkeitsgemische. Läßt man diese bei der Siedetemperatur, für die Abb. 6 gilt, abstehen, so bilden sich zwei scharf voneinander getrennte Schichten aus. Die eine Schicht hat die Konzentration x_{F_1} und die andere die Konzentration x_{F_2}. Je nachdem die mittlere Flüssigkeitskonzentration x_F des Gemisches beider Schichten näher bei x_{F_1} oder x_{F_2} liegt, ist die Schicht mit dem Gehalt x_{F_1} oder diejenige mit

x_{F_2} größer. Die Flüssigkeit mit der Konzentration x_{F_1} hat gerade noch keine Trennschicht. Fügt man jedoch zu diesem Gemisch leichter siedenden Stoff, so beginnt die Schicht mit dem Gehalt x_{F_2} zu wachsen. Ist so viel leichter siedende Flüssigkeit dem Gemisch beigegeben, daß ihre Konzentration auf x_{F_3} gestiegen ist, so verschwindet die Trennfläche wieder.

Es ergab sich, daß bei vollkommener Unlöslichkeit und gleichgehaltener Siedetemperatur die Dampfteildrücke der einzelnen Komponenten unabhängig von der Flüssigkeitskonzentration und gleich den Siededrücken der reinen Komponenten bei der vorliegenden Siedetemperatur sind. Im Gegensatz dazu geht aus Abb. 6 für die teilweise Löslichkeit hervor, daß innerhalb des Unlöslichkeitsgebietes die Dampfteildrücke kleiner sind als die Siededrücke der reinen Komponenten. Mit zunehmender Lösungsfähigkeit der Flüssigkeiten sinken deshalb nicht nur die Teildrücke, sondern auch der Gesamtdruck. Bei gleichgehaltenem Siededruck jedoch steigt mit zunehmender Löslichkeit die Siedetemperatur. Während beispielsweise das Zweistoffgemisch Wasser-n-Butanol bei einem Gesamtdruck von 760 mm Q.-S. innerhalb des Unlöslichkeitsgebietes eine Siedetemperatur von 92,7° C[1] aufweist, würde sich für den gleichen Gesamtdruck dann, wenn das genannte Gemisch vollkommen unlöslich wäre, mit Hilfe des an Hand der Abb. 2 gezeigten Verfahrens eine Siedetemperatur von nur 89° C ergeben.

Für die Beurteilung der Möglichkeit zur Trennung eines teilweise löslichen Gemisches durch Destillation oder Rektifikation ist die Kenntnis der Abhängigkeit der Dampfkonzentration x_D [Mol-%] an Leichtersiedendem von der Flüssigkeitskonzentration x_F [Mol-%] bei gleichgehaltenem Gesamtdruck erforderlich. Diese Abhängigkeit kann unmittelbar aus der Messung der für den Siedezustand bei gleichgehaltenem Siededruck geltenden Flüssigkeits- und Dampfkonzentrationen oder aus dem Verlauf der zu verschiedenen Siedetemperaturen gehörigen Teildrücke und Gesamtdrücke ermittelt werden. Im letztgenannten Fall kommt zur Bestimmung des Dampfgehaltes x_D Gl. (4) in Anwendung, in der p den gegebenen Siededruck und p_x den Dampfteildruck, der einer bestimmten Flüssigkeitskonzentration x_F zugeordnet ist, bedeuten. Die sich ergebende Abhängigkeit des Gehaltes x_D [Mol-%] an Leichtersiedendem im Dampf von dem Gehalt x_F in der Flüssigkeit ist in Abb. 7 für das teilweise lösliche Gemisch Wasser-n-Butanol wiedergegeben. Mit zunehmendem Wassergehalt in der Flüssigkeit steigt zunächst innerhalb eines Löslichkeitsgebietes der Gehalt des gleichen Stoffes im Dampf bis zu einem im Unlöslichkeitsgebiet gleichbleibendem Wert. Dieser ergibt mit der

---

[1] Stockhardt, I. S., and C. M. Hull: Vapor-liquid-equilibria and boiling-point composition relations for systems n-Butanol-water and isobutanol-water. Ind. Eng. Chem. 23, 1438 (1931).

Diagonalen des Schaubildes den Schnittpunkt A, um bei großen Gehalten von x_F innerhalb eines zweiten Löslichkeitsgebietes weiter bis auf $x_D = 100$ Mol-% anzuwachsen. Die Linie, welche die Abhängigkeit

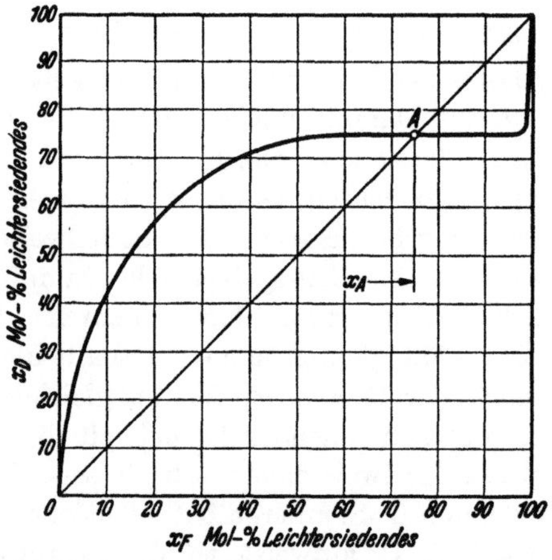

Abb. 7. Gleichgewichtskurve des teilweise löslichen Gemisches Wasser-n-Butanol bei einem Gesamtdruck von 760 mm Q.-S. (Der leichter siedende Stoff ist stets zuerst genannt)

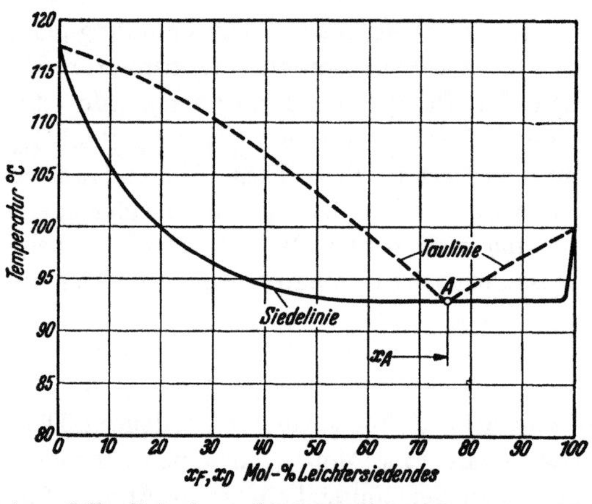

Abb. 8. Siedelinie und Taulinie des teilweise löslichen Gemisches Wasser-n-Butanol für einen Druck von 760 mm Q.-S.

des Dampfgehaltes vom Flüssigkeitsgehalt darstellt, wird allgemein mit Gleichgewichtskurve bezeichnet. Innerhalb des Unlöslichkeitsgebietes, in dem die Gleichgewichtskurve einen waagerechten Verlauf aufweist, ist die Siedetemperatur des Gemisches gleich. Für das genannte Stoffpaar hat sie bei einem Gesamtdruck von 760 mm Q.-S. einen Wert von 92,7° C.

Außerhalb des Unlöslichkeitsgebietes steigt sie an und erreicht bei $x_F = 0$ einen Wert von 117,4° C und bei $x_F = 100$ Mol-% einen Wert von 100° C.

Trägt man die Siedetemperatur eines Gemisches in Abhängigkeit vom Flüssigkeits- und Dampfgehalt auf, so erhält man die Siedelinie und die Taulinie, die in Abb. 8 für das Stoffpaar der Abb. 7 dargestellt sind. Beide Linien weisen einen Tiefstwert der Siedetemperatur (Minimumsiedepunkt) auf, und sie berühren sich in dem Punkte A, welcher der Konzentration $x_A = x_D = x_F = 75{,}2$ Mol-% Wasser des ausgezeichneten Punktes A entspricht. Unter Zugrundelegung vollkommener Unlöslichkeit errechnet sich ein Gehalt für den ausgezeichneten Punkt von 67,7 Mol-% Wasser. Die teilweise Löslichkeit wirkt sich also im Sinne einer Erhöhung des Gehaltes an leichter siedendem Stoff im Dampf aus. (Siehe dazu die im Anhang wiedergegebenen Gleichgewichtskurven und Zahlentafeln.)

4. Vollkommen lösliche Zweistoffgemische

a) Ideale Gemische

Wie bei der Behandlung der Gleichgewichte siedender Mehrstoffgemische (Abschnitt B III, 1) gezeigt wurde, ist bei vollkommener Löslichkeit der Grenzfall der sogenannten idealen Lösung von besonderer Bedeutung, bei welchem die Dampfteildrücke p_x und p_y der beiden Stoffe verhältnisgleich ihren Gehalten in der Flüssigkeit x_F [Mol-%] und $(100 - x_F)$ [Mol-%] sind. Bei einer vorgegebenen Siedetemperatur t erreichen dann die reinen Komponenten ihre zu dieser Temperatur gehörigen Sattdampfdrücke P_x und P_y, so daß gilt:

$$p_x = \frac{x_F}{100} P_x \tag{9}$$

und

$$p_y = \frac{100 - x_F}{100} P_y \,. \tag{9a}$$

Damit wird der Gesamtdruck:

$$p = p_x + p_y = \frac{x_F}{100} P_x + \frac{100 - x_F}{100} P_y \,. \tag{10}$$

Aus diesen Zusammenhängen folgt, daß nicht nur die Abhängigkeit der Teildrücke, sondern auch die des Gesamtdruckes von der Flüssigkeitskonzentration durch Geraden gegeben ist, wie sie Abb. 9 zeigt. Die Destillier- und Rektifizierverfahren werden aber nicht bei gleichgehaltener Siedetemperatur, sondern bei konstantem Gesamtdruck durchgeführt. Dem Zusammenhang zwischen Dampfteildruck bzw. Dampfkonzentration einerseits und Flüssigkeitskonzentration anderseits für gleichgehaltenen Siededruck kommt deshalb die größte Bedeutung zu. Er wird auf die folgende Art ermittelt: Bedeutet P_{x_1} den zu einer Siedetemperatur t_1

gehörigen Siededruck der leichter siedenden reinen Komponente und P_{y_1} den zu derselben Temperatur gehörigen Siededruck der schwerer sie-

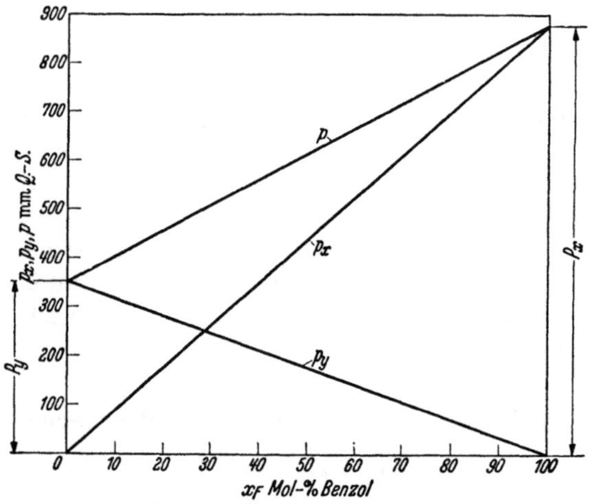

Abb. 9. Abhängigkeit der Dampfteildrücke und des Gesamtdruckes des idealen Zweistoffgemisches Benzol-Toluol von dem Gehalt an Leichtersiedendem x_F [Mol-%] Benzol in der Flüssigkeit bei einer Siedetemperatur von 85° C

denden Komponente, so ist die aus Gl. (10) sich ergebende und zu t_1 gehörige Flüssigkeitskonzentration bestimmt durch:

$$x_{F_1} = \frac{p - P_{y_1}}{P_{x_1} - P_{y_1}} \cdot 100\,. \tag{11}$$

Daraus ergibt sich die Konzentration des Dampfes, der beim Sieden bei der Temperatur t_1 aus der Flüssigkeit mit dem Gehalt x_{F_1} entsteht, zu:

$$x_{D_1} = \frac{\frac{x_{F_1}}{100} P_{x_1}}{p} \cdot 100 = \frac{P_{x_1}}{p} x_{F_1}\,. \tag{12}$$

Auf die gleiche Art, wie zu t_1 ein x_{F_1} und ein x_{D_1} gefunden wurden, werden zu der Siedetemperatur t_2 eine Flüssigkeitskonzentration x_{F_2} und eine Dampfkonzentration x_{D_2}, ebenso zu t_3 ein x_{F_3} sowie ein x_{D_3} usw. ermittelt. Trägt man die zu bestimmten Flüssigkeitsgehalten x_{F_1}, x_{F_2}, x_{F_3} usw. gehörigen Dampfgehalte x_{D_1}, x_{D_2}, x_{D_3} usw. in einem Koordinatensystem auf, so erhält man die Gleichgewichtskurve. Abb. 10 zeigt diesen Zusammenhang zwischen Dampf- und Flüssigkeitskonzentration für ein ideales Gemisch.

Im ganzen Konzentrationsgebiet verläuft die Kurve oberhalb der Diagonalen des Schaubildes. Es ist dies aber nicht allgemein ein Kennzeichen für ideale Lösungen. Jedem Punkte der Gleichgewichtskurve ist eine bestimmte Siedetemperatur zugeordnet. Trägt man diese Temperatur in Abhängigkeit von der Flüssigkeitskonzentration auf, so erhält man die Siedelinie, während die Taulinie den Zusammenhang zwischen

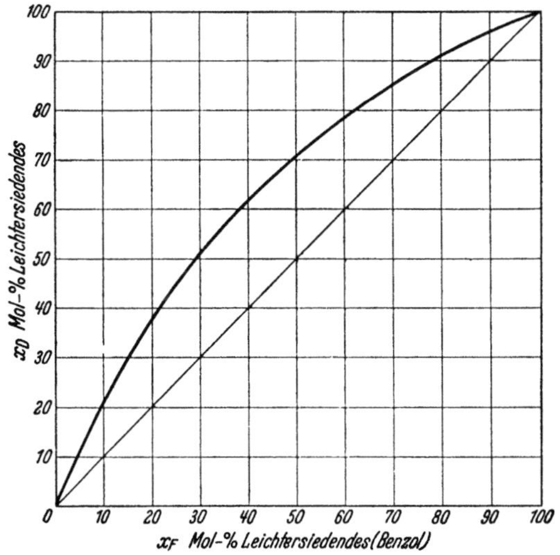

Abb. 10. Gleichgewichtskurve des idealen Gemisches Benzol-Toluol bei einem Druck von 760 mm Q.-S.

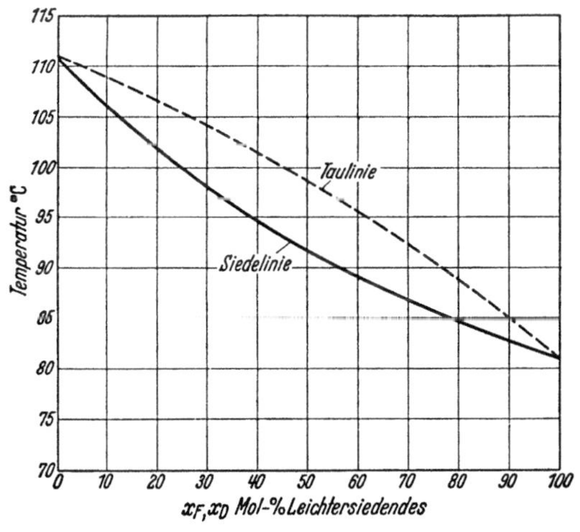

Abb. 11. Siede- und Taulinien des idealen Gemisches Benzol-Toluol bei einem Druck von 760 mm Q.-S.

Kondensationstemperatur des Dampfes und Dampfzusammensetzung wiedergibt. Beide Linien zeigt das Temperaturschaubild Abb. 11. Aus ihm kann die zu einer beliebigen Siedetemperatur gehörige Flüssigkeits- und

Dampfkonzentration dadurch erhalten werden, daß man in dem erwähnten Schaubild den Schnittpunkt der einer bestimmten Temperatur zugeordneten Waagrechten mit der Siede- und Taulinie aufsucht.

Auf ein ideales Gemisch kann allgemein aus bestimmten Merkmalen geschlossen werden. Zu ihnen zählt vor allem eine gewisse chemische Verwandtschaft der einzelnen Stoffe. Als weiteres Kennzeichen kann angeführt werden, daß auch die kritischen Drücke der einzelnen Stoffe gleich sein sollen und daß ihre molekularen Anziehungskräfte in der Flüssigkeit einem bestimmten Gesetz folgen[1,2]. Bezeichnen nämlich a_1 und a_2 die Anziehungskräfte zwischen den Molekülen gleicher Stoffe und $a_{1\,2}$ die Anziehungskraft zwischen den Molekülen verschiedener Stoffe, so soll die Bedingung erfüllt sein: $a_{12} = \sqrt{a_1 a_2} = a_1 = a_2$. In unlöslichen Flüssigkeitsgemischen sind die molekularen Anziehungskräfte zwischen verschiedenen Stoffen vernachlässigbar klein gegenüber den Anziehungskräften zwischen gleichnamigen Molekülen.

Die Dampfteildrücke und die Dampfzusammensetzung (Gleichgewichtskurve) können aus den Siededrücken der reinen Komponenten nur für unlösliche und vollkommen lösliche ideale Gemische auf die angegebene Weise bestimmt werden. Für alle anderen Mischungen sind die genannten Zusammenhänge in der erforderlichen Genauigkeit nur durch Versuche auffindbar.

Es ist auch schon versucht worden, den Verlauf der Gleichgewichtskurve von beliebigen Mischungen aus einer Beziehung zwischen Mischungswärme und Zusammensetzung des Gemisches unter der Voraussetzung zu berechnen, daß wenigstens ein einziger Meßpunkt (außerhalb $x_F = 50$ Mol-%) vorgegeben ist. Weil aber die Ergebnisse „rohen Schätzungen“ entsprechen, genügt der Hinweis an dieser Stelle.

Es scheint nicht ausgeschlossen, daß Untersuchungen über die Konstitution von Flüssigkeiten[3] und über ihr Assoziationsverhalten[4,5,6] es einmal ermöglichen werden, das Siedeverhalten von Flüssigkeitsgemischen vorauszuberechnen. Indessen ist es verfrüht, auf diese Zusammenhänge näher einzugehen.

---

[1] Berthelot, D.: Über Gasmischungen. Compt. Rend. **126**, 1703 (1898).

[2] Galitzine: Über Daltons Gesetz. Wied. Ann. **41**, 770 (1890).

[3] Nach einem von W. Jost und R. Haase auf der Apparatebautagung in Ettlingen bei Karlsruhe im September 1947 gehaltenen Vortrage.

[4] Eucken, A.: Zur Kenntnis der Konstitution des Wassers. Nachr. Akad. Wiss. Göttingen, Math.-Phys. Kl. **146**. Der Einfluß gelöster Stoffe auf die Konstitution des Wassers. Nachr. Akad. Wiss. Göttingen, Math.-Phys. Kl. **1947**. Assoziation in Flüssigkeiten. Z. Elektrochem. **52**, 225—269 (1948).

[5] Goller, H., u. E. Wicke: Zur Thermodynamik verdünnter Alkohol-Wasser-Mischungen. Z. Angew. Chem. **59**, 117 (1947).

[6] Kreuzer, J.: Zur Auswertung molekularer Assoziationsmessungen nach dem Massenwirkungsgesetz (theoretische Abhandlung). Z. Physik. Chem. (B) **53**, 213 (1943).

b) Gemische mit Maximumsiedepunkt (Minimumdampfdruck)

Sind die Anziehungskräfte zwischen gleichnamigen Molekülen einander gleich groß, so folgt für das ideale Gemisch, daß diese Anziehungskräfte auch gleich denjenigen zwischen den Molekülen verschiedener Stoffe sind. Ist aber die Kraft a_{12} wesentlich größer als die Anziehungskräfte a_1 und a_2 zwischen gleichnamigen Molekülen, so werden beim Sieden die Moleküle stärker in der Flüssigkeit zurückgehalten und sie gehen

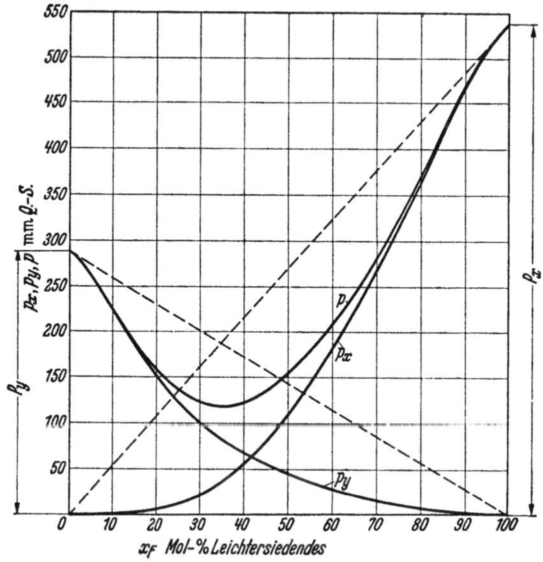

Abb. 12. Verlauf der Teildrücke p_x und p_y und des Gesamtdruckes p des Gemisches Salpetersäure-Wasser (mit Minimumdampfdruck) bei gleichbleibender Siedetemperatur von 75° C

schwerer in den Dampf über als bei idealen Lösungen. Die Folge davon ist, daß die Teildrücke kleiner werden. Dieses Verhalten läßt Abb. 12 erkennen, in welchem für das vollkommen lösliche Flüssigkeitsgemisch Salpetersäure-Wasser[1] die Teildrücke p_x des leichter siedenden (Salpetersäure) und p_y des schwerer siedenden Stoffes in Abhängigkeit von der Flüssigkeitskonzentration aufgetragen sind. Es ist ersichtlich, daß beide Teildrucklinien unterhalb der gestrichelt gezeichneten Geraden liegen, welche den Verlauf der Teildrücke idealer Lösungen angeben und die durch die Dampfdrücke der reinen Komponenten P_x und P_y für die vorliegende Temperatur gegeben sind. Verlaufen die Teildrucklinien tangential an die erwähnten Verbindungsgeraden, so nähert sich das Ver-

[1] Perry, John H.: Chemical Engineers Handbook, S. 13-5. New York-Toronto-London: McGraw-Hill Book Comp. Inc. 1963.

halten des Flüssigkeitsgemisches um so mehr dem Verhalten der idealen Lösung, je reiner die eine Flüssigkeit ist. Die bestimmten Flüssigkeitskonzentrationen zugeordnete Summe der Teildrücke ergibt den Verlauf des Gesamtdruckes p. Dieser weist bei einer bestimmten Flüssigkeitszusammensetzung einen Kleinstwert auf, welcher mit Minimumdampfdruck bezeichnet wird.

Aus dem für verschiedene Siedetemperaturen geltenden Verlauf der Teildrucklinien und des Gesamtdruck kann für einen gegebenen Ge-

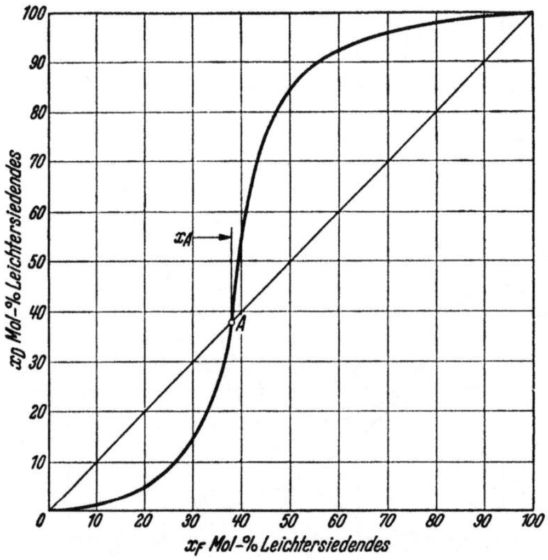

Abb. 13. Gleichgewichtskurve des Gemisches Salpetersäure-Wasser (mit Maximumsiedepunkt) bei einem Druck von 760 mm Q.-S.

samtdruck mit Hilfe der Beziehung 4 die Gleichgewichtskurve ermittelt werden. Sie ist für das genannte Gemisch in Abb. 13 wiedergegeben, aus dem hervorgeht, daß sie bei kleiner Flüssigkeitskonzentration unterhalb der Diagonalen des Schaubildes verläuft, letztere im ausgezeichneten Punkt A schneidet und danach oberhalb der Diagonalen liegt. Ein lösliches Gemisch mit der Zusammensetzung des ausgezeichneten Punktes wird allgemein azeotropisches Gemisch genannt. Es weist im Falle der Abb. 13 bei einem Gesamtdruck von 760 mm Q.-S. einen Gehalt von 38,3 Mol-% Salpetersäure (entsprechend 68,5 Gew.-% Salpetersäure) auf. Der ausgezeichnete Punkt ist für die technische Trennung von Flüssigkeitsgemischen ein Hindernis, weil durch einfache Destillation oder durch Rektifikation seine Zusammensetzung nicht überschritten werden kann. Er legt deshalb die Grenze der Trennung fest.

Die Abhängigkeit der Siedetemperatur von der Flüssigkeits- und Dampfzusammensetzung für das gewählte Gemisch mit Maximumsiedepunkt geht aus dem Verlauf der in Abb. 14 dargestellten Siede- und Taulinien hervor. Sie zeigen, daß die Siedetemperatur mit steigendem Gehalt an Salpetersäure mit 100° C beginnend zunächst wächst, um im Maximumsiedepunkt A einen Höchstwert von 122° C zu erreichen. Von diesem Punkt an sinkt die Siedetemperatur wieder auf diejenige der reinen Salpetersäure mit 87° C. Aus der Siedelinie ist beispielsweise abzulesen, daß bei 110° C sowohl ein Flüssigkeitsgemisch mit 11 Mol-% als auch mit 53 Mol-% Salpetersäure siedet und daß sich bei derselben Temperatur

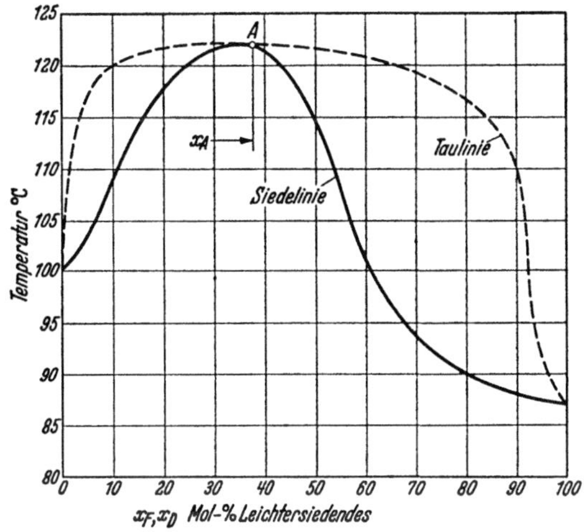

Abb. 14. Siede- und Taulinien für das Gemisch Salpetersäure-Wasser (mit Maximumsiedepunkt) bei einem Druck von 760 mm Q.-S.

im ersten Falle ein Dampf mit 1,5 und im zweiten Falle mit 90 Mol-% Salpetersäure bildet. Bei den in den Abb. 13 und 14 angegebenen Punkten A ist die Zusammensetzung x_A des azeotropischen Gemisches vorhanden.

In vielen der bekannten Zweistoffgemische mit Maximumsiedepunkt ist der eine Bestandteil eine Säure; es liegen aber auch andere Fälle vor[1, 2], bei denen festgestellt werden konnte, daß die Flüssigkeitsgemische einen Minimumdampfdruck aufweisen, wenn auch im einzelnen der Verlauf der Gleichgewichtskurven und der Dampfteildrücke nicht immer untersucht worden ist. (Siehe auch die im Anhang angegebenen Gleichgewichtskurven und Zahlentafeln für die in der Technik wichtigen Flüssigkeitsgemische mit Minimumdampfdruck.)

---

[1] Rechenberg, C. v.: Einfache und fraktionierte Destillation in Theorie und Praxis, S. 558. Miltitz b. Leipzig: Schimmel & Co. 1923.

[2] Young-Prahl: Theorie und Praxis der Destillation, S. 63. Berlin: Springer 1932.

c) Gemische mit Minimumsiedepunkt (Maximumdampfdruck)

Häufiger als Zweistoffgemische mit einem Minimumdampfdruck sind solche mit einem Maximumdampfdruck. Er kann dadurch zustande kommen, daß die gekennzeichneten molekularen Anziehungskräfte a_{12} zwischen den Molekülen verschiedener Stoffe kleiner sind als die zwischen den gleichnamigen Molekülen wirkenden Kräfte a_1 und a_2. Es kann jedoch noch eine andere Erscheinung ausschlaggebend für das Auftreten eines Maximumdampfdruckes sein. Weisen nämlich eine der beiden Flüssigkeiten oder auch beide Stoffe in reinem Zustande Assoziation auf, so ist es möglich, daß diese durch die beim Vermischen der Stoffe auftretenden, zwischen verschiedenen Molekülen wirkenden Anziehungskräfte bis zu einem gewissen Grade aufgehoben wird, so daß sich neue

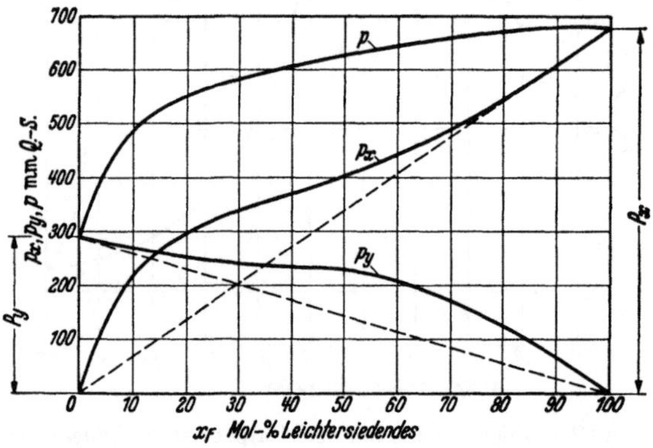

Abb. 15. Verlauf der Teildrücke p_x und p_y und des Gesamtdruckes p des Gemisches Äthylalkohol-Wasser (mit Maximumdampfdruck) bei gleichbleibender Siedetemperatur von 75° C

Moleküle freilegen, welche eine Vergrößerung des Dampfteildruckes zur Folge haben. Abb. 15 zeigt am Beispiele des Gemisches Äthylalkohol-Wasser[1], daß hierbei der Verlauf der Teildrücke p_x und p_y des Alkohols und des Wassers oberhalb der geraden, gestrichelt angegebenen Linien liegt. Aus der Tatsache, daß der Teildruck p_x des Alkohols bei kleiner Konzentration mit wachsendem x_F sehr rasch ansteigt, ist zu schließen, daß Wasser in reinem Zustand stark assoziiert vorliegt. Aus den Teildrücken ergibt sich der Verlauf des Gesamtdruckes p. Er weist bei der gewählten Siedetemperatur von 75° C bei einer Flüssigkeitskonzentration von 90,3 Mol-% Alkohol einen Höchstwert („Maximumdampfdruck") auf.

[1] Kirschbaum, E., u. F. Gerstner: Gleichgewichtskurven, Siede- und Taulinien von Äthylalkohol-Wassergemischen bei Unterdrücken. VDI-Beih. Verfahrenstechnik **1939**, Nr. 1, 10—15.

Die für die Verfolgung der Verfahren zur Flüssigkeitstrennung wichtige Gleichgewichtskurve ist für das behandelte Gemisch in Abb. 16 dargestellt. Bei niederen Gehalten an leichter siedendem Stoff in der Flüssigkeit liegt die Gleichgewichtskurve oberhalb der Diagonalen, schneidet

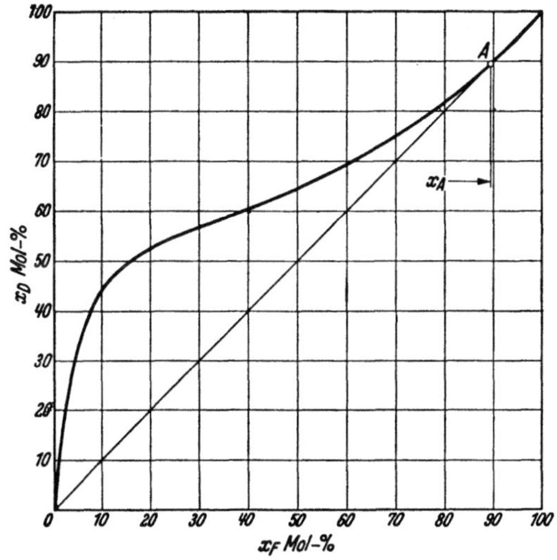

Abb. 16. Gleichgewichtskurve des Gemisches Äthylalkohol-Wasser (mit Minimumsiedepunkt) bei einem Druck von 760 mm Q.-S.

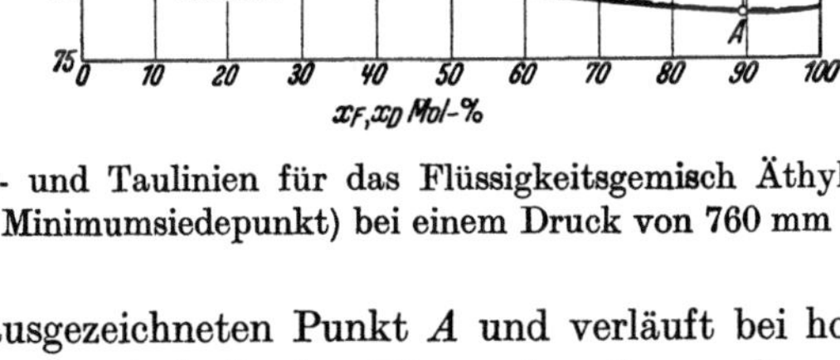

Abb. 17. Siede- und Taulinien für das Flüssigkeitsgemisch Äthylalkohol-Wasser (mit Minimumsiedepunkt) bei einem Druck von 760 mm Q.-S.

letztere im ausgezeichneten Punkt *A* und verläuft bei hohen Alkoholkonzentrationen unterhalb der Diagonalen. Im vorliegenden Fall ist der ausgezeichnete Punkt bei einem Druck von 760 mm Q.-S. durch die Zusammensetzung des azeotropischen Gemisches mit 89,5 Mol-% Äthylalkohol (entsprechend 95,57 Gew.-% Alkohol) gekennzeichnet.

Den Zusammenhang zwischen Siedetemperatur einerseits und Dampfsowie Flüssigkeitskonzentration anderseits geben die in Abb. 17 dargestellten Siede- und Taulinien an. Danach nimmt die Siedetemperatur von 100° C mit steigendem Alkoholgehalt bis zu einem Kleinstwert im Minimumsiedepunkt A ab, dem bei einem Druck von 760 mm Q.-S. abs. eine Temperatur von 78,15° C und der angeführte Alkoholgehalt von 89,5 Mol-% entsprechen. Von dem genannten Tiefstwert an nimmt die Siedetemperatur mit steigendem x_F wieder zu, um bei $x_F = 100$ (reiner Alkohol) einen Temperaturwert von 78,3° C zu erreichen. In dem Bereich zwischen den Konzentrationen von $x_F = 89{,}5$ bis $x_F = 100$ Mol-% liegen Siede- und Taulinie nahe beieinander, ohne zusammenzufallen. (Siehe auch die Angaben für Gemische mit Minimumsiedepunkt im Anhang.) Es ist eine sehr große Anzahl von Zweistoffgemischen mit Minimumsiedepunkt bekannt [1,2], wenn auch die Gleichgewichtskurven und der Verlauf der Teildrucklinien nur bei einer beschränkten Anzahl untersucht worden sind.

Außer durch die geschilderten Möglichkeiten soll allgemein ein ausgezeichneter Punkt auch dadurch zustande kommen können, daß sich die Dampfdruckkurven (Abhängigkeit des Dampfdruckes von der Siedetemperatur) der beiden reinen Flüssigkeiten überschneiden[3].

5. Zusammenfassende Betrachtung über den Verlauf der Gleichgewichtskurven von Zweistoffgemischen

Die angegebenen Kennzeichnungen des Verhaltens von Zweistoffgemischen im Siedezustand machen es möglich, aus dem Verlauf der Gleichgewichtskurve bereits die Art des Zweistoffgemisches anzugeben. In Abb. 18 sind die verschiedenen Fälle zusammengefaßt. Während bei dem vollkommen unlöslichen Gemisch die Gleichgewichtskurve *a* durch eine über den ganzen Bereich der Flüssigkeitskonzentration reichende Gerade gegeben ist, liegt eine waagrechte Gerade beim teilweise löslichen Gemisch gemäß Linie *b* nur innerhalb eines bestimmten Flüssigkeitskonzentrationsbereiches vor. Beide Geraden schneiden die Diagonale in einem ausgezeichneten Punkt, in welchem Flüssigkeits- und Dampfkonzentration gleich sind. Grundsätzlich kann aber die horizontale Gerade der Linie *b* so hoch liegen oder so kurz sein und der im Gebiet hoher Gehalte an Leichtersiedendem sich anschließende Kurvenzweig kann so verlaufen, daß sich kein Schnittpunkt mit der Diagonalen ergibt. In allen anderen Fällen ist die Gleichgewichtskurve durch eine gekrümmte Linie gegeben. Sie verläuft beim idealen Gemisch gemäß Kurve *c* oberhalb der Diagonalen, beim Gemisch mit Maximumsiedepunkt (Kurve *d*) bei kleinen Gehalten an Leichtersiedendem in der Flüssigkeit unterhalb der

[1] Siehe Fußnote 1, S. 23; S. 515.
[2] Siehe Fußnote 1, S. 23; S. 55.
[3] Siehe Fußnote 1, S. 23; S. 523.

Diagonalen, schneidet letztere im ausgezeichneten Punkt und liegt bei hohen Flüssigkeitskonzentrationen oberhalb der Diagonalen. Beim Gemisch mit Minimumsiedepunkt (Kurve *e*) sind bei kleinen Gehalten an Leichtersiedendem in der Flüssigkeit die Gehalte an Leichtersiedendem im Dampf größer als erstere, sie sind im ausgezeichneten Punkt gleich

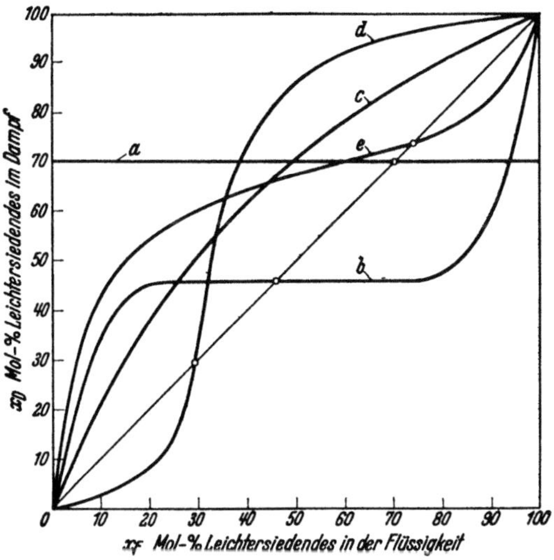

Abb. 18. Gleichgewichtskurven verschiedener Zweistoffgemische bei konstantem Druck

a vollkommen unlösliches Gemisch; *b* teilweise lösliches Gemisch; *c* vollkommen lösliches Gemisch ohne ausgezeichneten Punkt (z. B. ideale Lösung); *d* Gemisch mit Maximumsiedepunkt; *e* Gemisch mit Minimumsiedepunkt

groß, während bei Flüssigkeitskonzentrationen, die oberhalb der Konzentration des ausgezeichneten Punktes liegen, die Zahlenwerte der Dampfgehalte diejenigen der Flüssigkeitsgehalte unterschreiten. Das Fehlen eines ausgezeichneten Punktes muß nicht zwangsläufig ein ideales Gemisch bedingen. Die Gleichgewichtskurve kann also oberhalb der Diagonalen verlaufen, ohne daß die Mischung ideal ist oder einen ausgezeichneten Punkt aufweist.

Von einer großen Zahl von Gemischen (Zwei- und Dreistoffgemischen) sind im Schrifttum[1,2,3,4] Phasengleichgewichte und physikalisch kennzeichnende Werte mitgeteilt oder es ist angegeben, zu welcher Art das jeweilige Gemisch gehört.

---

[1] Müller, E., u. H. Stage: Experimentelle Vermessung von Dampf-Flüssigkeits-Phasengleichgewichten. Berlin-Göttingen-Heidelberg: Springer 1961.

[2] Chin Chu, J., R. J. Getty, L. F. Brennecke, and R. Paul: Destillation, equilibrium data. New York: Reinhold Publ. Corp. 1950.

[3] Lecat, M.: Tables azéotropiques, 2. Ed. Bruxelles: Ucclé 1949.

[4] American Chemical Society: Azeotropic data. Advan. Chem. Ser. 6, 1952.

6. Dreistoffgemische

Bei der Festlegung der Gleichgewichtszustände von Dreistoffgemischen sind dieselben Grundgesetze wie bei Zweistoffgemischen maßgebend. Weil jedoch eine Stoffkomponente mehr vorhanden ist, muß für die bildliche Darstellung des Zustandes des Gemisches eine andere zeichnerische Grundlage gewählt werden. Dazu eignet sich das gleichseitige Dreieck besonders gut. Seinen Ecken werden die Namen der drei Stoffe

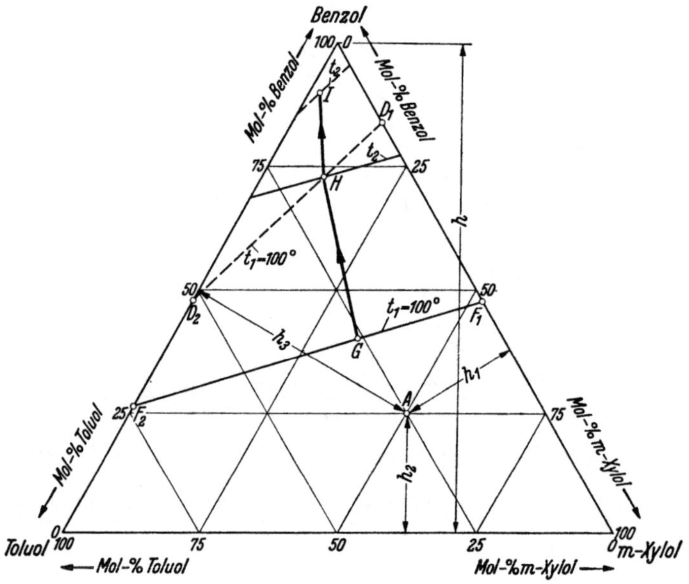

Abb. 19. Bestimmung der Flüssigkeits- und Dampfisothermen sowie der Destillationslinien (ideales Dreistoffgemisch)

beigeschrieben und auf seinen Seiten die Gehalte der einzelnen Stoffe in Mol-% aufgetragen. Dem Zustandspunkt A eines Dreistoffgemisches (z. B. Benzol-Toluol-m-Xylol) in Abb. 19 entspricht beispielsweise ein Gehalt von 25 Mol-% Benzol, 25 Mol-% Toluol und 50 Mol-% m-Xylol. Die geometrische Grundlage der gewählten Darstellungsweise besteht darin, daß die Summe der Höhenabschnitte h_1, h_2 und h_3 eines Punktes (s. Abb. 19) gleich der Höhe h des Dreiecks ist.

Der Gehalt des leichtest siedenden Stoffes in der Flüssigkeit sei mit x_F [Mol-%], derjenige des mittel siedenden Stoffes mit y_F [Mol-%] und der des am schwersten siedenden Stoffes mit z_F [Mol-%] bezeichnet. Danach muß sein:

$$x_F + y_F + z_F = 100\,. \tag{13}$$

Entsprechend gilt für die Dampfgehalte x_D, y_D und z_D [Mol-%]:

$$x_D + y_D + z_D = 100\,. \tag{14}$$

Bedeuten p_x den bei einer bestimmten Siedetemperatur im Dampfgemisch sich einstellenden Teildruck des leicht siedenden Stoffes, p_y den Teildruck des mittel siedenden und p_z den Dampfdruck des schwer siedenden Stoffes, so ergibt sich der Gesamtdruck p aus:

$$p_x + p_y + p_z = p\,. \tag{15}$$

Auch die Dreistoffgemische kann man nach ihrer gegenseitigen Löslichkeit in einzelne Untergruppen einteilen. Sind alle drei Stoffe gegenseitig unlöslich, so nimmt jeder Stoff im Dampf einen Teildruck ein, der gleich ist dem Dampfdruck der reinen Komponente bei der gleichen Siedetemperatur. In der Technik kommt den unlöslichen Dreistoffgemischen nur eine geringe Bedeutung zu. Beinahe immer sind alle drei Stoffe oder wenigstens einzelne Zweistoffpaare ineinander löslich.

a) Ideale Dreistoffgemische (ein Destillationsfeld im Darstellungsdreieck)

Ein ideales Dreistoffgemisch ist ähnlich wie ein ideales Zweistoffgemisch dadurch gekennzeichnet, daß bei gleichbleibender Siedetemperatur der Dampfteildruck jedes Stoffes linear mit seinem Gehalt in Mol-% in der Flüssigkeit wächst. Bedeuten P_x, P_y und P_z die einer bestimmten Siedetemperatur zugeordneten Siededrücke der reinen Komponenten, wobei sich der Zeiger x auf den leichtest siedenden und der Zeiger z auf den am schwersten siedenden Stoff bezieht, so sind die zu bestimmten Flüssigkeitskonzentrationen gehörigen Teildrücke der einzelnen Stoffe bei gleichbleibender Siedetemperatur durch die folgenden Beziehungen gegeben [s. S. 17, Gl. (9)]:

$$p_x = \frac{x_F}{100} P_x\,, \tag{16}$$

$$p_y = \frac{y_F}{100} P_y\,, \tag{17}$$

$$p_z = \frac{z_F}{100} P_z\,. \tag{18}$$

Wird p_z aus Gl. (15) und z_F aus Gl. (13) in Gl. (18) eingesetzt, so folgt:

$$p - p_x - p_y = \frac{P_z}{100} \cdot (100 - x_F - y_F)\,.$$

In dieser Gleichung können p_x und p_y durch die Werte aus den Gln. (16) und (17) ersetzt werden:

$$p - P_z = \frac{x_F}{100}(P_x - P_z) + \frac{y_F}{100}(P_y - P_z)\,. \tag{19}$$

In Gl. (19) sind für eine gegebene, gleichbleibende Siedetemperatur und bei gegebenem Destillationsdruck p nur x_F und y_F veränderlich. Wählt man die eine der beiden Veränderlichen, dann ist die andere berechenbar. Gl. (19) gibt deshalb den geometrischen Ort aller Flüssigkeitszusammensetzungen an, welche die gleiche Siedetemperatur haben. Für diese liegen alle Zustandspunkte mit den Gehalten x_F und y_F in dem Darstellungsdreieck auf einer Geraden, welche zwei Seiten des Dreiecks in zwei Punkten, beispielsweise in F_1 und F_2 (s. Abb. 19) schneidet. Diese in Abb. 19 voll ausgezogene Gerade stellt deshalb eine Flüssigkeitsisotherme für eine bestimmte Temperatur, z. B. für t_1, dar.

In Gl. (19) können die veränderlichen Flüssigkeitsgehalte x_F und y_F durch die zu der gleichen Siedetemperatur gehörigen Dampfgehalte ersetzt werden, indem für die Teildrücke p_x und p_y in Gl. (4) die Werte aus Gl. (16) und (17) eingeführt werden. Es ergibt sich dann:

$$x_D = \frac{p_x}{p} \cdot 100 = \frac{P_x}{100} x_F \cdot 100 \cdot \frac{1}{p} = \frac{P_x}{p} x_F .$$

Daraus folgt:

$$\left.\begin{aligned} x_F &= \frac{p}{P_x} x_D , \\ y_F &= \frac{p}{P_y} y_D , \\ z_F &= \frac{p}{P_z} z_D . \end{aligned}\right\} \tag{20}$$

Werden x_F und y_F aus der Gl. (20) in Gl. (19) eingesetzt, so ergibt sich die Gleichung für die Dampfisotherme:

$$p - P_z = \frac{p}{P_x \cdot 100} x_D (P_x - P_z) + \frac{p}{P_y \cdot 100} y_D (P_y - P_z) . \tag{21}$$

Diese Beziehung stellt im Darstellungsdreieck ebenfalls eine Gerade dar. Auf ihr liegen alle Zustandspunkte der Dämpfe des Dreistoffgemisches, welche die gleiche Kondensationstemperatur aufweisen. Die Gerade schneidet zwei Seiten des Darstellungsdreiecks in je einem Punkt, D_1 und D_2 (Abb. 19).

Zu einer vorgegebenen, beliebigen Siedetemperatur t_1 sind nach dem Gesagten die Flüssigkeitsisotherme durch eine Verbindungsgerade $\overline{F_1 F_2}$ und die Dampfisotherme durch eine Gerade $\overline{D_1 D_2}$ (s. Abb. 19) festgelegt. Da die Punkte F_1 und D_1 auf einer Dreieckseite liegen, welche die Verbindungsgerade zwischen den Eckpunkten für das Leichtestsiedende und für das Schwerstsiedende darstellt, entsprechen diese Punkte (F_1 und D_1) Zweistoffgemischen, welche aus der am leichtesten und der am schwersten siedenden Komponente bestehen. Ihre Siedetemperaturen seien mit t_L und t_S bezeichnet (Siedetemperaturen des reinen leichtest siedenden und des reinen am schwersten siedenden Stoffes bei gleichem Druck p).

Für alle Siedetemperaturen t_1 des Dreistoffgemisches, welche zwischen den Grenzwerten t_L und t_S liegen, ist die erwähnte Dreieckseite der geometrische Ort der Flüssigkeits- und Dampfzusammensetzungen von Gemischen aus dem leichtest und am schwersten siedenden Stoff, welche zu einer vorgeschriebenen Siedetemperatur t_1 gehören. Den Punkt F_1 mit dem Gehalte x_F findet man deshalb in einfachster Weise dadurch, daß man in Gl. (19) für y_F den Wert 0 setzt, so daß sie übergeht in

$$x_F = \frac{p - P_z}{P_x - P_z} \cdot 100 \,. \tag{19a}$$

In ähnlicher Weise wird Punkt D_1 mit dem Gehalte x_D gefunden, indem nämlich in Gl. (21) eingesetzt wird $y_D = 0$. Man erhält dann:

$$x_D = \frac{p - P_z}{P_x - P_y} \cdot \frac{100\,P_x}{p} = \frac{P_x}{p} x_F \,. \tag{21a}$$

Diese Beziehungen (19a und (21a) entsprechen aber den Gln. (11) und (12) für ideale Zweistoffgemische. Für die Auffindung der Punkte F_2 und D_2 (s. Abb. 19) ist es entscheidend, ob die Siedetemperatur t_1 des Dreistoffgemisches größer oder kleiner ist als die Siedetemperatur t_M des mittel siedenden Stoffes. Sind beide Temperaturen gleich ($t_1 = t_M$), so fallen die Punkte F_2 und D_2 in der Ecke des Dreiecks zusammen, welche dem mittelsiedenden Stoff entspricht. Wenn t_1 kleiner ist als t_M, liegen die Punkte F_2 und D_2 auf der Dreieckseite, welche die Gerade zwischen den beiden Eckpunkten darstellt, denen der leichtest- und der mittelsiedende Stoff zugeordnet werden. Es ist dann $y_F = 100 - x_F$ in Gl. (19) zu setzen, womit diese übergeht in

$$x_F = \frac{p - P_y}{P_x - P_y} \cdot 100 \,. \tag{19b}$$

Der Eckpunkt D_2 der gleichnamigen Dampfisotherme ist durch den Gehalt x_D festgelegt, den man erhält, wenn $y_D = 100 - x_D$ in Gl. (21) gesetzt wird:

$$x_D = \frac{p - P_y}{P_x - P_y} \cdot 100 \cdot \frac{P_x}{p} = \frac{P_x}{p} x_F \,. \tag{21b}$$

Der Wert von x_F in Gl. (21b) ist derjenige, welcher aus Gl. (19b) berechnet wird. Ersterer ergibt sich auch unmittelbar in Anlehnung an Gl. (12). Es kann aber auch der Fall vorliegen, daß die Siedetemperatur t_1 des Dreistoffgemisches größer ist als t_M. Dann liegen die Punkte F_2 und D_2 auf der horizontalen Dreieckseite (s. Abb. 19). In den Gln. (19) und (21) muß deshalb $x_F = 0$ und $x_D = 0$ gesetzt werden, woraus folgt

$$y_F = \frac{p - P_z}{P_y - P_z} \cdot 100 \tag{19c}$$

und

$$y_D = \frac{p - P_z}{P_y - P_z} \cdot 100 \cdot \frac{P_y}{p} = \frac{P_y}{p} y_F \,. \tag{21c}$$

Auf die gezeigte Art kann zu einer beliebigen Siedetemperatur t_1 eines idealen Dreistoffgemisches die zu jeder Temperatur gehörige Flüssigkeits- und Dampfisotherme durch Bestimmung ihrer Endpunkte F_1 und F_2 sowie D_1 und D_2 ermittelt werden. Man kann dadurch die Fläche des Dreiecks mit Scharen von Isothermen belegen, wobei jeweils ein Flüssigkeits- und Dampfisothermenpaar sich auf eine gemeinsame Siedetemperatur beziehen.

Es ist aber auch möglich, auf zeichnerischem Wege[1] mittels einer räumlichen Darstellung die Isothermen für gleichen Druck zu finden. Dem größeren Arbeitsaufwand gegenüber der zuerst gezeigten Methode steht der Vorteil einer klaren Übersicht über alle zusammenhängenden Größen gegenüber. Deshalb sei im folgenden auch dieses Verfahren erläutert. Aus den Gln. (15) bis (18) folgt:

$$p = \frac{P_x}{100} x_F + \frac{P_y}{100} y_F + \frac{P_z}{100} z_F \,. \tag{22}$$

Diese Gleichung stellt in einem dreidimensionalen Koordinatensystem mit den drei aufeinander senkrecht stehenden x_F-, y_F- und z_F-Achsen eine Ebene dar. Allen auf ihr liegenden Punkten mit den Veränderlichen x_F, y_F und z_F ist der gleiche Gesamtdruck p und eine gleiche Siedetemperatur zugeordnet, für welche die Siededrucke P_x, P_y und P_z der reinen Komponenten gelten. Bringt man diese Ebene zum Schnitt mit der Ebene, welche durch Gl. (13) festgelegt ist, so ergibt die Schnittlinie der beiden Ebenen eine Gerade, auf welcher alle Zustandspunkte der Flüssigkeit mit der gleichen Siedetemperatur und mit dem gleichen Gesamtdruck p liegen. Die Ebene gemäß Gl. (13) wird in einfacher Weise dadurch dargestellt, daß man ihre Schnittgeraden mit den drei aufeinander senkrecht stehenden Koordinatenebenen bestimmt. Setzt man in Gl. (13) $x_F = y_F = 0$, so wird $z_F = 100$, für $x_F = z_F = 0$ wird $y_F = 100$ und für $y_F = z_F = 0$ wird $x_F = 100$. Trägt man also auf den drei Koordinatenachsen den Wert von 100 Mol-% auf und verbindet je zwei der so erhaltenen Punkte durch eine Gerade, so erhält man dadurch die Schnittlinien der durch Gl. (13) festgelegten Ebene mit den drei Koordinatenebenen. Diese Schnittgeraden sind in der perspektivischen Abb. 20 mit e_1, e_2 und e_3 bezeichnet. In ähnlicher Weise wird die durch Gl. (22) gegebene Ebene dargestellt. Setzt man nämlich $y_F = z_F = 0$, so folgt aus Gl. (22):

$$x_F = \frac{p}{P_x} \cdot 100 \,, \tag{23a}$$

ferner mit $x_F = z_F = 0$:

$$y_F = \frac{p}{P_y} \cdot 100 \tag{23b}$$

[1] Die Anregung zu dieser Darstellung verdanke ich Herrn Prof. Dr. W. Quade.

und mit $x_F = y_F = 0$:

$$z_F = \frac{p}{P_z} \cdot 100\,. \tag{23c}$$

Die durch diese Gleichungen gegebenen Werte für x_F, y_F und z_F werden auf den drei Achsen aufgetragen und die dadurch erhaltenen Punkte durch Geraden miteinander verbunden. Diese in Abb. 20 wiedergegebenen

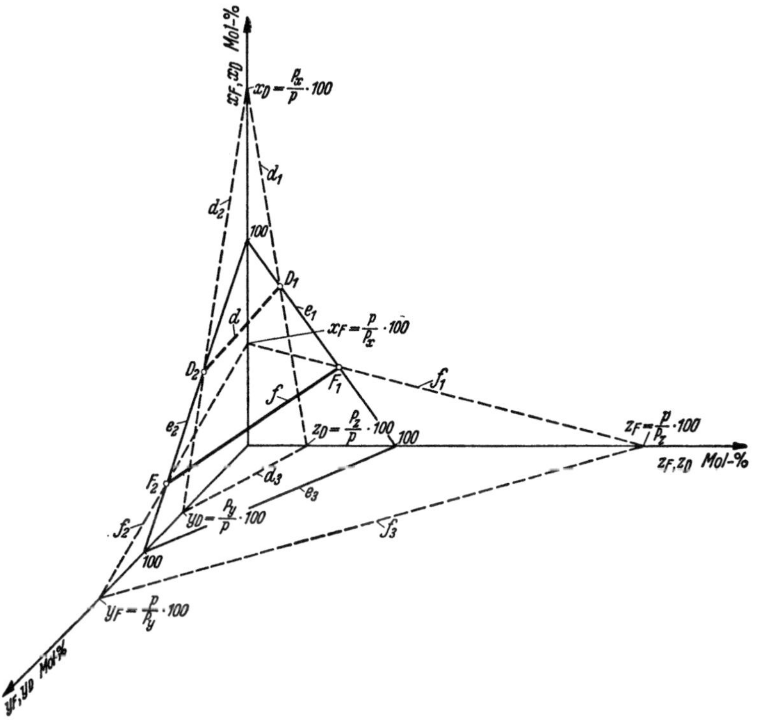

Abb. 20. Bestimmung der Flüssigkeits- und Dampfisothermen eines Dreistoffgemisches in perspektivischer Darstellung

Geraden f_1, f_2 und f_3 stellen die Schnittlinien der durch Gl. (22) gegebenen Ebene mit den drei Koordinatenebenen dar. Die Geraden e_1 und f_1 liefern den Schnittpunkt F_1 und die Geraden e_2 und f_2 den Punkt F_2. Die Verbindungsgerade f der Punkte F_1 und F_2 stellt die gesuchte Flüssigkeitsisotherme dar. Es ist ersichtlich, daß die Geraden e_3 und f_3 für die gewählte Temperatur keinen Schnittpunkt miteinander bilden. Für andere Temperaturen ist ein solcher jedoch möglich, wobei dann e_1 oder e_2 nicht von f_1 bzw. f_2 geschnitten werden.

Die zu derselben Siedetemperatur gehörige Dampfisotherme wird in ähnlicher Weise wie die Flüssigkeitsisotherme gefunden. Aus den

Gln. (20) und (13) ergibt sich nämlich die Beziehung:

$$\frac{p}{P_x} x_D + \frac{p}{P_y} y_D + \frac{p}{P_z} z_D = 100\,. \tag{24}$$

Sie stellt ebenfalls eine Ebene dar, in der alle Zustandspunkte mit den veränderlichen Dampfgehalten x_D, y_D und z_D [Mol-%] liegen, die für den gleichen Gesamtdruck p und für die gleiche Siedetemperatur gelten, zu der die Dampfdrücke P_x, P_y und P_z der reinen Komponenten gehören. Für $y_D = z_D = 0$ wird

$$x_D = \frac{P_x}{p} \cdot 100\,, \tag{25a}$$

für $x_D = z_D = 0$ ergibt sich

$$y_D = \frac{P_y}{p} \cdot 100 \tag{25b}$$

und für $x_D = y_D = 0$ gilt

$$z_D = \frac{P_z}{p} \cdot 100\,. \tag{25c}$$

Trägt man die Werte für x_D, y_D und z_D aus den Gl. (25a, b und c) auf den entsprechenden Achsen auf und verbindet die so erhaltenen Punkte durch Geraden, so erhält man die in der perspektivischen Abb. 20 angegebenen Schnittlinien d_1, d_2 und d_3 der Isothermenebene nach Gl. (24) mit den drei Koordinatenebenen. Diese Isothermenebene wird zum Schnitt gebracht mit der Ebene, welche durch Gl. (14) festgelegt ist und die dadurch dargestellt wird, daß man auf den Achsen die Werte von 100 Mol-% aufträgt und die so erhaltenen Punkte miteinander durch Geraden verbindet. Letztere stellen in Abb. 20 wieder die Geraden e_1, e_2 und e_3 dar. Es liefern dann e_1 und d_1 den Schnittpunkt D_1 sowie e_2 und d_2 den Schnittpunkt D_2. Die Verbindungsgerade d zwischen D_1 und D_2 als Schnittgerade der beiden gekennzeichneten Ebenen stellt eine räumliche Dampfisotherme dar. Auf dieser Geraden liegen alle Dampfzustandspunkte, die bei gleichbleibendem Druck p dieselbe Kondensationstemperatur aufweisen.

Am Beispiel des idealen Dreistoffgemisches Benzol-Toluol-m-Xylol soll zahlenmäßig gezeigt werden, wie die zu einer gleichen Temperatur gehörigen Flüssigkeits- und Dampfisothermen auf Grund der geschilderten Verfahren ermittelt werden. Der Gesamtdruck soll 760 mm Q.-S. und die Siedetemperatur 100° C betragen. Für diese Temperatur ergeben die Dampfdruckkurven der einzelnen Stoffe gemäß Abb. 21 einen Dampfdruck des Benzols von $P_x = 1345$ mm Q.-S., des Toluols von $P_y = 550$ mm Q.-S. und des Xylols von $P_z = 230$ mm Q.-S. Zuerst sollen die Endpunkte F_1 und F_2 sowie D_1 und D_2 der Flüssigkeits- und der Dampfisothermen nach dem an erster Stelle geschilderten rein rechnerischen Verfahren bestimmt werden. Zur Festlegung der Punkte F_1 und D_1 (s. Abb. 19) genügt es, die Gehalte x_F und x_D an Leichtestsiedendem zu berechnen. Nach Gl. (19a) wird:

$$x_F = \frac{760 - 230}{1345 - 230} \cdot 100 = 48 \text{ Mol-}\%$$

und nach Gl. (21a)

$$x_D = \frac{1345}{760} \cdot 48 = 84{,}8 \text{ Mol-}\% \,.$$

Bei einem Gesamtdruck von 760 mm Q.-S. siedet Benzol bei $t_L = 80{,}49°$ C, Toluol bei $t_M = 110{,}56$ °C und m-Xylol bei $t_S = 139°$ C. Die vorgeschriebene Gemisch-Siedetemperatur von $t_1 = 100°$ C ist also kleiner als die

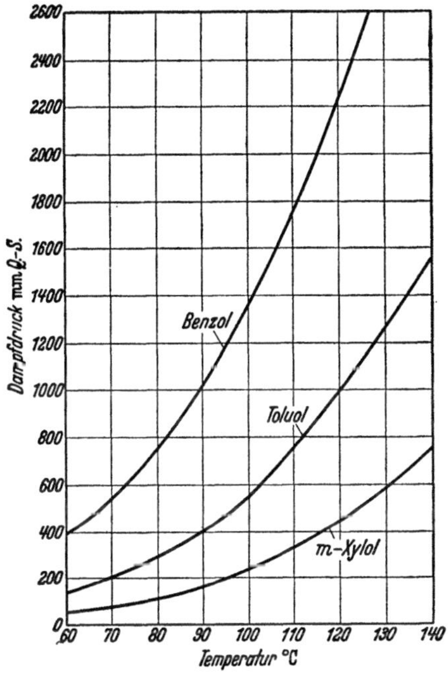

Abb. 21. Dampfdruckkurven von Benzol, Toluol und m-Xylol

Siedetemperatur t_M des mittelsiedenden Stoffes. Deshalb werden die Gehalte x_F und x_D an Leichtestsiedendem, durch welche die Endpunkte F_2 und D_2 der beiden Isothermen (Abb. 19) festgelegt sind, nach den Gln. (19b) und (21b) berechnet. Es wird

$$x_F = \frac{760 - 550}{1345 - 550} \cdot 100 = 26{,}4 \text{ Mol-}\%$$

und

$$x_D = \frac{1345}{760} \cdot 26{,}4 = 46{,}7 \text{ Mol-}\% \,.$$

Die Verbindungsgeraden zwischen den Punkten F_1 und F_2 einerseits sowie zwischen D_1 und D_2 anderseits stellen bereits die gesuchte Flüssigkeitsisotherme und die Dampfisotherme für die Temperatur von 100° C dar, wie sie in den Abb. 19 und 23 eingetragen sind.

Der Deutlichkeit und Klarheit wegen, welche im Hinblick auf älteres Schrifttum in diesem Punkte zur Berichtigung wichtig erscheinen, sei im folgenden auch noch gezeigt, wie die Isothermen für 100 °C nach der an zweiter Stelle erläuterten räumlich-geometrischen Methode bestimmt werden. Zur Auffindung der Zustandsebene der Flüssigkeit mit gleicher Siedetemperatur werden für einen Gesamtdruck von 760 mm Q.-S. mit Hilfe der Gln. (23a, b und c) die Ordinatenabschnitte berechnet:

$$x_F = \frac{760}{1345} \cdot 100 = 56{,}5 \text{ Mol-}\% \,,$$

$$y_F = \frac{760}{550} \cdot 100 = 138 \text{ Mol-}\% \,,$$

$$z_F = \frac{760}{230} \cdot 100 = 330 \text{ Mol-}\% \,.$$

Diese Werte werden auf den in einer Bildebene und unter einem Winkel von 120° sich schneidenden Achsen gemäß Abb. 22 aufgetragen und die so erhaltenen Schnittpunkte durch die gestrichelt angegebenen Geraden verbunden. Zwei Seiten des Darstellungsdreiecks werden von zwei der erwähnten, gestrichelt gezeichneten Geraden geschnitten. Die geradlinige Verbindung dieser beiden Schnittpunkte ergibt die Flüssigkeitsisotherme für 100° C, welche in Abb. 22 durch die voll ausgezogene Gerade wiedergegeben ist. In gleicher Weise wird die Dampfisotherme erhalten. Zur Auffindung der Ebene, in der alle Dampfzustandspunkte mit gleicher Temperatur liegen, werden mit den Gln. (25a, b und c) folgende Ordinatenabschnitte berechnet:

$$x_D = \frac{1345}{760} \cdot 100 = 177{,}0 \text{ Mol-}\% \text{ Benzol,}$$

$$y_D = \frac{550}{760} \cdot 100 = 72{,}5 \text{ Mol-}\% \text{ Toluol,}$$

$$z_D = \frac{230}{760} \cdot 100 = 30{,}2 \text{ Mol-}\% \text{ Xylol.}$$

Diese Ordinatenwerte werden auf den drei Achsen aufgetragen und die so erhaltenen Schnittpunkte durch die in Abb. 22 gestrichelt gezeichneten Geraden verbunden. Zwei dieser Geraden schneiden zwei Seiten des Darstellungsdreiecks. Die Verbindungsgerade zwischen diesen beiden Schnittpunkten ergibt die Dampfisotherme für 100° C (in Abb. 22 gestrichelt gezeichnet).

Ist der Zustandspunkt für eine Flüssigkeit mit einer bestimmten Temperatur und damit seine Lage auf einer bestimmten Flüssigkeitsisotherme im Darstellungsdreieck gegeben, z. B. durch Punkt G auf der Isotherme für 100° C in Abb. 19, so muß der Zustandspunkt des Dampfes, welcher aus der Flüssigkeit mit dem Zustandspunkt G entsteht, auf der Dampfisotherme für dieselbe Temperatur, also für 100° C, liegen. Ferner

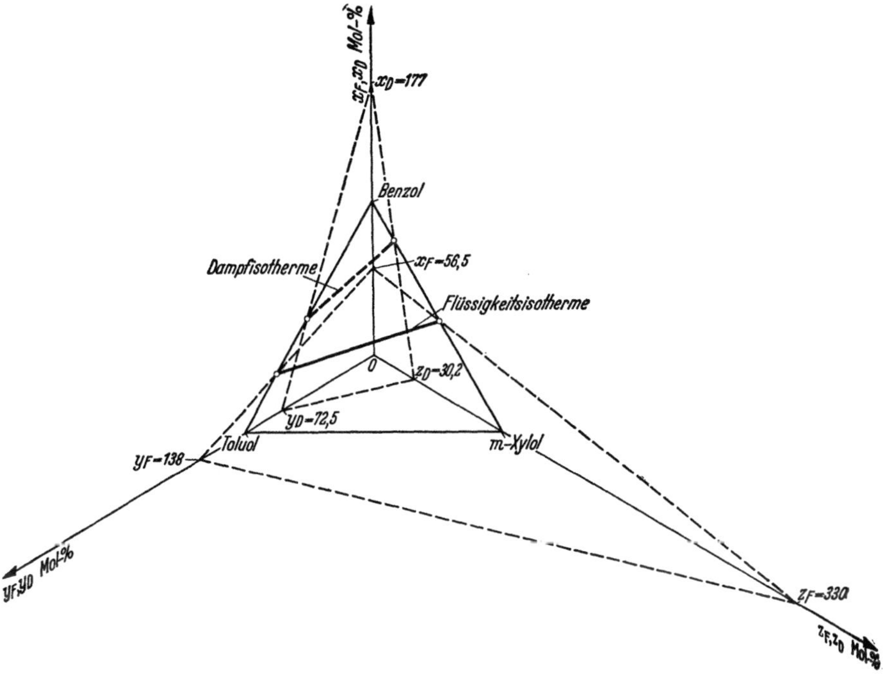

Abb. 22. Bestimmung der Flüssigkeits- und Dampfisothermen des idealen Dreistoffgemisches Benzol-Toluol-m-Xylol für eine Temperatur von 100° C und für einen Gesamtdruck von 760 mm Q.-S.

müssen in Anbetracht der Gln. (20) die Dampfgehalte x_D, y_D und z_D zu den Flüssigkeitsgehalten x_F, y_F und z_F in der folgenden Beziehung stehen:

$$x_D = \frac{P_x}{p} x_F \text{ [Mol-\%] Benzol,}$$

$$y_D = \frac{P_y}{p} y_F \text{ [Mol-\%] Toluol,}$$

$$z_D = \frac{P_z}{p} z_F \text{ [Mol-\%] Xylol.}$$

Gehören beispielsweise zu dem Punkt G die Flüssigkeitsgehalte $x_F = 40$ Mol-% Benzol, $y_F = 26$ Mol-% Toluol und $z_F = 34$ Mol-% Xylol, so wird

$$x_D = \frac{1345}{760} \cdot 40 = 70{,}9 \text{ Mol-\% Benzol.}$$

Der so errechnete Dampfgehalt liefert auf der Dampfisotherme für 100° C den Punkt H. Es liegt in dem gezeigten Verfahren zur Bestimmung der Isothermen begründet, daß der gefundene Punkt H bereits die Dampfgehalte

$$y_D = \frac{550}{760} \cdot 26 = 18{,}8 \text{ Mol-\% Toluol}$$

und

$$z_D = \frac{230}{760} \cdot 34 = 10{,}3 \text{ Mol-\% Xylol}$$

angibt.

In das Darstellungsdreieck können Isothermen für beliebige Temperaturen eingezeichnet werden. Durch Punkt H geht gemäß Abb. 19 nicht nur die Dampfisotherme für $t_1 = 100°$ C, sondern auch eine Flüssigkeitsisotherme für eine Temperatur t_2. Man kann deshalb den Zustandspunkt H auch als einen Flüssigkeitszustandspunkt betrachten und nach der gezeigten Weise einen auf einer Dampfisotherme für t_2 liegenden Punkt I bestimmen, der den Zustand des Dampfes angibt, welcher beim Sieden aus der Flüssigkeit mit dem Zustandspunkt H entsteht. So wie Punkt H aus G und I aus H ermittelt wurde, kann ein neuer Dampfzustandspunkt aus I bestimmt werden und man kann sich auch G als Zustandspunkt eines Dampfes denken, der aus Flüssigkeit mit einem entsprechenden Flüssigkeitszustandspunkt entstanden ist. Die Verbindung all dieser Punkte stellt eine Destillationslinie dar. Sie und die an ihr angegebenen Pfeile geben die Richtung an, in welcher sich die Konzentration des beim Sieden entstehenden Dampfes gegenüber der Flüssigkeitskonzentration ändert. In umgekehrter Richtung ändert sich die Konzentration beim Niederschlag der Dämpfe. Es können in das Darstellungsdreieck in bestimmten Abständen beliebig viele derartige Linien eingetragen werden, wie es Abb. 23 für das ideale Dreistoffgemisch Benzol-Toluol-m-Xylol zeigt. Ist beispielsweise der Zustandspunkt A der Flüssigkeit auf der Flüssigkeitsisotherme für 110° C und auf der Destillationslinie d gegeben, so hat der beim Sieden entstehende Dampf die Zusammensetzung des Punktes B (s. Abb. 23), der auf der Dampfisotherme für 110° C und auf der durch Punkt A verlaufenden Destillationslinie d liegt. Ist der Ausgangspunkt der Flüssigkeit nicht unmittelbar auf einer gezeichneten Isotherme oder Destillationslinie oder als Schnittpunkt einer Isotherme mit einer Destillationslinie gegeben, so kann durch Interpolation der Zustand des beim Sieden entstehenden Dampfes ermittelt werden. Kennzeichnend für das betrachtete Gemisch ist, daß die Destillationslinien ein einziges Feld, nämlich das Darstellungsdreieck durchlaufen. Für sie sind zwei Grenzfälle erkenntlich. Sie sind einerseits durch die Dreieckseite zwischen der Benzol- und der Xylolecke allein gegeben und anderseits durch die zwei anderen Seiten zusammen. Damit ist es zu erklären, daß durch vielfach wiederholte Destillation oder durch dieselbe Endwirkung bezweckende und in später folgenden Kapiteln besonders zu behandelnde Rektifikation aus einem Dreistoffgemisch ein Stoff vollkommen rein und das restliche Zweistoffgemisch ebenfalls ohne jede Beimengung gewonnen werden kann.

Wenn in Abb. 23 Phasengleichgewichte aufgefunden werden sollen, so muß immer von einem Zustandspunkt mit ablesbarer Siedetemperatur

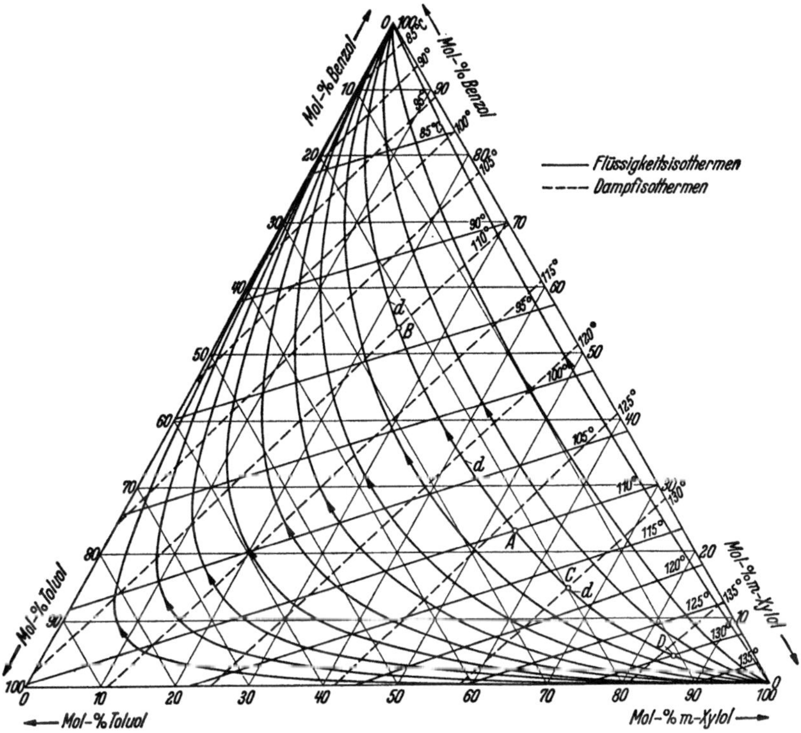

Abb. 23. Flüssigkeits- und Dampfisothermen sowie Destillationslinien des Gemisches Benzol-Toluol-m-Xylol (p = 760 mm Q.-S.)

(z. B. Punkt A mit Siedetemperatur 100° C) ausgegangen werden. Durch die Temperatur und die durch Punkt A verlaufende Destillationslinie d ist dann der Zustandspunkt B des Dampfes gegeben. Es ist also unumgänglich, nur über die Siedetemperatur den Zusammenhang der Konzentration in der Flüssigkeit und im Dampf festzulegen. Indessen ist es üblich, für Zweistoffgemische das Phasengleichgewicht in einem zweidimensionalen Bild ohne Angabe der Siedetemperatur wiederzugeben (s. z. B. Abb. 18). Eine ähnliche Darstellung ohne Eintragung der Siedetemperatur ist aber auch für Dreistoffgemische unter Verwendung des gleichseitigen Dreiecks als Basis der Darstellung möglich: Dem Dampfzustandspunkt B in Abb. 23 mit der Siedetemperatur von 110 °C auf der Destillationslinie d ist ein Benzolgehalt $x_D = 54\%$ und ein Xylolgehalt von $z_D = 22{,}5\%$ zugeordnet, während zum Gleichgewichtspunkt A eine Zusammensetzung von $x_F = 23\%$ und $z_F = 54\%$ gehören. Diese Flüssigkeitskonzentrationen können dem Punkte B beigeschrieben werden. Für

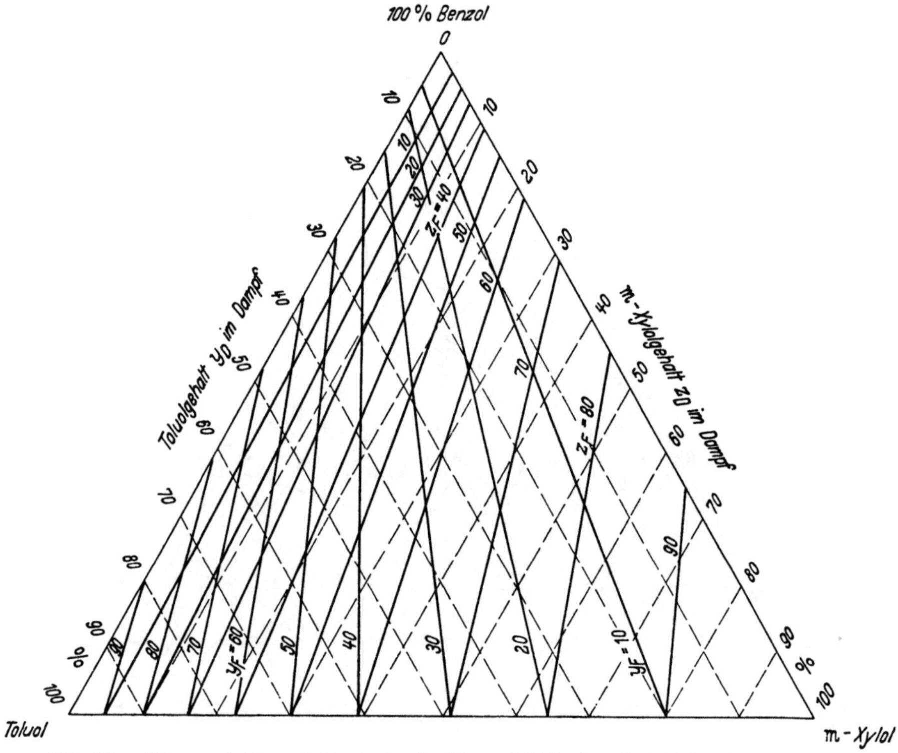

Abb. 23a. Phasengleichgewicht siedender Benzol-Toluol-m-Xylol-Gemische bei 760 mm Q.-S. ohne Angabe der Siedetemperaturen

y_F = Toluolgehalt in der Flüssigkeit
z_F = Xylolgehalt in der Flüssigkeit

die Dampfzusammensetzungen gilt dann das Koordinatennetz des Darstellungsdreieckes, während die Flüssigkeitszusammensetzungen durch Zahlen angegeben sind, ohne daß die Siedetemperatur für den Dampf-Flüssigkeitspunkt eingetragen werden muß. Auf diese Weise kann zu beliebig vielen Dampfzustandspunkten die Flüssigkeitskonzentration ermittelt und zahlenmäßig den erwähnten Punkten beigeschrieben werden. Während man nach wie vor für die Angabe der Gehalte im Dampf die Koordinaten des gleichseitigen Dreieckes gelten läßt, verbindet man alle Punkte, welche für gleichen Gehalt y_F an Toluol in der Flüssigkeit gelten, durch je eine Linie. Ebenso werden alle Punkte mit gleichem Gehalt z_F an Xylol verbunden. Man gelangt so zu einem „Darstellungsdreieck ohne Isothermen", wie es Abb. 23a für das ideale Gemisch Benzol-Toluol-m-Xylol zeigt. An einem beliebigen Punkte werden mittels des voll ausgezogenen Liniennetzes die Toluol- und Xylolgehalte y_F und z_F in der Flüssigkeit und an dem gestrichelt gezeichneten Koordinatennetze die

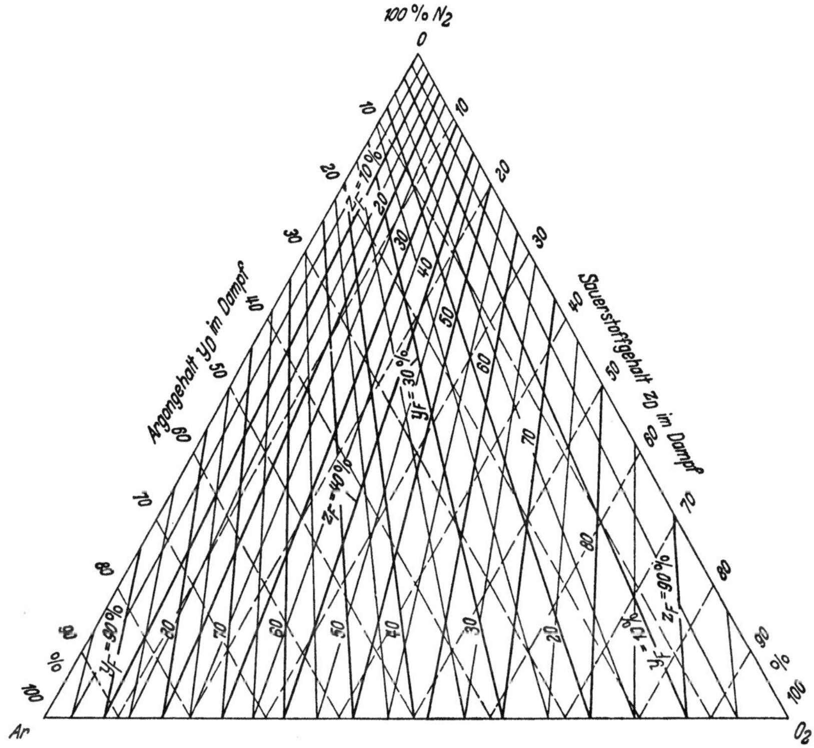

Abb. 23b. Phasengleichgewicht siedender Stickstoff-Argon-Sauerstoff-Gemische 760 mm Q.-S. ohne Angabe der Siedetemperaturen

y_F = Argongehalt in der Flüssigkeit

z_F = Sauerstoffgehalt in der Flüssigkeit

Gleichgewichtsgehalte y_D und z_D abgelesen. Der Gehalt des dritten Stoffes ist dadurch gegeben, daß die Summe der Einzelgehalte 100 ergeben muß.

Welche zwei der drei Gehalte man für die Konzentrationsangabe wählt, ist grundsätzlich gleichgültig. In dem Darstellungsdreieck ohne Isothermengeraden für das Gemisch[1] Stickstoff-Argon-Sauerstoff (Abb. 23b und 23c) gibt die Linie y_F den Argongehalt in [Mol-%] und die

[1] Hausen, H.: Rektifikation von Dreistoffgemischen, insbesondere von Sauerstoff-Stickstoff-Argon-Gemischen. VDI-Forschungsheft 1935, Nr. 1, 9.

z_F-Linie den Sauerstoffgehalt in der Flüssigkeit an. Auch jetzt sind durch einen Punkt Flüssigkeits- und Dampfzusammensetzung festgelegt: Sucht man nämlich in dem voll ausgezogenen Liniennetz vorgegebene Werte y_F und z_F der Flüssigkeitszusammensetzung auf, so geben im gleichseitigen Dreieck die Koordinaten des hierdurch bestimmten Punktes die

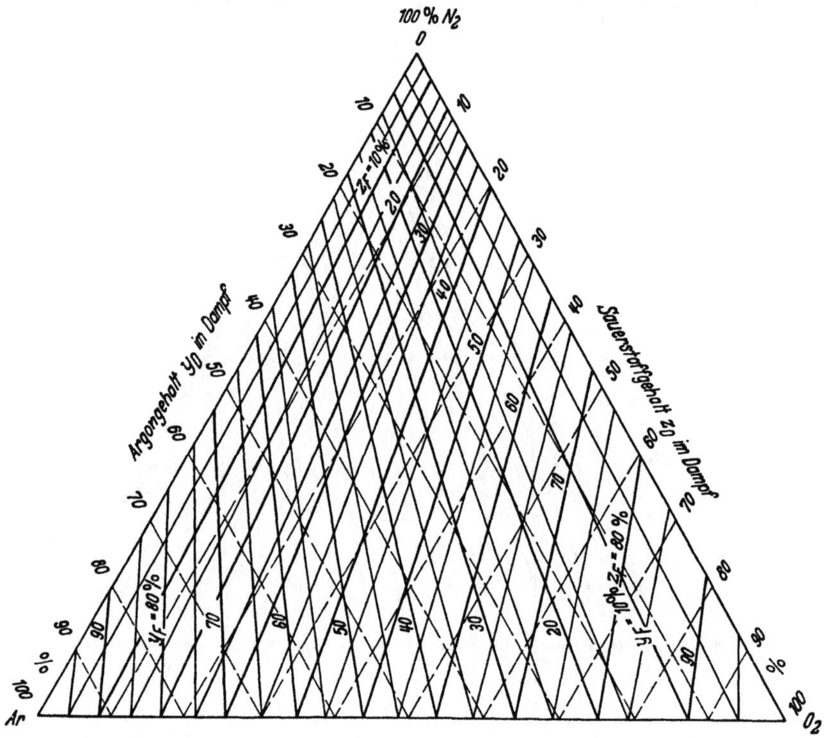

Abb. 23c. Phasengleichgewicht siedender Stickstoff-Argon-Sauerstoff-Gemische bei 5 ata ohne Angabe der Siedetemperaturen
y_F = Argongehalt in der Flüssigkeit
z_F = Sauerstoffgehalt in der Flüssigkeit

Gehalte des mit der Flüssigkeit im Gleichgewicht stehenden Dampfes an und umgekehrt. Aus Abb. 23b liest man beispielsweise ab, daß eine Flüssigkeit mit $y_F = 20\%$ Ar und $z_F = 50\%$ O_2 mit einem Dampf im Gleichgewicht steht, der $y_D = 14{,}6\%$ Ar und $z_D = 24{,}8\%$ O_2 enthält.

b) Dreistoffgemische mit zwei Destillationsfeldern

Wenn ein Stoffpaar eines Dreistoffgemisches einen ausgezeichneten Punkt aufweist, welcher durch teilweise Löslichkeit zustande kommt, verlaufen die Destillationslinien in zwei voneinander getrennten Feldern.

Ein Beispiel hierfür bietet das Gemisch Azeton-Wasser-Phenol[1]. Abb. 24 zeigt seine Destillationslinien mit dem ausgezeichneten Punkt A des Zweistoffgemisches Wasser-Phenol. Die Kurve, welche von der Azetonecke ausgeht und im Punkt A endigt, teilt die Dreiecksfläche in zwei Destillationsfelder. Flüssigkeit, deren Zustandspunkt im Feld I liegt, kann bei der Destillation oder Rektifikation niemals Phenol liefern und Gemische, deren Zustandspunkte im Feld II liegen, ergeben nie Wasser. Die Destillationslinien im Feld I gehen von der Ecke des Azetons aus und

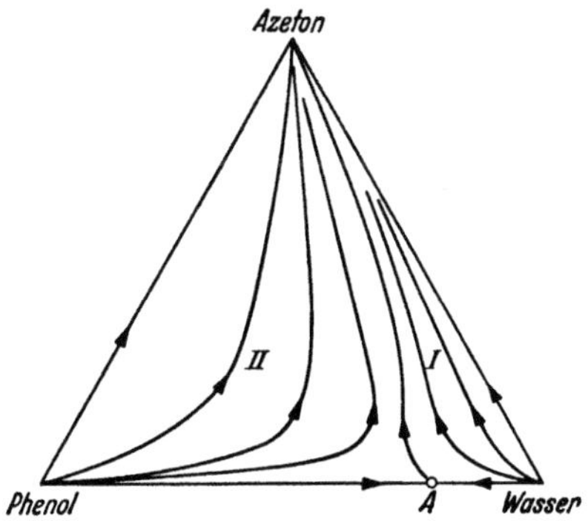

Abb. 24. Destillationslinien eines Dreistoffgemisches mit zwei Destillationsfeldern im Darstellungsdreieck (Azeton-Wasser-Phenol)

endigen in derjenigen des Wassers, während die Destillationslinien im Feld II von derselben Dreiecksecke auslaufen und sich in der Phenolecke treffen. Die Trennungslinie, welche von der Azetonecke nach dem Punkt A verläuft, wird von keiner Destillationslinie gekreuzt.

Ein Gemisch von drei Stoffen, wovon der eine Stoff in den beiden anderen unlöslich ist, während die beiden anderen ineinander vollkommen löslich sind und beispielsweise ein ideales Zweistoffgemisch miteinander bilden, ergibt ebenfalls im Darstellungsdreieck zwei Destillationsfelder[2], wie z. B. das Gemisch Benzol-Wasser-Toluol. Wird für eine bestimmte Siedetemperatur der Druck der reinen Komponente Benzol mit P_B, der Druck des reinen Toluols bei derselben Temperatur mit P_T und der Druck des Wassers bei derselben Siedetemperatur mit P_W bezeichnet, so kann der zu dieser Siedetemperatur gehörige Gehalt an Benzol in der Flüssigkeit x_F [Mol-%], wenn die Summe der Gehalte des Benzols x_F und des Toluols y_F gleich 100 gesetzt wird ($x_F + y_F = 100$), aus der

[1] Schreinemakers, F.: Tensions de vapeur de melanges ternaires eau-acetone-phenol. Arch. Néerlandaises, II. 8 (1903).

[2] Barbaudy, I.: Memorial des Sciences physiques. Paris: Gauthier-Villars et Cie. 1928.

folgenden Beziehung berechnet werden:

$$\frac{x_F}{100} P_B + \frac{P_T}{100} \cdot (100 - x_F) = p - P_W.$$

Der dem berechneten x_F zugeordnete Dampfgehalt ist dann durch die Beziehung (12) festgelegt.

c) Dreistoffgemische mit drei Destillationsfeldern

Bildet jedes der drei Stoffpaare eines Dreistoffgemisches einen ausgezeichneten Punkt, wobei ein solcher Punkt auch durch Unlöslichkeit entstanden sein kann, so ist die beim Verdampfen sich ergebende Konzentrationsänderung durch drei Destillationsfelder im Darstellungsdreieck gekennzeichnet. Während kein Dreistoffgemisch mit Maximumsiedepunkt bekannt ist, besitzen die Gemische mit Minimumsiedepunkt in der

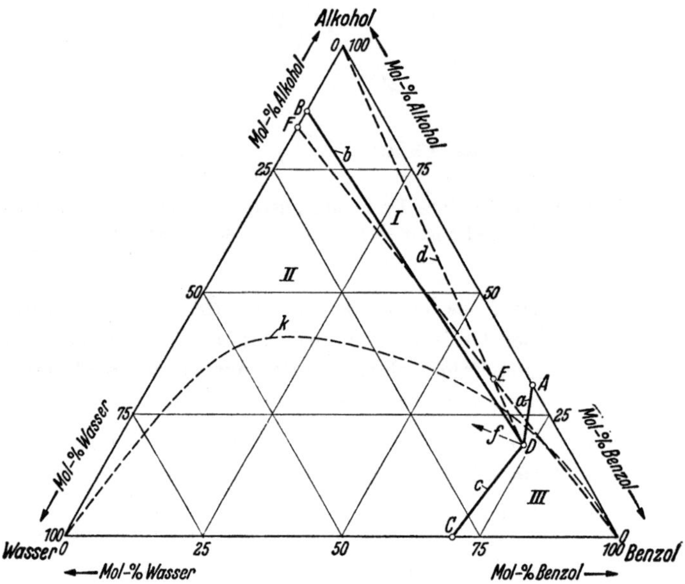

Abb. 25. Zustandsbild eines Dreistoffgemisches mit Minimumsiedepunkt und drei Destillationsfeldern im Darstellungsdreieck (Äthylalkohol-Benzol-Wasser)

Destillier- und Rektifiziertechnik eine große Bedeutung. Ein Beispiel stellt das Gemisch Äthylalkohol-Benzol-Wasser dar. Im Darstellungsdreieck ist ein Zustandspunkt durch eine tiefste Siedetemperatur ausgezeichnet. Dieser Punkt ist in Abb. 25 mit D bezeichnet. Der Punkt A gibt den bei einer Temperatur von 68,25° C liegenden Minimusiedepunkt des Gemisches Äthylalkohol-Benzol, der Punkt B den bei 78,15° C liegenden Minimumsiedepunkt des Gemisches Äthylalkohol-Wasser und

Punkt *C* den bei 69° C liegenden Minimumsiedepunkt des Gemisches Wasser-Benzol an. Der Minimumsiedepunkt *D* des Dreistoffgemisches weist bei einem Gesamtdruck von 760 mm Q.-S. eine Temperatur von 64,85° C auf und er entspricht einem Gehalt von 7,5 Mol-% Wasser, 18,5 Mol-% Äthylalkohol und 74 Mol-% Benzol. Er liegt in der von der Kurve *k* und der Geraden, welche die Wasser- mit der Benzolecke verbindet, eingeschlossenen Fläche. Alle Flüssigkeiten mit Zustandspunkten in dieser Fläche stellen trübe Flüssigkeitsgemische dar, die sich beim Abstehen in zwei Schichten trennen. Durch die Verbindungslinien *a*, *b* und *c* wird die Dreiecksfläche in drei Destillationsfelder geteilt. Die Destillationslinien verlaufen in einem dieser drei Felder und überschneiden nirgends die Trennlinien *a*, *b* und *c*. Ein Gemisch, dessen Zustandspunkt im Feld *I* gelegen ist, kann deshalb durch Destillation oder Rektifikation nur in solche Gemische zerlegt werden, deren Zustandspunkte ebenfalls im Feld *I* liegen. Weil die Destillationslinien im Feld *I* im ausgezeichneten Punkt *D* des Dreistoffgemisches und in der Alkoholecke endigen, kann bei der Rektifikation die Zusammensetzung dieses Punktes erreicht werden. Soll beispielsweise ein Gemisch mit einem Zustandspunkt im Feld *I* in reinen Alkohol und in ein Gemisch mit der Zusammensetzung des ausgezeichneten Punktes des Dreistoffgemisches zerlegt werden, so muß der Zustandspunkt dieses Ausgangsgemisches auf Grund einfacher, bekannter geometrischer Beziehungen auf der Verbindungsgeraden *d* zwischen Punkt *D* und der Alkoholecke liegen (s. Abb. 25). Ein solches Dreistoffgemisch kann aus dem Zweistoffgemisch Äthylalkohol-Wasser dadurch hergestellt werden, daß zu letzterem Benzol hinzugefügt wird. Ist beispielsweise die Zusammensetzung des Ausgangsgemisches Äthylalkohol-Wasser durch Punkt *F* gegeben, so muß so viel Benzol beigemischt werden, bis ein Dreistoffgemisch entsteht, dessen Zustandspunkt auf der Verbindungsgeraden zwischen *F* und der Benzolecke einerseits und auf der Geraden *d* anderseits liegt. Dieser Punkt ist in Abb. 25 mit *E* bezeichnet. Ein Dreistoffgemisch mit dieser Zusammensetzung kann in reinen Alkohol und in ein Dreistoffgemisch mit der Zusammensetzung des ausgezeichneten Punktes *D* zerlegt werden. Von dieser Tatsache hat erstmalig YOUNG[1] Gebrauch gemacht, indem er einem Äthylalkohol-Wassergemisch (beispielsweise gemäß Punkt *F* in Abb. 25) so viel Benzol hinzufügte, daß sich ein Dreistoffgemisch ergab, dessen Zustandspunkt im Feld *I* (beispielsweise gemäß Punkt *E*) liegt. Dieses ursprünglich absatzweise betriebene azeotropische Entwässerungsverfahren ist in neuerer Zeit nicht nur stetig, sondern auch hinsichtlich des Betriebsmittelverbrauches wirtschaftlicher gestaltet worden. Mit dem Ziele der

[1] YOUNG, S., et FORTREY: Propriétés des mélanges d'alcools gras inférieurs, et de benzène ainsi que des mélanges d'alcool, de benzène et d'eau. J. Chem. Soc. 81, 739 (1902). Siehe auch DRP aus dem Jahre 1901.

Erniedrigung der Betriebskosten wurden die Apparate, bei welchen Benzol als „Entziehungskörper“ verwendet wird, unter Druck (10 atü) betrieben[1], dann ist ein Gemisch von Benzol und Sonder-Benzin bei 1 atü Betriebsdruck und danach stabilisiertes Trichloräthylen zur Beimengung verwendet worden[2]. (Siehe auch Abb. 181.)

7. Siedegleichgewicht von Vielstoffgemischen

a) Dampf-Flüssigkeitsgleichgewicht

Die Vorausberechnung des Zusammenhanges zwischen Dampf- und Flüssigkeitskonzentration für Vielstoffgemische gelingt nur für ideale Gemische unter Annahme der Gültigkeit des Gesetzes für ideale Gase. In diesem Fall ist die Anwendung der Gln. (4) und (9) zulässig. Setzt man den Wert für den Dampfteildruck p_x aus letzterer in erstere ein, so ergibt sich

$$\frac{x_D}{x_F} = \frac{P_x}{p} = K\,. \tag{26}$$

Danach ist das Verhältnis des Gehaltes im Dampf zum Gehalt in der Flüssigkeit einer Komponenten eines Vielstoffgemisches gleich dem Siededruck dieser Komponente bei der gegebenen Siedetemperatur geteilt durch den Gesamtdruck. Das Zahlenverhältnis $K = x_D/x_F$ wird Gleichgewichtskonstante genannt, die für jede Komponente eines idealen Vielstoffgemisches allein durch die Siedetemperatur und den Gesamtdruck gegeben ist.

Für hohe Drücke gelten die Gln. (4) und (26) nicht mehr oder nicht mehr genau. Diese Beziehungen lassen sich aber in der vorliegenden mathematischen Fassung für zahlenmäßige genaue Berechnungen verwenden, wenn man alle Drücke durch korrigierte Werte ersetzt, die mit „Flüchtigkeit“ oder „Fugazität“ bezeichnet werden[3]. Diese korrigierten und gedachten Werte treten dann einfach an die Stelle der Drücke in den beiden genannten Gleichungen, wobei es zweckmäßig ist, die Fugazität mit dem Buchstaben F zu bezeichnen.

Führt man für P_x in Gl. (26) die Flüchtigkeit F'_{x0} der reinen flüssigen Komponente x bei der vorliegenden Siedetemperatur und dem zugehörigen Druck P_x des reinen Bestandteils ein sowie für p die Flüchtigkeit F''_x der dampfförmigen Komponente x beim Gesamtdruck p des Gemisches und bei der vorhandenen Siedetemperatur, dann lautet die

[1] Keussler, Otto v.: Die technische Erzeugung von absolutem Alkohol durch Druckdestillation des Gemisches Alkohol-Wasser-Benzol zur Herstellung eines billigen Kraftstoffes. Dissertation, Darmstadt 1926. DRP 445240.

[2] Fritzweiler, R.: Verfahren zur Herstellung von wasserfreiem Spiritus. Z. VDI 48, 1373—1378 (1938).

[3] Siehe Lewis, and Randall: Thermodynamics and the free energy of chemical substances, pp. 190—201, 221—227, 232—235. New York: McGraw-Hill 1923.

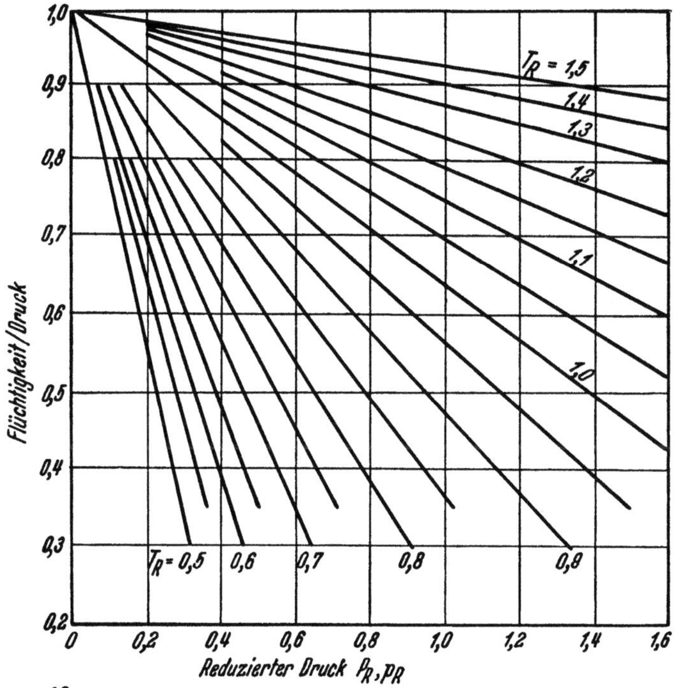

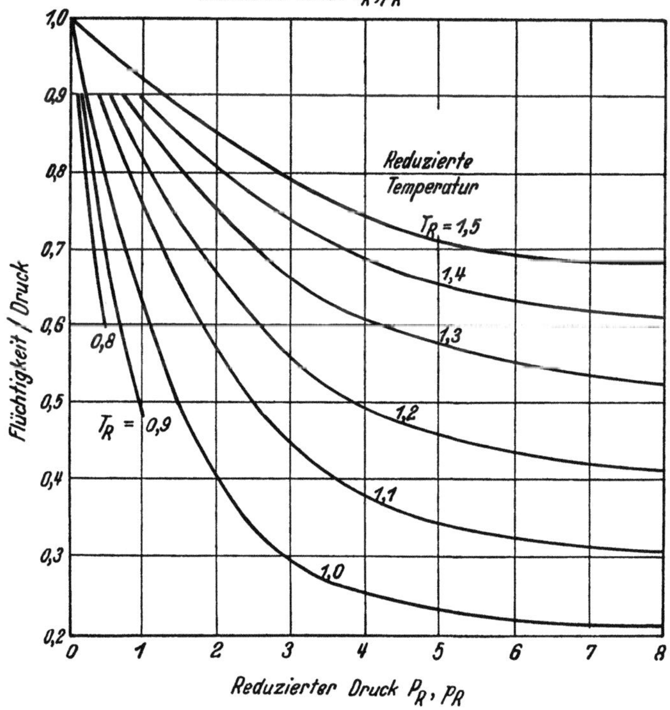

Abb. 26. Das Verhältnis Flüchtigkeit zu Druck in Abhängigkeit vom kritischen Druck für Kohlenwasserstoffe

Gleichgewichtskonstante:

$$K = \frac{x_D}{x_F} = \frac{F'_{xo}}{F''_x} . \quad (27)$$

Hierbei ist angenommen worden, daß die Flüchtigkeit des Bestandteils x in der flüssigen Mischung beim Gesamtdruck p gleich ist der des reinen Stoffes beim Sättigungsdruck P_x, was indessen nicht streng zutrifft. Bei Gemischen aus homologen Bestandteilen sind jedoch die Abweichungen im allgemeinen vernachlässigbar klein. Für den praktischen

Zahlentafel 1

Bestimmung der „Flüchtigkeiten" von Benzol-Toluol[1] nach dem Zahlenbeispiel

	Benzol	Toluol
Dampfdruck P_x [ata] bei 288,5° C	49,5	30,0
Kritischer Druck P_K [ata]	49,5	41,5
Reduzierter Druck P_R	$\frac{49,5}{49,5} = 1,0$	$\frac{30,0}{41,5} = 0,723$
Kritische Temperatur [°C]	288,5	321
Reduzierte Temperatur T_R	$\frac{288,5+273}{288,5+273} = 1,0$	$\frac{288,5+273}{321+273} = 0,946$
Verhältnis F'_{xo}/P_x (nach Abb. 26)	0,64	0,68
Flüchtigkeit F'_{xo} [ata]	$0,64 \cdot 49,5 = 31,7$	$0,68 \cdot 30,0 = 20,4$
Gesamtdruck p [ata] (angenommen)	39,8	39,8
Reduzierter Druck p_R	$\frac{39,8}{49,5} = 0,805$	$\frac{39,8}{41,5} = 0,96$
Verhältnis F''_x/p (nach Abb. 26)	0,715	0,576
Flüchtigkeit F''_x [ata]	$0,715 \cdot 39,8 = 28,5$	$0,576 \cdot 39,8 = 22,9$
Gehalt im Dampf x_D [Mol-%] [nach Gl. (27)]	$\frac{31,7 \cdot 53}{28,5} \cdot 100 = 58,9$	$\frac{20,4 \cdot 0,47}{22,9} \cdot 100 = 41,7$
Gleichgewichtskonstante $K = x_D/x_F$ [nach Gl. (27)]	$\frac{58,9}{53} = 1,11$	$\frac{41,7}{47} = 0,888$

Gebrauch wird das Verhältnis der Flüchtigkeit zum Druck über den reduzierten Drücken P_R und p_R aufgetragen, welche durch das Zahlenverhältnis des Druckes und des kritischen Druckes festgelegt sind. In Abb. 26 ist

[1] Der tiefgestellte Zeiger x gilt in der Zahlentafel des Rechenbeispiels einerseits für Benzol und anderseits auch für Toluol.

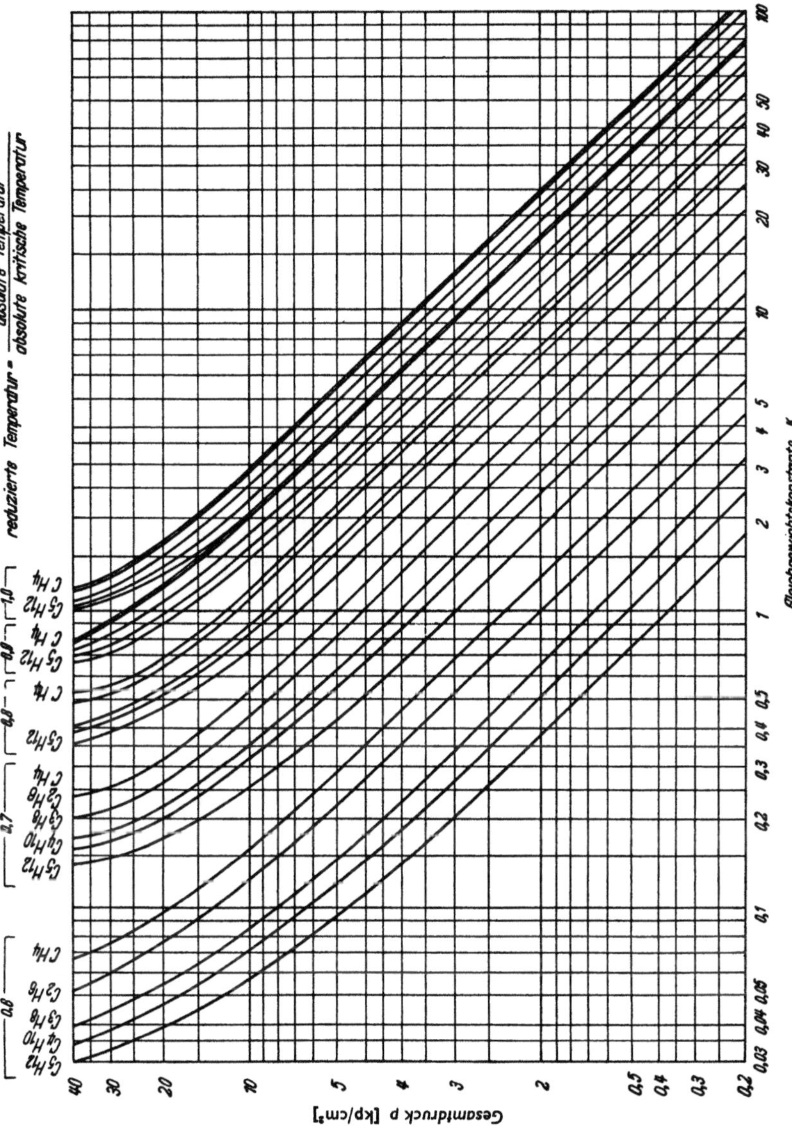

Abb. 27. Gleichgewichtskonstante von Paraffin-Kohlenwasserstoffen in Abhängigkeit vom Druck bei verschiedenen reduzierten Temperaturen

diese Abhängigkeit[1] für Kohlenwasserstoffe, wie sie in der Mineralölindustrie vorkommen, aufgetragen. Die einzelnen Linien gelten für die reduzierte Temperatur $T_R = T/T_K$. Die kritische Temperatur ist dabei mit T_R bezeichnet. Für ideale Gase wird die Flüchtigkeit gleich dem Druck.

[1] Lewis, and Luke: Properties of hydrocarbon mixtures at high pressures. Trans. Amer. Soc. Mach. Eng. **54**, PME 54—8, 55—61 (1932).

Zahlenbeispiel: Es sind zu berechnen der Druck und die Zusammensetzung eines Dampfgemisches, das mit einem Flüssigkeitsgemisch aus 53 Mol.-% Benzol und 47 Mol.-% Toluol bei einer Temperatur von 288,5° C im Phasengleichgewicht steht[1]. Die Ergebnisse sind in der Zahlentafel 1 enthalten, wobei die Drücke der reinen Komponenten zu der gegebenen Temperatur sowie die kritischen Drücke und Temperaturen aus bekannten Dampftafeln abgelesen sind[1].

In Abb. 27 sind die nach Gl. (27) berechneten Gleichgewichtskonstanten einiger wichtiger Kohlenwasserstoffverbindungen (Methan, Äthan, Propan, Butan, Pentan u. a.) in Abhängigkeit von der Temperatur und vom Druck wiedergegeben[2]. In der Petroleumindustrie gilt es indessen als erwiesen, daß die in Gl. (27) enthaltenen Voraussetzungen nur für bestimmte Druck- und Temperaturbereiche (und damit Konzentrationsbereiche) zutreffen. Es liegen Versuchsergebnisse[3] vor, nach denen sich bei Lösung von geringen Mengen von Methan in absorbierendem Öl eine hundertprozentige Abweichung von Gl. (27) ergibt. Darüber hinaus wurden systematische Versuche[4] über diese Abweichungen bei der Lösung von Paraffin-Kohlenwasserstoffen in absorbierendem Öl bei niederen Drücken und verschiedenen Konzentrationen durchgeführt. Nach diesem neuesten Stand der Kenntnisse läßt sich ein Korrekturfaktor k angeben, wie er in Abb. 28 in Abhängigkeit vom Gehalt in der Flüssigkeit für verschiedene Paraffin-Kohlenwasserstoffe aufgetragen ist[2]. Die nach Gl. (27) berechneten Gleichgewichtskonstanten sind mit diesem Faktor zu multiplizieren, um den wirklichen Zusammenhang der Konzentrationen zu erhalten.

Zahlenbeispiel: In einem Ölgemisch seien $x_F = 30$ Mol-% Methan gelöst. Wie kann die wahre Dampfkonzentration berechnet werden? Lösung: Aus Abb. 28 wird zu $x_F = 30$ Mol-% ein Korrekturfaktor $k = 1{,}12$ abgelesen, so daß sich für den Methangehalt im Dampf ergibt $x_D = 1{,}12 \cdot 30\,K = 33{,}6\,K$.

Wird die Gleichgewichtskonstante K_x einer Komponente durch diejenige des weniger flüchtigen Bestandteils K_y geteilt, so erhält man allgemein den Quotienten

$$\alpha_{xy} = \frac{K_x}{K_y} = \frac{x_D/x_F}{y_D/y_F} = \frac{x_D}{y_D}\,\frac{y_F}{x_F}\,. \tag{28a}$$

Weil von ihm die Anreichung des Dampfes an einem Stoff in bezug auf den weniger leicht flüchtigen Gemischanteil abhängt, wird α_{xy} mit relativer Flüchtigkeit bezeichnet. Für ideale Gemische geht Gl. (28a) über in

$$\alpha_{xy} = \frac{P_x}{P_y}\,. \tag{28b}$$

[1] Grosse, L.: Arbeitsmappe für Mineralölingenieure. Düsseldorf: VDI-Verlag 1951.

[2] Brown, G., and M. Souders, jr.: Separation of petroleum hydrocarbons by distillation. Sci. Petrol. **1938**, II. ab 1544.

[3] Brown, G. G., and M. Souders, jr.: Oil Gas J. **1932**, 34.

[4] Matheson, G. L., and L. W. T. Cummings: Vapor pressure of low-boiling paraffin hydrocarbons in absorber oil. Ind. Eng. Chem. **25**, 723—725 (1933).

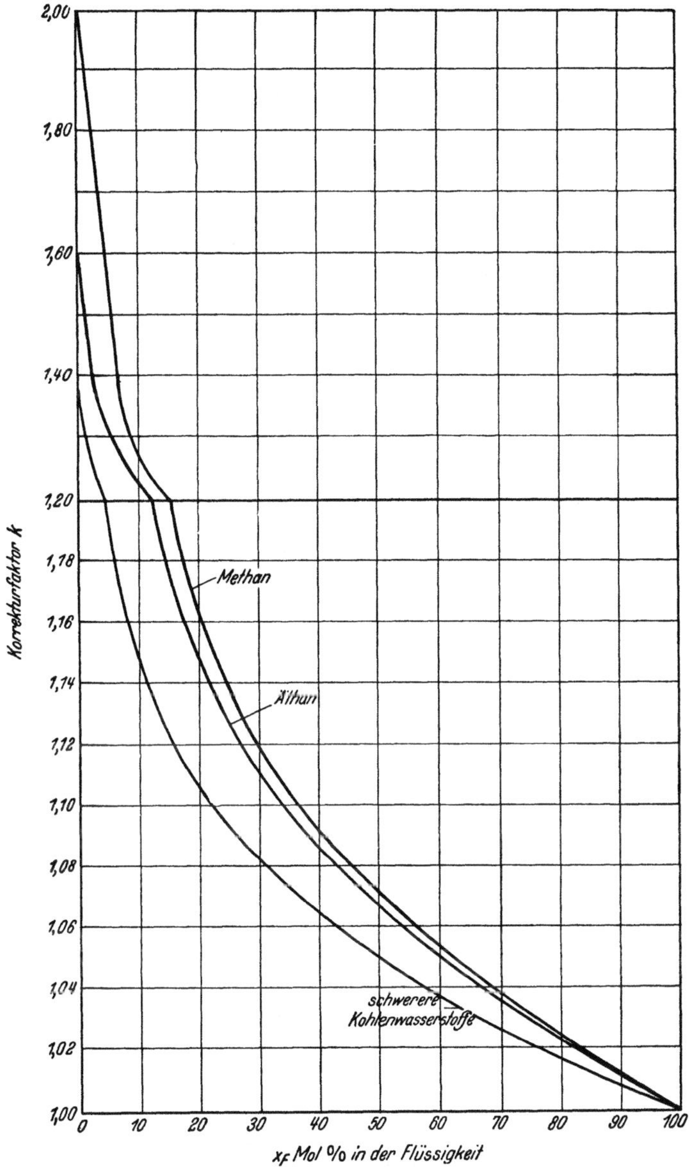

Abb. 28. Korrekturfaktor in Abhängigkeit von der Flüssigkeitskonzentration

In den später folgenden Betrachtungen sind in dem Buche im allgemeinen die Drücke der Einfachheit halber verwendet. Dort wo Abweichungen von den Gln. (4) und (9) auftreten, sind diese Drücke in der erläuternden Weise durch die „Flüchtigkeiten“ zu ersetzen.

b) Siedeanalyse und wahre Siedepunkts-Kurve

Unter den Vielstoffgemischen sind es vor allem die Mineralöle, welche in der Technik eine bedeutende Rolle spielen. Sie stellen im wesentlichen komplexe Mischungen dar, welche als aus einer unendlichen Anzahl von Einzelstoffen bestehend betrachtet werden können, deren Siedetemperaturen sehr nahe aneinander liegen. Diese Öle[1] enthalten hauptsächlich kettenförmige (aliphatische) und ringförmige (zyklische) Kohlenwasserstoffe, ferner in geringerer Menge Verbindungen mit Sauerstoff, Schwefel und Stickstoff.

Gleichgewichtslinien wie bei Zwei- oder Dreistoffgemischen hier anzuwenden, ist nicht ohne weiteres möglich. Zur Beurteilung der Rohöle und vor allem der Flüssigkeitsgemische (Fraktionen), in welche die Rohöle bei der Aufarbeitung zerlegt werden, wird deshalb ein anderes einfaches Verfahren benützt, welches mit Siedeanalyse bezeichnet wird. Sie besteht darin, daß die Flüssigkeit in einem Laboratoriums-Siedekolben verdampft wird. Die Dämpfe werden kondensiert und der Niederschlag in einem Meßgefäß aufgefangen. Gleichzeitig wird laufend die Siedetemperatur bestimmt. Diese wird zu der jeweils aufgefangenen Niederschlagsmenge angegeben, welche üblicherweise in (Volum-)Prozenten der gesamten Destillatmenge ausgedrückt wird. Die Temperatur, bei welcher der erste Tropfen aus dem Kondensator in das Auffanggefäß fällt, kennzeichnet den „Siedebeginn", die höchste erreichte Temperatur bei Trockenwerden des Glaskolbens das „Siedeende". Die Versuchseinrichtung und die Art der Durchführung der Analyse ist sowohl in Deutschland[2] (Engler-Analyse) als auch in den Vereinigten Staaten von Amerika[3] (A. S. T. M.-Destillation) seit langem genormt.

Abb. 29 zeigt die Ergebnisse der Engler-Destillation eines Rohöles (Kurve *a*) sowie der aus letzterem durch dessen Zerlegung (s. Abb. 196) erhaltenen Fraktionen (Kurven *b*, *c* und *d*). In ihm ist die Siedetemperatur über der jeweils abdestillierten Menge aufgetragen. Sie ändert sich stetig über den ganzen Siedebereich. Es ist ersichtlich, daß das Siedeende der Kurve *b* eine tiefere Temperatur liefert als der Siedebeginn der Linie *c*. Dadurch entsteht der in Abb. 29 mit *l* bezeichnete Temperaturunterschied, welcher mit „Lücke" bezeichnet wird. Auch

[1] Aus dem Schrifttum der Welt gesammelte physikalische Werte und chemische Kennzeichnungen sowie Berechnungsunterlagen sind in Form von Kurvenblättern und Tabellen beispielsweise in einer „Arbeitsmappe für Mineralölingenieure" zusammengestellt. Sie ist herausgegeben von L. Grosse unter Mitarbeit von F. Henning-Bremen, E. Kirschbaum-Karlsruhe, O. Reitz-Ludwigshafen und R. Schumacher-Frankfurt a. M.-Höchst. Düsseldorf: VDI-Verlag.

[2] DIN 51751, Aug. 1959.

[3] ASTM-Standards on petroleum products and lubricants. Philadelphia 1938, ASTM = American Society for Testing Materials.

die beiden nächst höher siedenden Fraktionen zeigen gemäß Linie *c* und *d* eine Lücke *l*. Es ist aber auch möglich, daß das Siedeende einer Fraktion eine höhere Temperatur aufweist als der Siedeanfang der nächst höher siedenden Fraktion eines Rohöles. Der Unterschied zwischen diesen

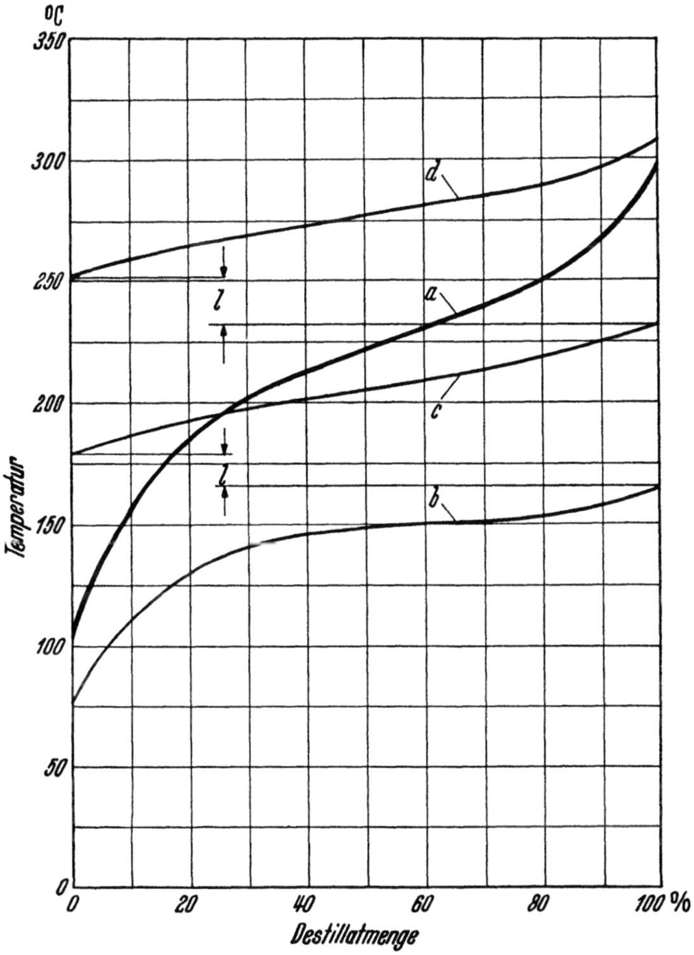

Abb. 29. Siedekurven einer Engler-Destillation

beiden Temperaturen führt zu der in Abb. 30 mit *u* bezeichneten „Überlappung". Ob eine Lücke oder eine Überlappung erhalten wird und wie groß deren Ausmaß ist, hängt von der Siedekurve des zu zerlegenden Ausgangsstoffes und von der Wirkung des verwendeten Trennapparates ab. Flache Siedekurven von Rohölen ergeben im allgemeinen Überlappungen zwischen zwei Fraktionen.

Die einfache Siedeanalyse ist dadurch erweitert worden, daß auf den Destillierkolben eine Trennsäule (s. Abschn. D *I*) aufgesetzt wurde, deren Wirkung durch entsprechende Wahl der Kolonnenhöhe, Konstruktion sowie durch besondere Arbeitsbedingungen auf das höchste gestei-

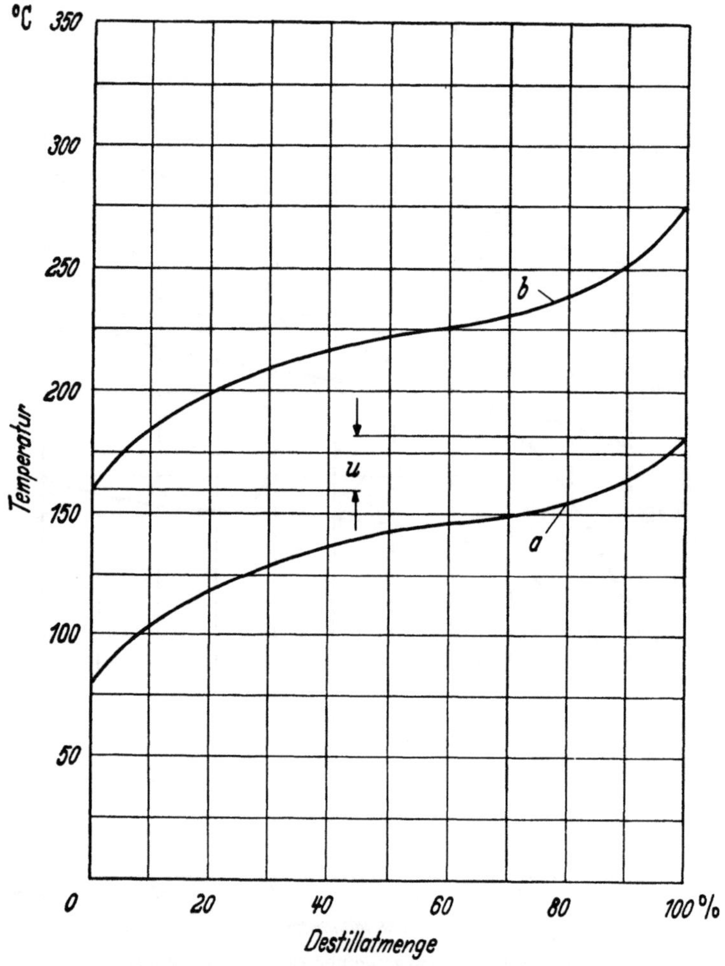

Abb. 30. Siedekurven *a* und *b* zweier Fraktionen eines Rohöls mit Überlappung

gert ist. Nunmehr wird die Temperatur während des Destilliervorganges nicht am Siedekolben, sondern am oberen Ende der Trennsäule abgelesen, wo auch das Destillat entnommen wird. Diese Temperatur wird in gleicher Weise wie bei der einfachen Siedeanalyse in Abhängigkeit von der in einem Meßgefäß aufgefangenen Destillatmenge angegeben und über letzterer in einer zweidimensionalen Darstellung aufgetragen. Die so erhaltenen Linien werden „wahre Siedepunkts-Kurven" genannt. Sie sind in Abb. 31 für dasselbe Rohöl und für dieselben drei Fraktionen aufgetragen, für welche Abb. 29 die Engler-Siedekurven zeigt. Erstere

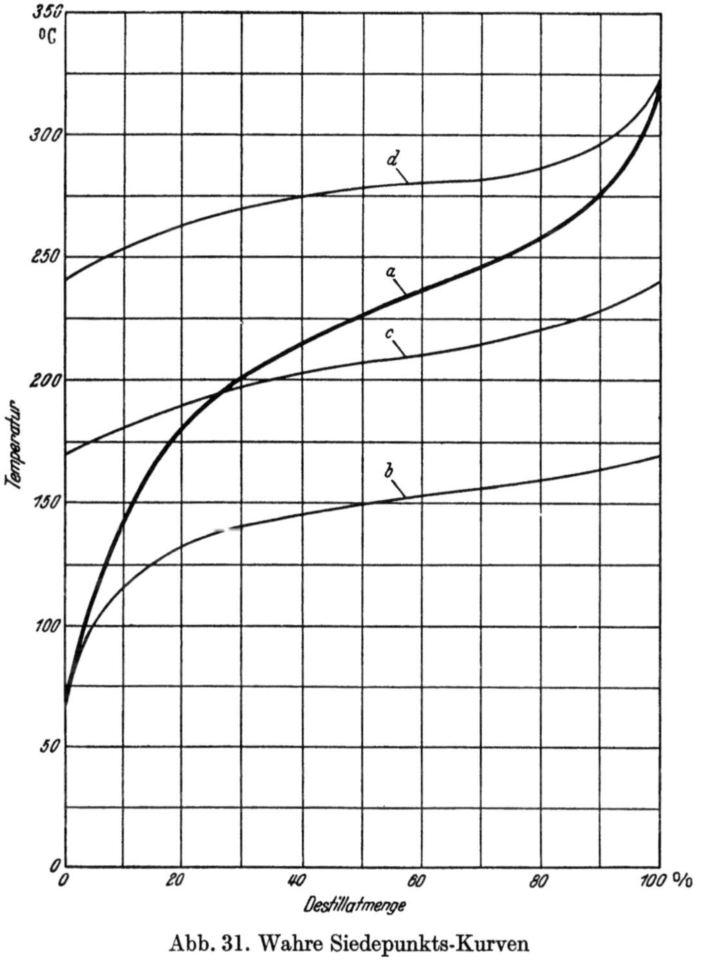

Abb. 31. Wahre Siedepunkts-Kurven

verlaufen steiler als letztere. Deshalb liegt auch bei den wahren Siedepunktskurven die Anfangstemperatur (bei 0% Destillat) tiefer und die Endtemperatur (bei 100% Destillat) höher als bei den Siedekurven gleicher Gemische. Zur Bestimmung der wahren Siedepunktskurven sind eine Anzahl von Laboratoriums-Geräten entwickelt worden, die zum Teil genormt sind.

8. Der Aktivitätskoeffizient

Befolgt bei hohen Drücken ein dampfförmiges Gemisch verschiedener Stoffe das Daltonsche Gesetz nicht, so kann letzteres doch noch angewendet werden, wenn an Stelle des Teildruckes jeden Stoffes die Fugazität als Produkt des Teildruckes und eines Korrekturfaktors gesetzt wird (s. Abschn. 7a, S. 46). Ähnlich kann bei der Behandlung nicht idealer Flüssigkeitsgemische mit dem Ziele vorgegangen werden, die Beziehung letzterer in Anwendung zu bringen. Die Konzentration x_F [Mol-%] eines Stoffes wird zu diesem Zwecke mit einem Faktor f_x multipliziert, welcher mit Aktivitätskoeffizient einer Komponente bezeichnet wird. Das Produkt beider Größen ergibt die Aktivität a_x des betreffenden Stoffes im Flüssigkeitsgemisch:

$$a_x = f_x \, x_F \, . \tag{29}$$

Für die nächst höher siedende Komponente gilt entsprechend:

$$a_y = f_y \, y_F \, . \tag{29a}$$

Die Beziehung dieser Größen mit dem Verhalten idealer Gemische kommt durch das erweiterte Raoultsche Gesetz zum Ausdruck, das für eine beliebige Komponente bei Gültigkeit des idealen Gasgesetzes lautet:

$$p_x = P_x \frac{a_x}{100} \tag{30}$$

und für den nächst höher siedenden Stoff:

$$p_y = P_y \frac{a_y}{100} \, , \tag{30a}$$

wobei wie allgemein p_x und p_y die Teildrücke, sowie P_x und P_y die Siededrücke der reinen Stoffe bei einer bestimmten Siedetemperatur bedeuten. Für ideale Gemische werden $f_x = 1$ und $f_y = 1$. Aus der Bedingung, daß die freie Enthalpie ein Minimum wird [s. Gl. (6)], folgt[1] für ein Zweistoffgemisch unter Verwendung der Beziehungen (30) und (30a):

$$x_F \left(\frac{\partial \ln a_x}{\partial x_F} \right) + y_F \left(\frac{\partial \ln a_y}{\partial x_F} \right) = 0 \, . \tag{31}$$

Aus dieser Gleichung kann beispielsweise die Aktivität a_y der schwerer siedenden Komponente eines flüssigen Zweistoffgemisches berechnet werden, wenn die Aktivität a_x des leichter siedenden Stoffes bei konstanter Temperatur und konstantem Druck abhängig von der Konzentration experimentell bestimmt worden ist und ein Wertepaar des schwerer siedenden Bestandteils bekannt ist.

Die Gleichgewichtskurve eines Zweistoffgemisches läßt sich berechnen, wenn es gelingt, die Gln. (6) bzw. (31) zu integrieren. Unter den

---

[1] Kortüm, G.: Die Theorie der Destillation und Extraktion von Flüssigkeiten. Berlin-Göttingen-Heidelberg: Springer 1952.

Lösungsverfahren ist das von van Laar[1] gebräuchlich. Mit den Voraussetzungen, daß für die flüssige und für die dampfförmige Phase eine van der Waalssche Zustandsgleichung gilt, die Mischungsentropie ideal ist und beim Mischen die Volumeffekte klein sind, gestattet es, Dampf-Flüssigkeitsgleichgewichte vorauszuberechnen, sofern ein Punkt der Gleichgewichtskurve, z. B. der azeotrope Punkt, gegeben ist. Rechnung und Versuch stimmen sehr gut miteinander überein, wenn die Temperaturänderungen 25° C nicht überschreiten. Die angegebene Integration der Gl. (31) führt zu Beziehungen, mit welchen die Aktivitätskoeffizienten berechnet werden können:

$$\ln f_x = \frac{C_x}{\left(1 + \frac{x_F C_x}{y_F C_y}\right)^2} \tag{32}$$

und

$$\ln f_y = \frac{C_y}{\left(1 + \frac{y_F C_y}{x_F C_x}\right)^2}\,. \tag{32a}$$

In diesen beiden Gleichungen bedeuten:

$$C_x = \ln f_x \left(1 + \frac{y_F \ln f_y}{x_F \ln f_x}\right)^2 \tag{32b}$$

und

$$C_y - \ln f_y \left(1 + \frac{x_F \ln f_x}{y_F \ln f_y}\right)^2 \tag{32c}$$

Die Konstanten C_x und C_y lassen sich bestimmen, wenn ein Wertepaar der Gleichgewichtskurve bekannt ist. Die Aktivitätskoeffizienten können aus der Beziehung

$$x_D = \frac{p_x}{p} 100 = \frac{P_x}{100} f_x x_F \frac{100}{p}$$

berechnet werden zu

$$f_x = \frac{x_D}{x_F} \frac{p}{P_x} \tag{33}$$

und

$$f_y = \frac{y_D}{y_F} \frac{p}{P_y}\,. \tag{33a}$$

Die Siedetemperatur t_s muß durch Probieren so gefunden werden, daß die Summe der Gehalte der Stoffe im Dampf den Wert 100 ergibt. Der Rechengang sei im folgenden durch ein Beispiel erläutert[2].

Zahlenbeispiel: Es soll die Gleichgewichtskurve des Gemisches n-Propanol-Wasser für einen aboluten Druck von 760 mm Q.-S. berechnet werden. Das Gemisch weist bei einer Konzentration von $x_D = x_F = 43{,}2$ Mol-% und bei einer Temperatur von $t_S = 87{,}8°$ C einen azeotropischen Punkt auf.

[1] van Laar: Z. Physik. Chem. **83**, 599 (1913).

[2] Teller, A. J.: Binary distillation. Destillation und Rektifikation von Zweistoffgemischen. Chem. Eng. **61**, 168 (1954).

Lösung: Für $t_S = 87{,}8°$ C werden an den Dampfdruckkurven der beiden Stoffe ihre Siededrücke abgelesen zu $P_x = 524$ mm Q.-S. und $P_y = 483$ mm Q.-S. Damit ergeben sich unter Verwendung der Gln. (33) und (33a) die Aktivitätskoeffizienten zu

$$f_x = \frac{43{,}2}{43{,}2} \cdot \frac{760}{524} = 1{,}41$$

und

$$f_y = \frac{(100 - 43{,}2)}{(100 - 43{,}2)} \cdot \frac{760}{483} = 1{,}57\,.$$

Die van Laar-Konstanten für den ausgezeichneten Punkt werden damit

$$C_x = 2{,}3 \cdot \log 1{,}41 \cdot \left[1 + \frac{56{,}8 \cdot \log 1{,}57}{43{,}2 \cdot \log 1{,}41}\right]^2 = 2{,}60$$

und

$$C_y = 2{,}3 \cdot \log 1{,}57 \cdot \left[1 + \frac{43{,}2 \cdot \log 1{,}41}{56{,}8 \cdot \log 1{,}57}\right]^2 = 1{,}13\,.$$

Es sollen nun die Aktivitätskoeffizienten für $x_F = 10$ Mol-% und $y_F = 90$ Mol-% nach den Gln. (32) und (32a) berechnet werden:

$$\log f_x = \frac{2{,}60}{2{,}3 \cdot \left[1 + \frac{10 \cdot 2{,}60}{90 \cdot 1{,}13}\right]^2}$$

$$f_x = 5{,}22$$

und

$$\log f_y = \frac{1{,}13}{2{,}3 \cdot \left[1 + \frac{90 \cdot 1{,}13}{10 \cdot 2{,}60}\right]^2}$$

$$f_y = 1{,}049\,.$$

Auf gleiche Weise können die f-Werte (d. h. f_x- und f_y-Werte für andere Flüssigkeitskonzentrationen berechnet werden, wie sie in Abb. 32 wiedergegeben sind.

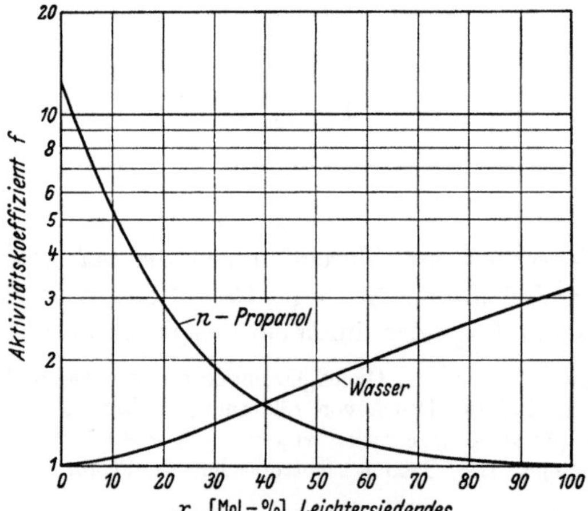

Abb. 32. Der Aktivitätskoeffizient in Abhängigkeit von der Flüssigkeitskonzentration

Mit f_x und f_y für $x_F = 10$ Mol-% und $y_F = 90$ Mol-% müssen nun die Gleichgewichts-Dampfkonzentrationen x_D und y_D bestimmt werden, indem verschiedene Siedetemperaturen t_S angenommen werden.

Zunächst sei $t_S = 88{,}5°$ C. Zu dieser Temperatur gehören die Siededrücke der reinen Komponente $P_x = 539$ mm Q.-S. und $P_y = 496{,}7$ mm Q.-S. Damit wird

$$x_D = f_x\, x_F \frac{P_x}{p} = 5{,}22 \cdot 10 \cdot \frac{539}{760} = 37{,}0$$

$$y_D = 1{,}049 \cdot 90 \cdot \frac{496{,}7}{760} = 61{,}6$$

Summe: 98,6 .

Bei einer zweiten Annahme habe die Siedetemperatur einen Wert von $t_S = 88{,}9°$ C, welcher die Siededrücke $P_x = 548$ mm Q.-S. und $P_y = 504$ mm Q.-S. zugeordnet sind, so daß wird

$$x_D = 5{,}22 \cdot 10 \cdot \frac{548}{760} = 37{,}6$$

$$y_D = 1{,}049 \cdot 90 \cdot \frac{504}{760} = 62{,}5$$

Summe: 100,1 .

Gemäß der vorstehenden Berechnung werden die Gleichgewichtskonzentrationen x_D und y_D für verschiedene x_F- und y_F-Werte bestimmt. In Zahlentafel 2 sind die so erhaltenen Werte eingetragen und mit experimentell ermittelten verglichen. Sie

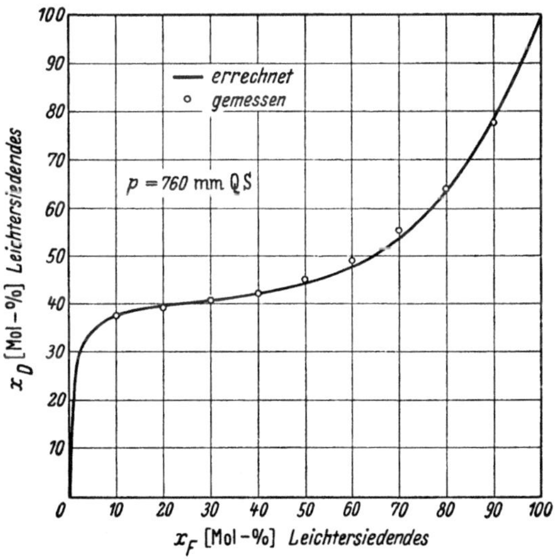

Abb. 33. Errechnete Gleichgewichtskurve des Gemisches n-Propanol-Wasser und experimentelle Werte

liefern die in Abb. 33 eingezeichnete errechnete Kurve. Die ebenfalls in die Abb. aufgenommenen experimentellen Werte zeigen, daß Rechnung und Experiment gut miteinander übereinstimmen.

Zahlentafel 2

Vergleich zwischen experimentell erhaltenen und errechneten Gleichgewichtswerten

x_F [Mol-%]	f_x	f_y	x_D [Mol-%] errechn.	x_D [Mol-%] exper.	Fehler [%]
10	5,22	1,049	37,6	37,2	1,07
20	2,86	1,161	40,1	39,2	2,29
30	1,93	1,32	40,5	40,4	0,25
40	1,486	1,51	41,4	42,4	2,36
43,2	1,41	1,58	43,2	43,2	0,00
50	1,268	1,73	44,2	45,2	2,21
60	1,14	1,97	48,3	49,2	1,83
70	1,064	2,24	54,7	55,1	0,73
80	1,025	2,52	59,2	64,1	0,76
90	1,007	2,80	78,0	77,8	0,26

9. Beeinflussung der Gleichgewichtszustände durch den Druck

a) Zweistoffgemische

In der Technik werden Flüssigkeitsgemische häufig unter Anwendung von Unter- oder Überdruck getrennt. Es erhebt sich daher die Frage, ob die Gleichgewichtszustände für beliebige Drücke ermittelt werden können, wenn sie für einen bestimmten Druck, z. B. für 1 ata, bekannt sind. Diese Frage ist schon vielfach untersucht worden, ohne daß ein allgemeingültiges Gesetz gefunden werden konnte. WREWSKY[1] sagt beispielsweise: „Bei Erhöhung der Temperatur von Lösungen, deren Dampfspannungskurve $[p = f(x_F)]$ ein Maximum besitzt, wächst im konstant siedenden Gemisch der relative Gehalt derjenigen Komponente, deren Verdampfung mit dem größeren Energieverbrauch verbunden ist.“ Die Richtigkeit dieser Regel konnte bei dem Gemisch Äthylalkohol-Wasser bestätigt werden[2]. Die Zahlentafel 3, welche die Temperatur und den Wassergehalt beim Minimumsiedepunkt in Abhängigkeit vom absoluten Druck angibt, besagt, daß der ausgezeichnete

Zahlentafel 3. *Abhängigkeit der Temperatur und des Wassergehaltes beim Minimumsiedepunkt vom absoluten Druck für das Gemisch Äthylalkohol-Wasser*

Druck mm Q.-S. abs.	Wasser %	Minimumsiedepunkt °C
70	0,0	27,96
94	0,5	33,35
129	1,3	39,20
298	2,7	47,63
404	3,75	64,04
760	4,4	78,15
1075	4,65	87,12
1451	4,75	95,35

[1] RECHENBERG, C. v.: Einfache und fraktionierte Destillation in Theorie und Praxis, S. 537. Miltitz b. Leipzig: Schimmel & Co. 1923.

[2] MERRIMAN: J. Chem. Soc. **1913**, 628.

Punkt bei einem absoluten Druck von 70 mm Q.-S. und bei einer Temperatur von 27,96° C verschwindet.

Wie sich die Siede- und Taulinien des genannten Gemisches bei Unterdrücken[1] und bei Überdrücken[2] verhalten, zeigen die Abb. 34 und 35. Die für Unterdrücke geltenden Linien besagen vor allem, daß die

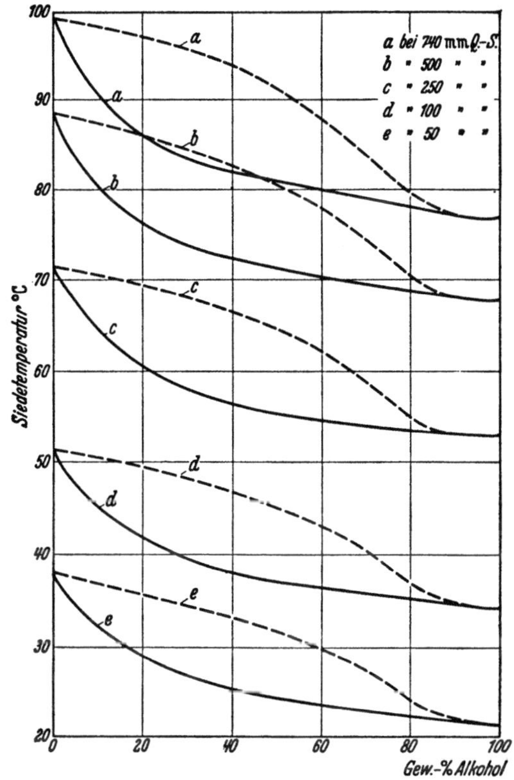

Abb. 34. Siedelinien ——— und Taulinien – – – des Gemisches Äthylalkohol-Wasser für verschiedene Unterdrücke

Regel von WREWSKY, welche für die Zusammensetzung des ausgezeichneten Punktes gilt, nicht für den ganzen Konzentrationsbereich zutreffend ist. Es zeigt sich nämlich gemäß Abb. 36, daß sich die für verschiedene Drücke geltenden Gleichgewichtskurven sogar überschneiden[1] können.

[1] Siehe Fußnote 1, S. 24.

[2] GRUMBT, I. A.: Siede- und Tauisobaren von Äthylalkohol-Wassergemischen für Drucke bis 15 at. Technische Mechanik und Thermodynamik, Bd. 1, Heft 9 u. 10. Berlin: VDI-Verlag G. m. b. H. 1930.

Während durch Anwendung entsprechender Unterdrücke bei dem Gemisch Äthylalkohol-Wasser der azeotropische Punkt zum Verschwinden gebracht werden kann, verschiebt sich letzterer mit steigendem Druck immer mehr in das Gebiet abnehmenden Alkoholgehaltes. Auf

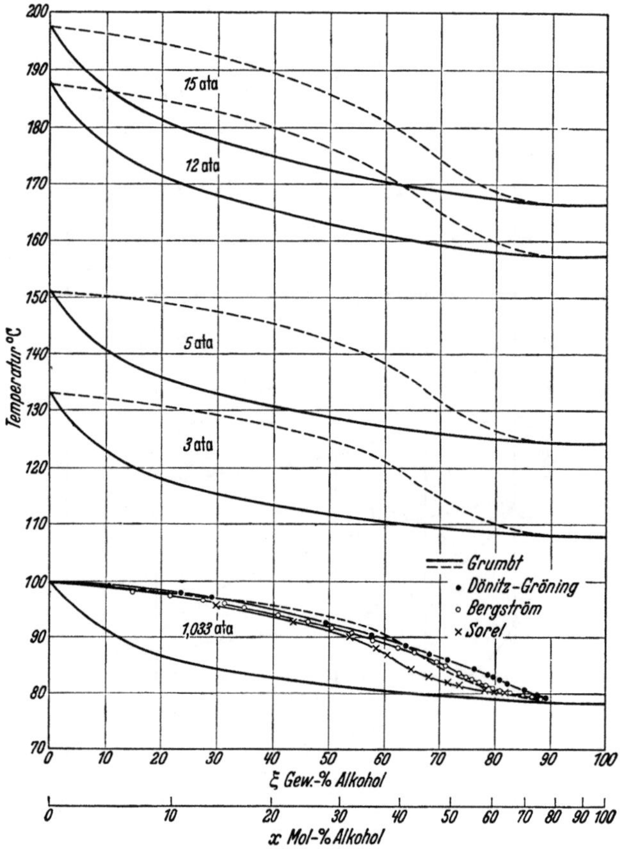

Abb. 35. Siede- und Taulinien des Gemisches Äthylalkohol-Wasser für Überdrücke bis 15 ata

dieser Erscheinung fußend ist es möglich, durch Anwendung eines Zweidruckverfahrens den azeotropischen Punkt bei Gemischen zu überbrücken, welche sich ähnlich wie Äthylalkohol-Wasser verhalten. In Abb. 37 sind die kennzeichnenden Gleichgewichtskurven für zwei Drücke wiedergegeben, bei denen die azeotropischen Punkte A_1 und A_2 vorliegen. Der Einfluß des Druckes ist gegenüber dem Gemisch Äthylalkohol-Wasser zur Verdeutlichung als besonders stark zugrunde gelegt. Das Gemisch ströme mit dem Gehalt x_M an Leichtersiedendem zu. Es gelangt zunächst in den Trennapparat *1* für niederen Druck, welcher in dem

Plan der Abb. 38 wiedergegeben ist. Bei unendlichfach wiederholter Destillation oder bei entsprechender Trennwirkung durch Rektifikation

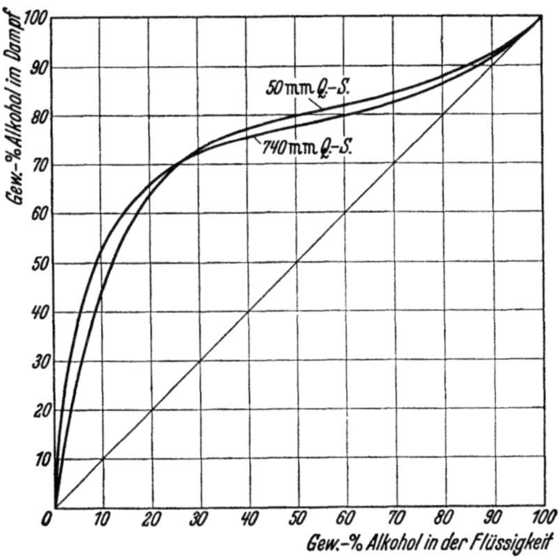

Abb. 36. Gleichgewichtskurven für die absoluten Drücke von 50 und 740 mm Q.-S. für das Gemisch Äthylalkohol-Wasser

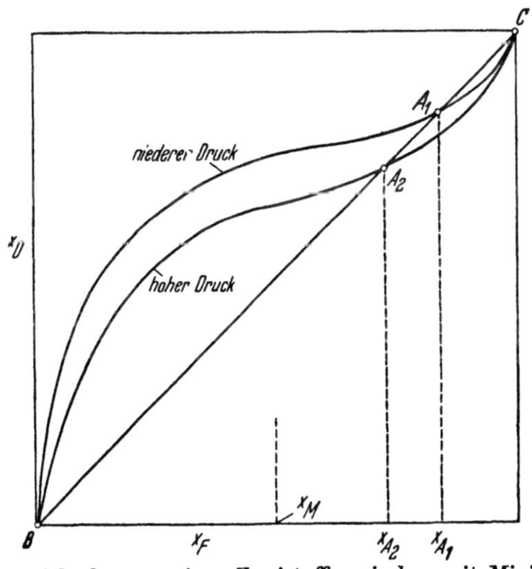

Abb. 37. Gleichgewichtskurven eines Zweistoffgemisches mit Minimumsiedepunkt bei zwei verschiedenen Drücken

(s. Abschn. D I) entströmen dem Apparat *1* flüssige Gemische, welchen die Konzentrationen x_B und x_{A_1} der Zustandspunkte B und A_1 (s. Abb. 37) entsprechen oder praktisch nahekommen. Durch $x_B = 0$ ist der eine

Stoff bereits in reinem Zustand gegeben. Das Gemisch mit der Konzentration x_{A_1} wird in den Apparat *2* gepumpt (s. Abb. 38), der unter höherem Druck steht. Dort wird es im Grenzfalle zerlegt in zwei Gemische mit den Gehalten x_C und x_{A_2} der Zustandspunkte C und A_2 (Abb. 37). Ersteres entströmt als zweiter reiner Stoff dem Apparat *2*, während letzteres in den Tiefdruckapparat *1* gedrosselt und dort wie das Ausgangsgemisch in die beiden Komponenten mit den Zusammensetzungen x_B und x_{A_1} zerlegt wird.

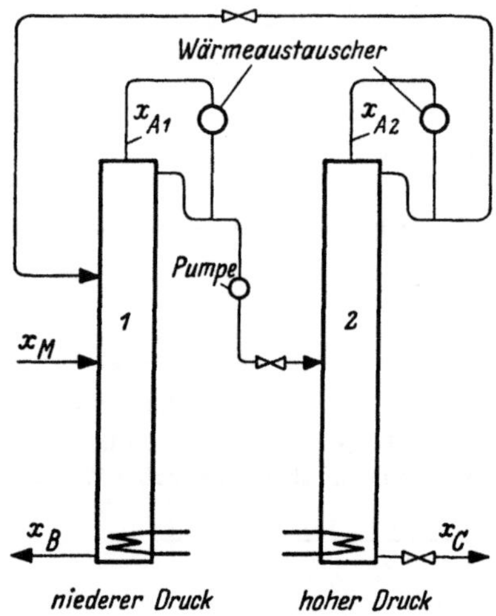

Abb. 38. Arbeitsplan des Zweidruckverfahrens

Nach dem geschilderten Verfahren kann also das Zweistoffgemisch mit x_M [Mol-%] an Leichtersiedendem trotz Vorhandenseins eines ausgezeichneten Punktes stetig in die reinen Einzelstoffe getrennt werden. Diese Arbeitsweise ist grundsätzlich erwähnenswert ohne ein Eingehen auf die Wirtschaftlichkeit in besonderen Fällen.

So wie eine Druckänderung sich nicht über den gesamten Konzentrationsbereich im selben Sinne auswirkt, ist auch die Beziehung, wonach der beim Sieden sich einstellende Unterschied der Konzentrationen im Dampf und in der Flüssigkeit mit dem Unterschied der Siedetemperaturen der einzelnen reinen Stoffe bei einem bestimmten Druck sich vergrößert, nicht allgemein zutreffend. Dies beweisen beispielsweise die für verschiedene Drücke geltenden Siede- und Taulinien für die beiden Gemische Stickstoff-Sauerstoff[1] und Ammoniak-Wasser[2], die in den

[1] Dodge u. Dunbar: J. Amer. Chem. Soc. **44**, 608 (1927).

[2] Wucherer, J.: Messung von Druck, Temperatur und Zusammensetzung der flüssigen und dampfförmigen Phase von Ammoniak-Wassergemischen im Sättigungszustand. Z. Ges. Kälteind. **39**, 97 u. 136 (1932).

Abb. 39 und 40 für die in der Technik üblichen Drücke wiedergegeben sind. Bei beiden Gemischen ist der Unterschied zwischen der Dampf- und

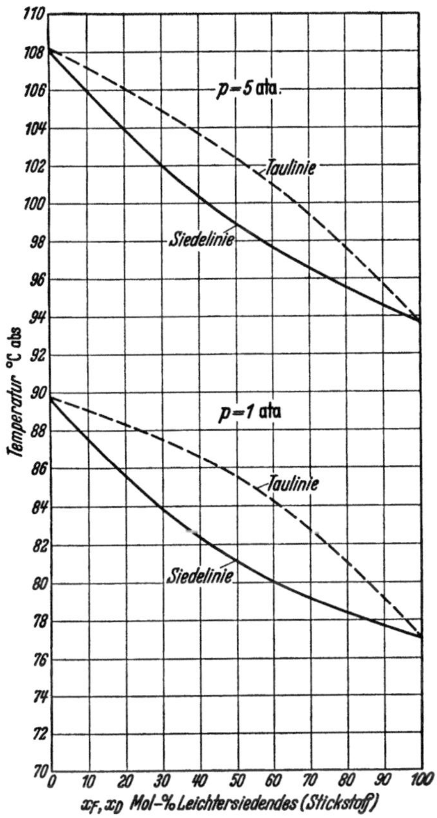

Abb. 39

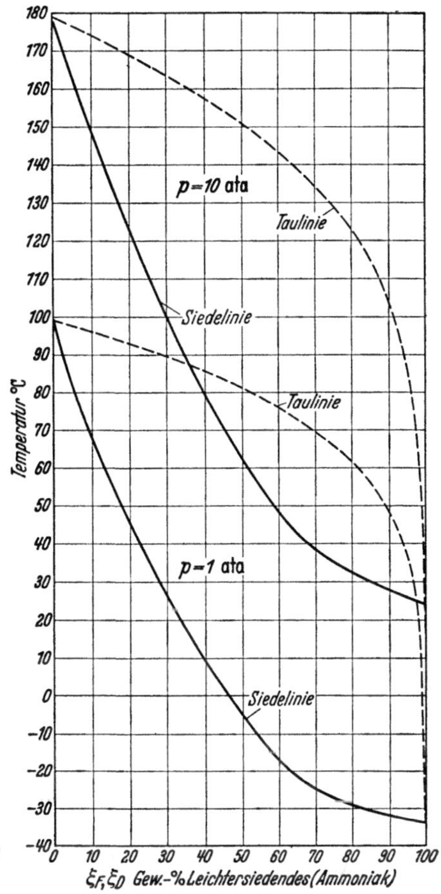

Abb. 40

Abb. 39. Siede- und Taulinien des Gemisches Stickstoff-Sauerstoff für die Drücke von 1 und 5 ata

Abb. 40. Siede- und Taulinien des Gemisches Ammoniak-Wasser für die Drücke von 1 und 10 ata

Flüssigkeitskonzentration bei dem niedrigeren Druck größer (s. auch die Gleichgewichtskurven im Anhang).

Bei sehr hohen Destillationsdrücken ist es möglich, daß der kritische Verdampfungsdruck des einen Stoffes oder beider Komponenten erreicht oder überschritten wird. Unter diesen Umständen zeigen die Gemische ein besonderes Verhalten. Als Beispiel hierfür sind in Abb. 41 die Siede- und Taulinien eines Kohlendioxyd-Schwefeldioxydgemisches für die beiden Drücke von 41,3 und 93 ata wiedergegeben[1,2]. Während die Siede- und Taulinie für den Druck von 41,3 ata wie üblich den ganzen Konzentrationsbereich umfassen, verlaufen die beiden Kurven für den höheren Druck nur innerhalb des Bereiches der Konzentrationen

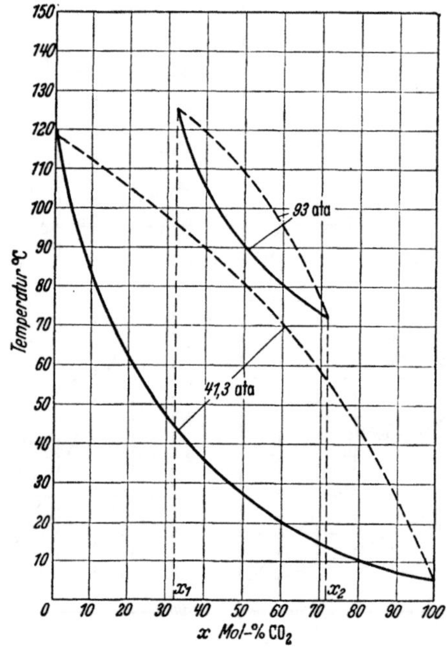

Abb. 41. Siede- und Taulinien des Zweistoffgemisches Kohlendioxyd-Schwefeldioxyd für die Drücke von 41,3 und 93 ata

$x_1 = 33$ Mol-% und $x_2 = 72{,}5$ Mol-%. Bei diesen beiden Konzentrationen schneiden sich die beiden Linien, wobei die Schnittpunkte durch das Überschreiten des kritischen Druckes der beiden Gemische von der Zusammensetzung x_1 und x_2 gegeben sind.

Alle Zustandspunkte, welche unterhalb der Siedelinie und in dem Konzentrationsbereich zwischen x_1 und x_2 liegen, entsprechen Flüssigkeitsgemischen. Das Gebiet oberhalb der Taulinie und innerhalb des Bereiches der genannten Konzentrationen ist dasjenige überhitzter Dämpfe. Für Konzentrationen, die kleiner als x_1 oder größer als x_2 sind,

[1] Cummings, L. W. T.: High-pressure rectification I, vapor-liquid equilibrium relations at high pressures. Ind. eng. Chem. **23**, 900 (1921).

[2] Cummings, L. W. T., F. W. Stones, and M. A. Volante: High-pressure rectification II, n-Pentane-n-Heptane system. Ind. Eng. Chem. **25**, 728—732 (1933).

ist das gleichzeitige Bestehen beider Phasen nebeneinander unmöglich. Nur bei solchen Zuständen, welche durch Punkte dargestellt werden können, die innerhalb der von der Siede- und Taulinie eingeschlossenen Fläche liegen, können beide Phasen gleichzeitig vorhanden sein und nur in diesem Gebiet ist eine Trennung durch Destillation oder Rektifikation möglich. Bei den kennzeichnenden Konzentrationen x_1 und x_2 schneidet die Gleichgewichtskurve die Diagonale in den Punkten A_1 und A_2 (Abb. 42). Zwei Schnittpunkte mit der Diagonalen ergeben sich, solange

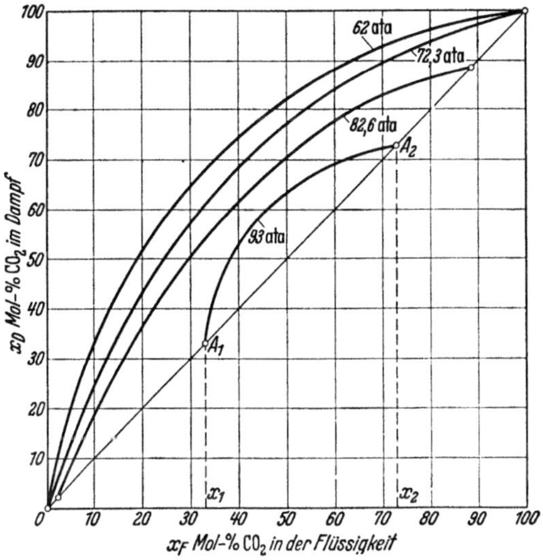

Abb. 42. Gleichgewichtskurven des Zweistoffgemisches Kohlendioxyd-Schwefeldioxyd für die Drücke von 62, 72,3, 82,6 und 93 ata

der Destillationsdruck größer ist als 77 ata. Bei kleineren Drücken verschwinden die beiden Schnittpunkte gleichzeitig, und die Gleichgewichtskurve zeigt dann den üblichen Verlauf. Mit steigendem Druck über 77 ata hinaus nähern sich die beiden Punkte A_1 und A_2, um bei einem sogenannten Enddruck in einen Punkt zusammenzufallen. Er liegt bei dem behandelten Gemisch bei 98,5 ata. Bei ihm ist die sonst von der Siede- und Taulinie eingeschlossene Fläche durch einen Punkt ersetzt.

Es ist auch möglich, daß die Gleichgewichtskurve bei einem entsprechend hohen Druck nur in einem Punkt die Diagonale schneidet[1,2], welcher ebenfalls durch das Erreichen des kritischen Druckes gegeben ist. Ein Beispiel dafür liefert die Gleichgewichtskurve des Gemisches Stickstoff-Sauerstoff für einen Druck von 41,3 ata, welche gemäß Abb. 43 die Diagonale bei einer Konzentration von etwa 64 Mol-% Stickstoff schnei-

[1] Siehe Fußnote 1, S. 66. — [2] Siehe Fußnote 2, S. 66.

det, während die Gleichgewichtskurve z. B. für 10,16 ata bereits keinen Schnittpunkt mehr mit der Diagonalen aufweist. Bei diesem Gemisch liefert die Gleichgewichtskurve bei allen Drücken nur einen Schnittpunkt mit der Diagonalen, weil der kritische Druck des Sauerstoffes gleich ist dem „Enddruck" des Gemisches.

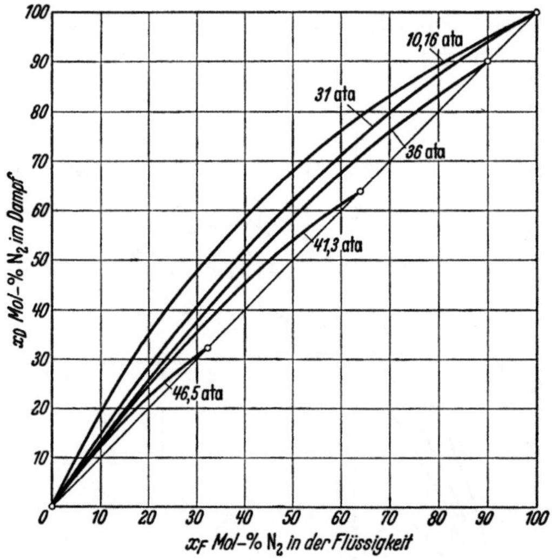

Abb. 43. Gleichgewichtskurven des Gemisches Stickstoff-Sauerstoff für die Drücke von 10,16, 31, 36, 41,3 und 46,5 ata

Die praktische Bedeutung der Anwendung sehr hoher Destillationsdrücke liegt in der Möglichkeit der Trennung von Gasgemischen, die bei niedrigen Drücken nicht kondensierbar sind und die bei entsprechend hohen Drücken Flüssigkeitsgemische bilden, welche durch Destillation und Rektifikation zerlegt werden können.

b) Gemische aus mehr als zwei Bestandteilen

Die Vorausberechnung der Gleichgewichtszustände bei verschiedenen Drücken ist auch bei Dreistoffgemischen nur für den Fall der idealen Lösung möglich. Für die übrigen in der Technik wichtigen Fälle kann man sich lediglich auf Vermutungen oder auf Versuche stützen. Für das praktisch wichtige Gemisch Äthylalkohol-Benzol-Wasser ist die Verlagerung des ausgezeichneten Punktes mit dem Destillationsdruck eingehend untersucht worden[1]. Durch Erhöhung des Destillationsdruckes

[1] Keussler, O. v.: Die technische Erzeugung von absolutem Alkohol durch Druckdestillation des Gemisches Alkohol-Wasser-Benzol zur Herstellung eines billigen Kraftstoffes. Diss. Techn. Hochschule Darmstadt 1926.

nimmt der Wassergehalt sowohl in der Mischung Benzol-Wasser als auch in derjenigen Äthylalkohol-Wasser zu. Daraus kann man vermuten, daß in dem Dreistoffgemisch Äthylalkohol-Benzol-Wasser durch die Erhöhung des Destillationsdruckes ein wasserreicheres und benzolärmeres ausgezeichnetes Gemisch erzielt wird. Diese Vermutung wurde durch Versuche als zutreffend bestätigt. Es ist daraus gefolgert worden, daß durch Erhöhung des Destillationsdruckes das Zweistoffgemisch Äthylalkohol-Wasser nach Hinzufügung von Benzol wirtschaftlicher vollständig entwässert werden kann als bei Atmosphärendruck. Bei Druckerhöhung verlagert sich der ausgezeichnete Punkt in der Richtung des Pfeiles *f* in Abb. 25.

10. Trennung azeotroper Zweistoffgemische mittels eines Zusatzstoffes bei vollkommener Löslichkeit

Es ist gezeigt worden, daß durch Veränderung des Gesamtdruckes das Siedeverhalten eines Zweistoffgemisches entscheidend beeinflußt werden kann. Nicht nur die Lage der Gleichgewichtskurve kann verändert, sondern ein azeotropischer Punkt sogar zum Verschwinden gebracht werden. Die Veränderung des Druckes als Summe der Partial-

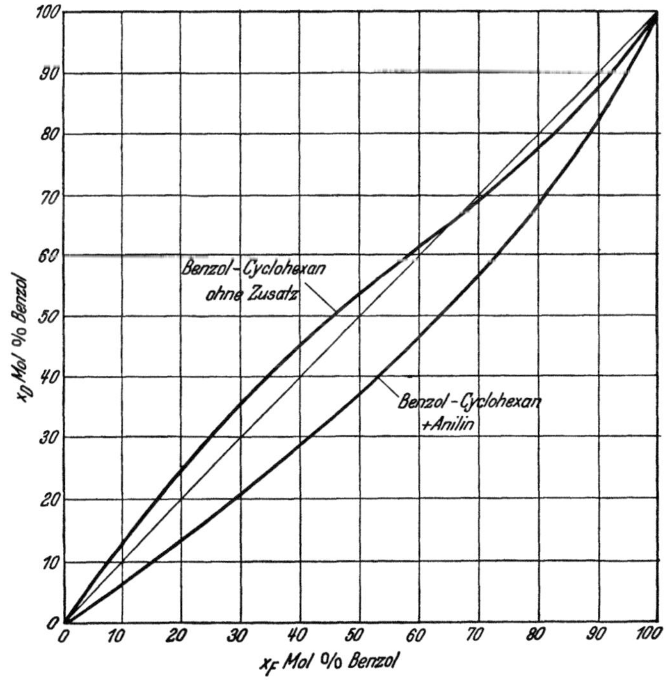

Abb. 44. Beseitigung des azeotropischen Punktes eines Zweistoffgemisches durch Hinzufügen eines Zusatzstoffes

drücke eines vollkommen löslichen Zweistoffgemisches mit ausgezeichnetem Punkt kann auch dadurch herbeigeführt werden, daß eine in beiden Stoffen lösliche Zusatzflüssigkeit hinzugefügt wird. Untersuchungen zeigen[1,2], daß tatsächlich bei geeigneter Wahl der Zusatzkomponente ein azeotropischer Punkt zum Verschwinden gebracht werden kann. In Abb. 44 sind Ergebnisse für das Gemisch Benzol-Cyclohexan wiedergegeben, das ohne Zusatzstoff bei einem Benzolgehalt von 66,5 Mol-% einen azeotropischen Punkt aufweist. Durch Hinzufügen von Anilin wird der ausgezeichnete Punkt beseitigt. Wählbare Flüssigkeitszusammensetzungen sind in Zahlentafel 4 enthalten.

Zahlentafel 4. *Wählbare Zusammensetzungen des Gemisches Benzol-Cyclohexan-Anilin*

Benzol [Mol-%]	Cyclohexan [Mol-%]	Anilin [Mol-%]
25,2	11	63,8
14,4	23	62,6
6,1	32,4	61,5

Die in dem Dreistoffgemisch enthaltene Gesamtmenge von Benzol und Cyclohexan wird für sich als Zweistoffgemisch betrachtet, so daß

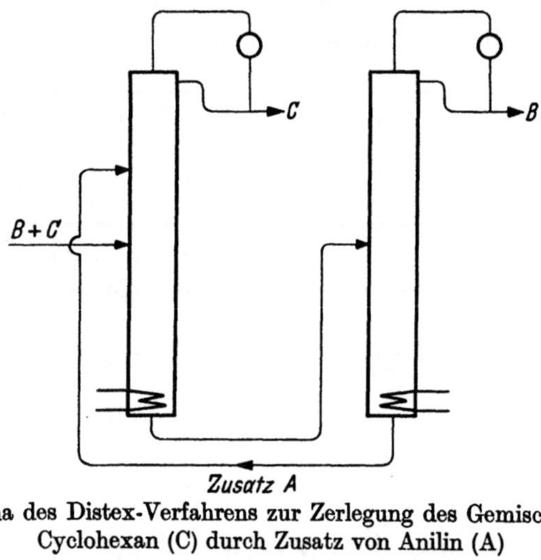

Abb. 45. Schema des Distex-Verfahrens zur Zerlegung des Gemisches Benzol (B)-Cyclohexan (C) durch Zusatz von Anilin (A)

sich für die erste Zahlenreihe der Tafel 4 ein Benzolgehalt von $25{,}2 \cdot 100 : (25{,}2 + 11) = 69{,}7$ Mol-% ergibt. Die so bei Anwesenheit von Anilin sich ergebende Gleichgewichtskurve ist ebenfalls in Abb. 44 eingezeichnet. Sie weist keinen ausgezeichneten Punkt mehr auf. In einer stetig

[1] Jost, W.: Das Siedeverhalten von Mehrstoffgemischen. Z. Naturforsch. 1, 576—580 (1946).

[2] Griswold, J., D. Andres, C. F. van Berg, and J. E. Kasch: Pure hydrocarbons from petroleum. Separation of straight-run fractions by Distex process. Ind. Eng. Chem. 38, 65 (1946).

arbeitenden, aus zwei Trennsäulen (s. Abschn. D I) bestehenden Anlage wird beispielsweise das zu zerlegende Gemisch etwa in der Mitte der ersten Säule zugeführt (s. Abb. 45) und an deren oberen Ende der Stoff 1 entnommen. Am unteren Ende strömt ein Gemisch ab, welches einer zweiten Säule zwischen oberem und unterem Ende zufließt. Diese verlassen oben der Stoff 2 und unten die Zusatzflüssigkeit, welche im Kreislauf in die erste Säule an einer Stelle zurückgeleitet wird, welche zwischen dem Zulauf der Mischung und ihrem oberen Ende liegt. Weil bei diesem Verfahren die Zusatzflüssigkeit die schwerer siedende Komponente aus der Mischung herausnimmt (extrahiert) und zur Reinigung der Flüssigkeit die Rektifikation (s. Abschn. D I) bzw. Destillation angewendet wird, hat es die Bezeichnung „Distex"-Verfahren erhalten.

Abb. 45 zeigt das Betriebsschema des Distex-Verfahrens zur Zerlegung des Gemisches Benzol-Cyclohexan unter Verwendung des Zusatzstoffes Anilin.

11. Einfluß des Zusatzes von Salz auf die Phasengleichgewichte von Zweistoffgemischen

Das Verdampfungsbestreben der einzelnen Komponenten eines Flüssigkeitsgemisches kann auch dadurch beeinflußt werden, daß letzterem ein Salz beigefügt wird. Löst sich dieses in einem Stoff der Flüssigkeit sehr gut, was große Anziehungskräfte zwischen beiden zur Voraussetzung hat, dann sinkt der Dampfdruck dieses Stoffes. Wird beispielsweise in einem Äthanol-Wassergemisch soviel Kalisalpeter gelöst, daß sich beim Sieden stets Kristalle ausscheiden[1], so nimmt der Alkoholgehalt im Dampf zu, solange die Konzentration beachtlich kleiner als diejenige des azeotropischen Punktes ist. Liegt sie über 90 Gew.-% Alkohol im mit Kalisalpeter gesättigten flüssigen Äthanol-Wassergemisch, dann ergeben sich nur geringe Abweichungen von der Gleichgewichtskurve des salzfreien Gemisches. Daraus folgt keinerlei Verschiebung des azeotropischen Punktes, wie sie beispielsweise bei anderen Systemen wie Isopropylalkohol-Wasser mit Ammoniumnitrat als Zusatz beobachtet wurde[1].

Daß die Art des Zusatz-Salzes eine ausschlaggebende Rolle spielt, beweisen Versuche, bei denen dem Gemisch Äthanol-Wasser Calciumchlorid beigefügt wurde[2]. Die Ergebnisse sind in Abb. 46 wiedergegeben. Danach wird auch bei hohen Alkoholkonzentrationen der Alkoholgehalt wesentlich über denjenigen erhöht, wie er sich ohne Salzzusatz ergibt, und es hat den Anschein, daß der azeotropische Punkt völlig verschwindet.

---

[1] RIEDER, R. M., u. A. R. THOMPSON: Der Salzeffekt im Dampf-Flüssigkeitsgemisch Äthanol-Wasser mit KNO_3. Ind. Eng. Chem. **2**, 379 (1950).

[2] JOST, W.: Einfluß eines Zusatzes auf die Verdampfungsgleichgewichte binärer Gemische. Chem.-Ing.-Tech. **3**, 64 (1951).

Wenn das zugeführte Salz in der schwerer siedenden Komponente eines Zweistoffgemisches sich am besten löst, zeigt es keine Neigung, sich auf den Einbauten der Rektifiziersäule (s. Abschn. D III) abzusetzen. Die Konzentration nimmt in der Rektifiziersäule nach unten zu und die Lösung wird deshalb nach unten fortschreitend weniger mit Salz ge-

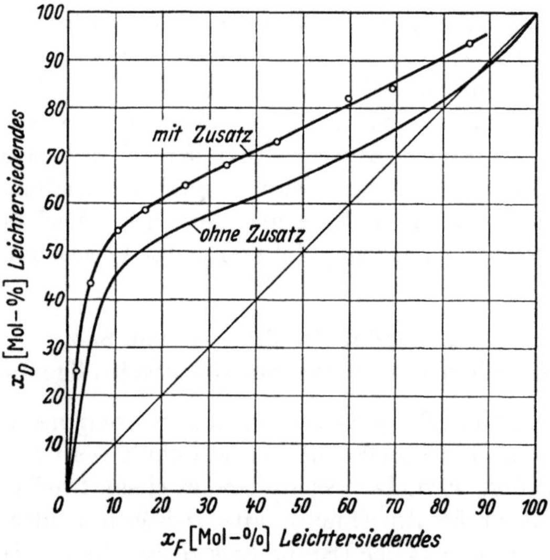

Abb. 46. Gleichgewichtskurve des Systems Äthanol-Wasser bei 760 mm Q.-S. ohne und mit Zusatz von 10 g Calciumchlorid auf 100 cm³ binärer Mischung

sättigt. Die Bodenzahl einer solchen Säule wird kleiner im Vergleich zu einer solchen, welche ohne Salzzusatz arbeitet. Das gekennzeichnete Siedeverhalten von mit einem Salz gesättigten Zweistoffgemischen ermöglicht die industrielle Lösungsmittelrückgewinnung aus einer salzhaltigen Lösung.

IV. Teilniederschlag von Zweistoffgemischen

1. Grundsätzliches

Die Zerlegung eines Flüssigkeitsgemisches innerhalb bestimmter Grenzen ist nicht nur durch Verdampfen (Destillieren) möglich, sondern auch dadurch, daß aus dem Dampf eines Mehrstoffgemisches eine Teilmenge niedergeschlagen wird. Die Restdampfmenge weist eine andere Zusammensetzung auf als die ursprüngliche Gesamtdampfmenge. Die maßgebenden Zusammenhänge werden im folgenden am Beispiele des Zweitstoffgemisches erläutert. Weil keine besonderen Gründe für das

Rechnen in Moleinheiten vorliegen, sollen dem Brauche entsprechend Gewichtseinheiten benützt werden.

Wird Dampf an einer Kühlfläche niedergeschlagen, so entsteht auf letzterer eine Kondensatschicht, durch welche die Kondensationswärme des Dampfes hindurchwandern muß. Der Kondensationsvorgang ist dadurch gekennzeichnet, daß bei einer bestimmten Temperatur dem Dampf soviel Wärme entzogen wird, daß er verflüssigt wird. Deshalb stehen Dampf und Flüssigkeit an ihrer gemeinsamen Berührungsfläche miteinander im Phasengleichgewicht[1]. Mit zunehmender Entfernung von

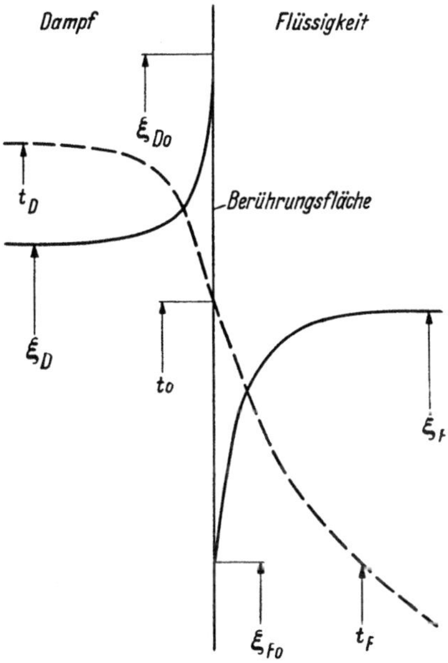

Abb. 47. Konzentrations- und Temperaturverlauf im Dampf- und Flüssigkeitsgemisch

dieser Berührungsfläche nimmt die Konzentration des leichter siedenden Stoffes im Dampf ab, wobei vorausgesetzt ist, daß die Gleichgewichtskurve über der Diagonalen des ξ_F, ξ_D-Schaubildes verläuft (s. Abb. 48). Die Zunahme des Gehaltes an Leichtersiedendem gegen die Berührungsfläche zu ist dadurch bedingt, daß der aus dem Dampf gebildete Niederschlag eine andere Zusammensetzung hat als der Dampf selbst. Gemäß Abb. 47 steigt der Dampfgehalt an Leichtersiedendem, der im wirbeligen Dampfkern konstant ist, in der Grenzschicht von ξ_D auf ξ_{D_0} an. Ent-

[1] Kirschbaum, Emil: Die Verstärkung durch teilweise Kondensation binärer Gemische und ihre Berücksichtigung bei der Berechnung von Rektifizierapparaten. In: Dechena Monographie Nr. 2. Berlin: Verlag Chemie 1930.

sprechend diesem Verlauf sinkt die Dampftemperatur innerhalb der Grenzschicht von t_D auf den Wert t_0 an der Oberfläche. Der Gehalt an Leichtersiedendem in der Flüssigkeit wächst von dem Wert ξ_{F_0} an der Oberfläche auf den Wert ξ_F im Flüssigkeitskern, während die Flüssigkeitstemperatur von t_0 auf t_F sinkt. Von der Art der Strömung des Dampfes und der Flüssigkeit wird es abhängen, wie sich der Verlauf der Temperatur und der Konzentration einstellt. Letztere bleiben in den Kernmassen dann konstant, wenn turbulente Strömung vorliegt. Es ist nicht

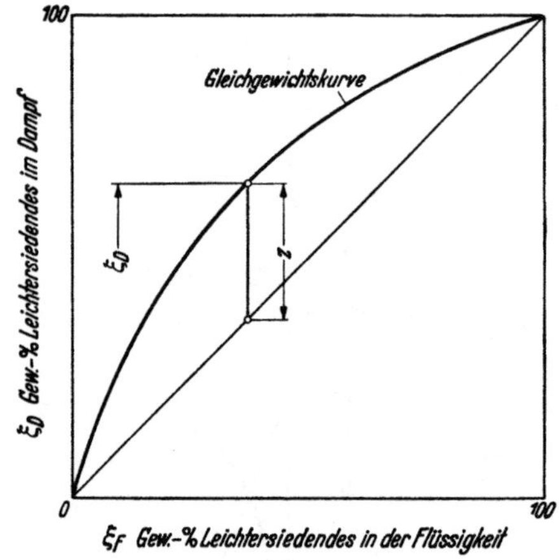

Abb. 48. Beziehung zwischen Dampf- und Flüssigkeitskonzentration beim Niederschlagen

erforderlich, auf diese Fragen im einzelnen einzugehen. Die Grundgedanken und Ableitungen bleiben vielmehr richtig, wenn die Veränderungen der Konzentration und Temperatur zugrunde gelegt werden, wie sie Abb. 47 zeigt.

Strömt an einem unendlich kleinen Kühlflächenteil stündlich die Dampfmenge D [kg/h] mit dem Gehalt ξ_D [Gew.-%] an Leichtersiedendem vorbei, so wird auf ihm die unendlich kleine Kondensatmenge dC mit dem Gehalt ξ_{F_0} niedergeschlagen. Es bleibt eine Dampfmenge $(D - dC)$ mit einem Gehalt an Leichtersiedendem $(\xi_D + d\xi_D)$ [Gew.-%] übrig. Dabei stellt $d\xi_D$ die Anreicherung im Restdampf dar. Aus der Mengengleichung

$$D\frac{\xi_D}{100} = dC\frac{\xi_{F_0}}{100} + (D - dC)\left(\frac{\xi_D + d\xi_D}{100}\right) \tag{34}$$

ergibt sich unter Vernachlässigung der unendlich kleinen Größen zweiter Ordnung die Anreicherung an Leichtersiedendem im Dampf zu:

$$d\xi_D = \frac{dC}{D}(\xi_D - \xi_{F_0}). \tag{35}$$

Die Verstärkung ist danach um so größer, je kleiner das an die Kühlfläche strömende Dampfgewicht im Verhältnis zur Dampfmenge und je größer der Unterschied zwischen ξ_D und ξ_{F_0} ist.

Wird die gesamte einer Kühlfläche (einem Kondensator) in der Zeiteinheit zuströmende Dampfmenge mit D_e [kg/h] und die die Kühlfläche (den Kondensator) verlassende Restdampfmenge mit D_a [kg/h] bezeichnet, so ergibt der Unterschied der beiden Dampfmengen die im Kondensator insgesamt niedergeschlagene Kondensatmenge:

$$C_g = D_e - D_a \,. \tag{36a}$$

Um Gl. (35) integrieren zu können, muß für die Dampfmenge D ein Wert eingeführt werden, welcher aus der der Kühlfläche zuströmenden Gesamtdampfmenge D_e und aus der von der Zuströmstelle ab bis zu einer beliebigen Kühlflächenstelle niedergeschlagenen Kondensatmenge C bestimmbar ist. Es besteht die Beziehung:

$$D = D_e - C \,. \tag{36b}$$

Wird der Wert von D aus Gl. (36b) in Gl. (35) eingesetzt, so folgt die Differentialgleichung für die Anreicherung durch Teilniederschlag:

$$\frac{dC}{D_e - C} = \frac{d\xi_D}{\xi_D - \xi_{F_0}} \,. \tag{37}$$

Am Anfang der Kühlfläche ist $C = 0$ und der zuströmende Dampf hat dort eine Konzentration von ξ_{De} [Gew.-%], während am Ende der Kühlfläche die Restdampfmenge mit einem Gehalt an Leichtersiedendem ξ_{Da} [Gew.-%] abströmt. Dieser gesuchte Gehalt wird erhalten, indem Gl. (37) innerhalb der Grenzen $C = 0$ und $C = C_g$ integriert wird:

$$\int\limits_{C=0}^{C=C_g} \frac{dC}{D_e - C} = \int\limits_{\xi_D=\xi_{De}}^{\xi_D=\xi_{Da}} \frac{d\xi_D}{\xi_D - \xi_{F_0}} \,. \tag{38}$$

Die Lösung des Integrals der linken Seite der Gl. (38) lautet:

$$\int\limits_{C=0}^{C=C_g} \frac{dC}{D_e - C} = \ln \frac{D_e}{D_e - C_g} \,. \tag{39}$$

Diese Beziehung nimmt eine besonders einfache Form an, wenn das Rücklaufverhältnis v des Teilniederschlages eingeführt wird, welches das Verhältnis der insgesamt niedergeschlagenen Kondensatmenge zu der von der Kühlfläche abströmenden Restdampfmenge darstellt:

$$v = \frac{C_g}{D_a} \,. \tag{40}$$

Damit wird:

$$\frac{D_e}{D_e - C_g} = \frac{D_a + C_g}{D_a} = (v + 1) \,, \tag{41}$$

so daß Gl. (38) übergeht in

$$\ln(v+1) = \int\limits_{\xi_D = \xi_{De}}^{\xi_D = \xi_{Da}} \frac{d\xi_D}{\xi_D - \xi_{F_0}} . \tag{42}$$

Diese Grundgleichung der Anreicherung durch Teilniederschlag besagt: Bei gegebenem Anfangsgehalt eines Gemisches hängt die durch Bildung eines Teilniederschlages in einer gegebenen Kühlvorrichtung hervorgerufene Anreicherung an Leichtersiedendem im Dampf wesentlich vom Rücklaufverhältnis ab.

Das Integral der rechten Seite der Gl. (42) kann gelöst werden, indem eine Beziehung zwischen ξ_D und ξ_{F_0} benützt wird, welche sich aus den beim Kondensationsvorgang sich einstellenden Gleichgewichtsbedingungen herleiten läßt.

Der Niederschlag, welcher die Anreicherung eines Stoffes im Dampf hervorruft, hat einen Stoffaustausch zur Folge, mit welchem ein Wärmeaustausch verbunden ist. Es ist sogar möglich, aus den sich abspielenden Grundvorgängen eine Beziehung zwischen der Wärmeübergangs- und Stoffaustauschzahl abzuleiten[1] (s. a. Abschn. B IV, 4). Die beim Niederschlagen des Dampfes abgegebene Kondensationswärme muß auf die Flüssigkeitsschicht und von dieser auf die Kühlfläche übergehen. Bezeichnet α'_D [kcal/m²h° C] die Wärmeübergangszahl zwischen dem Dampfkern und der Berührungsoberfläche mit der Flüssigkeit sowie α'_F [kcal/m²h° C] die Wärmeübergangszahl zwischen der Berührungsfläche und dem Flüssigkeitskern (s. Abb. 47), so muß die Beziehung bestehen:

$$\frac{\alpha'_D}{\alpha'_F} = \frac{t_0 - t_F}{t_D - t_0} . \tag{43}$$

Ist α'_D gegenüber α'_F sehr groß, so wird das Temperaturgefälle $t_D - t_0$ gegenüber $t_0 - t_F$ und auch für sich allein sehr klein. Im Grenzfalle kann es Null werden. Es wird dann

$$t_D = t_0 . \tag{44}$$

Dieser Grenzfall konnte beim Gemisch Äthanol-Wasser durch entsprechende Wahl der Versuchsbedingungen erreicht werden[2]. Aus den Beziehungen (43) und (44) folgt:

$$\xi_D = \xi_{D_0} , \tag{45}$$

so daß von dem in Gl. (42) auftretenden Unterschied $\xi_D - \xi_{F_0}$ gesagt werden kann, daß der Dampf mit dem Gehalte ξ_D im Phasengleichgewicht mit der Flüssigkeit mit dem Gehalte ξ_{F_0} steht. Diese Beziehung

[1] Kirschbaum, Emil: Stoff- und Wärmeaustausch bei Zweistoffgemischen. Ann. Physik **20**, 261—278 (1934).

[2] Siehe Fußnote 1, S. 73.

wird durch die folgende Schreibweise zum Ausdruck gebracht:

$$\xi_D /// \xi_{F_0} . \tag{46}$$

Damit ist der zu einem beliebigen ξ_D gehörige Unterschied $\xi_D - \xi_{F_0}$ durch den Ordinatenunterschied

$$z = \xi_D - \xi_{F_0} \tag{47}$$

zwischen Gleichgewichtskurve und Diagonale im ξ_D, ξ_F-Bild gegeben, wie es Abb. 48 zeigt. Die unter Benutzung der Beziehungen (46) und (47) sich ergebenden Verstärkungen bzw. Anreicherungen seien mit „theoretische Verstärkungen" bezeichnet.

2. Auswertung der Grundgleichungen für die theoretische Verstärkung durch Teilniederschlag am Beispiel des Gemisches Äthylalkohol-Wasser

Mit Hilfe der Gl. (42) muß es möglich sein, für ein gegebenes Rücklaufverhältnis und für eine gegebene Konzentration des einem Kondensator zuströmenden Äthylalkohol-Wasserdampfes den Alkoholgehalt in dem Restdampf anzugeben, welcher den Kondensator verläßt. Dieser Zusammenhang soll in einer Kurventafel wiedergegeben werden. Für die Auswertung der Gl. (42) wird der dem Anfangsgehalt ξ_{De} zugeordnete Integralwert mit J_e und der dem Endgehalt ξ_{Da} zugeordnete Integralwert mit J_a bezeichnet, so daß mit Gl. (46) folgt:

$$\ln(v + 1) = \int\limits_{\xi_D = \xi_{De}}^{\xi_D = \xi_{Da}} \frac{d\xi_D}{\xi_D - \xi_{F_0}} = J_a - J_e . \tag{48}$$

Die Lösung des Integrals in dieser Gleichung kann zeichnerisch gefunden werden. Sie ist an Hand der Abb. 49 erläutert. In diesem stellen die Ordinatenabschnitte zwischen der Gleichgewichtskurve und der Diagonalen die Unterschiede $\xi_D - \xi_{F_0}$ dar. Ihre reziproken Werte werden über ξ_D aufgetragen, was eine $\frac{1}{\xi_D - \xi_{F_0}}$-Kurve ergibt. In Abb. 49 sind für $\xi_D = 75$ Gew.-% Alkohol der Linienzug zur Ermittlung der $\frac{1}{\xi_D - \xi_{F_0}}$-Kurve, sowie letztere selbst, eingetragen. Das schraffiert angegebene Flächenstück f stellt dann den Wert des Integrals gemäß Gl. (48) zwischen den Grenzen $\xi_{De} = 18$ und $\xi_{Da} = 20$ Gew.-% dar:

$$f = \int\limits_{\xi_{De} = 18}^{\xi_{Da} = 20} \frac{d\xi_D}{\xi_D - \xi_{F_0}} . \tag{49}$$

Da in Gl. (48) die Unterschiede von Integralwerten auftreten, kann zu einem beliebigen ξ_{De} ein Zahlenwert für J_e angenommen werden.

In Abb. 49 ist z. B. für $\xi_{De} = 4$ der Integralwert $J_e = 3$ gesetzt. Zählt man zu dem Wert für J_e den Zahlenwert für die Fläche unterhalb der $\frac{1}{\xi_D - \xi_{F_0}}$-Kurve zwischen ξ_{De} und einem ξ_{Da} hinzu, so liefert die Summe den

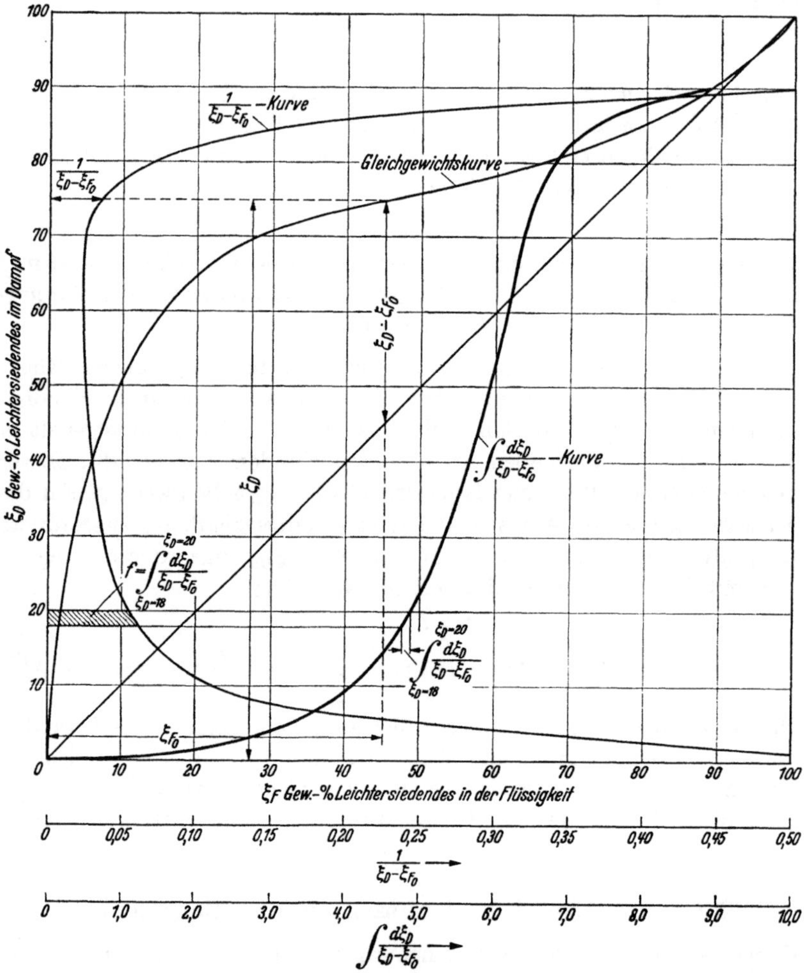

Abb. 49. Ermittlung der Berechnungskurven für die theoretische Verstärkung des Gemisches Äthylalkohol-Wasser

Integralwert J_a. Dieser wird über ξ_{Da} aufgetragen. Zu einem angenommenen ξ_{De} können auf diese Weise beliebig viele J_a berechnet werden, was eine $\int \frac{d\xi_D}{\xi_D - \xi_{F_0}}$-Kurve (Integralkurve) ergibt (s. Abb. 49). An ihr können zu einem Gehalt ξ_{De} ein Integralwert J_e und zu ξ_{Da} ein J_a abgelesen werden. Mit Hilfe der Beziehung (48) ist nunmehr für ein gegebenes Rücklaufverhältnis v und für ein gegebenes ξ_{De} die gesuchte Konzentration ξ_{Da} bestimmbar, wie es an Hand des folgenden Zahlenbeispieles gezeigt ist:

Das Rücklaufverhältnis ist mit $v = 5$ und der Gehalt des in den Kondensator eintretenden Dampfes mit $\xi_{De} = 40$ Gew.-% Alkohol gegeben. Welche Konzentration ξ_{Da} weist der aus dem Kondensator strömende Restdampf auf?

Zu $\xi_{De} = 40$ wird an der Integralkurve in Abb. 49 ein J_e von 5,65 abgelesen und mit Gl. (48) der Integralwert J_a berechnet:

$$J_a = 5{,}65 + \ln(5 + 1) = 5{,}65 + 1{,}79 = 7{,}44\,.$$

Zu $J_a = 7{,}44$ liefert die Integralkurve in Abb. 49 das gesuchte ξ_{Da} zu 85,7 Gew.-% Alkohol. Auf diesen Alkoholgehalt wird also der in den

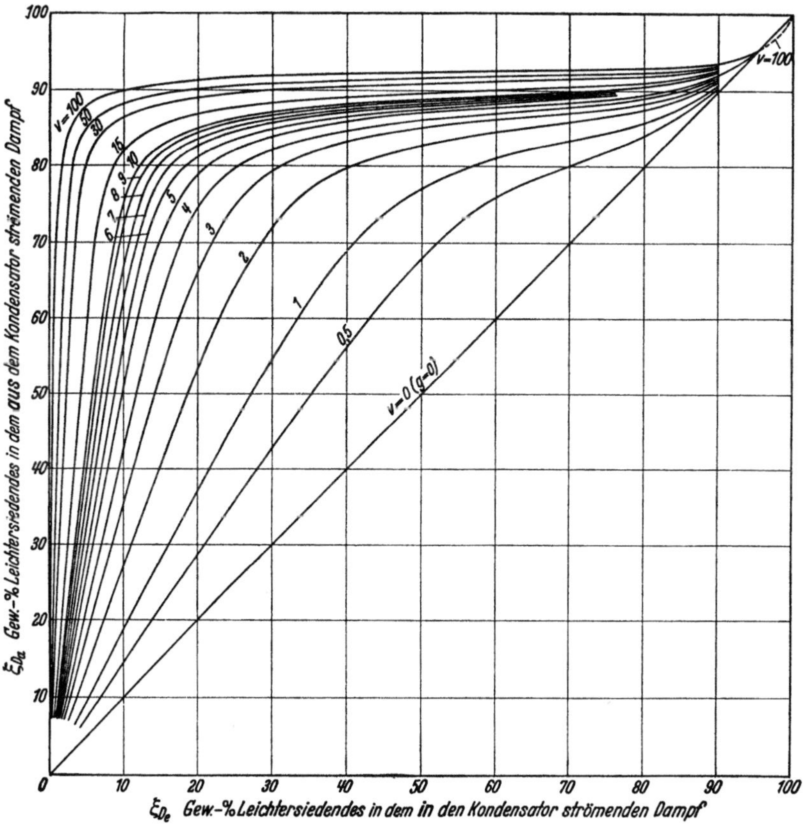

Abb. 50. Theoretische Verstärkungskurven des Gemisches Äthylalkohol-Wasser (Gehalte in Gew.-%)

Kondensator strömende Dampf mit $\xi_{De} = 40$ Gew.-% nur durch teilweisen Niederschlag verstärkt. Für ein gewähltes Rücklaufverhältnis kann auf die gezeigte Art für jedes ξ_{De} das ihm zugeordnete ξ_{Da} gefunden werden. Trägt man die ξ_{Da}-Werte über den zugeordneten ξ_{De}-Werten auf, so erhält man eine Kurve, die es ermöglicht, den Gehalt ξ_{Da} abzulesen, auf den der Restdampf von einem Anfangsgehalt ξ_{De} aus bei einem gegebenen Rücklaufverhältnis verstärkt wird. Für jedes Rücklaufverhältnis läßt sich auf die gezeigte Art eine Linie ermitteln, welche den Zusammenhang zwischen ξ_{De} und ξ_{Da} angibt. Diese Kurven gibt für das gewählte Gemisch Abb. 50 wieder. Sie seien Verstärkungskurven genannt. Werden die Berechnungen in Moleinheiten durchgeführt, so ergeben sich Verstärkungskurven, bei denen als Abszisse der Äthylalkoholgehalt in Mol-% an Leichtersiedendem des in den Kondensator strömenden Dampfes und als Ordinate der Alkoholgehalt in Mol-%

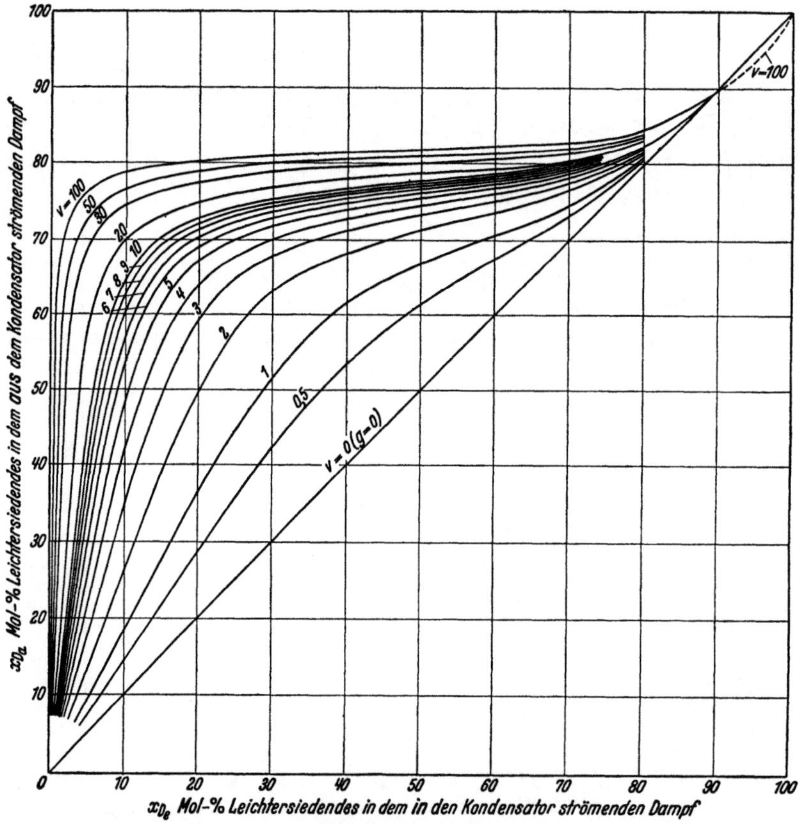

Abb. 51. Theoretische Verstärkungskurven des Gemisches Äthylalkohol-Wasser (Gehalte in Mol-%)

des aus dem Kondensator strömenden Dampfes aufgetragen ist. Diese Verstärkungskurven sind in Abb. 51 wiedergegeben.

Aus einem Vergleich der einzelnen Verstärkungskurven ergibt sich: Je größer das Rücklaufverhältnis, desto größer ist auch die Verstärkung bei gleichem Anfangsgehalt. Die Anreicherung an Leichtersiedendem läßt sich allein durch Vergrößerung des Rücklaufverhältnisses steigern. Die Vergrößerung des Rücklaufverhältnisses um einen gleichen Betrag bringt jedoch bei kleinen Werten von v einen größeren Zuwachs der Verstärkung als bei großen v-Werten.

Zahlenbeispiel: Mit welchem Äthanolgehalt strömt der Restdampf aus einem Kondensator, wenn der in den Kondensator strömende Dampf 20 Gew.-% Äthanol enthält und wenn die im Wärmeaustauscher niedergeschlagene Dampfmenge 6 mal so groß ist wie die Restdampfmenge?

Lösung: Aus Abb. 50 wird zu $\xi_{De} = 20$ Gew.-% an der Kurve für $v = 6$ der gesuchte Alkoholgehalt im Restdampf zu $\xi_{Da} = 81{,}1$ Gew.-% abgelesen.

3. Vergleich zwischen Theorie und Experiment

Die Annahme, daß die Wärmeübergangszahl im Dampf unendlich groß im Vergleich zu derjenigen im Flüssigkeitsfilm ist, führte zur theoretischen Anreicherung durch Teilniederschlag, wie sie in den Abb. 50 und 51 für das Gemisch Äthanol-Wasser wiedergegeben ist. Ob und inwieweit die gemachte Annahme zutreffend ist, hängt sowohl von Betriebsbedingungen als auch von konstruktiven Einzelheiten des Apparates ab. Ist die erwähnte Annahme nicht erfüllt, dann sind die Konzentrationen ξ_D und ξ_{Do} nicht gleich. Es gilt vielmehr $\xi_{Do} > \xi_D$, die Differenz $\xi_D - \xi_{Fo}$ unter dem Integralzeichen der Gl. (48) nimmt ab und die wirkliche Anreicherung wird kleiner als die theoretische. Für die praktische Brauchbarkeit der erhaltenen theoretischen Ergebnisse müssen deshalb Versuchsergebnisse zum Vergleich benützt werden. Sie liegen für verschiedene Verhältnisse vor.

a) Teilniederschlag des Gemisches Äthanol-Wasser

Um nach Möglichkeit beim Versuch die theoretische Anreicherung zu erzielen, wurde zunächst eine Versuchseinrichtung benützt, bei welcher der Gemischdampf zum Zwecke der Steigerung der Austauschzahlen in ihm auf seinem Strömungswege stetig durchwirbelt worden ist. Diese Einrichtung bestand aus einem Laboratoriums-Wärmeaustauscher aus Glas, wie er in Abb. 52 maßstäblich dargestellt ist. Der Dampf wurde dem Wärmeaustauscher unten zugeführt, wo auch die Kondensatmenge abfloß, während am oberen Ende die Restdampfmenge ausströmte, Dampf und Kondensat bewegten sich also im Gegenstrom zueinander und ersterer mußte nacheinander die Ringspalte zwischen den Kugelflächen und dem Mantel durchströmen, wobei eine starke Turbulenz erzeugt wurde. Es wurde nicht nur das Rücklaufverhältnis zwischen den Werten 0,75 und 10, sondern auch die Alkohol-Konzentration des Dampfes in den Grenzen von 2 bis 90 Gew.-% geändert. Die mittlere Abweichung der Meßergebnisse[1] von etwa 50 Versuchen betrug nur 0,04%, während die höchsten Abweichungen nur +8,3% und −8,5% vom theoretischen Wert ausmachten. Bei etwa 30% aller Versuche fielen die gemessenen und theoretischen Anreicherungen genau zusammen. Bewegten sich jedoch Dampf und Kondensat im Gleichstrom, dann waren die durch den Versuch erzielten Anreicherungen stets kleiner als die theoretischen. Diese Erscheinung wird an Hand der folgend mitgeteilten Ergebnisse erläutert.

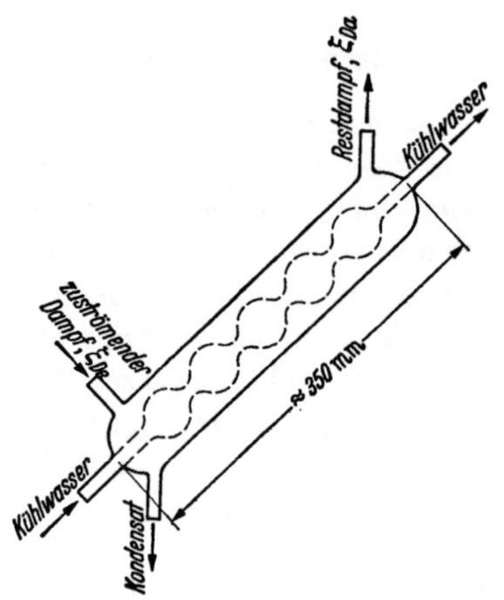

Abb. 52

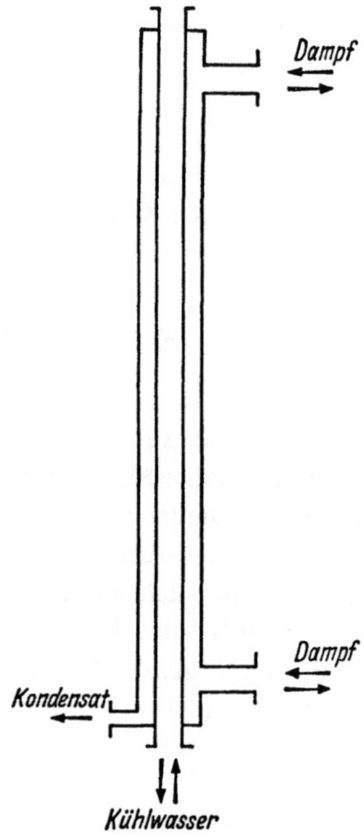

Abb. 53

Abb. 52. Bauart des bei den Versuchen über die Verstärkung durch Teilniederschlag angewendeten Kondensators

Abb. 53. Schema des Versuchskondensators

In Anlehnung an die konstruktive Gestaltung industriell angewandter Kondensatoren mit senkrechten Rohren wurde später eine Einrichtung benützt[2], welche schematisch Abb. 53 zeigt. Das senkrechte Versuchsrohr aus Kupfer hatte einen Außendurchmesser von 38 mm und war von einem Metallmantel mit 80 mm Innendurchmesser umgeben. Die Höhe

[1] Siehe Fußnote 1, S. 73.

[2] Kirschbaum, E., u. G. Lipphardt: Teilkondensation von Zweistoffgemischen. Chem.-Ing.-Tech. **29**, 393—397 (1957).

der gekühlten Fläche betrug 1 m. Im Ringraum strömte der Gemischdampf und im Inneren des Wärmeaustauschrohres das Kühlwasser. Um die in technischen Apparaten auftretenden Wirbel nachzuahmen, waren in den Ringraum waagerecht angeordnete Bleche eingebaut, welche für den Dampfdurchtritt eine Ringfläche mit 4 mm Breite freigaben. Um einen tieferen Einblick in die Zusammenhänge gewinnen zu können, wurden die Wandtemperaturen des Rohres mittels Thermoelementen gemessen[1]. Auch bei diesen Versuchen mit dem Gemisch Äthanol-Wasser wurden die Dampfeintrittskonzentration ξ_{De}[Gew.-%] und das Rücklaufverhältnis $v = C_g/D_a$ in weiten Grenzen geändert. Für die Dampfgeschwindigkeit w_{De} im Ringspalt am Eintritt, der eine bestimmte Reynolds-Zahl Re entspricht, wurden ebenfalls verschiedene Werte gewählt. Aus einer einfachen Mengenbilanz folgt, daß der Integralmittelwert der Alkoholkonzentration in der Flüssigkeit an der Phasengrenzfläche gleich ist der Konzentration ξ_g des ablaufenden Kondensates. Diese ergibt sich zu

$$\xi_g = \frac{v+1}{v}\,\xi_{De} - \frac{1}{v}\,\xi_{Da}\,. \tag{50}$$

Aus den vielen Versuchsreihen[2] seien in Abb. 54 zur Kennzeichnung der maßgeblichen Zusammenhänge diejenigen Auswertungen wiedergegeben, welche für eine Dampfeintrittskonzentration von $\xi_{De} = 9$ Gew.-% gelten. Weil im Schrifttum[3] vielfach die Annahme getroffen wird, daß das ablaufende Kondensat im Phasengleichgewicht steht mit dem Restdampf ($\xi_g /// \xi_{Da}$), ist in Abb. 54 auch die Linie für diesen Fall gestrichelt eingetragen. Für alle Fälle steigt die Dampfaustrittskonzentration mit zunehmendem Rücklaufverhältnis der Teilkondensation, wie es auch die Theorie erwarten läßt. Die theoretische Verstärkung wird aber von der wirklichen nie überschritten, auch dann nicht, wenn Dampf und Kondensat sich im Gegenstrom bewegen. Diese Feststellung wurde stets und mit verschiedenen Gemischen[4] gemacht. Daraus ist der Schluß zu ziehen, daß der Teilkondensation eine Rektifikation (s. Abschn. D) nicht überlagert ist. Theoretische Betrachtungen führen aus Gründen der Thermodynamik und Gaskinetik zum gleichen Ergebnis, indem nämlich die Rektifikation ein adiabatischer Vorgang ist, bei dem an der Phasengrenzfläche Dampf und Flüssigkeit im Phasengleichgewicht stehen und gleiche Temperatur haben. Ein auch noch so kleiner Temperatursprung zwischen den Phasen an der Grenzfläche tritt nicht ein. Dieser ist aber bei der Teilkondensation vorhanden. Er ist dort sogar für die Phasenumwand-

[1] Siehe Fußnote 2, S. 82.

[2] LIPPHARDT, G.: Teilkondensation von Gemischdämpfen. Dissertation Techn. Hochschule Karlsruhe 1957.

[3] MERKEL, FR.: Die Rektifikation. Arch. Wärmewirt., **13** (1929).

[4] Die über Jahre sich erstreckenden Versuche wurden im Institut für Apparatebau und Verfahrenstechnik der Techn. Hochschule Karlsruhe durchgeführt.

lung notwendig[1]. Damit sind aber die Voraussetzungen für den Mechanismus der adiabatischen Rektifikation gestört.

Wenn auch beim Gegenstrom zwischen Dampf und Flüssigkeit die theoretische Anreicherung nicht überschritten wird, so ist sie doch stets

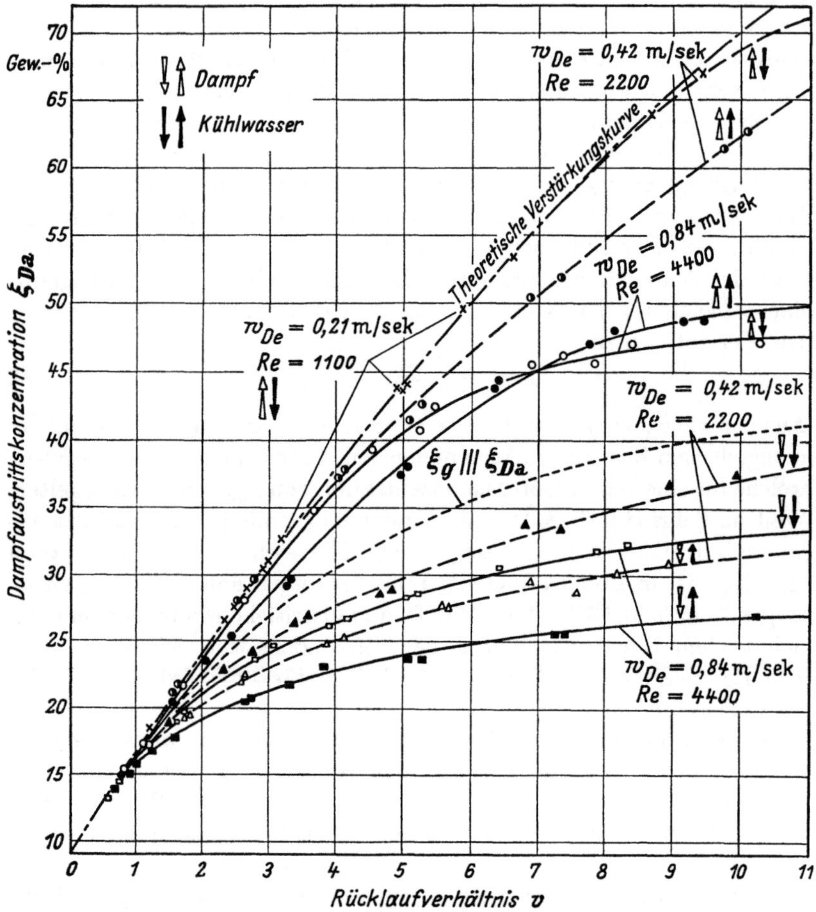

Abb. 54. Dampfaustrittskonzentration in Abhängigkeit vom Rücklaufverhältnis
Versuchsgemisch: Äthanol-Wasser, Dampfeintrittskonzentration: $\xi_{De} = 9$ Gew.-% Äthanol, Druck: $p = 760$ mm Q.-S., Kühlwassermenge: $K = 310$ kg/h

größer als beim Gleichstrom. Die Begründung liegt in der Koppelung des Stoff- und Wärmeaustausches, auf den im folgenden Kapitel eingegangen wird. Weil beim Gegenstrom Dampf und Kondensat in entgegengesetzter Richtung sich bewegen, ist bei sonst gleichen Bedingungen die Relativ-

[1] PRÜGER, W.: Die Verdampfungsgeschwindigkeit der Flüssigkeiten. Z. Physik **115**, 202—244 (1940).

geschwindigkeit zwischen den beiden Phasen größer als beim Gleichstrom. Deshalb liegen die Wärme- und Stoffübergangszahlen im erstgenannten Fall höher als beim zweiten. Die Steigerung der Austauschzahlen hat aber zur Folge, daß die Differenz $\xi_{Do} - \xi_D$ sinkt und die Anreicherung durch Teilkondensation steigt.

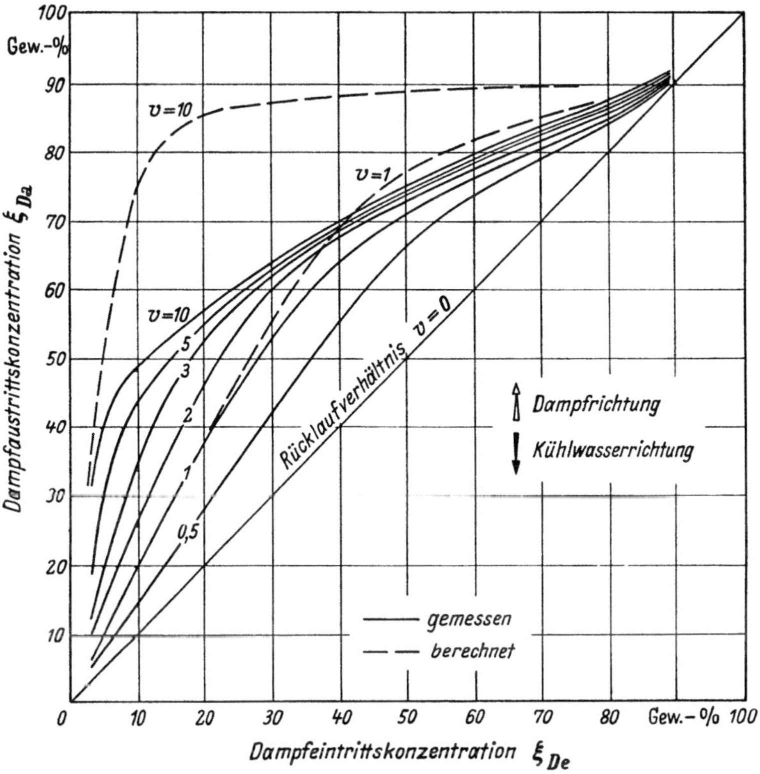

Abb. 55. Verstärkungskurven für $Re = 4400$

Gemisch: Äthanol-Wasser, Druck: $p = 760$ mm Q.-S.

Es fällt auf, daß nach Abb. 54 die Anreicherung mit steigender Dampfgeschwindigkeit sinkt. Auch diese Versuchsergebnisse der Abb. 54 sind durch den gekoppelten Wärme- und Stoffaustausch zu erklären. Mit dem Anwachsen der Geschwindigkeit nimmt bei gleichzeitiger Erhöhung der Heizflächenbelastung die Wärmeübergangszahl und die in der Zeiteinheit kondensierende Gesamtdampfmenge zu. Weil aber die kondensierenden Mengen der einzelnen Komponenten verschieden sind, steigt deren Relativgeschwindigkeit im Dampf senkrecht zur Kühlwand und damit der Unterschied $\xi_{Do} - \xi_D$, was eine Verschlechterung der Trennwirkung durch Teilkondensation zur Folge hat[1]. Aus Abb. 55 geht die gemessene Anreicherung aus den voll ausgezogenen Kurven hervor, welche für eine Dampfeintrittsgeschwindigkeit von $w_{De} = 0{,}84$ m/s gelten. Die beiden gestrichelt gezeichneten Kurven zeigen zum Vergleich die theoretischen Anreicherungen für zwei Rücklaufverhältnisse. Man erkennt, daß durch betriebliche und konstruktive Merkmale bedingt, die wirkliche Anreicherung durch Teilniederschlag wesentlich kleiner sein kann als die theoretische.

b) Teilniederschlag des Gemisches Benzol-Toluol

Der Wärme- und Stoffaustausch und damit die Verstärkung durch Teilniederschlag hängt nicht nur von der konstruktiven Gestaltung des

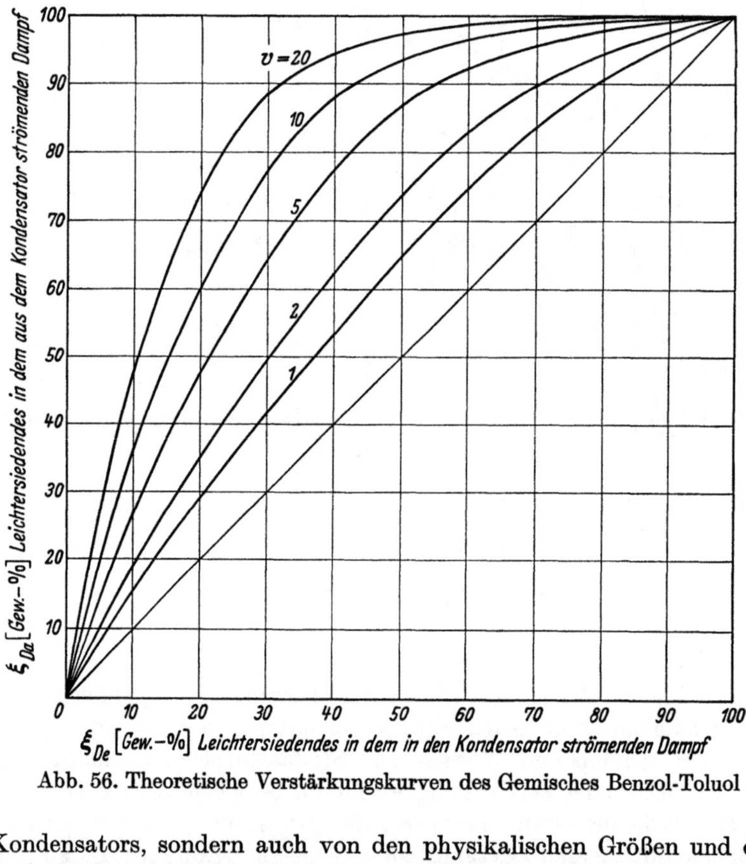

Abb. 56. Theoretische Verstärkungskurven des Gemisches Benzol-Toluol

Kondensators, sondern auch von den physikalischen Größen und dem Siedegleichgewicht des Gemisches ab. Von besonderem Interesse ist,

[1] In dem folgenden Abschnitt über die Beziehung zwischen Wärme- und Stoffaustausch ist auf die einzelnen Vorgänge eingegangen.

festzustellen, ob Abweichungen von der theoretischen Anreicherung bestehen und wie groß diese sind. Der Bestimmung des Zustandes an der Phasengrenzfläche kommt dabei besondere Bedeutung zu, um zu prüfen, in welchem Verhältnis die Austauschzahl im Dampf zu derjenigen im Kondensat steht und wie groß die Differenz $\xi_{Do} - \xi_D$ ist. Um diesen Vergleich anstellen zu können, wurden die theoretischen Anreicherungen des Gemisches Benzol-Toluol nach der geschilderten Art ermittelt und

Zahlentafel 5. *Meßwerte zur Teilkondensation des Gemisches Benzol-Toluol*

v [kg/kg]	ξ_{De} [Gew.-%]	ξ_{Da} [Gew.-%]	ξ_g [Gew.-%]	ξ^*_{Da} [Gew.-%]	ξ^*_g [Gew.-%]	$\Delta\xi$ [Gew.-%]
2,3	63,2	72,7	58,8	86,8	52,8	59,7
2,9	52,3	64,0	48,2	81,0	42,4	59,3
2,4	34,6	44,8	30,3	58,7	24,5	57,7
2,3	20,8	31,3	16,2	37,2	13,6	36,0
3,9	82,0	87,5	80,6	96,7	78,2	62,5
3,8	70,5	78,7	68,3	94,6	64,1	65,9
3,9	22,3	33,7	19,4	47,2	15,9	54,3
3,5	9,7	20,0	6,8	23,1	5,9	23,1
3,8	84,7	92,0	82,8	96,2	81,7	36,5
5,6	59,2	70,5	57,2	93,1	53,2	66,7
8,8	24,5	34,3	23,4	66,1	19,8	76,5
10,4	90,3	93,8	91,0	99,5	90,4	61,9
8,3	85,6	91,7	85,0	99,1	84,0	54,8
9,2	78,0	82,2	77,6	99,0	75,7	80,0
10,0	89,3	93,0	88,9	99,4	88,3	63,3
10,0	84,4	90,0	83,9	99,0	83,0	61,6
10,0	77,0	84,0	76,3	89,8	75,7	45,3
10,0	6,5	11,5	6,0	26,0	4,6	74,4

Es bedeuten:

v [kg/kg] das Rücklaufverhältnis
ξ_{De} [Gew.-%] die Dampfeintrittskonzentration
ξ_{Da} [Gew.-%] die Dampfaustrittskonzentration
ξ_g [Gew.-%] die Kondensatablaufkonzentration
ξ^*_{Da} [Gew.-%] die theoretische Dampfaustrittskonzentration
ξ^*_g [Gew.-%] die theoretische Kondensatablaufkonzentration
$\Delta\xi$ [Gew.-%] die Abweichung der wirklichen Verstärkung gegenüber der theoretischen

die Ergebnisse in Abb. 56 wiedergegeben, in dem die Konzentration ξ_{Da} des austretenden Dampfes über derjenigen des eintretenden Gemisches ξ_{De} für verschiedene Rücklaufverhältnisse v aufgetragen ist. Für ein $\xi_{De} = 20$ Gew.-% Benzol wird zu $v = 6$ ein $\xi_{Da} = 48{,}5$ Gew.-% aus Abb. 56 abgelesen. Im Falle des Gemisches Äthanol-Wasser ergab sich für

$\xi_{De} = 20$ Gew.-% und $v = 6$ ein ξ_{Da} von 81,1 Gew.-%. Ob und welche Abweichungen sich in Wirklichkeit einstellen, besagen Versuchsablesungen[1], welche an einem Kondensator mit betrieblichen Abmessungen erhalten werden. Er besaß 48 senkrecht angeordnete Metallrohre mit einem Innendurchmesser von je 26,7 mm und einer Wärmeaustauschfläche von 1,56 m². Der Gemischdampf bewegte sich in den Rohren im Gegenstrom zu dem gebildeten Kondensat.

Zahlentafel 5 enthält in den ersten vier Spalten die beim Versuch ermittelten Rücklaufverhältnisse v, die Benzolgehalte des Dampfes ξ_{De} und ξ_{Da} am Eintritt und Austritt sowie die nach Gl. (50) aus v, ξ_{De} und ξ_{Da} berechneten Konzentrationen ξ_g des Kondensates. Letztere stimmen gut mit den gemessenen ξ_g-Werten überein. Es folgen in der nächsten Spalte die Gehalte ξ^*_{Da}, auf welche der Dampf bei theoretischer Verstärkung angereichert werden würde und die aus Abb. 56 zu den beim Versuch ermittelten v- und ξ_{De}-Werten abzulesen sind. Man erkennt, daß bei allen Versuchen die wirkliche Endkonzentration ξ_{Da} wesentlich kleiner ist als die theoretische ξ^*_{Da}. In der zweitletzten Spalte sind die theoretischen Kondensat-Ablaufkonzentrationen ξ^*_D angegeben, welche mit Gl. (50) erhalten werden, wenn in dieser $\xi_{Da} = \xi^*_{Da}$ gesetzt wird. Sie weichen ebenfalls beachtlich von den gemessenen Benzolgehalten ξ_g ab[2]. Die prozentuale Abweichung $\Delta\xi$ der wirklichen Anreicherung gegenüber der theoretischen ist gegeben durch den Ausdruck

$$\Delta\xi = \frac{\xi^*_{Da} - \xi_{Da}}{\xi^*_{Da} - \xi_{De}} \cdot 100\,. \tag{51}$$

Er ist in der letzten Spalte der Zahlentafel 5 aufgeführt. Danach schwankt $\Delta\xi$ ähnlich wie beim Gemisch Äthanol-Wasser in weiten Grenzen. Die kleinste Abweichung liegt nach Zahlentafel 5 bei 23% und die größte bei 80%.

V. Beziehung zwischen Stoff- und Wärmeaustauschzahl bei der Kondensation von Dämpfen löslicher Zweistoffgemische

Die Vorgänge, welche sich bei der Teilkondensation von Dämpfen löslicher Mehrstoffgemische abspielen, erstrecken sich nicht nur auf eine komplizierte Koppelung zwischen Wärme- und Stoffaustausch, wie sie beispielsweise in vereinfachter Form bei der Trocknung feuchter Stoffe vorliegt, sondern auch auf die Relativbewegung zwischen den Stoffen,

[1] FISCHER, W.: Die teilweise Kondensation von Dampfgemischen in der Destillationstechnik. Arch. Wärmew. **14**, 217—218 (1933).

[2] Ein graphisches Verfahren zur Bestimmung der mittleren Grenzflächenkonzentration $\xi_{F_0} = \xi_g$ ist in der folgenden Abhandlung angegeben: E. KIRSCHBAUM: Die Verstärkung durch Teilniederschlag von Zweistoffgemischen. Chem. Fabrik **1934**, 109.

welche am Austausch teilnehmen. Letztere spielt sich in ähnlicher Weise bei der Rektifikation von Gemischen ab und abgewandelt unter anderem bei der Absorption, Desorption sowie Extraktion. Wegen der grundsätzlichen Bedeutung der vorliegenden Probleme sollen sie folgend am Beispiele der Kondensation von Dämpfen löslicher Zweistoffgemische erläutert werden[1].

a) Ableitung der Grundgleichungen

Unter Berücksichtigung der praktischen Ausführung von Kondensatoren für Mehrstoffgemische sei angenommen, daß der Dampf eines löslichen Zweistoffgemisches parallel zu einer gekühlten senkrechten Wand strömt. Auf letzterer bildet sich ein Kondensatfilm, der an der Wand nach unten fließt. In einem waagerechten Querschnitt habe der Dampf im Kern einen Gehalt von ξ_D [Gew.-%] an Leichtersiedendem und an der Berührungsoberfläche mit dem Film von ξ_{Do} [Gew.-%]. Das Kondensat hat an der Berührungsstelle mit dem Dampf den Gehalt an Leichtersiedendem ξ_{Fo} [Gew.-%], wobei ξ_{Fo} mit ξ_{Do} im Phasengleichgewicht steht, was vereinbarungsgemäß [s. Gl. (46)] durch die Schreibweise $\xi_{Do}///\xi_{Fo}$ zum Ausdruck gebracht wird. Weil bei den üblichen Fällen ξ_{Fo} kleiner ist als ξ_{Do}, stellt sich bei der Kondensation des Dampfes an der Phasengrenzfläche die Anreicherung an Leichtersiedendem von ξ_D auf ξ_{Do} ein. Dieser Konzentrationsunterschied hat zur Folge, daß die Molekeln des schwer siedenden Stoffes mit größerer Geschwindigkeit zur Kondensatschicht strömen als diejenigen des leichter siedenden. Es stellt sich also eine Relativgeschwindigkeit zwischen beiden Komponenten ein, weil an der Kühlwand mehr Schwerersiedendes als Leichtersiedendes kondensiert, sofern man von azeotropen Gemischen absieht.

Der unendlich kleinen Höhe einer senkrechten Kühlwand entspreche die Fläche dF, und auf ihr wird an der Phasengrenzfläche die Gemisch-Kondensatmenge dC mit der Zusammensetzung ξ_{Fo} niedergeschlagen. Auf dieselbe Fläche trifft der Dampf mit dem Gehalt ξ_{Do} und der Dichte ϱ_0 [kg/m³] auf. Die Molekeln des schwerer siedenden Stoffes kommen mit der Geschwindigkeit w_S [m/h] und diejenigen des leichter siedenden mit der kleineren Geschwindigkeit w_L [m/h] an der Oberfläche senkrecht zu ihr an. Es muß also gelten:

$$w_S dF - w_L dF = dC \cdot (100 - \xi_{Fo}) \frac{1}{\varrho_0 (100 - \xi_{Do})} - dC\, \xi_{Fo} \frac{1}{\varrho_0 \xi_{Do}}\,. \qquad (52)$$

Daraus wird:

$$\frac{(w_S - w_L)\, dF\, \varrho_0 \xi_{Do}}{100} = dC \frac{(\xi_{Do} - \xi_{Fo})}{100 - \xi_{Do}}\,. \qquad (53)$$

[1] Kirschbaum, E.: Beziehung zwischen Wärme- und Stoffaustausch bei der Kondensation von Dämpfen löslicher Zweistoffgemische. Chem.-Ing.-Tech. **29**, 595—599 (1957).

In dieser Gleichung stellt der Quotient $\varrho_0 \xi_{Do}/100$ die Dichte des Dampfes der leichter siedenden Komponente an der Phasengrenzfläche dar, während durch das gesamte Produkt

$$(w_S - w_L)\, dF\, \varrho_0 \frac{\xi_{Do}}{100} = dG_L \tag{54}$$

der linken Seite der Gl. (53) diejenige Menge an Leichtersiedendem gegeben ist, welche sich relativ zu dem Schwerersiedenden entgegengesetzt zu letzterem bewegt, obwohl beide Stoffe, vom ruhenden Standpunkt aus betrachtet, dieselbe Strömungsrichtung auf die Kondensationsfläche zu haben. Das Zurückgreifen auf die Volumenelemente $w_S dF$ und $w_L dF$ erweist sich als zwingend notwendig, weil ohne diesen Schritt und unter Benützung der Mengenströme allein die Gleichungen zu Widersprüchen führen würden, die besonders kraß bei azeotropen Gemischen in Erscheinung treten.

In Anlehnung an die in der Trockentechnik verwendete Verdunstungszahl oder an die in der Absorptionstechnik gebräuchlichen Austauschzahlen wird nunmehr die Stoffübergangszahl $\sigma\,[\mathrm{kg/m^2 h}]$ des Leichtersiedenden (in Richtung in das Schwerersiedende hinein) eingeführt. Sie stellt diejenige Menge des leichter siedenden Stoffes dar, welche je m^2, Stunde und Einheit des Gehaltsunterschiedes an Leichtersiedendem zwischen Austauschfläche und Dampfkern von ersterer in letztere relativ zum Schwerersiedenden übergeht. Somit folgt die Stoffübergangsgleichung

$$\frac{dG_L}{dF} = \sigma \frac{(\xi_{Do} - \xi_D)}{100}\,. \tag{55}$$

Eine Verbindung des Stoffüberganges mit dem an letzteren gebundenen Wärmeübergang ergibt sich zwangsläufig, weil die Kondensationswärme $\overline{r_o}\,[\mathrm{kcal/kg}]$ des Gemisches mit dem Gehalt ξ_{Fo} vom Dampfkern an die Oberfläche der Kühlwand mit der Temperatur $t_W\,[°\mathrm{C}]$ übertragen werden muß. Herrscht im Dampfkern selbst die Temperatur t_D und wird die Wärmeübergangszahl zwischen Dampfkern und Kühlwandoberfläche mit $\alpha_D\,[\mathrm{kcal/m^2 h°\,C}]$ bezeichnet, so ist der Wärmestrom durch folgende Gleichung erfaßt:

$$\frac{dC}{dF}\,\overline{r_o} = \alpha_D (t_D - t_W)\,. \tag{56}$$

Setzt man den Differentialquotient dC/dF aus Gl. (56) in Gl. (53) und den Ausdruck dG_L/dF der Gl. (55) in Gl. (54) ein, so ergibt sich die gesuchte Beziehung:

$$\alpha_D = \sigma \frac{(\xi_{Do} - \xi_D)}{100}\, \frac{100 - \xi_{Do}}{(\xi_{Do} - \xi_{Fo})}\, \frac{\overline{r_o}}{t_D - t_W}\,. \tag{57}$$

Für die rechnerische Behandlung von Verdunstungsvorgängen ist es am einfachsten, die Wärmeübergangszahl mittels bekannter Gleichungen zu berechnen und unter Zuhilfenahme der Abhängigkeit von der Verdunstungszahl letztere zu ermitteln. Umgekehrt liegen die Verhältnisse bei der thermischen Trennung von Mehrstoffgemischen: Die Konzentrationsveränderungen in der Rektifiziersäule und im Rücklaufkondensator werden gemessen. Daraus kann primär die Austauschzahl in Gl. (57) festgestellt und mit letzterer die Wärmeübergangszahl sekundär berechnet werden.

Um aus Meßwerten die Austauschzahl σ bestimmen zu können, wird in Gl. (55) der Ausdruck für dG_L/dF aus der Beziehung (54) und in letzterer auf Grund der Gl. (53) das Produkt

$$(w_D - w_L)\,\varrho_0\,\xi_{Do} = \frac{dC}{dF}\,\frac{100(\xi_{Do} - \xi_{Fo})}{100 - \xi_{Do}}$$

eingeführt. Daraus ergibt sich die gesuchte Beziehung

$$\sigma = \frac{dC}{dF}\,\frac{100\,(\xi_{Do} - \xi_{Fo})}{(100 - \xi_{Do})\,(\xi_{Do} - \xi_D)}\,. \tag{58}$$

In den beiden Gln. (57) und (58) stellen α_D, σ, ξ_D, ξ_{Do} und ξ_{Fo} örtliche in einem waagerechten Querschnitt des gekennzeichneten Austauschsystems herrschende Werte und dC/dF die an der betreffenden Stelle der Austauschfläche je m² und Stunde niedergeschlagene Kondensatmenge dar. Bei der praktischen Auswertung von Gl. (57) und (58) muß man auf Mittelwerte übergehen, dF ist durch die gesamte Austauschfläche F [m²] zu ersetzen und dC durch die stündlich von letzterer unten abfließende Kondensatmenge C_g [kg/h].

b) Zahlenmäßige Auswertung der Theorie und Experimente

Zur zahlenmäßigen Auswertung der aufgestellten Theorie und zu ihrer Bestätigung durch Experimente wurde ein senkrecht angeordnetes, innen von Kühlwasser durchströmtes Kupferrohr mit 38 mm Außen-Dmr. verwendet. Die Höhe der auf der Außenseite mit dem Gemischdampf beheizten Rohrfläche betrug 1 m, so daß sich eine Kühlfläche von $F = 0{,}12$ m² ergab. Das Rohr war von einem zylindrischen Mantel mit 80 mm Innen-Dmr. umgeben. An anderer Stelle sind das Versuchsrohr[1], das dem Schema der Abb. 53 entspricht, sowie der Gesamtplan der Anlage[2] dargestellt und erläutert. In fünf Höhenlagen waren je 2 Thermoelemente in die Rohrwand und den Dampfraum eingebaut. Damit konnten die Integralmittelwerte t_W und t_D der Temperaturen in der Rohrwand und im Ringraum für den von unten nach oben strömenden Dampf gemessen werden. Die insgesamt stündlich übergehende Wärmemenge Q [kcal/h] war bestimmt durch das Produkt aus Kühl-

[1] Kirschbaum, E., u. G. Lipphardt: Teilkondensation von Zweistoffgemischen. Chem.-Ing.-Tech. **29**, 393—397 (1957).

[2] Lipphardt, G.: Teilkondensation von Gemischdämpfen. Diss. Techn. Hochschule Karlsruhe 1957.

wasser-Menge und -Erwärmung, so daß die Wärmeübergangszahl aus der Beziehung

$$\alpha_D = \frac{Q}{F(t_D - t_W)} \tag{59}$$

versuchsmäßig ermittelt werden konnte. Es kam nun darauf an, sie mit Gl. (57) in Einklang zu bringen. Zu diesem Zwecke wurde die Stoffaustauschzahl mit Hilfe der Gl. (58) festgestellt, in welcher $dC/dF = C_g/F$ gesetzt wurde. Die gesamte Menge C_g [kg/h] des Kondensates sowie ihr

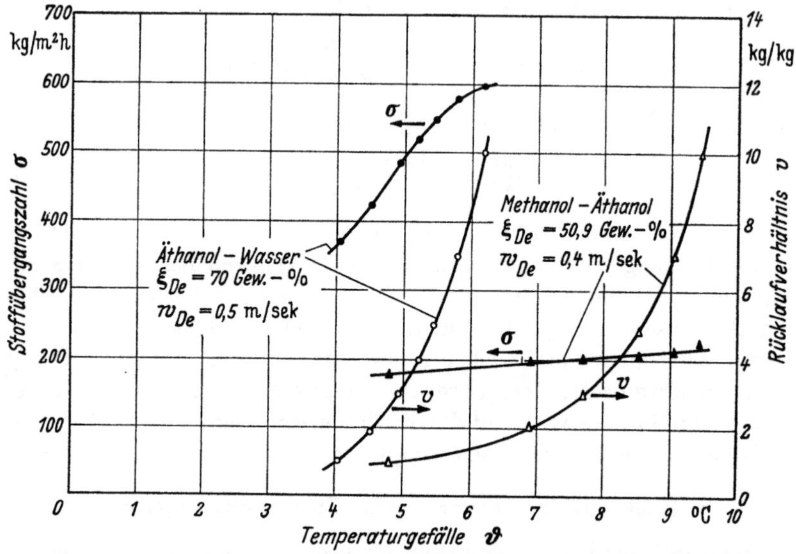

Abb. 57. Die Stoffübergangszahl σ in Abhängigkeit vom Temperaturgefälle $\vartheta = t_D - t_W$ bei verschiedenen Rücklaufverhältnissen v (Atmosphärendruck)

mittlerer Gehalt an Leichtersiedendem wurden bei jedem Versuch gemessen. Eine einfache Mengenbilanz zeigt, daß ihr mittlerer Gehalt bekanntlich gleich ist dem Mengen-Integralmittelwert ξ_{Fo} in den vorstehenden Gleichungen. Ob und inwieweit letzterer von dem Flächen-Integralmittelwert abweicht, wird in einer besonderen Arbeit behandelt[1]. Bei dem im folgenden zuerst betrachteten nahezu idealen Gemisch Methanol-Äthanol kann er infolge der Lage der Gleichgewichtskurve nicht ins Gewicht fallen. Strömt beispielsweise der Dampf mit rd. $\xi_{De} = 51$ Gew.-% Methanol in den Apparat, so verläßt er ihn mit einer Konzentration von höchstens $\xi_{Da} = 60$ Gew.-%. Ähnliches ist zu dem Mittelwert von ξ_{Do} zu sagen. Es wurde deshalb Phasengleichgewicht zwischen den Mittelwerten von ξ_{Fo} und ξ_{Do} zugrunde gelegt.

---

[1] Tröster, E.: Ein Beitrag zur Berechnung der Trennwirkung von Dephlegmatoren. Diss. Techn. Hochschule Karlsruhe 1960.

Aus den Versuchsreihen[1] sind wahlweise in Abb. 57 nach Gl. (58) berechnete Stoffübergangszahlen über dem Temperaturgefälle $\vartheta = t_D - t_W$ für die Gemische Methanol-Äthanol und Äthanol-Wasser sowie für verschiedene Dampfeintrittskonzentrationen ξ_{De} und Geschwindigkeiten w_{De} (im Ringraum zwischen Rohr und Mantel) aufgetragen. Auch die bei den Messungen eingehaltenen Rücklaufverhältnisse sind angegeben. Für ξ_D wurde der Integral-Mittelwert der Konzentrationen verwendet, welche Gleichgewichtsgehalte zu den im Dampfraum herrschenden und gemessenen Temperaturen darstellen.

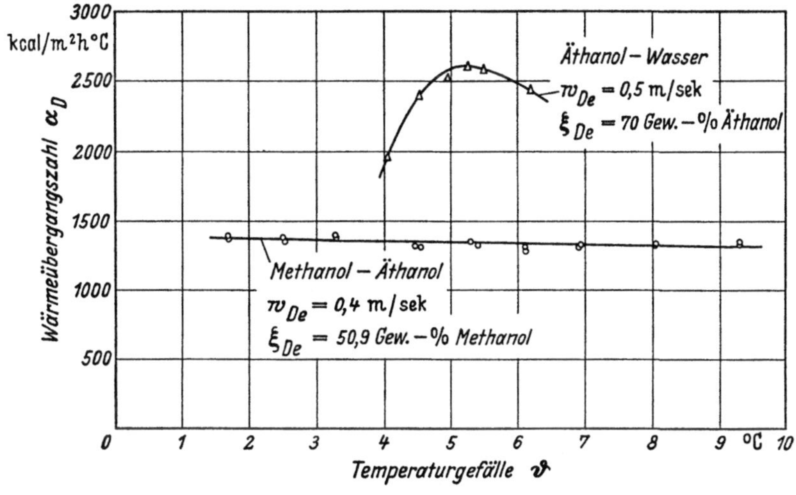

Abb. 58. Wärmeübergangszahlen bei der Kondensation verschiedener Dampfgemische

Wird bei gleichbleibender Geschwindigkeit und Konzentration des eintretenden Dampfes das Rücklaufverhältnis v von 1 auf 10 gesteigert, so wachsen bei dem nahezu idealen Gemisch Methanol-Äthanol die Austauschzahlen von $\sigma = 177$ kg/m²h bei $\vartheta = 4{,}8°$ C auf $\sigma = 225$ kg/m²h bei $\vartheta = 9{,}45°$ C und beim Gemisch Äthanol-Wasser mit azeotropischem Punkt von $\sigma = 371$ kg/m²h bei $\vartheta = 4{,}03°$ C auf $\sigma = 596$ kg/m²h bei $\vartheta = 6{,}18°$ C. Die Wärmeübergangszahlen α_D, welche nach Gl. (59) für dieselben Versuchsbedingungen, die Abb. 57 zugrunde liegen, bestimmt wurden, sind ebenfalls in Abhängigkeit vom Temperaturgefälle in Abb. 58 wiedergegeben. Sowohl die Versuchspunkte als auch die nach Gl. (57) berechneten α_D-Werte ergeben dieselben voll ausgezogenen Kurven. Damit ist die Richtigkeit der aufgestellten Theorie und die Gültigkeit der Gl. (57) bewiesen. Bei einem Gefälle von $\vartheta = 5°$ C hat der konden-

[1] Siehe Fußnote 1, S. 89.

sierende Methanol-Äthanoldampf eine Wärmeübergangszahl von $\alpha_D = 1350$ kcal/m²h° C. Reiner kondensierender Methanoldampf erreicht nach dem Versuch und nach der Filmtheorie von NUSSELT[1] einen Wert von $\alpha_D = 2000$ kcal/m²h° C, und Äthanol-Wasserdampf mit der Zusammensetzung des azeotropischen Punktes hat eine Wärmeübergangszahl von $\alpha_D = 1500$ kcal/m²h° C. Die Kurve für den Äthanol-Wasserdampf mit $\xi_{De} = 70\%$ zeigt ein stark ausgeprägtes Maximum mit $\alpha_D = 2590$ kcal/m²h° C bei $\vartheta = 5{,}22°$ C Beim gleichen Temperaturgefälle wird mit kondensierendem reinen Wasserdampf eine Wärmeübergangszahl von 7350 kcal/m²h° C erzielt[2]. Gemischdämpfe weichen danach sowohl in der Größe der Wärmeübergangszahl als auch in ihrer Abhängigkeit von ϑ erheblich von reinen Dämpfen ab. Diese Erscheinungen sind darauf zurückzuführen, daß der Konzentrationsunterschied $\xi_{Do} - \xi_D$ ein für die Wärmeübertragung verlorengehendes Gefälle $\Delta t = t_D = t_0$ bedingt, wobei t_0 die Kondensationstemperatur an der Phasengrenzfläche darstellt. Dieser Verlust Δt macht beim Gemisch Methanol-Äthanol, auf das sich die untere Kurve in Abb. 58 bezieht, für eine Dampfgeschwindigkeit von $w_{De} = 0{,}4$ m/s, eine Konzentration von $\xi_{De} = 50{,}9$ Gew.-% sowie für die beiden Gefälle $\vartheta = 4{,}8$ und 9,45° C von letzteren 16 und 14% aus. Wesentlich höher liegen die anteilmäßigen Gefälleverluste bei dem nichtidealen Gemisch Äthanol-Wasser. Betragen beispielsweise gemäß der oberen Kurve in Abb. 58 am Dampfeintritt die Geschwindigkeit $w_{De} = 0{,}5$ m/s und die Konzentration $\xi_{De} = 70$ Gew.-% Äthanol, so macht der Gefälleverlust 51,4 Gew.-% vom Gesamtgefälle aus, wenn dieses einen Wert von $\vartheta = 4{,}03°$ C hat. Dieser Verlust sinkt auf 38,3%, wenn das Gesamtgefälle auf 6,18° C anwächst. Ob die Abhängigkeit der Wärmeübergangszahl α_D vom Temperaturgefälle ϑ einen Maximalwert ergibt oder nicht, hängt nicht nur von der Art des Gemisches, sondern auch von den Betriebsbedingungen ab. Während die Kurve für das Gemisch Äthanol-Wasser für $w_{De} = 0{,}5$ m/s und $\xi_{De} = 70$ Gew.-% nach der aus Abb. 58 ersichtlichen Kurve ein deutliches Maximum aufweist, verschwindet dieses und verwandelt sich in ein schwach ausgeprägtes Minimum, wenn man bei demselben Gemisch und der gleichen Dampfgeschwindigkeit die Eintrittskonzentration von $\xi_{De} = 70$ auf $\xi_{De} = 28$ Gew.-% erniedrigt. Die Wärmeübergangszahl hat dann zwischen den Rücklaufverhältnissen von 1 bis 10 und den zugeordneten Temperaturgefällen von 4,3 bis 10,4° C einen mittleren Wert[3] von $\alpha_D \cong 1350$ kcal/m²h° C.

---

[1] NUSSELT, W.: Die Oberflächenkondensation des Wasserdampfes. Z. VDI **27**, 541—546 (1916).

[2] KIRSCHBAUM, E.: Neues zum Wärmeübergang mit und ohne Änderung des Aggregatzustandes. Chem.-Ing.-Tech. **24**, 393—400 (1952).

[3] Siehe Fußnote 1, S. 89.

Zahlenbeispiel: Die Wärmeübergangszahl ist bei einer ermittelten Wandtemperatur von $t_W = 76{,}15°$ C aus dem Versuch mit $\alpha_D = 2430$ kcal/m² h° C bekannt. Das Rücklaufverhältnis ist mit $v = 10$ gegeben und die Dampfein- und Austrittskonzentrationen des Gemisches Äthanol-Wasser betragen $\xi_{De} = 70$ Gew.-% und $\xi_{Da} = 81{,}3$ Gew.-% Äthanol. Das arithmetische Mittel dieser beiden Größen ergibt den Wert 75,6 Gew.-%. Er entspricht praktisch dem beim Versuch gemessenen mittleren Alkoholgehalt im Dampfkern von $\xi_D = 76{,}2$ Gew.-% (mittels der Versuchseinrichtung gemäß Abb. 53). Der letztgenannten Zusammensetzung entspricht die gemessene mittlere Dampftemperatur von $t_D = 82{,}4°$ C. Wie groß ist die Stoffaustauschzahl σ?

Lösung: Die mittlere Konzentration der Flüssigkeit an der Phasengrenzfläche, welche der Zusammensetzung des abfließenden Kondensates gleich ist, wird nach Gl. (50) berechnet zu

$$\xi_g = \xi_{Fo} = \frac{10+1}{10} \cdot 70 - \frac{1}{10} \cdot 81{,}3 = 68{,}87 \text{ Gew.-\%}\,.$$

Dazu gehört ein Gleichgewichtsgehalt des Dampfes von $\xi_{Do} = 82$ Gew.-% bei einer Kondensationswärme von $\overline{r}_0 = 310{,}7$ kcal/kg. Nunmehr kann aus Gl. (57) die Stoffaustauschzahl aus der Wärmeübergangszahl berechnet werden zu

$$\sigma = \alpha_D \frac{100}{\xi_{Do} - \xi_D} \frac{\xi_{Do} - \xi_{Fo}}{100 - \xi_{Do}} \frac{t_D - t_W}{\overline{r}_o}$$

$$= 2430 \cdot \frac{100}{82 - 76{,}2} \cdot \frac{82 - 68{,}87}{100 - 82} \cdot \frac{82{,}4 - 76{,}15}{310{,}7} = 581 \text{ kg/m}^2\text{ h}\,.$$

Beim Versuch wurde eine Stoffübergangszahl von $\sigma = 596$ kg/m² h gemessen[1].

VI. Verdampfungswärme von Gemischen

Bei der Destillation, Kondensation und Rektifikation müssen stets Flüssigkeitsgemische verdampft oder Dämpfe, die aus verschiedenen Stoffen bestehen, niedergeschlagen werden. Zur rechnerischen Verfolgung der sich dabei abspielenden Vorgänge und zur Bestimmung des Betriebsmittelverbrauches ist deshalb die Kenntnis der Verdampfungs- bzw. Kondensationswärmen von Gemischen erforderlich.

1. Verdampfungswärme je Gewichtseinheit

Die Berechnung der Verdampfungswärme eines Gemisches soll am Beispiele eines Zweistoffgemisches gezeigt werden. Die Verdampfungswärme des einen (leichter siedenden) Stoffes sei mit $\overline{r}_1$ [kcal/kg], diejenige des zweiten Stoffes mit $\overline{r}_2$ und diejenige des Gemisches mit $\overline{r}$ bezeichnet. Die Anteile des leichter siedenden Stoffes in der Flüssigkeit und im Dampf sind durch ξ_F und ξ_D [Gew.-%] gegeben.

a) Unlösliche Gemische

Bei unlöslichen Gemischen verdampft jeder Stoff bei einer Temperatur, welche die Siedetemperatur zu dem Dampfteildruck des betreffen-

[1] Siehe Fußnote 1, S. 89.

den Stoffes darstellt. Gelten die Verdampfungswärmen der reinen Stoffe für die vorliegende Siedetemperatur des Gemisches und für die Siededrücke (Sattdampfdrücke) der einzelnen Stoffe, so ist die Verdampfungswärme durch die folgende Beziehung bestimmt:

$$\bar{r} = \frac{\xi_D}{100}\bar{r}_1 + \frac{100-\xi_D}{100}\bar{r}_2 . \tag{60}$$

Wird aus einem Dampfgemisch Kondensat niedergeschlagen, so muß zur Bestimmung der dabei abzuführenden Kondensationswärme die Konzentration der erzeugten Flüssigkeit bei der Berechnung der Kondensationswärme des Gemisches benützt werden:

$$\bar{r} = \frac{\xi_F}{100}\bar{r}_1 + \frac{100-\xi_F}{100}\bar{r}_2 . \tag{60a}$$

b) Lösliche Gemische

Im Gegensatz zu dem Dampfzustand bei unlöslichen Gemischen ist bei löslichen Gemischen der Dampf jeden Stoffes im Gemischdampf überhitzt, d. h. bei der vorliegenden Siedetemperatur ist der Dampfteildruck jeden Stoffes kleiner als der Sättigungsdruck des reinen Stoffes zu derselben Temperatur. Versuche, die mit verschiedenen Flüssigkeitsgemischen durchgeführt wurden[1], beweisen, daß beim Verdampfen eines löslichen Gemisches eine Verdampfungswärme aufzuwenden ist, die nach Gl. (60) unter Verwendung der Konzentration des entstehenden Dampfes bestimmt werden kann, wobei jedoch die Verdampfungswärmen der einzelnen Stoffe bei dem vorliegenden gesamten Destillationsdruck (nicht Teildruck) und bei der diesem Gesamtdruck zugeordneten Siedetemperatur des Einzelstoffes darstellen. Gleiches gilt für die Bestimmung der Kondensationswärme nach Gl. (60a). Ähnliche Ergebnisse liefern neuere Messungen[2].

Zahlenbeispiel: Wie groß ist die Verdampfungswärme eines Dampfgemisches aus Äthylalkohol und Benzol mit 40 Gew.-% Äthylalkohol bei 760 mm Q.-S., wenn die Verdampfungswärme des Benzols bei 760 mm Q.-S. mit 94 kcal/kg und die Verdampfungswärme des Äthylalkohols bei demselben Druck mit 207 kcal/kg gegeben sind?

Lösung: Nach Gl. (60) wird:

$$\bar{r} = \frac{40}{100}\cdot 207 + \frac{60}{100}\cdot 94 = 82{,}8 + 56{,}4 = 139{,}2 \text{ kcal/kg}.$$

Beim Versuch wurde $\bar{r} = 137{,}4$ kcal/kg gemessen.

---

[1] Tyrer, D.: J. Chem. Soc., **1911**, Nr. 9, 1633; **1912**, Nr. 4, 81; **1912**, Nr. 6, 1104.

[2] Eckert, E., u. R. Pirkl: Messung der Siedelinien und Wärmeinhalt-Siedelinien von Kraftstoffgemischen. VDI-Forschungsheft **1942**, 198—208.

2. Molare Verdampfungswärme

Die Verdampfungswärme r [kcal/Mol] eines Gemisches je Mol wird nach der gleichen Grundgleichung bestimmt, wie sie für die Bestimmung der Verdampfungswärme je kg angegeben ist. Es bedeuten r_1 [kcal/Mol] die Verdampfungswärme je Mol des einen (leichter siedenden) Stoffes, r_2 die molare Verdampfungswärme des zweiten Stoffes und x_F sowie x_D [Mol-%] die Gehalte an leichter siedendem Stoff in der Flüssigkeit und im Dampf.

Wird beim Verdampfen ein Dampfgemisch mit x_D [Mol-%] an Leichtersiedendem erzeugt, so muß je Mol Dampfgemisch die Wärmemenge:

$$r = \frac{x_D}{100} r_1 + \frac{100 - x_D}{100} r_2 \qquad (61)$$

aufgewendet werden. Entsprechend muß bei der Kondensation, bei welcher Flüssigkeit mit x_F [Mol-%] aus einem Zweistoff-Dampf erzeugt wird, die Kondensationswärme

$$r = \frac{x_F}{100} r_1 + \frac{100 - x_F}{100} r_2 \qquad (61\,a)$$

abgeführt werden.

Die Verdampfungswärme je Mol steht mit der absoluten Siedetemperatur T [°K] in einer bestimmten Beziehung. PICTET erkannte und TROUTON sprach die Gesetzmäßigkeit aus[1], daß die molare Verdampfungswärme der absoluten Siedetemperatur annähernd proportional ist:

$$r_1 = C\,T. \qquad (62)$$

Die Konstante C besitzt für die Mehrzahl der chemischen Verbindungen einen Wert, welcher zwischen 19 und 25 liegt. Aus Zahlentafel 6 geht hervor, daß in der Tat eine große Anzahl von Stoffen die Richtigkeit der Troutonschen Beziehung gemäß Gl. (62) bestätigt.

Bei den Stoffen, welche eine mehr oder weniger große Abweichung von der Gl. (62) zeigen, kann diese durch Assoziation im Dampf- und im Flüssigkeitszustand erklärt werden. Oft stellen hierbei diejenigen Stoffe, welche eine Abweichung in einer bestimmten Richtung aufweisen, Gemische dar, welche in der Technik zu trennen sind. Beispielsweise weichen sowohl Äthylalkohol als auch Wasser in derselben Richtung von Gl. (62) ab und die Konstante C ist in beiden Fällen nahezu gleich. Bei denjenigen Stoffen, welche keine Assoziation aufweisen und deren Troutonsche Konstante von dem angegebenen Mittelwert beachtlich abweichen, liegen besonders tiefe oder hohe Siedetemperaturen vor.

---

[1] EUCKEN, A.: Lehrbuch der chemischen Physik, S. 218. Leipzig: Akad. Verlagsgesellschaft m. b. H. 1930.

Zahlentafel 6. *Zahlenwerte für die Troutonsche Konstante*

Stoff	Molare Verdampfungswärme kcal/Mol	Absolute Siedetemperatur ° K	Konstante C nach dem Versuch kcal/Mol ° K
Stickstoff	1340	77,3	17,3
Sauerstoff	1630	90,1	18,1
Salzsäure	3860	188,1	20,5
Ammoniak	5560	239,8	23,20
Pentan	6130	309	19,85
Schwefelkohlenstoff	6400	319,3	20
Äthylalkohol	9550	351,5	27
Wasser	9710	373,1	26
Ameisensäure	5430	374	14,5
Essigsäure	5800	391,2	14,85
Anilin	10000	457	21,9
Azeton	7250	329	22
Methylalkohol	8420	340	24,8
Isopropylalkohol	9550	356	26,8
Amylalkohol	10560	402	26,3
Benzol	7370	353	20,9
Toluol	8000	384	20,8
m-Xylol	8200	413	19,9

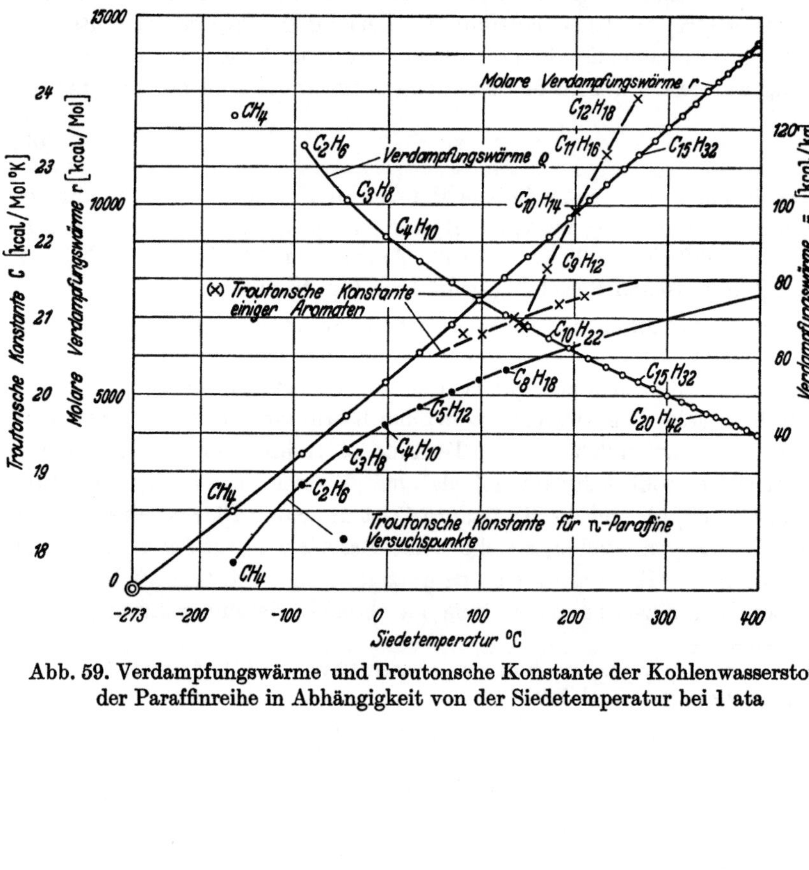

Abb. 59. Verdampfungswärme und Troutonsche Konstante der Kohlenwasserstoffe der Paraffinreihe in Abhängigkeit von der Siedetemperatur bei 1 ata

Zur weiteren Nachprüfung der Gültigkeit der Troutonschen Regel ist in Abb. 59 die Verdampfungswärme $\bar{r}$ [kcal/kg] der Kohlenwasserstoffe der Paraffinreihe in Abhängigkeit von der Siedetemperatur aufgetragen[1]. Bestimmten auf der voll ausgezogenen Kurve liegenden Zustandspunkten ist die Formel der betreffenden Kohlenwasserstoffverbindung beigeschrieben. Es ist ferner die molare Verdampfungswärme r [kcal/Mol] in Abhängigkeit von der Siedetemperatur angegeben, so daß die Troutonsche Konstante C errechnet werden kann, die ebenfalls in Abb. 59 eingetragen ist. Ferner sind Versuchswerte von einfachen sowie methylierten ringförmigen Kohlenwasserstoffen angegeben. Für n-Oktan (C_8H_{18}) hat beispielsweise die Troutonsche Konstante den Wert 20,34. Auch andere ungesättigte Kohlenwasserstoffe befolgen die Troutonsche Regel. Für Methylcyclohexan (C_7H_{14}) mit einer Verdampfungswärme von $\bar{r} = 79{,}0$ kcal/kg, einer Siedetemperatur von $t = 99{,}9°$ C und einer molaren Verdampfungswärme von $r = 7750$ kcal/Mol ergibt sich beispielsweise für den gleichen Druck von 1 ata eine Troutonsche Konstante von 20,75.

Die meisten in der Technik zu trennenden Gemische bestehen aus Einzelstoffen, die der Troutonschen Regel [Gl. (62)] folgen. Berücksichtigt man, daß die absoluten Siedetemperaturen der in Destillier- und Rektifizierapparaten zu trennenden Gemische meist sehr nahe beieinander liegen und praktisch gleichgesetzt werden können, so ergibt sich, daß die molaren Verdampfungswärmen der Einzelstoffe gleichgesetzt werden können. Daraus folgt weiter, daß die molare Verdampfungswärme jedes der beiden Einzelstoffe gleich der Verdampfungswärme des Gemisches und daß diese unabhängig von der Konzentration ist:

$$r = r_1 = r_2 \,. \tag{63}$$

Von dieser Beziehung wird bei der Berechnung von Rektifizierapparaten Gebrauch gemacht, wobei Abweichungen von der Gl. (63) berücksichtigt werden können.

C. Flüssigkeitstrennung durch Destillation

I. Allgemeine Kennzeichnung

Auch wenn beim Sieden löslicher Flüssigkeitsgemische Dampf und Flüssigkeit im Gleichgewicht miteinander stehen, müssen doch zwei grundsätzlich voneinander abweichende Fälle unterschieden werden. Der eine ist dadurch gekennzeichnet, daß der aus der Flüssigkeit gebildete

[1] SCHUMACHER, R.: Neue Wege zur Berechnung der Verdampfungswärme und neue nicht veröffentlichte Ermittlungen. Öl u. Kohle **39**, 634—639 (1943).

Dampf letztere verläßt und in einen besonderen Dampfraum gelangt, in dem der Dampf nur noch an der Oberfläche mit der Flüssigkeit in Berührung ist und vom Flüssigkeitskern (von ihrer Innenmasse) getrennt bleibt. Dieser Raum besitzt eine Öffnung, aus welcher der flüssigkeitsfreie Dampf stetig abströmt. Es herrscht dann nur an der Berührungsfläche zwischen den beiden Phasen Gleichgewicht, nicht aber zwischen den Kernmassen des Dampfes und der Flüssigkeit. Diese Art der Destillation wird „offene Destillation" genannt. Im Gegensatz dazu steht die „geschlossene Destillation". Bei ihr bleibt der gesamte gebildete Dampf mit der restlichen Flüssigkeit vom Anfang bis zum Ende der Verdampfung in einem geschlossenen Raum in steter Berührung. Dieser Raum wird beispielsweise durch das vom Gemisch durchströmte Innere von Rohren gebildet, welche auf der Außenfläche beheizt sind. An einem Ende strömt das Gemisch flüssig in die Rohre und am anderen Ende verläßt es letztere als Phasengemisch. Der gesamte gebildete Dampf und die Restflüssigkeit bleiben auf dem ganzen Destillationsweg innig miteinander gemischt und stehen in ihrer gesamten Masse miteinander im Austausch. Bei der rechnerischen Behandlung dieser Destillationsart wird deshalb die Annahme gemacht, daß an jeder Stelle Phasengleichgewicht zwischen Dampf und Flüssigkeit besteht. Die Voraussetzungen für die Verwirklichung dieser Annahme sind um so vollkommener erfüllt, je größer die Berührungszeit und die Austauschflächen zwischen den beiden Phasen sind.

II. Offene Destillation von Zweistoffgemischen

Die Tatsache, daß bei Ausschluß von Gemischen mit der Zusammensetzung des ausgezeichneten Punktes aus einem Flüssigkeitsgemisch gebildeter Dampf eine andere Zusammensetzung hat als die Flüssigkeit, gibt die Möglichkeit, Flüssigkeiten durch einfache Destillation in Gemische zu zerlegen, die eine andere Zusammensetzung als das Ausgangsgemisch aufweisen. Bei der ursprünglichen und älteren Methode wird das zu zerlegende Flüssigkeitsgemisch in ein Gefäß gefüllt, welches so lange beheizt wird, bis die gewünschte Menge von Dampf aus der Flüssigkeit in einen Dampfraum entwichen ist. Aus diesem wird sie abgezogen und anschließend kondensiert. Die in dem Gefäß zurückbleibende Restflüssigkeit wird abgelassen und das Gefäß selbst von neuem gefüllt. Es handelt sich dabei um eine absatzweise Destillation. Im Gegensatz dazu kann die stetige Destillation dadurch verwirklicht werden, daß beispielsweise das Flüssigkeitsgemisch am oberen Ende eines kreisrunden und außen beheizten Rohres auf dessen Innenfläche gleichmäßig aufgegeben wird. Am unteren Ende des Rohres läuft die Restflüssigkeit mit erhöhtem Gehalt an Schwerersiedendem ununterbrochen ab, während der im Rohr gebildete Dampf stetig abströmt und kondensiert wird.

Praktisch kann die stetige Destillation in einem Dünnschichtverdampfer vorgenommen werden, in welchem die Flüssigkeit mittels rotierender Wischer oder Wände auf die Rohrinnenwand aufgetragen und an dieser geführt wird.

1. Absatzweise offene Destillation von Zweistoffgemischen

Das Verfahren wird durchgeführt, indem gemäß Abb. 60 das zu trennende Gemisch in einer Destillierblase verdampft wird und die entstehenden Dämpfe in einem Wärmeaustauscher niedergeschlagen werden, von dem aus sie in ein Gefäß strömen, das mit Vorlage bezeichnet wird.

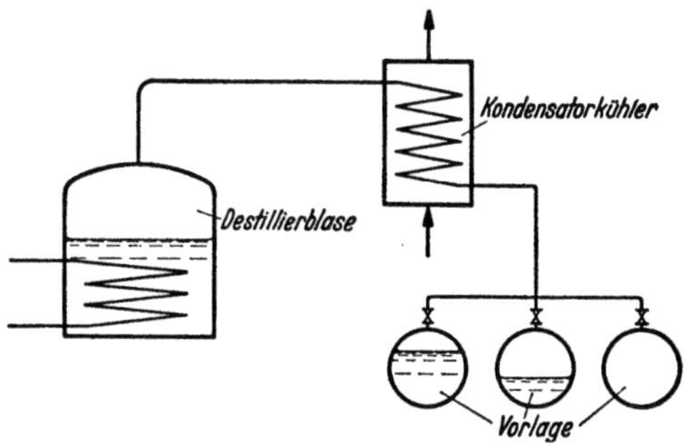

Abb. 60. Destillationsanlage

Das erzeugte Destillat kann auch nacheinander getrennt in mehreren Gefäßen aufgefangen werden. Diese Arbeitsweise entspricht dem Begriffe der fraktionierten Destillation.

Für die Aufstellung der Berechnungsgleichungen wird der Einfachheit halber wieder ein Zweistoffgemisch zugrunde gelegt. Eine beliebige Menge Flüssigkeit in der Destillierblase sei mit B [kg] bezeichnet, die Flüssigkeitsmenge bei Beginn der Destillation mit B_1 [kg], die Flüssigkeitsmenge am Ende der Destillation mit B_2 [kg] und die entsprechenden Gehalte an leichter siedendem Stoff in der Flüssigkeit mit ξ_F, ξ_{F_1} und ξ_{F_2} [Gew.-%]. In einem unendlich kleinen Zeitabschnitt verdampft aus B mit ξ_F [Gew.-%] an Leichtersiedendem die Menge dB mit ξ_D [Gew.-%] Leichtersiedendem. Dabei ändert sich die Flüssigkeitszusammensetzung um den Wert $d\xi_F$. Diesem Vorgang entspricht die Mengengleichung

$$B\frac{\xi_F}{100} = dB\frac{\xi_D}{100} + (B - dB)\frac{\xi_F - d\xi_F}{100}, \tag{64}$$

welche unter Vernachlässigung der unendlich kleinen Größen zweiter Ordnung zu der Differentialgleichung

$$\frac{dB}{B} = \frac{d\xi_F}{\xi_D - \xi_F} \tag{65}$$

führt. Wird diese innerhalb der Grenzen, die durch die Anfangsfüllung B_1 und die Restfüllung B_2 festgelegt sind, integriert, so ergibt sich:

$$\int_{B=B_2}^{B=B_1} \frac{dB}{B} = \int_{\xi_F=\xi_{F_2}}^{\xi_F=\xi_{F_1}} \frac{d\xi_F}{\xi_D - \xi_F}. \tag{66}$$

Das Integral der linken Seite dieser Gleichung kann rechnerisch gelöst werden, während dasjenige der rechten Seite durch den Unterschied der den Konzentrationen ξ_{F_1} und ξ_{F_2} zugeordneten Integralwerte J_1 und J_2 gegeben ist:

$$\ln \frac{B_1}{B_2} = \int_{\xi_F=\xi_{F_2}}^{\xi_F=\xi_{F_1}} \frac{d\xi_F}{\xi_D - \xi_F} = J_1 - J_2. \tag{67}$$

Die für das Zweistoffgemisch angewendete graphische Lösung der Gl. (67) ist an Hand der Abb. 61 am Beispiele des Gemisches Äthylalkohol-Wasser erläutert. Für eine bestimmte Flüssigkeitskonzentration ist $(\xi_D - \xi_F)$ durch den zwischen der Gleichgewichtskurve und der Diagonale liegenden Ordinatenabschnitt gegeben. Seine Kehrwerte werden über ξ_F aufgetragen, was eine $\frac{1}{\xi_D - \xi_F}$-Kurve ergibt. Ein Flächenstreifen unterhalb dieser Kurve mit der Breite $d\xi_F$ stellt den Wert $\frac{d\xi_F}{\xi_D - \xi_F}$ dar.

Da in Gl. (67) der Unterschied zweier Integralwerte enthalten ist, kann zu einem ξ_{F_2} ein Zahlenwert für J_2 beliebig angenommen werden. In Abb. 61 ist z. B. für $\xi_{F_2} = 26$ das $J_2 = 1$ gesetzt. Wird zu diesem Wert der Zahlenwert für die Fläche unterhalb der $\frac{1}{\xi_D - \xi_F}$-Kurve von ξ_{F_2} ab bis zu einem beliebigen ξ_{F_1} hinzugezählt, so ergibt die erhaltene Summe den Integralwert J_1. Dieser wird über ξ_{F_1} aufgetragen. Zu dem angenommenen J_2 können auf diese Weise für verschiedene ξ_{F_1} die J_1-Werte berechnet werden, die eine $\int \frac{d\xi_F}{\xi_D - \xi_F}$-Kurve ergeben (s. Abb. 61).

Aus dieser Integralkurve kann die für die Berechnung des Blaseninhaltes erforderliche Blasenfüllungskurve folgendermaßen ermittelt werden: Zu einem ξ_{F_2}, dem ein J_2 zugeordnet ist, wird ein beliebiger Wert für die Blasenfüllung B_2 angenommen. In Abb. 61 ist beispielsweise für die mit *b* bezeichnete Kurve bei $\xi_{F_2} = 26$ der Wert $B_2 = 51$ gesetzt. Für ein ξ_{F_1} wird der zugehörige Wert von J_1 abgelesen und mit Hilfe der Gl. (67) die zu ξ_{F_1} gehörige Blasenfüllung B_1 berechnet, welche über ξ_{F_1} aufgetragen wird, was einen zweiten Punkt der Linie *b* ergibt. Auf die gleiche Art können beliebig viele zu verschiedenen ξ_{F_1} gehörige B_1-Werte bestimmt werden. Die Verbindung aller dieser Punkte ergibt eine Blasenfüllungskurve *b*.

Werden die Ordinatenwerte einer solchen Kurve mit dem gleichen Wert vervielfacht oder durch den gleichen Zahlenwert geteilt, so ergibt sich eine Anzahl von Blasenfüllungskurven, die in Abb. 61 mit *a*, *b* und *c*

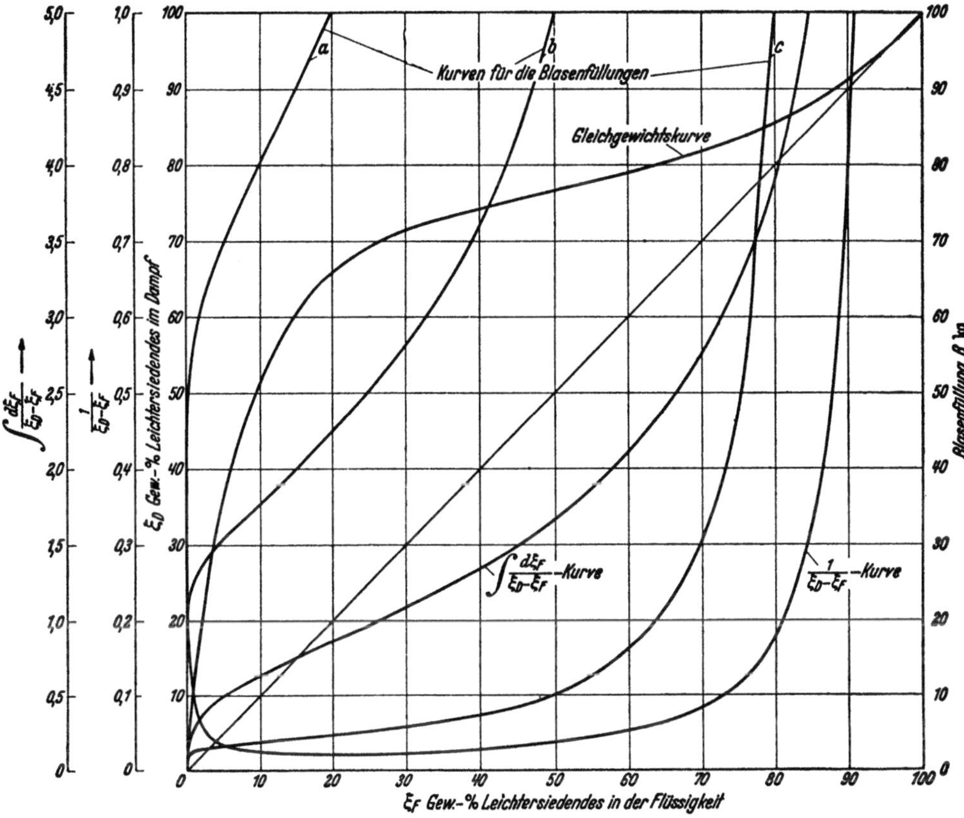

Abb. 61. Berechnungskurven für einfache Blasenapparate (Äthylalkohol-Wassergemisch)

bezeichnet sind. Je nach den Konzentrationen der Blasenfüllung wird die eine oder andere Blasenfüllungskurve für die Berechnung der Blasenfüllung benutzt.

Die entsprechenden Berechnungs- und Blasenfüllungskurven für das Gemisch Wasser-Essigsäure sind in Abb. 62 wiedergegeben.

Wird mit E [kg] die Menge des erzeugten Destillates bezeichnet, welche abgetrieben wird, wenn die Blasenfüllung von der Konzentration

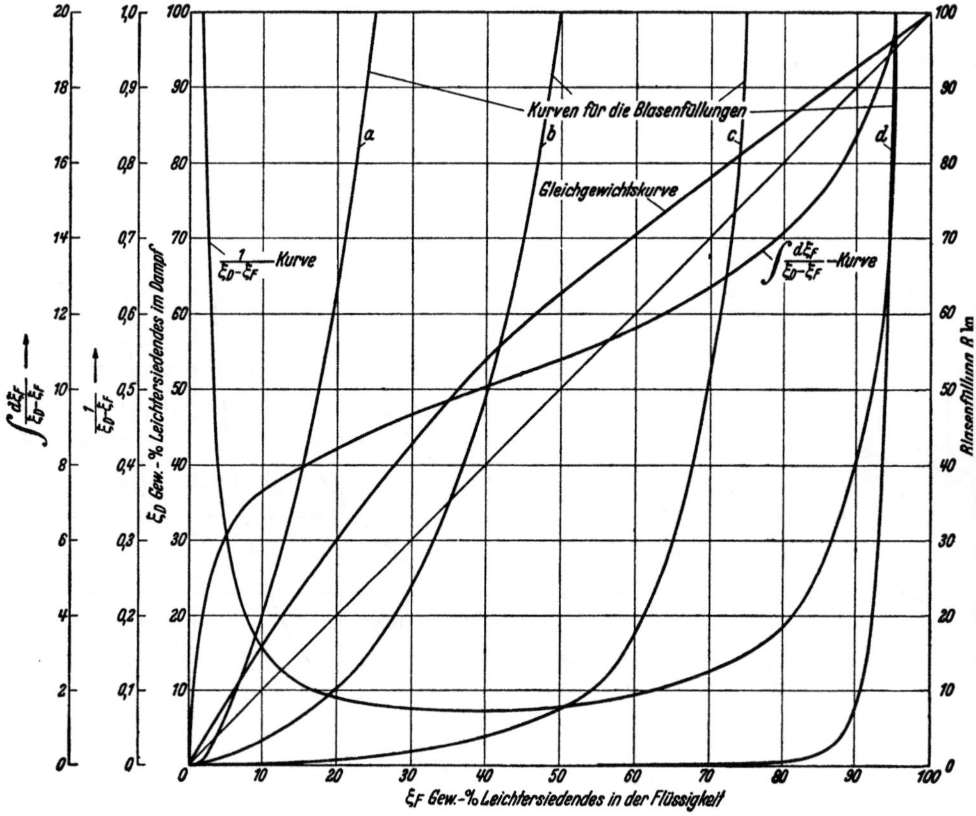

Abb. 62. Berechnungskurven für einfache Blasenapparate (Wasser-Essigsäuregemisch)

ξ_{F_1} auf ξ_{F_2} sinkt, so muß mit der bei Beginn in der Blase wirklich vorhandenen Füllungsmenge B^* [kg] die Beziehung bestehen:

$$\frac{E}{B^*} = \frac{B_1 - B_2}{B_1}, \tag{68}$$

wobei B_1 und B_2 aus den Schaubildern gemäß Abb. 61 und Abb. 62 zu den gegebenen ξ_{F_1}- und ξ_{F_2}-Werten an einer gleichen Blasenfüllungskurve abzulesen sind. Aus Gl. (68) wird:

$$E = B^* \frac{B_1 - B_2}{B_1} \tag{69}$$

und

$$B^* = E \frac{B_1}{B_1 - B_2} . \tag{70}$$

Das erzeugte Destillat (Fraktion) habe einen Gehalt ξ_E [Gew.-%] an Leichtersiedendem. Eine einfache Mengengleichung liefert die Beziehung:

$$\xi_E = \frac{B_1 \xi_{F_1} - B_2 \xi_{F_2}}{B_1 - B_2} . \tag{71}$$

Am Ende der Destillation bleibt in der Blase ein Rest des Gemisches, der sogenannte Rückstand, mit dem Gehalt an Leichtersiedendem ξ_{F_2} unverdampft zurück. Er wird aus dem Verdampfungsgefäß vor der neuen Auffüllung entnommen. Weil der Rückstand immer noch Leichtersiedendes enthält und weil die Konzentration des Restes während des Verdampfungsvorganges sich stetig ändert, ist eine vollkommene Trennung mit Hilfe der einfachen Destillation nicht möglich.

Zahlenbeispiel: Aus einem Äthylalkohol-Wassergemisch mit 14 Gew.-% Alkohol sollen in einem Abtrieb 100 l Destillat erzeugt werden. Welche Zusammensetzung hat dieses und wie groß muß die Blasenanfangsfüllung sein, wenn der Blasenrest noch 0,5 Gew.-% Alkohol aufweisen darf?

Lösung: Aus Abb. 61 wird an der Blasenfüllungskurve *b* zu einer Konzentration von $\xi_{F_1} = 14$ Gew.-% ein B_1 von 39 kg und zu $\xi_{F_2} = 0{,}5$ Gew.-% ein B_2 von 24 kg abgelesen. Mit Gl. (71) ergibt sich der Alkoholgehalt des Destillates zu:

$$\xi_E = \frac{39 \cdot 14 - 24 \cdot 0{,}5}{39 - 24} = 35{,}6 \text{ Gew.-\%} .$$

Dem berechneten Destillatgehalt ist eine zu einer Temperatur von 15° C gehörige Dichte von $\varrho = 0{,}9472$ kg/dm³ zugeordnet, so daß sich eine Destillatmenge von

$$E = 100 \cdot 0{,}9472 = 94{,}72 \text{ kg}$$

ergibt. Demnach müssen auf Grund der Gl. (70) vor Beginn der Destillation

$$B^* = 94{,}72 \cdot \frac{39}{39 - 24} = 247 \text{ kg} ,$$

entsprechend 252 l Gemisch in die Destillierblase gefüllt werden.

Wie sich die Flüssigkeits- und Dampfzusammensetzung im Verlaufe der Destillation ändern, wird besonders klar, wenn man die Konzentrationen über der in Prozenten von der Blasenfüllung angegebenen Destillatmenge aufträgt. Sie ist gegeben durch den Wert $100 \Delta B/B_1$, wobei ΔB die Differenz $B_1 - B_2$ darstellt. Die Rechenergebnisse für die drei Gemische Äthylalkohol-Wasser, Benzol-Toluol und Wasser-Essigsäure sind in Abb. 63 für eine Blasen-Anfangskonzentration von $\xi_{F_1} = 50$ Gew.-% an Leichtersiedendem wiedergegeben. In allen drei Fällen enden die Kurven für den Gehalt ξ_{F_2} in der Blasenfüllung mit $\xi_{F_2} = 0$ bei $100\,\Delta B/B_1 = 100$. Die Linie für das Gemisch Äthylalkohol-Wasser erreicht praktisch den Wert $\xi_{F_2} = 0$ schon etwa bei $100\,\Delta B/B_1 = 90$. Bevor alles verdampft ist, enthält also der Blasenrest bereits praktisch keinen leichter siedenden Stoff mehr. Die Kurven für die beiden anderen Gemische lehren aber, daß man daraus nicht allgemein den Schluß ziehen darf, daß man von dem schwerer flüchtigen Bestandteil wenigstens einen kleinen Teil rein gewinnen kann. Denn

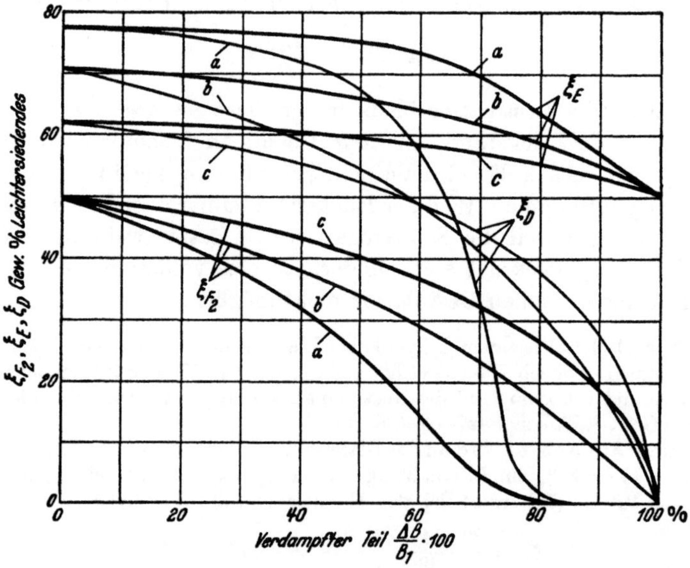

Abb. 63. Dampf- und Flüssigkeitszusammensetzung in Abhängigkeit von der verdampften Menge bei offener Verdampfung
a für Äthylalkohol-Wasser, *b* für Benzol-Toluol, *c* für Wasser-Essigsäure

beim Gemisch Benzol-Toluol ist dann, wenn 90% von der Anfangsfüllung verdampft sind, noch $\xi_{F_2} = 8{,}5\%$ Leichtersiedendes im Blasenrest enthalten.

Die Linien für die mittlere Konzentration ξ_E des Destillates zeigen, daß sich diese um so mehr dem Anfangsgehalt ξ_{F_1} nähern, je mehr verdampft ist. Im Grenzfalle bei vollständiger Verdampfung der Blasenfüllung ($B_2 = 0$ und $100\,\Delta B/B_1 = 100$) wird sogar $\xi_E = \xi_{F_1}$, was auch aus Gl. (71) folgt. Bei der praktischen Destillation von Zweistoffgemischen sind vielfach letztere nicht ganz rein. Sie enthalten beispielsweise eine leichter und eine schwerer siedende Verunreinigung. In diesem Falle wird das Destillat in drei Fraktionen aufgefangen, wobei in der ersten Fraktion (Vorlauf) die Beimengung enthalten ist, welche den leichtest siedenden Stoff darstellt. In der dritten Fraktion (Nachlauf) befindet sich die am schwersten siedende Flüssigkeit als Verunreinigung des Zweistoffgemisches. Dieser Fall liegt bei der Verarbeitung von Fruchtmaischen zu alkoholischen Getränken mittels einfacher Destillation vor.

In Abb. 63 sind noch Linien für die Gehalte ξ_D eingetragen, welche die Dampfgleichgewichtswerte zu den jeweiligen Flüssigkeitskonzentrationen ξ_{F_2} darstellen. Erstere lassen erkennen, mit welcher Zusammensetzung der Dampf bei der jeweiligen Flüssigkeits-Restmenge in der Destillierblase letztere verläßt. Die ξ_{F_2}- und ξ_D-Kurvenscharen haben einen ähnlichen kennzeichnenden Verlauf.

2. Stetige offene Destillation von Zweistoffgemischen

Wie vorstehend erläutert, wird die stetige Destillation technisch durchgeführt, indem das Gemisch am oberen Ende eines senkrechten und außen beheizten Rohres aufgegeben wird. Auf der Innenfläche nach unten fließend entweicht aus der Flüssigkeit Dampf. An einer beliebigen Stelle der Heizfläche ströme gemäß Abb. 64 die beliebige Flüssigkeitsmenge B [kg/h] mit einem Gehalt ξ_F [Gew.-%] an Leichtersiedendem nach unten. Auf der unendlich kleinen Höhe dh werde die unendlich kleine Menge dB ausgedampft (s. Abb. 64). Sie habe die Konzentration ξ_D. Diese Schreibweise wird gewählt, obwohl unter ξ_D ein Oberflächenwert zu verstehen ist. Sie ist zulässig, weil im Innern des Rohres oder in einem gewissen Abstand einer ebenfalls senkrechten und gedachten ebenen Heizwand eine Dampfzusammensetzung sich einstellt, welche einen Mittelwert der entstandenen und parallel zur Heizfläche abströmenden Dämpfe darstellt. Es wird also geschrieben $\xi_{D_0} = \xi_D$. Dadurch wird auch eine völlige Analogie mit den Bezeichnungsweisen, Gleichungen und Ergebnissen des vorhergehenden Abschnitts erzielt. Es ist ferner noch auf die stillschweigende Annahme zu verweisen, daß die Zusammensetzung ξ_{F_0} an der Oberfläche des Filmes dieselbe ist wie in seinem Kern. Es wird damit $\xi_{F_0} = \xi_F$ gesetzt[1]. Die Versuchsergebnisse beweisen, daß diese Annahme zulässig ist[2]. Allgemein kann gesagt werden, daß das, was die Flüssigkeitsmenge beim Durchströmen des erwähnten unendlich kleinen Volumenelementes des Filmes (s. Abb. 64) an

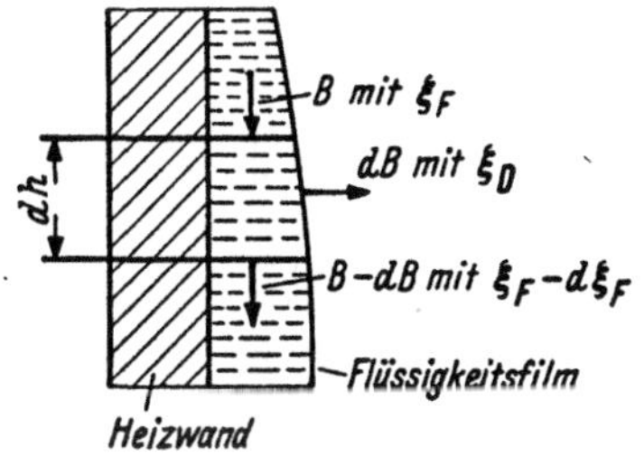

Abb. 64. Mengenbilanz am unendlich kleinen Heizelement bei der stetigen offenen Destillation

[1] Siehe dazu: Kirschbaum, E., u. K. Dieter: Verdampfung und partielle Destillation im Dünnschichtverdampfer. Chem.-Ing.-Tech. 30, 715—720 (1958).

[2] Dieter, K.: Der Wärmeübergang im Dünnschichtverdampfer. Diss. Techn. Hochschule Karlsruhe 1958.

Leichtersiedendem verliert, derjenigen Menge Leichtersiedendem gleich sein muß, welche der Dampf aufnimmt. Unter Beachtung der gekennzeichneten Schreibweisen muß also gelten:

$$B \frac{\xi_F}{100} = dB \frac{\xi_D}{100} + (B - dB) \frac{\xi_F - d\xi_F}{100}. \tag{72}$$

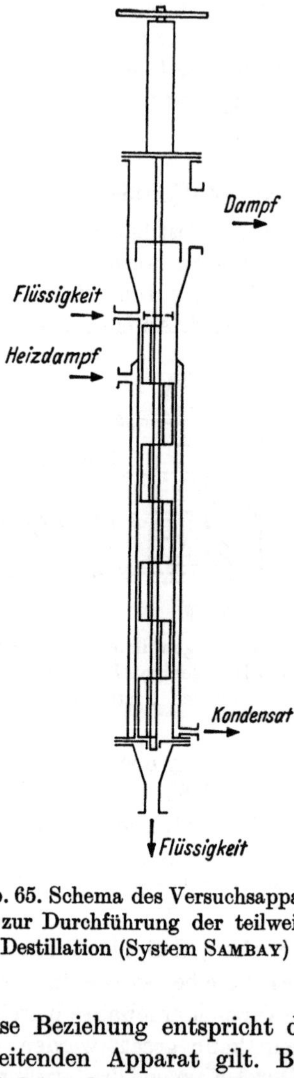

Abb. 65. Schema des Versuchsapparates zur Durchführung der teilweisen Destillation (System SAMBAY)

Unter Vernachlässigung der unendlich kleinen Größen zweiter Ordnung geht diese Beziehung in die einfache Differentialgleichung

$$\frac{dB}{B} = \frac{d\xi_F}{\xi_D - \xi_F} \tag{73}$$

über[1]. In ihr stellt die Differenz $\xi_D - \xi_F$ im ξ_D, ξ_F — Gleichgewichtsdiagramm des betreffenden Zweistoffgemisches den Ordinatenunterschied zwischen Diagonale und Gleichgewichtskurve zu einem beliebigen ξ_F-Wert dar. Für die Integration der Gl. (73) gelten folgende Grenzwerte: Der Heizfläche wird die Eintrittsmenge B_1 mit dem Gehalte ξ_{F_1} zugeführt und von ihr strömt die Austrittsmenge mit ξ_{F_2} an Leichtersiedendem ab. Den Zusammensetzungen ξ_{F_1} und ξ_{F_2} entsprechen die Integralwerte J_1 und J_2. Wird die Gl. (73) zwischen den Grenzen B_1 und B_2 integriert, so ergibt sich:

$$\ln \frac{B_1}{B_2} \int\limits_{\xi_F = \xi_{F_2}}^{\xi_F = \xi_{F_1}} \frac{d\xi_F}{\xi_D - \xi_F} = J_1 - J_2. \tag{74}$$

Diese Beziehung entspricht der Gl. (67), welche für den absatzweise arbeitenden Apparat gilt. Begriffsinhaltlich entsprechen die Zeiger *1* und *2* bei der stetigen Destillation dem Anfang sowie Ende der Heizfläche und bei der absatzweisen Destillation dem Anfang sowie Ende der Zeit. Gl. (73) kann daher auf dieselbe Art wie Gl. (67) integriert werden.

[1] Siehe dazu auch: BILLET, R.: Flüssigkeitstrennung durch teilweise Destillation. Chem.-Ing.-Tech. **29**, 733—742 (1957).

Auch für die mittlere Konzentration ξ_E des aus dem Destillationsapparat abziehenden Dampfgemisches gilt für die stetige Destillation analog:

$$\xi_E = \frac{B_1 \xi_{F_1} - B_2 \xi_{F_2}}{B_1 - B_2}\,. \tag{75}$$

Die in den Abb. 62 und 63 enthaltenen Ergebnisse gelten deshalb sowohl für die absatzweise als auch für die stetige Destillation. Für letztere stellt

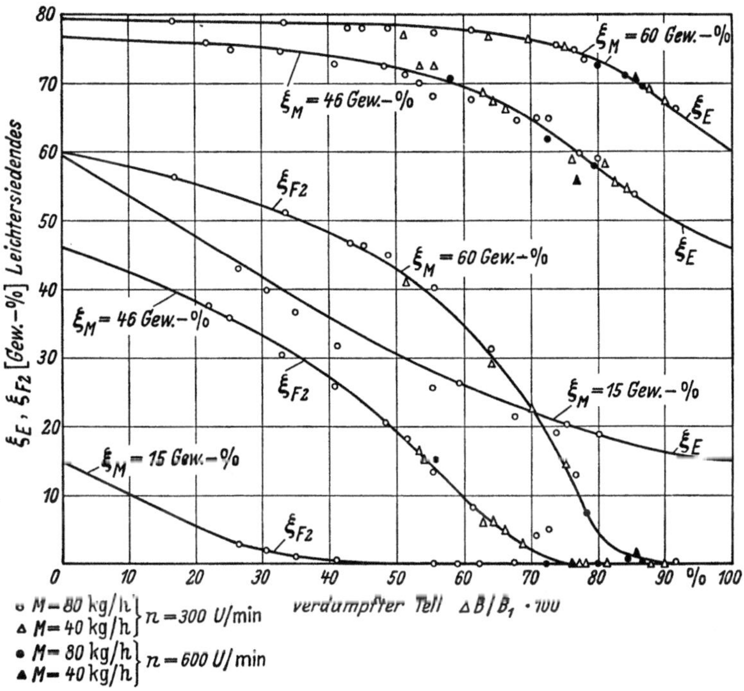

Abb. 66. Vergleich von Versuchsergebnissen mit der Theorie der Trennung durch partielle Destillation

in Abb. 63 $\Delta B = B_1 - B_2$ die Differenz zwischen der zu- und abströmenden Flüssigkeitsmenge dar und ξ_D bedeutet den Gleichgewichtsdampfgehalt zu der Flüssigkeitskonzentration ξ_{F_2} der abströmenden Menge B_2 am Ende der Heizwand.

Zur Nachprüfung der vorstehenden Gleichungen und der bei ihrer Aufstellung gemachten Voraussetzungen wurden Versuche mit einer Einrichtung durchgeführt, deren Schema Abb. 65 zeigt und die dem Aufbau eines Dünnschichtverdampfers nach dem Sambay-Prinzip entspricht[1]. Bei ihm werden gelenkig aufgehängte Wischer bei der Rotation

[1] Siehe Fußnote 1, S. 107.

an die Innenfläche des Rohres gepreßt. Als Versuchsflüssigkeit diente das Gemisch Äthanol-Wasser. In Anlehnung an die Darstellung der Abb. 63 sind in Abb. 66 sowohl ξ_E als auch ξ_{F_2} für verschiedene Eintrittskonzentrationen ξ_{F_1} und Zuflußmengen B_1 über dem Quotienten $100\,\Delta B/B_1$ aufgetragen. Die Versuchspunkte ergeben durch Mittelwertsbildung Kurven, welche mit den theoretisch berechneten Linien genau zusammenfallen. Damit ist sowohl die Gültigkeit der vorstehend aufgestellten Theorie als auch die Zulässigkeit der gemachten Annahmen nachgewiesen.

III. Geschlossene Destillation von Zweistoffgemischen und Siedekurven von Rohölen und Destillaten

Weil die aus einem flüssigen Anfangsgemisch gebildete gesamte Dampfmenge mit der Restflüssigkeit in Berührung bleibt und die beiden Phasen in jedem Augenblick als miteinander im Phasengleichgewicht stehend betrachtet werden können, ist die zahlenmäßige Erfassung des Vorganges besonders einfach, wie es zunächst für den Fall des Zweistoffgemisches gezeigt wird.

Aus dem bei Beginn der Destillation in einer Menge von B_1 [kg] mit dem Gehalt ξ_{F_1} [Gew.-%] an Leichtersiedendem vorliegenden Flüssigkeitsgemisch werde eine Dampfmenge ΔB [kg] mit dem mittleren Gehalt ξ_D [Gew.-%] an leichtersiedendem Stoff erzeugt. Es bleibt dann die während des Destillationsvorganges veränderliche Flüssigkeits-Restmenge B_2 [kg] mit ξ_{F_2} [Gew.-%] an Leichtersiedendem übrig. In jedem Augenblick stellen ξ_D und ξ_{F_2} Gleichgewichtskonzentrationen dar. Aus den beiden Mengenbilanz-Gleichungen

$$B_1 \xi_{F_1} = B_2 \xi_{F_2} + \Delta B \xi_D \tag{76}$$

und

$$B_1 = B_2 + \Delta B \tag{77}$$

folgt

$$\frac{\Delta B}{B_1} = \frac{\xi_{F_1} - \xi_{F_2}}{\xi_D - \xi_{F_2}}\,. \tag{78}$$

Bei Beginn der Verdampfung ist $\xi_{F_1} = \xi_{F_2}$ und ξ_D stellt gemäß Punkt G_1 in Abb. 67 die Gleichgewichts-Dampfkonzentration zu ξ_{F_1} dar. Der Ausdampfung entsprechend wandert der Gleichgewichtspunkt auf der Gleichgewichtskurve in Richtung des in Abb. 67 angegebenen Pfeiles, um die Grenzlage des Punktes G_2 zu erreichen. In diesem Grenzfalle wird $B_2 = 0$ und $\Delta B = B_1$. Dies besagt aber, daß die Quotienten auf beiden Seiten der Gl. (78) den Zahlenwert 1 annehmen. Die Folge davon ist, daß $\xi_D = \xi_{F_1}$ sein muß. Wenn die gesamte Flüssigkeit verdampft ist, erreicht also der Dampf im Mittel eine Konzentration, welche gleich ist der Anfangszusammensetzung der Flüssigkeit.

Mit Hilfe der Gl. (78) und der entsprechenden Gleichgewichtskurve kann die Veränderung von ξ_D und ξ_{F_2} in Abhängigkeit vom verdampften Anteil $\Delta B/B_1$ in einfacher Weise berechnet werden, indem zu verschiedenen Lagen des Gleichgewichtspunktes G (s. Abb. 67) die Differenzen

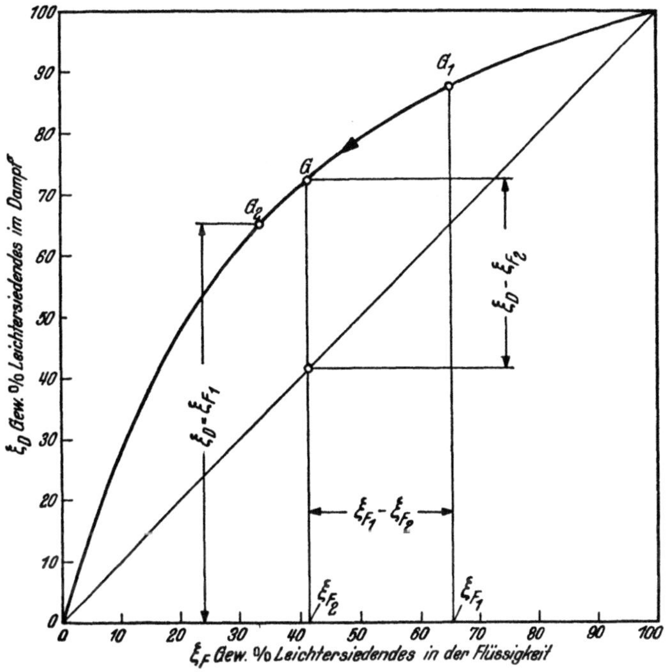

Abb. 67. Zusammenhang zwischen Flüssigkeits- und Dampfkonzentration bei geschlossener Verdampfung eines Zweistoffgemisches

$\xi_{F_1} - \xi_{F_2}$ sowie $\xi_D - \xi_{F_2}$ abgelesen und daraus der Wert $\Delta B/B_1$ berechnet werden. In Abb. 68 ist der in Prozenten von der Ausgangsmenge ausgedrückte Anteil $100\,\Delta B/B_1$ an Verdampftem als Abszisse und die Dampf- sowie Flüssigkeitszusammensetzung als Ordinate von drei verschiedenen Zweistoffgemischen aufgetragen[1], wobei von einer Anfangskonzentration $\xi_{F_1} = 50$ Gew.-% Leichtersiedendes ausgegangen wird. Man erkennt, daß im Gegensatz zur offenen Verdampfung am Ende der Destillation stets noch Leichtersiedendes in der Flüssigkeit verbleibt. Im Falle des Gemisches Benzol-Toluol nimmt der Benzolgehalt in der Flüssigkeit so lange ab, bis die letzten Flüssigkeitsteilchen einen Gehalt

[1] Eine graphische Lösung des Problems gibt H. Hausen: In: Der Chemie-Ingenieur, hrsg. von A. Eucken und M. Jakob. Bd. I, Dritter Teil, S. 100. Leipzig: Akad. Verlagsges. m. b. H. 1933.

von $\xi_{F_2} = 29,4$ Gew.-% Benzol erreichen. Der Verlauf der Konzentrationen ξ_D und ξ_{F_2} hängt von dem Verlauf der Gleichgewichtskurve des Gemisches ab.

Ein Vergleich mit den Konzentrationsänderungen bei offener Verdampfung gemäß Abb. 63 läßt erhebliche Unterschiede erkennen. Sie sind in dem grundsätzlich verschiedenen Destillationsvorgang begründet.

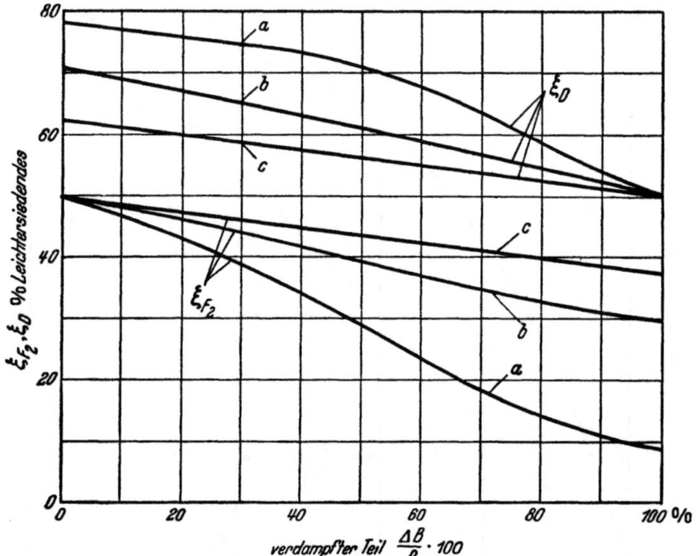

Abb. 68. Dampf- und Flüssigkeitszusammensetzung in Abhängigkeit von der abgedampften Menge bei geschlossener Verdampfung

a für Äthylalkohol-Wasser, *b* für Benzol-Toluol, *c* für Wasser-Essigsäure } Druck 760 mm Q.-S.

Die für Zweistoffgemische festgestellten Unterschiede zeigen sich auch bei der Ermittlung der Siedekurven von Vielstoffgemischen (s. Abschn. B III, 7), die nach dem Vorgang der offenen oder geschlossenen Destillation auch dann erhalten werden, wenn die Temperaturen beim Sieden ineinander übergehen (s. Abb. 69). Indem bei letzterer bei hohen Anteilen an Ausgedampftem der Gehalt an leichtersiedenden Stoffen größer ist als bei ersterer, muß die Siedetemperatur im Gebiet hoher Destillatmengen für die geschlossene Verdampfung tiefer liegen, wie es Abb. 69 für ein Rohöl und dessen Zerlegungsprodukte zeigt[1]. Die voll ausgezogenen Linien gelten für die geschlossene und die gestrichelten Linien für die offene Verdampfung. Bei kleinen Destillatmengen liegen allerdings die Temperaturen für die geschlossene Ver-

[1] M. Marder: Motorkraftstoffe, I. Bd., S. 93. Springer 1942.

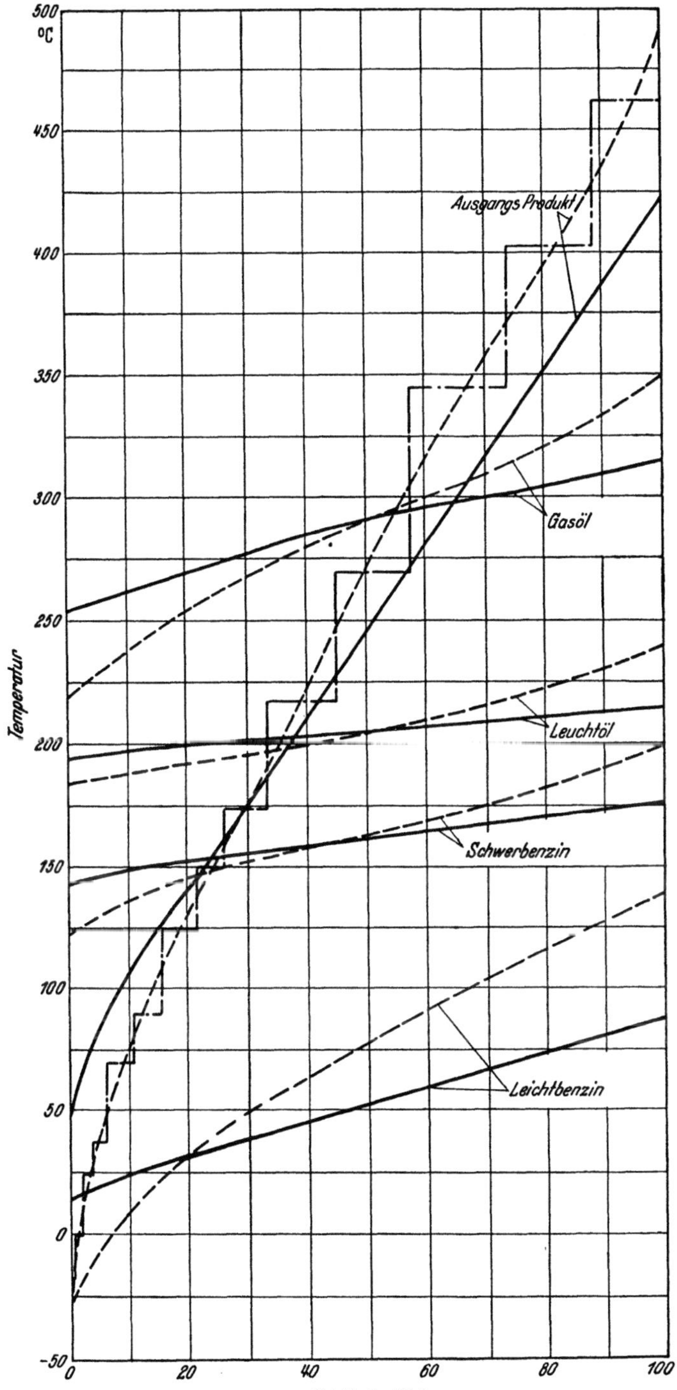

Abb. 69. Siedekurven eines Irak-Rohöles und der aus ihm durch Destillation gewonnenen Erzeugnisse

dampfung höher, so daß sich die beiden Siedekurven eines Gemisches überschneiden. Zu Beginn der Destillation tritt bei offener Verdampfung eine Erniedrigung der gemessenen Dampftemperatur dadurch ein, daß infolge der Aufwärmung der Apparatur durch Kondensation von Dämpfen Rückfluß gebildet wird. Es kommt hinzu, daß gerade bei geschlossener Verdampfung mit einer sehr schnellen örtlichen Dampfentwicklung zu rechnen ist und daß sich dann die erwähnten Abweichungen vom Phasengleichgewicht ergeben, die sich in einer Verringerung der Unterschiede zwischen Dampf- und Flüssigkeitskonzentrationen auswirken.

Die Siedekurven bei geschlossener Verdampfung[1] sind für das Verhalten von Rohölen oder deren Zerlegungsprodukten beim teilweisen Verdampfen in Röhrenerhitzern von besonderer Bedeutung. Man hat deshalb versucht, Beziehungen aufzustellen, die es gestatten, wenigstens näherungsweise und für einen beschränkten Geltungsbereich, die Siedekurve bei geschlossener Verdampfung aus derjenigen bei offener Verdampfung oder aus der wahren Siedepunktskurve (s. Abschn. B III, 7) ohne Versuch vorauszuberechnen[2,3]. Man benutzt dazu den auf 1 Vol.-% Destillat bezogenen Temperaturanstieg n. Auf Grund von Versuchen an Ölen und Ölfraktionen hat es sich als zweckmäßig erwiesen, die mittlere Neigung zwischen 10 und 70 Vol.-% Destillat zu wählen. Ergibt die wahre Siedepunktskurve bei 10 Vol.-% Destillat eine Siedetemperatur von 90° C und bei 70 Vol-% Destillat eine Temperatur von 380° C, so würde $n_w = (380-90):(70-10) = 4{,}84$. Die Neigung n_w der wahren Siedepunktslinie sowie die Neigung n_E der Engler-Kurve oder auch der ASTM-Kurve (s. Abschn. B III, 7) können auf Grund einer Reihe von Versuchen mit verschiedenen Ölen in Abhängigkeit von der Neigung n_g der Siedelinie für geschlossene Verdampfung angegeben werden. Steigt beispielsweise n_g von 0,5 über 2 auf 4, so wachsen n_w von 1,4 über 3,35 auf 5,5 und n_E von 1 über 3,05 auf 5,05. Ein Festpunkt der Siedelinie für geschlossene Verdampfung kann beispielsweise durch Angabe der Siedetemperatur bei 50 Vol.-% Destillat gefunden werden, indem diese Bezugstemperatur sowohl für die Engler- oder ASTM-Kurve (t_E) als auch für die wahre Siedepunktskurve (t_w) in Abhängigkeit von der Temperatur t_g (ebenfalls bei 50% Destillat) bei geschlossener Verdampfung bestimmt wird.

Für die Berechnung der Trennapparate kann man annehmen, daß das Rohöl nicht aus einer sehr großen Zahl von Einzelstoffen besteht, sondern aus einem Mehrstoffgemisch mit einer bestimmten Anzahl von

---

[1] Im englischen und amerikanischen Schrifttum mit „single flash"- oder nur mit „flash"-Kurven bezeichnet.

[2] Piromoov, R. S., u. G. A. Beiswenger: A. P. J.-Bull. **10**, Nr. 2, 52 (1929).

[3] Murray, W. J.: The Compression of Refinery and Cusing head Gases. Ind. Eng. Chem. **21**, 917 (1929).

Komponenten. In der Darstellung der Abb. 69 sind 14 Einzelstoffe[1] angenommen. Man kann sich demgemäß die gestrichelt gezeichnete Siedelinie des Rohöles ersetzt denken durch den strichpunktiert angegebenen Treppenlinienzug, welcher den Siedepunkten von 14 Paraffinkohlenwasserstoffen entspricht.

IV. Die Zerlegung von Mehrstoffgemischen durch offene partielle Destillation und Kondensation

Im Vorstehenden wurden Mengen und Zusammensetzungen in Gewichtseinheiten angegeben. Die abgeleiteten Beziehungen behalten ihre uneingeschränkte Gültigkeit, wenn man von molaren Einheiten Gebrauch macht. Diese Umstellung bezweckt hier die Auffindung eines auf einfache Weise anwendbaren Rechenganges und die Beurteilung praktisch extrem liegender Fälle.

In einem flüssigen Mehrstoffgemisch werden die n Einzelstoffe in der Reihenfolge steigender Siedetemperatur beim vorliegenden Destillationsdruck durch ihre Konzentration x_{F_1}, x_{F_2}, x_{F_3} bis x_{F_n} [Mol-%] bezeichnet. Die Zusammensetzungen im Dampf werden entsprechend mit x_{D_1}, x_{D_2}, x_{D_3} bis x_{D_n} [Mol-%] benannt. Bei Mehrstoffgemischen mit n Komponenten tritt dann an die Stelle von Gl. (73) ein System[2] von $(n-1)$ Differentialgleichungen:

$$\frac{dB}{B} = \frac{dx_{F_1}}{x_{D_1} - x_{F_1}} = \frac{dx_{F_2}}{x_{D_2} - x_{F_2}} = \frac{dx_{F_3}}{x_{D_3} - x_{F_3}} = \cdots = \frac{dx_{F(n-1)}}{x_{D(n-1)} - x_{F(n-1)}}. \quad (79)$$

Der Gehalt der n-ten Komponente im Flüssigkeitsgemisch ist gegeben durch

$$x_{F_1} + x_{F_2} + x_{F_3} \cdots + x_{F_n} = 100. \quad (80)$$

Zur Integration des Gleichungssystems (79) und (80) muß in einem Querschnitt (s. Abb. 64, S. 107) der Zusammenhang zwischen den Flüssigkeitskonzentrationen x_{F_i} $(i = 1, 2, 3, \cdots n)$ und den Dampfkonzentrationen x_{D_i} an der Phasengrenzfläche $(i = 1, 2, 3, \cdots, n)$ bekannt sein. Dabei wird angenommen, daß Flüssigkeit und Dampf im Phasengleichgewicht stehen. Dieser Tatbestand ist für die übliche Destillation naheliegend und er ist auch durch zahlreiche Versuche nachgewiesen[3,4].

[1] Siehe Fußnote 1, S. 112.

[2] WILHELM, G.: Partielle Destillation und Kondensation löslicher Mehrstoffgemische, Diss. T.H. Karlsruhe, 1966.

[3] KIRSCHBAUM, E., u. K. DIETER: Wärmeübergang und Teildestillation im Dünnschichtverdampfer, Chemie-Ing. Tech. **30**, 715—720 (1958).

[4] DIETER, K.: Der Wärmeübergang im Dünnschichtverdampfer. Diss. T.H Karlsruhe 1958.

a) Auswertung der Grundgleichung durch elementare Lösung

Um die Auswertung des vorliegenden Problems im Grundsätzlichen zu zeigen, wird das Differentialgleichungssystem (79) für den speziellen Fall idealer Gemische gelöst. Bezeichnet man mit p in den vorstehenden Darlegungen den Gesamtdestillationsdruck und mit P_1, P_2, P_3 bis P_n die Siededrücke der reinen Komponenten, dann läßt sich die Phasengleichgewichtsbeziehung der einzelnen Komponenten (s. dazu Gl. (12), S. 18) in der folgenden Weise darstellen:

$$\left.\begin{aligned} x_{D_1} &= \frac{P_1}{p} \cdot x_{F_1}, \\ x_{D_2} &= \frac{P_2}{p} \cdot x_{F_2}, \\ &\vdots \\ x_{D_n} &= \frac{P_n}{p} \cdot x_{F_n}, \end{aligned}\right\} \tag{81}$$

wobei die Sattdampfdrücke P_1 bis P_n auf die Siedetemperatur des Gemisches bezogen sind. Zur Sicherheit sei klargestellt, daß nur in den Abschn. IVa und IVb mit Rücksicht auf anderweitiges Schrifttum und auf die über 3 hinausgehende Vielzahl von Gemischkomponenten die Flüssigkeitskonzentrationen $x = x_{F_1}$, $y = x_{F_2}$ und $z = x_{F_3}$, die Dampfkonzentrationen $x_D = x_{D_1}$, $y_D = x_{D_2}$ und $z_D = x_{D_3}$ sowie die Sattdampfdrücke $P_1 = P_x$, $P_2 = P_y$, $P_3 = P_z$ gesetzt wurden.

Für eine Reihe von Gemischen ist die Annahme näherungsweise zulässig, daß die Dampfdruckverhältnisse

$$\alpha_2 = \frac{P_1}{P_2}, \quad \alpha_3 = \frac{P_1}{P_3} \quad \text{bis } \alpha_n = \frac{P_1}{P_n} \tag{82}$$

konstant d. h. unabhängig von der Temperatur sind.

Für die so gekennzeichneten Gemische gelingt die Lösung des vorliegenden Problems dann in einfacher Weise, wenn man zunächst von einem Gleichungssystem ausgeht, das gegenüber den $(n-1)$ Differential-Gln. (79) um die für die n-te Komponente entsprechende Beziehung erweitert ist. Eine andere Integrationsmethode wird von H. HAUSEN[1] angegeben. Setzt man die Zusammenhänge (81) in dieses Gleichungssystem ein, dann ergibt sich nach entsprechenden Umformungen:

$$\left.\begin{aligned} \frac{dx_{F_1}}{x_{F_1}} + \frac{dB}{B} &= \frac{P_1}{p} \cdot \frac{dB}{B} \\ \frac{dx_{F_2}}{x_{F_2}} + \frac{dB}{B} &= \frac{P_2}{p} \cdot \frac{dB}{B} \\ &\vdots \\ \frac{dx_{F_n}}{x_{F_n}} + \frac{dB}{B} &= \frac{P_n}{p} \cdot \frac{dB}{B} \end{aligned}\right\} \tag{83}$$

[1] HAUSEN, H.: Materialtrennung durch Destillation und Rektifikation für Zwei- und Dreistoffgemische, In: Der Chemie-Ingenieur, Bd. 1, S. 102, Leipzig: Akademische Verlagsanstalt 1933.

Dividiert man die erste der Gl. (83) durch jede der folgenden, dann erhält man unter Benutzung der Beziehungen (82) wieder die ursprüngliche Anzahl von $(n-1)$ Differentialgleichungen, in denen die Veränderlichen getrennt sind:

$$\left.\begin{aligned} \frac{dx_{F_1}}{x_{F_1}} + \frac{dB}{B} &= \alpha_2 \frac{dx_{F_2}}{x_{F_2}} + \alpha_2 \frac{dB}{B} \\ \frac{dx_{F_1}}{x_{F_1}} + \frac{dB}{B} &= \alpha_3 \frac{dx_{F_3}}{x_{F_3}} + \alpha_3 \frac{dB}{B} \\ &\;\;\vdots \\ \frac{dx_{F_1}}{x_{F_1}} + \frac{dB}{B} &= \alpha_n \frac{dx_{F_n}}{x_{F_n}} + \alpha_n \frac{dB}{B} \end{aligned}\right\} \tag{84}$$

Der Destilliereinrichtung ströme die Menge B_e [Mol/h] mit den Konzentrationen $x_{F_1 e}$, $x_{F_2 e}$ bis $x_{F_n e}$ [Mol %] stündlich zu und die Menge B_a [Mol/h] mit den Konzentrationen x_{F1a}, x_{F2a} bis x_{Fna} stündlich ab.

Die Integration der Gl. (84) liefert dann

$$\frac{B_a \cdot x_{F1a}}{B_e \cdot x_{F1e}} = \left[\frac{B_a \cdot x_{F2a}}{B_e \cdot x_{F2e}}\right]^{\alpha_2} = \left[\frac{B_a \cdot x_{F3a}}{B_e \cdot x_{F3e}}\right]^{\alpha_3} = \cdots = \left[\frac{B_a \cdot x_{Fna}}{B_e \cdot x_{Fne}}\right]^{\alpha_n} = A\,. \tag{85}$$

Zu den Gl. (85) treten noch die einfachen Beziehungen (80), die sich auf die Konzentration des Ablaufes

$$x_{F1a} + x_{F2a} + x_{F3a} + \cdots + x_{Fna} = 100 \tag{80a}$$

oder auf die Konzentration des Zulaufes

$$x_{F1e} + x_{F2e} + x_{F3e} + \cdots + x_{Fne} = 100 \tag{80b}$$

beziehen können.

Bei gegebenen Mengenverhältnissen B_a/B_e lassen sich dann die gesuchten Konzentrationen des Zu- oder Ablaufes leicht ermitteln, wenn man zur Rechenvereinfachung die Gl. (85) zunächst einem unbekannten Wert A gleich setzt. Ist die Zusammensetzung des Ablaufes gefragt, so bestimmt man die Werte x_{F1a} bis x_{Fna} aus dem Gleichungssystem (85) und setzt sie in die Gl. (80a). Man erhält dann

$$\sum_{i=1}^{n} A^{1/\alpha_i} \cdot x_{Fie} = 100 \cdot \frac{B_a}{B_e}, \tag{86}$$

wobei in formaler Anlehnung an die Beziehung (82) zu setzen ist $\alpha_1 = P_1/P_1 = 1$.

Für den Fall, daß die Konzentrationen des Zulaufes gesucht sind, folgt in entsprechender Weise aus den Gl. (85) und (80b)

$$\sum_{i=1}^{n} A^{-1/\alpha_i} \cdot x_{F_i a} = 100 \cdot \frac{B_e}{B_a}\,. \tag{87}$$

Aus den Beziehungen (85) und (86) läßt sich der Wert A bestimmen. Wie leicht einzusehen ist, liegt die Lösung im Bereich $0 < A < 1$. Mit dem nun bekannten Zahlenwert von A können die gesuchten Konzentrationen aus den Gl. (85) ermittelt werden, was an Hand eines Zahlenbeispiels erläutert sei.

Zahlenbeispiel 1: Der Einfachheit halber und nur um den grundsätzlichen Rechengang aufzuzeigen, sei ein Zweitsoffgemisch gewählt, was durch den Wert $\alpha_2 = 3$ gekennzeichnet ist. Es ströme mit einem Gehalt von 50 Mol-% an Leichtersiedendem einer Dünnschichtapparatur zu, in welcher die Hälfte der stündlich zufließenden Molmenge verdampft werde. Welche Zusammensetzung haben die Restflüssigkeit und der entstandene Dampf?

Die Zahlenwerte $x_{F1e} = x_{F2e} = 50$ Mol-% und $B_a/B_e = 0{,}5$ werden in Gl. (86) eingeführt. Dann erhält man

$$A \cdot 50 + A^{1/3} \cdot 50 = 0{,}5 \cdot 100\,.$$

Daraus ergibt sich $A = 0{,}31767$. Die Zusammensetzung des Ablaufes erhält man aus den Gl. (85) zu:

$$x_{F1a} = A \cdot \frac{B_e}{B_a} \cdot x_{F1e} = 0{,}31767 \cdot \frac{1}{0{,}5} \cdot 50 = 31{,}77 \text{ Mol-\%}$$

$$x_{F2a} = A^{1/3} \cdot \frac{B_e}{B_a} \cdot x_{F2e} = 0{,}31767^{1/3} \cdot \frac{1}{0{,}5} \cdot 50 = 68{,}23 \text{ Mol-\%}\,.$$

Die mittlere Zusammensetzung x_{E_1}, x_{E_2} bis x_{E_n} Mol-% des Dampfes kann allgemein mit Hilfe der schon für Zweistoffgemische bekannten Beziehung

$$x_{E_i} = \frac{x_{Fie} - \frac{B_a}{B_e} \cdot x_{Fia}}{1 - \frac{B_a}{B_e}} = \frac{B_e \cdot x_{Fie} - B_a \cdot x_{Fia}}{B_e - B_a} \tag{71a}$$

mit $i = 1, 2, \ldots n$ bestimmt werden. Für das gewählte Beispiel wird:

$$x_{E_1} = \frac{50 - 0{,}5 \cdot 31{,}77}{1 - 0{,}5} = 68{,}23 \text{ und } x_{E_2} = \frac{50 - 0{,}5 \cdot 68{,}23}{1 - 0{,}5} = 31{,}77 \text{ Mol-\%}\,.$$

In gleicher Weise läßt sich zu anderen Mengenverhältnissen B_a/B_e die Zerlegung des Ausgangsgemisches berechnen. In Abb. 70 sind die Konzentrationen x_{F_1a} und x_{E_1} über dem verdampften Teil $E/B_e \cdot 100\,[\%]$ des Gemisches aufgetragen. Dabei bedeutet $E = B_e - B_a$ [Mol/h] die im praktischen Apparat erzeugten Dampfmengen. Zwischen den rechnungsmäßigen und wirklichen Mengen besteht dann der einfache Zusammenhang

$$\frac{E}{B_e} = 1 - \frac{B_a}{B_e}\,. \tag{88}$$

Ferner ist in Abb. 70 die Dampfkonzentration x_{D1a} durch eine dünne Linie eingezeichnet, die mit der Flüssigkeitskonzentration x_{F1a} im Phasengleichgewicht steht. An dieser Kurve läßt sich ablesen, welche Zusammensetzung der Dampf im Augenblick seines Entstehens aus der verdampfenden Flüssigkeit aufweist.

Außerdem enthält Abb. 70 noch die Ergebnisse für zwei weitere Zweistoffgemische, welche durch die Werte $\alpha_2 = 2$ und $\alpha_2 = 5$ gekennzeichnet sind. Sie zeigen den für Zweistoffgemische kennzeichnenden Verlauf.

Zahlenbeispiel 2: Ein ideales Vierstoffgemisch, das durch die Dampfdruckverhältnisse $\alpha_2 = 3$, $\alpha_3 = 5$ und $\alpha_4 = 7$ gekennzeichnet ist, werde einer offenen partiellen Destillation unterworfen. Vom Ausgangsgemisch, dessen Zusammensetzung die Konzentrationen $x_{F1e} = x_{F2e} = x_{F3e} = x_{F4e} = 25$ Mol-% festlegen, werden 70% der stündlich zufließenden Menge in Molen verdampft. Welche Konzentrationen weisen Ablauf und Gemischdampf auf?

Mit dem gegebenen Zahlenwert $E/B_e = 0{,}7$ errechnet sich aus Gl. (88) das Mengenverhältnis $B_a/B_e = 0{,}3$. Mit diesem und den aus der Aufgabenstellung bekannten Konzentrationsangaben ergibt sich aus dem Zusammenhang (86)

$$A \cdot 25 + A^{1/3} \cdot 25 + A^{1/5} \cdot 25 + A^{1/7} \cdot 25 = 100 \cdot 0{,}3$$

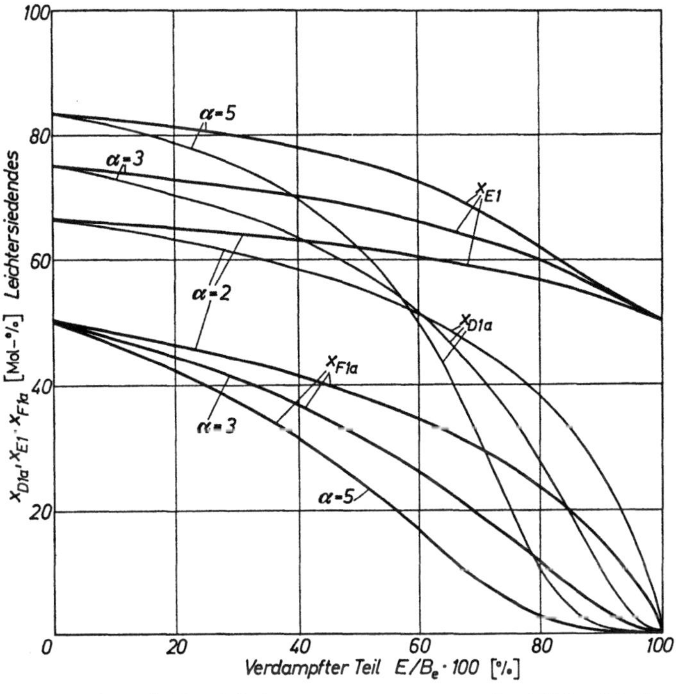

Abb. 70. Dampf- und Flüssigkeitszusammensetzungen in Abhängigkeit von der verdampften Menge bei partieller Destillation verschiedener idealer Zweistoffgemische mit den Dampfdruckverhältnissen $\alpha = 2$, $\alpha = 3$, $\alpha = 5$

welcher für $A = 0{,}01272$ erfüllt ist. Mit diesem Zahlenwert erhält man, wie im Beispiel 1 gezeigt wurde, aus den Gl. (85) die Konzentrationen des Ablaufes und aus der Gl. (71a) diejenigen des Verdampften

$$\begin{aligned} x_{F1a} &= 1{,}06 \text{ Mol-\%} & \qquad x_{E_1} &= 35{,}26 \text{ Mol-\%} \\ x_{F2a} &= 19{,}46 \text{ Mol-\%} & x_{E_2} &= 27{,}38 \text{ Mol-\%} \\ x_{F3a} &= 34{,}81 \text{ Mol-\%} & x_{E_3} &= 20{,}79 \text{ Mol-\%} \\ x_{F4a} &= 44{,}67 \text{ Mol-\%} & x_{E_4} &= 16{,}57 \text{ Mol-\%} \end{aligned}$$

Der Ablauf ist also nahezu frei von leichtestsiedendem Stoff. Für das behandelte Beispiel sind in der Abb. 71 die Konzentrationen in der Restflüssigkeit in Abhängigkeit vom verdampften Teil des Gemisches wiedergegeben. Auffallend ist, daß im Gegensatz zu den Zweistoffgemischen zwei der in Abb. 71 dargestellten Kurven Maximalwerte darstellen. Diese aufzufinden wurde wegen des mathematischen Aufwandes an dieser Stelle fallen gelassen.

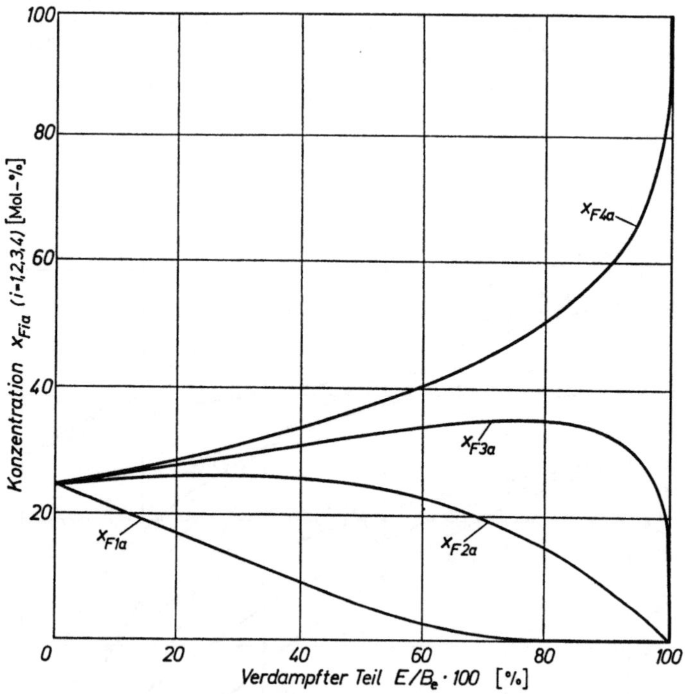

Abb. 71. Abhängigkeit der Flüssigkeitszusammensetzung vom verdampften Teil bei der partiellen Verdampfung eines idealen Vierstoffgemisches mit den Dampfdruckverhältnissen $\alpha_2 = 3$, $\alpha_3 = 5$, $\alpha_4 = 7$

b) Grundsätzliches über die partielle Kondensation löslicher Mehrstoffgemische

Auch die Behandlung der partiellen Kondensation von Mehrstoffgemischen fußt auf denselben Überlegungen wie sie für Zweistoffgemische bereits angestellt wurden und wie sie in Gl. (34) S. 74 zum Ausdruck kommen. Während bei der partiellen Destillation Phasengleichgewicht zwischen Flüssigkeit und Dampf auch auf Grund von Versuchen[1] als gesichert angesehen werden kann und die damit festgelegte „*theoretische Anreicherung*" der im technischen Apparat erzielten „*wirklichen Verstärkung*" gleichgesetzt werden kann, bewirkt bei der Teilkondensation

[1] Siehe Fußnote 2, S. 107.

der Stoffaustauschwiderstand eine merkliche Abweichung von der sogenannten theoretischen Anreicherung. Für Zweistoffgemische ist der Zusammenhang zwischen theoretischer und wirklicher Anreicherung weitgehend geklärt und auch experimentell nachgewiesen[1,2]. Bei Gemischen mit mehr als zwei Bestandteilen liegen planmäßige Messungen über den Unterschied zwischen theoretischer und wirklicher Anreicherung leider noch nicht vor.

Die Trennwirkung durch Teilkondensation kann beispielsweise für die erste Komponente in Anlehnung an die Gl. (35) S. 74, folgendermaßen wiedergegeben werden:

$$\frac{dC}{D} = \frac{dx_{D_1}}{x_{D_1} - x_{F_1}}\,. \tag{89}$$

Darin bedeuten:

D [Mol/h] die stündlich an einer beliebigen Stelle der senkrecht stehenden Kühlwand vorbeiströmende Dampfmenge, von der längs der unendlich kleinen Höhe ds die Menge dC [Mol/h] kondensiert wird,

x_{D_1} [Mol-%] die Konzentration an Leichtersiedendem im Dampfkern,

x_{F_1} [Mol-%] die Konzentration an Leichtersiedendem an der Kondensathautoberfläche.

Stellt man die Überlegungen, die zur Ableitung der Beziehung (89) führten, für jeden der n Gemischbestandteile eines Mehrstoffgemisches an, dann ergibt sich das System von n Differentialgleichungen

$$\frac{dC}{D} = \frac{dx_{D_1}}{x_{D_1} - x_{F_1}} = \frac{dx_{D_2}}{x_{D_2} - x_{F_2}} = \frac{dx_{D_3}}{x_{D_3} - x_{F_3}} = \cdots = \frac{dx_{D_n}}{x_{D_n} - x_{F_n}}\,. \tag{90}$$

Diese Gleichung läßt sich nur dann lösen, wenn zur Lösung des Gleichungssystems (90) Phasengleichgewichte zwischen den Konzentrationen $x_{D_i}(i = 1, 2, 3, \ldots n)$ im Dampfkern und den Flüssigkeitskonzentrationen $x_{F_i}(i = 1, 2, 3, \ldots n)$ an der Flüssigkeitsoberfläche angenommen werden. Mit dieser Annahme erhält man den Fall der theoretischen Verstärkung. Sowohl die Ermittlung der theoretischen Anreicherung und im Vergleich dazu die wirkliche Anreicherung stellen umfangreiche Aufgaben für sich dar. Es ist das Verdienst meines ehemaligen Mitarbeiters Dr.-Ing. GERHARD WILHELM[3], die Schließung der Lücke der Zerlegung von Vielstoffgemischen durch Teilkondensation mindestens theoretisch geklärt zu haben, die nun Experimente für

[1] LIPPHARDT, G.: Teilkondensation von Gemischdämpfen. Diss. TH Karlsruhe 1957.

[2] TRÖSTER, E.: Ein Beitrag zur Berechnung der Trennwirkung von Dephlegmatoren. Diss. TH Karlsruhe 1960.

[3] WILHELM, G.: Partielle Destillation und Kondensation löslicher Mehrstoffgemische. Diss. TH Karlsruhe 1965.

den praktischen Gebrauch ermöglichen sollte. Um wenigstens die Grenze der theoretischen Anreicherungen z. B. der drei Stoffe Benzol-Toluol-m-Xylol erkennen zu können, ist die Abb. 71a beigefügt. Es ist

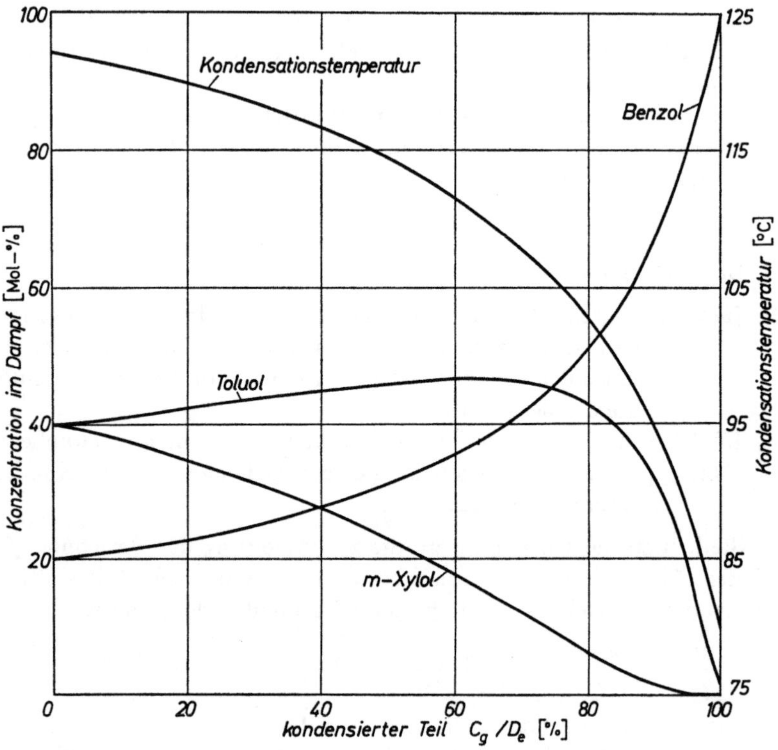

Abb. 71a. Dampfzusammensetzung und Kondensationstemperatur in Abhängigkeit vom kondensierten Teil bei der Teilkondensation eines Benzol-Toluol-m-Xylol-Gemisches

ersichtlich, daß der mittelsiedende Stoff (Toluol) bei einer ganz bestimmten Konzentration von etwa 70 Mol-% einen ausgeprägten Höchstwert aufweist. Bei der Rektifikation eines derartigen Gemisches wird dieser Höchstwert annähernd immer erreicht und ist bei der Rektifikation leicht bestimmbar (s. Abschn. G. II. 1).

V. Die Redestillation

1. Allgemeines

Die Redestillation ist ein thermisches Trennverfahren, das die partielle Destillation und die partielle Kondensation miteinander vereinigt.

Zusätzlich kann dem Vorgang eine Rektifikation (siehe Abschn. D) überlagert sein. Durch wiederholtes Verdampfen und Kondensieren eines Teiles des aufströmenden Gemischdampfes und der herabströmenden Gemischflüssigkeit wird eine Trennung der Gemischkomponenten derart

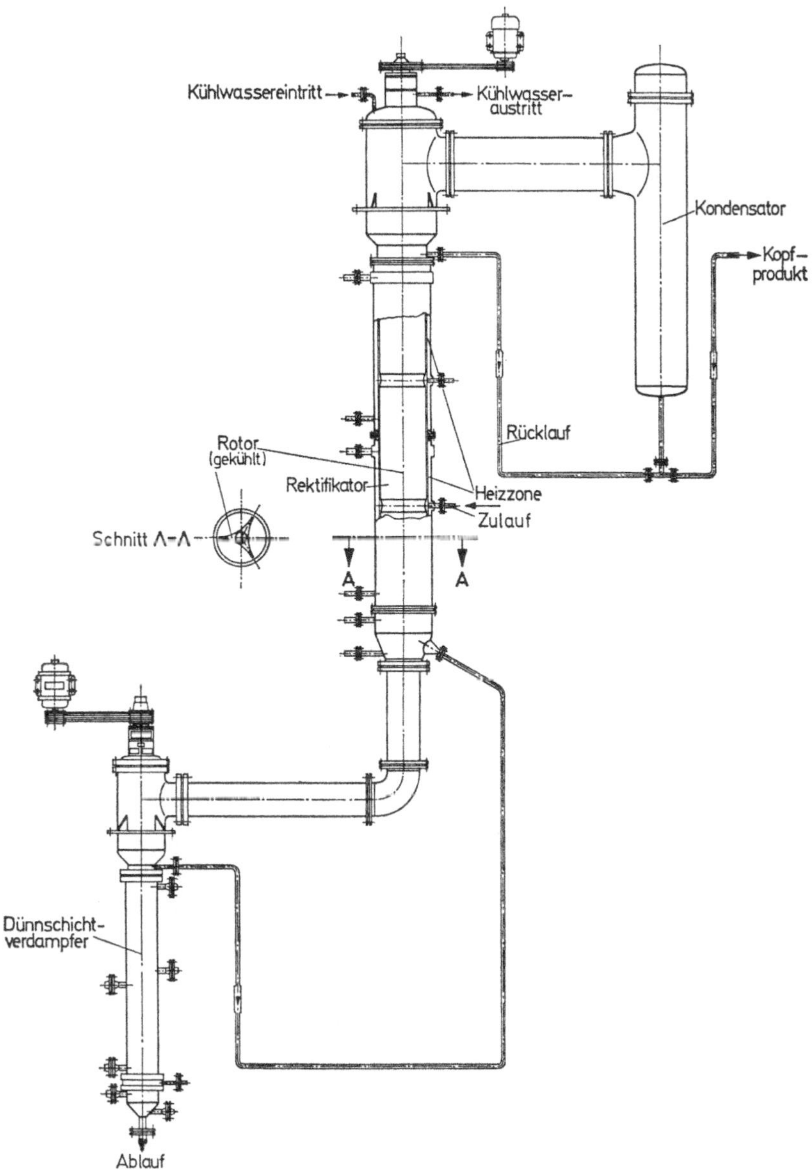

Abb. 72. Rektifikator der LUWA-AG, Zürich

erreicht, daß die Konzentration an leichter siedendem nach oben zu- und nach unten abnimmt. Die Trennung erfolgt bei diesem Verfahren im Gegensatz zur Rektifikation, die adiabatisch verläuft, durch Wärmezufuhr und Wärmeabfuhr von außen.

Trotzdem hat sich im allgemeinen für den Apparat, in dem sich die Redestillation abspielt, auch der Ausdruck „Rektifikator" eingebürgert.

Durch einfache Destillation oder Kondensation ist die Trennung des Flüssigkeitsgemisches in die reinen Bestandteile unmöglich. Diese Aufgabe ist jedoch mit der Redestillation und mit der anschließend zu behandelnden Rektifikation lösbar. Der Aufbau des Apparates zur Durchführung der Redestillation ähnelt dem Apparate, welcher bei der Dünnschichtverdampfung verwendet wird. Ein Rotor ist als Kühlfläche[1] und die zylindrische Ummantelung als Heizfläche ausgebildet. Die Anreicherung wird also getrennt auf zwei besonders angeordneten Wärmeaustauschflächen erzielt, wobei die Teildestillation und die Teilkondensation in Anwendung kommen. Um die verwickelte Wirkungsweise des Verfahrens zu verdeutlichen, sei es an der neuesten Konstruktion eines Redestillators (Abb. 72) erläutert.

Das zu zerlegende Produkt wird dem Redestillator an einer bestimmten Stelle (in Abb. 72 mit Zulauf bezeichnet) zugeführt. In diesem Apparat wird von dieser Stelle ab im oberen wie auch im unteren Teil an der zylindrischen Wand Dampf gebildet, der sich mit dem von unten nach oben strömenden Dampf mischt, während sich das an der rotierenden Kühlfläche gebildete Kondensat mit der von oben nach unten strömenden Flüssigkeit vereinigt. In dem Raum zwischen innerer rotierender Kühlfläche und dem äußeren ruhenden Heizmantel wird also Flüssigkeit von innen nach außen geschleudert, während der Dampf zur Kondensation an die Kühlfläche strömt. Ein Teil des Dampfes wird in dem unteren Teil des Rektifikators angeschlossenen Dünnschichtverdampfer aus dem Ablauf gebildet, während am oberen Ende des Redestillators ein Kondensator angeschlossen ist, in dem die aufsteigenden Dämpfe niedergeschlagen werden. Ein Teil strömt in den Redestillator zurück, während der andere Teil als Kopfprodukt entnommen wird. Die konstruktive Ausführung läßt darauf schließen, daß der geschilderte Apparat zur Durchführung der Redestillation vor allem für die Trennung von Flüssigkeitsgemischen unter Tiefvakuum geeignet ist.

2. Theorie der Redestillation[2]

Im Anschluß an die Schilderung der Wirkungsweise des Rektifikators an Hand der Abb. 72 soll der Zusammenhang der maßgebenden Größen

[1] Büche, W.: D.B.P. Nr. 957119.

[2] Stevanovic, V.: Rektifikation und Wärmeübergang bei einem neuen Verfahren der Vakuumrektifikation. Diss. E.T.H. Zürich 1961.

durch Aufstellung der Differential-Ansatzgleichungen sowie der daraus sich ergebenden Endgleichungen und anschließend Versuchsergebnisse aufgezeigt werden. Zu diesem Zwecke ist in Abb. 73 schematisch rechts die rotierende Kühlwand und links die ruhende Verdampferfläche dargestellt. Die Länge (Höhe) der Austauschwand ist mit L [m] bezeichnet.

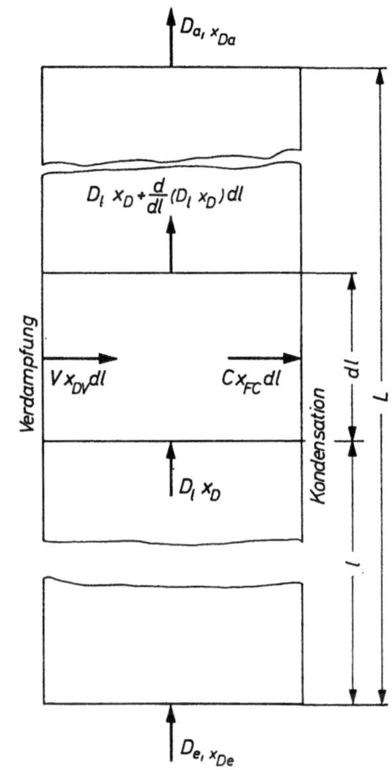

Abb. 73. Mengenbilanzbild des Redestillierapparates

Aus dieser ist im Abstand l von der Eintrittsstelle des Verdampfers ein Redestillationsteil mit der unendlich kleinen Länge dl des Strömungsweges (herausgeschnitten gedacht) gezeichnet. Zur Aufstellung der erwähnten Zusammenhänge werden die in Abb. 73 angegebenen Größen im folgenden erläutert. Danach bedeuten:

D_e die in den Rektifikator insgesamt eintretende Dampfmenge in [Mol/h]

D_l die in die gesamte Strömungsfläche am Beginn des unendlich kleinen Wegelementes mit der Länge dl einströmende Dampfmenge in [Mol/h]

D_a die den Apparat verlassende gesamte Dampfmenge in [Mol/h]

V die auf der Verdampfungsfläche seitlich je Einheit des Wegelementes entstehende Dampfmenge in [Mol/h · m]

C die auf der Kondensationsfläche seitlich je Einheit des Wegelementes kondensierte Stoffmenge in [Mol/h · m]

x_D Leichtersiedendes im Dampf am Beginn des unendlich kleinen Wegelementes in [Mol-%]

x_{DV} Leichtersiedendes in dem seitlich auf der Fläche mit dem unendlich kleinen Wegelement dl entstehenden Dampf in [Mol-%]

x_{FC} Leichtersiedendes in dem seitlich auf der Fläche mit dem unendlich kleinen Wegelement dl niedergeschlagenen Kondensats in [Mol-%].

Nunmehr kann die Anreicherung im Dampf längs der unendlich kleinen Weglänge dl durch die differentielle Stoffbilanz erfaßt werden:

$$\frac{d}{dl}(D_l \cdot x_D) = V \cdot x_{DV} - C \cdot x_{FC}\,. \tag{91}$$

Es sei angenommen, daß die verdampfte und kondensierte Stoffmenge längs des ganzen Strömungsweges im Rektifikator konstant sei. Dann gilt die Stoffbilanz vom Eintritt des Dampfes in den Rektifikator an bis zum Ende der Weglänge l:

$$D_l = D_e + (V - C) \cdot l\,. \tag{92}$$

Wird Gl. (91) in Gl. (92) eingesetzt, dann erhält man unter Anwendung des mathematischen Satzes für die Bildung des Differentiales eines Produktes zweier voneinander abhängigen unendlich kleinen Größen die Beziehung

$$\frac{dx_D}{V \cdot x_{DV} - C \cdot x_{FC} - x_D(V - C)} = \frac{dl}{D_e + 1 \cdot (V - C)}\,. \tag{93}$$

Durch Integration über die gesamte Weglänge L und damit zwischen den Austritts- und Eintrittskonzentrationen x_{Da} und x_{De} erhält man die allgemeine Beziehung der Anreicherung an Leichtersiedendem:

$$\frac{1}{V - C} \cdot \ln\left[\frac{(V - C) \cdot L}{D_e} + 1\right] = \int\limits_{x_{De}}^{x_{Da}} \frac{dx_D}{V \cdot x_{DV} - C \cdot x_{FC} - (V - C) \cdot x_D}\,. \tag{94}$$

Im folgenden werde das Verhältnis der kondensierten zur verdampften Stoffmenge mit

$$\frac{C}{V} = A \tag{95}$$

bezeichnet. Setzt man A gemäß Gl. (95) in Gl. (94) ein, so erhält man die allgemein gültige Beziehung für die Anreicherung an Leichtersiedendem

$$\frac{1}{1 - A} \ln\left[\frac{(1 - A) \cdot V}{D_e} \cdot L + 1\right] = \int\limits_{x_{De}}^{x_{Da}} \frac{dx_D}{x_{DV} - A \cdot x_{FC} - (1 - A) \cdot x_D}\,. \tag{96}$$

Es ist ersichtlich, in welcher Weise die Größe A die Arbeitsweise des Redestillators charakterisiert. Bei gleicher Verdampfungswärme der Einzelstoffe entspricht sie beispielsweise bei $A = 1$ der Arbeitsweise einer normalen Rektifiziersäule, auf welche in Kapitel D. I ausführlich eingegangen wird.

Um Gl. (96) auf einfache Weise integrieren zu können, wird auf den Begriff der relativen Flüchtigkeit gemäß Gl. (28a), Bezug genommen und vereinfacht mit $\alpha_{xy} = \alpha$ angegeben. Sie kann mit den Bezeichnungen der für die Redestillation geltenden Abb. 73 in der Form geschrieben werden:

$$\alpha = \frac{x_{DV}}{100 - x_{DV}} \cdot \frac{100 - x_F}{x_F}. \tag{97}$$

Durch entsprechende Umformung erhält man daraus die Beziehung

$$x_{DV} = \frac{100 \cdot x_F \cdot \alpha}{100 + x_F \cdot (\alpha - 1)}. \tag{98}$$

x_{DV} ist die Phasengleichgewichtskonzentration der seitlich verdampfenden Teilmenge zur Flüssigkeitskonzentration der ablaufenden Flüssigkeit, während auf der Kondensationsseite Phasengleichgewicht zwischen x_{FC} und x_D besteht.

$$x_{DV} /// x_F \text{ und } x_{FC} /// x_D. \tag{98a}$$

Analog gilt damit für die Konzentrationen der seitlich kondensierenden Teilmenge

$$x_{FC} = \frac{100 \cdot x_D}{100 \cdot \alpha - (\alpha - 1) \cdot x_D}. \tag{98b}$$

Es sei wie bei den meisten im folgenden ausführlichen Teil D des Buches über die Rektifikation angenommen, daß das schon bei den Betrachtungen über die Teilkondensation erläuterte Rücklaufverhältnis den Wert $v = \infty$ hat. Diese Betriebsweise besagt, daß der gesamte in der Säule gebildete Dampf als Kondensat nach unten abfließt und es kann $x_D = x_F$ gesetzt werden. Durch die Lösung der Gl. (96) erhält man mit den Beziehungen (97) bis (98b) die Wirkungsweise des Apparates:

$$\begin{aligned} \frac{1}{1 - A} \cdot \ln\left[\frac{(1 - A) \cdot V}{D_e} L + 1\right] &= \frac{\alpha}{(\alpha - 1) \cdot (\alpha + A)} \cdot \ln \frac{x_{Da}}{x_{De}} \\ &- \frac{\alpha}{(\alpha - 1)(\alpha \cdot A + 1)} \cdot \ln \frac{100 - x_{Da}}{100 - x_{De}} + \frac{A(\alpha + 1)^2}{(A - 1)(\alpha + A)(\alpha \cdot A + 1)} \\ &\cdot \ln \frac{100 \cdot x_{De} + \dfrac{\alpha + A}{(\alpha + 1)(A - 1)}}{100 \cdot x_{De} + \dfrac{\alpha + A}{(\alpha - 1)(A - 1)}}. \end{aligned} \tag{99}$$

Für den Sonderfall, daß die seitlich verdampften und kondensierten Stoffmengen gleich sind, gilt

$$V = C = D_s \text{ und } A = 1. \tag{100}$$

Ist die Gemischdampfmenge D über der gesamten Austauschlänge konstant, dann besteht der Zusammenhang

$$D_e = D_a = D_L = D\,. \tag{101}$$

Man erhält somit aus Gl. (99) die Beziehung

$$\frac{D_s}{D}\cdot L = \frac{x_{D\,a} - x_{D\,e}}{100}\cdot\frac{\alpha-1}{\alpha+1} + \frac{\alpha}{\alpha^2-1}\cdot\ln\frac{x_{D\,a}(100 - x_{D\,e})}{x_{D\,e}(100 - x_{D\,a})}\,. \tag{102}$$

Der Ausdruck D_s/D stellt das Verhältnis der seitlich verdampften und kondensierten Stoffmenge zur aufwärts strömenden Stoffmenge dar und bildet auf die Einheit der Höhe bezogen ein Maß für die erzielte Trennwirkung. Es wird allgemein mit der Anzahl n_t der theoretisch wirkenden Rektifizierböden verglichen. Gl. (102) kann deshalb in der für Vorausberechnungen einfachen Form wiedergegeben werden:

$$n_t = C\left[\frac{\alpha-1}{\alpha+1}\cdot\frac{x_{D\,a} - x_{D\,e}}{100} + \frac{\alpha}{\alpha^2-1}\ln\frac{x_{D\,a}(100 - x_{D\,e})}{x_{D\,e}(100 - x_{D\,a})}\right]. \tag{103}$$

Die begriffliche Bedeutung von n_t wird noch eingehend erläutert werden. Weil die nicht adiabatischen Trennvorgänge der Flüssigkeitstrennung im ersten Teil dieses Buches zusammenhängend behandelt werden sollten, war es schon an dieser Stelle sinnvoll, sie für die Beurteilung der Redestillation zu behandeln.

3. Versuchsergebnisse der Redestillation

Inwieweit die Endgleichung (103) mit den Versuchsergebnissen übereinstimmt, soll an Messungen mit einem Redestillator (gem. Abb. 72) überprüft werden. Der verwendete Versuchsapparat hatte eine Heizfläche von 0,96 m², die beheizte Länge betrug 1,7 m, der Innendurchmesser 180 mm, die Kühlfläche des Rohres 0,35 m², sowie die Drehzahl 750 U/min.

In Abb. 74 ist als Maßstab für die Größe der Trennwirkung die genannte Zahl n_t/H (theoretische Bodenzahl/Höhe) und als Maßstab für die Leistung die sogenannte vergleichbare Laufgeschwindigkeit $w_L = w_D \sqrt{\varrho_D/\varrho_L}$ [m/s] aufgetragen. Sie ist in Kap. 4 gedeutet und abgeleitet.

Die in Abb. 74 wiedergegebenen Versuchskurven[1] zeigen für das Gemisch 1,2 Propylenglykol/Äthylenglykol zunächst, daß mit steigender Belastung für die absoluten Drücke von $p = 50$ und 100 mm QS die Werte n_t/H von $w_L = 0$ bis $w_L = 0{,}5$ m/s abnehmen. Lediglich die Belastungslinie für den Druck von 10 mm QS zeigt einen unterschiedlichen Verlauf. Wahrscheinlich ist der Unterschied auf die verschiedenartige Benetzung bei den einzelnen Drücken zurückzuführen. Der Druckverlust

[1] RAICHLE, L., u. B. BILLET: Dünnschichtrektifikation. Chem.-Ing.-Tech. **37**, 367—376 (1965).

nimmt erwartungsgemäß zu, wie die in Abb. 74 eingezeichnete Kurve zeigt.

Die Trennwirkung eines Redestillierapparates hängt in erster Linie vom sogenannten Wärmeverhältnis ab, das sich bei dem Trennverfahren entsprechend dem Verhältnis der seitlich zugeführten zu der die Säule von unten nach oben durchströmenden Wärmemenge einstellt. Die

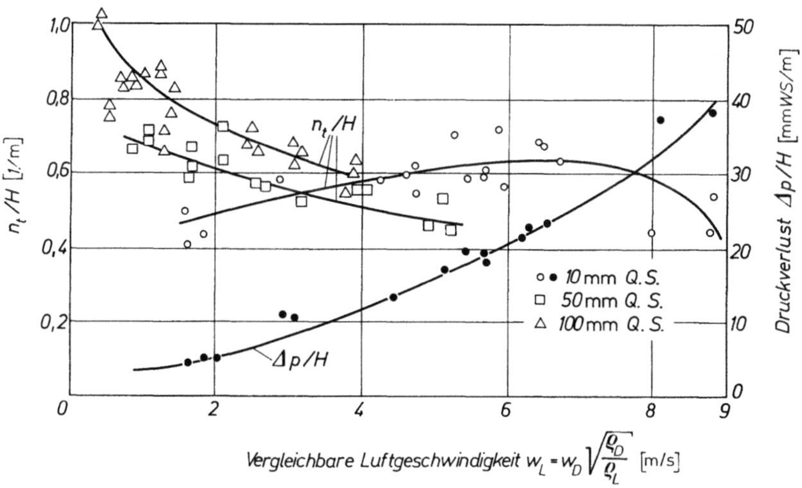

Abb. 74. Trennwirkung und Druckverlust in Abhängigkeit von der Belastung. Gemisch: 1,2 Propylenglykol/Äthylenglykol

Theorie verlangt ein großes Wärmeverhältnis für eine große Trennwirkung (s. Gl. (102) und (103)). Dieser Tatsache kann in zweierlei Hinsicht Rechnung getragen werden: Erhöhung der seitlichen Heizflächenbelastung bei konstantem Durchsatz oder Verringerung des Durchsatzes bei konstanter seitlicher Wärmezufuhr. Beide Maßnahmen führen zwar zu einer Vergrößerung des Wärmeverhältnisses, jedoch wird die Trennwirkung mit abnehmendem Durchsatz schlechter. Es ist also nicht gleichgültig, wie ein bestimmtes Wärmeverhältnis zustande kommt, und der Absolutwert des Wärmeverhältnisses sagt noch nichts über die Trennmöglichkeit aus.

4. Vergleichbare Luftgeschwindigkeit[1]

Es ist naheliegend, als Maßstab für die Belastung die auf den leer gedachten Apparatequerschnitt bezogene Dampfgeschwindigkeit w_D [m/s] zu wählen und über dieser das Maß für die Wirksamkeit aufzutragen, wie es im vorliegenden Buch fast stets gewählt wurde. Es ist aber auch

[1] NEUMANN, F.: Beurteilung von Stoffaustauschkolonnen nach der vergleichbaren Luftgeschwindigkeit. Chem.-Ing.-Tech. **33**, 439—442 (1961).

möglich, von der sogenannten vergleichbaren Luftgeschwindigkeit, zur Aufstellung von Vergleichen Gebrauch zu machen und sie vor allem für die Weiterentwicklung von Apparaten an Hand von Modellversuchen zu verwenden. Fast immer werden derartige Versuche mit dem Stoffgemisch Wasser-Luft, gelegentlich auch mit anderen Flüssigkeiten und Luft vorgenommen. Es liegt nahe und es hat sich eingebürgert, als Vergleichsmaßstab für die Dampfbelastung die auf dem Prüfstand bei Atmosphärendruck gemessene Luftgeschwindigkeit zu wählen, welche etwa die gleichen Strömungsverhältnisse ergibt, wie im tatsächlichen Betrieb. Diese einer ganz bestimmten Dampfbelastung entsprechende Luftgeschwindigkeit soll als *vergleichbare Luftgeschwindigkeit* bezeichnet werden. Man kann dann die wirklichen Betriebswerte in einem Betriebsapparat aus dem Modellversuch mit Wasser-Luft so umrechnen, daß die entsprechenden Belastungswerte (z. B. Höchstbelastung) gleiche Strömungszustände kennzeichnen. Diese äußeren Merkmale gleichen dynamischen Verhaltens sind charakteristische Eigenschaften der in den nächsten Abschnitten zu behandelnden Austauschböden, die sowohl qualitativ als auch quantitativ erfaßbar sind. Qualitative Eigenschaften sind die Ausbildung der Flüssigkeitsmasse auf den erwähnten Austauschböden als Sprudel oder bei bestimmten Bedingungen als Schaum. Die beim Probeversuch ebenfalls meßbare Menge an mitgerissener Flüssigkeit läßt nicht nur Schlüsse auf die obere Belastungsgrenze und die Wirkung bei beliebigen Belastungen durch die Beobachtung der im Gas bzw. Dampf mitgerissenen Flüssigkeit zu, sondern auch auf die untere Belastungsgrenze bei manchen Trennapparaten.

Für die Ableitung einer Beziehung zwischen der Dampfgeschwindigkeit w_D [m/s], welche in der Ummantelung eines Trennapparates auftritt und der vergleichsmäßigen Luftgeschwindigkeit w_L [m/s] kann als einfachster Weg der Satz dienen, daß „gleicher Druckverlust gleicher Dampfgeschwindigkeit" entspricht.

Die Bedingung für gleichen Druckverlust in einer Trennsäule oder einem charakteristischen Apparateabschnitt ist nach bekannten Gesetzen der Strömungslehre

$$w^2 \cdot \varrho = \text{konst} . \qquad (104)$$

Dabei bedeuten w [m/s] die Geschwindigkeit und ϱ [kg/m³] die Dichte der strömenden Gase oder Dämpfe. Die zum Vergleich verwendete Raumluft hat bei Atmosphärendruck eine Dichte von etwa 1,2 kg/m³. Die Gleichung für die vergleichbare Luftgeschwindigkeit w_L [m/s] lautet somit:

$$w_L = w_D \cdot \sqrt{\frac{\varrho_D}{1{,}2}} \ \text{[m/s]}. \qquad (105)$$

Allgemein ist es auch möglich, als Maßstab für die Belastung die in der Zeiteinheit durch den Apparat strömende Menge z. B. in Molen anzugeben.

Im amerikanischen Schrifttum[1] ist auch der sogenannte F-Faktor bekannt. Dieser Wert ist der verlgeichbaren Luftgeschwindigkeit direkt proportional. Er hat sich aber wegen seiner formalen Ableitung, geringen Anschaulichkeit und komplizierten Dimension

$$\text{F-Faktor} = w_D \sqrt{\varrho_D} \quad \left[\frac{\text{m}}{\text{s}} \sqrt{\frac{\text{kg}}{\text{m}^3}}\right] \tag{106}$$

im deutschen Schrifttum bislang nicht eingebürgert.

VI. Molekulardestillation

Die Molekulardestillation unterscheidet sich von der üblichen Destillation durch die Art der Verdampfung der Flüssigkeit. Während bei der gewöhnlichen Destillation ein fester Siedepunkt vorliegt und die Verdampfungsoberfläche durch Blasenbildung in Abhängigkeit von der zugeführten Energie vergrößert wird, ist das bei der Molekulardestillation nicht der Fall. Hier entweicht der Dampf etwa so, wie wenn Flüssigkeit in einen Gasstrom hinein verdunstet. Bei einem solchen Verdunstungsvorgang wird ein Teil der Dampfmoleküle durch Stöße mit den Gasmolekülen wieder zur Verdampferfläche zurückgestoßen. Ein anderer Teil erreicht durch Diffusion den Kondensator und fließt als Destillat ab.

Bei der Molekulardestillation wird der Druck in der Apparatur so niedrig gehalten, daß ein solcher Diffusionsvorgang nicht zustande kommt. Man destilliert im Druckbereich unter 10^{-3} Torr, in dem die mittlere freie Weglänge der Moleküle größer als 5 cm ist. Der Abstand vom Verdampfer zum Kondensator ist bei Molekulardestillations-Apparaten in der Regel kleiner als 5 cm. Aus diesem Grund können die verdampften Moleküle nahezu ohne Zusammenstöße den Kondensator erreichen. Als Regel gilt daher, daß jedes Molekül nur einmal verdampft wird. Durch die Vermeidung von Molekularzusammenstößen wird die Wahrscheinlichkeit, daß es zu Beschädigungen der Moleküle kommt, auf ein Minimum reduziert. Die Molekulardestillation ist daher die schonendste Destillation, die möglich ist.

Wenn alle verdampften Moleküle im Kondensator niedergeschlagen werden, ist die maximal gewinnbare Destillatmenge die Menge, die die Oberfläche einer Flüssigkeit bei einer bestimmten Temperatur verläßt. Diese ist nach LANGMUIR[2]

$$G = 5{,}83 \cdot 10^{-2} \cdot p \sqrt{\frac{\mu}{T}} \quad \left[\frac{\text{g}}{\text{s} \cdot \text{cm}^2}\right] \tag{107}$$

p in mm QS, T in °K.

[1] PERRY, JOHN H.: Chemical engineers handbook 3. Ed., p. 615. New York-London-Toronto: Mc Graw-Hill 1950.

[2] LANGMUIR, I.: The Evaporation, Condensation and Reflection of Molecules and the Mechanism of Adsorption. Phys. Rev. 8, 149—176 (1916).

Für Triolein, welches bei 250° K einen Dampfdruck von 0,0043 mm QS besitzt, wird $G = 0{,}326 \cdot 10^{-3}$ g/s · cm², so daß theoretisch auf einer Fläche von 1000 cm² etwa 2 g in der Minute verdampft werden können.

Diese Gleichung wird oft mit einem einschränkenden Faktor f versehen, der zwischen null und eins liegt. Er berücksichtigt, in welchem Maße die Apparateanordnung tatsächlich die Voraussetzungen einer wirklichen Molekulardestillation erfüllt. Untersuchungen[1] haben gezeigt, daß die Kondensatoren verhältnismäßig groß und die Verdampfer konvex gewölbt sein sollten. Diese Forderung ist bei den Dünnschichtverdampfern weitgehend erfüllt, wenn das senkrechtstehende Kondensatrohr den Verdampfer außen konzentrisch umgibt (Abb. 75). Die Destillation erfolgt dann von innen nach außen. Die Temperatur des äußeren Kühlmantels muß ausreichend niedrig sein. Sie sollte erfahrungsgemäß mindestens 40° C unter der Verdampfungstemperatur liegen.

Unabhängig von der geometrischen Form des Apparates können auch noch andere Ursachen eine geringe Destillationsleistung ergeben. Besonders hemmend können schon geringfügige schwerflüchtige Verunreinigungen in der zu destillierenden Substanz sein. Durch das Abdestillieren des leichter flüchtigen Destillationsgutes reichern sich diese Verunreinigungen an der Filmoberfläche an und hemmen das Verdampfen aus den unteren Schichten des Flüssigkeitsfilms[2]. Da der normale fallende Film laminar fließt, kommt ein Austausch der unteren gegen die oberen Filmschichten nur unvollkommen durch Diffusion zustande.

Diese Betrachtung zeigt, daß Filmverdampfer wesentlich günstigere Eigenschaften haben, wenn der Flüssigkeitsfilm mechanisch und nach Möglichkeit turbulent umgewälzt wird. Das erhöht nicht nur den Wärmeübergang, sondern verbessert vor allem den Trenneffekt, weil die in der Tiefe des Films erwärmten leichter flüchtigen Bestandteile wieder an die Oberfläche gebracht werden. Dort können sie gemäß ihrer relativen Flüchtigkeit ohne jede weitere Einschränkung verdampfen.

Der Vorgang der Trennung von Substanzen bei der Molekulardestillation wurde von Embree[3] untersucht. Hierbei muß berücksichtigt werden, daß es einen Siedepunkt nach der normalen Destillationspraxis nicht gibt. Die gem. Gl. (107) übergehende Menge einer Komponente ist temperatur- und damit dampfdruckabhängig. Der Dampfdruck und damit die übergehende Destillatmenge werden zunächst mit steigender Temperatur erheblich größer. Allmählich verarmt der Anteil an der leich-

---

[1] Burrows, G.: Some Aspects of Molecular Distillation. Trans. Inst. Chem. Eng. **32**, 23—34 (1954).

[2] Hickman, K. C. D.: Surface Behaviour in the Pott Still. Ind. Eng. Chem. **44**, 1892—1902 (1952).

[3] Embree, N. D.: Theory of Elimination Curve. Ind. Eng. Chem. **29**, 975—979 (1937).

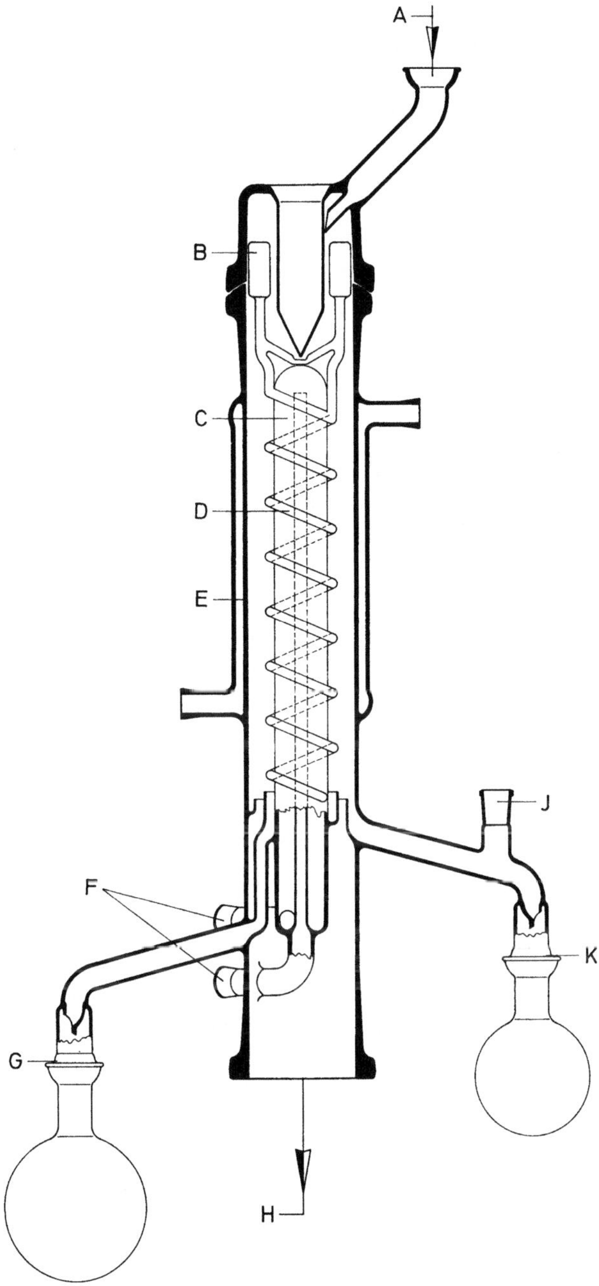

Abb. 75. Destillationshauptteil mit rotierender Spirale aus Duran 50 (Jenaer Glaswerk Schott u. Gen., Mainz) einer Molekulardestillationsanlage

ter flüchtigen Komponente im Gemisch und die übergehende Menge wird kleiner. Das dabei entstehende Maximum A (Abb. 76) wird als Eliminierungsmaximum bezeichnet. Es ist eine charakteristische Kenngröße der Molekulardestillationstechnik. Es kann ebenso wie der Siedepunkt bei der normalen Destillation zur Identifizierung des Stoffes verwendet werden. Für verschiedene Komponenten liegen diese Eliminationskurven, wie Abb. 76 schematisch zeigt, in verschiedenen Temperaturbereichen. Es hängt von ihrer gegenseitigen Überlappung ab, bis zu welchem Grade sich die einzelnen Komponenten durch Destillation trennen lassen.

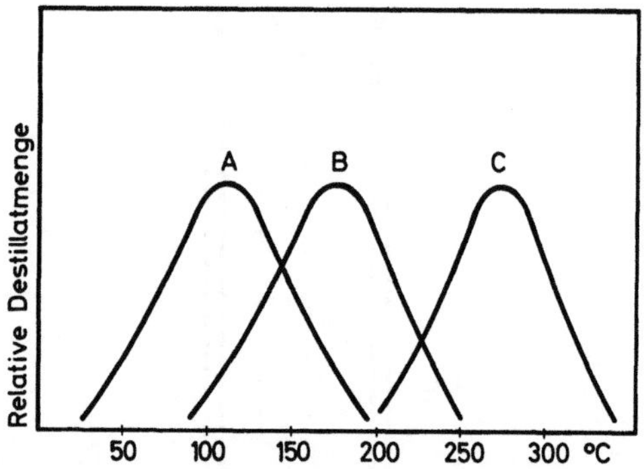

Abb. 76. Eliminationskurven für 3 Komponenten A, B, C

Bei der Molekulardestillation besteht immer die Gefahr, daß durch Crackvorgänge die Destillationsergebnisse verfälscht werden. Durch katalytische oder thermische Einflüsse auf die empfindlichen Moleküle bilden sich oft neue Substanzen. Die Größe der katalytischen Einflüsse verschiedener Verdampfungsmaterialien wurden von FRANK und KUTSCHE[1] untersucht. Die Größe der thermischen Spaltvorgänge wurde von HICKMAN[2] bei Vakuumdestillationen mit dem Produkt $p \cdot z$ angegeben, wobei p der absolute Druck im Apparat und z die Verweilzeit ist. Da bei der Molekulardestillation der Dampfdruck aus Gründen der Ausbeute mit 10^{-3} mm QS bis 10^{-4} mm QS einen Minimalwert hat, kommt es besonders auf den zweiten Faktor z an. Die Verweilzeit ist besonders klein bei Filmverdampfern mit turbulenter Durchmischung des Flüssigkeitsfilms, weil dabei jedes Molekül mit hinreichender thermischer Energie schnell an die Oberfläche und dort zur Verdampfung kommt. Nicht umgewälzte Filme haben dagegen ein laminares Fließverhalten. Die unteren Flüssigkeitslagen sind dabei ständig überhitzt.

[1] FRANK, W., u. D. KUTSCHE: Die Vorzüge des Glases als Nichtkatalysator in Apparaten und Geräten. Glastech. Ber. **39**, 167—169 (1966).

[2] HICKMAN, K. C. D., and N. D. EMBREE: Decomposition Hazard of Vacuum Stills. Ind. Eng. Chem. **40**, 135—138 (1948).

Aus diesen Betrachtungen ergibt sich, daß die Apparate aus katalytisch unwirksamem Material bestehen und eine Vorrichtung zur ständigen Umwälzung des Flüssigkeitsfilms haben sollten. Die besten Ergebnisse wurden mit einem Apparat aus dem Borosilikatglas DURAN 50 erzielt, bei dem auch die Umwälzvorrichtung völlig aus Glas besteht. Es konnte gezeigt werden[1], daß bei Verwendung von verschieden langkettigen Polypropylenglykolen als Versuchssubstanz die Destillierbarkeit bis in den Bereich des Molekulargewichtes 2000 gesteigert werden konnte, während vorher eine obere Grenze bei etwa 1000 gegeben war.

Abb. 75 zeigt schematisch den Destillationshauptteil eines derartigen Apparates. Das vorentgaste Produkt fließt bei A zu und trifft auf die Heizfläche C. Dort wird es durch die sich drehende Spirale D zu einem dünnen Film verteilt und gleichzeitig nach unten gefördert. Die Spirale liegt mit einer rauhen Schlifffläche auf der ebenfalls rauh geschliffenen Verdampferfläche auf. Der Antrieb der Spirale erfolgt über die Magnetkupplung B durch einen Rührmotor mit Drehzahlregelung. Der verdampfte Anteil kondensiert am Kühler E und das Destillat fließt bei K ab. Der Rückstand wird bei G entnommen. Die Stutzen F werden an einen Umlaufthermostaten angeschlossen, der eine genaue Temperatureinstellung und Temperaturkonstanz während der Destillation gewährleistet. Die Vakuumpumpe wird bei H, das Vakuummeter bei J angeschlossen. Die Kondensationsfläche umgibt konzentrisch im Abstand von 20 mm die Verdampferfläche. Dieser kurze Abstand ist für die Anwendung des Apparates zur Molekulardestillation notwendig, weshalb sie auch Kurzweg-Destillation genannt wird.

Es gibt heute Apparate zur Molekulardestillation, deren Durchsätze von Mikromengen bis zu 1000 kg/h reichen. Die großen Anlagen werden bevorzugt für kontinuierlichen und wartungsfreien Betrieb ausgestattet. Förderung, Eindosierung und Entnahme des Gutes erfolgt mit Hilfe von Zahnrad- und Dosierpumpen, die ein ununterbrochenes Arbeiten gestatten, wobei Vakuum und Beheizung aufrecht erhalten werden können.

Das Schema einer solchen Anlage zeigt Abb. 77. Der Zufluß der Substanz erfolgt bei A. Sie durchfließt die beiden Vorentgaser B_1 und B_2, die durch die Gasballastpumpe C_1 evakuiert werden. Der Vorentgaser B_1 arbeitet bei einem Druck von etwa 1 mm QS der Vorentgaser B_2 bei etwa $5 \cdot 10^{-2}$ mm QS. Die Druckerniedrigung im zweiten Vorentgaser wird durch die Dampfstrahlpumpe (oder Rootspumpe) D_1 bewirkt. Diese Druckabstufung ist erforderlich, um die großen Luftvolumina bewältigen zu können, die bei niedrigen Drücken zustande kommen. Bei der Destillation von 1 l Substanz fällt unter Zugrundelegung eines mittleren

[1] Siehe Fußnote 1, S. 134.

Löslichkeitsfaktors[1] von 0,1 bei einem Druck von 1 mm QS ein Volumen von rund 100 l Luft an, das abgepumpt werden muß. Bei $5 \cdot 10^{-2}$ mm QS würde sich dieses Luftvolumen auf 2000 l und bei 10^{-4} mm QS auf 1000000 l vergrößern. Die vorentgaste Substanz wird im Destillationshauptteil *E* destilliert, der durch die Pumpen *F* (fraktionierende Diffusionspumpe) D_2 und C_2 auf einem Druck von höchstens 10^{-3} mm QS

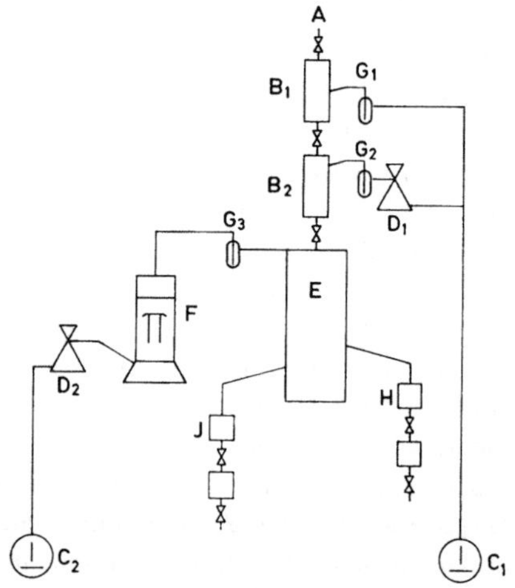

Abb. 77. Schema der Molekulardestillationsanlage (Jenaer Glaswerk Schott u. Gen. Mainz)

gehalten wird. Leichtflüchtige Anteile werden in den Kühlfallen G_1 bis G_3 niedergeschlagen. Das Destillat sammelt sich bei *H* und der Rückstand bei *J*.

Durch Anwendung der Molekulardestillation wird die Trennung und Reinigung von Stoffen ermöglicht, die bei thermischer Belastung zur Zersetzung, Umwandlung oder Polymerisation neigen.

Typische Anwendungsbeispiele sind die

Gewinnung von Vitaminen, Tocopherolen und Stearinen aus Triglyceridölen;

Desodorierung und Entsäuerung von pflanzlichen Ölen und Fetten;

Trennung von Mono-, Di- und Triglyceriden;

Destillation höherer Fettsäuren und deren Derivaten;

Trennung der Bitumina und Steinkohlenteerprodukte;

Gewinnung von terpenfreien ätherischen Ölen, Sesquiterpenen und Pyrethrum-Konzentraten;

[1] Löslichkeitsfaktor = Nm^3 Gas je m^3 flüssiger Stoff.

Destillation von End- und Zwischenprodukten der chemischen Industrie wie Äthoxylierungsprodukte des Nonylphenols und des Oleylalkohols, Polyglykole und deren Derivate, Silikone, Halogenkohlenwasserstoffe, synthetische Schmierstoffe, Farbstoffe und Insektizide;

Destillation von in der Kunststoffindustrie verwendeten Weichmachern und Hilfsprodukten wie Ester der Phthal-, Adipin- und Sebacinsäure und organische Peroxyde[1, 2].

VII. Besondere Ausführungen von Destilliereinrichtungen

Zur Durchführung der offenen Verdampfung werden im allgemeinen Gefäße verwendet, deren Außenwand beheizt oder in welche ein Heizsystem eingebaut ist. Die Konstruktion ist im einzelnen durch das zu

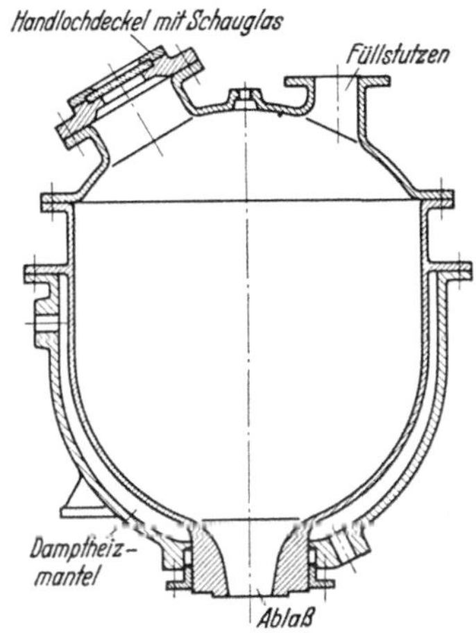

Abb. 78. Gußeiserne Destillierblase

destillierende Gemisch und die Art des Heizmittels bedingt. Abb. 78 zeigt eine gußeiserne Destillierblase mit Heiz-Dampfmantel (s. dazu die mit Feuergasen beheizte Blase aus legiertem Gußeisen gemäß Abb. 143). Zur Destillation von Teer werden zylindrische Behälter aus Stahl verwendet, deren Mantel und Boden von Heizgasen unmittelbar bestrichen wird (Abb. 79). Beim Brennen (Abdestillieren) von Fruchtmaischen kann sich die hohe Temperatur der Verbrennungsgase schädlich auf die Güte des Erzeugnisses und den Betrieb auswirken, wenn die Gase direkt die vom Destillationsgut belegte Wand umspülen. In solchen Fällen ist

[1] Burrows, G.: Molecular destillation. Oxford: Clarendon Press 1960.
[2] Watt, P. R.: Molecular stills. London: Chapman and Hall 1963.

es vorteilhaft, zwischen die Heizgase und das Destillationsgut ein Wasserbad einzuschalten, wie es aus Abb. 80 hervorgeht. Bei großen Leistungen

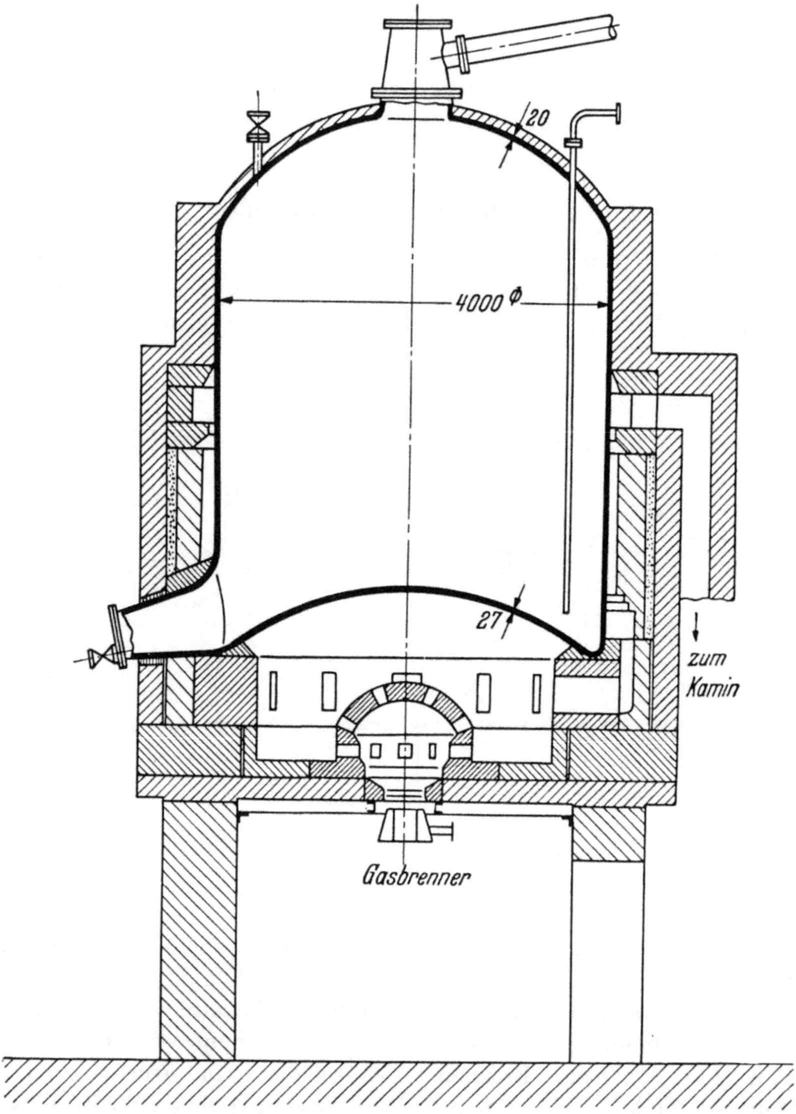

Abb. 79. Teer-Destillationsblase (Ges. für Teerverwertung, Duisburg-Meiderich)

kann auch eine Dampfheizschlange nach Abb. 81 im Innern des Füllraumes der Destillierblase untergebracht werden.

Die Abb. 78 bis 81 betreffen Apparate für die absatzweise offene Destillation. Soll die offene Destillation stetig gestaltet werden, so kann der Dünnschichtverdampfer in Anwendung kommen. Bei dem Sambay-Verdampfer sind an mit der Welle rotierenden Armen gelenkige Wischer

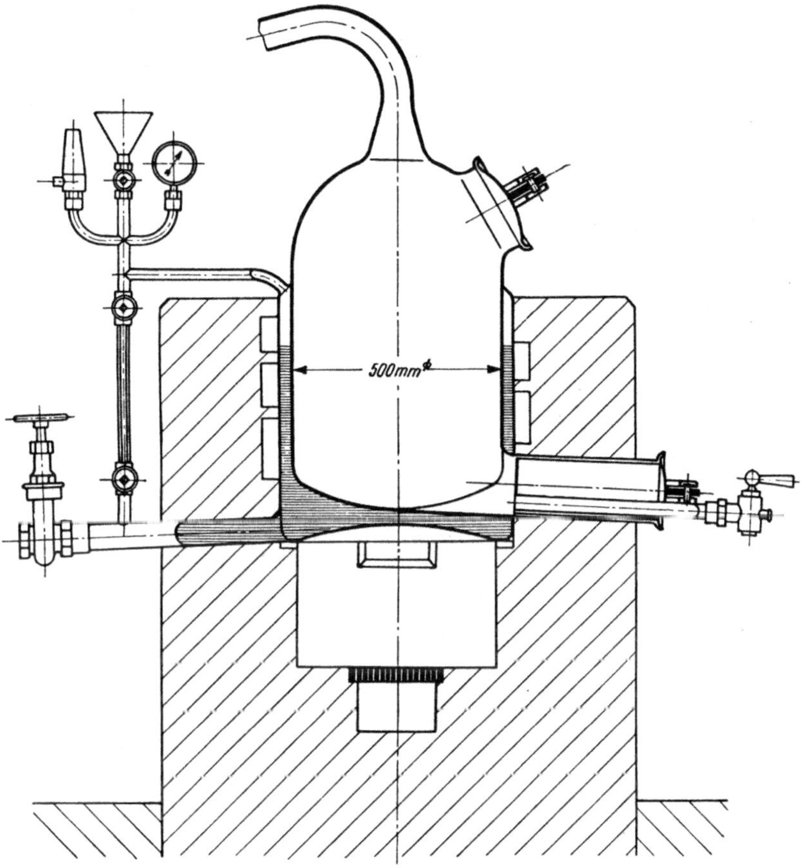

Abb. 80. Wasserbad-Kessel zum Abdestillieren von Fruchtmaischen (Fr. Ambs, Emmendingen, Breisgau)

aufgehängt, welche unter der Einwirkung der Fliehkraft an die Innenfläche der Rohrwand gepreßt werden. Im Gegensatz dazu ist der in Abb. 82 dargestellte Luwa-Verdampfer dadurch gekennzeichnet, daß gerade Wände mit einer Welle starr verbunden sind und mit dieser sich drehen. Zwischen der Innenfläche der Rohrwand einerseits und der äußeren Begrenzung der genannten geraden Wände anderseits besteht ein gewisser Abstand, der im allgemeinen 1 mm beträgt. Beide Verdampfertypen sind in Abb. 83 schematisch im Grundriß dargestellt.

Der bekannteste großtechnische Apparat zur Durchführung einer geschlossenen Verdampfung ist der in der Ölindustrie angewendete Röhrenerhitzer, wie ihn Abb. 84 zeigt. Er dient dazu, das in einer Rektifiziersäule zu trennende Öl oder Teer teilweise zu verdampfen, wobei es gleichzeitig erhitzt wird. Handelt es sich nur um die Erzeugung von Einzel-

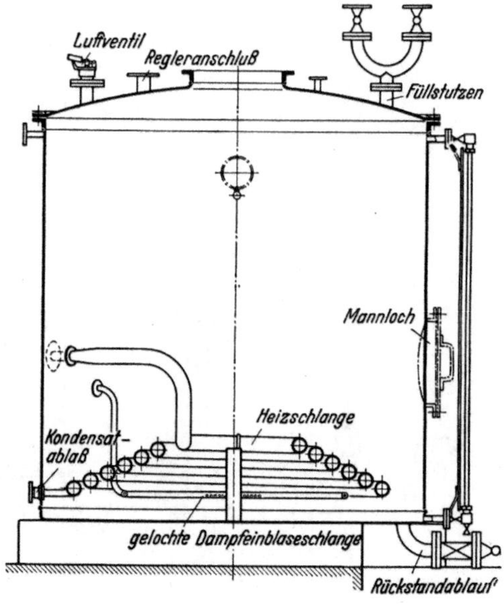

Abb. 81

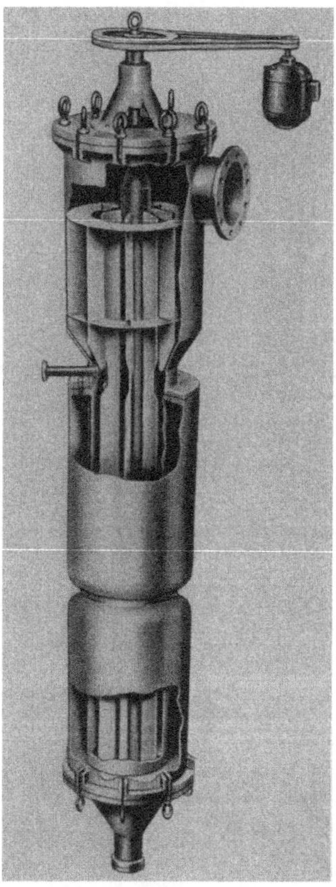

Abb. 82

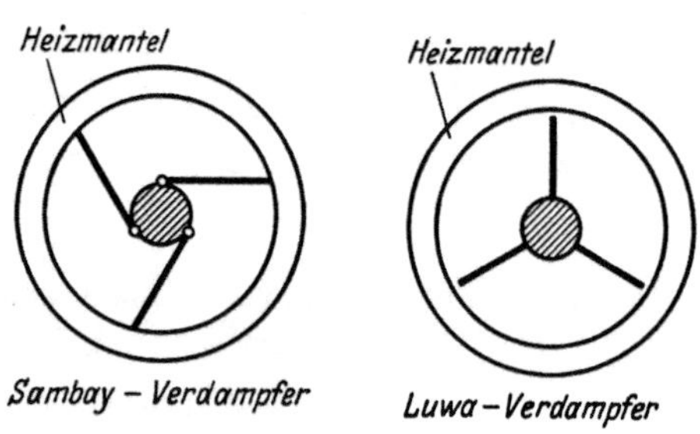

Abb. 83

Abb. 81. Stehende Destillierblase mit Heizschlange

Abb. 82. Luwa-Dünnschichtverdampfer

Abb. 83. Schematische Darstellung des Grundrisses der beiden Dünnschicht-Verdampfertypen

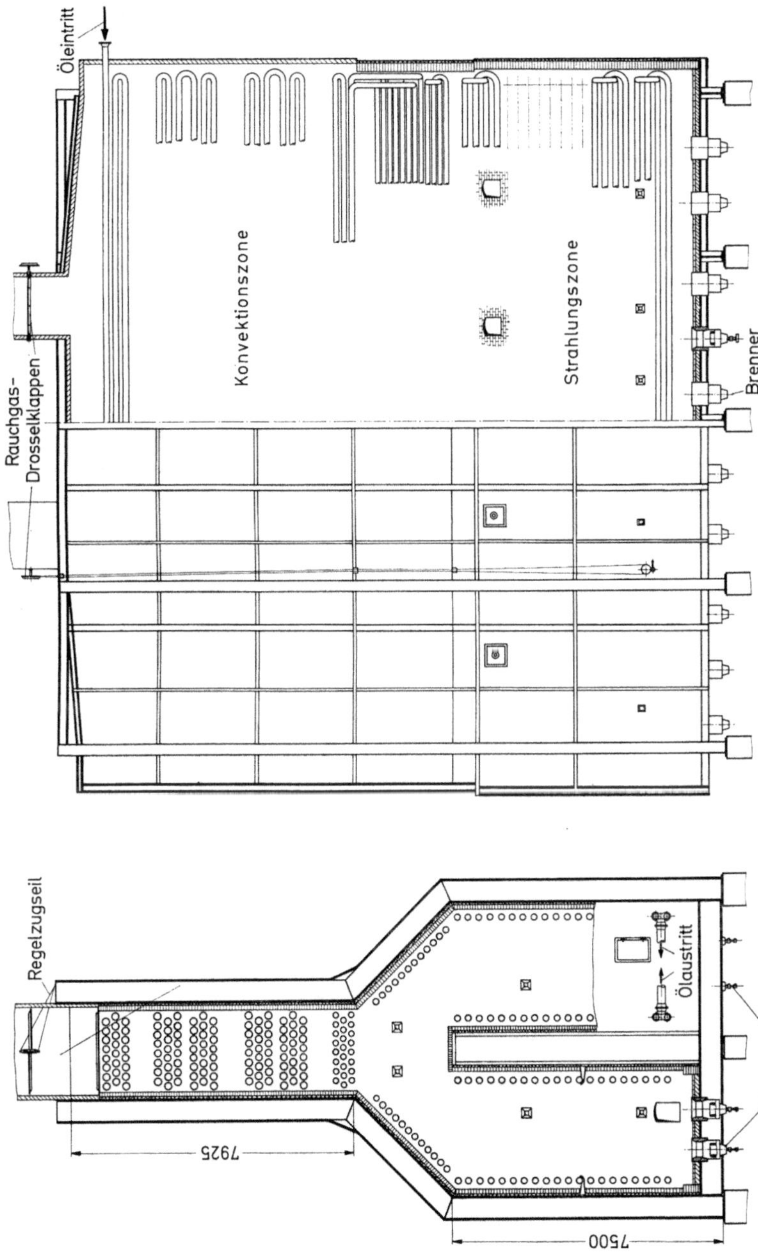

Abb. 84. Rohölerhitzer für 450 t/h Rohöl (Fa. Kirchner, Hamburg)

fraktionen (Toppen) aus einem Rohöl, so werden etwa 40 bis 60% der Flüssigkeit verdampft und letztere von etwa 150° C auf 300 bis 350° C angewärmt. Das Kennzeichnende des Ofens ist, daß die wärmeaufnehmende Flüssigkeit im Innern von Rohren strömt, die außen von Feuergasen umspült sind, welche durch Verbrennung von Öl, Gas oder Kohle erzeugt werden.

D. Die Rektifiziersäule

I. Der Grundvorgang der Rektifikation

1. Allgemeine Kennzeichnung

Der Vorteil des Destillierens ist die große Einfachheit der Apparatur. Sein Nachteil ist aber die Begrenzung der Trennung, indem es nicht möglich ist, durch einmalige Destillation jeden beliebigen Gehalt an leichtersiedendem Stoff im Destillat oder im Rückstand zu erzielen.

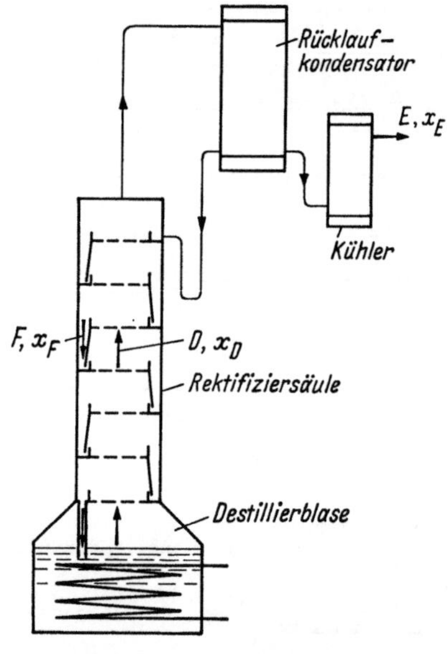

Abb. 85. Anordnung einer Rektifiziersäule

Will man beliebig weit zerlegen oder aus einem Gemisch sogar die reinen Bestandteile gewinnen, was bei idealen Mischungen besonders leicht möglich ist, dann muß man von einem besonderen Verfahren Gebrauch machen, welches zu den größten Erfindungen des chemischen

Apparatebaues zählt und welches mit Rektifizieren[1] bezeichnet wird. Es besteht darin, daß der beim Sieden eines Mehrstoffgemisches erzeugte Dampf im Gegenstrom zu dem Kondensat dieses Dampfes unter Berührung der beiden Phasen geführt wird. Wie dieser Vorgang am einfachsten verwirklicht wird, zeigt Abb. 85: Der aus einer Destillierblase aufsteigende Gemischdampf gelangt zunächst in einen fast immer zylindrischen Apparateteil, welcher Rektifiziersäule genannt wird und in welcher die beiden im Gegenstrom geführten Phasen in Wechselwirkung treten. Aus dieser Säule wird der Dampf in den sogenannten Rücklaufkondensator geleitet. In ihm wird nach der Anordnung der Abb. 85 der gesamte Dampf niedergeschlagen. Ein Teil des Kondensates wird in den oberen Teil der Rektifiziersäule zurückgeführt und bewegt sich in ihr abwärts. Die restliche Flüssigkeit strömt aus dem Rücklaufkondensator in einen zweiten Wärmeaustauscher (Erzeugniskühler) und wird diesem als Erzeugnis entnommen.

2. Die Austauschgerade

Für die folgenden grundsätzlichen Betrachtungen ist zunächst angenommen, daß ein Zweistoffgemisch zu zerlegen ist. Durch einen waagerechten Querschnitt der Säule ströme die Dampfmenge D [Mol/h] von unten nach oben und durch denselben Querschnitt in entgegengesetzter Richtung die Flüssigkeits-Rücklaufmenge F [Mol/h]. Bei dem anschließend nachzuweisenden und zu erläuternden Austausch zwischen den beiden Phasen wird sowohl Kondensat aus dem Dampf als auch Dampf aus der Flüssigkeit gebildet. Wegen der Gleichheit der molaren Verdampfungswärmen der zu trennenden Stoffe, welche praktisch fast immer vorliegt und im vorliegenden Buch der Einfachheit und Klarheit wegen zunächst zugrunde gelegt ist, wird die gleiche Menge aus der Flüssigkeit verdampft wie aus dem Dampf niedergeschlagen wird. Die Folge davon ist, daß die Dampfmenge in Molen in der ganzen Säule von unten bis oben gleich groß ist, und daß sich auch die Flüssigkeitsmenge von oben bis unten in der Säule nicht ändert. Diese Erkenntnis hat selbst für veränderliche Rücklaufmenge Gültigkeit, wenn man die Betrachtungen auf einen bestimmten Augenblick beschränkt. Die Gehalte an

[1] Während das Destillieren schon vor vielen Jahrhunderten bekannt war und bereits von den hellenistischen Chemikern (300 n. Chr.) angewendet wurde, sind Einrichtungen, bei denen das Rektifizieren zur Anwendung kam, erst viel später bekannt geworden: Im Jahre 1817 nahm HEINRICH LEBRECHT PISTORIUS ein preußisches Patent auf einen nach ihm benannten Zweiblasen-Brennapparat, und im selben Jahre wurde in einer französischen Zeitschrift (Bull. Soc. Encouragement 1817, S. 256) ein von CELLIER-BLUMENTHAL erfundener stetig arbeitender „Weindestillationsapparat" beschrieben. Beide Einrichtungen in ihrer ursprünglichen Form sind abgebildet und erläutert in dem Buche von C. v. RECHENBERG: Einfache und fraktionierte Destillation. Selbstverlag von Schimmel & Co., Militz b. Leipzig 1923, S. 655—660.

leichter siedendem Stoff im Dampf und in der Flüssigkeit in dem betrachteten Querschnitt (s. Abb. 85) werden mit x_D [Mol-%] und mit x_F [Mol-%], ferner die mit dem Gehalt x_E [Mol-%] an Leichtersiedendem abzuführende Erzeugnismenge mit E [Mol/h] bezeichnet. Es müssen dann die folgenden Mengengleichungen erfüllt sein[1,2,3,4]:

$$D = F + E \tag{108}$$

und

$$D x_D = F x_F + E x_E . \tag{109}$$

Setzt man den Wert für D aus Gl. (108) in Gl. (109) ein, so ergibt sich:

$$x_D = \frac{F}{E + F} x_F + \frac{E}{E + F} x_E . \tag{110}$$

Durch Teilung der Zähler und Nenner der rechten Seite dieser Gleichung durch E erhält man Ausdrücke mit dem Verhältnis

$$v = \frac{F}{E} , \tag{111}$$

welches eine wichtige Betriebsgröße eines Rektifizierapparates darstellt, indem es nicht nur für den Dampf- und Kühlmittelverbrauch, sondern auch für die Abmessungen eines Rektifizierapparates und für die Trennwirkung ausschlaggebend ist. Das Verhältnis v, welches die auf die Einheit der Erzeugnismenge bezogene Rücklaufmenge darstellt, wird mit Rücklaufverhältnis bezeichnet. Wird es in die Beziehung (110) eingeführt, so folgt eine Gleichung, welche die Abhängigkeit der Dampfkonzentration von der Flüssigkeitskonzentration angibt:

$$x_D = \frac{v}{v + 1} x_F + \frac{x_E}{v + 1} . \tag{112}$$

Da in ihr nur x_D und x_F veränderlich sind, stellt sie die Gleichung einer Geraden dar, die Verstärkungsgerade (Austauschgerade für die Verstärkungssäule) genannt wird. In einem x_F, x_D-Bild (Abb. 86) schneidet sie die Ordinate bei dem Wert

$$o = \frac{x_E}{v + 1} \tag{113}$$

und hat gegen die x_F-Achse die Neigung

$$\operatorname{tg} \alpha = \frac{v}{v + 1} = \frac{F}{D} . \tag{114}$$

---

[1] McCabe, W. L., and E. W. Thiele: Graphical design of fractionating columns. Ind. Eng. Chem. **17**, 605—611 (1925).

[2] Murphree, E. V.: Graphical rectifying columns calculations. Ind. Eng. Chem. **17**, 960—964 (1925).

[3] Peters jr., W. A.: The efficiency and capacity of fractionating columns. Ind. Eng. Chem. **14**, 476—479 (1922).

[4] Robinson, C. S.: The plate efficiency of a continous alcohol still. Ind. Eng. Chem. **14**, 480—481 (1922).

Setzt man in G. (112) die Gehalte x_D und x_F einander gleich, so ergibt sich, daß der Schnittpunkt der Verstärkungsgeraden mit der Diagonalen bei dem Abszissenwert

$$x_F = x_E \tag{115}$$

liegt. Die durch x_E und o gegebenen zwei Punkte der Verstärkungsgeraden sind in Abb. 86 mit A und B bezeichnet. Ein Punkt auf ihr gibt den Zusammenhang zwischen der Konzentration im Dampf und in der Flüssigkeit in einem beliebigen waagerechten Querschnitt der Säule an.

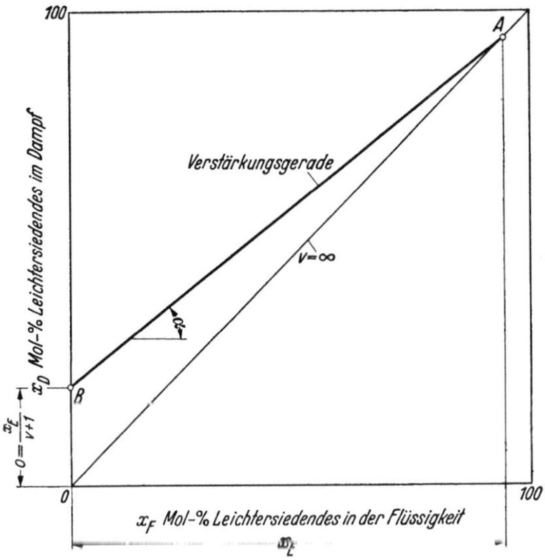

Abb. 86. Ermittlung der Verstärkungsgeraden

Wird kein Destillat der Säule entnommen ($E = 0$), so arbeitet sie mit vollständigem Rücklauf. Der ganze aus den der Säule entweichenden Dämpfen gebildete Niederschlag wird in letztere zurückgeleitet. Dabei wird $v = \infty$, und die Verstärkungsgerade fällt mit der Diagonalen des Schaubildes zusammen.

3. Der Stoffaustausch bei der Rektifikation von Zweistoffgemischen

Voraussetzung dafür, daß ein Austausch zwischen den beiden Phasen bei ihrer Berührung in der Rektifiziersäule stattfindet, ist, daß sie nicht im Siedegleichgewicht miteinander stehen. Läge dieses nämlich vor, dann hätten Dampf und Flüssigkeit in einem waagerechten Querschnitt gleiche Temperatur und ihre Konzentrationen entsprächen denjenigen des Phasengleichgewichtes. In diesem Falle würde kein Stoffwechsel zwischen Dampf und Flüssigkeit stattfinden. Dieses Gleichgewicht liegt in der Tat nicht vor. Sieht man nämlich von dem Schnittpunkt zwischen Verstärkungsgerade und Gleichgewichtskurve ab, so ist der Beweis dafür bereits durch Gl. (112) erbracht, indem sie den Zusammenhang

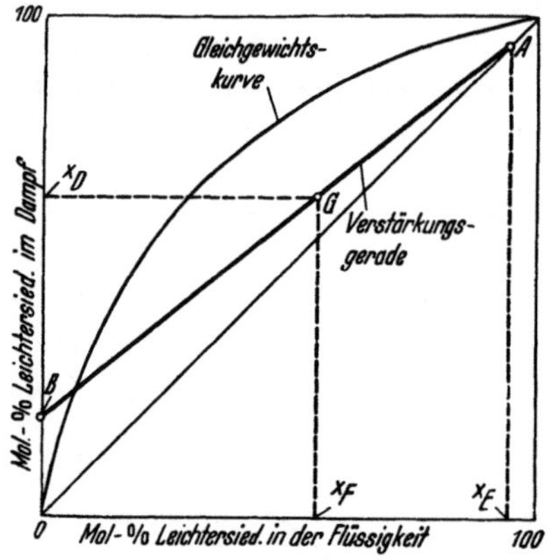

Abb. 87. Zusammenhang zwischen Flüssigkeits- und Dampfzusammensetzung in einer Rektifiziersäule

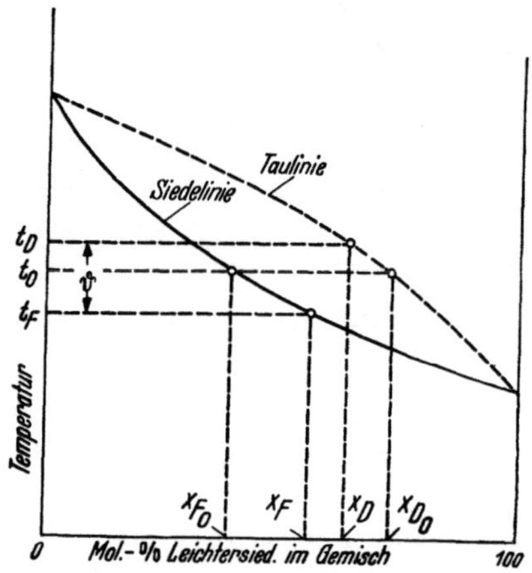

Abb. 88. Zusammenhang zwischen Temperaturen und Konzentrationen beim Wärme- und Stoffaustausch in einer Rektifiziersäule

zwischen Dampf- und Flüssigkeitskonzentration in einem waagerechten Säulenquerschnitt und damit zu einem gewählten Gehalt x_D im Dampf den Gehalt x_F in der Flüssigkeit festlegt. Diese beiden Konzentrationen liefern beispielsweise den Punkt G in Abb. 87. Er liegt nicht auf der Gleichgewichtskurve. Aus diesem Grunde ist zwischen Dampf und Flüssigkeit ein Temperaturunterschied vorhanden und die Konzentrationen im Dampf und in der Flüssigkeit entsprechen nicht denjenigen des Gleichgewichtszustandes. Es liegt also eine Gleichgewichtsstörung vor. Sie allein ist die Ursache für den bei der Rektifikation sich abspielenden Stoffaustausch, der wohl spät erstmalig erkannt wurde[1] und dessen Erkenntnis aber für das Verständnis der in einer Rektifiziersäule sich abspielenden Vorgänge und für mancherlei Berechnungen Voraussetzung ist. Der genannte Temperaturunterschied und die Gleichgewichtsstörung lassen sich bei gegebenem Punkt G (in Abb. 87) unter Zuhilfenahme der Siede- und Taulinie des zu trennenden Gemisches in einfacher Weise bestimmen. Dem Gehalte x_D des Punktes G ist nämlich gemäß Abb. 88 eine Kondensationstemperatur t_D des Dampfes und dem Gehalte x_F eine Siedetemperatur t_F der Flüssigkeit zugeordnet, so daß sich zwischen Dampf und Flüssigkeit das Temperaturgefälle $\vartheta = t_D - t_F$ einstellt.

Zum leichteren Verständnis stelle man sich vor, daß der Dampf von unten nach oben und die Flüssigkeit von oben nach unten strömen. Die beiden Phasen haben dann eine senkrechte ebene Berührungsfläche, welche in Abb. 89 mit 0 bezeichnet ist. Auf ihr herrscht die Oberflächentemperatur t_0. Sie ist für Dampf und Flüssigkeit auf Grund der Gesetze der Wärmeleitung gleich. Damit ist allein aus theoretischen Überlegungen der Beweis erbracht, daß an der Berührungsfläche tatsächlich Phasengleichgewicht herrscht. Die Temperatur sinkt im Dampf von t_D auf t_O und in der Flüssigkeit von t_0 auf t_F, wie es im obersten Teil der Abb. 89 dargestellt ist. Strömen die Kernmassen turbulent, so bleiben in ihnen die Temperaturen t_D und t_F konstant. Für die Dampfmasse kann man sich vorstellen, daß sich an den turbulent strömenden Kern eine Grenzschicht anschließt, in welcher die Temperatur von t_D auf t_0 sinkt. Für die zu ziehenden Schlußfolgerungen und die daraus folgenden Erkenntnisse ist es ohne Belang, wie sich Dampf und Flüssigkeit bewegen. Deshalb sei der im obersten Teil der Abb. 89 gezeichnete Temperaturverlauf angenommen. In jedem Falle der Strömungsarten ist gemäß Abb. 89 (Mitte) zu erkennen, daß der Gehalt an leichter siedendem Stoff vom Flüssigkeitskern bis zur Phasenberührungsfläche und von dieser bis zum Dampfkern sinkt. Die zwangsläufige Folge ist, daß Leichtersiedendes von der Flüssigkeit in den Dampf wandert. In umgekehrter Richtung muß sich auf Grund des im untersten Teil der Abb. 89 gezeichneten Konzentrationsverlaufes das Schwerersiedende aus dem Dampf an die Berührungsfläche mit der Flüssigkeit und von dieser ab in den Flüssigkeitskern bewegen. In beiden Phasen strömen die Stoffe in entgegengesetzter Richtung zueinander. An der Phasengrenzfläche selbst herrscht Gleichgewicht. Es ist dadurch gekennzeichnet, daß dort

[1] Kirschbaum, E.: Verfahren zur Bestimmung der Höhe von Füllkörpersäulen der Destillier- und Rektifiziertechnik. VDI-Beiheft Verfahrenstechnik **1943**, Nr. 1, 15—20.

Dampf und Flüssigkeit gleiche Temperatur besitzen. Der sich dabei abspielende Vorgang ist ein vollkommen adiabatischer. Diese Tatsache ist geradezu das Merkmal der Rektifikation. Die Energie, welche die dampfförmigen Moleküle des Schwerersiedenden an der Berührungsfläche abgeben, nehmen die Moleküle des Leichtersiedenden in der Flüssigkeit

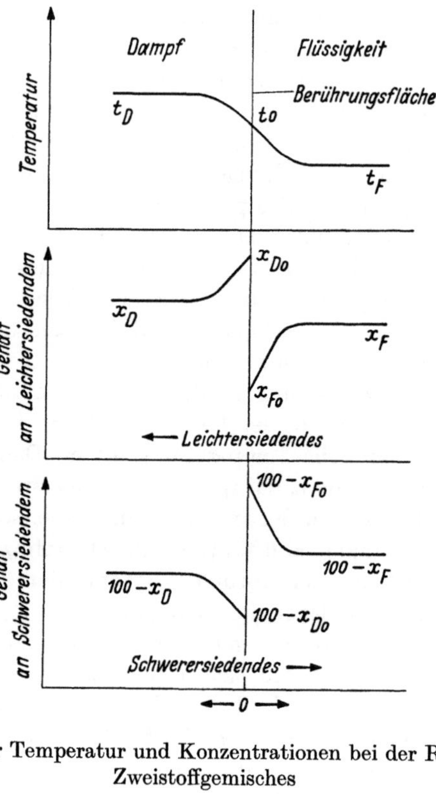

Abb. 89. Verlauf der Temperatur und Konzentrationen bei der Rektifikation eines Zweistoffgemisches

auf. Als Resultat kondensiert schwerer siedender Stoff aus dem Dampf in die Flüssigkeit und es verdampft leichter siedender aus der Flüssigkeit in den Dampf. Sind die molaren Verdampfungswärmen der Komponenten gleich, so werden an jeder Stelle ebenso viele Moleküle kondensiert wie verdampft. Diese Erkenntnis des kombinierten Kondensations- und Verdampfungsvorganges erklärt den für die Rektifizierwirkung entscheidenden Einfluß von physikalischen, betrieblichen und konstruktiven Größen.

Auch bei Stoffgemischen, die mehr als zwei Bestandteile enthalten, stellt sich an der Berührungsfläche zwischen den beiden Phasen eine aus den gleichen Gesichtspunkten gegebene Gleichgewichtstemperatur ein. Sie muß grundsätzlich einen solchen Wert haben und die ihr zugeordneten Gleichgewichtskonzentrationen müssen so groß sein, daß in den beiden Grenzschichten das Konzentrationsgefälle einer Komponente dieselbe Richtung hat. Während aber in einer Rektifiziersäule zur Trennung eines Zweistoffgemisches jeder Stoff seine Austauschrichtung in der ganzen Säule nicht ändert, ist eine solche Änderung der Austauschrichtung bei Vielstoffgemischen möglich. Wird beispielsweise das Gemisch Benzol-Toluol in Benzol und Toluol getrennt, so geht in der ganzen Säule das Benzol von der Flüssigkeit in den Dampf und das Toluol vom Dampf in die Flüssigkeit über, wobei am Kopfe der Kolonne das leichter siedende Benzol und an ihrem Fuße das Toluol erhalten werden. Wird hingegen das Dreistoffgemisch Benzol-Toluol-m-Xylol in Benzol und in ein xylolreiches Gemisch zerlegt, so gibt im unteren Teil der Dreistoffsäule die Flüssigkeit Toluol an den Dampf ab, während im oberen Teil derselben Kolonne Toluol vom Dampf in die Flüssigkeit übergeht. Im mittleren Teile der Säule gibt es eine Stelle, wo kein Übergang von Toluol vorliegt und wo nur der am leichtesten siedende Stoff sowie das am schwersten Siedende in gegenläufiger Richtung von der einen Phase in die andere übergehen. Bei Vielstoffgemischen ist es sogar möglich, daß ein Stoff seine Austauschrichtung mehr als einmal ändert (s. Abb. 158, 173 und Abb. 189).

Wird nicht der einfache absatzweise arbeitende Blasenapparat gemäß Abb. 85 verwendet, sondern der stetig arbeitende Apparat, so tritt an die Stelle der Destillierblase eine Destillier-Einrichtung einschließlich einer zusätzlichen Rektifiziersäule (s. Abschn. E). In dieser Abtriebssäule spielen sich die gleichen Vorgänge ab, wie sie für die Rektifiziersäule des in Abb. 85 dargestellten Apparates erläutert sind.

II. Schaltung des Rücklaufkondensators

Der in der Trennsäule von oben nach unten fließende Rücklauf wird erzeugt, indem der die Säule an ihrem oberen Ende verlassende Dampf in einem Kondensator niedergeschlagen und ein Teil des aus diesem Dampf erhaltenen Kondensates oben in die Rektifiziersäule zurückgeleitet wird, während der restliche Teil das Erzeugnis darstellt. Für die Bildung des Rücklaufs werden im allgemeinen zwei Schaltungen benützt, welche besondere Eigenheiten aufweisen.

Abb. 90 zeigt die Schaltung, bei welcher der ganze aus der Säule kommende Dampf in einen Kondensator geleitet und in diesem vollkommen niedergeschlagen wird. Die den Wärmeaustauscher verlassende Flüssigkeit wird in zwei Ströme geteilt. Der eine Teil bildet den Rücklauf und wird in die Säule zurückgeführt, während der zweite Teil in einen Kühler geleitet und aus diesem als Erzeugnis entnommen wird. Der

Kondensator, in welchem sich der Rücklauf bildet, wird allgemein mit Rücklaufkondensator bezeichnet. Bei dem gezeigten Schema werden im Rücklaufkondensator nicht nur der Rücklauf, sondern auch das Erzeugnis niedergeschlagen. Weil die Destillatdämpfe stets Gase enthalten, die in den meisten Fällen in der Hauptsache aus Luft gestehen, ist dem Rücklaufkondensator ein Gas- bzw. Luftkühler nachgeschaltet. In ihm werden die Gase gekühlt, wobei noch Flüssigkeit ausgeschieden wird,

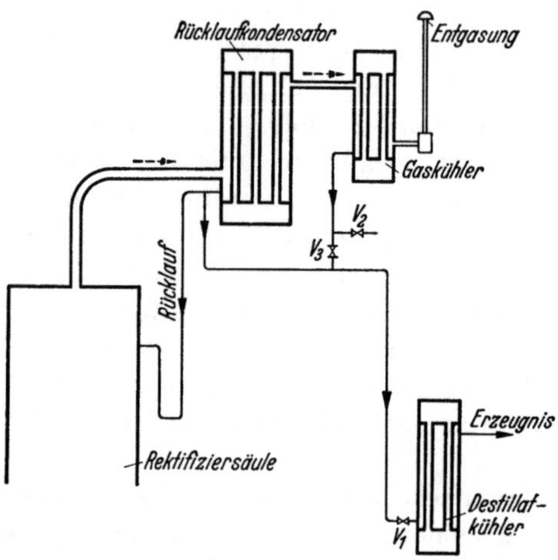

Abb. 90. Schaltung des Rücklaufkondensators mit vollständiger Kondensation

welche im allgemeinen in den Kühler für das Erzeugnis strömt. Es ist auch möglich, durch entsprechende Stellung der in Abb. 90 angegebenen Ventile V_2 und V_3 die im Gaskühler niedergeschlagene im Vergleich zur Menge des Erzeugnisses kleine Flüssigkeitsmenge aus der Apparatur durch das Ventil V_2 abzuführen. Die gezeigte Schaltung hat den Vorteil, daß man die Menge des Erzeugnisses durch Betätigung des Ventils V_1 und damit auch die Menge des in die Säule zurückströmenden Rückflusses leicht und schnell einstellen kann. Sie ist ferner dadurch gekennzeichnet, daß die Gase bei der Kondensationstemperatur der Flüssigkeit im Rücklaufkondensator ausgeschieden werden. Diese Temperatur ist höher als diejenige des aus dem Kühler strömenden Erzeugnisses. Weil im allgemeinen die in Flüssigkeiten lösbare Gasmenge mit steigender Temperatur sinkt, ist bei der erwähnten Schaltung die Gasausscheidung die vollkommenste.

Es ist auch möglich, im Rücklaufkondensator nur soviel Wärme den Dämpfen zu entziehen, daß die Menge des Rücklaufes in ihm gebildet wird. Dieser strömt aus dem Rücklaufkondensator unmittelbar in die

Rektifiziersäule zurück (s. Abb. 91). Die von den dem Kondensator zuströmenden Dämpfen übrigbleibende Restdampfmenge verläßt letzteren und wird in einen Wärmeaustauscher geführt, der mit Kondensatorkühler bezeichnet wird und in welchem nicht nur die Destillatdampfmenge kondensiert, sondern auch die erhaltene Flüssigkeit unter die Kondensationstemperatur gekühlt und danach als Erzeugnis der Apparatur entnommen wird. Bei der gekennzeichneten Schaltung hat der den Rücklaufkondensator verlassende Restdampf einen höheren Gehalt an

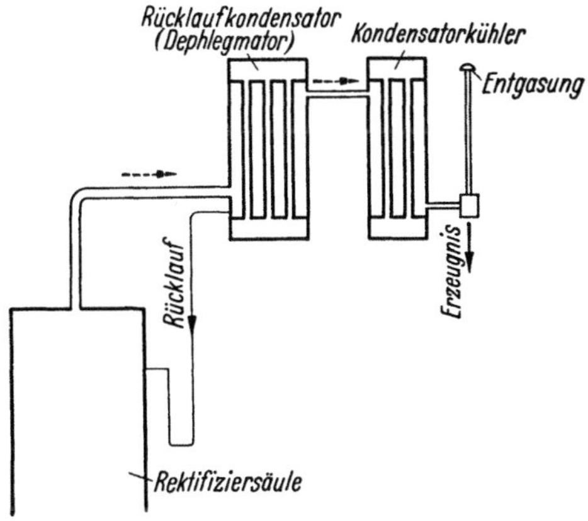

Abb. 91. Schaltung des Dephlegmators

Leichtersiedendem als die dem Kondensator zuströmende Gesamtdampfmenge. In ihm wird eine Verstärkung (Anreicherung an Leichtersiedendem) durch Teilniederschlag herbeigeführt. Ein so geschalteter Rücklaufkondensator wird auch mit Dephlegmator bezeichnet. Seine Schaltung hat demnach den Vorteil, daß der Dephlegmator verstärkend wirkt und dabei nicht nur den Rücklauf erzeugt, sondern gleichzeitig eine gewisse Anzahl von Rektifizierböden ersetzt. Die Gaskühlung wird bei dieser Schaltung im Schlußkühler (Kondensatorkühler) durchgeführt.

III. Grundsätzliches über Einbauten von Trennsäulen und die Rektifizierböden

Auf den Rektifizierböden wird die Flüssigkeit gestaut und der Dampf so durch sie geleitet, daß ein möglichst vollkommener Stoffaustausch zwischen den Phasen gewährleistet ist.

Die einfachste Ausführung der Austauschböden stellt der Siebboden dar, wie er zunächst schematisch in Abb. 92 gezeigt ist. Die Rücklaufflüssigkeit strömt einem Boden auf der einen Seite (in der Abbildung rechts) durch einen segmentartigen oder rohrförmigen Kanal zu, überquert meist ein Zulaufwehr, sodann die Bodenplatte mit Bohrungen und läuft über ein Ablaufwehr in den dem Zulaufwehr gegenüberliegenden Ablaufkanal ab. Dabei bildet sich auf dem Boden selbst ein Schaum- oder Sprudelgemisch aus, in welchem der Stoffaustausch sich abspielt. Auf Grund einer über Jahrzehnte sich erstreckenden Erfahrung soll an dieser Stelle schon erwähnt werden, daß das Zulaufwehr fallweise durch einen etwa 4 mm dicken Draht ersetzt werden kann. Dadurch soll verhindert werden, daß sich in dem Zulaufbecher feste Teile absetzen, den Becher füllen und dadurch den Zulauf verstopfen. Trotz Verwendung eines Zulaufdrahtes statt eines Wehres bleibt die

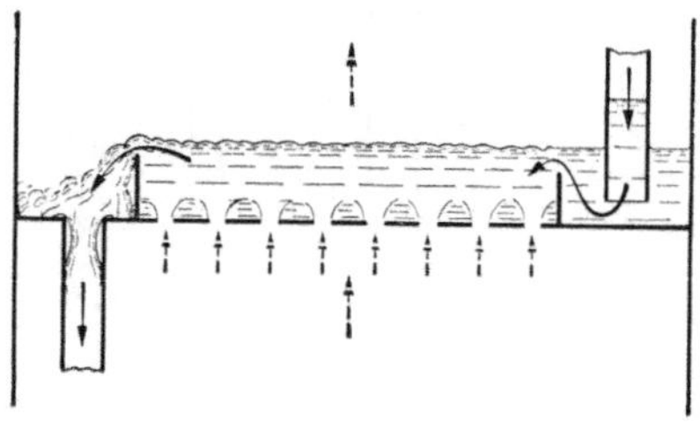

Abb. 92. Siebboden

Bodenfläche mit Flüssigkeit gefüllt, weil das Ablaufwehr vorhanden ist. Über einen angeschweißten Draht anstelle des z. B. 50 mm hohen Zulaufwehrs können feste Teile hinweggeschwemmt werden. Über den Einfluß der Höhe des Ablaufwehres wird gesondert berichtet. Schon in der ersten Auflage dieses Buches ist auf die Bedeutung der Größe vor allem des Ablaufbechers hingewiesen worden. Er kann die obere Belastungsgrenze eines Rektifizierapparates bestimmen, in dem er mit Schaum oder Sprudelmassen so weit angefüllt wird, daß die Flüssigkeit durch das Ablaufwehr nicht mehr abfließt und den Raum zwischen zwei Böden ausfüllt. Dann legt dieses Ausfüllen die Höchstbelastung fest. Von ihr ist im älteren Schrifttum ausgesagt, daß sie bei einer auf den freien Säulenquerschnitt bezogenen Dampfgeschwindigkeit von etwa 0,4 m/s erreicht wird. Später (Kap. H) folgende Ableitungen über die höchst zulässigen Belastungen zeigen jedoch, daß diese die genannte Dampfgeschwindigkeit um ein Vielfaches übersteigen können, wenn der engste Querschnitt nicht durch ein zu kurzes Ablaufwehr oder einen zu engen Ablaufkanal festgelegt sind. Auf Grund von Prüfungen und Beobachtungen des Verfassers wird die höchstzulässige Belastung erst dann erreicht, wenn der Ablaufraum hinter dem Ablaufwehr eine Querschnittsfläche aufweist, die 5 bis 10% des Säulenquerschnitts ausmacht. Die an zweiter Stelle genannte Zahl wird bevorzugt und man nähert sich ihr um so mehr, je schäumender das Gemisch ist. Für den Konstrukteur ist es deshalb von Wichtigkeit zu wissen, in welchem Maße das Gemisch schäumt und welche *Schaumbeständigkeit* es neben der *Schaumfähigkeit* besitzt. Der Energie-Umsetzung auf einem Rektifizierboden ist das Mitreißen von Flüssigkeit im Dampf überlagert.

Nach den vorstehenden für Austauschböden allgemein gültigen Gesichtspunkten soll an Hand der Abb. 92a auf die neuesten Ausführungen

Abb. 92a. Weitlochiger Siebboden. 13,5 mm Lochdurchmesser, 42 mm Teilung

von Siebböden eingegangen werden. Es fällt in Abb. 92a der große Lochdurchmesser auf, der bei manchen Ausführungen bis 15 mm ∅ gewählt wird. Derartige Siebböden haben sich bei größten Anlagen in Europa einwandfrei bewährt. Vom Verfasser bzw. nach seinen Angaben wurden während mehrerer Jahre Versuche an Säulen mit 400 mm und 750 mm Durchmesser durchgeführt, wobei das Zahlenverhältnis des Lochabstandes zum Lochdurchmesser im Verhältnis 5 bis 100 geändert[1] wurde. Die Ergebnisse für das Verstärkungsverhältnis liegen nicht unter denjenigen von Siebböden mit Lochdurchmessern von etwa 1 mm bis 3 mm, wie sie von früheren Zeiten her bekannt sind und sich in bestimmten Fällen bewährt haben[2]. Die Zacken am Zulaufwehr sollen einer gleichmäßigen Verteilung der Flüssigkeit über die Bodenfläche dienen.

Bei dem altbekannten Glockenboden, von dem ein schematischer Querschnitt in Abb. 93 und eine Ansicht in Abb. 93a gezeigt wird, sind auf der Bodenplatte Dampfhälse angebracht, durch welche der Dampf strömt,

[1] Kirschbaum, E.: Hochleistungs-Rektifizierböden, Chem.-Ing.-Tech. **34**, 283—292 (1962).

[2] Der weitlochige Siebboden ist nicht patentiert, wie dem Verfasser gegenüber schon vermutet wurde.

und die mit Glocken überstülpt sind, welche in die Flüssigkeit tauchen und den Dampf zwingen, in letztere zu strömen, wobei sich ein Schaum- oder Sprudelgemisch bildet. Aus der Flüssigkeit kommend strömt der Dampf dem nächst höher liegenden Boden zu. Durch die Wahl entsprechend großer Glocken kann der Verkrustung eines Bodens entgegengewirkt werden. Sind die Zu- und Ablaufwehre vollkommen dicht mit der Bodenplatte verbunden, dann bleibt die Flüssigkeit bei Stillstand

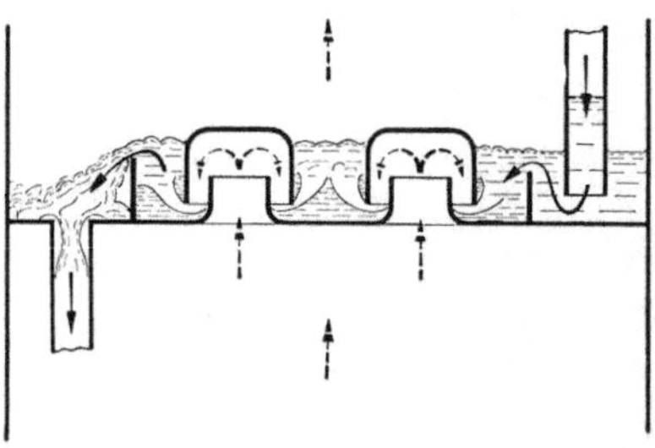

Abb. 93

Abb. 93a

Abb. 93. Glockenboden

Abb. 93a. Glockenboden mit 750 mm Durchmesser, Glockendurchmesser 50 mm

des Apparates auf dem Boden stehen, und es ist möglich, nach dem Stillstand bei Wiederinbetriebnahme mit derjenigen Flüssigkeitskonzentration auf den Böden weiter zu arbeiten, die vor der Stillsetzung vorhanden war. Will man aber bei Stillegung des Apparates den Boden leer laufen lassen, dann ist es am Platze, vor dem Ablaufwehr eine entsprechende Bohrung anzubringen.

Es sei an dieser Stelle bemerkt, daß man allgemein bei großen Säulendurchmessern wegen des Flüssigkeitsgefälles auf der Bodenplatte von dem sogenannten zweiflutigen Austauschboden Gebrauch macht. Indem bei ihm die Flüssigkeit auf dem einen Boden vom Mantel zur Mitte strömt, von da aus auf den nächst unteren Boden gelangt und symmetrisch wieder sich nach außen bewegt, ist die Länge des Flüssigkeitsweges auf einem Boden praktisch halbiert.

Weil die durch einen Boden strömende Dampfmenge je nach der Belastung sich ändert, liegt der Gedanke nahe, den Dampfdurchlaßquerschnitt veränderlich zu gestalten. Diese Maßnahme wird dadurch erreicht, daß über meist kreisrunden Öffnungen in der Bodenplatte, die

z. Z. einen Durchmesser von etwa 40 mm haben, Ventilplatten angebracht sind. Den Strömungsverlauf zeigt Abb. 94. Wichtig ist, daß der Belastung entsprechend die Ventilplatte längs der Distanzfüße *c* sich heben und

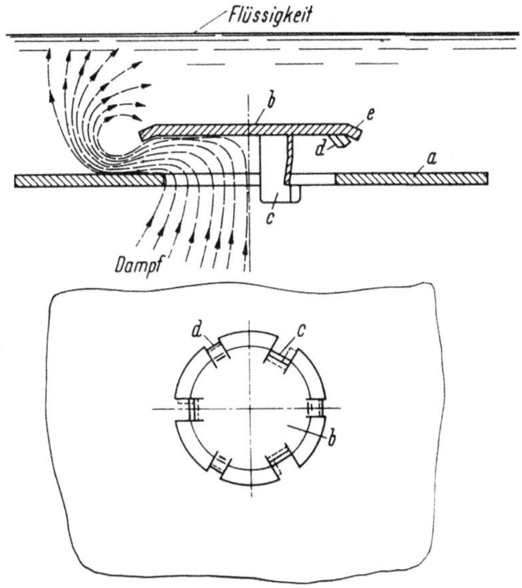

Abb. 94. Elemente eines Ventiltellers

a Bodenplatte, *b* Ventilkörper, *c* Distanzfüße, *d* Nocken, *e* Ventilplatte

(Aus der dem Verfasser dieses Buches zum 65. Geburtstag gewidmeten ausführlichen Forschung von RAICHLE, L., u. R. BILLET: Rektifizierwirkung von Ventilböden. Chem.-Ing.-Techn. **39**, 659—666 (1967)

Abb. 94a. Ventilteller-(Ballast)boden der Gutehoffnungshütte Sterkrade AG, System Glitsch, mit V 1-Ventilen, Kolonnendurchmesser 750 mm (Ventil-Teller auf der Bodenplatte liegend)

senken kann, so daß bei niederen Belastungen ein Teil der Dampfdurchtrittsöffnungen geschlossen sein kann oder teilweise oder ganz geöffnet wird. Einen Boden in ganz geschlossenem Zustand zeigt Abb. 94a. Die Ventilteller und ihre zugeordneten Öffnungen für den Dampf haben meist kreisförmigen Querschnitt. Es ist aber auch eine Ausführung bekannt, bei welcher die Ventil-Teller und die unter diesen sich befindlichen Dampfdurchströmöffnungen quadratischen oder rechteckigen Querschnitt besitzen[1].

Eine praktisch bedeutsame Erscheinung soll noch erwähnt werden, die vom Verfasser bei der Rektifikation von Karlsruher Leitungswasser

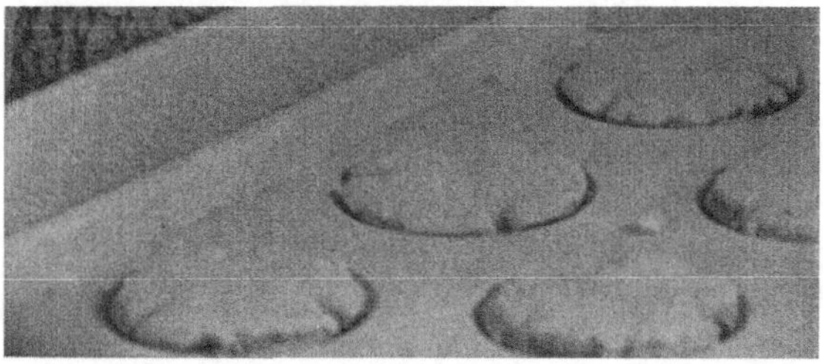

Abb. 95. Verkrusteter Ventiltellerboden im Ruhezustand nach 18stündiger Rektifikation von Leitungswasser (18 Härtegrade). Dampfgeschwindigkeit im Säulenquerschnitt $w_D = 0{,}4$ m/s

(18° Härtegrade) mittels Ventiltellerböden beobachtet wurde. Die Trennungsflächen zwischen Bodenplatte und Ventilteller wachsen auch nach langer Betriebszeit nicht zu. Die Relativbewegungen zwischen feststehendem Boden und beweglichem Teller verhindern scheinbar das Zusammenwachsen, so daß die in statu nascendi sich bildenden Kristalle (Abb. 95 zeigt nur ein Beispiel aus einer großen Reihe von Versuchen mit Ventiltellerböden mit 750 mm Durchmesser mit dem gleichen erwähnten Ergebnis) keine Gelegenheit haben, eine einheitliche Masse zu bilden.

IV. Aufbau des absatzweise arbeitenden Rektifizierapparates mit Austauschböden

Die Zusammenschaltung der erläuterten Vorrichtungen, mit denen eine Zerlegung von Flüssigkeitsgemischen erreicht werden kann, führt zum absatzweise arbeitenden Rektifizierapparat, dessen Aufbau Abb. 96 am Beispiele der Trennung eines Äthylalkohol-Wassergemisches zeigt. Sowohl die Destillierblase, die Rektifiziersäule als auch der als Dephlegmator geschaltete Rücklaufkondensator üben eine Trennwirkung aus.

[1] Hersteller Firma Speichim, 106 Rue d'Amsterdam, Paris 9[e].

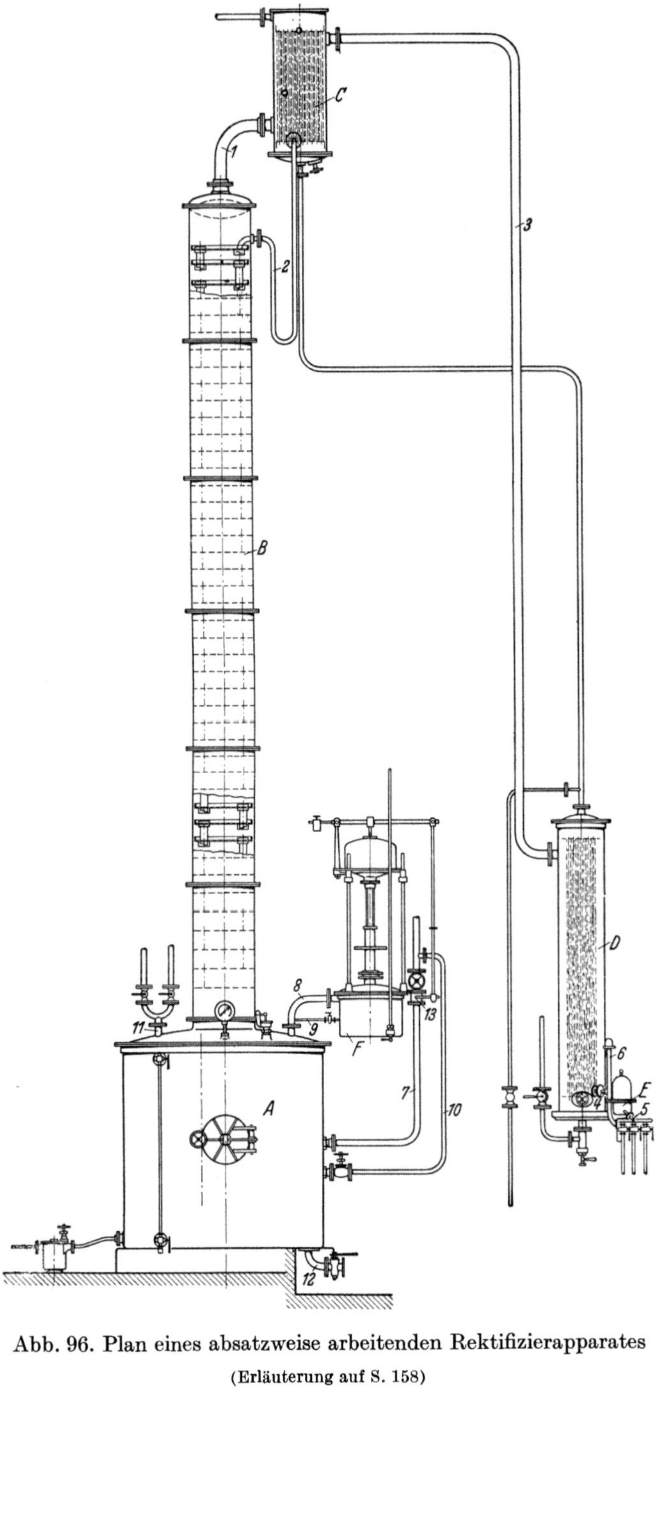

Abb. 96. Plan eines absatzweise arbeitenden Rektifizierapparates

(Erläuterung auf S. 158)

Sie ist in der Trennsäule weitaus am größten, während die Destillierblase noch die Hauptaufgabe der Dampfbildung und der Rücklaufkondensator diejenige der Rücklauferzeugnung zu erfüllen haben.

V. Berechnung der Bodenzahl des absatzweise arbeitenden Rektifizierapparates

1. Bestimmung der theoretischen Bodenzahl

Die Ermittlung der Bodenzahl eines Rektifizierapparates wird durch Anwendung der Gl. (112) sehr einfach. Auch die ihr zugrunde liegenden Erkenntnisse gelten für die Trennsäule mit Böden. Sie besagen, daß bei Gleichheit der molaren Verdampfungswärmen sowohl die von Boden zu Boden nach oben strömende Dampfmenge D [Mol/h] als auch die von Boden zu Boden nach unten fließende Rücklaufmenge F [Mol/h] in der ganzen Rektifiziersäule unveränderlich sind. In dem Schema der Abb. 97 sind der Einfachheit wegen Siebböden gewählt. Die eingetragenen Gehalte x_D und x_F [Mol-%] an Leichtersiedendem im Dampf und in der Flüssigkeit liegen vor in einem waagerechten Querschnitt zwischen zwei Böden der Säule. Diese beiden Gehalte eines Zweistoffgemisches ergeben daher einen Punkt auf der Verstärkungsgeraden, wie sie durch Gl. (112) und in Abb. 87 wiedergegeben ist.

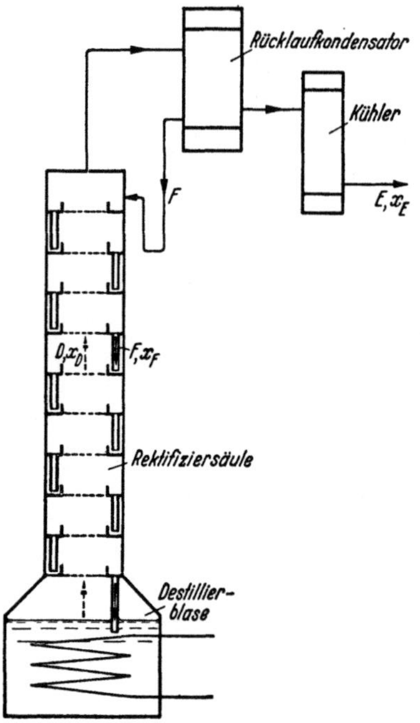

Abb. 97. Plan eines absatzweise arbeitenden Rektifizierapparates

(Erläuterung von Abb. 96 auf S. 157)

Die in der Destillierblase *A* erzeugten Dämpfe werden in der Verstärkungssäule *B* an Leichtersiedendem angereichert und strömen durch die Leitung *1* in den Rücklaufkondensator *C* (Dephlegmator). Die in ihm niedergeschlagene Flüssigkeit fließt als Rücklauf durch die Leitung *2* auf den obersten Rektifizierboden der Austauschkolonne zurück, während die an Alkohol reicheren Restdämpfe durch die Leitung *3* in den Schlußkühler *D* gelangen, in welchem sie niedergeschlagen werden. Das Erzeugnis fließt durch den Verbindungsstutzen *4* in die Vorlage *E*, aus der es durch Leitung *5* abgelassen und in einem Fuselölabscheider vom Fuselöl getrennt werden kann. Durch Leitung *6* entweichen die Gase. Durch die Leitung *7* wird der Heizdampf der in der Destillierblase eingebauten Heizschlange in einer solchen Menge zugeführt, daß die Leistung auf gleicher Höhe bleibt. Zu diesem Zwecke ist in die Heizdampfleitung das Regelventil *13* eingebaut, welches von dem Regler *F* betätigt wird. Der Regler wird über die Verbindungsleitung *8* von dem Dampfdruck in der Destillierblase beeinflußt. Die Überschußflüssigkeit strömt durch Leitung *9* von dem Regler in die Blase zurück. Durch Leitung *10* wird Dampf durch die gelochte Dampfeinblasschlange zum Austreiben von Alkoholresten aus dem Blasenrest eingeleitet. Danach wird der Rückstand durch Leitung *12* abgelassen und neue Mischung durch den Stutzen *11* in die Destillierblase eingefüllt. Das Kühlwasser durchströmt nacheinander den Schlußkühler *D* und den Dephlegmator *C*

Es läßt sich ein leicht anwendbares graphisches Verfahren[1] zur Ermittlung der Bodenzahl angeben, wenn man den Begriff des theoretisch arbeitenden Bodens anwendet. Er bewirkt die sogenannte „theoretische Anreicherung“. Sie liegt dann vor, wenn der von einem Rektifizierboden aufsteigende Dampf im Phasengleichgewicht steht mit der Flüssigkeit, die von demselben Boden abläuft. Die Gehalte an Leichtersiedendem dieser beiden Phasen ergeben somit einen Punkt, welcher auf der Gleichgewichtskurve liegen muß. Man kann sich beispielsweise den gekennzeichneten Grenzfall dadurch verwirklicht denken, daß die Flüssigkeit auf

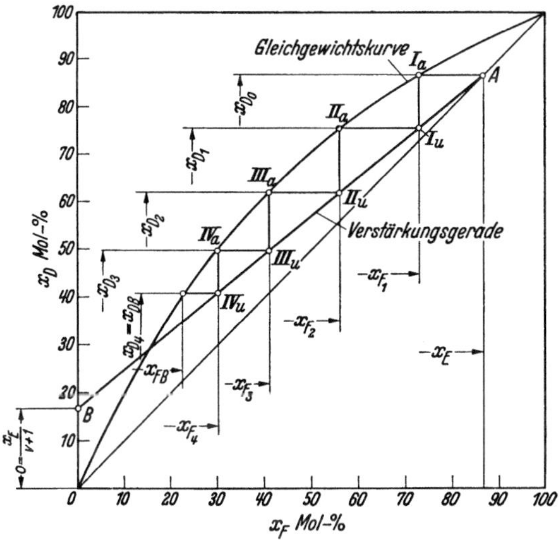

Abb. 98. Bestimmung der Bodenzahl der Verstärkungssäule

einem Boden durchmischt wird und daß vollkommener Austausch stattfindet. Letzteres besagt, daß an jeder Stelle des Bodens der Dampf im Phasengleichgewicht steht mit der Flüssigkeit, aus der er entweicht. Der Vollständigkeit halber muß schon an dieser Stelle gesagt werden, daß die theoretische Anreicherung lediglich ein Hilfsbegriff ist und keineswegs die höchstmögliche Anreicherung darstellt. Diejenige Bodenzahl, welche sich unter Annahme der theoretischen Anreicherung ergibt, wird „theoretische Bodenzahl“ genannt.

Wie sie auf Grund der erläuterten Zusammenhänge bestimmt wird, sei an Hand der Abb. 98 und 99 gezeigt. Es ist angenommen, daß im Rücklaufkondensator der gesamte in ihn strömende Dampf niedergeschlagen wird, so daß keine Anreicherung durch Teilniederschlag stattfindet. In diesem Falle haben der vom obersten Boden aufsteigende

[1] Siehe Fußnote 1, S. 144.

Dampf, der auf denselben Boden zurückgeleitete Rücklauf und das Erzeugnis die gleiche Zusammensetzung. Ist letztere mit x_E[Mol-%] gegeben, so ist durch sie der Schnittpunkt A der Verstärkungsgeraden mit der Diagnonalen festgelegt (s. Abb. 98). Ist ferner das Rücklaufverhältnis v bekannt, so ist die Verstärkungsgerade durch einen zweiten Punkt B bestimmt. Der vom obersten Boden der Verstärkungssäule aufsteigende Dampf hat einen Gehalt von $x_{D_0} = x_E$, welcher durch den

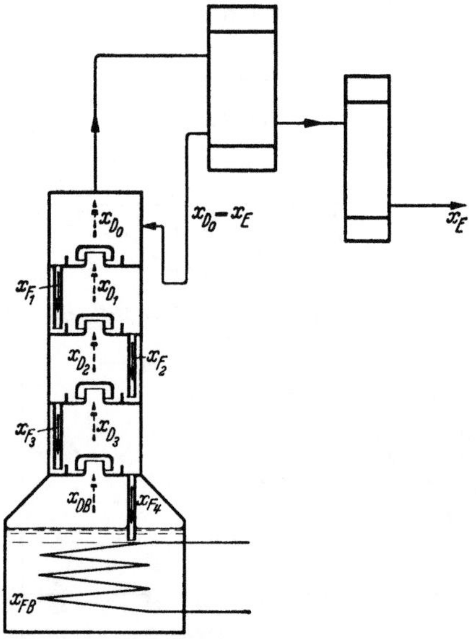

Abb. 99. Plan eines absatzweise arbeitenden Rektifizierapparates, für welchen die in Abb. 98 ermittelten Flüssigkeits- und Dampfkonzentrationen gelten

Ordinatenwert des Punktes A gegeben ist. Die Abb. 98 zu entnehmenden Dampf- und Flüssigkeitsgehalte sind in dem Plan der Abb. 99 an den Stellen eingetragen, an denen sie herrschen. Die Abszissenparallele durch Punkt A (s. Abb. 98) schneidet die Gleichgewichtskurve in dem Punkt I_a. Dieser gibt den Zusammenhang zwischen den Konzentrationen in dem vom obersten Boden aufsteigenden Dampf und in der vom selben Boden ablaufenden Flüssigkeit an. Der Abszissenwert des Punktes I_a legt somit die Konzentration x_{F_1} des Ablaufs des obersten Bodens fest. Sie liefert auf der Verstärkungsgeraden den Punkt I_u, dessen Ordinatenwert den Gehalt x_{D_1} des Dampfes angibt, der dem ersten (obersten) Boden zu- und vom zweiten Boden abströmt. Weil dieser Dampf im Phasengleichgewicht mit der den zweiten Boden verlassenden Flüssigkeit mit dem Gehalt x_{F_2} steht, muß der Zusammenhang zwischen x_{D_1} und x_{F_2} durch den Schnittpunkt II_a der Abszissenparallele durch I_u mit der Gleichgewichtskurve gegeben sein. Der Flüssigkeitsgehalt x_{F_2} liefert auf der Verstärkungsgeraden den Punkt II_u, der die Beziehung zwischen den Dampf- und Flüssigkeitskonzentrationen unter dem zweiten Boden angibt. Der Punkt III_a mit dem Ordinatenwert x_{D_3} stellt einen Gleichgewichtspunkt für die beiden Phasen auf dem dritten Boden dar, während Punkt III_u den Zusammenhang der Konzentrationen unter dem dritten Boden, IV_a denjenigen auf dem vierten Boden und IV_u den unter dem vierten Boden wiedergibt. Besitzt die Verstärkungssäule vier theoretisch arbeitende Böden, so fließt die vom untersten Boden ablaufende Flüssigkeit mit der Konzentration x_{F_4} in die Blase zurück und x_{D_4} stellt den Gehalt an Leichtersiedendem in dem von der Blase aufsteigenden Dampf dar. Dieser Dampf mit dem Gehalt $x_{DB} = x_{D_4}$ steht mit der Flüssigkeit in der Blase mit x_{FB}[Mol-%] an Leichtersiedendem im Phasengleichgewicht. Der in die Blase zurückströmende Rücklauf hat deshalb einen Gehalt an Leichtersiedendem, der größer ist als derjenige in der Blasenfüllung. In Abb. 98 geben die Punkte I_a, II_a, III_a, IV_a den Zusammenhang der Gleichgewichtskonzentrationen auf den Böden und die Punkte I_u, II_u, III_u, IV_u die Beziehung zwischen den Flüssigkeits- und Dampfgehalten in einem waagerechten Querschnitt unter den jeweiligen Böden an. Die theoretische Anzahl n_t der Verstärkungsböden ist demnach durch die Zahl der auf der Verstärkungsgeraden liegenden Eckpunkte I_u, II_u, III_u usw. gegeben, die man erhält, wenn man einen Treppenlinienzug zwischen der Gleichgewichtskurve und der Verstärkungsgeraden von dem Punkt A ausgehend bis zur Blasenkonzentration x_{FB} zeichnet.

2. Das Verstärkungsverhältnis

Mit der Annahme, daß der von einem Boden aufsteigende Dampf mit dem Ablauf desselben Bodens im Phasengleichgewicht steht, läßt sich die durch einen Austauschboden erzielbare Veränderung des Gehaltes an Leichtersiedendem im Dampf ermitteln. Ist der Gehalt an Leichtersiedendem in der von einem Boden abströmenden Flüssigkeit mit x_{Fu} gegeben (s. Abb. 100), so legt dieser durch den auf der Verstärkungsgeraden liegenden Punkt C den Gehalt x_{Du} in dem demselben Boden zuströmenden Dampf fest. Mit der Ablaufflüssigkeit steht der vom betrachteten Boden aufsteigende Dampf im Phasengleichgewicht, so daß sein Gehalt x_{D_0} durch den Punkt D auf der Gleichgewichtskurve angegeben wird, welchem die Flüssigkeitskonzentration x_{Fu} zugeordnet ist. Der Ordinatenunterschied zwischen der Gleichgewichtskurve und der Verstärkungsgeraden beim Abszissenwert x_{Fu} (Abstand der Punkte D und C) stellt demnach die bei Flüssigkeitsdurchmischung und bei vollkommenem Austausch erzielbare theoretische Anreicherung an

Leichtersiedendem im Dampf $a_F = x_{D_0} - x_{Du}$ dar. Weist in Wirklichkeit die dem betrachteten Boden zuströmende Flüssigkeit eine Konzentration x_{F_0} auf, die den Schnittpunkt E auf der Verstärkungsgeraden festlegt,

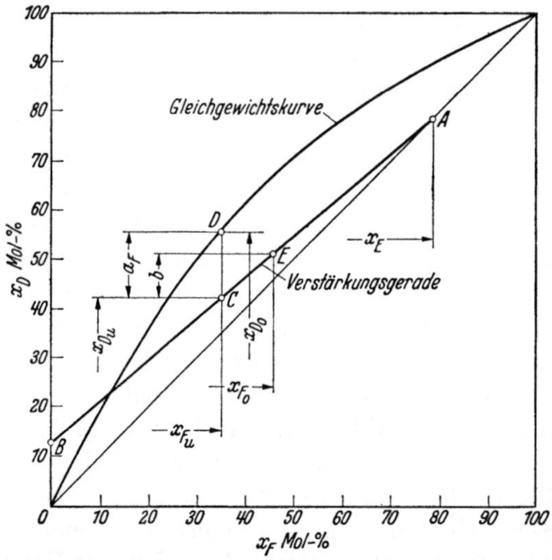

Abb. 100. Bestimmung der theoretischen Anreicherung an Leichtersiedendem im Dampf durch einen Boden und die wirkliche Anreicherung

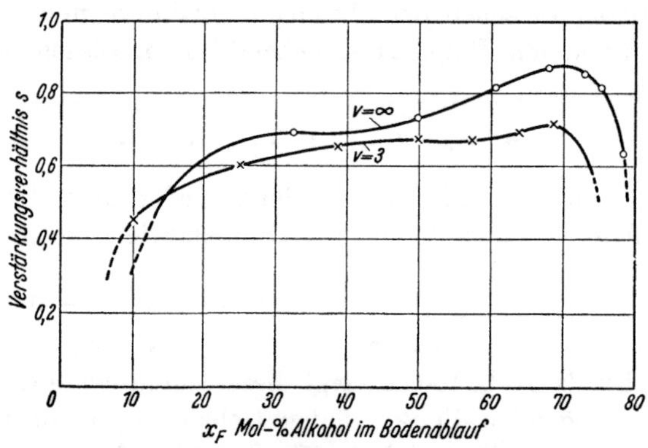

Abb. 101. Das wirkliche Verstärkungsverhältnis in Abhängigkeit von der Bodenablaufkonzentration, ermittelt aus Versuchen an einer Säule zur Trennung des Gemisches Äthylalkohol-Wasser

so ist durch die Abszissenparallele durch Punkt E (Abb. 100) der wirkliche Gehalt an Leichtersiedendem in dem von dem betrachteten Boden aufsteigenden Dampf gegeben, so daß die wirkliche Anreicherung nur den Wert b (s. Abb. 100) erreicht. Das Verhältnis der wirklichen zur theoretischen Anreicherung

$$s = \frac{b}{a_F} \tag{116}$$

wird mit Verstärkungsverhältnis oder Austauschverhältnis bezeichnet.

Messungen zeigen[1], daß bei sonst gleichen Bedingungen das Austauschverhältnis in der Säule sich von Boden zu Boden mit der Konzentration ändern kann. Nach Abb. 101 steigt das Verstärkungsverhältnis s mit zunehmendem Gehalt an Leichtersiedendem bis zu einem Höchstwert, um danach wieder abzunehmen. Die eingetragenen Versuchspunkte geben die Verstärkungsverhältnisse an, welche den Gehalten in den Abläufen der untersuchten Böden zugeordnet sind.

3. Ermittlung der tatsächlich erforderlichen Anzahl von Rektifizierböden

a) Verwendung des mittleren Verstärkungsverhältnisses

Im allgemeinen kann für das Verstärkungsverhältnis ein für alle Böden einer Verstärkungssäule gleichbleibend gedachter Mittelwert s_M eingeführt werden. Er liegt meist zwischen 0,6 und 0,8 und kann als Folge besonderer noch zu behandelnder Maßnahmen von diesen Zahlenwerten auch abweichen. Die tatsächlich erforderliche Bodenzahl n ist aus der theoretischen Anzahl n_t unter Verwendung des mittleren Verstärkungsverhältnisses gegeben zu:

$$n = \frac{n_t}{s_M} . \tag{117}$$

Die Tatsache, daß s Zahlenwerte annehmen kann, die größer sind als 1 (s. Abschn. H VI) läßt es als gerechtfertigt erscheinen, s nicht mit Wirkungsgrad zu bezeichnen.

Der Mittelwert des Verstärkungsverhältnisses kann auf zwei Arten durch den Versuch gefunden werden. Zunächst ist es möglich, von jedem der n Böden einer Kolonne s nach der an Hand der Abb. 100 erläuterten Weise zu bestimmen. Man erhält dann verschiedene Verstärkungsverhältnisse der einzelnen Böden. Wird die Summe Σs dieser Verstärkungsverhältnisse durch die Bodenzahl dividiert, erhält man einen Mittelwert

$$s'_M = \frac{\Sigma s}{n} , \tag{118}$$

der mit „Summenmittelwert“ bezeichnet sei.

Es ist aber auch möglich, die theoretische Bodenzahl n_t auszumitteln, die zu den beim Versuch vorliegenden Gehalten x_B und x_E in der Destillierblase und im Destillat gehört, wobei ein zwischen zwei ganzen Zahlen

[1] KIRSCHBAUM, E.: Wirkung, Verkrustung und Druckverlust von Rektifizierböden. VDI-Beih. Verfahrenstechnik **1937**, Nr. 5, 139—148.

liegender Wert sich ergeben kann. Hatte die Säule, mit der bei einem Versuch von x_B auf x_E angereichert wurde, n Böden, so folgt ein Mittelwert

$$s_M = \frac{n_t}{n}, \tag{119}$$

welcher „Stufenmittelwert" genannt werde. Er wird für die praktische Berechnung der Bodenzahl empfohlen. Bei der versuchsmäßigen Ermittlung des mittleren Verstärkungsverhältnisses können sich wenn auch nicht große Unterschiede zwischen s'_M und s_M ergeben. Die beiden Werte können auch gleich ausfallen. Der Unterschied ist bedingt durch die Neigung der Verstärkungsgeraden im Vergleich zur Neigung der Gleichgewichtskurve[1]. Nach eigenen Versuchen des Verfassers liegt bei der Rektifikation des Gemisches Äthanol-Wasser der Summenmittelwert durchschnittlich um 11% höher als der Stufenmittelwert.

b) Erforderliche Bodenzahl unter Berücksichtigung der Veränderung des Verstärkungsverhältnisses mit der Konzentration[2]

Die wirklich erforderliche Bodenzahl kann aus dem Verlauf der Gleichgewichtskurve und der Verstärkungsgeraden unmittelbar und ohne Verwendung eines mittleren Verstärkungsverhältnisses ermittelt werden, wenn die Abhängigkeit des Verstärkungsverhältnisses von der Bodenablaufkonzentration gegeben ist, wie sie in Abb. 102 durch die $s, f(x_F)$-Kurve dargestellt ist. Die Senkrechte durch den Abszissenwert einer beliebigen Bodenablaufkonzentration von z. B. $x_F = 43\%$ schneidet an der genannten Kurve den Zahlenwert für das Verstärkungsverhältnis ab und liefert die Schnittpunkte III'_u mit der Verstärkungsgeraden und III_a mit der Gleichgewichtskurve. Der Ordinatenunterschied a_F zwischen den genannten beiden Punkten stellt die theoretische Anreicherung an Leichtersiedendem im Dampf durch den Boden dar, von dem die Flüssigkeit mit der gewählten Konzentration abfließt. In Wirklichkeit wird der Gehalt an Leichtersiedendem im Dampf durch den Boden nur um den Betrag $b = a_F s$ vergrößert, da weder vollkommener Stoffaustausch noch Flüssigkeitsdurchmischung vorliegen. Trägt man den Zahlenwert für das nunmehr bekannte Produkt $a_F s$ von dem Punkt III'_u auf der Senkrechten durch den Abszissenwert der gewählten Ablaufkonzentration nach oben auf, so erhält man den Punkt III'_a, welcher durch seinen Ordinatenwert den wirklichen Gehalt an Leichtersiedendem in dem von dem betrachteten Boden aufsteigenden Dampf angibt. In der gleichen Weise, wie für die gewählte Bodenablaufkonzentration die Werte für s und a_F und

---

[1] Lewis, W. K.: Rectification of Binary Mixtures. Ind. Eng. Chem. 28, 399—402 (1936).

[2] Kirschbaum, E.: Berechnung der Bodenzahl von Rektifiziersäulen. Z. VDI 80, 633—634 (1936).

daraus der Gehalt des von dem Boden mit der gleichen Bodenablaufkonzentration aufsteigenden Dampfes durch Punkt III'_a gefunden wurden, kann für jede beliebige Bodenablaufkonzentration ein s- und a_F-Wert abgelesen und das Produkt $a_F \cdot s$ von dem Schnittpunkt der Senkrechten durch den Abszissenwert der Bodenablaufkonzentration mit der Verstärkungsgeraden nach oben aufgetragen werden, was eine $a_F \cdot s$-Kurve ergibt. Ein Punkt auf dieser Linie gibt den Zusammenhang zwischen der

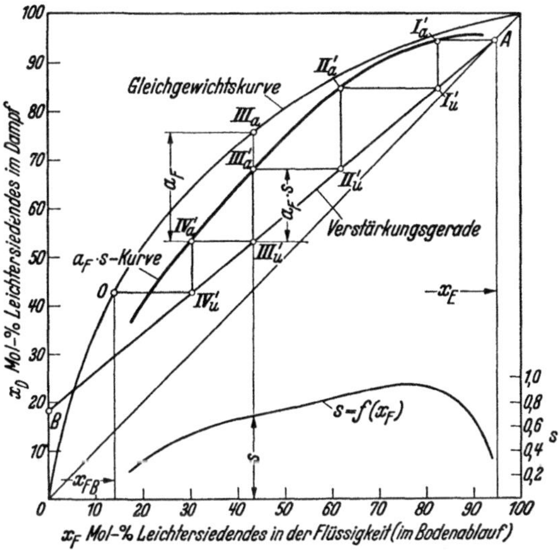

Abb. 102. Zeichnerisches Verfahren zur Bestimmung der wirklichen Anzahl von Rektifizierböden

Konzentration in dem von einem Boden abströmenden Rücklauf und dem wirklichen Gehalt an Leichtersiedenem in dem von demselben Boden aufsteigenden Dampf an.

Wird vorausgesetzt, daß der Rücklaufkondensator keine verstärkende Wirkung ausübt, so ist durch Punkt A in Abb. 102 der Gehalt an Leichtersiedendem des vom obersten Boden der Säule aufsteigenden Dampfes und des Rücklaufes auf denselben Boden gegeben. Die Abszissenparallele durch Punkt A liefert mit der $a_F \cdot s$-Kurve den Schnittpunkt I'_a, der durch seinen Abszissenwert die Konzentration des Ablaufes des obersten (ersten) Bodens wiedergibt. Sie liefert auf der Verstärkungsgeraden den Schnittpunkt I'_u, welcher den zu der genannten Bodenablaufkonzentration gehörigen Gehalt in dem Dampf angibt, der dem ersten Boden zuströmt. Entsprechend liefert die Waagerechte durch den Punkt I'_u auf der $a_F \cdot s$-Kurve den Punkt II'_a, welcher den Zusammenhang zwischen der Dampfkonzentration über dem zweiten Boden und der Konzentration in der von demselben Boden abströmenden Flüssigkeit festlegt. Besitzt eine Trennsäule beispielsweise vier Austauschböden, so stellen entsprechend die Punkte III'_u und IV'_u den Zusammenhang zwischen den Flüssigkeits- und Dampfkonzentrationen in einem waagerechten Querschnitt unter dem dritten und unter dem vierten Boden dar, während durch die Punkte III'_a und IV'_a die Beziehung zwischen der Konzentration im Dampf über dem dritten bzw. vierten Boden und der Konzentration in der von den genannten Böden abströmenden Flüssigkeit bestimmt ist. Aus der Waagerechten durch den Punkt IV'_u folgt der auf der Gleichgewichtskurve liegende Schnittpunkt 0 und aus ihm die Blasenkonzentration x_{FB} sowie der Gehalt an Leichtersiedendem in dem Dampf, der von der Blase aufsteigt. Durch das gezeigte Verfahren ist die tatsächlich erforderliche Bodenzahl unmittelbar durch die Anzahl der Eckpunkte I'_u, II'_u, III'_u usw. des Treppenlinienzuges gegeben, den man von dem Punkt A ausgehend zwischen der Verstärkungsgeraden und der $a_F \cdot s$-Kurve bis zu dem durch die Blasenkonzentration gegebenen Punkt 0 zeichnen kann. Dabei wird die Waagerechte durch Punkt 0 nur zufällig die Verstärkungsgerade wie in Abb. 102 in einem Punkte schneiden, der sich als der letzte Eckpunkt des Treppenzuges ergibt. Die zu wählende Bodenzahl muß dann in Anlehnung an die Anzahl der erhaltenen Eckpunkte des Treppenzuges entsprechend nach oben abgerundet werden.

4. Berücksichtigung der Verstärkung durch Teilniederschlag im Rücklaufkondensator bei der Berechnung der Bodenzahl

Bei den erläuterten Verfahren zur Bestimmung der Bodenzahl einer Rektifiziersäule ist die Voraussetzung gemacht, daß der Rücklaufkondensator keine Trennwirkung ausübt. Diese Voraussetzung ist durch die Schaltung nach Abb. 90 erfüllt, bei welcher der gesamte in den Rücklaufkondensator strömende Dampf niedergeschlagen wird. Dieser Dampf und die den Kondensator verlassende Flüssigkeit weisen dabei dieselbe Zusammensetzung auf. Wird jedoch im Rücklaufkondensator nur der Rücklauf gebildet und aus ihm eine Restdampfmenge entnommen, die in einem zweiten Wärmeaustauscher niedergeschlagen und gekühlt wird, so weist diese das Erzeugnis bildende Restmenge eine andere Zusammensetzung als der der Säule entströmende Dampf auf. Der Unterschied des Gehaltes an Leichtersiedendem im Restdampf und in dem dem Kondensator zuströmenden Dampf stellt die Verstärkung durch Teilniederschlag dar. Infolge dieser Anreicherung erzeugt der Dephlegmator nicht nur den Rücklauf, sondern er wirkt selbst wie eine bestimmte Anzahl von Böden, die im folgenden am Beispiel des Gemisches Äthylalkohol-Wasser an Hand der Abb. 103 ermittelt wird.

Das Erzeugnis soll $\xi_E = 90$ Gew.-% entsprechend $x_E = 78$ Mol-% Äthylalkohol aufweisen und das molare Rücklaufverhältnis habe den Wert $v = 5$. Durch die Destillatkonzentration ist der Punkt A und durch x_E und v der Punkt B festgelegt. Die Verbindung der beiden Punkte A und B ergibt die Verstärkungsgerade. Für die Ermittlung der theoretischen Bodenzahl werden Flüssigkeitsdurchmischung und vollkommener Austausch auf den Rektifizierböden zugrunde gelegt, und

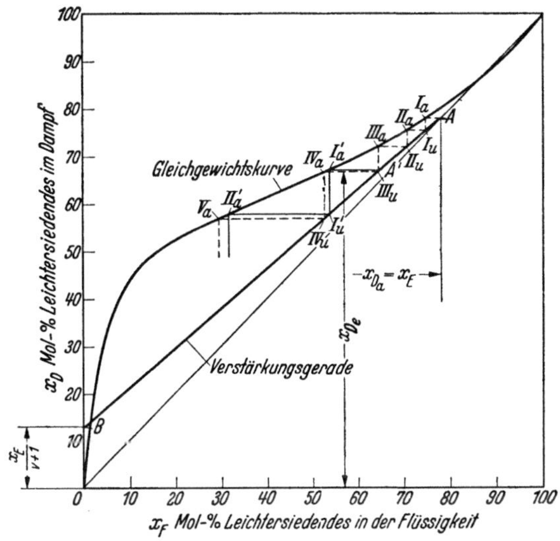

Abb. 103. Zeichnerisches Verfahren zur Berücksichtigung der Trennwirkung des Rücklaufkondensators bei der Berechnung der Bodenzahl (Gemisch: Äthanol-Wasser)

es ist zunächst vorausgesetzt, daß der Rücklaufkondensator keine verstärkende Wirkung ausübt. Die theoretische Bodenzahl ist dann gegeben durch die Anzahl der Eckpunkte I_u, II_u, III_u usw. des in Abb. 103 gestrichelt eingezeichneten Treppenlinienzuges zwischen Gleichgewichtskurve und Verstärkungsgeraden. Die Zusammensetzung des Rücklaufes, der vom dritten Boden (von oben gerechnet) abfließt, ist durch den Abszissenwert des Punktes III_u gegeben.

Ist der Rücklaufkondensator so geschaltet, daß er eine verstärkende Wirkung hervorruft, so hat die Verstärkungsgerade dieselbe Bedeutung wie in dem Falle des vollständigen Niederschlagens des in den Rücklaufkondensator strömenden Dampfes. Die Destillatkonzentration x_E und das Rücklaufverhältnis v geben deshalb auch in diesem Falle die Punkte A und B der Verstärkungsgeraden an. Das gegebene Rücklaufverhältnis stellt nicht nur das Rücklaufverhältnis der Rektifiziersäule, sondern auch das Rücklaufverhältnis des Teilniederschlages im Rücklaufkondensator dar. Es sei angenommen, daß die theoretische Anreicherung durch Teilniederschlag erzielt wird. Zu dem gegebenen Alkoholgehalt in dem aus dem Rücklaufkondensator strömenden Dampf von $x_E = 78$ Mol-% und zu $v = 5$ kann dann aus Abb. 51 ein Gehalt an Leichtersiedendem in dem in den Kondensator strömenden Dampf von $x_{De} = 67$ Mol-% abgelesen werden. Mit diesem Gehalt entströmt der Dampf dem obersten Boden der Verstärkungssäule. Sein Ordinatenwert ergibt den auf der Gleichgewichtskurve liegenden Punkt I'_a und die Abszissenparallele durch letzteren mit der Verstärkungsgeraden den Schnittpunkt A'. Dieser gibt durch seinen Abszissenwert mit 64,8 Mol-% Äthylalkohol die Konzentration der aus dem Rücklaufkondensator auf den obersten Rektifizierboden strömenden Flüssigkeit an, während Punkt I'_a die Gleichgewichtsgehalte in dem vom obersten Boden aufsteigenden Dampf und in der denselben Boden verlassenden Rücklaufflüssigkeit liefert. Die Abhängigkeit des Gehaltes in der vom obersten Boden abströmenden Flüssigkeit und in dem demselben Boden zuströmenden Dampf ist durch den auf der Verstärkungsgeraden liegenden und durch den Abszissenwert des Punktes I'_a gegebenen Punkt I'_u festgelegt. Die theoretische Bodenzahl unter Berücksichtigung der Verstärkung des Dephlegmators ist demnach durch die Anzahl der Eckpunkte I'_u, II'_u usw. auf der Verstärkungsgeraden gegeben, welche man durch Zeichnen des Treppenlinienzuges zwischen der Gleichgewichtskurve und der Verstärkungsgeraden vom Punkt A' ausgehend bis zur gegebenen Blasenkonzentration erhält.

Aus Abb. 103 geht hervor, daß für die gewählten Verhältnisse der Dephlegmator eine Anreicherung an Leichtersiedendem im Dampf hervorruft, die derjenigen von etwa drei vollkommen arbeitenden Böden gleichkommt. Legt man ein mittleres Verstärkungsverhältnis von 0,75 zugrunde, so ersetzt der Rücklaufkondensator vier Rektifizierböden.

Die Anzahl von Austauschböden, welche der Dephlegmator ersetzen kann, hängt an erster Stelle von dem zu trennenden Gemisch, von den Betriebsbedingungen und von der Konstruktion des Rücklaufkondensators ab. Für das Zweistoffgemisch Benzol-Toluol findet man beispielsweise unter Benützung der in Zahlentafel 5 (Seite 87) enthaltenen Meßergebnisse zur Destillatkonzentration $x_E = 74$ Mol-% und zum molaren Rücklaufverhältnis $v = 5{,}5$ die Dampfeintrittskonzentration $x_{De} = 63{,}1$ Mol-%. Die Trennwirkung des Dephlegmators entspricht in diesem Fall knapp der eines vollkommen arbeitenden Rektifizierbodens. Bei den folgenden Betrachtungen wird im allgemeinen der Einfachheit halber angenommen, daß der Rücklaufkondensator so geschaltet ist, daß er keine verstärkende Wirkung ausübt.

VI. Das Mindestrücklaufverhältnis und das wirkliche Rücklaufverhältnis des absatzweise arbeitenden Rektifizierapparates

Die Austauschgerade gemäß Gl. (112) fällt im zweidimensionalen x_D, x_F – Bild mit der Diagonalen zusammen, wenn das Rücklaufverhältnis $v = \infty$ wird. Dieser Fall wird dadurch verwirklicht, daß der gesamte aus der Verstärkungssäule aufsteigende Dampf im Rücklaufkondensator niedergeschlagen und alles entstandene Kondensat in die Säule zurückgeleitet wird. Erzeugnis wird also nicht entnommen ($E = 0$). Der Abstand zwischen Verstärkungsgerade und Gleichgewichtskurve wird dann am größten und die theoretische Bodenzahl am kleinsten. Sie steigt, wenn das Rücklaufverhältnis abnimmt. Im theoretischen Grenzfalle kann die Bodenzahl unendlich groß werden ($n_t = \infty$). Das zu ihr gehörige Rücklaufverhältnis wird Mindestrücklaufverhältnis genannt. Um den Begriff des Rücklaufverhältnisses für die praktische Berechnung der benötigten Anzahl von Austauschböden brauchbar zu gestalten, muß der als erstes Kriterium angeführten Festlegung, nach welcher die Bodenzahl unendlich groß wird, ein zweites Kriterium angefügt werden. Es besagt, daß die beim Mindestrücklaufverhältnis v_M unendlich werdende Bodenzahl einen endlichen Wert annimmt, wenn v_M um einen beliebig kleinen Betrag Δv vergrößert wird. Dadurch wird unter Beibehaltung des Schnittpunktes A zwischen der Austauschgeraden und der Diagonalen in Abb. 98 die Neigung ersterer gegen die Waagerechte größer.

Auf Grund der gegebenen Deutung soll zunächst für ein Zweistoffgemisch ohne ausgezeichneten Punkt, z. B. für ein ideales Gemisch, das Mindestrücklaufverhältnis an Hand der Abb. 104 für den Fall ermittelt werden, daß die Destillatzusammensetzung x_E und die Konzentration x_{FB} in der Blasenflüssigkeit gegeben sind. Erstere liefert den Schnittpunkt A der Verstärkungsgeraden mit der Diagonalen des Schaubildes und letztere durch ihren Abszissenwert den Schnittpunkt C mit der Gleichgewichtskurve. Verbindet man A und C durch eine Gerade, so wird im Punkte C die Bodenzahl unendlich groß, indem man durch Einzeichnen des Treppenlinienzuges zwischen Gleichgewichtskurve und Gerade AC vom Punkt A ausgehend nur bei unendlich vielen Stufen an den Punkt C gelangen kann. Die Gerade AC schneidet auf der Ordinaten den Wert

$$o_M = \frac{x_E}{v_M + 1}$$

ab, dessen Zahlenwert abgelesen und aus dem das gesuchte Mindestrücklaufverhältnis ermittelt werden kann:

$$v_M = \frac{x_E}{o_M} - 1 \,. \tag{120}$$

Für den Abb. 104 zugrunde liegenden Gehalt an Leichtersiedendem von $x_E = 83$ Mol-% und für die gewählte Blasenkonzentration von $x_{FB} = 18$ Mol-% wird ein Ordinatenabschnitt von $o_M = 17{,}5$ Mol-% abgelesen, woraus sich ein Mindestrücklaufverhältnis $v_M = 3{,}74$ ergibt.

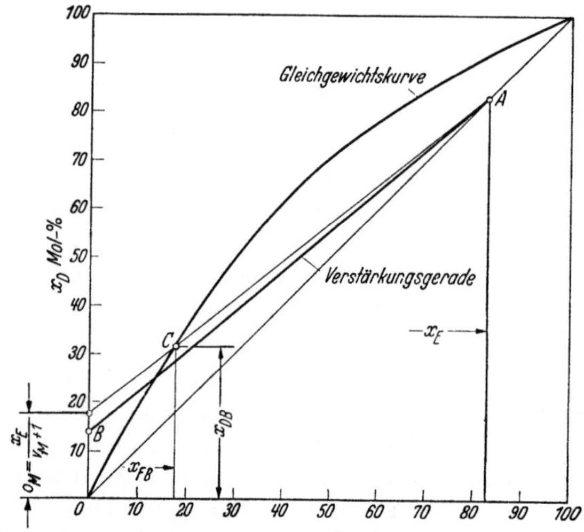

Abb. 104. Ermittlung des Mindestrücklaufverhältnisses für ein Zweistoffgemisch ohne ausgezeichneten Punkt

Weil der Gleichgewichtspunkt C, dem die Gehalte x_{FB} und x_{DB} zugeordnet sind, auf der Verstärkungsgeraden liegt, kann das Mindestrücklaufverhältnis auch aus der Bedingung

$$x_{DB} = \frac{v_M}{v_M + 1} x_{FB} + \frac{x_E}{v_M + 1}$$

zu

$$v_M = \frac{x_E - x_{DB}}{x_{DB} - x_{FB}} \tag{121}$$

ermittelt werden. Die Konzentration x_{DB} des aus der Blase aufsteigenden Dampfes wird am Punkt C abgelesen.

Auch die zweite das Mindestrücklaufverhältnis kennzeichnende Bedingung ist mit der in Abb. 104 wiedergegebenen Gleichgewichtskurve erfüllt, indem sich die Verstärkungsgerade AC, welcher das Mindestrücklaufverhältnis zugeordnet ist, bei Vergrößerung des letzteren um einen beliebig kleinen Betrag beispielsweise nach einer Lage verschiebt, welche die Verbindungsgerade der Punkte A und B in Abb. 104 angibt. Unter Zugrundelegung dieser Verstärkungsgeraden ergibt sich bereits eine endliche Stufenzahl.

Die zuletzt genannte Bedingung kann jedoch nur unter Zuhilfenahme eines besonderen Verfahrens bei solchen Gemischen erfüllt werden, deren

Gleichgewichtskurve einen Wendepunkt aufweist, wie er beispielsweise bei dem Gemisch Äthylalkohol-Wasser vorliegt. Auch hierbei ist ein Punkt A der Verstärkungsgeraden durch den Schnittpunkt der Senkrechten durch den Abszissenwert der Destillatkonzentration x_E mit der

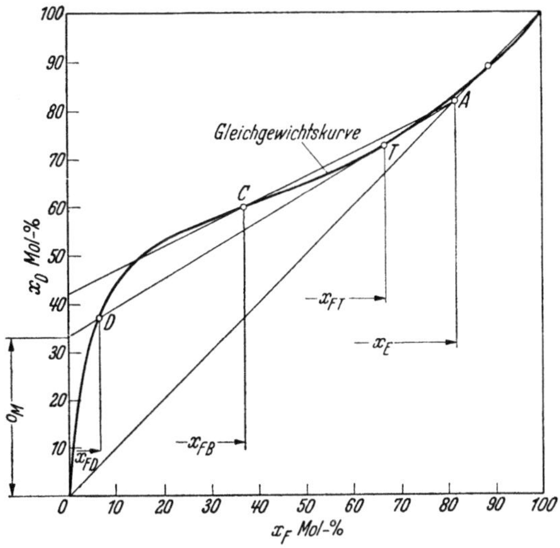

Abb. 105. Bestimmung des Mindestrücklaufverhältnisses für ein Zweistoffgemisch, dessen Gleichgewichtskurve einen Wendepunkt aufweist

Diagonalen festgelegt. Die Blasenkonzentration x_{FB} ergibt gemäß Abb. 105 auf der Gleichgewichtskurve den Punkt C. Die Verbindungsgerade AC schneidet jedoch die Gleichgewichtskurve in drei Punkten. Dies hat zur Folge, daß die Stufenzahl auch dann noch unendlich bleibt, wenn das der Geraden AC zugeordnete Rücklaufverhältnis um einen beliebig kleinen Betrag vergrößert wird. Die zweite Bedingung für das Mindestrücklaufverhältnis ist nur dann erfüllt, wenn durch den Punkt A eine Tangente an die Gleichgewichtskurve gelegt wird, welche letztere im Punkte T berührt, sie im Punkt D schneidet und auf der Ordinaten den Wert o_M liefert. Aus letzterem kann mit Hilfe der Gl. (120) das Mindestrücklaufverhältnis bestimmt werden. Wird dieses um einen beliebig kleinen Betrag vergrößert, so verläuft die Verstärkungsgerade durch Punkt A steiler als die Gerade AD und schneidet die Gleichgewichtskurve nur noch in einem Punkt. Für alle Blasenfüllungskonzentrationen, die in dem Bereich zwischen den Flüssigkeitskonzentrationen der Punkte D und T liegen, ergibt sich demnach ein gleiches Mindestrücklaufverhältnis. Letzteres wird größer für Blasenkonzentrationen, die kleiner sind als die Flüssigkeitskonzentration x_{FD} des Punktes D, und es wird kleiner für solche Gehalte an Leichtersiedendem in der Blasenfüllung, die größer sind als der Gehalt x_{FT} an Leichtersiedendem in der Flüssigkeit, welcher dem Punkte T zugeordnet ist.

In Abb. 106 ist das Mindestrücklaufverhältnis für das ideale Gemisch Benzol-Toluol und für das Gemisch Äthylalkohol-Wasser in Abhängigkeit von dem Gehalt an Leichtersiedendem in der Blasenfüllung wiedergegeben, wobei für das letztgenannte Gemisch zwei Destillatkonzentrationen angenommen sind. Das Mindestrücklaufverhältnis ist für den

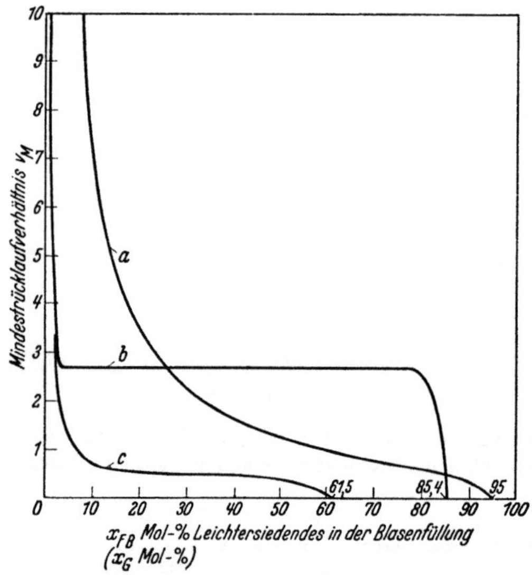

Abb. 106. Mindestrücklaufverhältnis in Abhängigkeit von dem Gehalt an Leichtersiedendem in der Blasenfüllung

a Gemisch Benzol-Toluol, Destillatkonzentration x_E = 98 Mol-% Benzol; *b* Gemisch Äthylalkohol-Wasser, Destillatkonzentration x_E = 86 Mol-% Alkohol; *c* Gemisch Äthylalkohol-Wasser, Destillatkonzentration x_E = 70 Mol-% Alkohol

Destillatgehalt von $x_E = 86$ Mol-% an Leichtersiedendem über den Bereich der Konzentration in der Blasenfüllung gleich, in welchem das Mindestrücklaufverhältnis durch eine Verstärkungsgerade gegeben ist, welche die Gleichgewichtskurve tangiert. Bei Destillatgehalten, welche kleiner sind als 70 Mol-% an Leichtersiedendem, nimmt auch bei dem Gemisch Äthylalkohol-Wasser das Mindestrücklaufverhältnis stetig ab.

Für die Festlegung des wirklichen Rücklaufverhältnisses auf Grund des ermittelten Mindestrücklaufverhältnisses ist sein Einfluß nicht nur auf den Betriebsmittelverbrauch, sondern auch auf die Anschaffungskosten ausschlaggebend. Mit steigendem Rücklaufverhältnis nimmt der Heiz- und Kühlmittelaufwand stetig zu, während die für die Trennung eines Gemisches notwendige Anzahl von Austauschböden stetig abnimmt. Aus diesem Grunde werden die Anschaffungskosten der Verstärkungssäule mit zunehmendem Rücklaufverhältnis kleiner. In entgegengesetztem Sinne verändert sich jedoch der Säulendurchmesser und der Baustoffaufwand für die Wärmeaustauscher, so daß die Anschaffungskosten für die Verstärkungssäule und für die Wärmeaustauschapparate des Rektifizierapparates bei einem bestimmten Rücklaufverhältnis einen Kleinstwert aufweisen. Für den Bau und Betrieb des Rektifizierapparates wird dasjenige Rücklaufverhältnis v gewählt, bei welchem die Gesamtkosten am kleinsten sind, die sich aus den jährlichen Betriebsmittelkosten und aus der Amortisation sowie Verzinsung des Anlagekapitals zusammensetzen. Dieses günstigste Rücklaufverhältnis v weist einen Zahlenwert auf, welcher ein bestimmtes Vielfaches vom Mindestrücklaufverhältnis v_M ausmacht:

$$v = z v_M. \tag{122}$$

Der Zahlenwert für z liegt im allgemeinen zwischen 1,3 und 5 bis 10. Für die Apparate der Spiritusindustrie beträgt er beispielsweise etwa 1,6 (s. dazu Abb. 131, welche die Abhängigkeit der Kosten vom Rücklaufverhältnis zeigt).

VII. Maßgebliche Einflüsse auf die Trennwirkung von Austauschböden

1. Überblick

Obwohl die Entwicklung der Rektifikation schon im Jahre 1817 (s. S. 143 unten) unwiderlegbar erkannt wurde, kennt man trotz vieler Versuche bis heute noch keine einfach übersehbare Formel, die es gestattet, für beliebige Gemische ohne irgendwelche Stichversuche die Trennwirkung vorauszuberechnen.

Im allgemeinen wird ausgesagt, daß das Verstärkungsverhältnis s zwischen 0,6 und 0,8 liegt. Diese Angaben stellen Mittelwerte von hunderten, ja von tausenden von Auswertungen mit verschiedenen Gemischen dar. Im Laufe der Entwicklung wurde die Aufgabe der Flüssigkeitstrennung stets neuer Gemische gestellt und auch neue Betriebsbedingungen traten in Erscheinung. Es sollen deshalb im folgenden Angaben zu einer möglichst genauen Bestimmung des Verstärkungsverhältnisses oder zu einer Abschätzung mit oder ohne Vergleich mit Messungen von Gemischen, welche mit zu trennenden neuen Gemischen mehr oder weniger ähnlich sind, gemacht werden.

Dieses wird im folgenden in drei Kapiteln versucht, von denen im ersten wärmetechnische Werte Berücksichtigung finden, während im zweiten für den Stoff-Wärmeaustausch maßgebende physikalische Zahlen und dimensionslose Größen untersucht werden.

Schließlich wird noch auf eine in Amerika durchgeführte und großangelegte Gemeinschaftsforschung mehrerer Universitätsinstitute eingegangen[1].

2. Einfluß des Temperaturgefälles zwischen den Phasen und der auszutauschenden Wärmemenge

Es zeigte sich, daß die Verdampfungswärmen sowie die Siede- und die Taulinie genügen, um mindestens im Grundsätzlichen den Einfluß der Veränderlichen auf den Grad der Trennwirkung vorauszusagen. Mit den bekannten Unterlagen lassen sich die zwischen Dampf und Flüssigkeit an ihrer Berührungsfläche ausgetauschte Energie- und die damit niedergeschlagene und wieder gebildete Dampfmenge einerseits sowie das zwischen den beiden Phasen herrschende Temperaturgefälle andererseits bestimmen. Für die Ermittlung wird wie für die Berechnung der theoretischen Bodenzahl der Fall der theoretischen Bodenanreicherung zugrunde gelegt. Bei ihm steht der von einem Austauschboden aufsteigende Dampf im Phasengleichgewicht mit der vom selben Boden ablaufenden Flüssigkeit. Für den durch Versuche erwiesenen Einfluß der genannten Größen läßt sich folgende Erklärung geben. Je kleiner die zwischen den Phasen, beispielsweise je Mol durch einen Boden strömenden Dampfes, auszutauschende Wärmemenge Q [kcal/Mol] ist, desto leichter wird der vollkommene Austausch erzielt werden und um so besser ist die Bodenwirkung. In derselben Richtung wirkt sich eine Vergrößerung des Temperaturgefälles ϑ [°C] zwischen Dampf und Flüssigkeit aus, weil durch letzteres die Gleichgewichtsstörung zwischen den beiden Phasen bedingt ist. Sie wächst mit ϑ. Sie verschwindet bei $\vartheta = 0$, wobei jeglicher Austausch aufhört. Es läßt sich also aussagen, was durch Versuchsergebnisse bestätigt wird, daß die Trennwirkung eines Bodens um so besser wird und damit das Verstärkungsverhältnis um so höher liegt, je größer der Quotient ϑ/Q ist. Wie er bestimmt wird, sei an Hand der Abb. 107 für ein Zweistoffgemisch erläutert. Des leichteren Verständnisses wegen werden zuerst der Nenner und anschließend der Zähler ermittelt.

Der einem bestimmten Boden zuströmende Dampf habe x_{Du} [Mol-%] Leichtersiedendes und der abströmende Dampf x_{Do} [Mol-%]. Wie diese beiden Werte für eine bestimmte Bodenablaufkonzentration x_{Fu} [Mol-%] bestimmt werden, geht aus dem oberen Teil der Abb. 107 hervor, in welchem die Gleichgewichtskurve, die Verstärkungsgerade und die Dia-

[1] Bubble Tray Design Manual, American Institute of Chemical Engineers, 25 West 45 Street, New York 36, N. Y.

gonale des zweidimensionalen Schaubildes eingetragen sind. Die erstgenannte Gerade schneidet die zweitgenannte im Punkte A beim Abszissenwert x_E, welcher den Gehalt an Leichtersiedendem im Destillat darstellt. Durch einen Punkt B auf der Verstärkungsgeraden ist der Zusammenhang zwischen der Flüssigkeitsablaufkonzentration x_{Fu} und dem

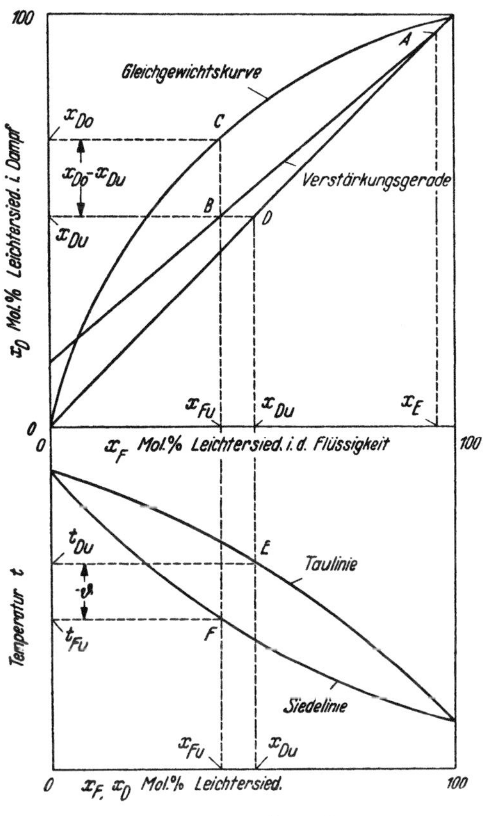

Abb. 107. Bestimmung der theoretischen Anreicherung $x_{Do} - x_{Du}$ und des Temperaturgefälles ϑ

Gehalt x_{Du} in dem Dampf gegeben, welcher dem betrachteten Boden zuströmt. Die Zusammensetzung des von diesem aufsteigenden Dampfes ist an dem senkrecht über B und auf der Gleichgewichtskurve liegenden Punkte C abzulesen. Der Ordinatenunterschied $x_{Do} - x_{Du}$ zwischen diesen beiden Punkten stellt die theoretische Anreicherung eines Bodens dar. Je Mol Gemischdampf wird dann unter Berücksichtigung des sich abspielenden Austauschvorganges die Menge

$$\varDelta D = x_{Do}/100 - x_{Du}/100 \tag{123}$$

an Schwersiedendem kondensiert und die gleiche Menge ΔD[Mol] an Leichtersiedendem verdampft. Wird die in vielen Fällen von der Zusammensetzung unabhängige molare Verdampfungswärme mit r[kcal/Mol] bezeichnet, so wird die theoretisch auszutauschende Wärmemenge

$$Q = \Delta D r\,. \tag{124}$$

Schon aus dem Verlauf der Gleichgewichtskurve geht hervor, daß Q sich mit der Zusammensetzung ändert. Bei dem Verlauf der Gleichgewichtskurve, wie sie Abb. 107 zeigt, hat Q bei mittleren Gehalten an Leichtersiedendem einen Höchstwert. Diese Höchstwärmemenge muß übertragen werden, wenn die erwähnte theoretische Anreicherung erzielt werden soll.

Der Verlauf der Siede- und Taulinie läßt darauf schließen, daß auch das Temperaturgefälle ϑ von Boden zu Boden sich ändert. Der Dampf mit dem Gehalt x_{Du} strömt dem betrachteten Boden mit einer Temperatur t_{Du} zu und verläßt letzteren mit der zu x_{Do} gehörigen Temperatur t_{Do}. Die Flüssigkeit ändert die Temperatur von t_{Fo} auf t_{Fu}. Diese Werte sind den Zu- und Abström-Konzentrationen x_{Fo} und x_{Fu} der Flüssigkeit als Siedetemperaturen zugeordnet. Grundsätzlich ist die Ermittlung des auf einem Rektifizierboden vorliegenden mittleren Temperaturgefälles möglich. Unter den möglichen Endunterschieden liegt es dem Werte $(t_{Du} - t_{Fu})$ am nächsten. Deshalb und um die Untersuchungen einfach zu gestalten, wird im folgenden

$$\vartheta = t_{Du} - t_{Fu} \tag{125}$$

gesetzt. Wie das zu einer bestimmten Bodenablaufkonzentration x_{Fu} gehörige Gefälle ermittelt wird, geht ebenfalls aus Abb. 107 hervor. In seinem unteren Teil ist die Siede- und Taulinie eingetragen. Durch x_{Fu} und den Schnittpunkt F auf der Siedelinie ist die Siedetemperatur t_{Fu} der Bodenablaufflüssigkeit sowie über den Linienzug BDE durch den auf der Taulinie liegenden Punkt E mit dem Abszissenwert x_{Du} die Temperatur t_{Du} des dem betrachteten Boden zuströmenden Dampfes festgelegt. Das Temperaturgefälle ϑ kann dann unmittelbar als Ordinatenunterschied der Punkte E und F abgelesen werden.

Arbeitet eine Säule mit vollständigem Rücklauf (Rücklaufverhältnis $v = \infty$), so sind Flüssigkeitsablauf- und Dampfzuströmkonzentrationen einander gleich ($x_{Fu} = x_{Du}$), weil die Verstärkungsgerade mit der Diagonalen und dadurch die Punkte B und D (Abb. 107) zusammenfallen. Der Punkt E auf der Taulinie liegt dann senkrecht über Punkt F. Sowohl die theoretische Anreicherung als auch das Temperaturgefälle können nunmehr auf einer Ordinatenparallelen abgelesen werden.

Um die vorstehend gezogenen Schlußfolgerungen zahlenmäßig nachzuprüfen und mit Versuchsergebnissen vergleichen zu können, müssen für verschiedene Bodenablaufkonzentrationen die Werte Q und ϑ ermittelt werden, wie es an Hand der Abb. 107 erläutert ist.

Zunächst sollen Versuchsergebnisse von amerikanischen Forschern[1] zur Nachprüfung der aufgestellten Theorie herangezogen werden. Sie gelten für das Gemisch Benzol-Toluol und für vollkommenen Rücklauf ($v = \infty$). Der Säulendurchmesser betrug 316 mm.

In Abb. 108 ist das gemessene Verstärkungsverhältnis und der auf die erläuterte Weise ermittelte Quotient ϑ/Q in Abhängigkeit vom Benzolgehalt im Bodenablauf aufgetragen. Bei niederen Ablaufkonzentrationen

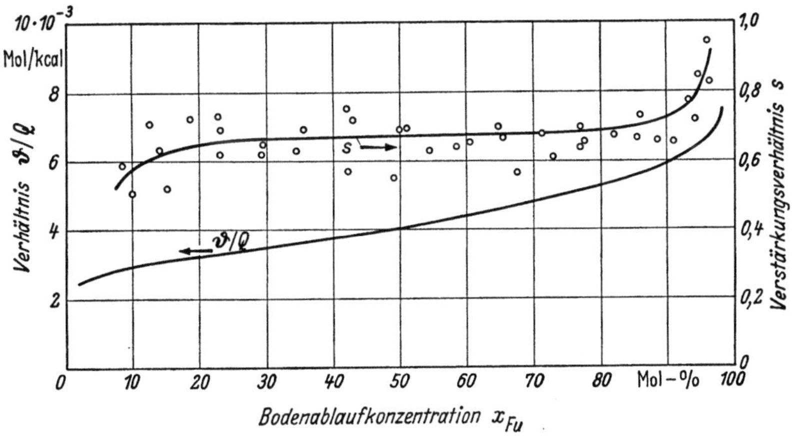

Abb. 108. Der Wert ϑ/Q und das Verstärkungsverhältnis s in Abhängigkeit von der Bodenablaufkonzentration

Gemisch: Benzol-Toluol, Druck: 760 mm Q.-S.

nehmen sowohl s als auch ϑ/Q ab und bei hohen Konzentrationen, besonders über 90 Mol-%, steigen beide Werte stark an. Versuchs- und Berechnungsergebnisse für das Gemisch Äthanol-Wasser zeigt Abb. 109. Die Verstärkungsverhältnisse wurden gemessen an einer Glockenbodensäule[2] mit 750 mm Durchmesser und einem Bodenabstand von 200 mm bei einer im freien Säulenquerschnitt herrschenden Dampfgeschwindigkeit von 2 m/s und einem absoluten Druck von 100 mm Q.-S. Bei einer Bodenablaufkonzentration von etwa 35 Mol-% Äthanol haben sowohl s als auch ϑ/Q ein Maximum. Im Gegensatz dazu nehmen bei dem Gemisch Benzol-Toluol gemäß Abb. 108 bei hohen Gehalten an Leichtersiedendem das Verstärkungsverhältnis und der Quotient ϑ/Q zu. Letzterer kann auch benützt werden, nicht nur um den Einfluß der Konzentration, sondern auch denjenigen anderer Größen anzugeben. Aus

[1] Carey, J. S., J. Griswold, W. K. Lewis, and W. H. McAdams: Plate efficiencies in rectification of binary mixtures. Trans. Am. Inst. Chem. Eng. **30**, 504—519 (1933—1934).

[2] Kirschbaum, E.: Berechnung von Rektifizier-Glockenböden. Chem.-Ing.-Tech. **28**, 713—721 (1956).

Abb. 110 geht beispielsweise hervor, wie sich ϑ/Q und die gemessenen Verstärkungsverhältnisse mit dem absoluten Rektifizierdruck p eines Siebbodens mit 400 mm Durchmesser und 135 mm Bodenabstand nach unveröffentlichten Versuchen des Verfassers ändern, wenn die Boden-

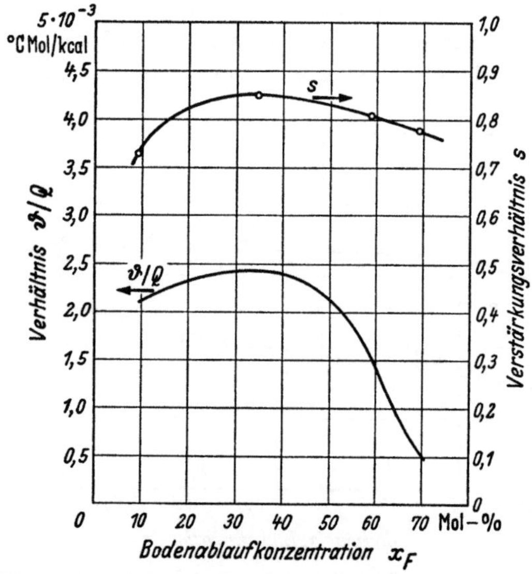

Abb. 109. Der Wert ϑ/Q und das Verstärkungsverhältnis s in Abhängigkeit von der Bodenablaufkonzentration

Gemisch: Äthanol-Wasser, Druck: 100 mm Q.-S.

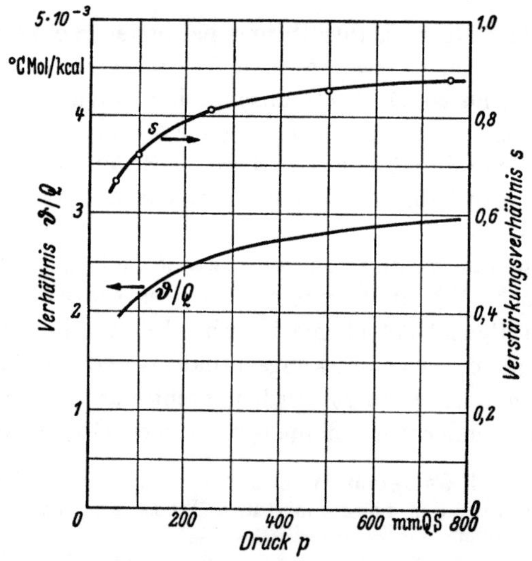

Abb. 110. Das Verhältnis ϑ/Q und das Verstärkungsverhältnis s in Abhängigkeit vom Siededruck

Gemisch: Äthanol-Wasser

ablaufkonzentration 50 Mol-% Äthanol und die Mengengeschwindigkeit 30 Mol/m²h bei vollkommenem Rücklauf betragen. Die bei dem gewählten Gemisch stets festgestellte Abnahme der Trennwirkung mit sinkendem Druck läßt sich durch das Abnehmen von ϑ/Q im gleichen Sinne deuten. Auch bei beliebigen anderen Gemischen hat sich der erläuterte Einfluß des Quotienten ϑ/Q auf die Trennwirkung von Rektifiziersäulen als zutreffend erwiesen[1].

3. Betrachtungen über den Stoffaustausch in den Phasen und Vergleich der Wirkung bei verschiedenen Gemischen

Der grundlegenden allgemeinen Bedeutung wegen sollen die Stoffaustauschvorgänge behandelt werden, die einen Schluß auf die Stoffaustauschzahlen und damit auch auf die Trennwirkung und das Verstärkungsverhältnis zulassen. Die Belastungsgrenzen werden in einem ausführlichen Kapitel besonders behandelt (siehe Abschn. H, Bestimmung der Abmessungen der Rektifiziersäule mit Austauschböden).

Da sehr viele veröffentlichte Messungen meist mit dem Gemisch Äthanol/Wasser durchgeführt wurden, sollen im folgenden Meßergebnisse über die Trennwirkung mitgeteilt werden, die mit drei grundsätzlich verschiedenen Gemischen erhalten wurden. Am geeignetsten für eine Verallgemeinerung erschienen die folgenden drei Gemische: Das erste Gemisch, Benzol/Toluol ist ein ideales Gemisch, bei dem Assoziationskräfte in der Flüssigkeit fehlen, welche beim zweiten Gemisch, Äthanol/Wasser, stark wirksam sind und das zudem einen azeotropischen Punkt aufweist. Das dritte Gemisch, Wasser/n-Butanol, ist sogar über einen bestimmten Konzentrationsbereich unlöslich. Trotzdem verhalten sie sich rektifiziertechnisch sehr ähnlich und weisen in ihrem Verlauf ähnliche Belastungskurven auf, wie Abb. 111 für einen Siebboden mit 400 mm Durchmesser, 2,5 mm Lochdurchmesser und 7 mm Teilung zeigt. Die oberen Belastungsgrenzen sind durch einen senkrechten Strich an den Belastungskurven angedeutet.

Die Kurven sind im Bereich kleiner Belastungen, in dem mit sinkender Dampfgeschwindigkeit die Trennwirkung abnimmt, gestrichelt gezeichnet, weil Flüssigkeit durch die Bohrungen nach unten hindurchtropft. Schaltet man ein nicht ins Gewicht fallendes Mitreißen von Flüssigkeit im Dampf aus, so kann aus den Kurven in Abb. 111 abgelesen werden, daß bei einer Dampfgeschwindigkeit von $w_D = 0{,}8$ m/s das Gemisch Wasser/n-Butanol ein Verstärkungsverhältnis $s = 0{,}7$ und die beiden Gemische Äthanol/Wasser sowie Benzol/Toluol ein nahezu gleiches Verstärkungsverhältnis von $s \approx 0{,}76$ aufweisen, das auch über einen großen Belastungsbereich erhalten bleibt. Die gleiche Trennwirkung bei derselben Dampfgeschwindigkeit geht aus der Belastungskurve für das

[1] SCHLATTERER, R.: Wirkung von Rektifizierböden in Luftzerlegungsanlagen nach der Theorie von KIRSCHBAUM. Chem.-Ing.-Tech. 23, 470—472 (1951).

Gemisch Benzol/Äthylenchlorid hervor, welche bei der Untersuchung von Glockenböden erhalten wurde und die an anderer Stelle veröffentlicht wird. Dieses auffallende Ergebnis hat eine Hauptursache in der Ähnlichkeit derjenigen physikalischen Größen, welche den Stoffaustausch

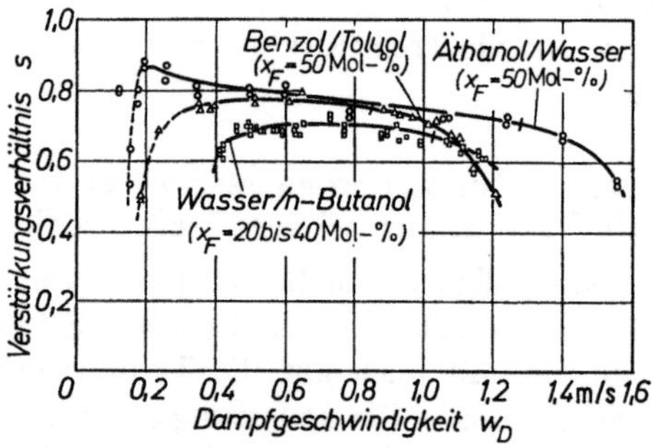

Abb. 111. Belastungskurven eines Siebbodens mit 400 mm Dmr. für die Gemische Äthanol/Wasser, Benzol/Toluol und Wasser/n-Butanol. Loch-Dmr. $d = 2{,}5$ mm; Teilung $t = 7$ mm; Querschnittsverhältnis $\varphi = 12{,}8$ Bodenabstand $H = 155$ mm; Druck 760 Torr; Dampfgeschwindigkeit w_D auf den leer gedachten Säulenquerschnitt bezogen

zwischen den Kernmassen der Phasen und ihrer Berührungsflächen bedingen. Sie sind in Zahlentafel 7 zusammengestellt[1, 2]. Ferner sind in den drei letzten Spalten Kenngrößen und Verhältniszahlen aufgeführt, welche nach bekannten Beziehungen den Zusammenhang zwischen den Stoffaustauschzahlen sowie den physikalischen und betrieblichen Werten in beiden Phasen angeben:

$$\left.\begin{aligned} \mathrm{Nu}' &= \frac{\sigma d}{\beta} \text{ die Nußelt-Zahl für den Stoffaustausch,} \\ \mathrm{Re} &= \frac{w d}{\nu} \text{ die Reynolds-Zahl} \\ \mathrm{Sc} &= \frac{\nu}{\beta'} \text{ die Schmidt-Zahl.} \end{aligned}\right\} \tag{126}$$

Es bedeuten

σ [Mol/m²h] die Stoffaustauschzahl bezogen auf das Konzentrationsgefälle zwischen Kernmasse der Flüssigkeit oder des Dampfes und der Phasengrenzfläche
d [m] die kennzeichnende Länge
β [Mol/m · h] die Diffusionszahl, bezogen auf das Gefälle der Gehalte (in Prozenten an Leichtersiedendem)
β' [m²/h] die Diffusionszahl, bezogen auf das Gefälle der Konzentration (letztere in Menge je Raumeinheit)
w [m/s] die kennzeichnende Geschwindigkeit
ν [m²/h] die kinematische Zähigkeit.

[1] Reid, R. C., and Th. K. Sherwood: The properties of gases and liquids. New York-Toronto-London: Mc Graw-Hill 1958.
[2] *Chemical Data Services.* Am. Chem. Soc. 1956/58.

Zahlentafel 7. *Stoffwerte und Kennzahlen der untersuchten Zweistoff-Gemische*

	Konzentration x [Mol-% L.S.]	Molekul.-gew. μ	Bezugs-temp. t [° C]	Dichte ϱ [kg/m³]	Kinemat. Zähigkeit ν [m²/h]	Diffusions-Zahl β' [m²/h]	Schmidt-Zahl Sc	Re/Re_X	σ/σ_X
				Flüssigkeit					
Äthanol/Wasser	50	32	80	808	$0{,}256 \cdot 10^{-2}$	$0{,}781 \cdot 10^{-5}$	327	1	1
Benzol/Toluol	50	85	92	800	$0{,}128 \cdot 10^{-2}$	$1{,}926 \cdot 10^{-5}$	66,4	5,20	1,84
Wasser/n-Butanol	40	51,7	94,5	775	$0{,}273 \cdot 10^{-2}$	$0{,}875 \cdot 10^{-5}$	312	1,03	0,67
Benzol/Äthylenchlorid	50	88,5	81,5	982	$0{,}134 \cdot 10^{-2}$	$1{,}62 \cdot 10^{-5}$	82,6	4,37	1,71
				Dampf					
Äthanol/Wasser	50	32	85	1,09	$3{,}67 \cdot 10^{-2}$	$7{,}24 \cdot 10^{-2}$	0,51	1	1
Benzol/Toluol	50	85	98	2,80	$1{,}16 \cdot 10^{-2}$	$1{,}95 \cdot 10^{-2}$	0,60	3,16	0,7
Wasser/n-Butanol	40	51,7	106,6	1,66	$1{,}96 \cdot 10^{-2}$	$5{,}72 \cdot 10^{-2}$	0,34	1,87	1,05
Benzol/Äthylenchlorid	50	88,5	81,5	3,04	$1{,}15 \cdot 10^{-2}$	$1{,}71 \cdot 10^{-2}$	0,67	3,20	0,67

Zwischen β und β' besteht der Zusammenhang

$$\beta = \gamma \beta' \tag{127}$$

in welchem γ [Mol/m^3] die Zahl der Mole je Raumeinheit bedeutet. Zwischen den Kenngrößen gilt die Beziehung

$$\mathrm{Nu}' = C \cdot \mathrm{Re}^m \cdot \mathrm{Sc}^n\,. \tag{128}$$

Die Konstante C und die Exponenten m und n sind durch das Experiment zu bestimmen. Trotz der Verschiedenheit der gewählten Gemische in destillations-technischem Sinne sind die für den Stoffaustausch wichtigen Schmidt-Zahlen gemäß Zahlentafel 7 für den Dampf nur wenig, für die Flüssigkeit jedoch stark verschieden. Daraus und unter Beachtung der Tatsache, daß die Trennwirkung gleich oder ähnlich ist, kann man den Schluß ziehen, daß der Übergangswiderstand im Dampf liegt. Andererseits hat das Gemisch Wasser/n-Butanol mit der kleinsten Schmidt-Zahl im Dampf mit $s = 0{,}7$ ein etwas kleineres Verstärkungsverhältnis als die anderen Gemische mit etwa $s = 0{,}76$. Wenn der festgestellte kleine Unterschied in der Trennwirkung bei aller Sorgfalt der Versuchsdurchführung nicht doch durch unvermeidbare Ungenauigkeit der Versuchsausführung und -auswertung erklärbar ist, dann kann er seine Ursache gemäß Zahlentafel 7 in dem Wert der Schmidt-Zahl haben.

Um auch einen Vergleich des Einflusses der Strömung anstellen zu können, ist für beide Phasen in der vorletzten Spalte das Zahlenverhältnis $\mathrm{Re}/\mathrm{Re}_{\ddot{A}}$ eingetragen, welches den Quotienten der Reynolds-Zahlen eines der untersuchten Gemische und des Gemisches Äthanol/Wasser darstellt. Vorstellungsmäßig können die Geschwindigkeiten und Abmessungen an einer charakteristischen Stelle gewählt werden, beispielsweise für den Dampf die Geschwindigkeit in der Bohrung und deren Durchmesser sowie für die Flüssigkeit die Werte im größten Strömungsquerschnitt, der durch die Rechteckfläche festgelegt ist, deren Länge durch den Säulendurchmesser und deren Breite durch die Wehrhöhe gegeben sind. Das Zahlenverhältnis stellt somit den Quotienten der Kehrwerte der kinematischen Zähigkeiten der Gemische dar. Man erkennt, daß die Reynolds-Zahlen der Gemische die Reynolds-Zahl für Äthanol/Wasser sowohl in der Flüssigkeit als auch im Dampf um ein Vielfaches übersteigen. Dieses Ergebnis läßt jedoch noch keinen unmittelbaren Vergleich zwischen den Austauschzahlen in beiden Phasen zu.

Um für die Austauschzahlen einen zahlenmäßigen Anhalt zu gewinnen, ist in der letzten Spalte der Zahlentafel 7 das Zahlenverhältnis $\sigma/\sigma_{\ddot{A}}$ aufgeführt, welches den Quotienten zwischen den Austauschzahlen eines der untersuchten Gemische und des Gemisches Äthanol/Wasser darstellt. Die für die Flüssigkeit eingetragenen Quotienten gelten für den Fall, daß der ganze Stoffübergangswiderstand in der Flüssigkeit selbst liegt, und die für den Dampf angegebenen Werte gelten für den Fall, daß der gesamte Übergangswiderstand im Dampf liegt. Für die zahlenmäßige Auswertung sind dann jeweils die Stoffwerte derjenigen Phase zu verwenden, in welcher der Widerstand auftritt. Auf Grund der Versuche kann in Gl. (128) $m = 0{,}8$ und $n = 0{,}4$ gesetzt werden. Werden die Zahlen der physikalischen Werte eines Gemisches mit keinem Zeiger und diejenigen für Äthanol/Wasser mit dem tiefgestellten Zeiger Ä versehen, so kann unter Benutzung der Gl. (128) das Zahlenverhältnis $\sigma/\sigma_{\text{Ä}}$ in Zahlentafel 7 aus der folgenden Beziehung ermittelt werden:

$$\frac{\sigma d/\beta}{\sigma_{\text{Ä}} d/\beta_{\text{Ä}}} = \frac{C \cdot (wd/\nu)^{0,8} \cdot (\nu/\beta')^{0,4}}{C \cdot (wd/\nu_{\text{Ä}})^{0,8} \cdot (\nu_{\text{Ä}}/\beta'_{\text{Ä}})^{0,4}} \,. \tag{129}$$

Nach Zahlentafel 7 ist in der flüssigen Phase die Stoffübergangszahl für Benzol/Toluol nahezu doppelt so groß wie diejenige für Äthanol/Wasser. Trotzdem ist nach Abb. 111 über den ganzen Belastungsbereich das Verstärkungsverhältnis für das erste Gemisch etwas niedriger als für das letzte. In derselben Richtung liegen die Austauschzahlen im Dampf. Nach Zahlentafel 7 ist σ für Benzol/Toluol um 30% kleiner als $\sigma_{\text{Ä}}$. Für das Gemisch Wasser/n-Butanol liegt im Dampf $\sigma/\sigma_{\text{Ä}}$ am nächsten bei 1. Trotzdem liegt sein Verstärkungsverhältnis etwas niedriger als das von Äthanol/Wasser und hat nach Abb. 111 doch noch den Wert von $s = 0{,}7$.

Zusammenfassend kann aus den vorstehenden Betrachtungen der Schluß gezogen werden, daß Gemische, die chemisch, physikalisch und in ihrem Siedeverhalten sehr verschieden sind, bei der Rektifikation mittels gleicher oder ähnlicher Austauschböden bei ähnlichen Betriebsverhältnissen gleiche Verstärkungsverhältnisse aufweisen. Der experimentelle Befund kann durch die in Zahlentafel 7 enthaltenen Auswertungen erklärt werden. Es zeigt sich dabei, welche Bedeutung der Schmidt-Zahl bei den Rektifiziervorgängen beizumessen ist.

Bei den erwähnten Versuchen mit dem Gemisch Benzol/Äthylchlorid zeigte es sich, daß die Trennwirkung bis zu einer Dampfgeschwindigkeit im freien Säulenquerschnitt von 1 m/s über den ganzen Konzentrationsbereich von 1 bis 99,4% Benzol gleich gut blieb. Gleiche Ergebnisse wurden mit einer Glockenbodensäule für hochprozentigen Alkohol erhalten. Die konstante Trennwirkung innerhalb des Belastungsbereiches läßt darauf schließen, daß die Abnahme der Austauschzeit durch Erhöhung der Dampfgeschwindigkeit ausgeglichen wird durch eine Erhöhung des Produktes aus Stoffübergangszahl und Austauschfläche.

Auch bei Glockenböden wurde ermittelt, daß das Verstärkungsverhältnis von der Bodenablaufkonzentration praktisch unabhängig ist. Diese Feststellungen zeigen zunächst die Versuchsergebnisse der Abb. 112. Die Verstärkungsverhältnisse wurden von Boden zu Boden gemessen. Auf jedem Boden waren 10 Glocken mit je 50 mm Durchmesser angebracht. Die Versuche wurden zunächst mit dem Gemisch Äthanol-

Wasser[1] durchgeführt. Mit einer Trennsäule von gleicher Konstruktion, jedoch mit einem Bodenabstand von $H = 200$ mm, wurde auch das Gemisch Benzol-Äthylenchlorid[2] rektifiziert. Die Ergebnisse sind ähnlich wie diejenigen der Abb. 112, indem im Konzentrationsbereich von 1 bis 25% Benzol ein Verstärkungsverhältnis von $s = 0{,}7$ und mit demselben Gemisch im Bereich von 92–99% das gleiche Verstärkungsverhältnis

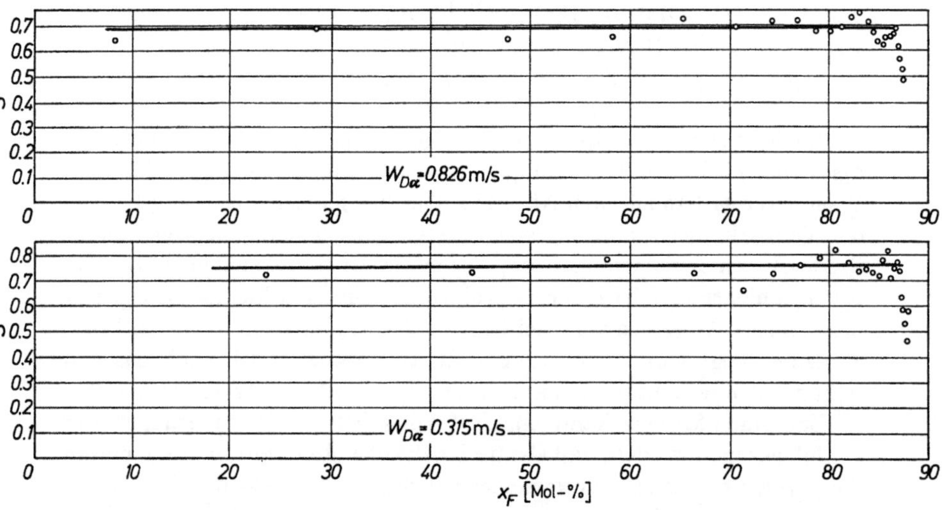

Abb. 112. Verstärkungsverhältnis s in Abhängigkeit von der Bodenablaufkonzentration x_F: Gemisch Äthanol-Wasser, Rücklaufverhältnis $v = \infty$, Bodenabstand $H = 150$ mm, Gesamtdruck 760 mm QS, Säulendurchmesser 300 mm

von $s = 0{,}7$ festgestellt wurde. Auch bei den zuletzt erwähnten Versuchen wurde das Verstärkungsverhältnis von Boden zu Boden festgestellt.

4. Beitrag zur Berechnung des Verstärkungsverhältnisses von Rektifizierböden

In Ergänzung der vorstehenden Betrachtungen und der noch folgenden zahlreichen Meßergebnisse soll kurz auf eine groß angelegte Forschungsarbeit eingegangen werden, welche im Rahmen eines Fünfjahresplanes auf Anregung des American Institute of Chemical Engineers an drei amerikanischen Universitäten durchgeführt worden ist. Die

[1] Kirschbaum, E., u. H. Fischer: Wirkung und Belastbarkeit einer Rektifizierkolonne großer Bodenzahl für Äthanol-Wassergemische hoher Konzentration. Chem. Appl. **85**, 843—851 (1961).

[2] Kirschbaum, E., H. Fischer u. D. Wolf: Wirkung und Belastbarkeit einer Rektifizierkolonne großer Bodenzahl. Chem.-Ing. Tech. **34**, 423—429 (1962).

Forschungsergebnisse wurden in einem Buch[1] wiedergegeben und in einer referierenden Zusammenfassung in deutscher Sprache veröffentlicht[2]. Es soll zunächst eine Grundgleichung abgeleitet werden, in welcher die einleitend und die im letzten Teil des vorliegenden Buches verwendeten Begriffe auftreten. Anschließend wird nur kurz auf wesentliche Feststellungen des amerikanischen Buches eingegangen und die von DIETER und HUNDERTMARK erhaltenen Auswertungen[2] mit anderweitigen Ergebnissen verglichen.

Zu diesem Zweck werde ein sogenanntes örtliches Verstärkungsverhältnis s_0 gedeutet und durch eine Gleichung wiedergegeben. Es ist einer bestimmten Stelle des Bodens zugeordnet. An ihr ändert sich beim Durchgang des Dampfes durch die Flüssigkeitsschicht der Dampfgehalt x_D vom Wert x_{Du} unterhalb des Bodens auf den Wert x_{Do} oberhalb des Bodens. Ferner sei für die genannte Stelle eine mit der Flüssigkeit x_F im Phasengleichgewicht stehende Dampfkonzentration $x_D{}^*$ [Mol-%] eingeführt. Damit wird das örtliche Verstärkungsverhältnis

$$s_0 = \frac{x_{Do} - x_{Du}}{x_D{}^* - x_{Du}},$$

woraus folgt

$$1 - s_0 = \frac{x_D^* - x_{Do}}{x_D{}^* - x_{Du}}$$

Mit der Abhängigkeit des Verstärkungsverhältnisses s_0 von der Kolonnenbelastung und der Stoffübergangsgeschwindigkeit erhält man:

$$\ln(1 - s_0) = \ln \frac{x_D{}^* - x_{Do}}{x_D{}^* - x_{Du}} = \frac{\sigma_D \cdot a \cdot h}{D}. \tag{130}$$

Hierin ist σ_D [Mol/m² · h] die Gesamtstoffübergangszahl, a [m²/m³] die spezifische Stoffaustauschfläche, h [m] die Höhe der Dampf- und Flüssigkeitsschicht auf dem Boden und D [Mol/m² · h] die Dampfbelastung der Kolonne.

Der Zahlenwert s_0 hängt mit der im Ausland (Amerika) eingeführten und im vorliegenden Buch benutzten Zahl N_D der Gesamtübergangseinheiten, um den Zusammenhang mit dem vorstehend Gedeuteten herzustellen, durch die Beziehung

$$N_D = \int_{x_{Du}}^{x_{Do}} \frac{dx_D}{x_D{}^* - x_{Du}} \tag{130a}$$

zusammen, wobei dx_D die Konzentrationsänderung im Dampf in senkrechter Richtung in der Flüssigkeitsschicht bedeutet. Wird die letzte

[1] Bubble-Tray Design Manual, American Institute of Chemical Engineers, New York 36, West 45 Street.

[2] DIETER, K., u. F. G. HUNDERTMARK: Zur Berechnung des Verstärkungsverhältnisses. Chem.-Ing.-Tech. **35**, 620—627 (1963).

Gleichung integriert, so erhält man

$$N_D = -\ln \frac{x_D^* - x_{Do}}{x_D^* - x_{Du}} . \tag{130 b}$$

Man erkennt, daß die rechten Seiten der Gln. (130) und (130b) gleich sind:

$$-\ln(1 - s_o) = N_D = \frac{\sigma_D \cdot a \cdot h}{D} . \tag{130 c}$$

Die Zahl der auf die Dampfphase bezogenen Gesamtübergangseinheiten N_D setzt sich zusammen aus den Teilübergangseinheiten N_d und N_f der Dampf- und Flüssigphase, dem Anstieg der Gleichgewichtskurve im interessierenden Konzentrationsbereich m und der Dampf- und Flüssigkeitsbelastung D, F [Mol/m² · h]:

$$\frac{1}{N_D} = \frac{1}{N_d} + m \cdot \frac{D}{F} \frac{1}{N_f} , \tag{131}$$

Im Hinblick auf den vorstehend formulierten Zusammenhang zwischen Stoffübergangszahl und Übergangseinheit besteht nun die Aufgabe darin, die Teilübergangseinheiten N_d und N_f in Abhängigkeit von den Betriebs- und Konstruktionsgrößen zu berechnen. Die Teilübergangseinheiten werden außerdem von den Stoffwerten des zu trennenden Gemisches beeinflußt. Aus den amerikanischen Versuchen konnten folgende Beziehungen abgeleitet werden:

Zahl der Übergangseinheiten im Dampf

$$N_d = \frac{1}{\sqrt{\mathrm{Sc}_D}} \cdot \left(0{,}776 + 0{,}0457 \cdot h_w - 0{,}238 \cdot w_D \cdot \sqrt{\varrho_D} + 1{,}75 \cdot 10^{-3} \cdot L\right). \tag{132}$$

Zahl der Übergangseinheiten in der Flüssigkeit

$$N_f = 338 \sqrt{\beta_F'} \cdot (0{,}213 \cdot w_D \sqrt{\varrho_D} + 0{,}15) \cdot z \tag{133}$$

Die Beziehungen (132) und (133) enthalten als Bodenkenngröße die Wehrhöhe h_w [cm], als kennzeichnende Größen des Betriebszustandes die Dampfgeschwindigkeit w_D [m/s], die Flüssigkeitsbelastung L [dm³/m · min] und die Flüssigkeitsverweilzeit z [s] und als Stoffwerte die Dampfdichte ϱ_D [kg/m³], die Schmidtzahl der Dampfphase Sc_D und die Diffusionszahl der Flüssigkeit β_F' [m²/s].

Den Zusammenhang zwischen der Verweilzeit der Flüssigkeit auf einem Austauschboden, der Flüssigkeitsbelastung und der Wehrhöhe erhält man aus den beiden folgenden Gleichungen:

$$z = \frac{606 \cdot h_B \cdot l}{L} \quad [\mathrm{s}] \tag{134}$$

In Gl. (134) ist l [m] die Länge des Flüssigkeitsweges, der gleich dem Abstand zwischen Zulauf- und Ablaufwehr ist. Der Flüssigkeitsinhalt

h_B [cm³/cm²] des Bodens wird folgendermaßen berechnet:

$$h_B = 4{,}2 + 0{,}19\,h_w - 1{,}36 \cdot w_D \cdot \sqrt{\varrho_D} + 4{,}15 \cdot 10^{-3} \cdot L \quad [\text{cm}] \tag{135}$$

Ist nun mit den angegebenen Beziehungen das örtliche Verstärkungsverhältnis berechnet, dann ist bekanntlich die Verstärkungswirkung des gesamten Bodens durchaus noch nicht erfaßt. Je nach dem Grade der Vermischung von Flüssigkeit und Dampf sowie nach der Art der Flüssigkeitsführung ist die tatsächliche Bodenwirkung weitgehender als die nach Gl. (130c) zu erwartende.

Das Verhältnis des Bodenverstärkungsverhältnisses zum lokalen Verstärkungsverhältnis beschreibt die Beziehung:

$$\frac{s_m}{s_0} = f\left(m, \frac{D}{F}, \text{Pe}, s_0\right). \tag{136}$$

Die Péclet-Zahl Pe in der Gl. (136) berücksichtigt die Intensität der Flüssigkeitsdurchmischung. Sie ist definiert zu:

$$\text{Pe} = \frac{l^2}{D_E \cdot z}, \tag{137}$$

Die Mischungszahl D_E[1] trägt den Konstruktions- und Betriebsgrößen Rechnung, die die Dampf-Flüssigkeitsverteilung auf einem Boden wesentlich beeinflussen:

$$D_E = [1 + 0{,}0173\,(d - 7{,}6)]^2 \tag{138}$$
$$\cdot \left[\sqrt{0{,}093}\;(0{,}0124 + 0{,}0059 \cdot h_w + 0{,}0562 \cdot w_D + 0{,}204 \cdot 10^{-3} \cdot L\right]^2. \quad [\text{m}^2/\text{s}]$$

Hierin bedeutet d [cm] den Glockendurchmesser. Wird Gl. (138) für Siebböden ausgewertet, dann ist $d = 7{,}6$ cm einzusetzen.

Die Auswertung der Funktion nach Gl. (136) würde bei numerischer Bearbeitung einen sehr großen Rechenaufwand erfordern. Die praktische Verwendung der Gl. (136) wird durch Zuhilfenahme von Abb. 113 sehr erleichtert. Grundsätzlich ist es auch möglich, den Einfluß der vom Dampf mitgerissenen Flüssigkeitsmenge auf das Verstärkungsverhältnis zu berücksichtigen. Bei genügend großem Abstand von der Belastungsgrenze kann das Mitgerissene jedoch außer Betracht bleiben.

Mit den in kürzester Fassung vorstehend wiedergegebenen Gleichungen und Zusammenhängen wurde der erwähnte Vergleich von K. Dieter und F. G. Hundertmark[2] mit Böden, Gemischen und Betriebsverhältnissen durchgeführt, welche in Zahlentafel 8 zusammengefaßt sind. Die Ergebnisse des Vergleiches sind in Abb. 114 wiedergegeben. Der weitaus größte Teil der Versuchspunkte liegt oberhalb der Identitäts-Diagonalen. Die Meßwerte weichen also in positiver Richtung von den errechneten

---

[1] Gerster, I. A., A. B. Hill, N. N. Hochgraf, and D. G. Robinson: Univ. of Delaware, Am. Inst. Chem. Eng., New York 1958.

[2] Siehe Fußnote 2, S. 185.

Bodenverstärkungen ab. Die größte Abweichung der Versuchswerte gegenüber den Berechnungswerten beträgt etwa +30%. Diese Abweichungen im einzelnen zu erklären, stellt eine umfangreiche Aufgabe

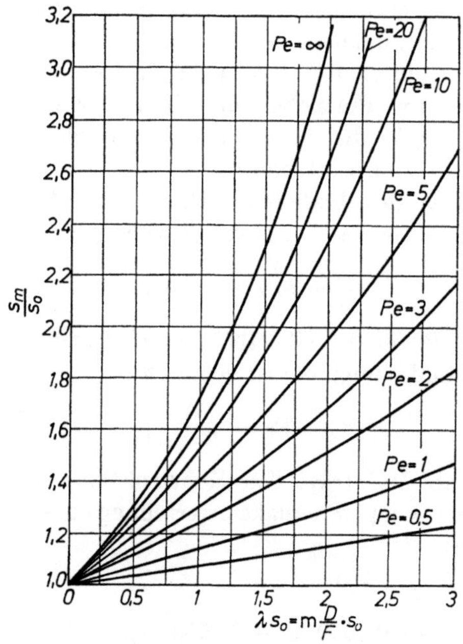

Abb. 113. Mischungskurven

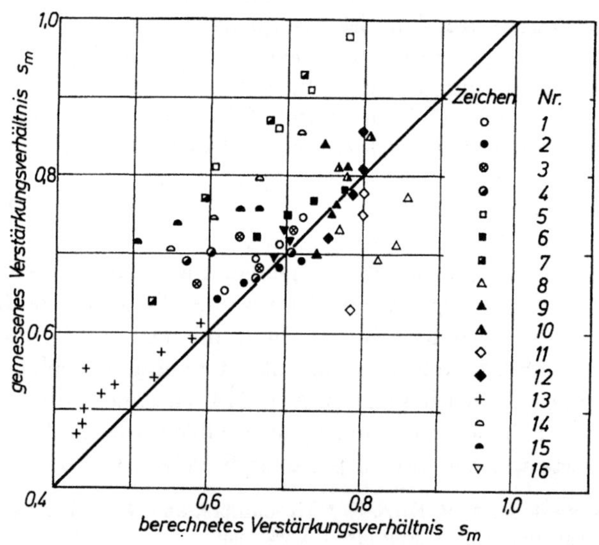

Abb. 114. Vergleich zwischen berechneten und gemessenen Verstärkungswerten

Zahlentafel 8. *Untersuchte Glocken- und Siebböden*

Nr.	Gemisch	Betriebsdruck [Torr]	Kolonnen-Dmr. [mm]	Glocken-Dmr. [mm]	Wehrhöhe [mm]	Bodenabstand [mm]	Mengenverh. F/D	Ablaufkonz. x_F [Mol-%]	Literatur
				Glockenböden:					
1	Äthylalkohol/Wasser	760	300	50	35	150	1	50	[2]
2	Äthylalkohol/Wasser	760	300	50	35	150	2/3	50	[a]
3	Benzol/Äthylenchlorid	760	300	50	30	200	1	98	[4]
4	Benzol/Äthylenchlorid	760	300	50	30	200	1	2	[4]
5	Äthylalkohol/Wasser	760	750	38	40	200	1	50	[1]
6	Äthylalkohol/Wasser	760	750	38	30	200	2	15	[a]
7	Äthylalkohol/Wasser	100	750	38	40	200	1	50	[1]
8	Äthylalkohol/Wasser	760	750	90	50	200	0,5	50	[1]
9	Äthylalkohol/Wasser	760	750	90	50	200	2	30	[a]
10	Äthylalkohol/Wasser	760	750	90	50	200	1	50	[1]
11	Äthylalkohol/Wasser	760	750	200	60	200	1	50	[1]
12	Äthylalkohol/Wasser	760	750	200[b]	60	200	1	50	[1]
13	i-Butan/1-Buten	4,5 at	330	40	100	610	1,33—1,65	27,5—46	[5]
				Siebböden:					
14	Äthylalkohol/Wasser	760	400	2,5 mm Dmr. × 7 mm	25	155	1	50	[1]
15	Benzol/Toluol	760	400	2,5 mm Dmr. × 7 mm	25	155	1	50	[1]
16	Wasser/n-Butanol	760	400	2,5 mm Dmr. × 7 mm	25	155	1	30	[3]

[a] nach unveröffentlichten Messungen aus dem Institut für Apparatebau der Techn. Hochschule Karlsruhe.

[b] mit Prallplatte.

[1] Kirschbaum, E.: Destillier- und Rektifiziertechnik, 3. Aufl. Berlin-Göttingen-Heidelberg: Springer 1960.

[2] Kirschbaum, E., u. H. Fischer: Chem.-Ing.-Tech. **85**, 843—851 (1961).

[3] Kirschbaum, E.: Chem.-Ing.-Tech. **34**, 283—292 (1962).

[4] Kirschbaum, E., H. Fischer u. D. Wolf: Chem.-Ing.-Tech. **34**, 423—429 (1962).

[5] Grohse, E. W., R. P. McCartney, H. J. Hauer, I. A. Gerster, and A. P. Colburn: Chem. Eng. Progr. **45**, 725—738 (1949).

für sich dar, zu deren Lösung die zu Abb. 114 genannten Schrifttumsstellen teilweise beitragen können. Berücksichtigt man, daß eine große Zahl von konstruktiven, physikalischen und betriebstechnischen Veränderlichen einbezogen sind, dann muß man die vorstehend diskutierte Methode[1] zur Berechnung des Verstärkungsverhältnisses weitgehendst als brauchbar bezeichnen, zumal noch andere positive Vergleiche vorliegen.

VIII. Der Wärmeverbrauch und die Rücklaufwärme des Blasenapparates mit Verstärkungssäule

Bei der Bestimmung des Wärmeverbrauches eines absatzweise arbeitenden Rektifizierapparates ist zunächst die Wärmemenge zu berücksichtigen, welche zur Anwärmung des Blaseninhaltes auf Siedetemperatur vor Beginn der Destillation aufzuwenden ist. Während letzterer selbst wird der Destillierblase die Heizwärme zugeführt und es werden aus dem Apparatesystem die Wärmeverluste, die Kondensationswärme des Destillates und die Wärme zur Kühlung des flüssigen Erzeugnisses sowie die Wärmemenge zur Bildung des Rücklaufes abgeführt. Während die erstgenannten Mengen rechnerisch einfach zu erfassen sind, stellt die Bestimmung der Rücklaufwärme eine Aufgabe für sich dar. Sie ist durch diejenige Wärmemenge gegeben, welche im Rücklaufkondensator den Dämpfen zu entziehen ist, um den Rücklauf niederzuschlagen. Durch ihn ist nicht nur der Heiz- und Kühlmittelverbrauch bedingt, sondern auch, indem er die Lage der Verstärkungsgeraden festlegt, die erforderliche Bodenzahl.

Diejenige Wärmemenge, welche zur Erzeugung der Rücklaufmenge, die dem Mindestrücklaufverhältnis v_M entspricht, je Mengeneinheit (je Mol) Erzeugnis aus dem Rücklaufkondensator abgeführt werden muß, wird mit spez. Mindestrücklaufwärme q_{RM} [kcal/Mol] bezeichnet. Sie ist gegeben durch:

$$q_{RM} = v_M r \,, \tag{139}$$

wobei r durch die Beziehungen (61) und (63) bestimmt ist. Die spez. Mindestrücklaufwärme ist danach von v_M und damit von der Blasenkonzentration abhängig. Werden deshalb die Ordinatenwerte der Kurven a, b und c in Abb. 106 mit r vervielfacht, so erhält man die Abhängigkeit des q_{RM} von dem Gehalt an Leichtersiedendem in der Blasenfüllung für ein Zweistoffgemisch. Die Ordinatenwerte des genannten Bildes, welche den Zahlenwert für das Mindestrücklaufverhältnis angeben, stellen auf Grund der Beziehung (139) auch das Verhältnis q_{RM}/r dar.

[1] Siehe Fußnote 1, S. 185.

Die wirkliche spez. Rücklaufwärme q_R [kcal/Mol], welche je Mengeneinheit des Erzeugnisses im Rücklaufkondensator abzuführen ist, kann für das wirkliche Rücklaufverhältnis v aus der Beziehung (122) ermittelt werden:

$$q_R = vr = v_M z r \,. \tag{140}$$

Danach geben die Ordinatenwerte der Kurven der Abb. 106 das Zahlenverhältnis q_R/zr wieder. Für eine Blasenkonzentration von $x_{FB} = 10$ Mol-% Alkohol und mit $z = 1{,}6$ sowie $r = 9600$ kcal/Mol ergibt sich aus Linie b der Abb. 106, daß je Mol Erzeugnis

$$q_R = 2{,}69 \cdot 1{,}6 \cdot 9600 = 41\,300 \text{ kcal Mol}$$

zur Bildung des Rücklaufes abgeführt werden müssen. Werden die Werte für v_M in Abb. 106 nicht nur mit zr, sondern auch noch mit der Menge E des Erzeugnisses vervielfacht, so erhält man die wirkliche gesamte Rücklaufwärme:

$$Q_R = Evr = Ev_M zr \,. \tag{141}$$

Die Linien a, b und c in Abb. 106 geben danach den kennzeichnenden Verlauf der gesamten Rücklaufwärme in Abhängigkeit von dem Gehalt an Leichtersiedendem in der Blasenfüllung wieder.

1. Die Rücklaufwärme bei gleichbleibender Destillationszusammensetzung

Während der Destillation ändert sich die Konzentration der Blasenfüllung, weil der in der Blase gebildete Dampf eine andere Zusammensetzung hat als die Flüssigkeit. Besitzt ersterer mehr an Leichtersiedendem als letzterer, so nimmt der Gehalt an Leichtersiedendem in der Blasenfüllung stetig ab. Soll dabei trotzdem die Zusammensetzung des Destillates x_E [Mol-%] an Leichtersiedendem gleichbleiben und wird ferner an der Betriebseinrichtung keine Umänderung vorgenommen, so daß auch die Bodenzahl gleichgehalten wird, so ist es erforderlich, während des Betriebes das Rücklaufverhältnis zu steigern. Es sei zugrunde gelegt, daß diese Steigerung stetig so durchgeführt wird, daß x_E gleichbleibt. Dabei bestehen zwischen der Menge des Erzeugnisses E [Mol], der Menge der Blasenfüllung, den Konzentrationen in letzterer und im Erzeugnis gewisse für die Bestimmung der Gesamtrücklaufwärme ausschlaggebende Zusammenhänge. Diese sind im folgenden an Hand der Abb. 115 erläutert, dem die Gleichgewichtskurve des Gemisches Benzol-Toluol zugrunde liegt. Durch die angenommene Destillatkonzentration $x_E = 95$ Mol-% Benzol ist der Punkt A auf der Diagonalen gegeben. Der Rücklaufkondensator übe keine verstärkende Wirkung aus. Der Gehalt an Leichtersiedendem in der Blase zu Beginn der Destillation ist mit x_{B_1} und derjenige am Ende der Destillation mit x_{B_2} bezeichnet. Der in Abb. 115 voll ausgezogene Treppenlinienzug zwischen der Gleichgewichtskurve und der Verstärkungsgeraden, welche für das bei Beginn der Destillation vorliegende Rücklaufverhältnis v_1 gilt, gibt die Anzahl der theoretisch arbeitenden Böden an, welcher die Wirkung der Trennsäule gleichkommt, mit der eine Anreicherung von x_{B_1} auf die Destillatkonzentration x_E erreicht wird. Am Ende der Destillation liege das Rücklaufverhältnis v_2 vor, bei welchem sich die Blasenkonzentration x_{B_2} einstellt. Sie wird dadurch erhalten, daß man unter Zugrundelegung der

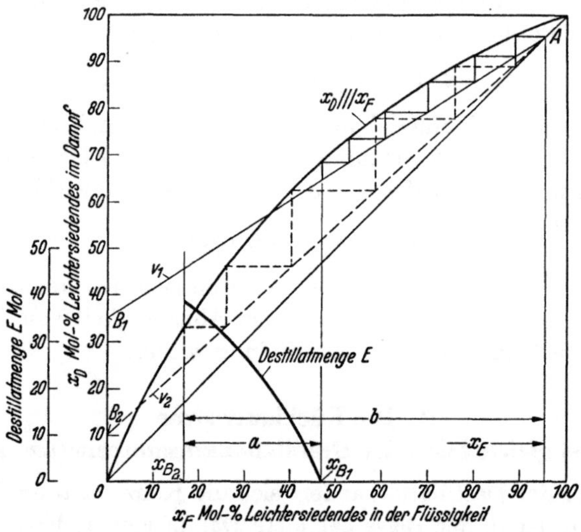

Abb. 115. **Bestimmung der Destillatmenge eines absatzweise arbeitenden Rektifizierapparates bei gleichbleibender Zusammensetzung des Erzeugnisses**

gleichen theoretischen Bodenzahl den Treppenlinienzug zwischen Gleichgewichtskurve und der für v_2 geltenden Verstärkungsgeraden zeichnet, wie er in Abb. 115 durch die gestrichelt gezeichneten Linien angegeben ist. Der Einfachheit halber ist bei den folgenden Betrachtungen der Einfluß der in der Säule enthaltenen Flüssigkeitsmenge (holdup) vernachlässigt[1]. Sie wird in einem besonderen Kapitel behandelt. Es müssen dann

[1] Ob und in welchem Maße die Ergebnisse von dem Flüssigkeitsinhalt der Säule beeinflußt werden, hängt nicht nur von den jeweils vorliegenden Betriebsbedingungen, sondern auch von der Bauart der Rektifizierböden ab, die darüber hinaus so konstruiert sein können, daß die Flüssigkeit am Ende des Arbeitsganges von ihnen abläuft oder auf ihnen stehen bleibt. Die vereinfachende und für den Großbetrieb fast immer zulässige Annahme, für welchen der Beginn und das Ende des Trennvorganges durch einen Beharrungszustand gekennzeichnet sind, wurde auch im Hinblick darauf gewählt, daß der absatzweise arbeitende Blasenapparat nur wenig angewendet und vom stetig arbeitenden Rektifizierapparat an Bedeutung und Anwendungsbereich weit übertroffen wird. Siehe dazu: Rose, A., and L. M. Welshans: Sharpness of separation in batch fractionation. Ind. Eng. Chem. **32**, 668—676 (1940).

die folgenden Mengengleichungen erfüllt sein, wenn während der Destillation die Blasenfüllung von dem Anfangswert B_1 [Mol] auf den Endwert B_2 [Mol] sinkt:

$$B_1 x_{B_1} - B_2 x_{B_2} = E x_E\,, \tag{142}$$

$$B_1 - B_2 = E\,, \tag{143}$$

woraus folgt:

$$E = B_1 \frac{x_{B_1} - x_{B_2}}{x_E - x_{B_2}}\,. \tag{144}$$

Das Verhältnis der in Gl. (144) enthaltenen Konzentrationsdifferenzen ist auch gleich dem Verhältnis der in Abb. 115 angegebenen Strecken a und b:

$$\frac{x_{B_1} - x_{B_2}}{x_E - x_{B_2}} = \frac{a}{b}\,. \tag{145}$$

Mit Hilfe der Gl. (144) kann die von Beginn der Destillation an erhaltene Destillatmenge E für eine beliebige zwischen den Grenzwerten x_{B_1} und x_{B_2} liegende Blasenkonzentration unter Beibehaltung der gleichen Destillatkonzentration x_E ermittelt werden. Dabei werden Verstärkungsgeraden gezeichnet, die zwischen denjenigen für v_1 und v_2 liegen, und mit der gleichen theoretischen Bodenzahl die zugeordneten Blasenfüllungskonzentrationen ermittelt, wie es in Abb. 115 für die Endwerte x_{B_1} und x_{B_2} gezeigt ist. Für x_{B_1} ist $E = 0$. In Abb. 115 kann beispielsweise für das Ende der Destillation an dem durch das Rücklaufverhältnis v_2 gegebenen Punkt B_2 der Ordinatenabschnitt mit $o_2 = 10$ Mol-% abgelesen werden, aus dem sich mit der Beziehung 120 das Rücklaufverhältnis errechnet zu:

$$v_2 = \frac{x_E}{o_2} - 1 = \frac{95}{10} - 1 = 8{,}5\,.$$

Mit Gl. (144) ergibt sich unter Zugrundelegung einer Anfangsblasenfüllung von $B_1 = 100$ Mol die am Ende der Destillation bei Erreichung der Blasenkonzentration x_{B_2} insgesamt anfallende Destillatmenge zu:

$$E = 100\,\frac{47 - 17}{95 - 17} = 38{,}5\text{ Mol}\,,$$

wobei $x_{B_1} = 47$ und $x_{B_2} = 17$ Mol-% betragen. Auf die gezeigte Art kann für die gleiche Anfangsfüllung von 100 Mol die bis zur Erreichung einer zwischen x_{B_1} und x_{B_2} liegenden beliebigen Blasenkonzentration anfallende Destillatmenge E bestimmt werden, deren Verlauf in Abb. 115 angegeben ist. Es ist ersichtlich, daß die Destillatmenge E nach einem bestimmten Kurvenverlauf zunimmt. Deshalb ist in diesem Falle die gesamte Rücklaufwärme durch die Beziehung

$$Q_R = r \int\limits_{v=v_1}^{v=v_2} v\,dE \tag{146}$$

gegeben. Die Abhängigkeit des E von v ist aus Abb. 115 bekannt. Beispielsweise ergibt sich für einen Ordinatenabschnitt von $o = 20$, dem ein Rücklaufverhältnis von $v = 3{,}75$ entspricht, eine Blasenkonzentration von 28 Mol-%, woraus unter Benützung von Gl. (144) eine Destillatmenge von 28,6 Mol folgt. In Abb. 116 sind die zu bestimmten Rücklaufverhältnissen gehörigen Destillatmengen und dabei auch die $v = 3{,}75$ zugeordnete Destillatmenge von $E = 28{,}6$ Mol aufgetragen. Der schraffierte Flächenstreifen mit der Breite dE stellt den Wert $v\,dE$ dar und

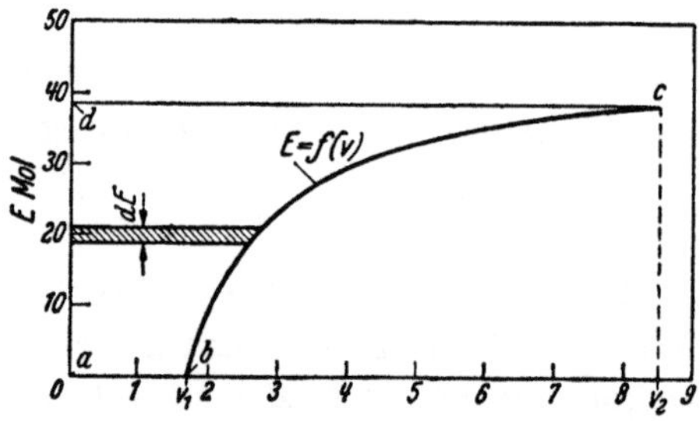

Abb. 116. Abhängigkeit der Erzeugnismenge vom Rücklaufverhältnis

die Fläche $abcd$ den Wert des in Gl. (146) enthaltenen Integrals. Für das gewählte Beispiel wird dieser aus Abb. 116 ermittelt zu:

$$\int_{v = v_1 = 1{,}72}^{v = v_2 = 8{,}5} v\,dE = 122 \text{ Mol}.$$

Die molare Verdampfungswärme des gewählten Gemisches Benzol-Toluol ergibt sich in Anbetracht der Beziehungen (61) und (63) zu $r = 7600$ kcal je Mol, so daß zur Erzeugung von 38,5 Mol Destillat bei einer Anfangsfüllungsmenge von 100 Mol eine gesamte Rücklaufwärme von

$$Q_R = 7600 \cdot 122 = 927\,000 \text{ kcal}$$

aufzuwenden ist. Auf Grund der Gl. (3) beträgt das mittlere Molekulargewicht des Erzeugnisses $\mu = 78{,}8$, so daß sich die auf 1 kg Destillat bezogene Rücklaufwärme zu

$$\frac{927\,000}{38{,}5 \cdot 78{,}8} = 305 \text{ kcal/kg}$$

errechnet.

2. Die Rücklaufwärme bei gleichgehaltenem Rücklaufverhältnis

Wird beim absatzweise arbeitenden Rektifizierapparat das Rücklaufverhältnis gleichgehalten und dabei die Trennung in derselben Säule durchgeführt, so muß sich zwangsläufig die Destillatzusammensetzung ändern. Einem Gehalt an Leichtersiedendem in der Blase entspricht in jedem Augenblick des Vorganges eine bestimmte Destillatzusammensetzung. Der Zusammenhang dieser beiden Größen ist in Abb. 117 unter Zugrundelegung der Gleichgewichtskurve des Gemisches Benzol-Toluol gezeigt. Es ist angenommen, daß der Rücklaufkondensator so geschaltet ist (s. Abb. 90), daß er keine Trennwirkung auf das Gemisch ausübt. Das Rücklaufverhältnis habe den Wert $v = 3$. Aus dem Gehalt x_{E_1} des Destillates bei Beginn der Destillation ist der auf der Diagonalen liegende Punkt A_1 bestimmt und durch v die Neigung $\frac{v}{v+1}$ der Verstärkungsgeraden sowie der Punkt B_1 mit dem Ordinatenabschnitt $o_1 = 23{,}75$.

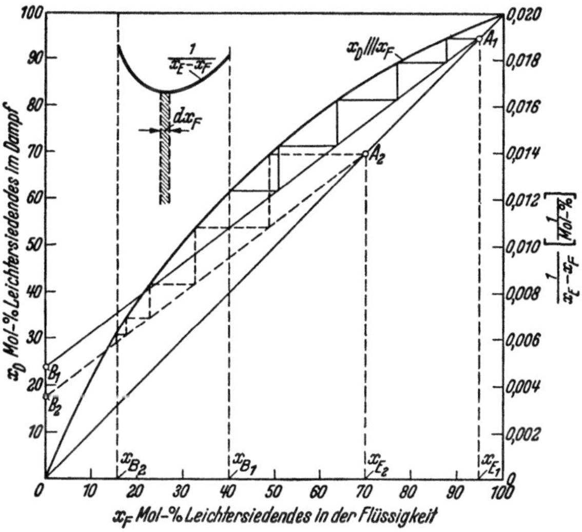

Abb. 117. Zusammenhang zwischen den Konzentrationen in der Blasenfüllung und im Erzeugnis eines absatzweise arbeitenden Rektifizierapparates bei gleichbleibendem Rücklaufverhältnis

Die Wirkung der Trennsäule entspreche derjenigen von vier theoretisch arbeitenden Rektifizierböden. Zeichnet man dafür den in Abb. 117 voll ausgezogenen Linienzug zwischen der Gleichgewichtskurve und der Verstärkungsgeraden, so erhält man die Anfangsblasenzusammensetzung x_{B_1}. Die Destillation wird so weit durchgeführt, bis in einem bestimmten Augenblick die Apparatur ein Destillat mit der Zusammensetzung x_{E_2} liefert, welche den Punkt A_2 auf der Diagonalen und mit dem gleichen Rücklaufverhältnis v den Punkt B_2 auf der Ordinate festlegt. Mit der gleichen theoretischen Bodenzahl von vier ergibt sich mit Hilfe des in Abb. 117 gestrichelt gezeichneten Treppenlinienzuges die Endkonzentration x_{B_2} in der Blase. Während der Destillation hat in einem bestimmten Augenblick die Blasenfüllung einen Gehalt von x_F [Mol-%] und das Destillat von x_E [Mol-%] an Leichtersiedendem. Die in einer unendlich kleinen Zeit im Beharrungszustand anfallende Destillatmenge dE ist gleich der Abnahme dB der Blasenfüllung:

$$dB = dE \,. \tag{147}$$

Während derselben Zeit nimmt der Gehalt an Leichtersiedendem in der Blase um dx_F ab, so daß die Mengengleichung[1] für den leichter siedenden Stoff

$$Bx_F = dB\,x_E + (B - dB)\,(x_F - dx_F) \tag{148}$$

besteht. Aus ihr folgt:

$$\frac{dB}{B} = \frac{dx_F}{x_E - x_F} \,. \tag{149}$$

Wird die Menge der Blasenfüllung bei Beginn der Destillation mit B_1 [Mol] und die Menge der Blasenfüllung am Ende der Destillation mit B_2 bezeichnet, so geht Gl. (149) über in:

$$\ln\frac{B_1}{B_2} = \int\limits_{x_F = x_{B_2}}^{x_F = x_{B_1}} \frac{dx_F}{x_E - x_F} \,. \tag{150}$$

Die Lösung des Integrals der rechten Seite der Gl. (150) kann zeichnerisch gefunden werden. Zu diesem Zweck wird der Wert $\frac{1}{x_E - x_F}$ in Abhängigkeit von der Blasenkonzentration aufgetragen. Er wird ermittelt, indem für eine beliebige zwischen den Grenzwerten x_{E_1} und x_{E_2} liegende Destillatkonzentration x_E die Blasenfüllungskonzentration in der Weise bestimmt wird, wie es in Abb. 117 für die Endkonzentrationen $x_{E_1} = 95$ und $x_{E_2} = 70$ Mol-% eingezeichnet ist. Man erhält auf diese Weise die in Abb. 117 wiedergegebene $\frac{1}{x_E - x_F}$-Kurve. Der unter ihr liegende Flächenstreifen mit der Breite dx_F entspricht dem Wert $\frac{dx_F}{x_E - x_F}$ und die gesamte Fläche unterhalb der erwähnten Kurve zwischen den Senkrechten auf der Abszisse bei den Gehalten $x_{B_1} = 40$ und $x_{B_2} = 15$ Mol-% dem Werte des Integrals der rechten Seite der Gl. (150). Er beträgt für das gewählte Beispiel mit den genannten Konzentrationen

$$\int\limits_{x_{B_2} = 15}^{x_{B_1} = 40} \frac{dx_F}{x_E - x_F} = 0{,}413 \,,$$

so daß in Anbetracht der Gl. (150) das Verhältnis der Menge der Blasenfüllung zu Beginn der Destillation zu der Menge der Blasenfüllung am Ende der Destillation

$$\frac{B_1}{B_2} = 1{,}51$$

[1] Siehe Fußnote 1, S. 192.

beträgt. Legt man für die Blasenfüllung eine Anfangsmenge von $B_1 = 100$ Mol zugrunde, so werden $B_2 = 66{,}2$ Mol und $E = 33{,}8$ Mol. Die gesamte Rücklaufwärme für diese Destillatmenge ergibt sich zu

$$Q_R = rvE = 7600 \cdot 3 \cdot 33{,}8 = 771\,000 \text{ kcal}$$

und die Rücklaufwärme je 100 Mol Destillat zu

$$Q_R = 2\,280\,000 \text{ kcal}\,.$$

Den mittleren Gehalt x_{EM} des Destillates liefert die Mengengleichung

$$B_1 x_{B_1} - B_2 x_{B_2} = E x_{EM}$$

zu

$$x_{EM} = \frac{B_1 x_{B_1} - B_2 x_{B_2}}{E}\,. \tag{151}$$

Für das gewählte Beispiel wird $x_{EM} = 89{,}0$ Mol-% Benzol. Das mittlere Molekulargewicht zu dieser Konzentration ergibt sich mit Gl. (3) zu $\mu = 79{,}6$, so daß die auf ein Kilogramm Destillat bezogene Rücklaufwärme berechnet werden kann zu:

$$\frac{2\,280\,000}{100 \cdot 79{,}6} = 287 \text{ kcal/kg}\,.$$

Die vorstehenden Ausführungen beziehen sich auf den absatzweise arbeitenden Rektifizierapparat, der aus einer Destilliereinrichtung und aus der Rektifiziersäule besteht. In erstere wird das in einem Arbeitsgang zu verarbeitende Flüssigkeitsgemisch eingefüllt und dieses bis auf einen Rest abgedampft. Alle Größen, welche zu letzterem gehören, sind mit dem tiefgestellten Zeiger *2* versehen und diejenigen Bezeichnungen, die den Destillationsbeginn kennzeichnen, mit dem Zeiger *1*. Das Destillat kann in einem einzigen Behalter aufgefangen werden. Es ist aber auch möglich, dieses in mehreren Teilen und verschiedenen Zusammensetzungen und Reinheiten einzeln (als Fraktionen) zu gewinnen. Am Ende eines Arbeitsganges wird der Rest abgelassen und die Destillationseinrichtung von neuem gefüllt.

Es ist jedoch auch möglich, die Mischung stetig mit einer Anfangskonzentration zuzuführen und sie mit einer Endkonzentration ununterbrochen zu entnehmen. Damit vermieden wird, daß Teile der zugeführten Flüssigkeit mit dem Blasenrest abfließen, ohne an der Verdampfung teilgenommen zu haben, muß eine entsprechend konstruierte Destilliereinrichtung verwendet werden. Als solche sind Umlaufverdampfer oder Durchlaufverdampfer geeignet. Die in den letzten Gleichungen verwendeten tief gestellten Zeiger *1* und *2* beziehen sich auf den Ein- und Austritt der Flüssigkeit. Das Erzeugnis strömt bei der erläuterten Arbeitsweise ebenfalls stetig am Kopfe der Rektifiziersäule mit gleichbleibender Zusammensetzung [in Gl. (151) mit x_{EM} bezeichnet] ab. Man kann auch mehrere Apparate hintereinanderschalten, von denen jeder aus einer

Destilliereinrichtung mit Rektifiziersäule und angeschlossenen Wärmeaustauschern besteht. Die zu trennende Mischung durchströmt dann die hintereinander geschalteten Destillationseinrichtungen und am oberen Ende jeder Rektifiziersäule werden Erzeugnisse mit verschiedenen Zusammensetzungen entnommen. In allen Fällen wird aus der Ausgangsmischung in der Destilliereinrichtung durch einfaches Verdampfen ein in die Rektifiziersäule strömendes Gemisch mit erhöhtem Gehalt an leichter siedendem Stoff abgetrennt. Der Gehalt an Schwerersiedendem im Blasenrest hängt lediglich davon ab, wieviel bei allen geschilderten Möglichkeiten abgedampft wird. Man erkennt den Grad der Schwierigkeit, ein Gemisch nach der vorstehend behandelten Methode soweit zu zerlegen, daß im Rest nur noch reiner schwerer siedender Stoff übrigbleibt.

IX. Zeitliche Veränderung des Rektifiziervorganges beim unterbrochen arbeitenden Rektifizierapparat

Das Grundsätzliche der Zusammenhänge beim absatzweise arbeitenden Rektifizierapparat[1] sei folgend am Beispiele der praktisch besonders wichtigen Zerlegung eines Zweistoffgemisches bei konstant gehaltener Destillatkonzentration gezeigt. Es ist angenommen, daß der Rücklaufkondensator keine verstärkende Trennwirkung ausübt. Die Zusammensetzungen des in den Kondensator strömenden Dampfes, des ihn verlassenden Rücklaufes und des Erzeugnisses sind dann gleich.

Zu Beginn der Rektifikation liege eine Blasenanfangsfüllung von B_1 [Mol] mit einem Gehalt an Leichtersiedendem von x_{B_1} [Mol-%] vor. Letzterer sinkt im Verlaufe der Rektifikation auf den beliebigen Wert x_B [Mol-%], während die Menge des Erzeugnisses in der gleichen Zeit von Null auf den Wert E [Mol] anwächst und bei entsprechender Steigerung des Rücklaufverhältnisses immer dieselbe Konzentration x_E [Mol-%] besitzt. Der Flüssigkeitsinhalt der Rektifiziersäule werde zunächst vernachlässigt. Er wird in einem besonderen Kapitel K behandelt und kann durch besondere konstruktive Maßnahmen sehr klein gehalten werden. Aus einer einfachen Mengenbilanz ergibt sich die der Gl. (144) entsprechende Beziehung

$$E = B_1 \frac{x_{B_1} - x_B}{x_E - x_B} \text{ [Mol]} . \qquad (152)$$

Ist die Gleichgewichtskurve des zu trennenden Zweistoffgemisches gegeben, so kann mit Hilfe des in Kapitel VIII, 1 an Hand der Abb. 115

[1] Billet, R.: Zeitliche Veränderung des Rektifiziervorganges beim diskontinuierlich arbeitenden Rektifizierapparat. Diss. Techn. Hochschule Karlsruhe 1957 und Chem.-Ing.-Tech. **30**, 407—416 (1958).

und 116 erläuterten Verfahrens unter Benutzung der Gl. (152) die Abhängigkeit der vom Beginn der Rektifikation ab anfallenden Erzeugnismenge E von der Blasenkonzentration x_B (s. Abb. 115, mit x_B für x_{B_2}) und vom jeweiligen Rücklaufverhältnis v (s. Abb. 116) bestimmt werden.

Ist dieser Zusammenhang zwischen E und v bekannt, dann läßt sich auch die vom Destillationsbeginn an bis zu einem beliebigen Zeitpunkt durch die Rektifiziersäule hindurchgeströmte Gemischdampfmenge D [Mol] für das entsprechende Rücklaufverhältnis v angeben. Die hierzu erforderliche Beziehung gewinnt man aus einer Betrachtung der Mengenveränderungen in der unendlich kleinen Zeit dZ [h]. In der beliebigen Zeit Z [h] sei die Dampfmenge D [Mol] durch die Rektifiziersäule geströmt, während in der gleichen Zeit die Erzeugnismenge auf den Wert E [Mol] angestiegen ist. Im darauffolgenden unendlich kleinen Zeitintervall dZ [h] wird diese Gemischdampfmenge D [Mol] um die unendlich kleine Menge dD [Mol] vergrößert, der Blaseninhalt B um dB verringert, bei gleichzeitiger Zunahme der Erzeugnismenge E [Mol] um den Betrag dE [Mol] und der durch die Säule geleiteten Rücklaufmenge F [Mol] um den Wert dF [Mol]. Demnach ist die Mengenveränderung in der unendlich kleinen Zeit dZ auf Grund einer Mengenbilanz durch die Differentialgleichung erfaßt

$$dD = dE + dF = dE\left(\frac{dF}{dE} + 1\right) = -\,dB\left(\frac{dF}{dE} + 1\right) \quad [\text{Mol}]\,. \tag{153}$$

Eine schematische Darstellung des absatzweise arbeitenden Rektifizierapparates, für den die vorliegenden Betrachtungen gelten, zeigt Abb. 118. Für die gewählten Bezeichnungen kann auch der Begriff des Rücklaufverhältnisses v angewendet werden, wie er in Abschnitt D I, 2 eingeführt und gedeutet ist. Die strenge Deutung besagt, daß v das Zahlenverhältnis der in einem bestimmten Augenblick in der Zeiteinheit aus dem Kondensator in die Säule gelangenden Rücklaufmenge zu der in der Zeiteinheit entnommenen Erzeugnismenge darstellt. Der Zähler des Bruches, welcher das genannte Zahlenverhältnis darstellt, ist daher gegeben durch den Differentialquotienten $F' = dF/dZ$ und der Nenner durch $E' = dE/dZ$. Es muß also gelten

$$v = \frac{F'}{E'} = \frac{dF/dZ}{dE/dZ} = \frac{dF}{dE}\,. \tag{154}$$

Damit wird aus Gl. (153)

$$dD = (v + 1)\,dE\,[\text{Mol}]\,. \tag{155}$$

Durch Integration der Differentialgleichung (155) in den Grenzen $E = 0$ bis zu einem beliebigen E und $D = 0$ bis zu einem beliebigen D ergibt sich schließlich der gesuchte Zusammenhang zwischen D und v

$$D = \int\limits_{E=0}^{E=E} (v + 1)\,dE\,[\text{Mol}]\,. \tag{156}$$

Die Dampfmenge D wächst selbst bei Gleichheit der molaren Verdampfungswärmen der zu trennenden Komponenten und bei Gleichhaltung der zugeführten Heizwärme nicht direkt proportional mit der Zeit. Die in der Zeiteinheit durch die Säule strömende Dampfmenge $D' = dD/dZ$ ändert sich also im Gegensatz zu dem im folgenden noch zu behandelnden, stetig arbeitenden Rektifizierapparat mit der Zeit. Dieser Tatbestand muß bei der Berechnung konstruktiver Abmessungen berücksichtigt werden, zu denen vor allem der Säulenquerschnitt zählt. In welchen

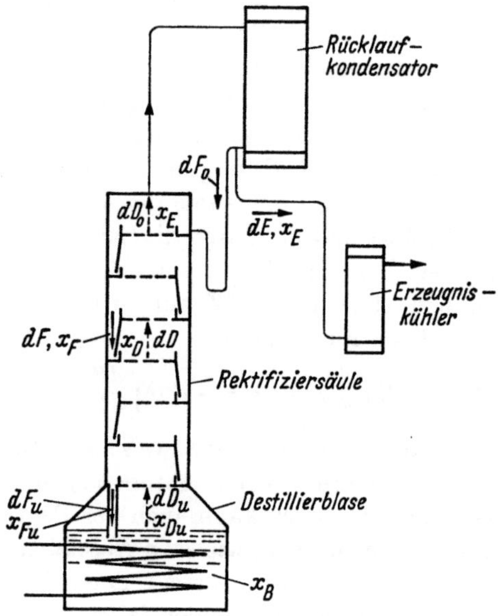

Abb. 118. Schema des absatzweise arbeitenden Rektifizierapparates

Grenzen sich die genannte Veränderung bewegt, hängt vom Grad der Trennung, von den physikalischen Werten des Gemisches und von der Leistungsregelung ab. Um diese Zusammenhänge aufzuzeigen, wird ein Wärmebilanzschnitt gemäß Abb. 119, Schnitt *I*, gelegt. Mit Q' [kcal/h] sei der Wärmeverbrauch der Anlage ohne Berücksichtigung der Anwärmung des Gemisches auf Siedetemperatur bezeichnet. Wenn F' [Mol/h] die zu einem beliebigen Zeitpunkt in einem waagerechten Querschnitt in der Zeiteinheit fließende Rücklaufmenge bedeutet und i'_F [kcal/Mol] deren molare Enthalpie sowie D' [Mol/h] die im selben Säulenquerschnitt in der Zeiteinheit strömende Gemischdampfmenge mit einer Enthalpie von i''_D [kcal/Mol], die sich aus der molaren Verdampfungswärme r [kcal/Mol] und der molaren Flüssigkeitsenthalpie i'_D [kcal/Mol] zusammensetzt[1], so ergibt die auf die Zeiteinheit bezogene und für einen bestimmten Zeitpunkt geltende Wärmebilanz bei Vernachlässigung der Wärmeverluste die Beziehung[2]

$$Q' = D' i_D'' - F' i_F' + \frac{d(B \cdot i_B)}{dZ} \quad [\text{kcal/h}], \tag{157}$$

während die Mengenbilanz (Abb. 119, Schnitt II) den Zusammenhang liefert

$$F' = D' - E' \quad [\text{Mol/h}], \tag{158}$$

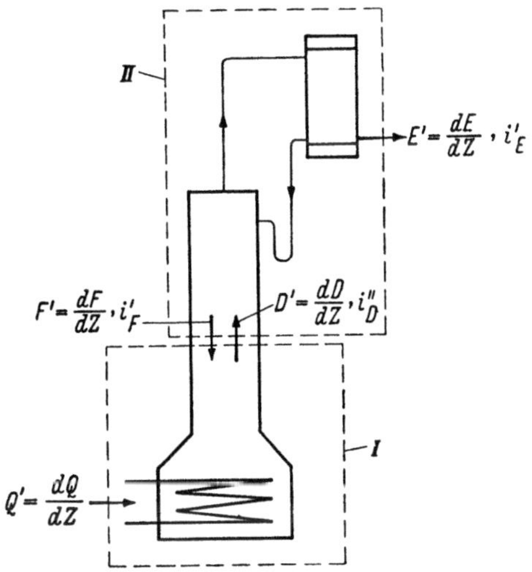

Abb. 119. Schema zur Aufstellung der Wärme- und Mengenbilanz des absatzweise arbeitenden Rektifizierapparates

wobei unter E' die in der Zeiteinheit anfallende Erzeugnismenge zu verstehen ist. Durch Verknüpfung der Gln. (157) und (158) erhält man

$$Q' = D'(i_D'' - i_F') - E'(i_B' - i_F') + B \frac{di_B'}{dZ}. \tag{159}$$

Weiter kann durch einfache Erweiterung gesetzt werden

$$B \cdot \frac{di_B'}{dZ} = B \frac{di_B'}{dx_B} \cdot \frac{dx_B}{dZ} = -\frac{di_B'}{dx_B} E'(x_E - x_B). \tag{160}$$

Damit erhält man die Wärmebilanz in der Form:

$$Q' = D' \cdot r + E' \left\{(i_E' - i_B') - (x_E - x_B) \frac{di_B'}{dx_B}\right\}. \tag{161}$$

[1] Grundsätzlich sind in den Wärmeinhalten i_D und i_F die Mischungswärmen bereits enthalten. Letztere werden jedoch für praktische Berechnungen meist vernachlässigt, weil sie im Vergleich zu den Verdampfungswärmen sehr klein sind.

[2] Für den Hinweis auf das in der 3. Auflage fehlende Glied $\frac{d(B \cdot i_B)}{dz}$ der Gl. 157 danke ich Herrn Prof. Dr.-Ing. E. U. Schlünder.

Die Gleichung (161) stellt den Zusammenhang dar zwischen der in der Zeiteinheit durch einen waagerechten Querschnitt der Rektifiziersäule strömenden Gemischdampfmenge D', der Blasenfüllung B, dem Rücklaufverhältnis v, der Heizleistung Q' und den Enthalpiewerten des Gemisches. Die einzelnen Größen gelten für beliebige Stellen der Rektifiziersäule.

Der Klammerausdruck in Gl. 161 kann in einem i-x-Bild dargestellt werden als Differenz zwischen der Größe i_E' und jenem Ordinatenwert, den die in x_B an die Taulinie gelegte Tangente beim Abszissenwert x_E hat. Diese Differenz ist klein gegen die Verdampfungswärme, falls die Taulinie nicht allzu stark gekrümmt ist. Da zudem $E' < D'$ ist, gilt allgemein in guter Näherung:

$$Q' = D' \cdot r \tag{162}$$

Die Gemischdampfmenge D' läßt sich beispielsweise durch Regelung des Dampfdruckes in der Destilliereinrichtung dann gleich halten, wenn sich das mittlere Molekulargewicht der Dampfmischung im Verlaufe der Rektifikation nicht oder nur wenig ändert. Für jeden beliebigen Säulenquerschnitt muß dann die Beziehung gelten:

$$D' = \frac{dD}{dZ} = \text{konst.} \tag{163}$$

oder

$$dZ = \frac{1}{D'}\, dD\,. \tag{163a}$$

Setzt man das Differential dD nach Gl. (155) in Gl. (163) ein, so erhält man

$$dZ = \frac{1}{D'}\,(v+1)\,dE\,. \tag{163b}$$

Integriert man die linke Seite dieser Differentialgleichung in den Grenzen von $Z = 0$ bis zu einer beliebigen Zeit Z und die rechte Seite in den Grenzen von $E = 0$ bis zu der in der Zeit Z anfallenden Erzeugnismenge E, so folgt für die beliebige Rektifikationszeit

$$Z = \frac{1}{D'} \int\limits_{E=0}^{E=E} (v+1)\,dE = \frac{D}{D'}\,. \tag{164}$$

Weil die molaren Verdampfungswärmen der Einzelstoffe als gleich und die Lösungswärmen als vernachlässigbar klein vorausgesetzt sind, ist die in der Zeiteinheit durch die Säule strömende Dampfmenge in einem beliebigen Querschnitt, unter dem untersten und über dem obersten Austauschboden unveränderlich ($D' = D_u' = D_0'$). Nachdem die Gemischdampfmenge sich sowohl örtlich als auch zeitlich nicht ändert, kann sie auch aus der Gleichung

$$D' = \frac{D_g}{Z_g} \tag{165}$$

ermittelt werden, in welcher D_g [Mol] aus Gl. (156) durch Integration in den Grenzen $E = 0$ und $E = E_g$ zu ermitteln ist, wobei E_g [Mol] die in der ganzen Arbeitszeit Z_g [h] anfallende Erzeugnismenge bedeutet.

Ist die Heizleistung Q' [kcal/h] konstant, dann kann diese aus dem gesamten Wärmeverbrauch Q_g [kcal] je Arbeitsgang und aus der gesamten Rektifizierzeit Z_g nach der Beziehung

$$Q' = \frac{Q_g}{Z_g} \tag{166}$$

berechnet werden. Sie wird folgendermaßen ermittelt. Mit den in Abb. 120 eingetragenen Größen muß für die in der unendlich kleinen Zeit dZ [h]

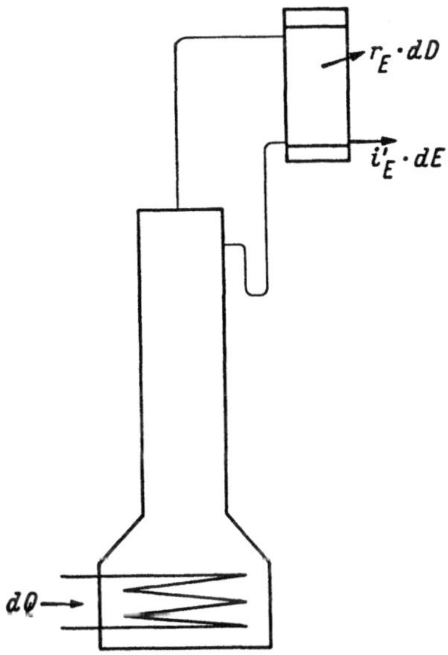

Abb. 120. Schema zur Bestimmung des Wärmebedarfs eines absatzweise arbeitenden Rektifizierapparates

übertragene Wärmemenge bei Vernachlässigung der Wärmeverluste und der Wärmekapazitätsänderung des Betriebsinhalts gelten:

$$dQ = (dD)_o r_E + dE\,(i'_E - i'_B)\,. \tag{167}$$

Setzt man entsprechend der Differentialgleichung (155) für

$$(dD)_o = (v + 1)\,dE \tag{155a}$$

und integriert sodann Gl. (167) in den Grenzen von $Q = 0$ bis $Q = Q_g$ und von $E = 0$ bis $E = E_g$, so erhält man

$$Q_g = r_E \int_{E=0}^{E=Eg} (v + 1)\,dE + E_g\,(i'_E - i'_B)\,. \tag{168}$$

Es bedeutet E_g [Mol] die ingesamt anfallende Erzeugnismenge. Sie wird berechnet nach Gl. (152), in welcher für x_B die Blasenkonzentration x_{B_2} am Ende der Destillation gesetzt wird. Der Wert des Integrals in Gl. (168) ist gleich der im Rücklaufkondensator in Z_g Stunden niedergeschlagenen Gemischdampfmenge. Wird der nach der Beziehung (168) berechenbare Wert von Q_g dividiert durch Z_g, so ergibt sich nach Gl. (166) der stündliche Wärmeverbrauch Q'. Mit ihm und mit Hilfe von Gl. (161) ergibt sich für bestimmte Rücklaufverhältnisse die stündlich vom obersten Boden aufsteigende und wegen der Gleichheit der molaren Verdampfungswärme durch die ganze Säule strömende Dampfmenge $D' = D_0' = (dD/dZ)_0$. Für die gleichen Rücklaufverhältnisse kann die korrespondierende Dampfmenge D durch graphische Integration der Gl. (156) bestimmt werden, nachdem die bei bestimmten Rücklaufverhältnissen v angefallenen Ernismengen E nach Gl. (152) bekannt und über $v + 1$ in einem zweidimensionalen Bild aufgetragen worden sind. Somit sind sowohl der Differentialquotient dD/dZ und sein Kehrwert dZ/dD als auch D in Abhängigkeit von v gegeben. Für gleiche Werte von v ist deshalb sowohl dZ/dD als auch D bekannt und es kann im zweidimensionalen Diagramm der Kehrwert dZ/dD über der korrespondierenden Dampfmenge D aufgetragen werden. Weil für die Rektifikationszeit Z der Zusammenhang

$$Z = \int_{D=0}^{D=D} \left(\frac{dZ}{dD}\right) dD \tag{169}$$

gelten muß, kann durch graphische Integration der (dZ/dD), D-Kurve die Dampfmenge D als Funktion der Zeit Z bestimmt werden[1], wie es in dem folgenden Beispiel zahlenmäßig gezeigt ist.

Zahlenbeispiel: In einer Rektifizieranlage, bestehend aus wasserdampfbeheiztem Blasenapparat mit aufgesetzter Trennsäule und aus Rücklaufkondensator mit angeschlossenen Kühlern, soll in einer Zeit von $Z_g = 10$ Stunden eine Ansatzmenge von $B_1 = 10$ Molen eines Benzol-Toluol-Gemisches mit einem Gehalt von $x_{B_1} = 30$ Mol-% absatzweise zerlegt werden. Die Erzeugniskonzentration soll während des Betriebes stets $x_E = 98$ Mol-% Benzol betragen, wobei der Rücklaufkondensator keine Trennwirkung auf das Gemisch ausüben soll. Der Blasenrest darf am Ende des Arbeitsganges noch $x_{B_2} = 6{,}6$ Mol-% Benzol enthalten. Gesucht ist die Abhängigkeit der Blasenkonzentration, des Rücklaufverhältnisses, der Erzeugnismenge, der Dampfmenge und des Wärmeverbrauchs von der Rektifikationszeit für den Fall, bei dem die Gemischdampfmenge beispielsweise durch Regelung des Dampfdrucks in der Destillierblase konstant gehalten wird. Die molare Verdampfungswärme der beiden Komponenten werde als gleich betrachtet. Am Anfang des Arbeitsganges habe das Rücklaufverhältnis einen Wert von $v_1 = 3$.

[1] In dem Buche: Unit operations. New York: John Wiley & Sons, Inc. und London: Chapman & Hall, Limited 1956; ist auf S. 391 eine längere Gl. (348) zur Bestimmung der Rektifizierzeit angegeben. Sie kann durch Kombination der vorstehenden ebenfalls erhalten werden. Es muß aber darauf hingewiesen werden, daß sie nur für den Fall gilt, daß die Gemischdampfmenge gleichgehalten wird.

Lösung: Unter Verwendung der Gleichgewichtskurve des Gemisches Benzol-Toluol wird für die Destillatkonzentration von $x_E = 98$ Mol-% und die Anfangsblasenkonzentration von $x_{B_1} = 30$ Mol-% nach dem Verfahren der Abb. 100 für das gegebene Anfangsrücklaufverhältnis von $v_1 = 3$ eine theoretische Bodenzahl von $n_t = 7$ ermittelt, wie es Abb. 121 zeigt. Mit derselben Bodenzahl steigt das Rücklaufverhältnis gemäß Abb. 121 auf den Wert $v_2 = 28$ an, wenn am Ende der Rektifikation die Konzentration in der Destillierblase auf den Wert $x_{B_2} = 6{,}6$ Mol-%

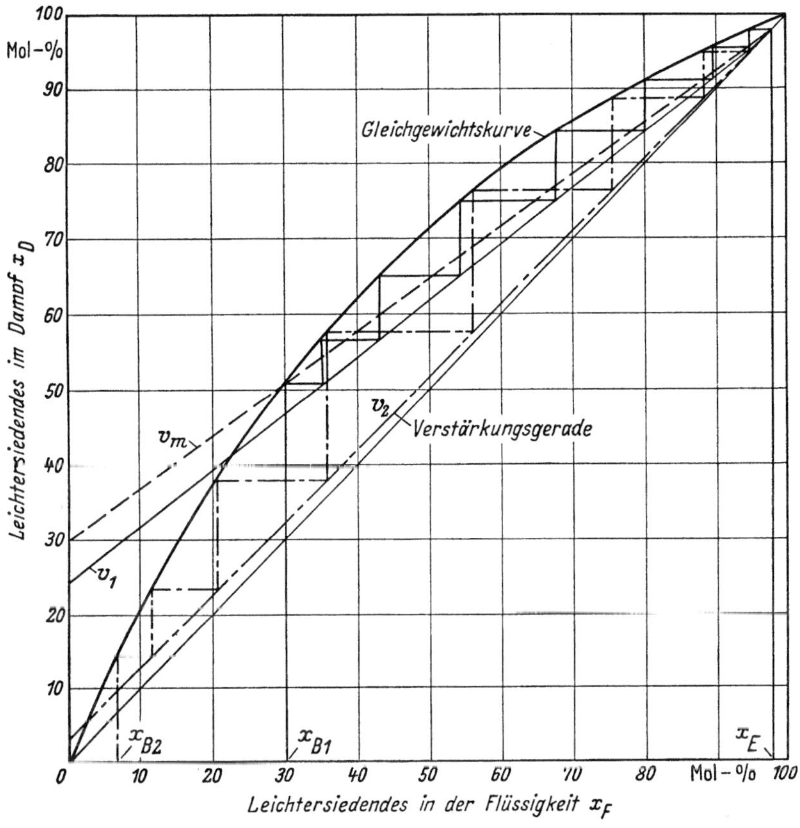

Abb. 121. Bestimmung der theoretischen Bodenzahl und der Blasenkonzentrationen eines absatzweise arbeitenden Rektifizierapparates bei gleichgehaltener Zusammensetzung des Erzeugnisses

Gemisch: Benzol-Toluol

sinkt. Auf dieselbe Weise wie für die Anfangs- und Endwerte werden für Rücklaufverhältnisse, die zwischen v_1 und v_2 liegen, mit der Bodenzahl $n_t = 7$ die zu ihnen gehörigen Blasenkonzentrationen x_B ermittelt und zu ihnen sowie zu den zugeordneten Konzentrationen die bis zu dem jeweiligen Rücklaufverhältnis angefallene Destillatmenge E nach Gl. (108) berechnet. Beispielsweise ergibt sich für die Endblasenkonzentration $x_{B_2} = 6{,}6$ Mol-% eine Erzeugnismenge

$$E = E_g = 10 \cdot \frac{30 - 6{,}6}{98 - 6{,}6} = 2{,}56 \text{ Mol}.$$

In Zahlentafel 9 sind in der ersten Zeile die jeweiligen Rücklaufverhältnisse v sowie in der zweiten und dritten Zeile die auf die erläuterte Art ermittelten Blasenkonzentrationen x_B und Erzeugnismengen E eingetragen. Sie sind in Abb. 122 über $v + 1$ aufgetragen. Der schraffierte Flächenstreifen mit der Breite dE stellt das Produkt $(v + 1)\,dE$ dar. Durch die Fläche zwischen der Ordinate sowie der E-Kurve

Zahlentafel 9. *Korrespondierende Werte bei der absatzweisen Rektifikation*

Gemisch: Benzol-Toluol
Blasenanfangsfüllung: $B_1 = 10$ Mol
Blasenanfangskonzentration: $x_{B_1} = 30$ Mol-% Benzol
Erzeugniskonzentration: $x_E = 98$ Mol-% Benzol
Theoretische Bodenzahl: $n_t = 7$
Blasenendkonzentration: $x_{B_2} = 6{,}6$ Mol-% Benzol
Rektifikationszeit: $Z_g = 10$ h
Kondensatordruck: $p = 1$ ata

v	3	4	5	6	8	10	12	16	28
x_B [Mol-%]	30,0	24,4	20,2	17,6	14,4	12,0	10,7	8,5	6,6
E [Mol]	0	0,76	1,26	1,54	1,89	2,09	2,22	2,40	2,56
D [Mol]	0	3,38	6,00	7,90	10,66	12,63	14,27	16,82	20,00
Z [h]	0	1,69	3,00	3,95	5,33	6,32	7,13	8,41	10,00
E' [Mol/h]	0,500	0,400	0,333	0,286	0,222	0,200	0,154	0,118	0,069

einerseits und den Waagerechten bei den Ordinatenwerten $E = 0$ sowie $E = E_g$ anderseits ist deshalb das Integral der rechten Seite der Gl. (156) dargestellt, durch welches die während einer bestimmten Zeit nach dem Erhalt der Erzeugnismenge E durch die Säule geströmte Dampfmenge gegeben ist. Sie ist in Abb. 122 ebenfalls eingetragen. Am Ende der Arbeitsperiode wird

$$D = D_g = \int_{E=0}^{E_g = 2.56} (v + 1)\,dE = 20 \text{ Mol}.$$

Mit dieser Gemischdampfmenge und der gesamten Rektifikationszeit $Z_g = 10$ Stunden errechnet sich mit Gl. (165) die stündlich im Rücklaufkondensator niedergeschlagene Dampfmenge zu

$$D' = \frac{20}{10} = 2 \text{ Mol/h}.$$

Weil die molaren Verdampfungswärmen der einzelnen Stoffe gleich sind, ist D' auch der aus der Destilliereinrichtung abgedampften Gemischmenge gleich. Sie ist örtlich und zeitlich unveränderlich. Die bestimmten Rücklaufverhältnissen zugeordneten und Abb. 122 entnehmbaren Gesamtdampfmengen sind in Zahlentafel 7 in der vierten Zeile ebenfalls eingetragen. Beispielsweise wird für $v = 12$ zu $v + 1 = 13$ aus Abb. 107 ein $D = 14{,}27$ Mol abgelesen, was in Tafel 9 angegeben ist. Nunmehr können nach Gl. (164) die bestimmten Dampfmengen zugeordneten

Arbeitszeiten berechnet werden. Für $D = 14{,}27$ Mol mit $v = 12$ ergibt sich

$$Z = \frac{14{,}27}{2} = 7{,}13 \text{ Stunden}.$$

Die so berechneten Zeiten sind in der Zahlentafel 9 ebenfalls in einer besonderen Zeile aufgenommen. In der nächst tieferen Zeile sind noch die mittels der Gl. (155a)

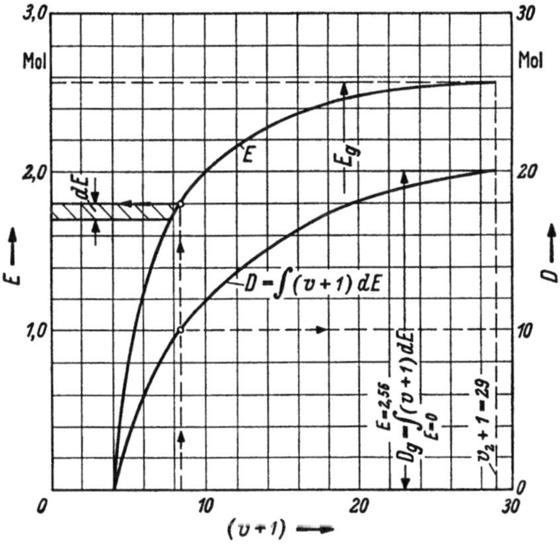

Abb. 122. Abhängigkeit der Erzeugnismenge und der im Rücklaufkondensator niedergeschlagenen Dampfmenge vom Rücklaufverhältnis am Säulenkopf

Gemisch: Benzol-Toluol

berechneten, stündlich anfallenden Erzeugnismengen E' aufgeführt. Danach wird z. B. für $v = 12$

$$E' = 2 \cdot \frac{1}{12 + 1} = 0{,}154 \text{ Mol/h}.$$

Mit den berechneten und in den oberen sechs Zeilen der Zahlentafel 9 eingetragenen Werten ist die Abhängigkeit aller interessierenden Größen von der Zeit bekannt.

E. Der stetig arbeitende Rektifizierapparat mit Austauschböden

I. Bestimmung der Bodenzahl

Die weitestgehende Zerlegung eines Flüssigkeitsgemisches wird am einfachsten durch den stetig arbeitenden Rektifizierapparat erzielt. Bei ihm ist die Destillierblase des absatzweise arbeitenden Rektifizierapparates durch eine besondere Rektifiziersäule ersetzt. Weil in dieser aus der Flüssigkeit das Leichtersiedende abgetrieben wird, wird sie Abtriebsäule genannt. In ihr sind Austauschböden untergebracht, die ebenso gebaut sind und wirken wie diejenigen in der Verstärkungssäule. Letztere ist am oberen Ende der Abtriebsäule angeschlossen. Im unteren Teil der Abtriebsäule ist die Heizvorrichtung untergebracht oder es wird,

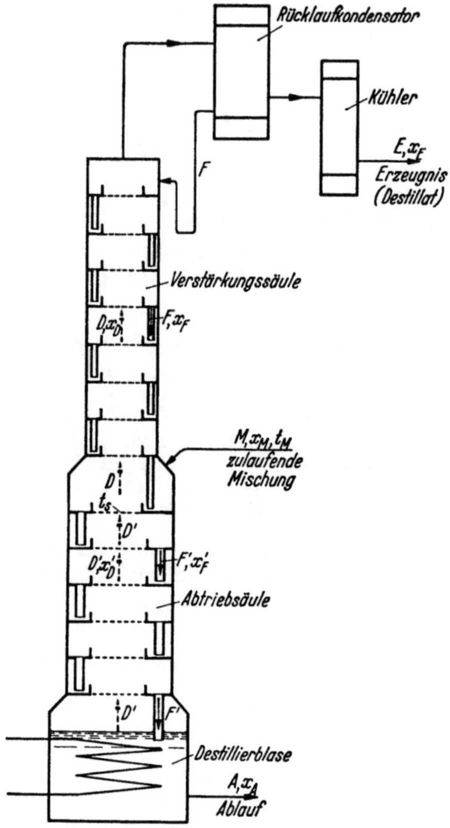

Abb. 123. Plan eines stetig arbeitenden Rektifizierapparates

wenn z. B. Wasser dem unteren Ende der Abtriebsäule entströmt, Wasserdampf unter dem untersten Austauschboden der Abtriebsäule eingeblasen. Das zu trennende Gemisch strömt stetig an einer Stelle zwischen der Abtrieb- und der Verstärkungssäule zu und wird in den schwerer siedenden Ablauf und in das leichter siedende Destillat (Erzeugnis) zerlegt (s. Abb. 123).

Die Verfolgung der Zustände im stetig arbeitenden Rektifizierapparat wird besonders einfach mit der Voraussetzung gleicher molarer Verdampfungswärmen der einzelnen Stoffe des zu trennenden Gemisches[1,2,3,4], wie es die folgenden Betrachtungen am Beispiel des Zweistoffgemisches zeigen. Zur Kennzeichnung werden alle Größen, die sich auf die Abtriebsäule beziehen, mit einem hochgestellten Strich (′) als Zeiger versehen, so daß D' [Mol/h] und F' [Mol/h] die in der Abtriebsäule zwischen zwei beliebigen Böden strömende Dampf- bzw. Flüssigkeitsmenge, ferner x_D' [Mol-%] den Gehalt an leichter siedendem Stoff im Dampf und

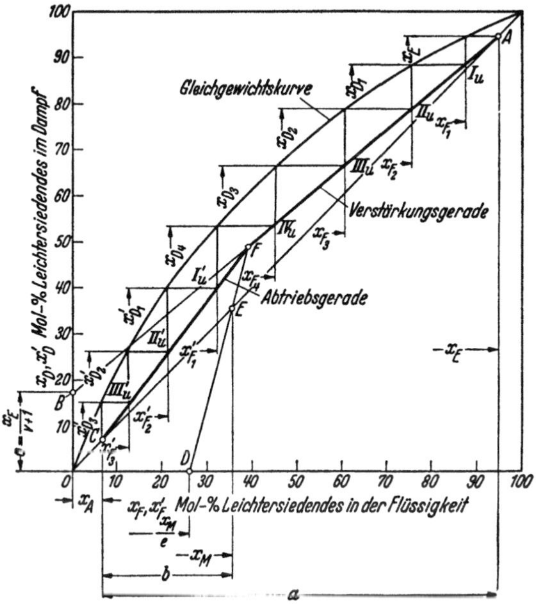

Abb. 124. Ermittlung der Verstärkungs- und Abtriebsgeraden sowie der theoretischen Bodenzahl der Verstärkungs- und der Abtriebsäule

x_F' [Mol-%] den Gehalt an Leichtersiedendem in der Flüssigkeit bezeichnen. Wegen der Unveränderlichkeit der molaren Verdampfungswärmen stellt sowohl D' als auch F' eine in der ganzen Abtriebsäule gleichbleibende Größe dar (Abb. 124).

Für die Verstärkungssäule gelten die Mengengleichungen (108) und (109), so daß auch die Gl. (112) der Verstärkungsgeraden (Gerade für die Verstärkungssäule) volle Gültigkeit besitzt. Danach ist gemäß Abb. 124 die Lage der Verstärkungsgeraden durch die Punkte A und B festgelegt, die durch die Destillatkonzentration x_E und durch das Rücklaufverhältnis v gegeben sind. Letzteres stellt auch beim stetig arbeitenden Rektifizierapparat das Verhältnis der aus dem Rücklaufkondensator in die Verstärkungssäule zurückströmenden Flüssigkeitsmenge

[1–4] Siehe Fußnote 1—4, S. 144.

F [Mol/h] zur Destillatmenge E [Mol/h] dar, wie es in Gl. (111) zum Ausdruck kommt.

Der Abtriebsäule entströmt am unteren Teile mit dem Gehalte x_A die Menge A [Mol/h] des Ablaufes, der in manchen Fällen selbst ein Erzeugnis darstellt. Es gelten die folgenden Mengengleichungen:

$$F' = D' + A \tag{170}$$

und

$$F' x'_F = D' x'_D + A x_A . \tag{171}$$

Die Zusammenfassung der beiden letzten Gleichungen führt zu der Beziehung:

$$x'_D = \frac{F'}{F' - A} x'_F - \frac{A}{F' - A} x_A . \tag{172}$$

In dieser Gleichung sind nur x'_D und x'_F veränderlich, so daß sie in Abb. 124 durch eine Gerade dargestellt werden kann, welche die Abhängigkeit des Dampfgehaltes vom Flüssigkeitsgehalt zwischen zwei beliebigen Austauschböden angibt. Sie wird mit Abtriebsgerade oder „Gerade für die Abtriebsäule" bezeichnet. Setzt man in der letzten Gleichung $x'_D = x'_F$, so erhält man den Ordinatenwert, bei welchem die Abtriebsgerade die Diagonale des Schaubildes schneidet:

$$x'_D = x'_F = x_A . \tag{173}$$

Der Schnittpunkt der Abtriebsgeraden mit der Diagonalen ist in Abb. 124 mit C bezeichnet. Ein zweiter Punkt zur Festlegung der Abtriebsgeraden wird als Schnittpunkt der Abtriebsgeraden mit der Verstärkungsgeraden gefunden. Dazu ist es erforderlich, eine Beziehung zwischen den in der Verstärkungs- und der Abtriebsäule strömenden Mengen aufzustellen. Strömt die Menge M [Mol/h] der zu trennenden Mischung, welcher allgemein eine Temperatur von t_M [°C] zugeordnet ist, im Sonderfalle mit der Siedetemperatur t_S der Flüssigkeit dem obersten Boden der Abtriebsäule (Einlaufboden) zu, so ist die in der Abtriebsäule nach unten fließende Flüssigkeitsmenge gleich der Summe der Rücklaufmenge der Verstärkungssäule und der zu trennenden Mischungsmenge:

$$F' = F + M . \tag{174}$$

Ist die Zuflußtemperatur der Mischung jedoch kleiner als die Siedetemperatur auf dem Einlaufboden ($t_M < t_S$), so wird auf letzterem eine bestimmte Dampfmenge niedergeschlagen, welche zur Anwärmung der zugeführten Mischung auf Siedetemperatur dient. Durch das hierbei entstehende Kondensat tritt eine Vergrößerung der Rücklaufmenge in der Abtriebsäule ein, die in Anlehnung an Gl. (174) durch die folgende Beziehung zum Ausdruck gebracht wird:

$$F' = F + eM . \tag{175}$$

Bezeichnet man mit q_M den Wärmeinhalt je Mol zuströmender Mischung mit der Temperatur t_M und mit q_S den Wärmeinhalt je Mol Flüssigkeit auf dem Einlaufboden mit der Siedetemperatur t_S, so ist e durch die Beziehung festgelegt:

$$e = \frac{r + q_S - q_M}{r} = 1 + \frac{q_S - q_M}{r}, \tag{176}$$

in der r die Verdampfungs- bzw. Kondensationswärme je Mol bedeutet. Für den geometrischen Ort der Schnittpunkte zwischen den beiden Austauschgeraden muß gelten:

$$x_D = x'_D \tag{177}$$

und

$$x_F = x'_F\,. \tag{178}$$

Ein Mengenbilanzschnitt um den Einlaufboden ergibt

$$M + F + D' = F' + D \tag{179}$$

und

$$M x_M + F x_F + D' x'_D = F' x'_F + D x_D\,. \tag{180}$$

Wird in Gl. (179) für F' der Wert nach Gl. (175) eingesetzt, so erhält man

$$D' - D = M\,(e - 1)\,, \tag{180a}$$

während die Beziehung (180) unter Verwendung der Gln. (177) und (178) übergeht in

$$(F - F')\,x_F + (D' - D)\,x_D + M x_M = 0\,,$$

woraus unter Beachtung der Gln. (175) und (180a) folgt

$$-\,e M x_F + M\,(e - 1)\,x_D + M x_M = 0$$

und daraus[1]

$$x_D = \frac{e}{e-1}\,x_F - \frac{x_M}{e-1}\,. \tag{181}$$

Da e und x_M unveränderlich sind, stellt die Beziehung (181) die Gleichung einer Geraden dar. Sie sei „Schnittpunktsgerade" genannt. Diese schneidet die Abszisse (Punkt D in Abb. 124) bei dem Wert

$$x_F = \frac{x_M}{e}, \tag{182}$$

der dadurch erhalten wird, daß man in der vorletzten Gleichung $x_D = 0$ setzt. Wird hingegen in derselben Gleichung $x_D = x_F$ gesetzt, so erhält man den Schnittpunkt E mit der Diagonalen, der durch den Ordinatenwert

$$x_D = x_F = x_M \tag{183}$$

[1] Gl. (181) kann auf verschiedene Art gefunden werden. Ihre Ableitung von Gl. (179) ab geht auf den Vorschlag eines ehemaligen Schülers des Verfassers, Herrn Dr.-Ing. Joachim Schmidt, zurück.

gekennzeichnet ist. Die Verbindungsgerade von D mit E schneidet die Gerade für die Verstärkungssäule in dem Punkte F, welcher den gesuchten zweiten Punkt der Abtriebsgeraden darstellt. Letztere ist nunmehr durch die Gerade zwischen den Punkten C und F festgelegt. Ein Punkt auf ihr gibt den Zusammenhang zwischen der Konzentration im Dampf und in der Flüssigkeit zwischen zwei beliebigen Böden der Abtriebsäule an.

Die theoretische Anzahl der Verstärkungsböden zur stetigen Zerlegung eines Gemisches mit der Anfangskonzentration x_M in die beiden

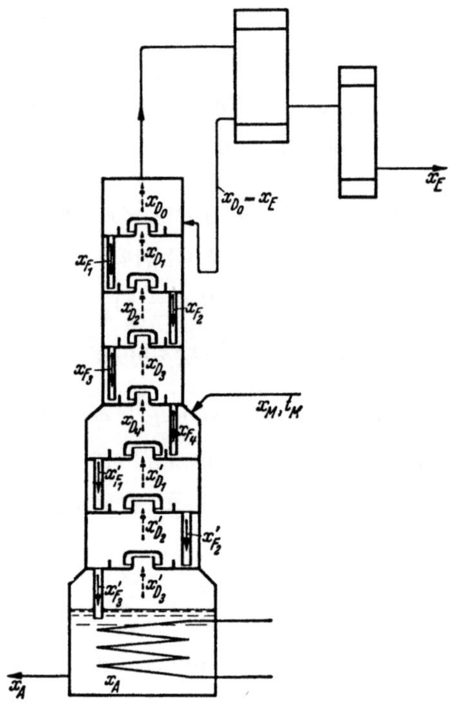

Abb. 125. Angabe der Stellen im stetig arbeitenden Rektifizierapparat, an denen die in Abb. 124 ermittelten Konzentrationen herrschen

Gemische mit den Konzentrationen x_E und x_A ist mit dem an Hand der Abb. 98 erläuterten Verfahren gemäß Abb. 124 durch die Anzahl der Eckpunkte I_u, II_u, III_u usw. auf der Verstärkungsgeraden gegeben, die man durch Einzeichnen des Treppenlinienzuges zwischen der Gleichgewichtskurve und der Verstärkungsgeraden von Punkt A ausgehend bis zum Punkte F unter der Annahme erhält, daß der Rücklaufkondensator keine verstärkende Wirkung ausübt. Auch für die Abtriebsäule ist zur

Bestimmung der theoretischen Anzahl von Rektifizierböden vorausgesetzt, daß auf einem Boden Flüssigkeitsdurchmischung und vollkommener Austausch stattfinden. Daraus folgt, daß der von einem Abtriebsboden aufsteigende Dampf im Phasengleichgewicht mit der vom selben Boden ablaufenden Flüssigkeit steht. Der Zusammenhang zwischen der

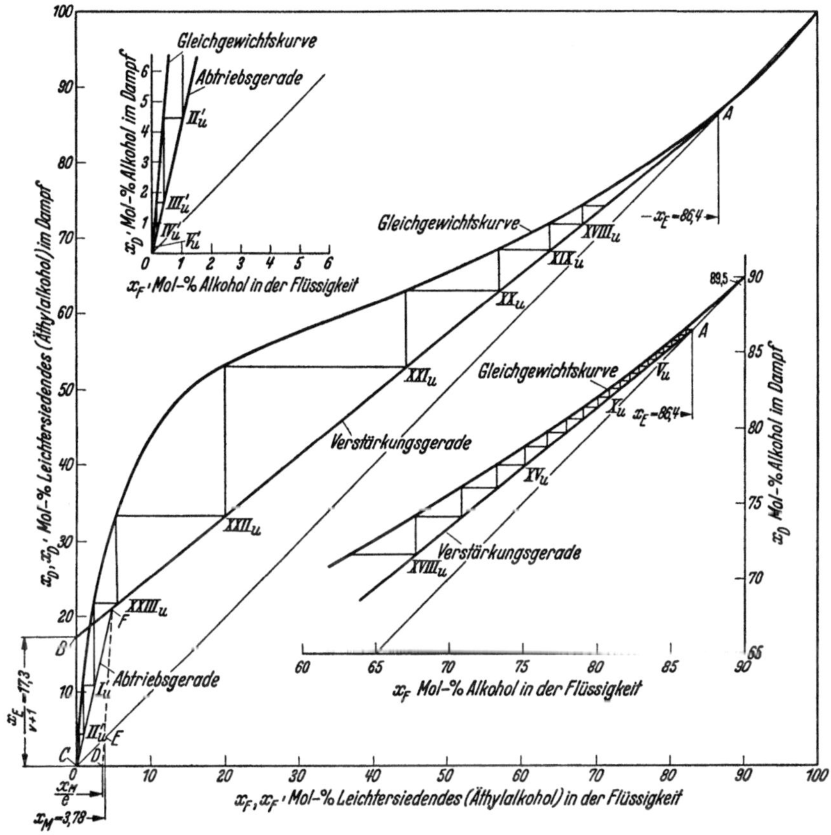

Abb. 126. Bestimmung der theoretischen Bodenzahl der Verstärkungs- und der Abtriebsäule zur Trennung eines Äthylalkohol-Wassergemisches. Rücklaufverhältnis $v = 4$

Konzentration in dem von einem Boden aufsteigenden Dampf und in der von demselben Boden ablaufenden Flüssigkeit ist dann durch einen Punkt auf der Gleichgewichtskurve gegeben. Die theoretische Anzahl der Abtriebsböden ergibt sich in ähnlicher Weise wie für die Verstärkungssäule durch die Anzahl der Eckpunkte I'_u, II'_u, III'_u usw., die man erhält, indem man von dem letzten (untersten) Eckpunkt auf der Verstärkungsgeraden (in Abb. 124 Punkt IV_u) ausgehend den Treppenlinienzug nach unten fortsetzt und ihn zwischen der Gleichgewichtskurve und der Abtriebsgeraden bis zum Punkte C zeichnet. Es ist dabei zugrunde gelegt, daß der von der Blase aufsteigende Dampf mit der Flüssigkeit in der Blase im Phasengleichgewicht steht. Für die Verhältnisse

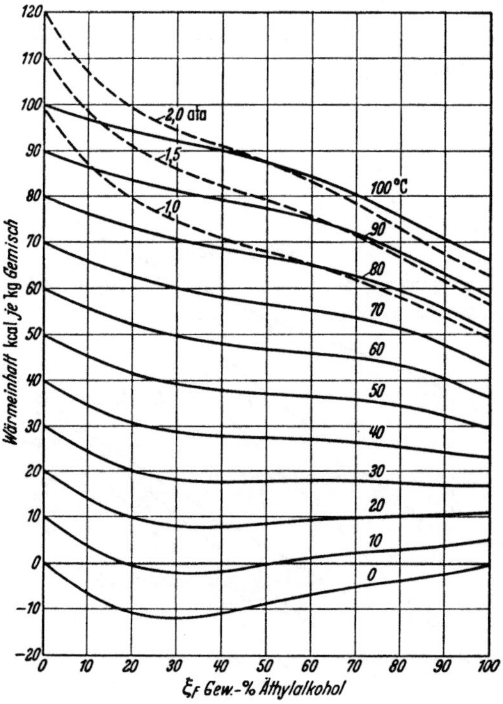

Abb. 127. Wärmeinhalt von flüssigen Äthylalkohol-Wassergemischen in Abhängigkeit von der Konzentration

der Abb. 124, welcher die Gleichgewichtskurve des Gemisches Benzol-Toluol zugrunde liegt, ergibt sich eine theoretische Anzahl der Verstärkungsböden von 4 und eine theoretische Anzahl der Abtriebsböden von 3.

Aus Abb. 124 ist die Beziehung abzulesen:

$$x'_{D_3} > x'_{F_3} > x_A ,$$

die besagt, daß die Konzentration in dem in die Blase strömenden Rücklauf zwischen derjenigen in der Blasenfüllung selbst und der in dem von der Blase aufsteigenden Dampf liegt. Zur Verdeutlichung sind die Zusammensetzungen, welche in Abb. 124 angegeben sind, auch im Plane der Abb. 125 an den Stellen eingetragen, für die sie gelten.

Abb. 126 zeigt die Linienzüge für die Ermittlung der theoretischen Bodenzahlen eines stetig arbeitenden Rektifizierapparates zur Zerlegung eines Äthylalkohol-Wassergemisches mit 9 Gew.-% Alkohol (entsprechend 3,78 Mol-%) und einer Temperatur von $t_M = 70°$ C in Destillat mit 94,2 Gew.-% (entsprechend 86,4 Mol-%) Alkohol und in praktisch alkoholfreiem Ablauf. Mit Gl. (1a) ergibt sich das mittlere Molekulargewicht der Mischung zu 19,1 kg/Mol. Die Temperatur auf dem Einlaufboden beträgt 92° C. Dazu und zu einer Konzentration von 9 Gew.-%

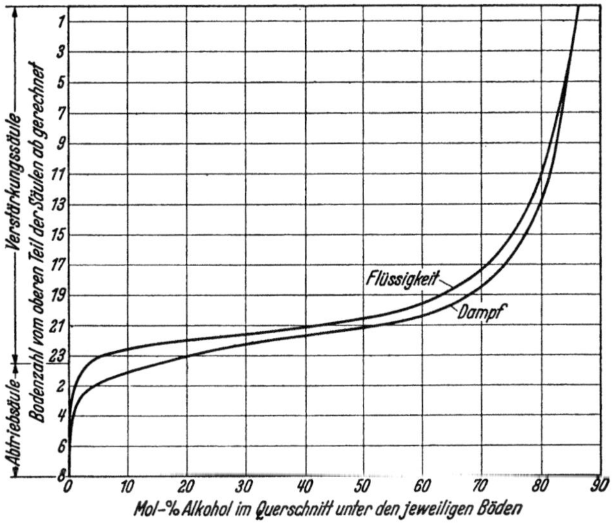

Abb. 128. Die aus Abb. 126 sich ergebende Abhängigkeit der Konzentrationen in der Flüssigkeit und im Dampf von der Bodenzahl eines stetig arbeitenden Rektifizierapparates zur Trennung von Äthylalkohol-Wassergemischen

Alkohol wird aus Abb. 127 ein Wärmeinhalt[1] von 89 kcal/kg und zu einer Temperatur von 70° C und demselben Alkoholgehalt ein Wärmeinhalt von 66,5 kcal/kg abgelesen. Die molare Verdampfungswärme ist mit $r = 9600$ kcal/Mol gegeben. Mit Gl. (176) ergibt sich damit der Zahlenwert von e zu:

$$e = 1 + \frac{19{,}1 \cdot 89 - 19{,}1 \cdot 66{,}5}{9600} = 1{,}045\,.$$

In Abb. 127 ist als Ordinate der Wärmeinhalt je kg Flüssigkeitsgemisch aufgetragen. Er stellt diejenige Wärmemenge dar, welche zuzuführen ist, um die Einzelstoffe in getrenntem Zustand von 0° C auf die jeweilige Temperatur in gemischtem Zustand zu bringen. Durch diese Festlegung ist es möglich, im Zahlenwert für den Wärmeinhalt die Wärmetönungen (Mischungswärmen) zu berücksichtigen.

[1] BOSNJAKOVIČ, F., u. I. A. GRUMBT: Wärmeinhalt flüssiger Äthylalkohol-Wassergemische. Forsch. Gebiete Ingenieurw. 2 (1931).

Abb. 126 ergibt eine theoretische Bodenzahl n_t der Verstärkungssäule von 23 und der Abtriebsäule von 6. Aus den Eckpunkten des gezeichneten Treppenlinienzuges können die Dampf- und Flüssigkeitskonzentrationen an beliebigen Stellen der Säule abgelesen werden. Sie sind in Abb. 128 in Abhängigkeit von der Bodenzahl aufgetragen. Aus diesem geht hervor, daß die größten Konzentrationsunterschiede zwischen Dampf und Flüssigkeit auf den Austauschböden im unteren Teil der Verstärkungssäule auftreten.

Die wirklich erforderliche Bodenzahl n sowohl der Verstärkungs- wie auch der Abtriebsäule wird aus der theoretischen Bodenzahl n_t erhalten, indem letztere durch den mittleren Wert s_M des Austauschverhältnisses (Verstärkungsverhältnisses) geteilt wird, wie es Gl. (119) angibt ($s_M = 0,6$ bis 0,8, s. Abschn. D V, 3a).

II. Ermittlung des Mindestrücklaufverhältnisses eines stetig arbeitenden Rektifizierapparates zur Trennung eines Zweistoffgemisches

Auch beim stetig arbeitenden Rektifizierapparat legt das Rücklaufverhältnis nicht nur die erforderliche Anzahl von Austauschböden und damit die Anschaffungskosten, sondern auch die Betriebsmittelkosten fest. Es wird aus einem Kleinstwert, dem Mindestrücklaufverhältnis v_M bestimmt. Dieses ist durch zwei Bedingungen gekennzeichnet: Es muß bei ihm die Bodenzahl unendlich groß sein und letztere wird endlich, sobald das Mindestrücklaufverhältnis um einen beliebig kleinen Betrag vergrößert wird.

In Abb. 129 ist gezeigt, wie auf Grund der angegebenen Kennzeichnung das Mindestrücklaufverhältnis für die Trennung des Zweistoffgemisches ohne ausgezeichneten Punkt, z. B. für das ideale Gemisch Benzol-Toluol, bestimmt wird, wenn der Destillatgehalt x_E, die Konzentration x_A des Ablaufes sowie der Gehalt an Leichtersiedendem x_M in der zu trennenden Mischung und deren Temperatur gegeben sind. Aus letzterer wird mit Hilfe der Beziehung (176) der Zahlenwert von e ermittelt, so daß in Abb. 129 die Punkte D auf der Abszisse und E auf der Diagonalen festgelegt sind. Ihre Verbindungsgerade, auf welcher alle Schnittpunkte zwischen der Verstärkungs- und der Abtriebsgeraden liegen müssen, schneidet die Gleichgewichtskurve im Punkte G mit dem Abszissenwert x_G. Die Geraden AG und GC stellen die Verstärkungs- und Abtriebsgerade für das Mindestrücklaufverhältnis dar. Zeichnet man nämlich vom Punkt A ausgehend den Treppenlinienzug zwischen der Gleichgewichtskurve und der erwähnten Verstärkungsgeraden, so kann man nur bei einer unendlich großen Stufenzahl an den Punkt G gelangen. Gleiches gilt, wenn man vom Punkte C ausgehend den Treppenlinienzug für die Abtriebsgerade zwischen der Gleichgewichtskurve und der Abtriebsgerade zeichnet. Im Punkte G wird sowohl die Bodenzahl

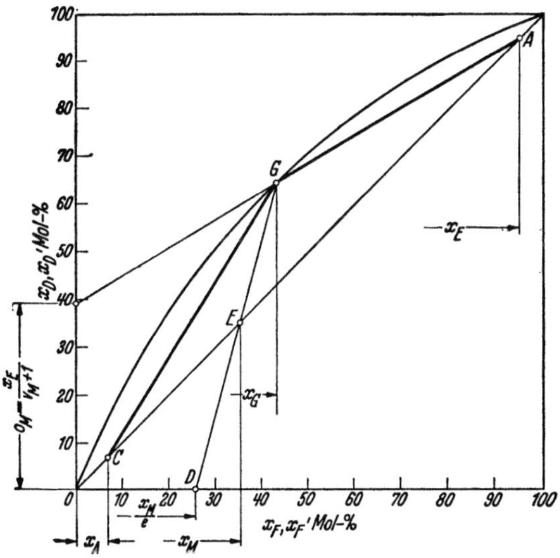

Abb. 129. Zeichnerisches Verfahren zur Bestimmung des Mindestrücklaufverhältnisses zur Trennung eines idealen Zweistoffgemisches

im unteren Teil der Verstärkungssäule als auch im oberen Teil der Abtriebsäule unendlich groß. Die verlängerte Gerade AG schneidet auf der Ordinate den Wert

$$o_M = \frac{x_E}{v_M + 1}$$

ab, dessen Zahlenwert abgelesen und aus dem das gesuchte Mindestrücklaufverhältnis mit Hilfe der Gl. (120) berechnet werden kann. Für Abb. 129 ist beispielsweise ein Destillatgehalt von $x_E = 95$ Mol-% zugrunde gelegt und der Ordinatenabschnitt o_M wird zu 39 Mol-% abgelesen. Daraus ergibt sich ein Mindestrücklaufverhältnnis von

$$v_M = \frac{95}{39} - 1 = 2{,}44 - 1 = 1{,}44 .$$

Auch die zweite für das Mindestrücklaufverhältnis genannte Kennzeichnung ist bei den der Abb. 129 zugrunde gelegten Verhältnissen erfüllt. Wird nämlich das Mindestrücklaufverhältnis um einen beliebig kleinen Betrag vergrößert, so nimmt die durch Punkt A gehende Verstärkungsgerade eine steilere Lage an, indem sie die Gerade DG zwischen den Punkten E

und G schneidet. Dieser Schnittpunkt stellt denjenigen zwischen der Verstärkungs- und der Abtriebsgeraden dar, mit dem sich eine endliche Bodenzahl ergibt.

Die zweitgenannte Bedingung für das Mindestrücklaufverhältnis kann jedoch bei entsprechend hohen Gehalten an Leichtersiedendem im Destillat bei solchen Flüssigkeitsgemischen, deren Gleichgewichtskurve einen Wendepunkt aufweist, wie er z. B. bei dem Gemisch Äthylalkohol-Wasser vorliegt, nur mit Hilfe eines besonderen Verfahrens erfüllt werden. Dieses Ermittlungsverfahren ist in Abb. 130 gezeigt. In ihm ist durch die Konzentration des Destillates der Punkt A der Verstärkungsgerade

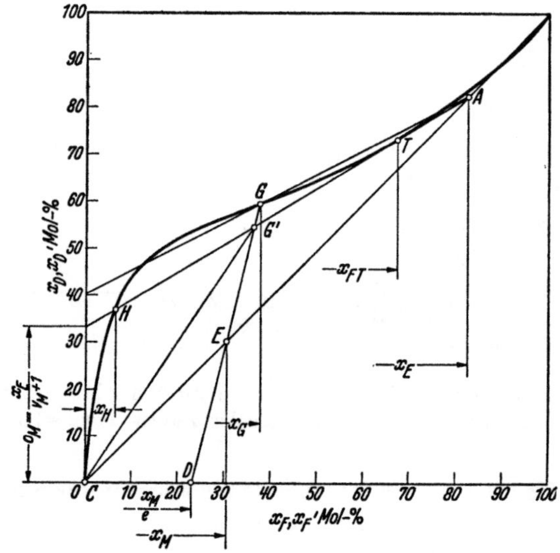

Abb. 130. Zeichnerisches Verfahren zur Bestimmung des Mindestrücklaufverhältnisses zur Trennung eines Zweistoffgemisches, dessen Gleichgewichtskurve einen Wendepunkt aufweist

gegeben. Ferner ist der geometrische Ort der Schnittpunkte der Verstärkungs- und der Abtriebsgerade durch die Zusammensetzung x_M und die Temperatur der zu trennenden Mischung festgelegt, aus denen mit Gl. (176) der Beiwert e berechnet und die Punkte D und E gefunden werden. Ihre Verbindungsgerade schneidet die Gleichgewichtskurve im Punkte G mit dem Abszissenwert x_G. Die Gerade AG liefert mit der Gleichgewichtskurve drei Schnittpunkte. Dies hat zur Folge, daß die Stufenzahl auch dann noch unendlich groß bleibt, wenn dasjenige Mindestrücklaufverhältnis um einen beliebig kleinen Betrag vergrößert wird, welches aus dem Abschnitt ermittelt wird, den die Gerade AG auf der Ordinate angibt. Deshalb muß das Mindestrücklaufverhältnis mit Hilfe der Gl. (120) aus dem Ordinatenabschnitt o_M berechnet werden, welchen die Gerade ergibt, die durch den Punkt A geht und die Gleichgewichtskurve beim Abszissenwert x_{FT} im Punkt T berührt. Diese schneidet die Gleichgewichtskurve im Punkte H mit dem Abszissenwert x_H. Wird das aus dem so erhaltenen Ordinatenabschnitt o_M ermittelte Rücklaufverhältnis um einen beliebig kleinen Betrag vergrößert, so nimmt die Verstärkungsgerade einen steileren Verlauf an als die Tangente $A\,T$ und sie schneidet die Gleichgewichtskurve nur in einem Punkt, dessen Abszissenwert kleiner ist als x_H. Das Mindestrücklaufverhältnis ist nach dem gezeigten Tangentenverfahren bei den Fällen zu ermitteln, bei welchen der Abszissenwert x_G des Schnittpunktes G zwischen den Abszissenwerten x_H und x_{FT} liegt. Für diesen Konzentrationsbereich ergibt sich demnach ein gleiches Mindestrücklaufverhältnis. Es wird größer für Werte von x_G, die kleiner sind als x_H und es wird kleiner als der genannte konstant bleibende Wert für x_G-Werte, die größer sind als x_{FT}.

Die aus Abb. 106 zu entnehmenden Zahlenwerte des Mindestrücklaufverhältnisses für das ideale Gemisch Benzol-Toluol und für das Gemisch Äthylalkohol-Wasser gelten nicht nur für den absatzweise arbeitenden Rektifizierapparat, sondern auch für den stetig arbeitenden, wenn an die Stelle der auf der Abszisse aufgetragenen Blasenkonzentration x_{FB} die aus Abb. 129 und 130 ersichtlichen Abszissenwerte für x_G gesetzt worden. Nur bei Destillatgehalten, die größer sind als 70 Mol-% an Leichtersiedendem, hat das Mindestrücklaufverhältnis über einen bestimmten Bereich von x_G einen gleichbleibenden Wert, wie es die Linie *b* in Abb. 106 zeigt. Für eine Destillatkonzentration von 70 Mol-% Alkohol nimmt gemäß Linie *c* das Mindestrücklaufverhältnis bereits stetig mit zunehmendem Werte von x_G ab. Letzteres trifft bei idealen Gemischen allgemein zu, wie es in der genannten Abbildung Linie *a* für einen Destillatgehalt von $x_E = 98$ Mol-% an Leichtersiedendem zeigt.

III. Das wirkliche Rücklaufverhältnis eines stetig arbeitenden Rektifizierapparates

Die Betriebsmittelkosten, welche sich aus den Kosten für das Heizmittel und das Kühlwasser zusammensetzen, haben ihren geringsten Wert beim Mindestrücklaufverhältnis und nehmen stetig mit steigendem Rücklaufverhältnis gemäß Abb. 131 zu. Im gleichen Sinne verändern sich Größe und Anschaffungskosten der Wärmeaustauscher eines Rektifizierapparates. Weil jedoch mit zunehmendem Rücklaufverhältnis die Bodenzahl abnimmt und die Anschaffungskosten sich aus denen für die Wärmeaustauscher und für die Säule mit Zubehör zusammensetzen, weisen diese einen Kleinstwert auf (s. Abb. 131). Die Gesamtkosten sind durch die Summe aus den Betriebsmittel- und Anschaffungskosten gegeben, so daß die Summenkurve gemäß Abb. 131 ebenfalls einen Kleinstwert ergibt. Er liegt bei dem für die Berechnung und den Betrieb eines Rektifizierapparates zugrunde zu legenden günstigsten wirklichen Rücklaufverhältnis. Dieses wirkliche Rücklaufverhältnis v stellt nach der Beziehung (122) ein Vielfaches $z v_M$ vom Mindestrücklaufverhältnis

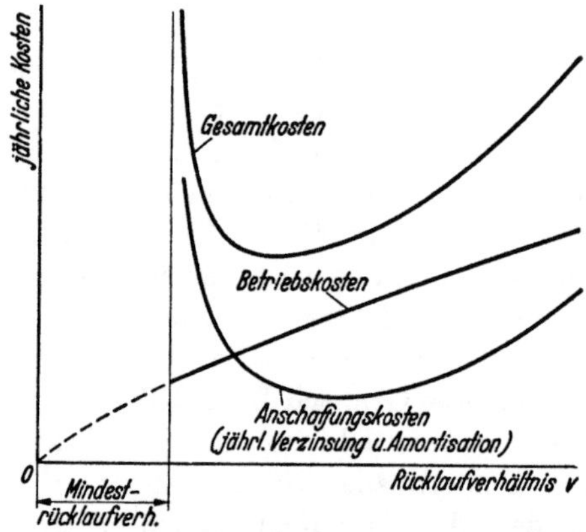

Abb. 131. Anschaffungs- und Betriebskosten in Abhängigkeit vom Rücklaufverhältnis und Bestimmung des günstigsten Rücklaufverhältnisses

dar, wobei der Zahlenwert für z im allgemeinen zwischen 1,3 und 10 liegt. Wird beispielsweise für einen Apparat zur Herstellung von hochprozentigem Äthylalkohol aus einer Maische mit 9 Gew.-% Alkohol ein Mindestrücklaufverhältnis von 2,7 ermittelt, wie es auch aus Abb. 106 hervorgeht, so wird dem Entwurf des Apparates ein wirkliches Rücklaufverhältnis zugrunde gelegt, das zwischen 4 und 4,5 liegt. Bei der Destillation und Rektifikation von Erdölen unter Atmosphärendruck kommen Werte für das Rücklaufverhältnis von im Mittel $v = 4$ in Betracht.

IV. Beziehungen zwischen Mengen und Konzentrationen

Im Beharrungszustand müssen die dem Apparat zuströmenden Gesamtmengen und die Mengen an Leichtersiedendem gleich denjenigen sein, welche die Apparatur verlassen:

$$M = E + A\,,$$

$$M x_M = E x_E + A x_A\,.$$

Aus diesen Gleichungen ergibt sich die Beziehung zwischen Mengen und Konzentrationen:

$$M = E \frac{x_E - x_A}{x_M - x_A} = E \frac{a}{b} . \tag{184}$$

Die Strecken a und b sind in Abb. 124 angegeben.

V. Der Wärmeverbrauch

Für die Bestimmung des Wärmeverbrauches eines stetig arbeitenden Rektifizierapparates ist der Zahlenwert für die Rücklaufwärme ausschlaggebend. Sie stellt diejenige Wärmemenge dar, welche im Rücklaufkondensator zur Bildung des Rücklaufes abgeführt werden muß.

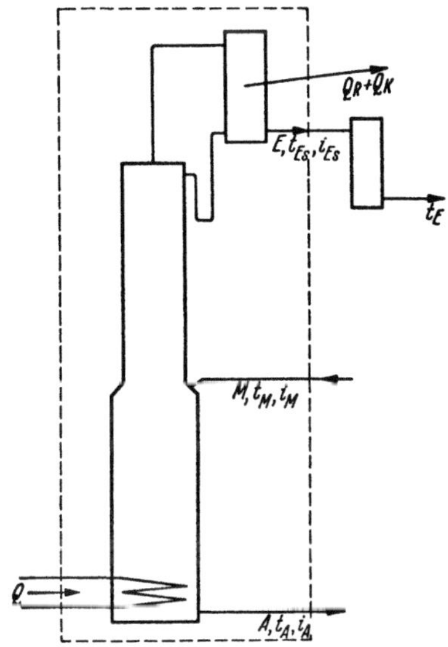

Abb. 132. Plan eines stetig arbeitenden Rektifizierapparates zur Bestimmung des Wärmebedarfes

Für die Ableitung einer Gleichung zur Bestimmung der zur Trennung eines Gemisches erforderlichen Heizwärme Q [kcal/h] ist in Abb. 132 angenommen, daß der gesamte in den Rücklaufkondensator strömende Dampf niedergeschlagen wird, so daß aus ihm sowohl der Rücklauf als auch die Erzeugnismenge E [kg/h] in flüssiger Form und mit der Temperatur t_{Es} [°C] abfließen. Die zu trennende Mischungsmenge M [kg/h] strömt dem Apparat mit der Temperatur t_M [°C] zu, während ihn die Ablaufmenge A [kg/h] mit der Temperatur t_A [°C] verläßt. Dem flüssigen Erzeugnis mit der Siedetemperatur t_{Es}, der zu trennenden Mischung und dem Ablauf sind die Wärmeinhalte i_{Es}, i_M und i_A kcal je Kilogramm Gemisch bei den vorliegenden Temperaturen und Konzentrationen zugeordnet. Sie stellen diejenigen Wärmemengen dar, welche den getrennt vorliegenden Einzelstoffen von 0° C zuzuführen sind, um sie nach ihrer Durchmischung auf die jeweilige Temperatur zu erwärmen. Infolge dieser Festlegung sind im Zahlenwert für den Wärmeinhalt bereits die Mischungswärmen berücksichtigt, welche den Heizwärmeaufwand beeinflussen können. Aus dem Rücklaufkondensator muß bei der gewählten Schaltung nicht nur die Rücklaufwärme Q_R [kcal/h], sondern auch die beim Kondensieren des Erzeugnisses freiwerdende Wärmemenge Q_K [kcal/h] abgeführt werden. Aus dem in Abb. 132 gestrichelt gezeichneten

Wärmebilanzschnitt läßt sich unter Vernachlässigung von Wärmeverlusten die für die Bestimmung des Wärmeverbrauches eines stetig arbeitenden Rektifizierapparates maßgebende Gleichung angeben:

$$Q = Q_R + Q_K + E i_{Es} + A i_A - M i_M . \tag{185}$$

Diese Beziehung besagt, daß die Temperatur t_E, mit der das Erzeugnis die Apparatur verläßt, ohne Einfluß auf den Wärmeverbrauch ist. Sie ist lediglich für die Bestimmung des Kühlwasserberbrauches ausschlaggebend. Gl. (185) hat allgemein und unabhängig davon Gültigkeit, ob die zu trennende Mischung durch den Ablauf noch vorgewärmt wird oder nicht. Ob letzteres der Fall ist oder nicht, kommt lediglich in dem Zahlenwert von t_M und i_M zum Ausdruck. Soll der Wärmeverlust berücksichtigt werden, so muß der ihn angebende Zahlenwert zu dem Ausdruck der rechten Seite der Gl. (185) hinzugezählt werden.

In Abb. 127 sind die Wärmeinhalte[1] flüssiger Äthylalkohol-Wasser-Gemische für verschiedene Temperaturen in Abhängigkeit von der Zusammensetzung unter Berücksichtigung der Wärmetönungen angegeben. Ferner sind in Abb. 133 die Wärmeinhalte von flüssigen und dampfförmigen Erdölfraktionen für verschiedene Dichten in Abhängigkeit von der Temperatur aufgetragen[2]. In dasselbe Bild sind auch Werte von mehrfach gekrackten Ölen aufgenommen, die eine andere chemische Zusammensetzung als die Fraktionen des Erdöles aufweisen und die trotzdem unter Berücksichtigung der Dichten der Flüssigkeit mit den Wärmeinhaltswerten der nicht gekrackten Öle besonders bei niedrigen Temperaturen gut übereinstimmen[3]. Der geringe Einfluß des Ursprungs des Öles auf die in Abb. 133 wiedergegebenen Wärmeinhaltswerte ist durch verschiedene Messungen bestätigt[4].

Gl. (185) ist allgemein und auch dann anwendbar, wenn die Flüssigkeitsgemische nicht nur aus zwei, sondern aus mehr als zwei Stoffen zusammengesetzt sind. Sie gilt vor allem auch dann, wenn das Erzeugnis nicht im Rücklaufkondensator, sondern im Kondensatorkühler niedergeschlagen wird. Auch in diesem Falle ist der Wärmeinhalt i_{Es} auf die Kondensationstemperatur zu beziehen.

Zahlenbeispiel: Es ist der Dampfverbrauch je kg Destillat zu bestimmen für den Fall, daß aus einem Äthylalkohol-Wassergemisch mit $\xi_M = 10$ Gew.-% Alkohol

[1] Siehe Fußnote 1, S. 215.

[2] WEIR, H. M., and G. L. EATON: Heat content of petroleum-oil fractions at elevated temperatures. Ind. Eng. Chem. **24**, 211—218 (1932).

[3] Es wird auf die Tafeln K_1 und K_2 über Wärmeinhalte von verschiedenen Mineralölen verwiesen in L. GROSSE: Arbeitsmappe für Mineralöl-Ingenieure. Düsseldorf: VDI-Verlag 1951.

[4] WATSON, K. M., and E. F. NELSON: Improved methods for approximating critical and thermal properties of petroleum fractions. Ind. Eng. Chem. **25**, 880 to 887 (1932).

ein Destillat mit $\xi_E = 94$ Gew.-% erzeugt werden soll, daß der Ablauf praktisch alkoholfrei ist ($\xi_A \approx 0$), daß die Mischung bei einer Siedetemperatur auf dem Einlaufboden von $t_s = 92°$ C mit $t_M = 70°$ C dem Apparat zuströmt und daß das Rücklaufverhältnis den Zahlenwert $v = 4$ hat. Die Mischung wird von 25° C auf 70° C im Rücklaufkondensator angewärmt.

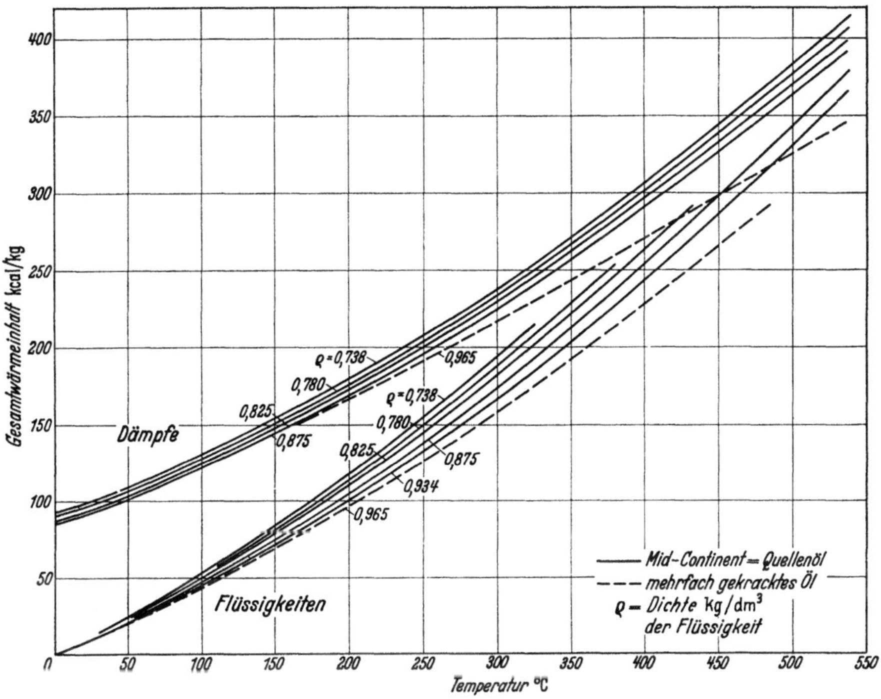

Abb. 133. Wärmeinhalt von Petroleum-Ölfraktionen in Abhängigkeit von der Temperatur

Lösung: Mit Hilfe der Gl. (184) wird die Mischungsmenge errechnet zu:

$$M = 1 \cdot \frac{94 - 0}{10 - 0} = 9{,}4 \text{ kg/h},$$

womit sich eine Ablaufmenge von

$$A = 9{,}4 - 1 = 8{,}4 \text{ kg/h}$$

ergibt. Nach Zahlentafel 6 und Gl. (63) hat die molare Verdampfungswärme einen Wert von $r = 9600$ kcal/Mol. Gl. (1a) liefert ein mittleres Molekulargewicht des Destillates von

$$\mu_E = \frac{100}{\frac{94}{46{,}05} + \frac{6}{18{,}01}} = 42{,}1 \text{ kg/Mol},$$

woraus eine Verdampfungswärme je kg Destillat und je kg Rücklauf von $\bar{r} = 9600 : 42{,}1 = 228$ kcal/kg folgt. Diese Zahl erhält man auch unter Benützung der Gl. (60), in welche für die Verdampfungswärme des Äthylalkohols[1,2] der Wert $\bar{r}_1 = 208$ kcal/kg und für Wasser $\bar{r}_2 = 540$ kcal/kg eingeführt werden. Die Wärmeinhalte werden aus Abb. 127 für die Temperaturen des Erzeugnisses mit $t_{E_2} = 78{,}0°$ C und der Mischung mit $t_M = 70°$ C sowie zu den jeweiligen Konzentrationen abgelesen zu $i_{E_2} = 53$ kcal/kg und $i_M = 66$ kcal/kg. Wegen des kleinen Überdruckes in der Destillierblase wird für den alkoholfreien Ablauf ein Wärmeinhalt von $i_A = 104$ kcal/kg zugrunde gelegt. Zu der gegebenen Temperatur von 92° C auf dem Einlaufboden, welche der Konzentration des Abszissenwertes des

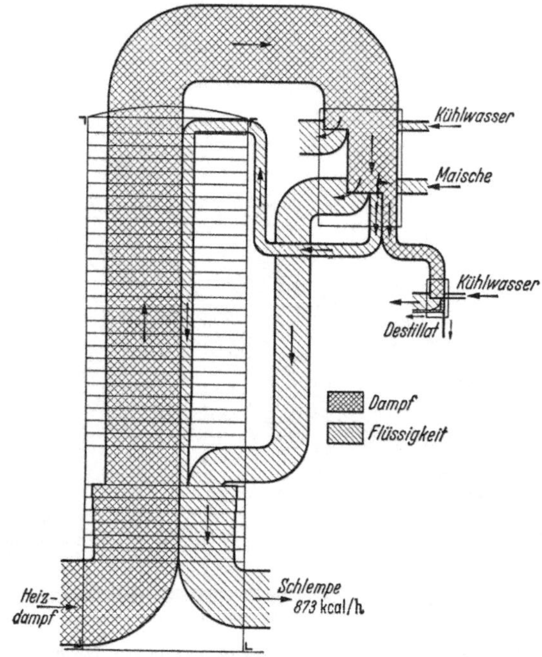

Abb. 134. Wärmestrombild eines stetig arbeitenden Rektifizierapparates

Schnittpunktes F der Verstärkungs- und der Abtriebsgeraden (s. Abb. 124) zugeordnet ist, errechnet sich mit Gl. (176) der Zahlenwert für e zu 1,045. Den in Gl. (185) enthaltenen Wärmemengen entsprechen dann folgende Zahlenwerte:

$$\begin{aligned} Q_R &= 1 \cdot 4 \cdot 228 = +\ 912 \text{ kcal/h} \\ Q_K &= \quad 1 \cdot 228 = +\ 228 \text{ kcal/h} \\ E i_{E_2} &= \quad 1 \cdot \ \ 53 = +\ \ 53 \text{ kcal/h} \\ A i_A &= 8{,}4 \cdot 104 = +\ 873 \text{ kcal/h} \\ M i_M &= 9{,}4 \cdot \ \ 66 = -\ 621 \text{ kcal/h} \\ \hline Q &= \quad 1445 \text{ kcal/h} \end{aligned}$$

Hat der Heizdampf eine Kondensationswärme von 540 kcal/kg, so ergibt sich für ein Kilogramm Erzeugnis je Stunde ein Dampfverbrauch von 1445/540 = 2,68 kg/h.

[1] Z. Ges. Kälteind. **39**, Nr. 12 (1932).

[2] LANDOLT-BÖRNSTEIN: Physik.-chem. Tabellen Bd. 1, S. 449, 457; Bd. 2, S. 1266, 1480. Berlin: Springer 1923.

Die Zusammenstellung der einzelnen Wärmemengen zeigt, daß zur Erzeugung des Rücklaufes eine im Vergleich zu den anderen Werten große Wärmemenge abzuführen ist und daß auch ein erheblicher Wärmebetrag mit dem Ablauf den Rektifizierapparat verläßt. Dies kommt in dem Wärmestrombild 134 zum Ausdruck, welches für das durchgerechnete Beispiel gilt und in dem die Größen der einzelnen Wärmeströme

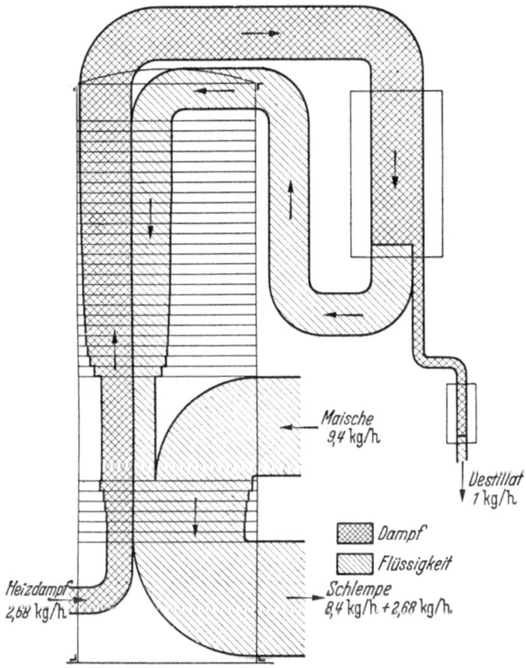

Abb. 135. Mengenstrombild eines stetig arbeitenden Rektifizierapparates

maßstäblich wiedergegeben sind. Für dasselbe Beispiel zeigt Abb. 135 das Mengenstrombild, das ebenfalls die Mengen maßstäblich wiedergibt.

Es ist naheliegend, den Wärmeverbrauch eines Rektifizierapparates dadurch zu erniedrigen, daß die in die Apparatur strömende Mischung durch die in dem Ablauf enthaltene Wärme möglichst hoch angewärmt wird. Dieser Weg ist beispielsweise bei der Verarbeitung niedrigprozentiger Maischen auf Sprit besonders lohnend. Eine Aufgabe für sich stellt in diesem Falle die Ermittlung der günstigsten Zulauftemperatur der Mischung dar. Je höher nämlich die Mischung vorgewärmt wird, desto größer wird in Gl. (185) der Betrag für $M i_M$, desto größer wird aber auch gleichzeitig die Rücklaufwärme Q_R, so daß sich bei einer bestimmten Zulauftemperatur ein kleinster Wärmeverbrauch ergibt. Diese günstigste

Zulauftemperatur liegt bei niedrigprozentigen Maischen mit einer Konzentration von 0,75 bis 1,5 Gew.-% Äthylalkohol bei $t_M = 80 \div 85\,°C$[1].

Während bei der Berechnung des Wärmeverbrauches die Mengen in Kilogramm und die Konzentrationen in Gew.-% angegeben werden, ist es zweckmäßig, bei der Bestimmung der Stufenzahl und des Säulendurchmessers in molaren Einheiten zu rechnen.

Zahlenbeispiel: Für die Verhältnisse des zuletzt behandelten Beispieles soll die Destillatmenge 180 Liter/h betragen, die bei einer Dichte von 0,81134 kg/l bei 15° C einer Menge von 146 kg/h entspricht und diese einer Menge von

$$E = \frac{146}{42,1} = 3,47 \text{ Mol/h}.$$

Daraus ergibt sich die in der Verstärkungssäule nach oben strömende und gleichbleibende Dampfmenge $D = 3,47 \cdot (4 + 1) = 17,36$ Mol/h und eine Rücklaufmenge von $F = 3,47 \cdot 4 = 13,89$ Mol/h. Mit dem Molekulargewicht des Wassers von 18,01 kg/Mol errechnet sich die Ablaufmenge zu

$$A = \frac{8,4 \cdot 146}{18,01} = 68,33 \text{ Mol/h}$$

und die Zulaufmenge zu

$$M = A + E = 68,33 + 3,47 = 71,8 \text{ Mol/h}.$$

Dieser Zahlenwert wird auch aus Gl. (184) erhalten, in welcher $x_E = 86,2$ Mol-% Alkohol (entsprechend $\xi_E = 94$ Gew.-%) und $x_M = 4,17$ Mol-% Alkohol (entsprechend $\xi_M = 10$ Gew.-%) gesetzt wird. Er ist ferner durch den Quotienten $\frac{9,4 \cdot 146}{19,15}$ gegeben, in welchem 19,15 kg/Mol das mittlere Molekulargewicht der 10 Gew.-% Alkohol enthaltenden Mischung darstellt. Gl. (175) liefert die in der Abtriebsäule nach unten fließende Flüssigkeitsmenge zu $F' = 13,89 + 1,048 \cdot 71,8 = 89,14$ Mol/h, woraus sich die durch die Abtriebsäule strömende Dampfmenge zu

$$D' = F' - A = 89,14 - 68,33 = 20,81 \text{ Mol/h}$$

errechnet.

Werden einer Rektifizierkolonne in verschiedenen Höhenlagen sogenannte Seitenprodukte entnommen, so kommt zur Berechnung des Wärmeverbrauches ebenfalls die Grundgleichung (185) in Anwendung. In ihr ist an Stelle des Produktes $A\,i_A$ eine Summe von Produkten einzusetzen, die sich aus dem Ablauf und den seitlichen Entnahmemengen ergibt. Dieser Fall liegt vor bei der Zerlegung von Öl, aus dem beispielsweise Benzin, Leichtöl, Gasöl und ein am Fuße der Kolonne abfließendes Rückstandöl gewonnen werden. Mengen- und Wärmebilanzen solcher Anlagen sind im Schrifttum an verschiedenen Stellen mitgeteilt[2].

---

[1] Schimunek, J., A. Schwab u. W. Tapp: Der Einfluß der Zulauftemperatur bei der Verarbeitung von niedrigprozentigen Maischen auf Sprit. Chem. Fabrik **10**, 279—280 (1937).

[2] Siehe z. B. M. Marder: Motorkraftstoffe, S. 103. Berlin: Springer 1942 oder L. Grosse: Theoretische und konstruktive Aufgaben bei der Fraktionierung von Mineralölen. VDI-Beiheft Verfahrenstechnik **1941**, Nr. 4, 79—88 oder N. Mayer: Die Destillation des Öles. Öl u. Kohle **1943**, 46—57.

VI. Möglichkeiten zur Verringerung des Wärmeverbrauchs

1. Stufenanordnung

Bei den Rektifizierapparaten besteht ähnlich wie bei den Verdampfapparaten die Möglichkeit, die Abwärme eines Apparates zur Beheizung eines anderen zu benützen[1]. Abwärme fällt beim Rektifizierapparat vor allem im Rücklaufkondensator an. Dieser kann deshalb als Erzeuger von Dampf benützt werden, welcher zur Beheizung eines zweiten Apparates dient. Um dabei ein zur Dampfbildung im Rücklaufkondensator nötiges Temperaturgefälle zu erhalten, ist es meist erforderlich, denjenigen Rektifizierapparat, dessen Abwärme ausgenützt wird, mit einem höheren Druck zu betreiben als den Apparat, dem die Abwärme zugute kommt. Dieser Weg ist dann besonders zweckmäßig, wenn im Rahmen eines Rektifikationsverfahrens eine Säule unter Druck arbeiten muß, so daß die Vorbedingungen für die Anwendung des Stufenverfahrens vorgegeben sind, wie es beispielsweise bei einem Alkoholentwässerungsverfahren der Fall ist, bei welchem das aus Äthylalkohol, Wasser und Entziehungsstoff bestehende Gemisch unter Überdruck rektifiziert wird[2]. Das einfachste Vorbild des Stufenverfahrens gibt der Rektifizierapparat zur Zerlegung von flüssiger Luft ab. Bei diesem werden zwei unmittelbar übereinander angeordnete Säulen angewendet, wobei die untere Säule mit einem Überdruck von 5 bis 6 Atm. und die darüberliegende Säule unter Atmosphärendruck arbeitet (s. Abb. 136). Diese Anordnung ist in baulicher Hinsicht auch deshalb vorbildlich, weil der Rücklaufkon-

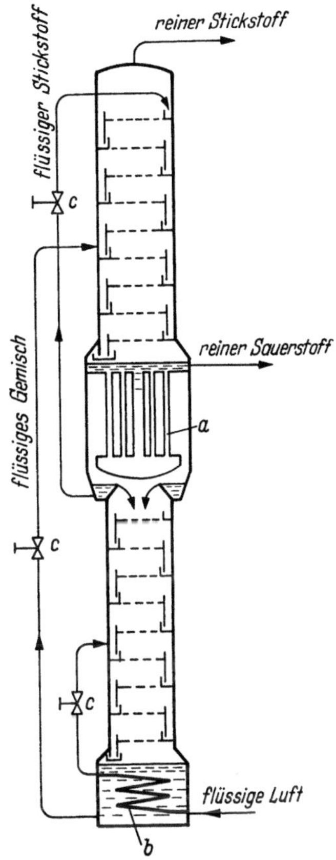

Abb. 136. Zweisäulenapparat zur Zerlegung flüssiger Luft

a, *b* Wärmeaustauschvorrichtungen, *c* Drosselventile

[1] KRANZ, B.: Verfahrens- und Wärmetechnik bei der Rektifikation alkoholarmer Maischen. Dechema-Monographien **23**, Nr. 275—282, 79—91.

[2] Siehe Fußnote 2, S. 46.

densator *a* der Hochdrucksäule gleichzeitig die Destilliervorrichtung der Niederdrucksäule darstellt.

Es ist auch schon vorgeschlagen worden[1], nur die Abtriebsäule eines stetig arbeitenden Apparates mit Überdruck zu betreiben und diese mit Heizdampf von entsprechend hohem Druck zu beschicken. Der aus der Abtriebsäule entweichende Dampf wird dabei in eine Wärmeaustauschvorrichtung geleitet, in welcher Dampf erzeugt wird, der in eine über dieser Einrichtung angeordnete Rektifiziersäule strömt, während das Kondensat über einen Kondenstopf dem mittleren Teil dieser Rektifiziersäule zugeführt wird. Dieses Kondensat hat einen höheren Gehalt an Leichtersiedendem als die der Abtriebsäule zugeführte Mischung. Daraus folgt, daß die über der Wärmeaustauschvorrichtung angeordnete Rektifiziersäule mit einem gegenüber der üblichen Anordnung kleineren Rücklaufverhältnis betrieben werden kann, woraus sich ein kleinerer Säulendurchmesser und eine Verminderung des Kühlwasserverbrauches ergibt. Es ist aber zu bedenken, daß bei dieser Anordnung die Abtriebsäule unter Überdruck arbeiten muß und sie mit der gleichen Heizdampfmenge wie bei der üblichen Anordnung, jedoch mit Dampf von höherem Heizdampfdruck beschickt werden muß, wobei lediglich Überschußdampf von Atmosphärendruck in der erwähnten Wärmeaustauschvorrichtung anfällt.

2. Dampfverdichtung (Wärmepumpe)

Nach dem Vorbild der Verdampfapparate mit Brüdenverdichtung können die vom obersten Boden einer Säule aufsteigenden Dämpfe zur Erhöhung ihrer Kondensationstemperatur verdichtet und als Heizdampf für die Destillierblase desselben Apparates benützt werden. Das hierbei gebildete Kondensat wird zum Teil als Rücklauf auf die Säule aufgegeben, während der restliche Teil das Erzeugnis darstellt. Die Verdichtung der Dämpfe muß so weit getrieben werden, daß sich eine Steigerung der Kondensationstemperatur ergibt, die nicht nur durch das zur Wärmeübertragung in der Destillierblase notwendige Temperaturgefälle bestimmt ist, sondern auch durch den Unterschied der Siedetemperaturen zwischen der Flüssigkeit in der Destillierblase und auf dem obersten Boden der Verstärkungssäule. Wegen dieses zusätzlichen Temperaturunterschiedes scheint die geschilderte Art der Wärmerückgewinnung durch Brüdenverdichtung bei solchen Flüssigkeitsgemischen wenig oder nicht aussichtsreich zu sein, deren einzelne Stoffe weit auseinanderliegende Siedetemperaturen aufweisen. Liegen jedoch die Siedetemperaturen der Einzelstoffe nahe beieinander, so ist das gezeigte Verfahren bei Betrieb unter Unterdruck aussichtsreicher, weil bei gleichem Tem-

[1] Othmer, D. F.: Vapor Re-Use-Process. Ind. Eng. Chem. 28, 1435—1438 (1936).

peraturgefälle der Frischdampfverbrauch mit abnehmender Siedetemperatur in der Destillierblase sinkt[1].

Das durch die verschiedenen Siedetemperaturen der Gemische gegebene Druckgefälle kann durch besondere Maßnahmen beseitigt werden, wie es beispielsweise das Verfahren der Abb. 137 zeigt. Es ist dann anwendbar, wenn der Ablauf aus Wasser besteht und wenn Wasserdampf

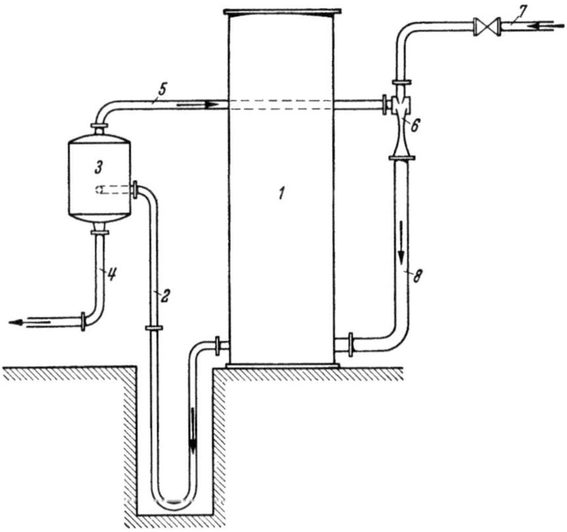

Abb. 137. Auswertung der Abwärme einer Abtriebsäule durch Dampfverdichtung

Der alkoholfreie Ablauf der Abtriebsäule *1* des Apparates zur Trennung eines Äthylalkohol-Wassergemisches wird durch die Leitung *2* in das Entspannungsgefäß *3* geführt, aus welchem das Abwasser durch die Leitung *4* unten abströmt und aus welchem der bei der Entspannung entstehende Dampf durch die Leitung *5* dem Strahlverdichter *6* zugeführt wird, der mit Heizdampf durch die Leitung *7* gespeist wird und der den expandierten Heizdampf und den verdichteten, durch die Leitung *5* angesaugten Dampf durch die Leitung *8* dem unteren Teil der Abtriebsäule zur Beheizung zuführt

als Heizmittel zur Verwendung kommt. Wird dieser ohne Zwischenschaltung einer Wärmeaustauschfläche unmittelbar in den Raum unterhalb des untersten Austauschbodens eingeblasen, so entfällt auch noch der Druckunterschied, welcher durch das Temperaturgefälle für die Wärmeübertragung durch eine Wand bedingt ist. An die Stelle des Strahlverdichters *6* in Abb. 137 kann auch ein Rotationskompressor treten, welcher von einer Abdampfturbine angetrieben wird. Letztere wird mit hochgespanntem Frischdampf gespeist und ihr Abdampf vereinigt sich mit dem vom Kompressor aus dem Entspannungsgefäß angesaugten und verdichteten Dampf. Beide Teilmengen bilden zusammen den Heizdampf, welcher in den Raum unter dem untersten Austauschboden strömt. Weil das Verfahren der Heizwärmeeinsparung mittels

[1] Kirschbaum, E.: Die Wärmeaustauschapparate. Sammlung Göschen, Bd. 1067. Berlin-Leipzig: Walter de Gruyter 1933.

Wärmepumpe praktische Bedeutung erlangt hat, soll seine rechnerische Behandlung im folgenden erläutert werden.

Zu diesem Zwecke sei die aus der Abtriebsäule *1* (s. Abb. 137) durch Leitung *2* abfließende Flüssigkeitsmenge mit A [kg/h] und die durch Leitung *8* in den Apparat eingeblasene Dampfmenge mit D_0 [kg/h] bezeichnet, ferner die dem Verdichter zuströmende Dampfmenge mit D_1 und die von ihm aus dem Entspannungsgefäß *3* angesaugte Dampfmenge mit D_2 [kg/h]. Aus dem Rektifizierapparat strömt die Flüssigkeit mit dem Wärmeinhalt i_A [kcal/kg] und aus dem Entspannungsgefäß mit i_F [kcal/kg], während der Dampf letzteres mit dem Wärmeinhalt i_2 [kcal/kg] verläßt. Diejenige Wärmemenge, welche im Beharrungszustand mit den entsprechenden Stoffen in das Entspannungsgefäß gelangt, verläßt es auch wieder. Es muß also gelten:

$$A\,i_A = D_2 i_2 + (A - D_2)\,i_F \quad \text{und} \quad A\,(i_A - i_F) = D_2 (i_2 - i_F)\,. \qquad (186)$$

Weil der Säule und dem Entspannungsgefäß am unteren Ende Wasser entströmt, können die Wärmeinhalte i_A und i_F ersetzt werden durch die

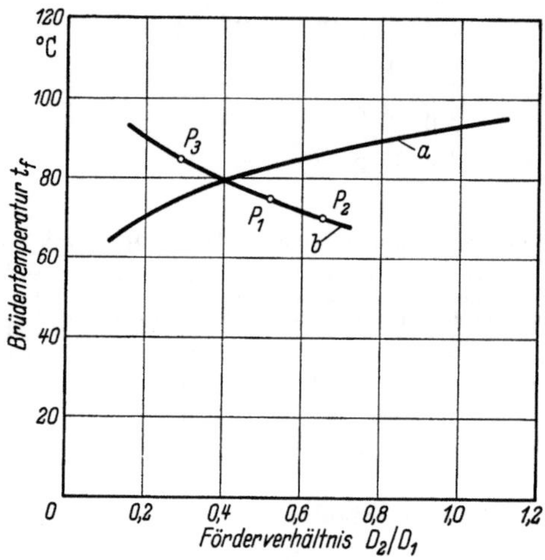

Abb. 138. Die Temperatur im Entspannungsgefäß in Abhängigkeit vom Förderverhältnis

Temperaturen t_A [°C] und t_F [°C]. Die Bestimmung der Temperatur t_F stellt eine Aufgabe für sich dar. Ihr Zahlenwert muß bei gegebener Heizdampfmenge des Apparates einerseits der Gl. (186) und anderseits dem durch die Arbeitsweise des Verdichters bedingten Verhältnis zwischen angesaugter Dampfmenge D_2 und Treibdampfmenge D_1 genügen, was am folgenden Beispiel gezeigt ist.

Zahlenbeispiel: Die Berechnung eines Rektifizierapparates für die Verarbeitung von vergorener, niedrigprozentiger Ablauge einer Zellstoffabrik ergab, daß je

100 kg/h mit einer Temperatur von 105° C ablaufenden Wassers 16 kg/h Heizdampf von dem Druck benötigt werden, der als Sattdampfdruck der Temperatur von 105° C zugeordnet ist. Gesucht ist die Flüssigkeitstemperatur t_F im Entspannungsgefäß. Die Förderverhältnisse des Strahlverdichtes sind durch die Linie *a* in Abb. 138 gegeben, welche durch die Bildung von Mittelwerten einiger Herstellerfirmen erhalten wurde. Die Temperatur t_F im Entspannungsgefäß ist in Abhängigkeit von dem Dampfmengenverhältnis D_2/D_1 für den Fall aufgetragen, daß der Verdichter mit Dampf mit einem Druck von 10 ata und einer Temperatur von 179° C gespeist wird und daß der Heizdampf einen Druck von 1,23 ata hat. Es ist der Sattdampfdruck zur Temperatur von 105° C.

Lösung: Es wird zunächst eine Temperatur für t_F im Bereich des möglichen angenommen. Es sei $t_F = 75°$ C. Zu dieser Temperatur gehört ein Wärmeinhalt des Sattdampfes von $i_2 = 629{,}3$ kcal/kg. Für 100 kg/h ablaufende Flüssigkeit gilt somit nach Gl. (186):

$$100 \cdot (105 - 75) = D_2(629{,}3 - 75)\,.$$

Es folgt daraus $D_2 = 5{,}42$ kg/h. Weil die Heizdampfmenge $D_1 + D_2$ mit 16 kg/h gegeben ist, wird $D_1 = 16 - 5{,}42 = 10{,}58$ kg/h und $D_2/D_1 = 0{,}512$. Dieser Wert wird in Abb. 138 als Abszisse und die angenommene Temperatur von $t_F = 75°$ C als Ordinate aufgetragen, was den Punkt P_1 ergibt. In gleicher Weise werden für die Temperaturen $t_F = 70°$ C und $t_F = 85°$ C die Punkte P_2 und P_3 erhalten. Die Verbindung dieser Punkte ergibt die Linie *b*. Ihr Schnittpunkt mit der Kurve *a* liefert die gesuchte Temperatur $t_F = 79°$ C bei $D_2/D_1 = 0{,}41$.

VII. Aufstellung von stetig arbeitenden Rektifizierapparaten zur Trennung von Zweistoffgemischen

Die Anordnung und gegenseitige Lage der einzelnen Teile eines stetig arbeitenden Rektifizierapparates beeinflussen nicht nur die Bedienungsmöglichkeit und die Sicherheit des Betriebes, sondern vor allem auch die Kosten der Unterstützungsbauteile und des Gebäudes, in dem der Apparat aufgestellt ist. Meist wird die Verstärkungssäule unmittelbar auf die Abtriebsäule aufgesetzt, wie es Abb. 139 am Beispiele eines Rektifizierapparates zur Erzeugung von hochkonzentriertem Azeton zeigt. Der Rücklaufkondensator ist getrennt von der Säule und über ihr aufgestellt, während der Ablauf aus dem unteren Teil der Säule durch ein nadelförmig gebogenes Rohr stetig abfließt. Diese Anordnung ist deshalb zulässig, weil infolge des Druckverlustes in dem durch die Rektifizierböden strömenden Dampf sich im unteren Teil der Trennsäule ein Überdruck einstellt.

Ist die für die Aufstellung zur Verfügung stehende Höhe beschränkt, so wird die gesamte aus Verstärkungs- und Abtriebsäule bestehende Trennsäule in zwei Teile unterteilt und nebeneinander aufgestellt. Der Raum wird dann am besten ausgenützt, wenn beide Teile möglichst gleich hoch sind. Abb. 140 zeigt den Aufstellungsplan eines solchen Apparates, in dem die Abstände und Abmessungen der einzelnen Apparate-

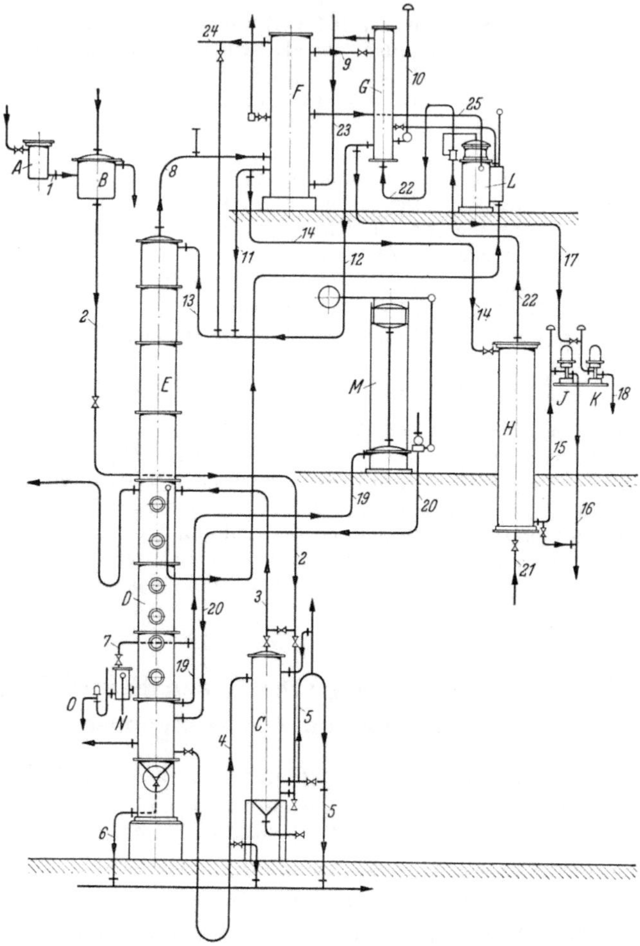

Abb. 139. Stetig arbeitender Rektifizierapparat zur Herstellung von konzentriertem Azeton aus wäßrigen Azetonlösungen bei gleichzeitiger Ausscheidung etwa vorhandener Vorlaufprodukte und fester Rückstände (VEB Maschinen- und Apparatebau, Grimma i. Sa.)

Das von einem Rohgemischbehälter kommende Azeton-Wassergemisch gelangt über den Filtertopf *A* und Rohr *1* zum Zuflußregler *B*, der den Zweck hat, den Zufluß zum Apparat konstant zu halten. Vom Zuflußregler *B* läuft das Azeton-Wassergemisch über Rohr *2* zum Röhrenvorwärmer *C*, in dem es durch das aus der Kolonne *D* austretende heiße, von Azeton befreite Wasser vorgewärmt wird, um sodann durch Rohr *3* in den Oberteil der Kolonne *D* eingeführt zu werden. In dieser fließt das Gemisch von Boden zu Boden nach unten und wird auf diesem Wege von Azeton befreit. Die Restflüssigkeit (Lutterwasser) verläßt den Unterteil der Kolonne *D* durch Rohr *4* und gibt einen Teil ihrer Wärme an das zufließende Azeton-Wassergemisch ab. Durch das Syphonrohr *5* wird die Restflüssigkeit nach dem Kanal abgeleitet. — Der Unterteil der Kolonne *D* ist trichterförmig ausgebildet und mit einem Schieber zum Ablassen fester Rückstände versehen. Diese treten durch Rohr *6* aus. Probekühler *N* und Probeauslauf *O* geben die Möglichkeit, das abfließende Lutterwasser auf Azetonfreiheit zu prüfen. Zu diesem Zwecke wird laufend eine geringe Menge der Dämpfe aus dem Kolonnenunterteil durch Rohr *7* entnommen und im Probekühler *N* verflüssigt. Das Kondensat wird nach dem Probeauslauf *O* geleitet, in dem ein Aräometer die Dichte des Kondensates anzeigt. Auf der Abtriebsäule *D* ist die Verstärkungssäule *E* angeordnet, die den Azetongehalt der aufsteigenden Dämpfe auf die gewünschte, in der Regel zwischen 99,5 und 100% liegende Konzentration bringt.

(Fortsetzung der Legende auf S. 235)

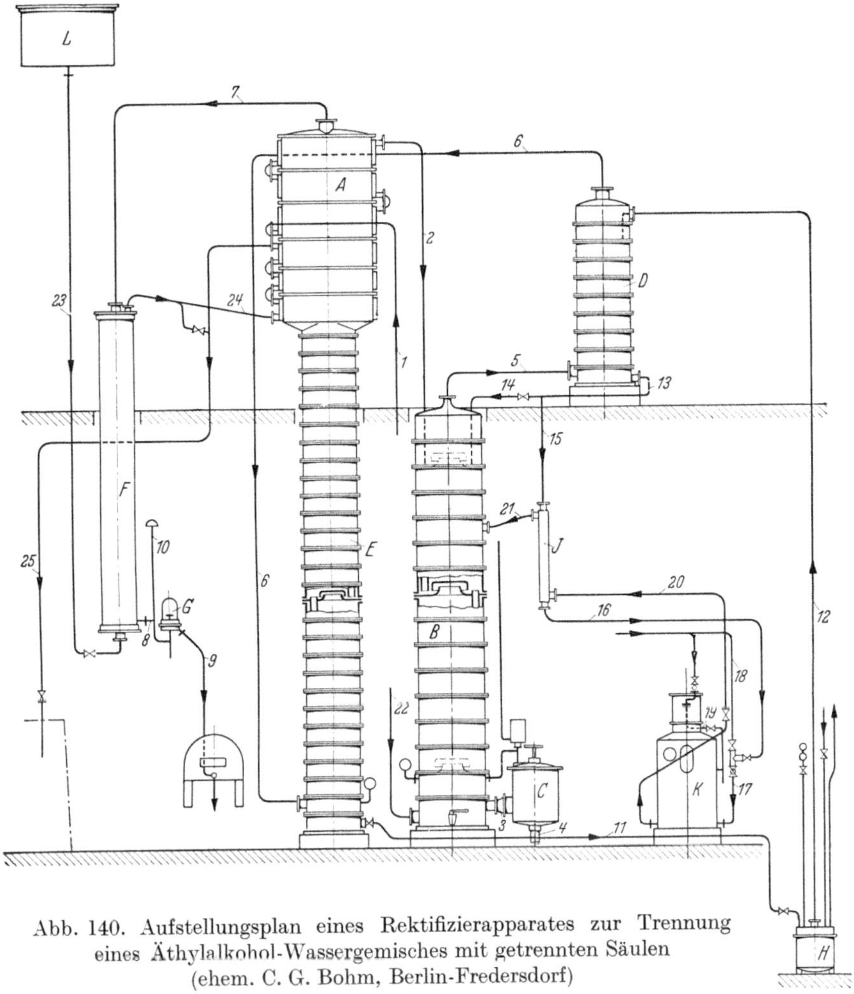

Abb. 140. Aufstellungsplan eines Rektifizierapparates zur Trennung eines Äthylalkohol-Wassergemisches mit getrennten Säulen (ehem. C. G. Bohm, Berlin-Fredersdorf)

Die Maische strömt durch Leitung *1* dem Rücklaufkondensator *A* zu, aus dem sie durch Leitung *2* in die Abtriebsäule *B* gelangt, aus der die Schlempe über Leitung *3* durch den Schlemperegler *C* und Leitung *4* abläuft. Die der Abtriebsäule entweichenden Dämpfe strömen durch Leitung *5* dem einen Teil *D* der Verstärkungssäule zu, um aus diesem durch Leitung *6* in den anderen Teil *E* der Verstärkungssäule zu gelangen. Die dieser entweichenden Spritdämpfe treten in den auf ihr aufgesetzten Rücklaufkondensator *A* ein, aus dem der Rücklauf auf den obersten Verstärkungsboden zurückläuft, während die Restdämpfe durch Leitung *7* in den Kondensatorkühler *F* geleitet werden, aus dem der Sprit durch Leitung *8*, die Vorlage *G* und Leitung *9* abgeführt wird, während die Gase durch Leitung *10* aus der Apparatur entweichen. Der Rücklauf des Kolonnenteiles *E* strömt durch Leitung *11* einem Flüssigkeitsheber *H* zu, welcher das Gemisch durch Leitung *12* dem obersten Boden der Kolonne *D* zuführt. Ihrem untersten Teil wird die Flüssigkeit durch die Leitung *13* entnommen und in zwei Ströme geteilt. Der Hauptteil gelangt durch Leitung *14* auf den obersten Boden der Abtriebsäule. Der restliche Teil wird durch Leitung *15* einem Wärmeaustauscher *J* zugeleitet, aus dem sie durch Leitung *16* über Leitung *17* dem Fuselölabscheider *K* zuströmt, nachdem ihr durch Leitung *18* kaltes Wasser beigemischt ist. Das abgeschiedene Fuselöl wird durch Leitung *19* entnommen und das fuselölfreie Alkohol-Wassergemisch durch Leitung *20* in den Wärmeaustauscher *J* und von da durch die Leitung *21* in den oberen Teil der Abtriebsäule geführt. Durch Leitung *22* wird in den unteren Teil der Abtriebsäule Heizdampf eingeblasen. Das Kühlwasser wird dem Behälter *L* entnommen und strömt durch Leitung *23* dem Kondensatorkühler und durch Leitung *24* dem Rücklaufkondensator zu, aus dem es durch Leitung *25* abfließt

Abb. 141. Im Freien aufgestellte Erdöl-Rektifizieranlage.
Links: Säule für Atmosphärendruck. Durchmesser 5 m, Höhe 50 m
Rechts: Vakuum-Säule. Durchmesser 9 m, Höhe 26 m

teile ebenfalls maßstäblich wiedergegeben sind. Gegensätzlich zu der Anlage der Abb. 139 ist noch, daß der Rücklaufkondensator unmittelbar auf die Verstärkungssäule gesetzt ist und als Dephlegmator arbeitet, während der Ablauf durch einen Schwimmer geregelt wird. Weil der Ablauf auch hierbei aus Wasser besteht, wird der Heizdampf in den unteren Teil der Destilliereinrichtung eingeblasen.

Die gezeigte Aufstellung und der Schaltplan eines Rektifizierapparates zur Zerlegung eines Zweistoffgemisches ohne ausgezeichneten Punkt bleiben grundsätzlich auch dann dieselben, wenn es sich darum handelt, Isotope durch Rektifikation zu trennen, wie es beispielsweise bei der Gewinnung von Schwerwasser der Fall ist. Schaltschemen sind an anderer Stelle bekannt gegeben[1].

Im Laufe der Zeit wurden die Rektifiziersäulen mit immer größeren Höhen gebaut.

In Abb. 141 ist die in Europa größte zusammenhängende Rektifizieranlage, welche im Freien aufgestellt ist, dargestellt.

VIII. Sonderfälle

1. Die zu trennende Mischung fließt mit der Siedetemperatur auf dem Einlaufboden zu

Die Festlegung der Geraden für die Abtrieb- und Verstärkungssäule wird besonders einfach, wenn die Mischung mit einer Temperatur t_M dem Apparat zuströmt, welche der Siedetemperatur t_S der Flüssigkeit auf dem Einlaufboden gleich ist. Wie noch zu zeigen ist, sind die Rektifizierböden dann am besten ausgenützt, wenn der Gehalt an Leichtersiedendem im Zulauf zwischen demjenigen im Ablauf vom untersten Boden der Verstärkungssäule und dem im Ablauf vom obersten Boden

[1] Siehe beispielsweise BECKER, E. W.: Die Herstellung von schwerem Wasser. Zeitschr. Angew. Chem. **68**, 6—13 (1956).

(Fortsetzung der Legende der Abb. 139 auf S. 232)

Aus der Verstärkungskolonne *E* werden die Azetondämpfe durch das Rohr *8* in den Kondensator *F* übergeleitet, wo sie verflüssigt werden. Etwa vorhandene leichter flüchtige Produkte treten zusammen mit Luft und anderen nicht kondensierbaren Gasen durch das Rohr *9* in den Ergänzungskondensator *G* über. In diesem werden Vorlaufprodukte und restliche Anteile der Azetondämpfe verflüssigt, während die unkondensierbaren Gase durch Rohr *10* ausgeschieden werden. Das in den Kondensatoren *F* und *G* gebildete Kondensat wird, soweit das für den Trennungsvorgang erforderlich ist, als Rückfluß durch die Rohre *11*, *12* und *13* in den Oberteil der Verstärkungskolonne *E* zurückgeleitet. Der übrige Teil des heißen Kondensates aus dem Kondensator *F* wird durch das Rohr *14* als Destillat zum Azetonkühler *H* abgezogen, den es gekühlt durch das Rohr *15* verläßt, um über den mit einem Aräometer ausgestatteten Auslauf *J* und durch Rohr *16* nach dem nicht dargestellten Azetonsammelbehälter zu gelangen. Sammeln sich im Ergänzungskondensator *G* Vorlaufprodukte an, so können diese durch Rohr *17* nach dem Auslauf *K* abgezogen und durch Rohr *18* einem besonderen Sammelbehälter zugeführt werden. Die Dampfzufuhr zur Entgeistungskolonne *D* wird selbsttätig geregelt, und zwar in der Weise, daß sich der in der Kolonne herrschende Betriebsdruck durch Rohr *19* auf den Dampfregler *M* überträgt, dessen Schwimmer über ein Gestänge eine in der Dampfzuführungsleitung *20* angeordnete Drosselklappe betätigt. Das Kühlwasser wird zunächst durch das Rohr *21* zum Kühler *H* geführt, durchfließt diesen von unten nach oben und kommt durch Rohr *22*, in das der selbsttätige Wasserregler *L* eingeschaltet ist, zum Ergänzungskondensator *G*, um schließlich durch Rohr *23* zum Kondensator *F* zu gelangen. Diesen verläßt es durch Rohr *24*. Der Wasserregler *L* wirkt in der Weise, daß der im Kondensator *F* herrschende Druck durch das Rohr *25* auf den im Wasserregler angeordneten Schwimmer übertragen wird. Wie beim Dampfregler wird durch Heben oder Senken des Schwimmers mittels eines Gestänges eine Drosselklappe betätigt, die hier in der Wasserleitung *22* angeordnet ist

der Abtriebsäule liegt. Diese richtige Anordnung der Zulaufstelle ist vorausgesetzt, so daß die Konzentration der zu trennenden Mischung angenähert gleich derjenigen in der Flüssigkeit auf dem Einlaufboden gesetzt werden kann. Daraus und aus der Gleichheit der Temperaturen des Zulaufes und des Gemisches auf dem Einlaufboden ($t_M = t_S$) folgt, daß auch die Wärmeinhalte q_M und q_S je Mol zu trennender Mischung und Flüssigkeit auf dem Einlaufboden einander gleich sind:

$$q_M = q_S \,. \tag{187}$$

Wird diese Beziehung in Gl. (176) eingesetzt, so nimmt e den Zahlenwert

$$e = 1 \tag{188}$$

an. In diesem Fall ist dem Schnittpunkt der Verstärkungs- und Abtriebsgeraden sowohl für das Mindest- als auch für das wirkliche Rücklaufverhältnis der Abszissenwert x_M der Zulaufkonzentration zugeordnet, wie

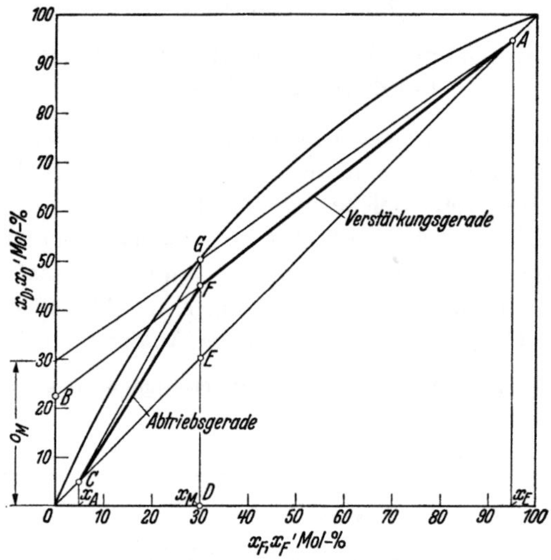

Abb. 142. Bestimmung des Mindestrücklaufverhältnisses und des Schnittpunktes der Verstärkungs- und Abtriebsgeraden für den Fall, daß die Mischung mit Siedetemperatur zur Verfügung steht

es Abb. 142 zeigt. Die Punkte D, E, F und G (s. Abb. 129 und 130) haben denselben Abszissenwert x_M und liegen deshalb auf einer Senkrechten zu der Abszisse bei der Konzentration x_M. Diese Senkrechte tritt jetzt an die Stelle der durch Gl. (181) bestimmten Geraden. Dabei weist die Abtriebsgerade einen größeren Neigungswinkel gegen die Abszisse auf und die Verstärkung der Abtriebsböden ist deshalb kleiner als in dem Fall, bei welchem die Mischung kalt zuströmt. Im übrigen wird für $t_M = t_S$ das Mindestrücklaufverhältnis v_M nach den gleichen Gesichtspunkten ermittelt, die an Hand der Abb. 129 und 130 erläutert sind. In Abb. 142 ist der Ordinatenabschnitt o_M angegeben, aus dem mit Hilfe der Gl. (120) das Mindestrücklaufverhältnis errechnet wird.

2. Die reine Abtriebsäule

Soll aus einem flüssigen Zweistoffgemisch nur leichter siedender Stoff so weit wie möglich abgetrieben werden, so wird es dem oberesten Boden

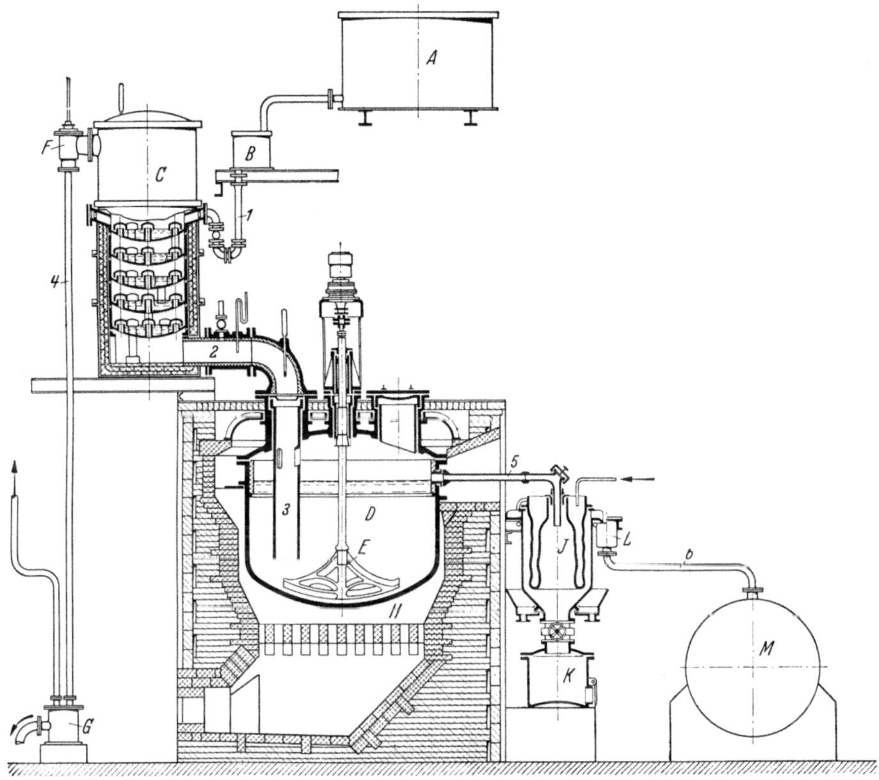

Abb. 143. Plan einer Schwefelsäurekonzentrationsanlage (W. Büsching & Co., Hamburg-Bergedorf)

Das zu konzentrierende Schwefelsäure-Wassergemisch gelangt aus einem hochstehenden Aufgabebehälter *A* in ein Zumeßgefäß *B*, aus welchem es in gleichbleibender Menge durch Leitung *1* mit Flüssigkeitsabschluß der Kolonne *C* aus Siliciumguß mit Glockenböden zugeteilt wird. Aus der Säule strömt die vorkonzentrierte Säure durch die Verbindungsleitung *2* und durch das Tiefeinführungsrohr *3* in den unteren Teil des Siedekessels *D* mit Rührwerk *E* (DRP. 639225). Die im Siedekessel *D* erzeugten Dämpfe strömen im Gegenstrom zu der Flüssigkeit durch das Verbindungsrohr *2* und durch die Säule *C*, wobei sie von Schwefelsäure befreit werden. Die Wasserdämpfe werden durch einen Strahlapparat *F* angesaugt und kondensiert, während die Flüssigkeit mit den Gasen durch Leitung *4* in einen Fallwasserkasten *G* geleitet wird, aus welchem das Abwasser und die Gase abströmen. Der Siedekessel *D* ist in einem Ofen *H* eingebaut, der meist eine Gas- oder Ölfeuerung besitzt. Aus dem Kessel strömt die hochprozentige Säure (bis zu 98 Gew.-% Schwefelsäure) durch Leitung *5* in einen Topfkühler *J*, welchem ein Schlammabscheider *K* nachgeschaltet ist und aus welchem die Säure über einen Schlammabsetzer *L* durch Leitung *6* in die Vorlage *M* gelangt

einer Abtriebsäule zugeleitet, dem nicht mehr weiter zu zerlegende Dämpfe entweichen. Aus der Destillierblase strömt Flüssigkeit ab, welche in manchen Fällen das Erzeugnis selbst darstellt. Als Beispiel für einen solchen Fall ist in Abb. 143 eine Schwefelsäurekonzentrationsanlage gezeigt. Kennzeichnend für dieses Verfahren ist die mit Feuergasen beheizte Destillierblase aus legiertem Gußeisen, aus der das Erzeugnis als hochkonzentrierte Schwefelsäure abläuft.

Für die Berechnung der Abtriebsäule sind die Gln. (170) bis (173) maßgebend. Die letzte besagt, daß ein Punkt C der Abtriebsgeraden durch den Gehalt x_A [Mol-%] an Leichtersiedendem im Ablauf gegeben

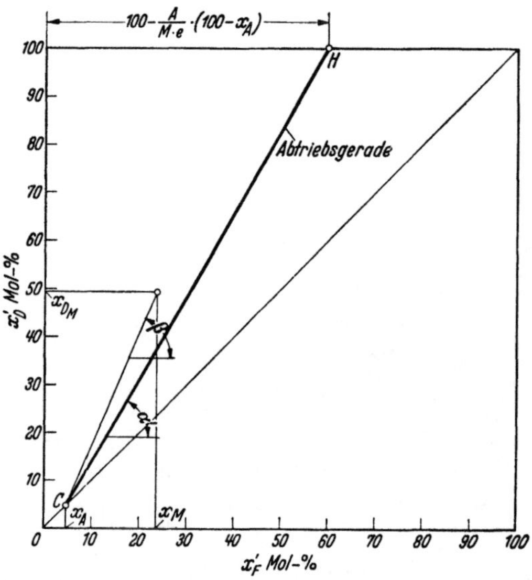

Abb. 144. Festlegung der Geraden der reinen Abtriebsäule

ist (s. Abb. 144). Die durch die Abtriebsäule strömenden Dampf- und Flüssigkeitsmengen sind auch hierbei nur dann gleichbleibend, wenn die molare Verdampfungswärme unabhängig von der Zusammensetzung des Gemisches ist, was vorausgesetzt sei. Ein zweiter Punkt H der Abtriebsgeraden wird am zweckmäßigsten durch ihren Schnittpunkt mit der durch den Ordinatenwert $x'_D = 100$ Mol-% gelegten Parallelen zur Abszisse erhalten. Sind die Menge M [Mol/h] der zulaufenden Mischung und die Ablaufmenge A [Mol/h] gegeben, so ist der genannte Schnittpunkt in Anlehnung an Gl. (172) festgelegt durch:

$$x'_F = 100 - \frac{A}{M e} (100 - x_A) , \tag{189}$$

wobei e den die Zuflußtemperatur berücksichtigenden Wert bedeutet, der nach Gl. (176) berechnet wird. Die vom obersten Boden ablaufende

Flüssigkeitsmenge ist bestimmt durch:

$$F' = Me\,. \tag{190}$$

Entweicht dem obersten Boden die Dampfmenge D_M [Mol/h] mit dem Gehalt x_{DM} [Mol-%] an Leichtersiedendem, so müssen die Beziehungen bestehen:

$$M = D_M + A \tag{191}$$

und

$$M x_M = D_M x_{DM} + A x_A\,, \tag{192}$$

woraus sich die Grundbeziehungen

$$\frac{M}{D_M} = \frac{x_{DM} - x_A}{x_M - x_A} \tag{193}$$

und

$$\frac{M}{A} = \frac{x_{DM} - x_A}{x_{DM} - x_M} \tag{194}$$

ergeben, die für die Bestimmung der Mengen aus den Konzentrationen maßgebend sind. Während der Zusammenhang zwischen den Dampf- und Flüssigkeitskonzentrationen zwischen zwei Böden durch einen Punkt auf der Abtriebsgeraden CH (s. Abb. 144) gegeben ist, besteht in Anbetracht der Gln. (191) und (192) zwischen x_{DM} und x_M die folgende Beziehung:

$$x_{DM} = \frac{M}{D_M} x_M - \frac{A}{D_M} x_A = \frac{M}{M-A} \cdot x_M - \frac{A}{M-A} x_A\,. \tag{195}$$

Der Dampf mit dem Gehalt x_{DM} wird als im Phasengleichgewicht stehend mit dem Ablauf vom obersten Boden angesehen. Gl. (195) besagt, daß x_{DM} durch x_M auf einer Geraden abgeschnitten wird, welche durch den auf der Diagonalen liegenden Punkt C (s. Abb. 144) mit dem Abszissenwert x_A geht und die Neigung gegen die Abszisse

$$\operatorname{tg}\beta = \frac{M}{D_M} \tag{196}$$

aufweist, während die Abtriebsgerade mit der Abszisse einen Winkel α' bildet (s. Abb. 144), für den gilt:

$$\operatorname{tg}\alpha' = \frac{Me}{D_M + M(e-1)}\,, \tag{197}$$

so daß der folgende Zusammenhang zwischen α' und β besteht:

$$\operatorname{tg}\alpha' = \frac{e \operatorname{tg}\beta}{1 + (e-1)\operatorname{tg}\beta}\,. \tag{198}$$

Wenn die Mischung mit der auf dem Einlaufboden herrschenden Temperatur zuläuft ($t_M = t_S$), werden $e = 1$ und

$$\alpha' = \beta\,. \tag{199}$$

Während den vorstehenden Betrachtungen die Voraussetzung unveränderlicher molarer Verdampfungswärme zugrunde liegt, haben die Gln. (190) bis (195) auch dann Gültigkeit, wenn die molare Verdampfungswärme mit der Konzentration sich ändert, wobei die Gerade für die Abtriebsäule durch eine schwach gekrümmte Linie zu ersetzen ist (s. Abschn. E, XI).

3. Die Mischung strömt der stetig arbeitenden Rektifiziersäule als Dampf zu

Steht das zu trennende Gemisch dampfförmig mit einem Gehalt x_{DM} [Mol-%] an Leichtersiedendem zur Verfügung, so ist für den Wert q_M in Gl. (176) der Gesamtwärmeinhalt des Dampfes einzusetzen:

$$q_M = q_S + r\,. \tag{200}$$

Damit wird die den Zustand der Mischung berücksichtigende Zahl

$$e = 0$$

und

$$\frac{x_{DM}}{e} = \infty\,, \tag{200a}$$

wobei x_M in Gl. (181) durch x_{DM} ersetzt wird. Durch diese Konzentration ist Punkt E auf der Diagonalen (Abb. 145) festgelegt, während der

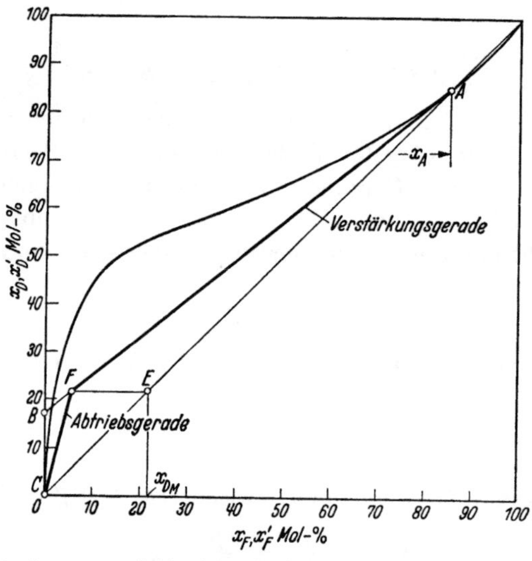

Abb. 145. Verstärkungs- und Abtriebsgerade für die Zerlegung eines dampfförmigen Zweistoffgemisches

Schnittpunkt F zwischen Abtriebs- und Verstärkungsgeraden nunmehr erhalten wird, indem die durch Punkt E verlaufende Parallele zur Abszisse zum Schnitt mit der Verstärkungsgeraden gebracht wird.

Die behandelten Sonderfälle der reinen Abtriebsäule und der Beschickung des stetig arbeitenden Apparates mit dampfförmiger Mischung kommen gleichzeitig bei dem zweiteiligen Rektifizierapparat mit Luttersäule in Anwendung, wie er in der Spiritusindustrie verwendet wird und dessen Anordnung Abb. 146 zeigt. Die zu trennende Mischungsmenge M strömt einer reinen Abtriebsäule, der sogenannten Maischesäule, zu, aus der die Ablaufmenge A' abgezogen wird, während die vom obersten Boden der Abtriebsäule aufsteigende Dampfmenge D_M einer Trennsäule zugeführt wird. Oberhalb der Dampfzuführungsstelle dieser Säule werden die Dämpfe in einer Verstärkungssäule, die auf einer Abtriebsäule ruht, welche allgemein mit Luttersäule bezeichnet wird und der die Ablaufmenge $A^{\times}$ entströmt, vom leichter siedenden Bestandteil befreit. Das Kennzeichnende ist, daß der Gesamtablauf in zwei Teilabläufe A' und $A^{\times}$ getrennt ist, wobei sowohl die reine Abtriebsäule als auch die Luttersäule beheizt werden müssen. In dem erwähnten Fall der Spiritusindustrie wird unter dem untersten Boden der Abtrieb- und Luttersäule Wasserdampf in die Flüssigkeit eingeblasen.

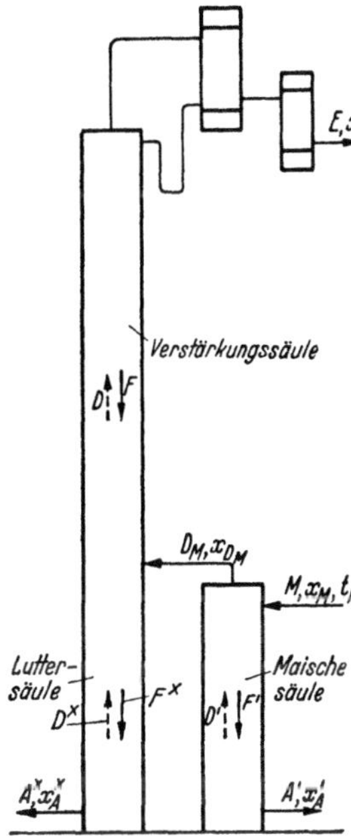

Abb. 146. Zweiteiliger Rektifizierapparat mit Lutter- und Maischesäule

Zahlenbeispiel: In einem zweiteiligen Rektifizierapparat mit Luttersäule soll das gleiche Gemisch unter den gleichen Bedingungen zerlegt werden, wie sie in dem letzten Zahlenbeispiel auf Seite 226 für die Durchrechnung des stetig arbeitenden Rektifizierapparates üblicher Anordnung gewählt waren. (Erzeugnismenge $E = 3{,}47$ Mol/h, Mischungsmenge $M = 71{,}8$ Mol/h, Ablaufmenge $A = 68{,}33$ Mol/h, Rücklaufmenge in der Verstärkungssäule $F = 13{,}89$ Mol/h und in der Abtriebsäule $F' = 89{,}14$ Mol/h, Dampfmenge in der Verstärkungssäule $D = 17{,}36$ Mol/h und in der Abtriebsäule $D' = 20{,}81$ Mol/h, $e = 1{,}048$.) Zur Kennzeichnung erhalten in den folgenden Berechnungen die Größen, welche sich auf die unter der Verstärkungssäule angeordnete Luttersäule beziehen, ein hochgestelltes Kreuz als Zeiger und die Bezeichnungen, welche sich auf die getrennt aufgestellte Maischesäule beziehen, einen hochgestellten Strich als Zeiger.

Die Summe der beiden Teilabläufe muß sein:

$$A' + A^{\times} = 68{,}33 \text{ Mol/h}.$$

Das durch diese Beziehung gegebene A' wird eingesetzt in

$$F' = M e = 71{,}8 \cdot 1{,}048 = 75{,}25 = D' + A',$$

so daß sich ergibt:

$$A^{\times} = D' + 68{,}33 - 75{,}25 = D' - 6{,}92\,.$$

Damit und mit der für die Luttersäule geltenden Beziehung

$$F^{\times} = F = 13{,}89 = A^{\times} + D^{\times}$$

wird

$$D' + D^{\times} = 20{,}81\,.$$

Nimmt man zu dieser Beziehung noch an, daß im x_F, x_D-Bild die Gerade für die Maischesäule und diejenige für die Luttersäule gleiche Neigung haben, woraus folgt, daß

$$\frac{F^{\times}}{D^{\times}} = \frac{13{,}89}{D^{\times}} = \frac{F'}{D'} = \frac{75{,}25}{D'} \quad \text{und} \quad \frac{D'}{D^{\times}} = 5{,}42$$

ist, so ergibt sich die in der Maischesäule aufsteigende Dampfmenge zu

$$D' = 17{,}56 \text{ Mol/h}$$

und die durch die Luttersäule strömende Dampfmenge zu

$$D^{\times} = 3{,}25 \text{ Mol/h}\,.$$

Durch diese beiden Dampfmengen sind die Heizdampfmengen in Mol/h gegeben, welche der Maische- und Luttersäule zugeführt werden müssen. Da die Rücklaufmengen in der Verstärkungs- und Luttersäule gleich groß sind, errechnet sich die vom obersten Boden der Maischesäule aufsteigende Dampfmenge zu

$$D_M = D - D^{\times} = 17{,}36 - 3{,}25 = 14{,}11 \text{ Mol/h}\,,$$

was auch aus der Beziehung folgt:

$$D_M = D' - (e - 1)\,M = 17{,}56 - 0{,}048 \cdot 71{,}8 = 14{,}11 \text{ Mol/h}\,.$$

Von Bedeutung für die Bestimmung der Säulenquerschnitte ist auch das Verhältnis der durch die Verstärkungs- und Luttersäule strömenden Dampfmengen:

$$\frac{D}{D^{\times}} = \frac{17{,}36}{3{,}25} = 5{,}34\,.$$

Die Ablaufmenge der Luttersäule beträgt

$$A^{\times} = D' - 6{,}92 = 17{,}56 - 6{,}92 = 10{,}64 \text{ Mol/h}$$

und diejenige der Maischesäule

$$A' = 68{,}33 - 10{,}64 = 57{,}69 \text{ Mol/h}\,.$$

Die Neigung der Geraden für die Maische- und für die Luttersäule ist bestimmt durch

$$\frac{F'}{D'} = \frac{75{,}25}{17{,}56} = \frac{F^{\times}}{D^{\times}} = \frac{13{,}89}{3{,}25} = 4{,}29\,.$$

Der Gehalt x_{DM}, mit dem der Dampf von der Maischesäule ab- und der Verstärkungssäule zuströmt, kann zeichnerisch auf Grund der Beziehungen (195) und (196) oder auch rechnerisch aus Gl. (193) ermittelt werden, wobei in letzterer $x_A = 0$ gesetzt wird:

$$\frac{71{,}8}{14{,}11} = \frac{x_{DM} - 0}{4{,}17 - 0}\,; \quad x_{DM} = 21{,}3 \text{ Mol-\% Alkohol}\,.$$

Zu dem gleichen Zahlenergebnis führt Gl. (194).

4. Die Mischung strömt dem Apparat als Flüssigkeits-Dampfgemisch zu

Auch in dem Falle, bei dem das zu trennende Gemisch teils als Flüssigkeit, teils als Dampf zuströmt, ist unter dem Wert q_M in Gl. (176) der Wärmeinhalt je Mol Mischung zu verstehen. Weil diese Dampf enthält, ist q_M größer als q_S und für e ergibt sich nach Gl. (176) ein Zahlenwert, der kleiner ist als 1. Der Abszissenabschnitt x_M/e des Punktes D auf der Abszisse (s. Abb. 124) wird damit größer als x_M. Die Verbindungsgerade DE liefert dann mit der Verstärkungsgeraden den Schnittpunkt F, dessen Abszissenwert kleiner ist als x_M und welcher die Abtriebsgerade festlegt. Im besonderen wird auf die Abb. 186, 187 und 188 des Rechenbeispiels über die Trennung von Kohlenwasserstoffgemischen verwiesen.

IX. Die Anordnung des Zulaufstutzens

Bei dem an Hand der Abb. 124 erläuterten Verfahren zur Bestimmung der Stufenzahl ist vorausgesetzt worden, daß der Abszissenwert des Schnittpunktes F der Verstärkungs- und der Abtriebsgeraden zwischen dem Werte x_n des Gehaltes an Leichtersiedendem in dem auf den Einlaufboden strömenden Rücklauf und dem Wert x_m der Konzentration in der vom Einlaufboden ablaufenden Flüssigkeit liegt. Strömt die Mischung mit dem Gehalt x_M und mit der Siedetemperatur auf dem Einlaufboden zu, so gilt die Beziehung:

$$x_m < x_M < x_n \,. \tag{201}$$

Sie gibt die Verhältnisse für die richtige Betriebsweise an, bei welcher mit einer gegebenen Anzahl von Böden in der Verstärkungs- und Abtriebssäule die beste Trennwirkung erreicht wird.

In Abb. 147 sind die angegebenen Konzentrationen für gegebene Ablauf- und Destillatgehalte sowie für ein bestimmtes Rücklaufverhältnis eingetragen. Es zeigt sich, daß für den gewählten Fall 6 theoretisch arbeitende Verstärkungsböden und 4 Abtriebsböden erforderlich sind. Die Mischung ströme mit Siedetemperatur zu. Wird der Zulaufstutzen um 2 Böden tiefer angeordnet als bei der geschilderten Arbeitsweise, so ist es bei gleichgehaltener Gesamtbodenzahl und bei Einhaltung der geforderten Destillatzusammensetzung notwendig, das Rücklaufverhältnis auf einen solchen Wert zu verkleinern, daß die Verstärkungssäule 8 theoretisch arbeitende Böden und die Abtriebsäule 2 Böden erhält. Es zeigt sich nach Abb. 147, daß bei gleichgehaltener Destillatzusammensetzung die Ablaufkonzentration beachtlich angestiegen ist.

Den Fall, bei dem der Zulaufstutzen gegenüber der richtigen Anordnung um nur einen Boden zu hoch angebracht ist, zeigt Abb. 148. Um die

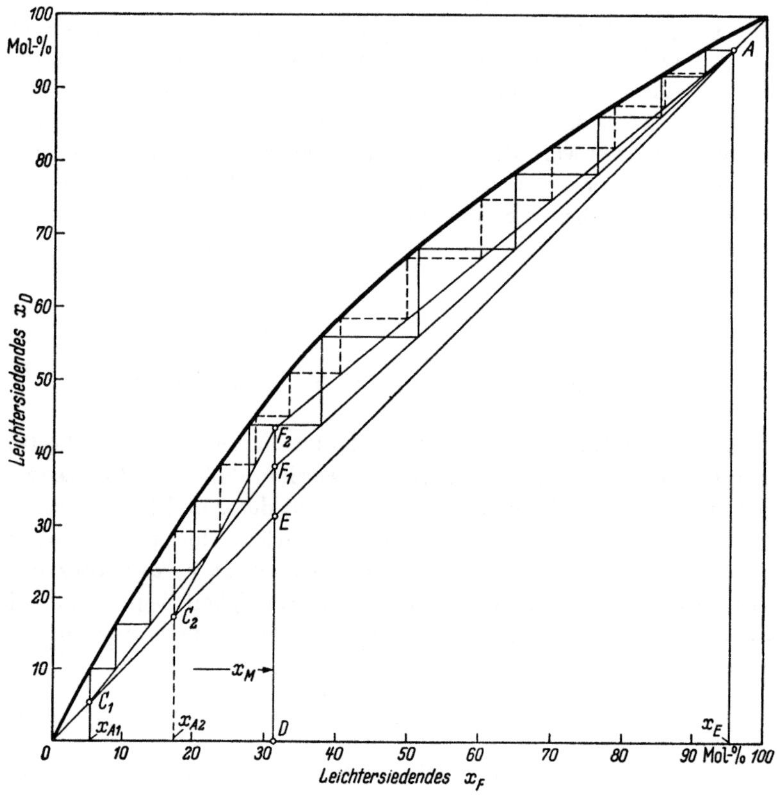

Abb. 147. Konzentrationsveränderung in einem stetig arbeitenden Rektifizierapparat mit zu tief angeordnetem Zulaufstutzen

Destillatkonzentration wieder gleichzuhalten, muß das Rücklaufverhältnis vergrößert werden, so daß die Verstärkungssäule 5 und die Abtriebssäule ebenfalls 5 theoretisch arbeitende Böden erhält. Die Ablaufkonzentration ist zwar gesunken, die Erzeugnismenge ist aber kleiner geworden, was eine Verminderung der Leistung des Apparates bedeutet.

Aus den Mengen und Konzentrationen kann demnach geschlossen werden, ob der Zulaufstutzen an der richtigen Stelle angebracht ist, bei welcher sich die geforderten und damit die besten Betriebswerte ergeben.

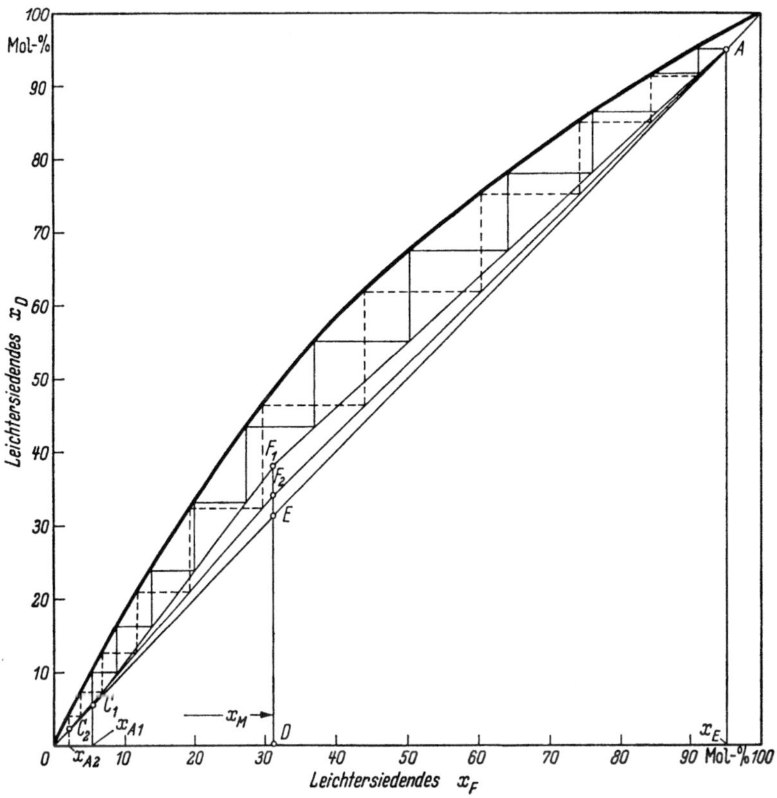

Abb. 148. Konzentrationsveränderung in einem stetig arbeitenden Rektifizierapparat mit zu hoch angeordneten Zulaufstutzen

X. Die Wärmeverluste

Im Rahmen einer Betrachtung über die Wärmeverluste ist die Frage zu erläutern, ob es zweckmäßig ist, eine Rektifiziersäule mit Wärmeschutzmasse zu umkleiden. Der Wärmeverlust bedeutet einerseits eine Wärmeabgabe des Apparates an die Umgebung, welche durch einen entsprechend höheren Wärmeverbrauch gedeckt werden muß. Andererseits ergibt aber der Wärmeverlust eine Einsparung an Kühlwasser.

Infolge der Wärmeabgabe durch den Mantel der Rektifiziersäule kondensiert an ihm ein gewisser Teil von dem in der Säule nach oben strömenden Dampf. Das gebildete Kondensat wird dem Rücklauf beigemischt, wodurch letzterer vergrößert wird. Diese Rücklaufvergrößerung wiederholt sich in jedem Zwischenraum zwischen zwei Böden, so daß dem untersten Boden einer Verstärkungssäule eine Rücklaufmenge zuströmt, die sich zusammensetzt aus derjenigen Menge, welche als Rückfluß aus dem Kondensator auf den obersten Boden zurückströmt und aus der Menge, welche das durch die Wärmeverluste gebildete Kondensat darstellt. Die Rücklaufvergrößerung hat eine erhöhte Verstärkung der Böden zur Folge, weil die Verstärkungsgerade im x_F, x_D-Bild durch die größere Rücklaufmenge tiefer gelegt wird. Da die über einem Boden gebildete Kondensatmenge stets dem darunterliegenden Boden zuströmt, ist jedem Boden eine bestimmte Verstärkungsgerade zugeordnet. Die Vergrößerung der verstärkenden Wirkung eines Bodens infolge des durch den Wärmeverlust gebildeten Kondensates ist bei den unteren Böden der Säule größer als bei den oberen. Die vom untersten Boden abströmende Rücklaufmenge legt aber den Wärmeverbrauch fest. Will man deshalb die bei diesem Wärmeverbrauch erzielbare beste Wirkung der Austauschsäule erreichen, so ist es notwendig, die Säule mit einer Wärmeschutzmasse zu umgeben und auch diejenige Wärmemenge, welche durch Wärmeverlust bei Betrieb ohne Wärmeschutzmasse verloren ginge, im Rücklaufkondensator den Dämpfen zu entziehen. Durch diese Maßnahme ist es möglich, sämtliche Böden der Verstärkungssäule mit der größten Rücklaufmenge zu beschicken, mit welcher ohne Wärmeschutzmasse nur der unterste Boden der Verstärkungssäule arbeiten würde. Für große Rektifiziersäulen und vor allem für solche, welche im Freien aufgestellt sind, ergibt sich, daß die durch Anwendung einer Wärmeschutzmasse erzielbare Einsparung an Heizmittel den Nachteil bei weitem überwiegt, daß man mehr Wärme aus dem Rücklaufkondensator abführen muß, die zu Anwärmzwecken benützt werden kann. Danach ist es zweckmäßig, Rektifizierapparate wärmedicht zu umkleiden.

XI. Berücksichtigung der Veränderung der molaren Verdampfungswärme bei der Rektifikation von Zweistoffgemischen

1. Punktweise Berechnung der Austauschlinien

Die Abhängigkeit der Flüssigkeits- von der Dampfzusammensetzung in einem waagerechten Querschnitt zwischen zwei Böden einer Säule ist im x_F, x_D-Bild nur dann durch eine Gerade gegeben, wenn die molare Verdampfungswärme unabhängig von der Konzentration ist und wenn keine Lösungswärmen auftreten. Sind letztere besonders bei nicht idealen Gemischen vorhanden, dann sind sie im Vergleich zu den auf den Böden zwischen den beiden Phasen ausgetauschten Wärmemengen fast immer vernachlässigbar klein. Indessen sind Fälle bekannt, bei denen die molaren Verdampfungswärmen der zu trennenden Einzelstoffe so verschieden sind, daß dieser Unterschied nicht vernachlässigt werden darf. Die Geraden für die Verstärkungs- und Abtriebsäule sind dann durch gekrümmte Linien zu ersetzen, die auf die folgende Art für ein Zweistoffgemisch ermittelt werden.

Durch einen waagerechten Querschnitt a (zwischen zwei Böden oder einer Füllkörpersäule) strömen gemäß Abb. 149 die Dampfmenge D_a [Mol/h] und die Flüssigkeitsmenge F_a [Mol/h] mit den Gehalten an Leichtersiedendem x_{Da} [Mol-%] und x_{Fa} [Mol-%]. In einem anderen tiefer liegenden Querschnitt b liegen die Mengen D_b und F_b [Mol/h] sowie die Konzentrationen x_{Db} und x_{Fb} [Mol-%] vor. Es müssen dann die folgenden Mengengleichungen erfüllt sein:

$$D_b + F_a = D_a + F_b \tag{202}$$

und

$$D_b x_{Db} + F_a x_{Fa} = D_a x_{Da} + F_b x_{Fb}\,. \tag{203}$$

Daraus folgt die Beziehung der allgemein gültigen Austauschlinie

$$x_{Fb} = \frac{D_b x_{Db} - D_a x_{Da} + F_a x_{Fa}}{F_b}\,. \tag{204}$$

Sind an einer Stelle der Kolonne, z. B. an ihrem oberen Ende, die Mengen und Konzentrationen (D_a, F_a, x_{Da}, x_{Fa}) bekannt, so kann die Austauschlinie in einem zweidimensionalen Bild wiedergegeben werden, wenn für beliebige Konzentrationen (und damit für beliebige Querschnitte) die Mengen bekannt sind. Letztere sind auffindbar durch Ausnützung der Erkenntnisse über den bei der Rektifikation sich abspielenden Grundvorgang (Abschn. D, I). Diese behalten ihre allgemeine Gültigkeit, wenn man von der idealen Gegenstrom-Rektifikation ausgeht. Längs eines unendlich kleinen Berührungsweges (s. Abb. 150) verändere

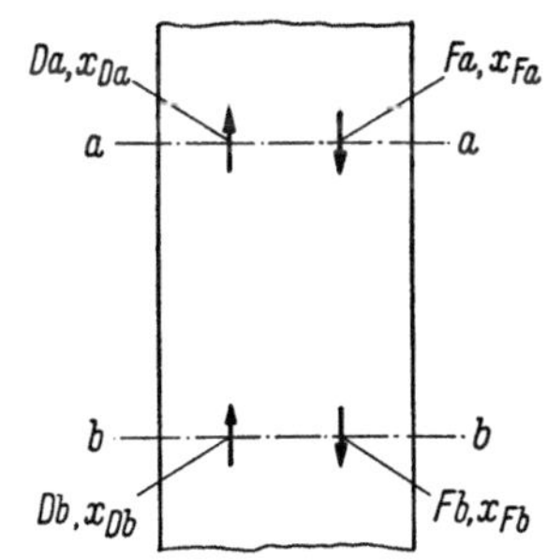

Abb. 149

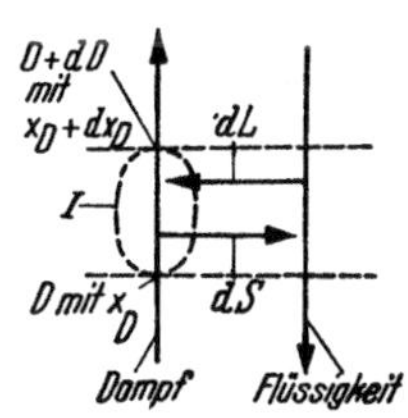

Abb. 150

Abb. 149. Mengen und Konzentrationen in zwei waagerechten Querschnitten einer Rektifiziersäule

Abb. 150. Mengen- und Konzentrationsänderung längs eines unendlich kleinen Berührungsweges

der Dampf seinen Gehalt an Leichtersiedendem von x_D auf $(x_D + dx_D)$, wobei die Dampfmenge von D auf $(D + dD)$ steigt (oder abnimmt bei negativem dD). Diese Veränderungen sind dadurch verursacht, daß aus dem Dampf die unendlich kleine Menge dS an Schwerersiedendem in die Flüssigkeit kondensiert und daß aus letzterer die Menge dL an Leichtersiedendem aus der Flüssigkeit in den Dampf hinein verdampft. Hat der reine schwerer siedende Stoff eine molare Verdampfungswärme von r_S [kcal/Mol] und der andere Stoff eine Verdampfungswärme von r_L [kcal/Mol], so muß gelten

$$dS\,r_S = dL\,r_L\,,$$

woraus folgt

$$dS = dL\frac{r_L}{r_S}\,. \tag{205}$$

In den Werten r_L und r_S sind die bei löslichen Gemischen stets vorhandenen Überhitzungswärmen der Dämpfe enthalten, die jedoch im Vergleich zu den Verdampfungswärmen vernachlässigbar klein sind. Auch zahlenmäßig gegenüber den Verdampfungswärmen zu vernachlässigende Lösungswärmen können durch die Größen r_L und r_S berücksichtigt werden. Wollte man sowohl Überhitzungs- als auch Lösungswärmen berücksichtigen, dann könnte man für r_L und r_S korrigierte Werte einführen. Weil die zu berücksichtigenden Beträge sehr klein sind und um die Ableitungen und Berechnungen nicht unnötig verwickelt zu gestalten, wird im folgenden mit den konstant bleibenden Verdampfungswärmen r_L und r_S gerechnet.

Hat beispielsweise der schwerer siedende Stoff die größere Verdampfungswärme, so wird $dS < dL$. Wenn aber aus dem in der Säule von unten nach oben strömenden Dampf weniger herauskondensiert als hineinverdampft ($dL > dS$), so nimmt die Dampfmenge nach oben zu. Gleiches gilt auf Grund der Beziehung (202) für die Flüssigkeit. Ist umgekehrt die Verdampfungswärme des Schwersiedenden die kleinere, so müssen die Mengen in der Säule nach oben abnehmen. Der Unterschied $(dL - dS)$ macht die Mengenänderung dD aus:

$$dD = dL - dS = dL\left(1 - \frac{r_L}{r_S}\right) = dL\frac{r_S - r_L}{r_S}\,. \tag{206}$$

Für die gesuchte Beziehung fehlt nun noch ein Zusammenhang zwischen Dampfmengen und Konzentrationen, der sich aus einer Mengenbilanz für den leichter siedenden Stoff an Hand des geschlossenen Linienzuges I (Abb. 150) herleiten läßt, wobei zu beachten ist, daß die Gehalte an Leichtersiedendem in Hundertteilen (Mol-%) durch die Gleichung angegeben sind:

$$Dx_D + 100\,dL = (D + dD)\,(x_D + dx_D)\,. \tag{207}$$

Unter Vernachlässigung der unendlich kleinen Größen zweiter Ordnung geht diese Beziehung über in

$$100\,dL = dDx_D + Ddx_D\,. \tag{208}$$

Wird darin der aus Gl. (206) sich ergebende Wert für dL eingeführt und zur Abkürzung

$$100 \cdot \frac{r_S}{r_S - r_L} = C \tag{209}$$

gesetzt, so folgt die Gleichung:

$$C\,dD = dDx_D + Ddx_D\,,$$

welche auch folgendermaßen geschrieben werden kann:

$$\frac{dD}{D} = \frac{dx_D}{C - x_D}\,. \tag{210}$$

Diese ist zwischen Grenzwerten zu integrieren, welche durch die Querschnitte a und b gegeben sind:

$$\int\limits_{D=D_b}^{D=D_a} \frac{dD}{D} = \int\limits_{x_D=x_{Db}}^{x_D=x_{Da}} \frac{dx_D}{C - x_D}\,. \tag{210a}$$

Die Lösung des Integrals ergibt:

$$D_b = \frac{C - x_{Da}}{C - x_{Db}}\,D_a\,. \tag{211}$$

Die Konstante C bleibt positiv und $D_b < D_a$, solange $r_S > r_L$ ist. Wird $r_S < r_L$, so ergibt sich nach der Beziehung (209) für C ein negativer Wert und aus Gl. (211) folgt $D_b > D_a$. Die letztgenannte Gleichung ist also immer brauchbar. Für den üblichen Grenzfall der Gleichheit der molaren Verdampfungswärmen ($r_S = r_L$) ergibt sich nach der Beziehung (206) für die Dampfmenge $dD = 0$.

Sind beispielsweise Mengen und Konzentrationen, welche am Kopfe der Kolonne vorliegen (also D_a, F_a, x_{Da}, x_{Fa}), gegeben, so kann nach Gl. (211) die mit der Dampfzusammensetzung veränderliche Dampfmenge D_b und mit Hilfe der Beziehung (202) die Flüssigkeitsmenge berechnet werden. Wie dann unter Benützung der Gl. (204) die Austauschlinie sowohl für die Verstärkungs- als auch für die Abtriebsäule gefunden wird, sei an dem folgenden Zahlenbeispiel erläutert.

Die Verdampfungswärme des Schwerersiedenden betrage $r_S = 10000$ kcal/Mol und diejenige des Leichtersiedenden $r_L = 5000$ kcal/Mol, so daß sich die Konstante nach Gl. (209) ergibt zu

$$C = 100 \cdot \frac{10000}{10000 - 5000} = 200.$$

Die Ausmittlungen werden für eine Erzeugnismenge von $E = 1$ Mol/h vorgenommen. Im Rücklaufkondensator werde der gesamte in ihn strömende Dampf niedergeschlagen (es findet also keine Teilkondensation statt). Vom Niederschlag strömen 5 Teile in die Säule zurück, während ein Teil als Erzeugnis entnommen wird. Das Rücklaufverhältnis am Kopfe der Kolonne hat also den Wert $v_a = 5$. Die größte und von der Säule in den Kondensator strömende Dampfmenge beträgt dann $D_a = 5 + 1 = 6$ Mol/h, wobei zu diesem D_a eine Flüssigkeitsmenge von $F_a = 5$ Mol/h gehört. Die Mischung ströme mit Siedetemperatur und mit einem Gehalt von $x_M = 25$ Mol-% an Leichtersiedendem zu. Das Erzeugnis besteht nur aus leichter siedendem und der Ablauf nur aus schwerer siedendem Stoff oder er ist frei von Leichtersiedendem ($x_E = x_{Da} = x_{Fa} = 100$ und $x_A = 0$).

Wäre die Verdampfungswärme unveränderlich, so wären die Verstärkungs- und Abtriebsgeraden durch die Geraden AF und CF in Abb. 151 gegeben und die Mengen wären unveränderlich. Demgegenüber ergibt sich jedoch beispielsweise für eine Dampfkonzentration von $x_{Db} = 50$ Mol-% nach Gl. (211) eine Dampfmenge von

$$D_b = \frac{200 - 100}{200 - 50} \cdot 6 = 4 \text{ Mol/h} .$$

Dazu berechnet sich nach Gl. (202) eine Flüssigkeitsmenge von

$$F_b = 4 + 5 - 6 = 3 \text{ Mol/h} = D_b - 1 .$$

In dem Bereich von $x_{Da} = 100$ bis $x_{Db} = 50$ Mol-% nimmt also die Dampfmenge von 6 auf 4 Mol/h und die Flüssigkeitsmenge von 5 auf 3 Mol/h ab. Die so berechneten D_b- und F_b-Werte sind in Abb. 151 in Abhängigkeit von der Dampfkonzentration eingetragen. Für den gewählten Gehalt von $x_{Db} = 50$ Mol-% ergibt sich mit Hilfe von Gl. (204) der einen Punkt der Austauschlinie festlegende Gehalt an Leichtersiedendem in der Flüssigkeit zu

$$x_{Fb} = \frac{4 \cdot 50 - 6 \cdot 100 + 5 \cdot 100}{3} = 33{,}3 \text{ Mol-\%} .$$

Auf die gezeigte Art können beliebig viele Punkte der Austauschlinie für die Verstärkungssäule bestimmt werden[1]. Sie trifft die Senkrechte, welche auf der Abszissen den Wert $x_M = 25$ Mol-% abschneidet, im Punkte F^* bei einem Dampfgehalt $x_{Db} = 44{,}5$ Mol-%, welcher dem Gehalte x'_{Da} gleichzusetzen ist, mit dem der Dampf von der Abtriebsäule aufsteigt. Alle Größen, welche sich auf die Abtriebsäule beziehen, werden

[1] Neben der erstmalig vom Verfasser angegebenen und allein auf der klaren Erkenntnis des physikalischen Vorganges fußenden Methode sind auch andere Berechnungsweisen zur Auffindung der Austauschlinien für den Fall ungleicher molarer Verdampfungswärmen vorgeschlagen worden. Siehe H. Hausen: Fußnote 1, S. 8 und VDI-Beih. Verfahrenstechnik **1942**, 17—20.

wieder durch den Zeiger ′ gekennzeichnet. Die Menge der zufließenden Mischung folgt aus der Gesamt-Mengenbilanz des Leichtersiedenden zu

$$M = 1 \cdot \frac{100 - 0}{25 - 0} = 4 \text{ Mol/h}$$

und die Dampfmenge, welche aus der Abtriebsäule mit dem Gehalt $x_{Db} = x'_{Da} = 44{,}5$ Mol-% in die Verstärkungssäule strömt, errechnet sich mit Gl. (211) zu

$$D'_a = \frac{200 - 100}{200 - 44{,}5} \cdot 6 = 3{,}86 \text{ Mol/h}\,.$$

Durch denselben waagerechten Querschnitt, welchem diese Dampfmenge zugeordnet ist, fließt die Flüssigkeitsmenge:

$$F'_a = 3{,}86 - 1 + 4 = 6{,}86 \text{ Mol/h}\,.$$

Während die Dampfmenge über den ganzen Konzentrationsbereich gemäß Abb. 151 einen stetigen Verlauf aufweist, wird die Rücklaufmenge bei $x'_{Da} = 44{,}5$ Mol-% von 2,86 um die Mischungsmenge auf 6,86 Mol/h

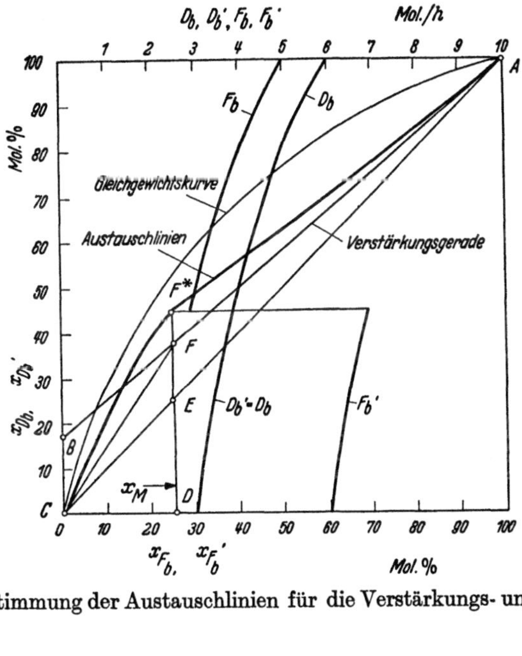

Abb. 151. Bestimmung der Austauschlinien für die Verstärkungs- und Abtriebsäule

vergrößert. Ein Punkt der Austauschlinie für die Abtriebsäule werde für eine Konzentration von $x'_{Db} = 25$ Mol-% berechnet. Nach Gl. (211) wird

$$D'_b = \frac{200 - 100}{200 - 25} \cdot 6 = 3{,}43 \text{ Mol/h}$$

und

$$F'_b = 3{,}43 - 1 + 4 = 6{,}43 \text{ Mol/h}\,,$$

so daß Gl. (204) auf die Abtriebsäule angewendet die gesuchte Flüssigkeitskonzentration liefert:

$$x'_{Fb} = \frac{3{,}43 \cdot 25 - 3{,}86 \cdot 44{,}5 + 6{,}86 \cdot 25}{6{,}43} = 13{,}3 \text{ Mol-\%}.$$

Auf die gezeigte Art können beliebig viele Punkte der Abtriebslinie berechnet werden. An die Stelle der Geraden AF und CF treten die Linien AF^* und CF^*. Die Bodenzahl wird jetzt ermittelt, indem der Treppenlinienzug zwischen diesen Linien und der Gleichgewichtskurve gezeichnet wird. Es ist ersichtlich, daß die Verschiedenheit der molaren Verdampfungswärme eine Vergrößerung der Bodenzahl zur Folge hat. Umgekehrt liegen die Verhältnisse, wenn die Verdampfungswärme des Leichtersiedenden den größeren Wert hat. Die Verstärkungslinien liegen dann im Gegensatz zu den Verhältnissen der Abb. 151 unterhalb der beiden Austauschgeraden.

Fließt die Mischung kalt zu, so ist die Vergrößerung des Rücklaufes in der Abtriebsäule nicht durch M, sondern durch eM gegeben. Der Schnittpunkt der Austauschlinien für die Verstärkungs- und Abtriebsäule ist auch jetzt durch die Schnittpunktgerade gemäß Gl. (181) festgelegt. Auch der die Zuflußtemperatur berücksichtigende Faktor e ist mit der Beziehung (176) zu errechnen.

2. Gleichungen der Austauschlinien

Zur Aufstellung einer Gleichung der Verstärkungslinie wird von der Gl. (210) ausgegangen, welche in folgender Form angeschrieben werden kann:

$$\ln \frac{D_a}{D_b} = \int_{x_D = x_{Db}}^{x_D = x_{Da}} \frac{dx_D}{C - x_D}. \tag{210b}$$

Wird ferner Gl. (202) nach F_b aufgelöst und der so erhaltene Wert in Gl. (203) eingeführt, so ergibt sich[1]

$$D_b x_{Db} + F_a x_{Fa} = D_a x_{Da} + D_b x_{Fb} + F_a x_{Fb} - D_a x_{Fb}. \tag{203a}$$

Aus einer Mengenbilanz für den Verstärkungsteil der Rektifiziersäule gewinnt man weiter die Beziehung:

$$F_a = \frac{v_a}{v_a + 1} D_a, \tag{212}$$

in welcher v_a das auf den Querschnitt a bezogene Rücklaufverhältnis $v_a = F_a/E$ bedeutet mit E als Erzeugnismenge am Kopfe der Säule. Wird nunmehr für F_a der Ausdruck der Gl. (212) in Gl. (203b) eingesetzt

[1] Billet, R.: Berechnung der Austauschlinien für die Rektifikation binärer Gemische. Chem.-Ing.-Tech. **30**, 513—515 (1958).

und der sich daraus ergebende Ausdruck für den Quotienten D_a/D_b in die Gl. (210b), so erhält man

$$\ln \frac{x_{Db} - x_{Fb}}{x_{Da} - \frac{v_a}{v_a + 1}(x_{Fa} - x_{Fb}) - x_{Fb}} = \int\limits_{x_{Db}}^{x_{Da}} \frac{dx_D}{C - x_D} . \tag{213}$$

Übt der Rücklaufkondensator keine Verstärkungswirkung durch Teilkondensation aus, was angenommen sei, so sind am Kolonnenkopf die Konzentrationen von Dampf (x_{Da}), Rücklauf (x_{Fa}) und Erzeugnis (x_E) gleich. Bezeichnet man mit dem Querschnitt a den Säulenquerschnitt am Kopf der Säule und mit b einen beliebigen Querschnitt in der Verstärkungssäule, dann werden $x_{Da} = x_{Fa} = x_E$, $x_{Db} = x_D$, $x_{Fb} = x_F$ und $v_a = v_o$, dem Rücklaufverhältnis am Kolonnenkopf, und es folgt aus Gl. (213):

$$\ln(v_o + 1) \frac{x_D - x_F}{x_E - x_F} = \int\limits_{x_D}^{x_E} \frac{dx_D}{C - x_D} . \tag{214}$$

Da C eine Konstante darstellt, kann die rechte Seite der letzten Gleichung integriert werden und man erhält nach einigen Umformungen:

$$x_D = \frac{\left(\frac{v_0}{v_0 + 1} - \frac{x_E}{C}\right) x_F + \frac{x_E}{v_0 + 1}}{1 - \frac{1}{v_0 + 1} \frac{x_F}{C} - \frac{v_0}{v_0 + 1} \frac{x_E}{C}} . \tag{215}$$

Für den Ordinatenwert $o = x_D$ an der Stelle $x_F = 0$ folgt aus Gl. (215) die Berechnungsgleichung

$$o = \frac{x_E}{v_0 \left(1 - \frac{x_E}{C}\right) + 1} . \tag{216}$$

Sie zeigt, daß die Verstärkungslinie ($C < \infty$) flacher verläuft als die Verstärkungsgerade ($C = \infty$).

Für die Aufstellung einer Gleichung der Austauschlinie für die Abtriebsäule werden alle Bezeichnungen, die sich auf den Zulaufboden (bzw. Zulaufquerschnitt) beziehen, mit dem tief gestellten Zeiger S versehen. Damit und mit der Deutung des Faktors e nach Gl. (176) geht Gl. (175) über in die Beziehung:

$$F'_S = F_S + eM . \tag{217}$$

In ihr bedeuten F_S die von der Verstärkungssäule kommende und F'_S die vom Zulaufboden abfließende Flüssigkeitsmenge. Letztere kann außerdem durch ein Vielfaches $\mathfrak{v}$ von der dem Einlaufboden aus der Abtriebsäule zuströmenden Dampfmenge D'_S zum Ausdruck gebracht werden:

$$F'_S = \mathfrak{v} D'_S . \tag{218}$$

Aus den Gln. (217) und (218) folgt dann

$$\mathfrak{v} = \frac{F_S + eM}{D'_S} . \tag{219}$$

Auch ein Rücklaufverhältnis v_S für die Zulaufstelle (für den Querschnitt oberhalb des Zulaufbodens) kann entsprechend gedeutet werden:

$$v_S = F_S/E . \tag{220}$$

Wie für jeden anderen Querschnitt der Verstärkungssäule muß dann für den Einlaufquerschnitt gelten:

$$D_S = E(v_S + 1) . \tag{221}$$

Kombiniert man die vorstehenden Gleichungen mit der Beziehung (184), so erhält man

$$\mathfrak{v} = \frac{\frac{x_M - x_A}{x_E - x_A} v_S + e}{\frac{x_M - x_A}{x_E - x_A}(v_S + 1) + (e - 1)} . \tag{222}$$

Eine einfache Mengenbilanz liefert für v_S den Zusammenhang:

$$v_S = \frac{x_E - x_{DS}}{x_{DS} - x_{FS}} . \tag{223}$$

Dabei sind $x_{DS} = x'_{DS}$ und $x_{FS} = x'_{FS}$ die Koordinaten des Schnittpunktes zwischen Verstärkungs- und Abtriebslinie. Für letztere findet man entsprechend der Herleitung der Gl. (213) die folgende mathematische Formulierung:

$$\ln \frac{x'_D - x'_F}{x'_{DS} - \mathfrak{v}(x'_{FS} - x_F) - x'_F} = \int_{x'_D}^{x'_{DS}} \frac{dx'_D}{C - x'_D} . \tag{224}$$

Da der Wert unter dem Integral der rechten Seite der letzten Gleichung konstant ist, kann sie gelöst werden und es ergibt sich[1]

$$x'_D = \frac{\left(\mathfrak{v} - \frac{x'_{DS}}{C}\right) x'_F + (x'_{DS} - \mathfrak{v} x'_{FS})}{1 - (1 - \mathfrak{v})\frac{x'_F}{C} - \mathfrak{v}\frac{x_{FS}}{C}} . \tag{225}$$

Die Beziehung gestattet in Verbindung mit den Gln. (222) und (223), die Abtriebslinie zu berechnen, wenn die Schnittpunktskoordinaten $x'_{DS} = x_{DS}$ und $x_{SF}' = x_{FS}$ bekannt sind. Diese können rechnerisch unter Zuhilfenahme der Gl. (181) für die Schnittpunktsgerade oder graphisch analog dem bei Austauschgeraden anzuwendenden Verfahren in einfacher Weise bestimmt werden.

Zahlenbeispiel: Für das zuletzt durchgeführte Zahlenbeispiel der punktweisen Ermittlung der beiden Austauschlinien sind letztere mit den abgeleiteten Glei-

[1] Siehe Fußnote 1, S. 252.

chungen zu bestimmen. Es waren $r_S = 1000$ kcal/Mol, $r_L = 5000$ kcal/Mol, $v_0 = 5$, $x_E = 100$ Mol-%, $x_A = 0$, $x_M = 25$ Mol-% bei $e = 1$, $C = 200$. Wird $x_M = x_F = x_{FS} = 25$ Mol-% gesetzt, so kann das zu diesem x_{FS} gehörige x_{DS} mit Hilfe der Gleichung (216) berechnet werden zu

$$x_{DS} = \frac{\left(\frac{5}{6} - \frac{100}{200}\right) \cdot 25 + \frac{100}{6}}{1 - \frac{1}{6} \cdot \frac{25}{200} - \frac{5}{6} \cdot \frac{100}{200}} = 44{,}5 \text{ Mol-\%}\,.$$

Dann folgt aus Gl. (223) für

$$v_S = \frac{100 - 44{,}5}{44{,}5 - 25} = 2{,}84$$

und aus Gl. (222) für

$$\mathfrak{v} = \frac{\frac{25 - 0}{100 - 0} \cdot 2{,}84 + 1}{\frac{25 - 0}{100 - 0} \cdot 3{,}84} = 1{,}78\,.$$

Für den im Beispiel gewählten Fall, daß $x_A = 0$ ist, kann $\mathfrak{v}$ noch einfacher gefunden werden; denn die Annahme $x'_F = x_A = 0$ zieht die Forderung $x'_D = 0$ nach sich. Diese ist nach Gl. (225) aber nur dann erfüllt, wenn der zweite Ausdruck im Zähler dieser Gleichung zu Null wird. Daraus folgt

$$(\mathfrak{v})_{x_A = 0} = \frac{x'_{DS}}{x'_{FS}}\,. \tag{226}$$

Für das Zahlenbeispiel erhält man damit

$$\mathfrak{v} = \frac{44{,}5}{25} = 1{,}78\,.$$

Da nun die Schnittpunktskoordinaten $x'_{DS} = x_{DS}$ und $x'_{FS} = x_{FS}$ des Schnittpunktes zwischen Abtriebs- und Verstärkungslinie bekannt sind, können mittels Gl. (225) Punkte der Abtriebslinie berechnet werden. Zum Beispiel ergibt sich für $x'_F = 13{,}3$ Mol-%:

$$x'_D = \frac{\left(1{,}78 - \frac{44{,}5}{200}\right) \cdot 13{,}3 + (44{,}5 - 1{,}78 \cdot 25)}{1 - (1 - 1{,}78) \cdot \frac{13{,}3}{200} - 1{,}78 \cdot \frac{25}{200}} = 25 \text{ Mol-\%}\,,$$

womit ein Punkt der Abtriebslinie festliegt.

In Abb. 151 ist die mittels Gl. (215) bzw. (223) berechnete Verstärkungs- bzw. Abtriebslinie eingezeichnet.

XII. Vergleich zwischen stetigem und absatzweisem Betrieb

Der Hauptvorteil der absatzweise arbeitenden Trennsäule ist die Einfachheit des Apparates. Soll ein Ausgangsgemisch in mehrere Teile zerlegt werden, so werden diese nacheinander aufgefangen. Der absatzweise Betrieb hat sich deshalb überall dort bewährt, wo eine Zerlegung in mehrere Stoffe vorliegt und keine große Trennschärfe zur Bedingung gemacht ist.

Wird diese verlangt, so fallen die Betriebsmittelkosten um so mehr ins Gewicht, je reiner die einzelnen Stoffe sein müssen. Ein zahlenmäßiger Nachweis wird folgend für den Fall erbracht, daß ein mit Siedetemperatur vorliegendes Benzol-Toluolgemisch mit 40 Gew.-% Benzol in reines Benzol und in einen Rest zu zerlegen ist, welcher mehr als 80 Gew.-% Toluol enthält. Die Berechnung sei für das Mindestrücklaufverhältnis also unter Annahme unendlich großer Bodenzahl (oder praktisch sehr großer Bodenzahl) nach in den Abschnitten D VIII und E V angegebenen Methoden

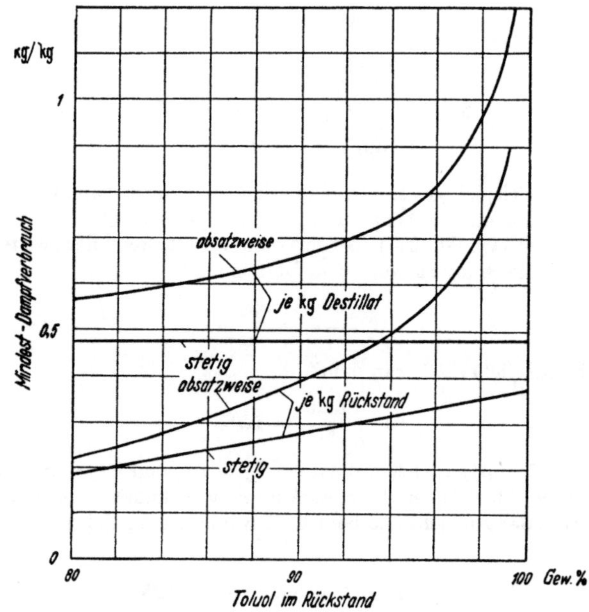

Abb. 152. Mindest-Dampfverbrauch (kg Wasserdampf je kg Destillat oder je kg Rückstand) bei der Zerlegung eines Benzol-Toluol-Gemisches mit 40 Gew.-% Benzol

durchgeführt. Der Heizdampfdruck (Wasserdampf) betrage 2,2 ata. In Abb. 152 sind die Ergebnisse enthalten, in welchem der Mindestdampfverbrauch in Abhängigkeit vom Toluolgehalt im Rückstand aufgetragen ist. Bei 98 Gew.-% Toluol im Blasenrest ist der Dampfverbrauch bei absatzweisem Betrieb bereits doppelt so groß wie bei stetigem. Je reiner das Toluol im Rückstand ist, desto größer wird der Unterschied. Beim absatzweise arbeitenden Apparat kann reines Toluol am Ende des Arbeitsganges theoretisch nur mit unendlichgroßem Rücklaufverhältnis erhalten werden. Gerade dieser Grenzfall beleuchtet die Grenzen der Anwendbarkeit des unterbrochenen Betriebes. Hinzu kommen die betrieblichen Nachteile des Leerens sowie Füllens der Destillierblase und der damit verbundene Ausfall der Apparate. Der stetig arbeitende Rektifizierapparat wird deshalb immer mehr angewendet und verdrängt in vielen Fabrikationszweigen den unterbrochenen Betrieb.

F. Die Rektifikationsvorgänge im Wärmeinhalt-Konzentrationsbild[1]

Zur Bestimmung des Rücklaufverhältnisses, der Bodenzahl und des Betriebsmittelverbrauches genügt im allgemeinen das erläuterte Verfahren, bei welchem als Grundlage die Gleichgewichtskurve einerseits und die Austauschgeraden oder bei Veränderung der molaren Verdampfungswärme die entsprechenden Austauschlinien andererseits verwendet werden. Die Mischungswärmen sind dabei vernachlässigt worden. Dies ist auch in fast allen Fällen für praktische Berechnungen ohne weiteres zulässig, weil diese Wärmemengen im Vergleich zu den Verdampfungswärmen sehr klein sind. Beispielsweise werden bei der Herstellung eines Äthylalkohol-Wassergemisches mit 70 Gew.-% Alkohol und 80° C aus den Einzelbestandteilen von 80° C etwa 3 kcal je kg Gemisch frei[2] (isotherme Mischungswärme). Die Veränderung des Zustandes von Flüssigkeit und Dampf läßt sich aber unter Berücksichtigung der Mischungswärmen bei beliebig verschiedenenen Verdampfungswärmen der Einzelstoffe verfolgen, wenn ein Zustandsbild benutzt wird, in welchem als Abszisse ξ [Gew.-%] an Leichtersiedendem eines Zweistoffgemisches und als Ordinate der Wärmeinhalt i kcal je kg Gemisch aufgetragen sind. Weil die Verdampfungswärmen der beiden zu trennenden Stoffe beliebig verschieden sein können, liegt kein Grund vor, in Mol-Einheiten zu rechnen. Man verwendet deshalb als Maßeinheiten kg und Gew.-%. Bedeuten q_t kcal je kg Gemisch die isotherme Mischungswärme und i_1 sowie i_2 die Wärmeinhalte der beiden reinen Komponenten für dieselbe Temperatur wie der Wärmeinhalt i [kcal/kg] des Gemisches, so gilt:

$$i = \frac{\xi}{100} i_1 + \left(1 - \frac{\xi}{100}\right) i_2 + q_t \,. \tag{227}$$

Abb. 153 zeigt das i, ξ-Bild des Gemisches Äthylalkohol-Wasser[3]. Punkte auf der Siedelinie geben die Wärmeinhalte siedender Flüssigkeit und Punkte auf der Taulinie die Wärmeinhalte kondensierenden Dampfes an.

---

[1] Siehe dazu: MERKEL, P.: Die Rektifikation. Arch. Wärmewirtschaft, Dampfkesselw. **10**, 13—17 (1929).

[2] Siehe Fußnote 1, S. 215.

[3] BOŠNJAKOVIČ, F.: Technische Thermodynamik, Teil 2. Dresden: Th. Steinkopff 1937.

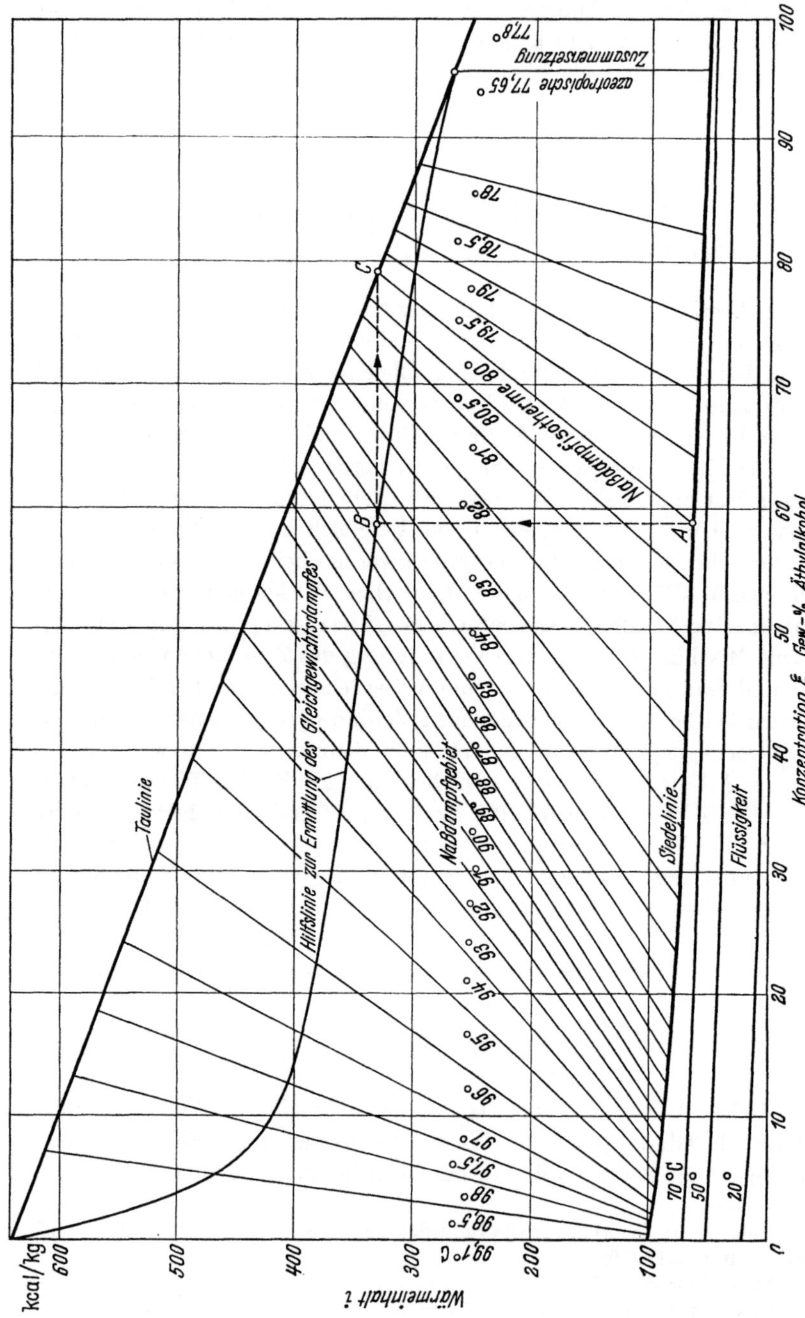

Abb. 153. *i*, *ξ*-Bild des Gemisches Äthylalkohol-Wasser für einen Druck von 735,5 mm Q.-S. (nach Bošnjaković, siehe Fußnote 3. S. 257)

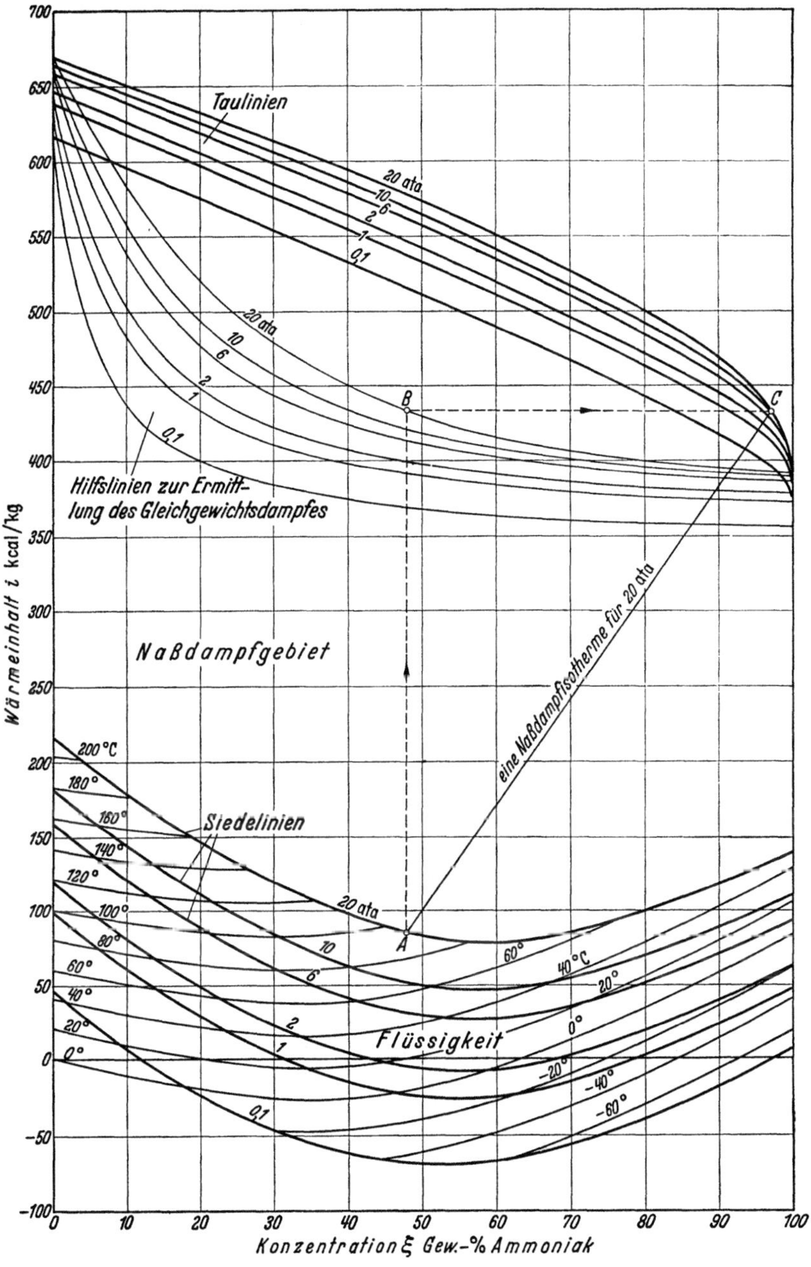

Abb. 154. i, ξ-Bild des Gemisches Ammoniak-Wasser bei verschiedenen Drücken (nach Bošnjaković, siehe Fußnote 3, S. 257)

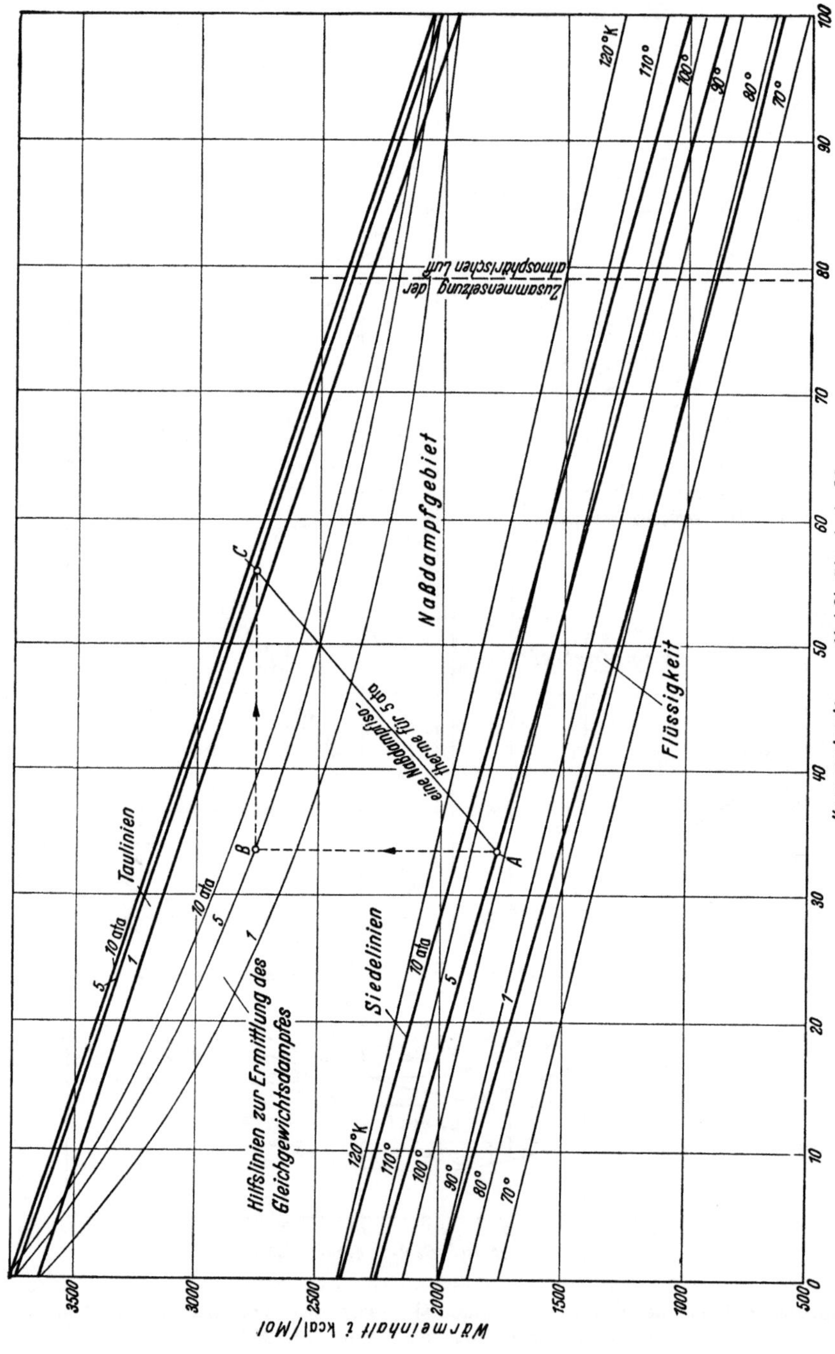

Abb. 155. i, x-Bild des Gemisches Stickstoff-Sauerstoff. Die Mischungswärmen sind gleich Null gesetzt (nach Bošnjaković siehe Fußnote 3, S. 257)

Über der Taulinie liegen die Zustände überhitzten Dampfes, unter der Siedelinie befindet sich das Gebiet reiner Flüssigkeit und zwischen Siede- und Taulinie das Naßdampfgebiet. Miteinander im Gleichgewicht stehende Punkte beider Linien sind durch Geraden verbunden, die gleichzeitig Isothermen darstellen. Die eingezeichnete „Hilfslinie" gestattet die Auffindung der Isothermen, wie es in Abb. 153 für die 80° C-Isotherme durch den gestrichelt wiedergegebenen Linienzug $A-B-C$ gezeigt ist. In Abb. 154 und 155 ist das Wärmeinhalt-Konzentrationsbild der Gemische Ammoniak-Wasser und Stickstoff-Sauerstoff für verschiedene Drücke dargestellt[1,2]. In der zuletzt genannten Abbildung ist mit Rücksicht auf eine möglichst einfache und vielseitige praktische Verwendung der Wärmeinhalt auf ein Mol (nicht auf 1 kg) bezogen und die Konzentration in Mol-% (nicht Gew.-%) des leichter siedenden Stoffes angegeben. Der Zahlenwert für die Mol-Prozente gibt gleichzeitig den Zahlenwert für die Volumen-Prozente des einen Stoffes im Gas oder Dampf an.

Die Benützung dieser Darstellungsweise hat gegenüber dem meist gebrauchten erläuterten Verfahren den Vorteil, unter Vermeidung von Vernachlässigungen genau die Zustände mit mehreren physikalischen Größen angeben zu können. Es hat aber den Nachteil, im Gebrauch umständlicher zu sein, vor allem dann, wenn nur die Anzahl der erforderlichen Böden, nicht aber auch die Veränderung thermodynamischer Werte interessiert.

I. Die Verstärkungssäule

Auf Grund von Stoff- und Wärmebilanzen ergeben sich Beziehungen, die sich im i, ξ-Bild in besonders einfacher Weise darstellen lassen. Die Mengen, welche im Beharrungszustande in die Querschnitte a und b (s. Abb. 156) eintreten, verlassen diese auch wieder:

$$F_a + D_b = F_b + D_a$$

oder

$$D_a - F_a = D_b - F_b. \tag{228}$$

Gl. (228) besagt, daß die Differenz $D-F$ zwischen Dampf- und Flüssigkeitsmengen in einem beliebigen Querschnitt konstant ist. Sie ist nämlich gleich der Menge E [kg/h] des Erzeugnisses:

$$D - F = E = \text{konst.} \tag{229}$$

Ähnliches gilt von den Mengen an Leichtersiedendem:

$$D\,\xi_D - F\,\xi_F = E\,\xi_E = \text{konst.} \tag{230}$$

[1] Siehe Fußnote 3, S. 257.

[2] Boe, C.: Verlustlose Rektifikation von flüssiger Luft. Z. VDI 78, 578—580 (1934).

ξ_D und ξ_F sowie i_D und i_F bedeuten die Gehalte an Leichtersiedendem sowie die Wärmeinhalte des Dampfes und der Flüssigkeit in einem beliebigen waagerechten Querschnitt zwischen zwei Austauschböden. Im Rücklaufkondensator werde die Rücklaufwärme Q_R[kcal/h] entzogen, so daß ihn der Erzeugnisdampf mit ξ_E[Gew.-%] an Leichter-

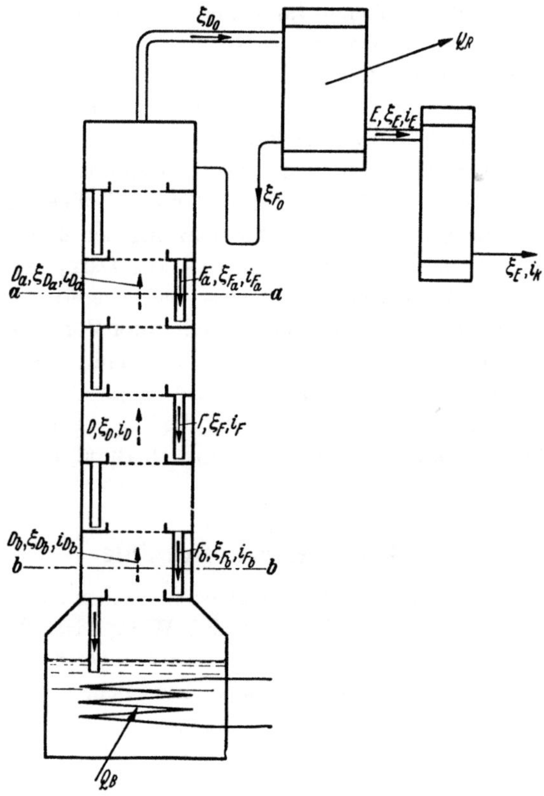

Abb. 156. Die Verstärkungssäule

siedendem und dem Wärmeinhalt i_E[kcal/kg] verläßt. Es gilt dann:

$$D i_D - F i_F = E i_E + Q_R = \text{konst.} \tag{231}$$

Die spez. Rücklaufwärme ist gegeben durch

$$\frac{Q_R}{E} = q_R \quad [\text{kcal/kg}]. \tag{232}$$

Die Zusammenfassung der Gl. (227 bis 231) liefert die Beziehung:

$$i_F + \frac{\xi_E - \xi_F}{\xi_D - \xi_F}(i_D - i_F) = i_E + q_R, \tag{233}$$

welche sich im i, ξ-Bild in einfachster Weise darstellen läßt[1]. Die Veränderung des Zustandes von Dampf und Flüssigkeit in der Austauschsäule muß so erfolgen, daß Bedingung 233 erfüllt ist. Die geometrische Deutung dieser Gleichung besagt, daß jede Gerade, welche im i, ξ-Bild zusammengehörige Zustandspunkte D und F des Dampfes und der Flüssigkeit für denselben Querschnitt verbindet, durch einen festliegenden Punkt P_V, den sogenannten Pol, mit den Koordinaten ξ_E und

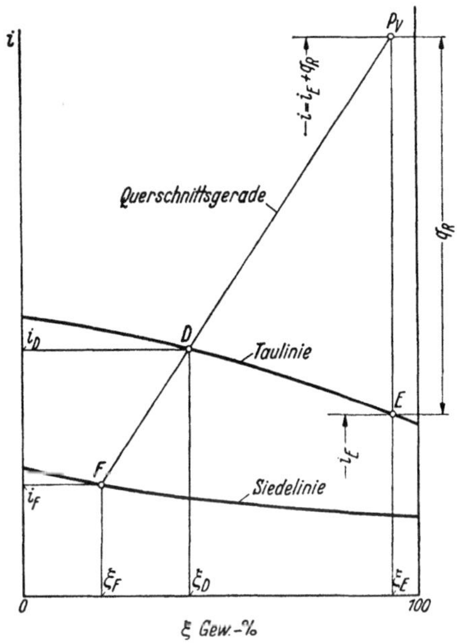

Abb. 157. Die Querschnittsgerade der Verstärkungssäule

$i = i_E + q_R$ geht (s. Abb. 157). Der Zustandspunkt E des aus dem Rücklaufkondensator strömenden Restdampfes mit den Koordinaten i_E und ξ_E liegt auf der Taulinie. Würde im Gegensatz zu der Schaltung der Abb. 156 aller in den Kondensator strömende Dampf niedergeschlagen, so läge der Punkt E (Abb. 157) mit dem Abszissenwert ξ_E nicht auf der Tau-, sondern auf der Siedelinie, wenn die Flüssigkeit mit Kondensationstemperatur aus dem Kondensator strömt. Ist sie sogar unter diese Temperatur gekühlt, so liegt der Punkt E mit ξ_E unterhalb der Siedelinie. In diesen beiden letztgenannten Fällen bedeutet dann Q_R nicht nur die zur Erzeugung des Rücklaufes abzuführende Rücklaufwärme, sondern die Summe aus letzterer und der Kondensationswärme des Erzeugnisses, welcher bei Unterkühlung des Niederschlages unter die

[1] Siehe Fußnote 3, S. 257.

Kondensationstemperatur noch die Unterkühlungswärme hinzuzuzählen ist. Die Lage des Poles P_V hätte übrigens auch ohne die Gl. (233) einfach aus der bekannten Beziehung heraus angegeben werden können, daß der Zustandspunkt einer Mischung auf einer Geraden liegt, welche die Zustandspunkte der beiden Ausgangsmischungen verbindet. In Abb. 156 läßt sich nämlich ein geschlossener Bilanzkreis legen, in den der Dampf mit i_D und ξ_D hineinströmt und welchen der Rücklauf mit i_F und ξ_F sowie das Destillat mit ξ_E verlassen. Weil aus dem Rücklaufkondensator noch die Wärmemenge Q_R abgeführt wird, ist dem Abszissenwert ξ_E der Ordinatenwert $i_E + q_R$ zugeordnet. Die Geraden FDP_V seien „Querschnittsgeraden" genannt.

In den Gln. (229, 230 und 231) ist noch eine wichtige Beziehung zwischen den Mengen und den Abständen der Punkte F, D und P_V der Abb. 157 enthalten: Wird die zwischen zwei Böden strömende Dampfmenge D durch den Abstand der Punkte F und P_V (Abb. 157) dargestellt, so gibt die Strecke FD die Destillatmenge E und die Strecke DP_V die Rücklaufmenge F an, die durch denselben waagerechten Querschnitt wie D strömt[1].

1. Bestimmung der Bodenzahl der Verstärkungssäule

Die Querschnittsgerade gibt den Zusammenhang der Zustände im Dampf und in der Flüssigkeit zwischen zwei Böden an. Die Verfolgung der Zustände längs der Rektifiziersäule und die Bestimmung der Bodenzahl wird möglich, wenn noch eine Beziehung zwischen dem Zustand des Dampfes, der von einem Boden aufsteigt, einerseits und der Flüssigkeit auf demselben Boden anderseits angegeben wird. Es wird deshalb die Annahme gemacht, daß Flüssigkeitsdurchmischung und vollkommener Stoffaustausch unter Vermeidung des Mitreißens von Flüssigkeiten im Dampf stattfindet. Dann steht der von einem Boden aufsteigende Dampf nicht nur mit der Flüssigkeit auf einem Boden, sondern auch mit dem Ablauf von demselben Boden im Gleichgewicht ($\xi_{D_2}///\xi_{F_1}$; $\xi_{D_3}///\xi_{F_2}$ usw., s. Abb. 158).

Das Verfahren zur Auffindung der Zustände längs einer Austauschsäule und zur Bestimmung der theoretischen Bodenzahl ist an Hand der Abb. 158 und 159 erläutert. Der Zustand der Flüssigkeit mit ξ_B [Gew.-%] an Leichtersiedendem in der Blase (s. Abb. 158) ist durch Punkt B auf der Siedelinie (Abb. 159) gegeben. Der Zustandspunkt D_1 (Abb. 158 und 159) des aus der Blase aufsteigenden Dampfes muß wegen des Phasengleichgewichtes auf der durch B gehenden Isothermen t_1 und, weil der Dampf als trocken gesättigt angenommen ist, auf der Taulinie liegen. Verbindet man D_1 mit dem Pol P_V durch eine Gerade, so liefert diese

[1] Siehe Fußnote 3, S. 257.

den Punkt F_1 auf der Siedelinie, welcher den Zustand der Flüssigkeit angibt, welche vom untersten Boden abläuft und in die Destillierblase gelangt. Gemäß der gemachten Annahme steht der vom untersten Boden

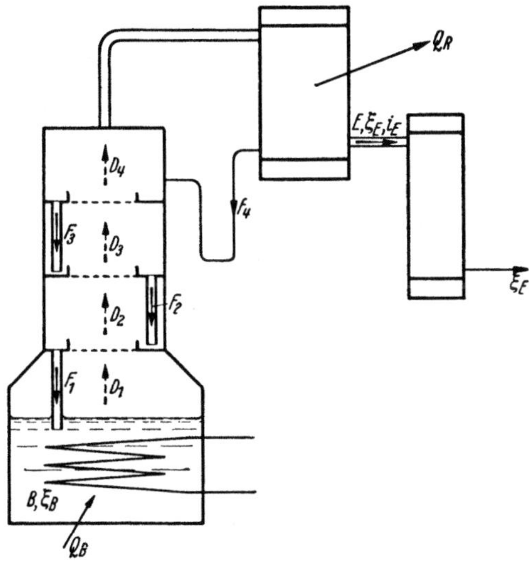

Abb. 158. Verfolgung der in Abb. 159 angegebenen Zustände in der Verstärkungssäule

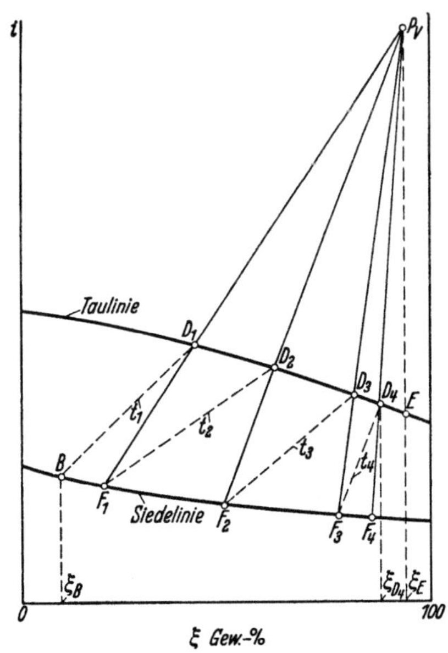

Abb. 159. Bestimmung der theoretischen Bodenzahl der Verstärkungssäule

aufsteigende Dampf D_2 im Gleichgewicht mit dem Ablauf F_1 (Abb. 158) desselben Bodens. In Abb. 159 muß deshalb Punkt D_2 auf der durch F_1 gehenden Isothermen t_2 und auf der Taulinie liegen. Ähnlich werden aus D_2 die Punkte F_2, D_3, F_3, D_4 und F_4 gefunden. Der Unterschied $\xi_E - \xi_{D_4}$ stellt die Verstärkung durch Teilniederschlag im Rücklaufkondensator dar (s. Abschn. B, IV und D, V 4). Wird diese vernachlässigt oder wird im Kondensator der gesamte in ihn strömende Dampf niedergeschlagen und danach das Kondensat in einen Rücklaufstrom und in einen Destillatstrom geteilt, dann muß das Zeichnen der in Abb. 159 eingetragenen Linienzüge so lange fortgesetzt werden, bis der Zustandspunkt des vom obersten Boden aufsteigenden Dampfes mit Punkt E in Abb. 159 zusammenfällt. Der in den Kondensator strömende Dampf, der Rücklauf zum obersten Boden und das Erzeugnis haben dann dieselbe Konzentration ξ_E.

Die theoretische Anzahl n_t der Böden ist gegeben durch die Anzahl der Eckpunkte F_1, F_2, F_3 usw. in Abb. 159. Die wirklich erforderliche Bodenzahl n ist dann bestimmt durch

$$n = \frac{n_t}{s_M},$$

wobei s_M das mittlere Austauschverhältnis der Böden bedeutet, das im allgemeinen den Mittelwert 0,7 besitzt, im übrigen aber in bestimmten Grenzen schwanken kann (s. Abschn. D, V 3).

Die Vorteile des i, ξ-Bildes werden besonders deutlich bei der Angabe der wirklichen Zustände in einer Säule. Es gestattet einen weitgehenden Einblick in die physikalischen Eigenschaften der beiden Phasen in getrenntem und gemischtem Zustand. Entgegen der gemachten Voraussetzung findet nämlich auf einem Rektifizierboden kein vollkommener Stoffaustausch statt, das heißt, der Gleichgewichtszustand zwischen Dampf und Flüssigkeit auf einem Boden wird nicht erreicht und es wird auch Flüssigkeit immer im Dampf von einem Boden auf den darüberliegenden Boden mitgerissen. Die Querschnittsgerade hat auch bei diesen Verhältnissen volle Gültigkeit. Es ist dann lediglich unter der Menge D welche in den Gln. (229, 230 und 231) eine Menge reinen, flüssigkeitsfreien Dampfes bedeutet, eine aus Dampf und mitgerissener Flüssigkeit bestehende Gemischmenge und unter i_D der Wärmeinhalt je kg Dampf-Flüssigkeitsgemisch zu verstehen sowie unter ξ_D Gewichtsprozente an Leichtersiedendem im Gemisch aus Dampf und Flüssigkeit. In Abb. 160 entsprechen Punkt F_1 dem Zustand des Ablaufes eines bestimmten, z. B. des untersten Austauschbodens (s. Abb. 158) einer Säule und D_1 dem Zustand des demselben Boden aus der Blase zuströmenden Dampfes. Der von dem betrachteten Boden aufsteigende, trocken gesättigte Dampf kann im Idealfalle einen Zustand des auf der Isothermen t_2 und der Taulinie liegenden Punktes D_2 (s. Abb. 160) erreichen. Die theoretische Anreicherung im Dampf ist daher gegeben durch

$$\Delta \xi_{Dt} = \xi_{D_2} - \xi_{D_1}.$$

In Wirklichkeit hat das vom untersten Boden aufsteigende Dampf-Flüssigkeitsgemisch nur einen Gehalt von $\xi_{D_2}^{\times}$ [Gew.-%] an Leichtersiedendem, so daß die wirkliche Anreicherung nur

$$\Delta \xi_D = \xi_{D_2}^{\times} - \xi_{D_1}$$

beträgt. Das Austauschverhältnis s ist hier gedeutet durch

$$s = \frac{\Delta \xi_D}{\Delta \xi_{Dt}}. \tag{234}$$

In Abb. 160 ist s in Abhängigkeit von der Bodenablaufkonzentration aufgetragen. Zu ξ_{F_1} gehört beispielsweise ein s von 0,5, so daß $\xi_{D_2}^{\times}$ in der Mitte

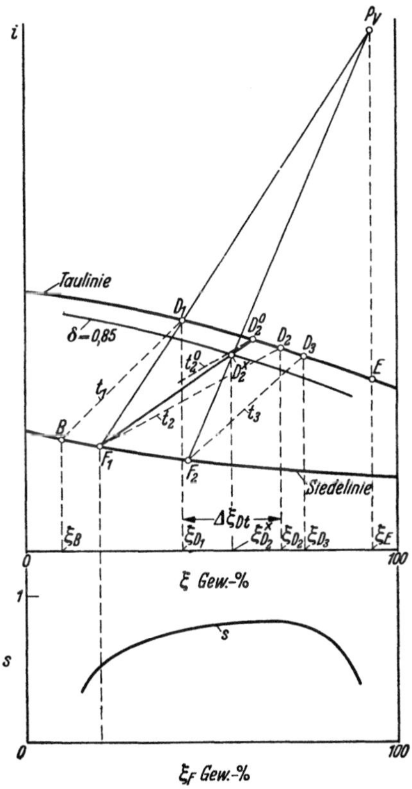

Abb. 160. Bestimmung der wirklichen Zustände in einer Austauschsäule

zwischen ξ_{D_1} und ξ_{D_2} liegt. Weil der vom Boden aufsteigende Dampf Flüssigkeit enthält, liegt sein Zustand im Naßdampfgebiet zwischen Siede- und Taulinie. Er enthalte 85% reinen Dampfes und 15% Flüssigkeit, so daß sein Zustand auf der Linie für $\delta = 0{,}85$ (s. Abb. 160) liegen muß. Ihr Schnittpunkt mit der Senkrechten durch $\xi_{D_2}^{\times}$ liefert den Punkt $D_2^{\times}$ des wirklichen Zustandes des Gemisches. Dieses besteht aus Flüssigkeit vom Zustand F_1 und aus Dampf vom Zustand D_2^0, wobei D_2^0 auf der Taulinie und auf der durch die Punkte F_1 und $D_2^{\times}$ verlaufenden Geraden liegt. Die Entfernung des Punktes D_2^0 von D_2 gibt einen Maßstab für die Vollkommenheit des Wärme- und Stoffaustausches. Die von D_2^0 ausgehende Isotherme entspricht einer Temperatur t_2. Das restliche Temperaturgefälle, das zwischen Dampf und den von ihm mitgerissenen Flüssigkeitstropfen besteht, beträgt dann $t_2^0 - t_2$. Die durch Punkt P_V und $D_2^{\times}$ gehende Querschnittsgerade liefert auf der Siedelinie den Zustandspunkt F_2 der auf den untersten Boden gelangenden Flüssigkeit. Auf die gezeigte Art können die wirklichen Zustände von Boden zu Boden verfolgt und die wirkliche Bodenzahl durch die Anzahl der Punkte F_1, F_2 usw. ermittelt werden. Dem zweituntersten Boden strömt das Gemisch mit dem Gehalte $\xi_{D_2}^{\times}$ zu und theoretische Anreicherung ist durch $\xi_{D_3} - \xi_{D_2}^{\times}$ gegeben (s. Abb. 160).

2. Ermittlung des Mindestrücklaufes

Der Mindestrücklauf ist wie das Mindestrücklaufverhältnis dadurch gekennzeichnet, daß bei ihm die Bodenzahl unendlich groß wird und daß

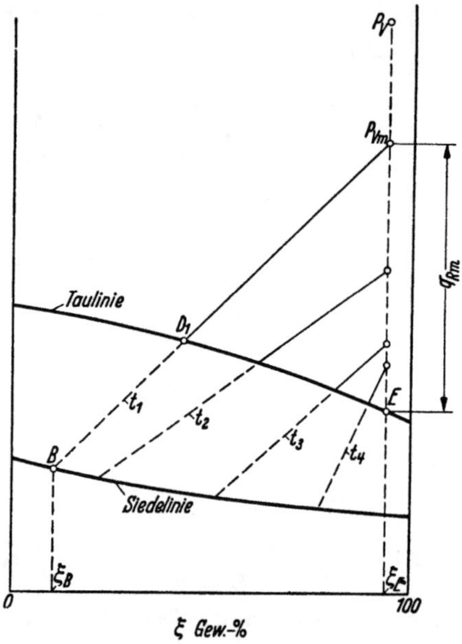

Abb. 161. Bestimmung der Mindestrücklaufwärme

letztere endlich wird, wenn der Mindestrücklauf um einen beliebig kleinen Betrag vergrößert wird. Die Rücklaufwärme und mit ihr der

Rücklauf werden um so kleiner, je kleiner die Summe $i_E + q_R$ wird (s. Abb. 157), das heißt, je tiefer im i, ξ-Bild der Pol $P_{\bar{V}}$ liegt. Mit der Verlegung des Poles P_V in Abb. 159 nach unten wird die theoretische Bodenzahl größer und die Querschnittsgeraden schmiegen sich mehr an die Isothermen an. Im Grenzfalle fallen Querschnittsgeraden und Isothermen zusammen. Ist die Blasenkonzentration mit ξ_B gemäß Punkt B in Abb. 161 gegeben, so fällt die Querschnittsgerade, welche die Mindestrücklaufwärme angibt, mit der durch Punkt B gehenden Isothermen t_1 zusammen. Sie schneidet auf der Senkrechten mit dem Abszissenwert ξ_E im Punkte P_{Vm} den Ordinatenwert $i_E + q_{Rm}$ ab, wobei q_{Rm} die je kg Destillat abzuführende Mindestrücklaufwärme darstellt (spez. Mindestrücklaufwärme). Mit ihr wird die Bodenzahl unendlich groß. Sie wird endlich, wenn q_{Rm} beliebig vergrößert wird, weil nämlich sämtliche Isothermen für niedrigere Temperaturen als t_1 die Senkrechte durch ξ_E in Punkten schneiden, die alle tiefer liegen als P_{Vm}.

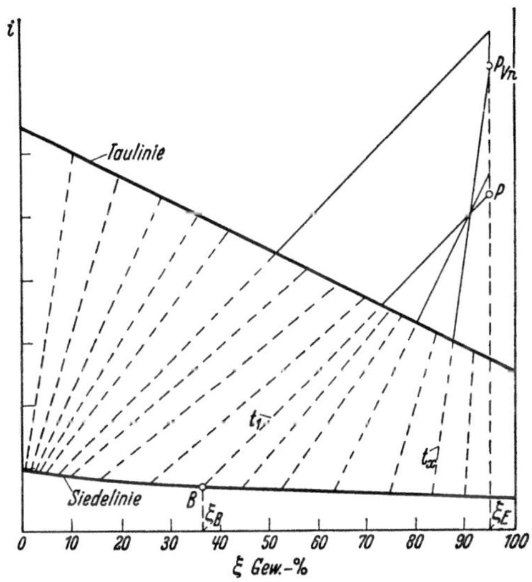

Abb. 162. Bestimmung der Mindestrücklaufwärme eines Zweistoffgemisches, dessen Gleichgewichtskurve einen Wendepunkt aufweist

Die zuletzt genannte Bedingung ist nicht immer erfüllt. Ist beispielsweise der Zustand eines zu trennenden Äthylalkohol-Wassergemisches durch Punkt B (Abb. 162) gegeben, so liefert die Isotherme t_1 durch B den Schnittpunkt P, welcher aber noch nicht das q_{Rm} angibt, weil es nämlich noch Isothermen für kleinere Temperaturen als t_1 gibt, welche die Senkrechte durch ξ_E in einem Punkte schneiden, der höher liegt als P. Beispielsweise liefert die Isotherme t_x den Schnittpunkt P_{Vn}. Man muß dann die Isotherme rechts von t_1 im i, ξ-Bild aufsuchen, welche den am höchsten gelegenen Schnittpunkt auf der Senkrechten durch ξ_E liefert. Dieser legt das q_{Rm} fest, weil man nur dann bei einer beliebig kleinen Vergrößerung von q_{Rm} eine endliche Bodenzahl erhält, welche die Trennung von ξ_B auf ξ_E gestattet.

Der wirkliche Rücklauf muß wieder so gewählt werden, daß die Summe aus den jährlichen Betriebskosten und Anschaffungskosten einen Kleinstwert ergibt. Im allgemeinen ist $q_R = (1{,}3 \div 5 \div 10) q_{Rm}$. Bei Rektifizierapparaten der Alkoholindustrie ist $q_R \approx 1{,}6\, q_{Rm}$.

Wird der gesamte Dampf im Rücklaufkondensator niedergeschlagen und das Kondensat in die Säule geleitet, also kein Erzeugnis dem Apparat entnommen ($E = 0$), so wird $q_R = \infty$. Der Pol P_V liegt im Unendlichen und die Querschnittsgeraden stellen im i, ξ-Bild Senkrechte zur Abszisse dar.

II. Der stetig arbeitende Rektifizierapparat

Die Destillierblase ist durch eine Destilliereinrichtung mit aufgesetzter Abtriebsäule (s. Abb. 163) ersetzt. Die stetig mit ξ_M [Gew.-%] an Leichtersiedendem und einem Wärmeinhalt von i_M [kcal/kg] zufließende Mischungsmenge M [kg/h] wird in das Erzeugnis E mit ξ_E [Gew.-%] an Leichtersiedendem und in den Ablauf A mit ξ_A [Gew.-%] und i_A [kcal/kg] getrennt. Was in den Raum zwischen den Querschnitten a und b in Abb. 163 einströmt, muß ihn im Beharrungszustande wieder verlassen:

$$\left.\begin{aligned} F_a + D_b &= F_b + D_a \\ D_a - F_a &= D_b - F_b . \end{aligned}\right\} \tag{235}$$

Danach ist der Unterschied zwischen Flüssigkeits- und Dampfmenge in einem beliebigen Querschnitt der Abtriebsäule unveränderlich und gleich der Menge des Ablaufes:

$$F - D = A . \tag{236}$$

Ähnliches läßt sich von den durch einen Querschnitt der Abtriebsäule strömenden Mengen an Leichtersiedendem aussagen (s. Abb. 163):

$$F\xi_F - D\xi_D = A\xi_A . \tag{237}$$

In der Wärmebilanz der Abtriebsäule muß die der Destillierblase zugeführte Heizwärme Q_B berücksichtigt werden:

$$F i_F - D i_D = A i_A - Q_B . \tag{238}$$

Führt man die spez. Heizwärme

$$\frac{Q_B}{A} = q_B \quad \text{[kcal/kg]} \tag{239}$$

ein, welche die je kg Ablauf zugeführte Wärmemenge darstellt, so folgt aus den Gln. (236 bis 239):

$$i_D - \frac{\xi_D - \xi_A}{\xi_D - \xi_F}(i_D - i_F) = i_A - q_B. \tag{240}$$

Die Veränderungen der Zustände in der Abtriebsäule erfolgen so, daß Gl. (240) erfüllt ist. Die Zustandspunkte der Flüssigkeit F mit den

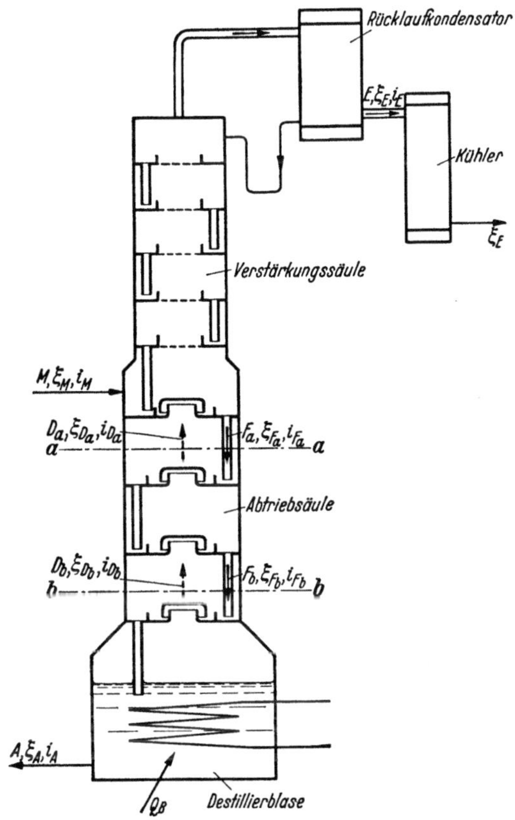

Abb. 163. Stetig arbeitender Rektifizierapparat

Koordinaten ξ_F und i_F und des Dampfes D mit ξ_D und i_D sowie der Punkt P_A mit den Koordinaten ξ_A und $(i_A - q_B)$ liegen auf der sogenannten Querschnittsgeraden. Weil der Zustand von F und D sich längs der Säule ändert, stellt Gl. (240) im i, ξ-Bild ein Strahlenbüschel dar, dessen Strahlen durch den Pol P_A mit den Koordinaten ξ_A und $i_A - q_B$ gehen (s. Abb. 164). Der Pol P_A liegt also um q_B tiefer als der Zustandspunkt A des Ablaufes.

Die Gln. (236 bis 238) liefern ferner eine im i, ξ-Bild einfach wiederzugebende Beziehung zwischen den Flüssigkeits- und Dampfmengen. In Abb. 164 verhält sich die Strecke $D P_A$ zur Strecke $F P_A$ bzw. zur

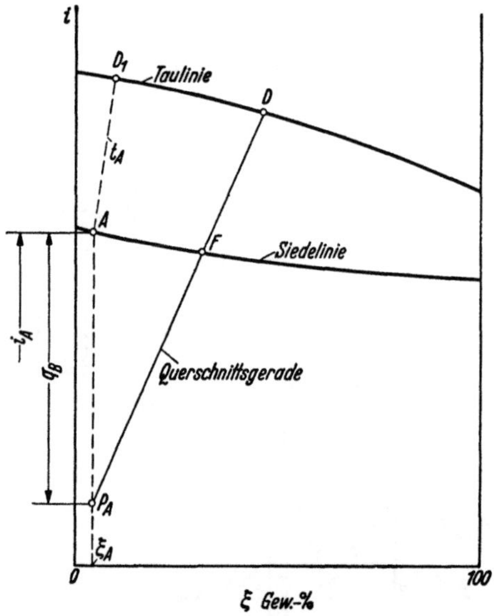

Abb. 164. Die Querschnittsgerade der Abtriebsäule

Strecke FD wie die Flüssigkeitsmenge F zur Dampfmenge D bzw. zur Ablaufmenge A.

Bei heftiger Umrührung in der Blase, wie es beim Sieden der Flüssigkeit vorliegt, kann angenommen werden, daß der aus der Blase aufsteigende Dampf mit dem Zustandspunkt D_1 im i, ξ-Bild im Gleichgewicht mit dem Blaseninhalt steht. Deshalb muß D_1 auf der durch A gehenden Isotherme t_A und auf der Taulinie liegen (s. Abb. 164).

Die Mengenbilanz der gesamten Anlage (Abb. 163) liefert die Beziehungen:

$$M = E + A, \tag{241}$$

$$M \xi_M = E \xi_E + A \xi_A, \tag{242}$$

woraus folgt:

$$M = E \frac{\xi_E - \xi_A}{\xi_M - \xi_A} \tag{243}$$

und

$$E = A \frac{\xi_M - \xi_A}{\xi_E - \xi_M}. \tag{244}$$

Die Wärmebilanz der Anlage (Abb. 163) ergibt:

$$M i_M + Q_B = E i_E + Q_R + A i_A. \tag{245}$$

Aus den Gln. (243, 244 und 245) folgt unter Verwendung der Beziehungen 232 und 239:

$$\frac{(i_E + q_R) - i_M}{\xi_E - \xi_M} = \frac{i_M - (i_A - q_B)}{\xi_M - \xi_A} \,. \tag{246}$$

Gl. (246) besagt, daß im i, ξ-Bild der Zustandspunkt M des Zulaufes mit den Koordinaten ξ_M und i_M, der Pol P_V der Verstärkungssäule mit den Koordinaten ξ_E und $(i_E + q_R)$ sowie Pol P_A der Abtriebsäule mit den Koordinaten ξ_A und $(i_A - q_B)$ auf einer Geraden, der sogenannten

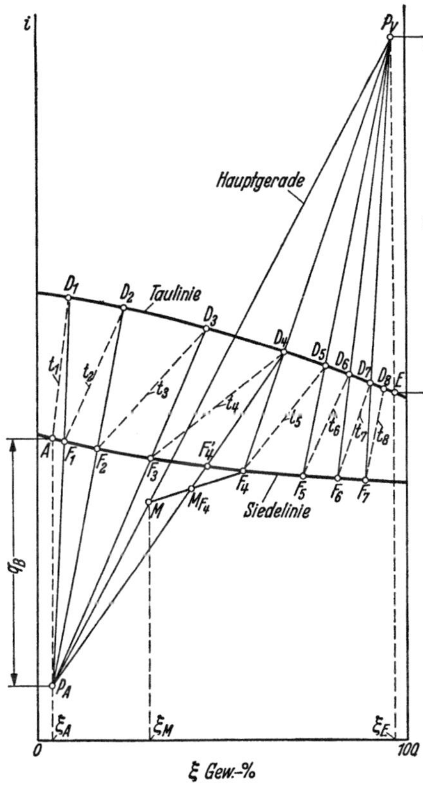

Abb. 165. Bestimmung der theoretischen Bodenzahl eines stetig arbeitenden Rektifizierapparates

Hauptgeraden, liegen (s. Abb. 165). Diese Beziehung ergibt sich auch auf einfache Weise aus dem Begriff der Mischungsgeraden, indem man sich die Mischung M in zwei Bestandteile mit den Zustandspunkten P_V und P_A zerlegt denkt. In Bild 165 ist angenommen, daß die Temperatur der zu trennenden Mischung mit Siedetemperatur vorliegt. Der Pol P_A kann auch unterhalb der Abszisse liegen, dann nämlich, wenn $i = i_A - q_B$

negativ wird. In der Lage der Hauptgeraden ist bereits die gesamte Wärmebilanz des Rektifizierapparates enthalten. Sind beispielsweise der Punkt M sowie der Pol P_V und mit letzterem die je kg Destillat abzuführende Rücklaufwärme (spez. Rücklaufwärme) gegeben, so kann auf der Senkrechten durch ξ_A die je kg Ablauf zuzuführende Heizwärme (spez. Heizwärme) abgelesen werden. Dieser einfache und in übersichtlicher Weise dargestellte Zusammenhang, der für die Wärmetechnik eines Rektifizierapparates von Bedeutung ist, ist ein Vorteil des i, ξ-Bildes.

1. Die Bestimmung der Bodenzahl der Abtriebsäule

Die theoretische Bodenzahl der Abtriebsäule wird mit der Annahme bestimmt, daß auch auf den Böden der Abtriebsäule Flüssigkeitsdurchmischung sowie vollkommener Wärme- und Stoffaustausch stattfinden.

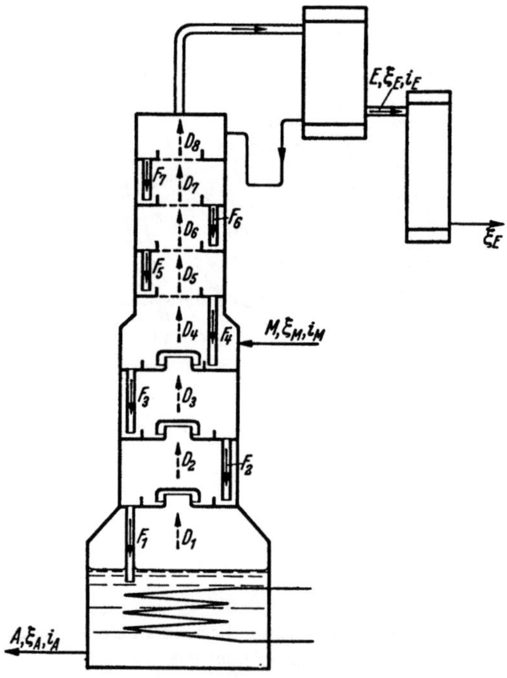

Abb. 166. Verfolgung der in Abb. 165 angegebenen Zustände in einem stetig arbeitenden Rektifizierapparat

Aus dieser Annahme folgt, daß der von einem Boden aufsteigende Dampf mit dem von demselben Boden ablaufenden Rücklauf im Phasengleichgewicht steht. Danach lassen sich die Zustandsänderungen in der Abtriebsäule folgendermaßen verfolgen: Der aus der Blase (s. Abb. 166)

aufsteigende Dampf befindet sich im Gleichgewicht mit dem Blaseninhalt. Der Zustandspunkt D_1 (s. Abb. 165) dieses Dampfes liegt daher auf der Taulinie und auf der Isotherme t_1 durch Punkt A des Ablaufzustandes. Der Zustandspunkt F_1 des Rücklaufes in die Blase bildet den Schnittpunkt der Querschnittsgeraden P_A D_1 mit der Siedelinie. Der dem zweiten Boden zuströmende Dampf D_2 (Abb. 166) steht im Gleichgewicht mit dem Ablauf F_1. Sein Zustandspunkt D_2 liegt deshalb im i, ξ-Bild (Abb. 165) auf der Isotherme t_2 durch F_1. Mit Hilfe der Querschnittsgeraden $P_A D_2$ wird F_2 und daraus der Gleichgewichtsdampfpunkt D_3 gewonnen. Wird dieser mit P_A verbunden, so erhält man den Zustandspunkt F_3 des vom obersten Boden der Abtriebsäule abfließenden Rücklaufes. Durch F_3 geht die Isotherme t_4, welche auf der Taulinie den Schnittpunkt D_4 liefert. Dieser gibt den Zustand des vom obersten Boden der Abtriebsäule aufsteigenden und damit dem untersten Boden der Verstärkungssäule zuströmenden Dampfes an. Der Zustandpunkt F_4 der den untersten Verstärkungsboden verlassenden Flüssigkeit wird als Schnittpunkt der durch den Pol P_V der Verstärkungssäule und durch D_4 verlaufenden Querschnittsgeraden mit der Siedelinie erhalten. So wie die Ermittlung der Zusammensetzungen für die Verstärkungssäule an Hand der Abb. 159 erläutert wurde, folgen aus F_4 die Punkte D_5, F_5, D_6, F_6, D_7, F_7 und D_8. Die Verstärkung vom Punkte D_8 bis E stellt die Anreicherung durch teilweisen Niederschlag im Rücklaufkondensator dar (s. Abschn. DV 4). Die theoretische Anzahl der Abtriebsböden ist gegeben durch die Zahl der Punkte F_1, F_2 usw., welche die Querschnittsgeraden der Abtriebsäule als Schnittpunkte mit der Siedelinie liefern. Die theoretische Bodenzahl der Verstärkungssäule gibt die Anzahl der Punkte F_4, F_5 usw. an, welche Schnittpunkte der Querschnittsgeraden mit der Siedelinie darstellen. Die wirkliche Bodenzahl n der Abtriebsäule und diejenige der Verstärkungssäule wird erhalten, indem man die theoretische Bodenzahl n_t durch den Zahlenwert s_M des mittleren Austauschverhältnisses teilt [s. Gln. (118 und 119)]. Die wirklichen Zustände in der Abtriebsäule und daraus die wirkliche Bodenzahl können in gleicher Weise ermittelt werden, wie es an Hand der Abb. 160 für die Verstärkungssäule erläutert wurde.

Dem Ablauf des untersten Bodens der Verstärkungssäule mit dem Zustandspunkt F_4 (Abb. 165) wird die zufließende Menge M beigemischt. Verbindet man deshalb im i, ξ-Bild (Abb. 165) die Zustandspunkte F_4 und M einerseits sowie P_A und D_4 anderseits durch Geraden, so erhält man den Schnittpunkt M_{F_4}, der den Zustand des Gemisches der Flüssigkeiten F_4 und M darstellt, bevor es mit dem Dampf in Austausch tritt.

Strömt die Mischung mit Siedetemperatur zu, dann liegt ihr Zustandspunkt M im i, ξ-Bild auf der Siedelinie. Je nach der Stärke ihrer Krümmung verschiebt sich dann der Mischpunkt M_{F_4} ins Naßdampfgebiet.

Das bedeutet, daß bei der Mischung des flüssigen Zulaufes und des Rücklaufes Dampf entsteht. Im allgemeinen ist aber diese Dampfmenge äußerst klein, weil der Mischpunkt sehr nahe an der Siedelinie liegt. Im übrigen strömt der Zulauf fast immer etwas unter die Siedetemperatur unterkühlt zu.

2. Die Lage der Zulaufstelle

Zur Erläuterung sei angenommen, daß der Zulauf an einer Stelle der Säule zugeführt wird, die um einen Boden höher liegt, als es in Abb. 166

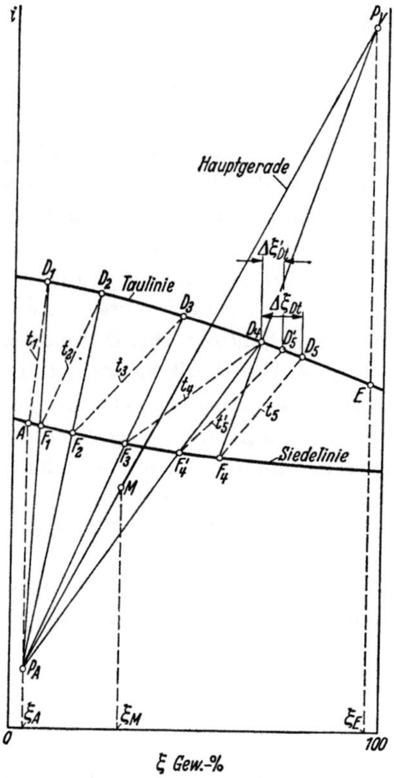

Abb. 167

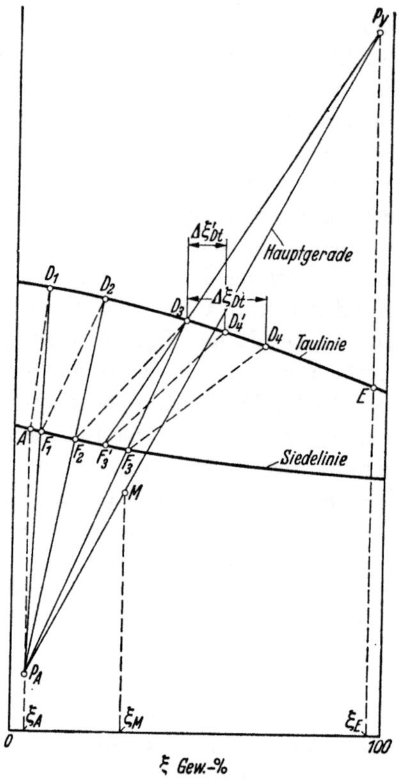

Abb. 168

Abb. 167. Zustandsänderung in der Säule bei zu hoch angeordnetem Zulaufstutzen
Abb. 168. Zustandsänderung in der Säule bei zu tief angeordnetem Zulaufstutzen

angegeben ist, so daß sich die Mischung M bei sonst gleichen Bedingungen, für die Abb. 165 gilt, mit dem Rücklauf F_5 (Abb. 166) mischt. Die Lage des Zustandspunktes des vom vierten Boden (von unten ab gerechnet) abfließenden Rücklaufes ist dann durch den Schnittpunkt F_4' der Verbindungsgeraden $P_A D_4$ mit der Siedelinie festgelegt (s. Abb. 165 und 167). Die Isotherme t_5' liefert gemäß Abb. 167 den Gleichgewichtspunkt D_5' auf der Taulinie. Damit ist die theoretische Anreicherung $\Delta\, \xi_{Dt}'$ des obersten Bodens der Abtriebsäule kleiner als diejenige Anreicherung $\Delta\, \xi_{Dt}$ des gleichen Bodens bei der Anordnung des Zulaufes gemäß Abb. 166. Wäre der Zulauf gegenüber diesem Bild um mehrere Böden höher angeordnet, dann wäre die Anreicherung all dieser Böden, welche zwischen der neuen Lage der Zulaufstelle und derjenigen gemäß Abb. 166 liegen, kleiner als bei der Anordnung nach Abb. 166. Die obersten Abtriebsböden können dann vollkommen wirkungslos werden.

Liegt hingegen die Zulaufstelle um einen Boden tiefer als in Abb. 166, so wird der Zustandspunkt F_3' des Ablaufes vom dritten Boden als Schnittpunkt der Querschnittsgeraden $P_V D_3$ mit der Siedelinie erhalten (s. Abb. 168) und der mit dieser Flüssigkeit im Gleichgewicht stehende Dampf entspricht einem Zustandspunkt, der auf der Taulinie und auf der Isothermen t_4' durch F_3' liegt. Auch hierbei wird die theoretische Anreicherung des dritten Bodens kleiner als die Anreicherung $\Delta\, \xi_{Dt}$, die sich bei der Lage $\Delta\, \xi_{Dt}'$ des Zulaufes gemäß Abb. 166 ergibt. Letztere bedingt im Vergleich mit einer nach oben oder unten verlegten Zulaufstelle bei gleichen Trenngrenzen des Apparates eine kleinere Bodenzahl oder bei gleicher Bodenzahl in der Abtrieb- und Verstärkungssäule eine weitergehende Trennung des Gemisches. Am günstigsten ist es, wenn die Ablaufkonzentration des obersten Abtriebsbodens kleiner und die Ablaufkonzentration des untersten Verstärkungsbodens größer ist als der Gehalt ξ_F, welchen gemäß Abb. 165 der Schnittpunkt zwischen Siedelinie und Hauptgerade $P_A\, P_V$ angibt.

3. Bestimmung des Mindestrücklaufes

Die Lage der Pole für den Mindestrücklauf ist dadurch gekennzeichnet, daß die Bodenzahl der Verstärkungs- oder der Abtriebsäule unendlich groß wird und daß sie endlich wird, sobald der Mindestrücklauf um einen beliebigen Betrag vergrößert wird. Fließt die Mischung kalt zu gemäß Punkt M in Abb. 169, so wird die dem Mindestrücklauf entsprechende höchste Lage des Poles P_{Am} sowie die zugeordnete tiefste Lage des P_{Vm} dadurch gefunden, daß man diejenige Isotherme t_m aufsucht, deren geradlinige Verlängerung nach unten durch den Mischungspunkt M geht. Diese Gerade schneidet die Senkrechte durch ξ_E im Punkt P_{Vm}. Diese beiden Punkte geben die spez. Mindestheizwärme q_{Bm} und die spez. Mindestrücklaufwärme q_{Rm} an (s. Abb. 169). Der Punkt M verschiebt sich bei Erwärmung des Zulaufes auf Siedetemperatur nach Punkt M' (s. Abb. 169), durch welchen die Isotherme t_m' geht, deren geradlinige Verlängerung die Schnittpunkte P'_{Am} und P_{Vm} ergibt. Es ist ersichtlich, daß die Anwärmung des Zulaufes auf Siedetemperatur eine Verringerung der spez. Mindestheizwärme, aber eine Vergrößerung der spez. Mindestrücklaufwärme zur Folge hat.

Im allgemeinen wird auf die gezeigte Weise die Mindestrücklaufwärme bestimmt. Eine Ausnahme ist jedoch dann zu machen, wenn das Gemisch Isothermen für höhere Werte als t_m oder t'_m aufweist, welche die Senk-

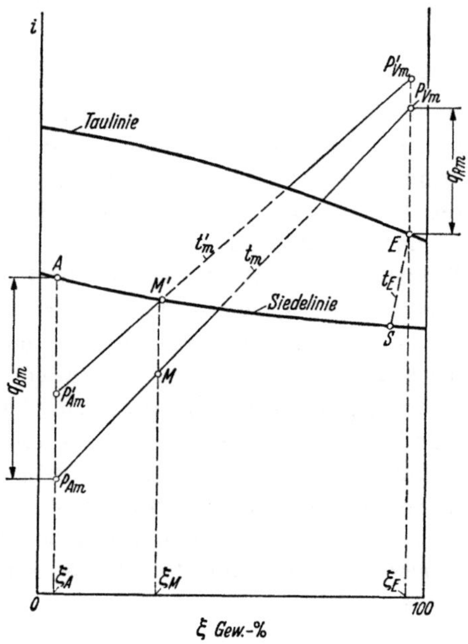

Abb. 169. Mindestrücklauf- und Heizwärme bei kalt bzw. mit Siedetemperatur zuströmender Mischung

rechte durch ξ_E in Punkten schneiden, welche höher liegen als der Punkt P_{Vm} bzw. P'_{Vm} in Abb. 169. Wie an Hand der Abb. 162 für den absatzweise arbeitenden Rektifizierapparat bereits erläutert, ist auch beim stetig arbeitenden Apparat diejenige Isotherme für die Mindestrücklaufwärme maßgebend, welche auf der Senkrechten durch den Abszissenwert ξ_E den größten Zahlenwert für die Mindestrücklaufwärme ergibt. Verbindet man im i, ξ-Bild diesen Schnittpunkt mit dem Zustandspunkt der zu trennenden Mischung durch eine Gerade, so schneidet diese die Senkrechte durch den Abszissenwert ξ_A in einem Punkte, welcher die spez. Mindestheizwärme angibt. Dieser Fall kann bei dem Gemisch Äthylalkohol-Wasser vorliegen.

Die wirkliche Rücklaufwärme ist größer als die Mindestrücklaufwärme. Sie ist so zu wählen, daß die Summe aus Betriebs- und Anschaffungskosten (Verzinsung und Amortisation) einen Kleinstwert ergibt (s. Abschn. E III). Im allgemeinen beträgt q_R das 1,3- bis 10fache von q_{Rm}. In der Spiritusindustrie ist es beispielsweise üblich, $q_R = 1{,}6\, q_{Rm}$ zu wählen.

Durch q_R ist im i, ξ-Bild der Pol P_V der Verstärkungssäule festgelegt. Die Hauptgerade ergibt den Pol P_A der Abtriebsäule mit der spez. Heiz-

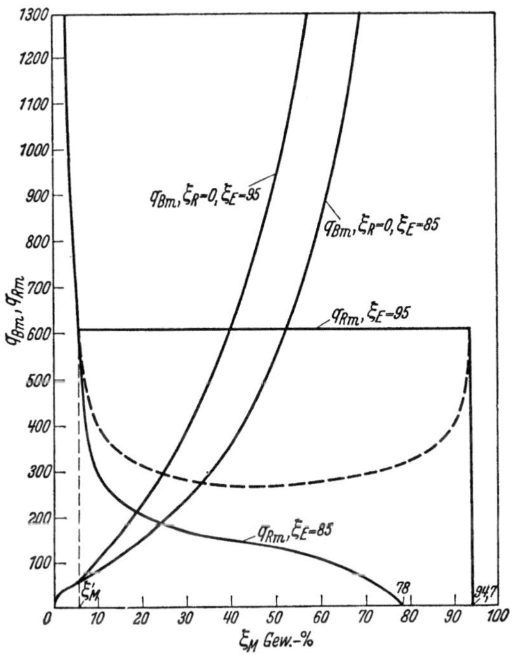

Abb. 170. Spezifische Mindestrücklauf- und Mindestheizwärme in Abhängigkeit von der Konzentration der mit Siedetemperatur zuströmenden Mischung Äthylalkohol-Wasser

wärme q_A (s. Abb. 165). Bei der praktischen Durchrechnung eines Apparates werden mit Hilfe der Gln. (243 und 244) aus der zu trennenden Mischungsmenge M die Destillatmenge E und die Ablaufmenge A ermittelt. Die gesamte zur Erzeugung des Rücklaufes abzuführende Kondensationswärme (Rücklaufwärme) ist dann gegeben durch $Q_R = q_R E$ und die Heizwärme durch $Q_B = q_B A$. In Abb. 170 sind für das Gemisch Äthylalkohol-Wasser die spez. Mindestrücklaufwärmen q_{Rm} für eine Destillatkonzentration von 85 und 95 Gew.-% Alkohol sowie die spez.

Mindestheizwärme für alkoholfreien Ablauf ($\xi_A = \xi_R = 0$) in Abhängigkeit von der Konzentration ξ_M der zulaufenden Mischung und unter der Annahme aufgetragen, daß die Mischung mit der Siedetemperatur auf dem Einlaufboden zuströmt. Für $\xi_E = 85$ Gew.-% nimmt q_{Rm} stetig ab und schneidet die Abszisse bei $\xi_M = 78$ Gew.-%. Diese Konzentration liefert die Isotherme t_E durch den Destillatpunkt E (Abb. 169) im Schnittpunkt S mit der Siedelinie. Für $\xi_E = 95$ Gew.-% bleibt die Mindestrücklaufwärme über einen größeren Konzentrationsbereich gleich groß, um dann sehr schnell auf Null zu sinken. Der aus Abb. 170 ersichtliche waagerechte Verlauf von q_{Rm} für $\xi_E = 95$ Gew.-% ergibt sich aus der Bedingung, daß die Bodenzahl der Verstärkungssäule einen endlichen Wert annehmen soll, sobald der Mindestrücklauf um einen beliebig kleinen Betrag vergrößert wird. Die Lage des Pols P_{Vm}, der den Mindestrücklauf angibt, wird dann nach dem an Hand der Abb. 162 erläuterten Verfahren bestimmt. Würde man ohne Rücksicht auf die genannte Bedingung den Mindestrücklauf lediglich aus der tiefsten Lage des Poles, der als Schnittpunkt einer bestimmten Isothermen mit der Senkrechten auf die Abszisse bei ξ_E (s. Abb. 161) erhalten wird, ermitteln, dann würde sich die in Abb. 170 gestrichelt gezeichnete Linie ergeben. Der bei den meisten Gemischen vorliegende Verlauf der Mindestheizwärme in Abhängigkeit von ξ_M ist der, wie ihn die q_{Bm}-Kurve für $\xi_R = 0$ und für $\xi_E = 85$ Gew.-% in Abb. 170 angibt: Mit wachsendem ξ_M steigt q_{Bm} und nähert sich asymptotisch der Senkrechten durch den Abszissenwert ξ_E. Dies gilt auch grundsätzlich für $\xi_E = 95$ Gew.-%. Bei der Zulaufkonzentration ξ'_M, von welcher ab die q_{Rm}-Linie für $\xi_E = 95$ Gew.-% waagerecht verläuft, nimmt aber die q_{Bm}-Linie für $\xi_E = 95$ Gew.-% einen steileren Verlauf an als diejenige für $\xi_E = 85$ Gew.-%. Dies rührt daher, daß die Lage des den Mindestrücklauf angebenden Poles nicht durch den am tiefsten liegenden Schnittpunkt der Naßdampfisothermen mit der Senkrechten durch ξ_E gegeben ist, sondern in der Weise aufzusuchen ist, wie es in Abb. 162 gezeigt ist. Es muß zugestanden werden, daß bei dem angeführten Beispiel die Bestimmung des Mindestrücklaufes mit Hilfe des i, ξ-Bildes zu nicht sehr genauen Ergebnissen führt, wenn man nicht sehr umständliche zeichnerische Kunstgriffe zu Hilfe nimmt. Die Isothermen für Temperaturen, die nahe der Siedetemperatur des ausgezeichneten Punktes liegen, schneiden nämlich die Senkrechte durch ξ_E unter einem sehr spitzen Winkel. Andererseits müssen noch über den Umweg der Gleichgewichtskurve Isothermen in das i, ξ-Bild eingezeichnet werden, die sehr nahe aneinander liegen und für Temperaturen gelten, die wenig, beispielsweise um 0,1° C und weniger, gegeneinander abgestuft sind. Das Legen einer Tangente an die Gleichgewichtskurve führt schneller und genauer zum Ziel (Abschn. D VI und E II, Abb. 105 und 130).

Zahlenbeispiel: Für das behandelte Beispiel (Abschn. E, V) ist der Zustandspunkt M des mit 70° C und mit $\xi_M = 10$ Gew.-% Alkohol zuströmenden Äthylalkohol-Wassergemisches in das i, ξ-Bild 171 eingetragen. Mit der Destillatkonzentration $\xi_E = 94$ Gew.-% Alkohol und mit der spez. Rücklaufwärme $q_R = 912$ kcal je kg Erzeugnis (Rücklaufverhältnis $v = 4$) ist der Pol P_V der Verstärkungssäule

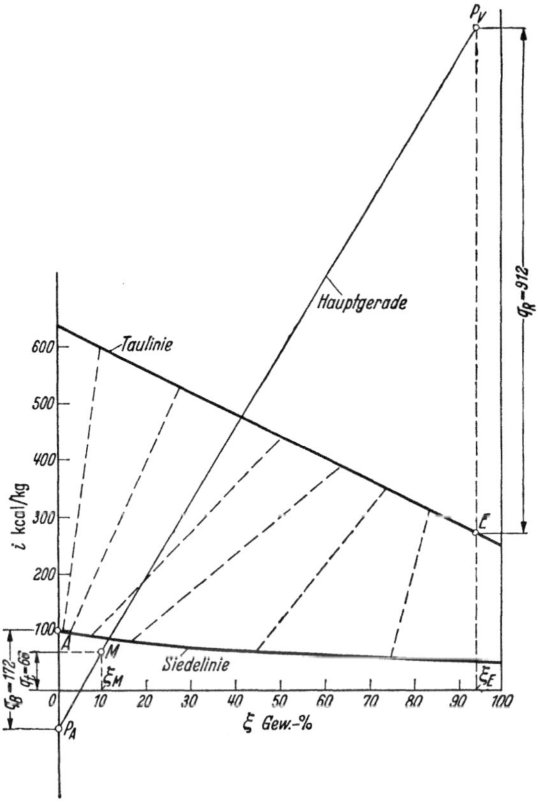

Abb. 171. Zusammenhang zwischen Rücklaufwärme, Heizwärme und Zustand des zu trennenden Äthylalkohol-Wassergemisches

festgelegt. Punkt A mit $\xi_A = 0$ gibt den Zustand des Ablaufes an. Die Senkrechte durch A schneidet die durch die Punkte P_V und M gehende Hauptgerade im Pol P_A der Abtriebsäule mit dem Abszissenwert $i = i_A - q_B$. Der senkrechte Abstand zwischen P_A und A stellt die je kg Ablauf aufzuwendende Heizwärme dar. Sie wird abgelesen zu $q_B = 172$ kcal/kg.

Weil sich die Mischungsmenge M zur Destillatmenge E wie die Differenz $\xi_E - \xi_A$ zu $\xi_M - \xi_A$ verhält, stellt auch das Verhältnis der Strecken $P_V P_A$ zu $M P_A$ das Verhältnis der Mengen M zu E dar (9,4:1). Ferner verhält sich $P_A M$ zu $M P_V$ wie die Destillat- zur Ablaufmenge (1:8,4).

G. Trennung von Gemischen mit mehr als zwei Bestandteilen

I. Abscheidung von in einem Gemisch in geringen Mengen enthaltenen Stoffen

Oft sind in einem zu trennenden Gemisch von Flüssigkeiten noch andere flüssige Stoffe in so geringer Menge enthalten, daß deren Abtrennung und Gewinnung nicht die Aufstellung eines besonderen Rektifizierapparates erforderlich macht. In solchen Fällen genügt es vielmehr, durch Anwendung einfacher Maßnahmen die Nebenbestandteile aus dem Hauptgemisch auszuscheiden und zu gewinnen. Wenn ihr Anteil an dem Ausgangsgemisch auch sehr klein ist, so können sie sich doch an bestimmten Stellen der Trennsäule anreichern. Diese Erscheinung ist es auch, welche bei den erwähnten Verfahren zur Gewinnung der Nebenbestandteile benützt wird.

Als Beispiel ist in Abb. 172 der Plan einer Anlage zur Abtrennung von Aldehyd und Ester aus einem zu zerlegenden Äthylalkohol-Wassergemisch gezeigt. Weil diese Stoffe leichter als das Hauptgemisch sieden, reichern sie sich am Kopfe der Verstärkungssäule an. Dort sind einige Austauschböden für ihre Abscheidung vorgesehen und der Rücklaufkondensator ist so geschaltet, daß er selbst durch teilweisen Niederschlag verstärkend wirkt. Genügt in Sonderfällen eine solche Vorrichtung nicht, um Sprit von der verlangten Reinheit zu erzeugen, so muß der von der Rektifiziersäule kommende Sprit noch in einer sogenannten Schlußkolonne (s. Abb. 183) von den letzten Aldehyd- und Esterresten befreit werden.

Die Rektifizierapparate der Spiritusindustrie sind fast immer noch mit einer Einrichtung zur Gewinnung eines zweiten Nebenbestandteiles, des Fuselöles, versehen. Dieses besteht in der Hauptsache aus Amylalkohol und ist in der Trennsäule an der Stelle am stärksten angereichert, wo das flüssige Gemisch 16 bis 23 Mol-% Alkohol enthält. Nach Abb. 128 stellt sich diese Konzentration auf den untersten Böden der Verstärkungssäule ein. Deshalb werden gemäß Abb. 140 am untersten Boden oder an den zwei bis drei untersten Böden der Verstärkungssäule Rohrleitungen mit Hähnchen angebracht, durch welche Flüssigkeit entnommen werden kann. Um das Fuselöl möglichst vollkommen in einem Absetzgefäß abtrennen zu können, wird die Flüssigkeit vorher gekühlt und mit Auswaschwasser vermischt. Die fuselölfreie Flüssigkeit strömt nach Anwärmung durch das entnommene Gemisch in den oberen Teil der Abtriebsäule zurück.

Ein anderes Beispiel liefert die Gewinnung von Argon aus Luft[1]. Dabei wird der (oberen) Niederdrucksäule (s. Abb. 136) ein Teil des Rücklaufes

[1] DRP. 542400.

mit 90 bis 98% Sauerstoff entnommen und nach seiner Drosselung in eine besondere Kolonne geleitet, welche unten reinen Sauerstoff und oben

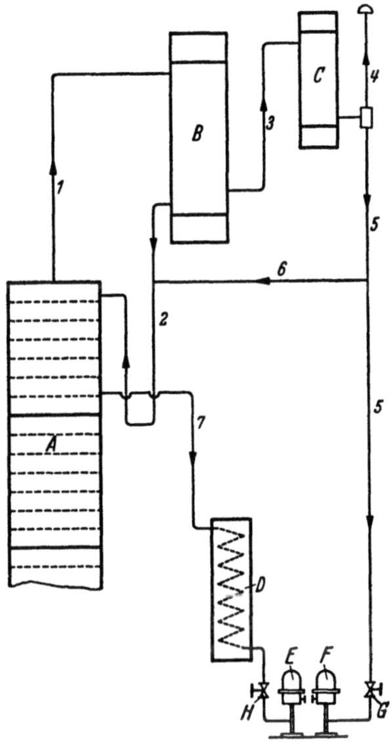

Abb. 172. Einrichtung zur Herstellung von aldehydfreiem Sprit und zur Gewinnung von konzentriertem Aldehyd (VEB Maschinen- und Apparatebau, Grimma i. Sa.)

Die der Rektifiziersäule *A* entströmenden Dämpfe gelangen durch die Leitung *1* in den Kondensator *B*. In Ihm wird die Hauptmenge der Dämpfe niedergeschlagen. Der an leichter siedenden Bestandteilen (Aldehyden, Estern) angereicherte Restdampf tritt zusammen mit den unkondensierbaren Gasen, meist Kohlensäure und Luft, durch das Rohr *3* in den Ergänzungskondensator *C* über. Die unkondensierbaren Gase gelangen durch Leitung *4* ins Freie. Der mit den genannten Vorlaufprodukten angereicherte Restdampf hingegen wird im Ergänzungskondensator *C* verflüssigt. Dieses Kondensat wird durch die Leitung *5*, in der das Regelventil *G* angeordnet ist, zur Vorlage *F* abgezogen. Soweit sie nicht auf diesem Wege entnommen wird, wird die vom Ergänzungskondensator *C* ablaufende Flüssigkeit durch die Leitung *6* dem Rückfluß beigemischt, der vom Kondensator *B* durch die Leitung *2* der Säule *A* zugeführt wird. Der von Vorlaufprodukten nahezu freie Sprit wird durch Leitung *7* in flüssigem Zustand bei Siedetemperatur an einer Stelle der Säule entnommen, die einige, z. B. 4 bis 5, Böden unter der Einmündungsstelle des vom Kondensator *B* kommenden Rückflusses liegt. Nach Abkühlung im Kühler *D* fließt der gereinigte Sprit durch das Regelventil *H* und die Vorlage *E* ab. Die Menge des abzuziehenden Vorlaufes wird z. B. an einer in der Vorlage *F* vorgesehenen Meßeinrichtung mittels des Ventils *G* so geregelt, daß der durch die Vorlage *E* abfließende Sprit die verlangte Reinheit in bezug auf Aldehyd- und Estergehalt aufweist. Das Kühlwasser durchströmt nacheinander den Kühler *D*, den Ergänzungskondensator *C* und den Kondensator *B*

weitgehend gereinigtes Argon abgibt. Die Kolonne ist mit unter Überdruck stehendem Stickstoff beheizt, welcher dem Kondensator der Drucksäule (Abb. 136) entnommen wird.

II. Zerlegung von idealen Dreistoffgemischen

1. Grundgleichungen und Ermittlung der Stufenzahl

Für die Verfolgung einer Konzentrationsänderung in einem Rektifizierapparat zur Zerlegung eines Dreistoffgemisches kommen die gleichen Verfahren und Grundlagen zur Anwendung, die auch bei der Behandlung der Zweistoffgemische Geltung haben. Lediglich an die Stelle der Gleichgewichtskurve eines Stoffpaares tritt jetzt die Angabe der Destillationslinien in einem Dreieckskoordinatennetz, in welchem noch Linien gleicher Temperatur für die Flüssigkeit und den Dampf angegeben sind. Abb. 23 zeigt beispielsweise diese Darstellung für das ideale Dreistoffgemisch Benzol-Toluol-m-Xylol. Setzt man wieder voraus, daß die molare Verdampfungswärme des Dreistoffgemisches unabhängig von der Zusammensetzung ist und daß die Lösungswärmen vernachlässigbar sind, so kann für jeden der drei Stoffe zur Verfolgung seines Gehaltes in der Verstärkungssäule in Anlehnung an die Gln. (108 bis 112) eine Verstärkungsgerade angegeben werden:

$$\left.\begin{aligned} x_D &= \frac{v}{v+1}\,x_F + \frac{x_E}{v+1} \\ y_D &= \frac{v}{v+1}\,y_F + \frac{y_E}{v+1} \\ z_D &= \frac{v}{v+1}\,z_F + \frac{z_E}{v+1}, \end{aligned}\right\} \qquad (247)$$

worin v das molare Rücklaufverhältnis, das heißt das Verhältnis der aus dem Rücklaufkondensator in die Säule in der Zeiteinheit zurückströmenden Flüssigkeitsmenge F [Mol/h] zu der Destillatmenge E [Mol/h], angibt:

$$v = \frac{F}{E}\,.$$

Der Gehalt an leichtest siedendem Stoff in der Flüssigkeit in einem waagerechten Querschnitt zwischen zwei Böden ist mit x_F, der des mittel siedenden Stoffes mit y_F und der des schwerst siedenden Stoffes mit z_F [Mol-%] bezeichnet, ferner sind die entsprechenden Gehalte der Stoffe im Dampf im selben Säulenquerschnitt mit x_D, y_D und z_D [Mol-%] und die Gehalte im Erzeugnis mit x_E, y_E und z_E [Mol-%] bezeichnet. Die angegebenen Voraussetzungen haben zur Folge, daß die durch die Verstärkungssäule strömende Flüssigkeitsmenge F [Mol/h] und die Dampfmenge D [Mol/h] unveränderlich sind. Jede der Gln. (247) stellt deshalb in einem Bild, in welchem als Abszisse der Gehalt eines Stoffes in der Flüssigkeit und als Ordinate der Gehalt desselben Stoffes im Dampf aufgetragen sind, eine Gerade dar, welche die Diagonale in einem Punkte schneidet, dessen Abszissenwert die Destillatkonzentration darstellt. Sämtliche

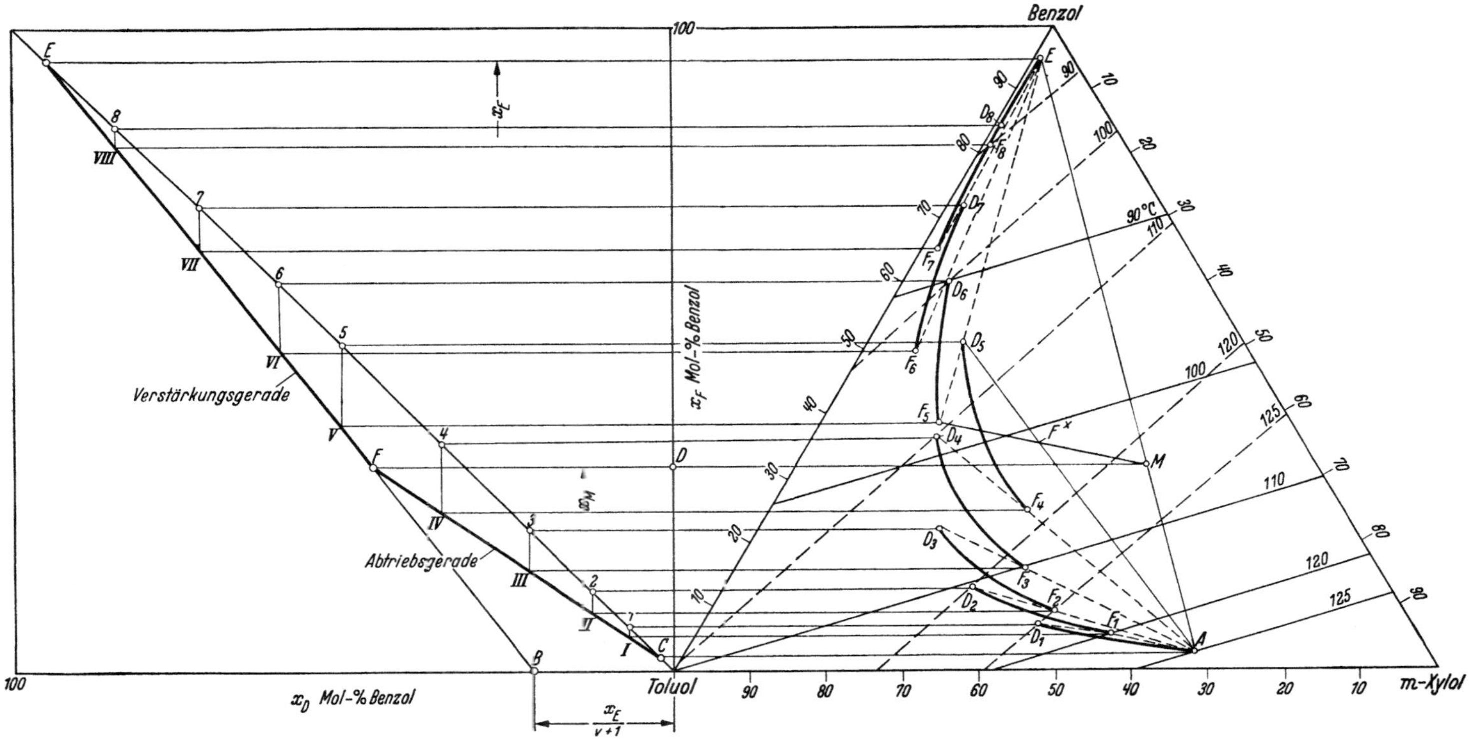

Abb. 173. Bestimmung der theoretischen Bodenzahl eines stetig arbeitenden Rektifizierapparates zur Trennung eines idealen Dreistoffgemisches

Geraden weisen gegen die Abszisse den gleichen Neigungswinkel α auf, für den die Beziehung gilt:

$$\operatorname{tg} \alpha = \frac{v}{v+1} = \frac{F}{D} \,. \tag{248}$$

Die Ordinatenabschnitte der drei Verstärkungsgeraden sind durch das letzte Glied in den Ausdrücken der rechten Seite der Gln. (247) gegeben. Ein Punkt auf einer Verstärkungsgeraden gibt auf Grund des Vorstehenden den Zusammenhang zwischen Flüssigkeits- und Dampfgehalt in einem waagerechten Querschnitt zwischen zwei Böden an.

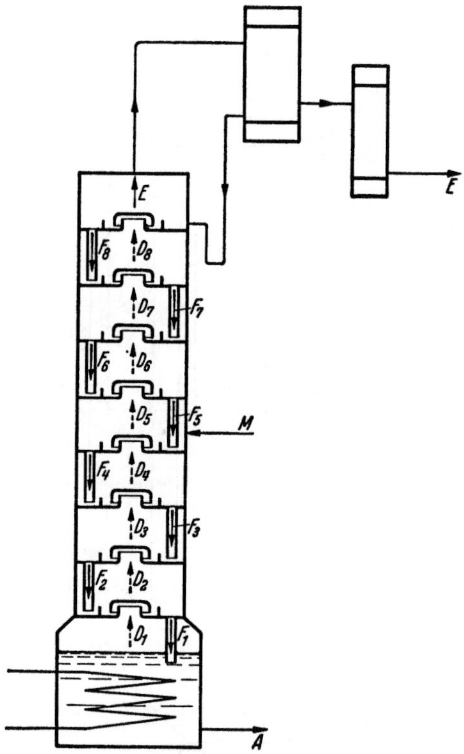

Abb. 174. Angabe der Stellen im stetig arbeitenden Rektifizierapparat mit den Zuständen, welche in Abb. 173 ermittelt sind

Auch für die Abtriebsäule, die unterhalb der Zulaufstelle (Abb. 174) des Dreistoffgemisches liegt, gelten ähnliche Beziehungen, wie sie für Zweistoffgemische schon abgeleitet sind. Werden die für die Abtriebsäule geltenden Bezeichnungen mit dem Zeiger ′ versehen, so ist die für jeden Stoff geltende Abtriebsgerade in Anbetracht der Gl. (172) durch die folgende Beziehungen festgelegt:

$$\left.\begin{aligned} x'_D &= \frac{F'}{F'-A}\,x'_F - \frac{A}{F'-A}\,x_A \\ y'_D &= \frac{F'}{F'-A}\,y'_F - \frac{A}{F'-A}\,y_A \\ z'_D &= \frac{F'}{F'-A}\,z'_F - \frac{A}{F'-A}\,z_A\,, \end{aligned}\right\} \tag{249}$$

worin x_A, y_A und z_A [Mol-%] die Gehalte der drei Stoffe im Ablauf und A die Ablaufmenge in Mol/h bedeuten. Jeder der drei Geraden nach den Gln. (249) ist derselbe Neigungswinkel gegen die Abszisse zugeordnet, der durch das Verhältnis der durch einen waagerechten Querschnitt der Säule strömenden Flüssigkeits- und Dampfmengen festgelegt ist:

$$\operatorname{tg}\alpha' = \frac{F'}{D'}\,. \tag{248a}$$

Der Gehalt eines Stoffes in der Flüssigkeit und im Dampf zwischen zwei Böden ist durch einen Punkt auf der Abtriebsgeraden desselben Stoffes gegeben. Diese Geraden schneiden die Diagonale des Bildes, in dem die Flüssigkeitsgehalte auf der Abszisse und die Dampfgehalte auf der Ordinate aufgetragen sind, in Punkten, deren Abszissenwerte die Konzentrationen x_A, y_A und z_A [Mol-%] angeben. Auch der Schnittpunkt der Verstärkungs- und Abtriebsgeraden jedes Stoffes ist durch die für die Zweistoffgemische geltenden Beziehungen 176, 182 und 183 bestimmt (s. auch Abb. 124). Fließt die Mischung mit den Gehalten x_M, y_M und z_M [Mol-%] sowie mit der Siedetemperatur auf dem Einlaufboden zu, so schneiden sich die Verstärkungs- und Abtriebsgeraden des am leichtesten siedenden Stoffes bei dem Abszissenwert x_M, diejenigen des mittel siedenden bei y_M und die des am schwersten siedenden Stoffes bei z_M. Es bestehen noch die folgenden einfachen Beziehungen:

$$\left.\begin{aligned} x_F + y_F + z_F &= 100 \\ x_D + y_D + z_D &= 100 \\ x'_F + y'_F + z'_F &= 100 \\ x'_D + y'_D + z'_D &= 100\,. \end{aligned}\right\} \tag{250}$$

Wird ein Gemisch, das durch einen Zustandspunkt P im Darstellungsdreieck gekennzeichnet ist, in zwei Gemische mit den Zustandspunkten P_1 und P_2 zerlegt, so liegen diese drei Punkte P, P_1 und P_2 auf einer Geraden. Dabei ist es gleichgültig, ob sich einer oder mehrere der Punkte auf einen flüssigen oder dampfförmigen Zustand des Gemisches beziehen. Mit Hilfe dieser Beziehung, der Verstärkungs- und Abtriebsgeraden sowie den gegebenen Destillationslinien eines Dreistoffgemisches ist es möglich, die Konzentrationsänderungen in der Rektifiziersäule zu verfolgen und die

Bodenzahl zu bestimmen. Bedingung dafür, daß die Punkte P, P_1 und P_2 auf einer Geraden liegen, ist, daß die Gehalte der Zustandspunkte durch die Koordinaten des Darstellungsdreieckes gegeben sind wie z. B. in Abb. 23. Gilt aber das Koordinatennetz nur für die dampfförmige Phase und ist für die Flüssigkeitszusammensetzung in das gleichseitige Dreieck ein besonderes Liniennetz eingezeichnet wie in den Abb. 23a, b und c, so hat die Mischungsgerade P, P_1, P_2 nur für Dampfzustände Geltung, nicht aber für flüssige Gemische.

Die Ausmittlung ist für das ideale Dreistoffgemisch Benzol-Toluol-m-Xylol an Hand der Abb. 173 für den stetig arbeitenden Rektifizierapparat gezeigt. Es ist wieder angenommen, daß Flüssigkeitsdurchmischung und vollkommener Austausch zwischen den Phasen auf einem Boden vorliegen. Der von einem Boden aufsteigende Dampf steht dann im Phasengleichgewicht mit der Flüssigkeit, die von demselben Boden abläuft. Die Mischung, deren Zusammensetzung durch Punkt M in Abb. 173 gegeben ist, ströme mit Siedetemperatur zu. Der Schnittpunkt der Verstärkungs- und Abtriebsgeraden für den am leichtesten siedenden Stoff ist dann durch den Benzolgehalt x_M [Mol-%] der Mischung gegeben. Die beiden genannten Geraden sind in Abb. 173 in einem x_F, x_D-Bild wiedergegeben, dessen Ordinate in der Verlängerung der Toluol-m-Xylol-Seite des Dreiecks liegt und in dem der Abszissenwert $x_F = 100$ Mol-% der Höhe des Dreiecks gleichgesetzt ist. Dadurch ist es möglich, die Benzolgehalte durch Zeichnen von zur Toluol-m-Xylol-Seite parallelen Geraden aus dem Dreiecksbild in das x_F, x_D-Bild zu übertragen. Legt man diese Parallelen durch die Zustandspunkte E des Destillates und A des Ablaufes im Dreieck, so erhält man auf der Diagonale des x_F, x_D-Bildes die Schnittpunkte E und C, durch welche die Verstärkungsgerade und die Abtriebsgerade verlaufen. Ihr gemeinsamer Schnittpunkt folgt aus der Waagerechten durch den Punkt M, wobei die Verstärkungsgerade auf der Ordinate den Punkt B mit einem Ordinatenwert abschneidet, der sich aus $x_E = 95$ Mol-% Benzol und $v = 3{,}5$ zu $o = 21{,}1$ Mol-% ergibt. Der Zustandspunkt des Ablaufes liegt im Darstellungsdreieck auf der Flüssigkeitsisotherme für 125° C. Zu dem aus dieser Flüssigkeit entstehenden Dampf gehört ein Zustandspunkt D_1, welcher auf der Dampfisotherme für dieselbe Temperatur von 125° C und auf der durch Punkt A gehenden Destillationslinie (s. Abb. 23) liegt. Zur Verdeutlichung sind in Abb. 174 die Stellen in dem Rektifizierapparat durch Buchstaben mit Zeigern gekennzeichnet, an welchen der Zustand vorliegt, den die Zustandspunkte mit den gleichen Buchstaben in Abb. 173 angeben. Zur Auffindung des Zustandspunktes F_1 der Flüssigkeit, die vom untersten Boden der Abtriebsäule abläuft, muß (s. Abb. 174) der Dampfgehalt x_D des Punktes D_1 als Ordinate in das x_F, x_D-Bild übertragen werden. Es wird der Linienzug D_1 *1 I* gezeichnet, weil Punkt *I* den Zusammenhang zwischen Flüssigkeits- und Dampfgehalt in dem waagerechten Querschnitt unter dem untersten Rektifizierboden angibt. Punkt F_1 liegt dann sowohl auf der Waagerechten durch Punkt I als auch auf der Verbindungsgeraden D_1A. Der vom untersten Boden aufsteigende Dampf hat eine Zusammensetzung des Punktes D_2, welcher auf einer Dampfisotherme für diejenige Temperatur liegt, für welche die Flüssigkeitsisotherme durch Punkt F_1 gilt. Ferner muß Punkt D_2 auf der durch F_1 verlaufenden Destillationslinie liegen. Genau so, wie F_1 aus D_1 gefunden wurde, wird der Zustandspunkt F_2 der vom zweituntersten Boden ablaufenden Flüssigkeit ermittelt. Dabei wird der Linienzug $D_2 2\,II$ gezeichnet und die Parallele zur Toluol-Xylol-Seite des Dreiecks durch II mit der Verbindungsgeraden D_2A zum Schnitt gebracht. Mit der Flüssigkeit des Zustandspunktes F_2 steht der Dampf gemäß Punkt D_3 im Phasengleichgewicht, aus dem sich mit Hilfe des Linienzuges $D_3 3\,III$ auf der Geraden D_3A der Zustandspunkt F_3 ergibt. Letzterer liefert den Dampfgleichgewichtspunkt D_4 und dieser den Zustandspunkt F_4 der Mischung, welche vom viertuntersten Boden abläuft. Mit dieser steht der Dampf im Gleichgewicht, dessen Zusammensetzung Punkt D_5 angibt. Er bildet den Schnittpunkt der Destillationslinie durch F_4 und der Dampfisotherme derjenigen Temperatur, welche die Flüssigkeitsisotherme durch Punkt F_5 festlegt. Weil der Dampf des Zustandspunktes D_5 dem untersten Boden der Verstärkungssäule zuströmt, muß sein Benzolgehalt x_D zur Bestimmung der Zusammensetzung des vom untersten Boden der Verstärkungssäule abfließenden Rücklaufes als Ordinate im x_F, x_D-Bild unter Zuhilfenahme der geraden Linien $D_5 5$ und $5\,V$ aufgetragen werden. Der auf der Verstärkungsgeraden liegende Punkt V zeigt nämlich den Zusammenhang zwischen Flüssigkeits- und Dampfkonzentration unter dem untersten Boden der Verstärkungssäule an. Die Parallele zur x_D-Ordinate durch Punkt V liefert auf der Geraden ED_5 den Zustandspunkt F_5. Ihm entspricht der Dampfgleichgewichtspunkt D_6. Die beiden letztgenannten Punkte liegen auf derselben Destillationslinie und auf Isothermen der gleichen Temperatur. Über den Linienzug $D_6\,6\,VI$ wird auf der Verbindungsgeraden $E\,D_6$ der Flüssigkeitszustandspunkt F_6 erhalten, dem ein Dampfgleichgewichtspunkt D_7 zugeordnet ist. In gleicher Weise werden die Punkte F_7 und D_8 gefunden. Letzterer gibt die Zusammensetzung des Dampfes an, der dem obersten Boden der Verstärkungssäule zuströmt, den die Flüssigkeit des Zustandspunktes F_8 verläßt, welcher aus D_8 über den Linienzug $D_8\;8\;VIII$ auf der Geraden ED_8 gewonnen wird. Mit dieser Flüssigkeit steht der Dampf mit dem Zustandspunkt E im Gleichgewicht. Weil angenommen ist, daß im Rücklaufkondensator keine Verstärkung stattfindet, gibt E die Zusammensetzung des Destillates an. Die theoretische Bodenzahl ist demnach durch die Anzahl der auf der Verstärkungs- und Abtriebsgeraden liegenden Eckpunkte I, II,

III usw. gegeben. Wird diese Zahl durch das mittlere Verstärkungsverhältnis s_M (s. Abschn. D V, 3) geteilt, so erhält man die wirklich erforderliche Bodenzahl.

In Abb. 173 ist der Schnittpunkt $F^{\times}$ der Verbindungsgeraden MF_5 mit der Geraden AD_5 angegeben. Er gibt den Zustand der Flüssigkeit an, die durch Vermischung des vom untersten Boden der Verstärkungssäule kommenden Rücklaufes (F_5) mit dem zu trennenden Dreistoffgemisch (M) entsteht, bevor es dem Austausch unterworfen wird.

Wird der gesamte in den Rücklaufkondensator strömende Dampf niedergeschlagen und in die Säule zurückgeleitet, so wird $v = \infty$. Verstärkungs- und Abtriebsgeraden fallen dann mit der Diagonale des x_F, x_D-Bildes und die Punkte F_1, F_2, F_3, F_4, F_5 usw. mit den Punkten D_1, D_2, D_3, D_4, D_5 usw. zusammen. Die Zustandsänderung in der Säule ist dann durch den Verlauf der durch Punkt A gehenden Destillationslinie bestimmt.

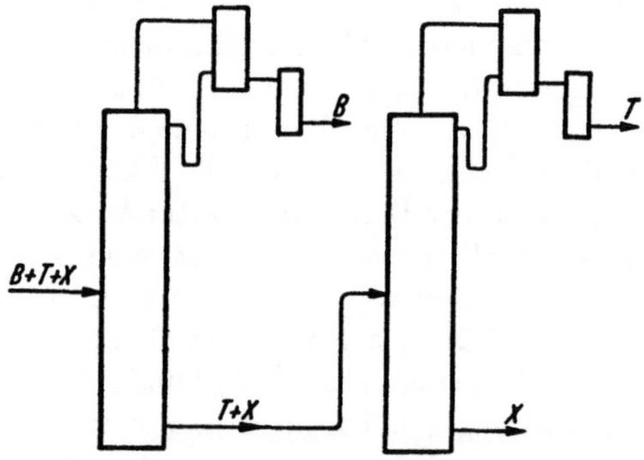

Abb. 175. Plan einer stetig arbeitenden Rektifizieranlage zur Trennung eines idealen Dreistoffgemisches, bei welcher der leichtest siedende Stoff am Kopfe der Dreistoffsäule entnommen wird

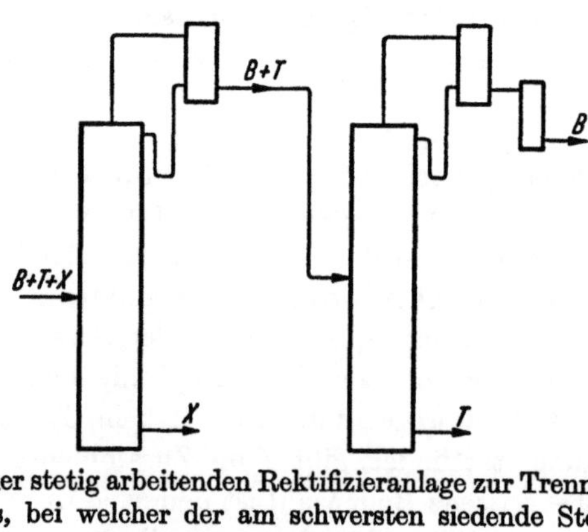

Abb. 176. Plan einer stetig arbeitenden Rektifizieranlage zur Trennung eines idealen Dreistoffgemisches, bei welcher der am schwersten siedende Stoff am Fuße der Dreistoffsäule entnommen wird

Durch Wahl des Rücklaufverhältnisses und der Bodenzahl in den beiden Säulen ist es möglich, verschiedene Zusammensetzungen des Destillates und des Ablaufes zu erhalten. Der eine Grenzfall ist dadurch gegeben, daß Punkt E mit der Benzolecke zusammenfällt und daß Punkt A auf der die Toluol- und die Xylolecke verbindenden Dreieckseite liegt. Hierbei erhält man in der Dreistoffsäule reines Benzol als Destillat und ein Toluol-Xylolgemisch als Ablauf. Beim zweiten Grenzfall fällt Punkt A in die Xylolecke und E auf die Benzol-Toluolseite des Dreieckes. Während im ersten Fall der Ablauf in einer zweiten Säule zur vollständigen Trennung in die Einzelstoffe der Rektifikation unterworfen werden muß, ist dieser Vorgang im zweiten Grenzfall mit dem Destillat durchzuführen (s. Schaltbilder 175 und 176).

Mit dem an Hand der Abb. 173 für den stetig arbeitenden Apparat erläuterten Verfahren können auch die Zustände in der Säule eines absatzweise arbeitenden Rektifizierapparates verfolgt und die Bodenzahl bestimmt werden. Ist beispielsweise die Zusammensetzung in der Destillierblase (s. Abb. 60) durch Punkt F_4 in Abb. 173 gegeben, so entweicht aus letzterer ein Dampf, dessen Zustand Punkt D_5 festlegt. In die Blase strömt Flüssigkeit, deren Zusammensetzung Punkt F_5 angibt und mit welcher der vom untersten Boden aufsteigende Dampf mit dem Zustandspunkt D_6 im Gleichgewicht steht.

2. Bestimmung des Mindestrücklaufverhältnisses

Auch beim Dreistoffgemisch ist das Mindestrücklaufverhältnis durch die beiden Bedingungen gekennzeichnet, daß bei ihm die Bodenzahl unendlich groß und dann endlich wird, wenn das Mindestrücklaufverhältnis um einen beliebig kleinen Betrag vergrößert wird. Seine Ermittlung ist für den absatzweise arbeitenden Apparat mit Destillierblase und Verstärkungssäule an Hand der Abb. 177 gezeigt, welches für das Dreistoffgemisch Benzol-Toluol-Xylol gilt. Durch die Punkte E und B_F sind die Zusammensetzungen des Erzeugnisses und der Flüssigkeit in der Blase festgelegt. Mit letzterer steht der aus der Blase entweichende Dampf mit dem Zustandspunkt B_D im Gleichgewicht. Die Konzentration des vom untersten Rektifizierboden in die Blase zurückströmenden Rücklaufes hängt auf Grund des an Hand der Abb. 173 gezeigten Verfahrens vom Rücklaufverhältnis ab. Für ein Rücklaufverhältnis von $v = 2{,}5$ ergibt sich der Zustandspunkt F_1' und für $v = 3$ der Punkt F_1''. Mit der Flüssigkeit gemäß Punkt F_1' steht ein Dampf des Zustandspunktes D_1' und mit der Flüssigkeit nach Punkt F_1'' ein Dampf nach Punkt D_1'' im Gleichgewicht. Auf den untersten Boden gelangt Flüssigkeit, deren Zusammensetzung durch Punkt F_2' für $v = 2{,}5$ und durch Punkt F_2'' für

$v = 3$ gekennzeichnet ist. Mit dieser Flüssigkeit steht der vom zweituntersten Boden aufsteigende Dampf im Gleichgewicht, dem die Punkte D_2' für $v = 2{,}5$ und D_2'' für $v = 3$ zugeordnet sind. Verbindet man die Zustandspunkte der Flüssigkeit, so erhält man für $v = 2{,}5$ die Flüssigkeitszustandslinie f' und für $v = 3$ die Flüssigkeitszustandslinie f''. Der

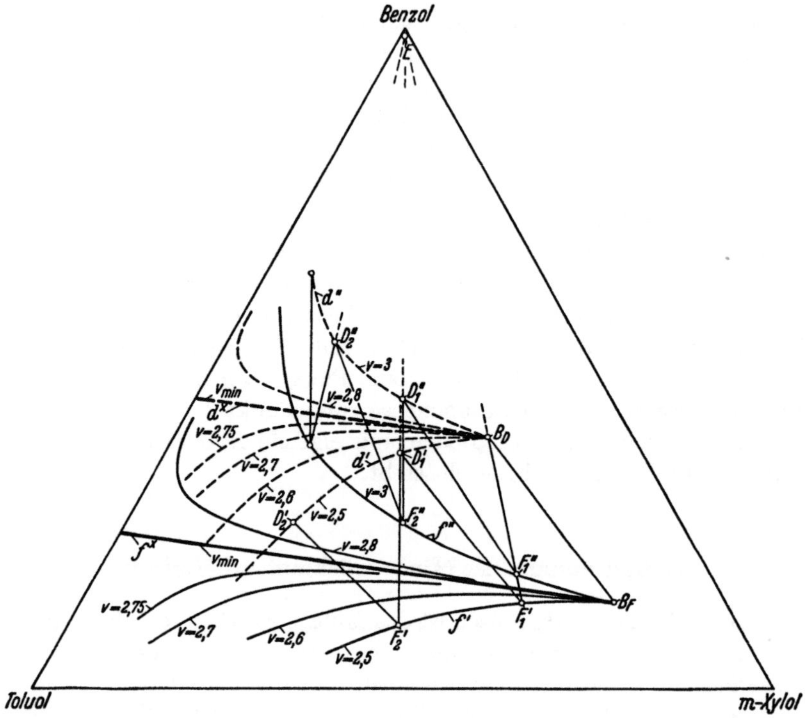

Abb. 177. Ermittlung des Mindestrücklaufverhältnisses eines Rektifizierapparates zur Trennung eines Dreistoffgemisches

geometrische Ort der Dampfzustandspunkte für die genannten Rücklaufverhältnisse ist durch die Dampfzustandslinien d' und d'' gegeben. Die Linien f' und d' verlaufen von ihren Ausgangspunkten B_F und B_D aus in Richtung gegen die Toluol-Xylol-Seite des Dreiecks und nicht nach dem Zustandspunkt E des Destillates. Danach könnte bei $v = 2{,}5$ auch mit unendlich großer Bodenzahl ein Erzeugnis vom Zustandspunkt E nicht erzielt werden. Dies ist bereits mit einem Rücklaufverhältnis von $v = 3$ möglich, wie die Linien f'' und d'' beweisen. Zwischen f' und f'' sowie zwischen d' und d'' liegen noch andere Zustandslinien, welche für Rücklaufverhältnisse gelten, die größer als 2,5 und kleiner als 3 sind. Es ist ersichtlich, daß bei $v = 2{,}75$ selbst mit unendlich großer Bodenzahl die

Rektifikation noch nicht zu dem gewünschten Ergebnis führt, während bei $v = 2{,}8$ schon mit einer endlichen Bodenzahl die Zustandslinien gegen den Destillatpunkt E verlaufen. Zwischen diesen beiden Rücklaufverhältnissen liegt das Mindestrücklaufverhältnis, für das die Flüssigkeits-

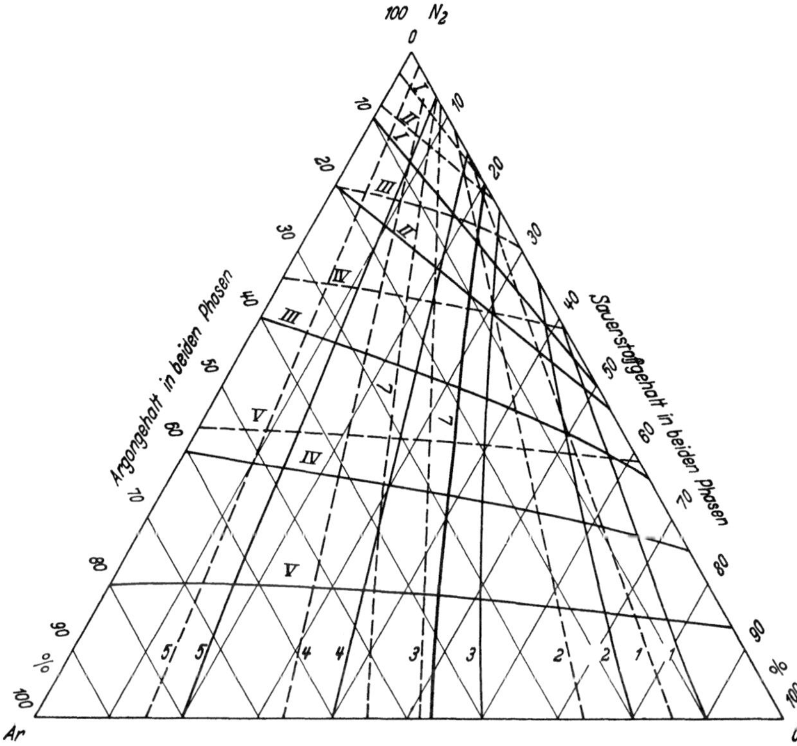

Abb. 178. Rektifikations-Scheidelinien bei 760 mm Q.-S. für Stickstoff-Argon-Sauerstoff-Gemische

(Die für Sauerstofferzeugung geltenden Scheidelinien sind mit arabischen, die für Stickstofferzeugung geltenden Scheidelinien mit römischen Ziffern bezeichnet. Die mit L bezeichneten Linien gelten für den Fall der Zusammensetzung der Luft mit 20,9% Sauerstoff und 0,93% Argon)
——— Flüssigkeit, — — — Dampf im Ausgangsgemisch

und Dampfzustandslinien $f^\times$ und $d^\times$ gelten. Letztere seien Rektifikations-Scheidelinien genannt. Diese gehen von den Punkten B_F und B_D aus und schneiden, ohne nach unten oder nach oben abzubiegen, die Benzol-Toluol-Seite des Dreiecks. Sie genügen den an das Mindestrücklaufverhältnis gestellten Bedingungen, indem die Bodenzahl unendlich groß ist und indem letztere bei Erreichen der geforderten Destillatzusammensetzung endlich wird, wenn das Mindestrücklaufverhältnis um einen beliebig kleinen Wert vergrößert wird. Aus diesen Darlegungen geht hervor, daß im vorliegenden Fall das Mindestrücklaufverhältnis nur durch ein schrittweises Probierverfahren bestimmt werden kann.

Die Lage der Rektifikations-Scheidelinien hängt sowohl von der Zusammensetzung des gewünschten Erzeugnisses als auch des Ausgangsgemisches ab. Alle flüssigen Gemische, deren Zustandspunkt auf der Linie $f^{\times}$ der Abb. 177 liegt, haben dieselbe Scheidelinie. Man kann deshalb die Linie $f^{\times}$ soweit über Punkt B_F hinaus fortsetzen, bis sie die Benzol-

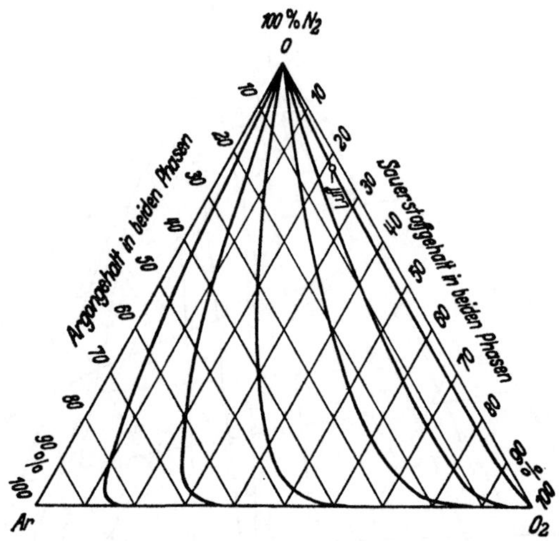

Abb. 179. Destillationslinien (geschlossene Rektifikation) bei 760 mm Q.-S. für Stickstoff-Argon-Sauerstoff-Gemische

Xylol-Seite des Dreieckes schneidet. Derartige Rektifikations-Scheidelinien wurden auch auf besondere Art für das Gemisch Sauerstoff-Stickstoff-Argon ermittelt[1]. Sie sind in Abb. 178 wiedergegeben (ohne Angabe der Isothermen, s. B III, 6b). Für die von links unten nach rechts oben verlaufenden Linien gilt als Erzeugnispunkt die Sauerstoffecke und den von links oben nach rechts unten gehenden Linien ist die Stickstoffecke zugeordnet. Die zu einem gleichen Mengenverhältnis gehörigen Scheidelinien für den Dampf und für die Flüssigkeit sind gleich beziffert. Mit L sind die Rektifikationslinien bezeichnet, denen die Zusammensetzung des flüssigen Gemisches mit 20,9% Sauerstoff und 0,93% Argon entspricht.

Wird dem gefüllten Apparat nichts entnommen und nichts zugeführt, so wird unten im Apparat soviel verdampft, wie oben im Kondensator niedergeschlagen wird. In jedem Säulenquerschnitt sind dann Menge und

[1] Hausen, H.: Rektifikation von Dreistoffgemischen. Forsch. Gebiete Ingenieurw. 6, 9—22 (1935).

Zusammensetzung von Flüssigkeit und Dampf gleich. Die Änderung der Zusammensetzungen ist in diesem Falle durch den Verlauf der Destillationslinien gemäß Abb. 179 gegeben (s. Abschn. G II, 1 und Abb. 23a in Abschn. B III, 6b).

III. Anzahl von Rektifiziersäulen zur Trennung von Vielstoffgemischen und ihre Schaltung

Es ist gezeigt worden, daß zur Zerlegung eines idealen Dreistoffgemisches in die reinen Bestandteile zwei Säulen und zur vollkommenen Trennung eines Zweistoffgemisches eine Rektifiziersäule erforderlich sind. Allgemein ist für die Rektifikation eines idealen Gemisches mit w Komponenten die Zahl z der Säulen gegeben durch:

$$z = w - 1 , \tag{251}$$

wobei die Gewinnung der Einzelstoffe in reinem Zustand möglich ist. Auch bei der zweistufigen Rektifikation trifft die angeführte Beziehung zu, wenn die zwei Stufen als ein Rektifizierapparat betrachtet werden. Soll beispielsweise bei der Zerlegung flüssiger Luft noch Argon gewonnen werden, so wird dazu eine zusätzliche Rektifiziersäule verwendet[1]. Dieser Säule wird nach einem Verfahren von LINDE, Höllriegelskreuth, ein Argon-Sauerstoffgemisch zugeführt, welches dem unteren Teil der Niederdrucksäule des Zweistufenapparates (s. Abb. 136) entnommen und in der zusätzlichen Säule in Sauerstoff und Argon zerlegt wird.

Der angeführte Zusammenhang zwischen Anzahl der zu gewinnenden Stoffe und Anzahl der Säulen trifft auch zu bei der modernen stetigen Zerlegung von Teer in beispielsweise fünf Komponenten. Abb. 180 zeigt den Arbeitsplan einer derartigen Anlage, dem ein Erläuterungstext beigefügt ist[2].

Von der Regel (251) ergeben sich dann Abweichungen, wenn es sich um die Rektifikation von Gemischen mit ausgezeichnetem Punkt handelt. Ein Beispiel hierfür bietet die Herstellung von reinem (absolutem) Äthylalkohol aus wäßrigen Lösungen mittels der sogenannten azeotropischen Verfahren. Das Grundsätzliche hierzu ist im Abschn. B III, 6c erläutert und die Alkoholentwässerungsverfahren sind im Schrifttum schon vielfach und ausführlich behandelt worden[3,4]. Im Gegensatz zu

---

[1] DRP. 542400.

[2] FISCHER, W.: VDI-Beih. Verfahrenstechnik **1944**, 13—29.

[3] KLAR, M.: Fabrikation von absolutem Alkohol zwecks Verwendung als Zusatzmittel zu Motor-Treibstoffen. Halle (Saale): Wilhelm Knapp 1937. In diesem Buch ist eine sehr große Anzahl von Schrifttumsstellen genannt.

[4] FRITZWEILER, R.: Verfahren zur Herstellung von wasserfreiem Spiritus. Z. VDI **82**, 1373—1378 (1938).

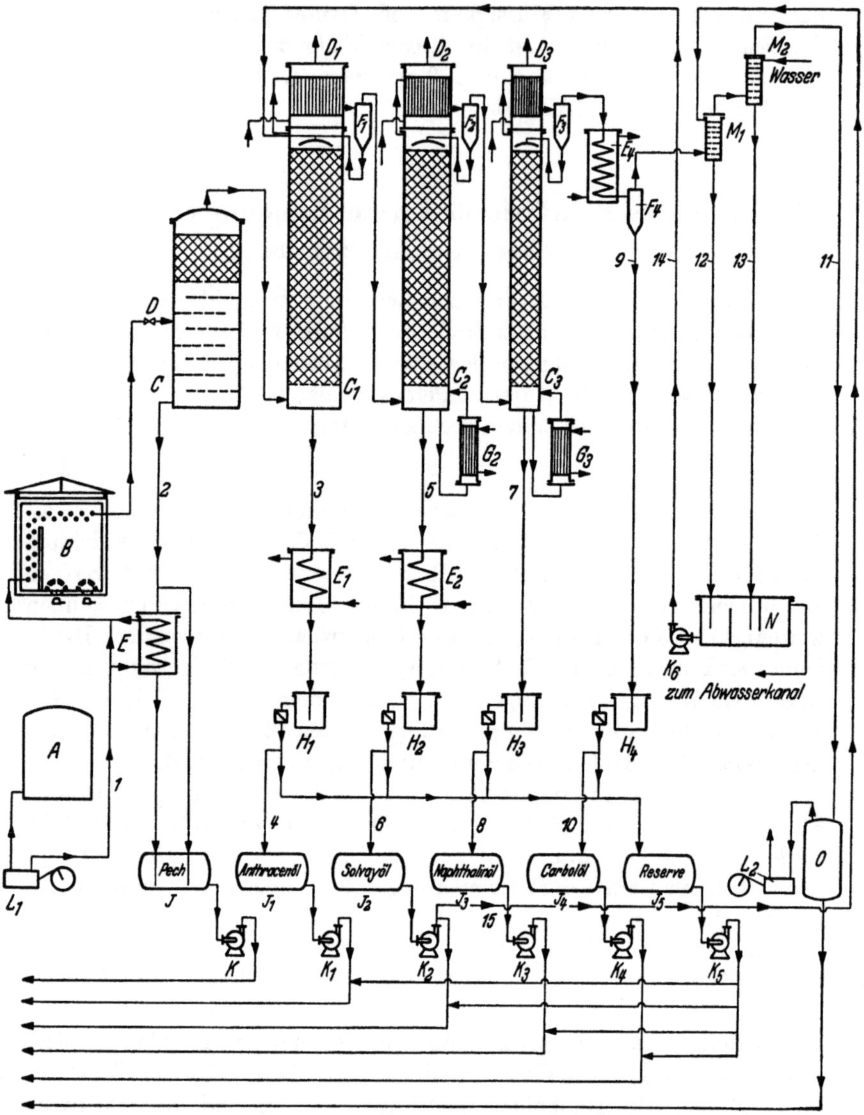

Abb. 180. Stetig unter Vakuum arbeitende Teer-Trennungsanlage (entwickelt von der Gesellschaft für Teerverwertung, Duisburg-Meiderich, gebaut von H. Koppers, Essen)

Aus dem Behälter *A* für entwässerten Teer entnimmt die Speisepumpe L_1 den Teer und drückt ihn durch Leitung *1* in den Röhrenofen *B*. Aus ihm tritt der Teer mit einer Temperatur von etwa 320° C in die Teerkolonne *C* ein. Die Drossel *D* wird so einreguliert, daß vor dem Ventil ein Druck von etwa 2—3 atü herrscht. Durch die plötzliche Entspannung von diesem Druck auf das in der Kolonne herrschende Vakuum von 80 mm Q.-S. abs. verdampfen die Ölanteile des Teeres und verlassen in Dampfform oben die Kolonne.

(Fortsetzung der Legende auf S. 297)

der Regel (251) werden zur vollkommenen Trennung des genannten Zweistoffgemisches mehrere Säulen verwendet, wie es Abb. 181 für das Drawinol-Entwässerungsverfahren zeigt. Das durch Hinzufügen eines Entziehungsstoffes (z. B. stabilisiertes Trichloräthylen) zur Alkohol-Wassermischung entstandene Dreistoffgemisch mit Minimumsiedepunkt wird zunächst in der Dreistoffsäule rektifiziert, aus deren Destillierblase der absolute Alkohol entnommen wird. Das Kopfprodukt dieser Kolonne trennt sich in zwei Schichten. Aus der Alkohol-Wasserschicht wird in einem Rektifizierapparat das Wasser stetig abgeführt.

Zu den schwierigsten Aufgaben der Rektifiziertechnik gehört die Zerlegung von Vielstoffgemischen, welche als nicht ideale Gemische gelten oder einen ausgezeichneten Punkt aufweisen. Vielfach ist es hierbei nicht möglich, die Bodenzahlen der einzelnen Kolonnen im voraus zu bestimmen. Beim Entwurf ist man dann auf Versuche im kleintechnischen Maßstabe oder auf an schon ausgeführten Anlagen gemachte Erfahrungen

---

(Fortsetzung der Legende von S. 296)

Das heiße Pech fließt unten aus der Kolonne entweder durch das Fallrohr *2* und den Wärmeaustauscher E in den Pechkessel J oder unter Umgehung des Wärmeaustauschers direkt in den Pechkessel J. Im Wärmeaustauscher kann das Pech einen Teil seiner Wärme an den Teer vor seinem Eintritt in den Röhrenofen abgeben. Aus dem Pechkessel wird das Pech durch die Pechpumpe K entnommen und zur Pechkühl- und Verladeanlage gedrückt.

Die aus der Teerkolonne austretenden Dämpfe werden unten in die Anthracenölkolonne C_1 geleitet. In dem auf der Kolonne sitzenden Kondensator D_1 wird durch Wasserkühlung ein Teil der Dämpfe kondensiert. Im Abscheider F_1 werden die flüssigen Anteile unten abgezogen und als Rücklauf wieder auf die Kolonne gegeben. Am Boden der Kolonne fließt Anthracenöl durch das Fallrohr *3* und den Kühler E_1 in das Fallgefäß H_1, aus dem es durch Leitung *4* in den Anthracenölkessel J_1 gelangt. Die den Abscheider F_1 verlassenden Dämpfe werden in die folgende Kolonne, die Solvayölkolonne C_2 unten eingeleitet. Auf ihr befindet sich wieder ein Kondensator D_2, in dem ein weiterer Teil der Dämpfe kondensiert wird. Das Dämpfe-Öl-Gemisch wird im Abscheider F_2 getrennt, das Öl fließt in die Kolonne zurück, verläßt als Solvayöl die Kolonne unten und gelangt durch das Follrohr *5* und den Kühler E_2 in das Fallgefäß H_2 und von dort durch Leitung *6* in den Solvayölkessel J_2.

Die den Abscheider F_2 verlassenden Dämpfe werden in die folgende Kolonne, die Naphtalinölkolonne C_3, unten eingeleitet. Auf ihr befindet sich der Kondensator D_3, in dem wieder ein Teil der Dämpfe kondensiert wird. Das Dämpfe-Öl-Gemisch wird im Abscheider F_3 getrennt, das Öl fließt in die Kolonne zurück, verläßt sie unten als Naphthalinöl und gelangt durch das Fallrohr *7* in das Fallgefäß H_3 und von dort durch Leitung *8* in den Naphthalinölkessel J_3.

Die den Abscheider F_3 verlassenden Dämpfe werden nunmehr im Schlußkühler E_4 kondensiert. Das Öl (Karbolöl) fließt aus dem Abscheider F_4 durch das Fallrohr *9*, das Fallgefäß H_4 und die Leitung *10* in den Karbolölkessel J_4.

Die durch Kühlung nicht kondensierbaren Gase und Restdämpfe treten aus dem Abscheider F_4 aus und gelangen zunächst in den Ölwäscher M_1, dann in den Wasserwäscher M_2, in dem die restlichen Öl- und Naphthalin-Bestandteile sowie Schwefelwasserstoff durch Waschen mit Solvayol bzw. Wasser entfernt werden, dann durch Leitung *11* zur Vakuumvorlage O und zur Vakuumpumpe L_2. Das aus den Wäschern ablaufende Öl und Wasser fließt durch die Fallrohre *12* und *13* in den Absitzkasten N. Das abgeschiedene Wasser gelangt von dort in den Abwasserkanal, das Öl wird durch die Umlaufpumpe K_6 über Leitung *14* wieder auf die Anthracenölkolonne C_1 zurückgegeben. Hier wird es verdampft und gelangt wieder in den Prozeß zurück. Auf diese Weise wird das Waschöl aus dem Absitzkasten laufend gereinigt und gleichzeitig die Trennwirkung der Kolonne C_1 verbessert sowie der Kondensator D_1 entlastet. Das so dem Wäscherkreislauf entzogene Öl wird durch im Betrieb anfallendes Solvayöl ersetzt, das durch Pumpe K_2 aus dem Solvayölkessel J_2 entnommen und durch Leitung *15* zum Wäscher M_1 gedrückt wird.

Aus den Auffangkesseln können die Öle mit den Ölpumpen K_1—K_4 zu den weiter verarbeitenden Betrieben gefördert werden.

Bei der beschriebenen Anordnung kann das Rücklaufverhältnis durch Kondensation nicht beliebig erhöht werden, da der Rücklauf ein fertiges Produkt der Anlage darstellt, also nicht mehr kondensiert werden kann als von der betreffenden Fraktion im Dämpfegemisch vorhanden ist. Da die so erzielbare Fraktionierwirkung aber nicht genügt, ein phenolfreies Naphthalinöl und ein naphthalinarmes Solvayöl herzustellen, sind an die entsprechenden Kolonnen C_2 und C_3 Umlauferhitzer G_2 sowie G_3 angebaut. Diese können wegen des niedrigen Druckes mit Dampf beheizt werden, welcher auf der Außenwand der Rohre kondensiert.

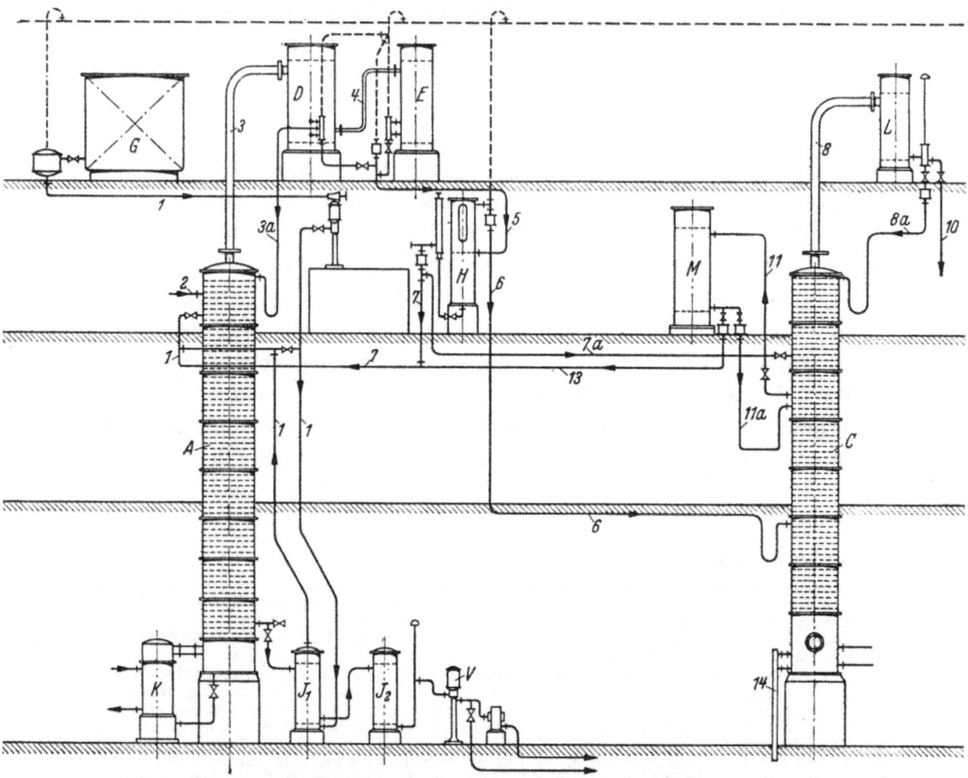

Abb. 181. Plan einer Alkoholentwässerungsanlage nach dem Drawinolverfahren

Der Rohspiritus strömt aus dem Behälter *G* durch Leitung *1* und Wärmeaustauscher J_1, in welchem die Anwärmung durch den abfließenden reinen (absoluten) Alkohol stattfindet, der Rektifizierkolonne *A* zu, welche durch Stutzen *2* Drawinol (stabilisiertes Trichloräthylen) erhält. Das dampfförmige Dreistoffgemisch wird durch Leitung *3* dem Wärmeaustauscher *D* und die Restgase und -dämpfe durch Leitung *4* dem Wärmeaustauscher *E* zugeführt, aus dem die Flüssigkeit in das Absetzgefäß *H* gelangt. Die Kolonne *A* erhält ihren Rücklauf teils durch Leitung *3a* aus dem Kondensator *D*, teils durch Leitung *7* aus der unteren im Abscheider *H* abgesetzten wasserarmen Schicht. Der restliche Teil dieser Schicht wird durch Leitung *7a* dem oberen Teil der Kolonne *C* zugeleitet. Die obere wasserreiche Schicht strömt aus dem Abscheider *H* durch Leitung *6* dem unteren Teil derselben Kolonne *C* zu. In ihr wird der Äthylalkohol auf mindestens 94 Gew.-% verstärkt und zugleich an ihrem Kopf äthylalkoholfreier Methylalkohol mit Drawinol abgeschieden. Dieses Dreistoffgemisch strömt durch Leitung *8* in den Wärmeaustauscher *L*, aus dem durch Leitung *8a* der Rücklauf der Kolonne zugeleitet und aus Leitung *10* der Methylalkohol mit Trichloräthylen abgeführt wird. Dieses kann durch Wasserzusatz ausgewaschen, das Trichloräthylen der Kolonne *A* zugeführt und der Methylalkohol in einer dritten Rektifiziersäule vollkommen entwässert werden. Die Äthylalkoholdämpfe mit geringen Mengen von Trichloräthylen strömen durch Leitung *11* in den Kondensator *M*, aus dem der Niederschlag teils durch Leitung *11a* der Säule *C* und teils durch Leitung *13* der Kolonne *A* zugeleitet wird. Dem unteren Teil der Säule *C* entströmt reines Wasser und dem unteren Teil der Säule *A* absoluter Alkohol, welcher nach Kühlung im Austauscher J_2 durch die Vorlage *V* entnommen wird. *K* stellt die Destilliereinrichtung der Rektifiziersäule *A* dar. Die gestrichelt angedeuteten Leitungen dienen zur Entgasung der Anlage

angewiesen. Abb. 182 zeigt als Beispiel für einen solchen Fall den Plan einer Anlage zur Zerlegung eines Azeton-Äthylalkohol-Butylalkohol-Wassergemisches. Er läßt zusätzlich erkennen, daß der Rektifikation eine chemische Reaktion oder ein anderer Vorgang überlagert sein kann.

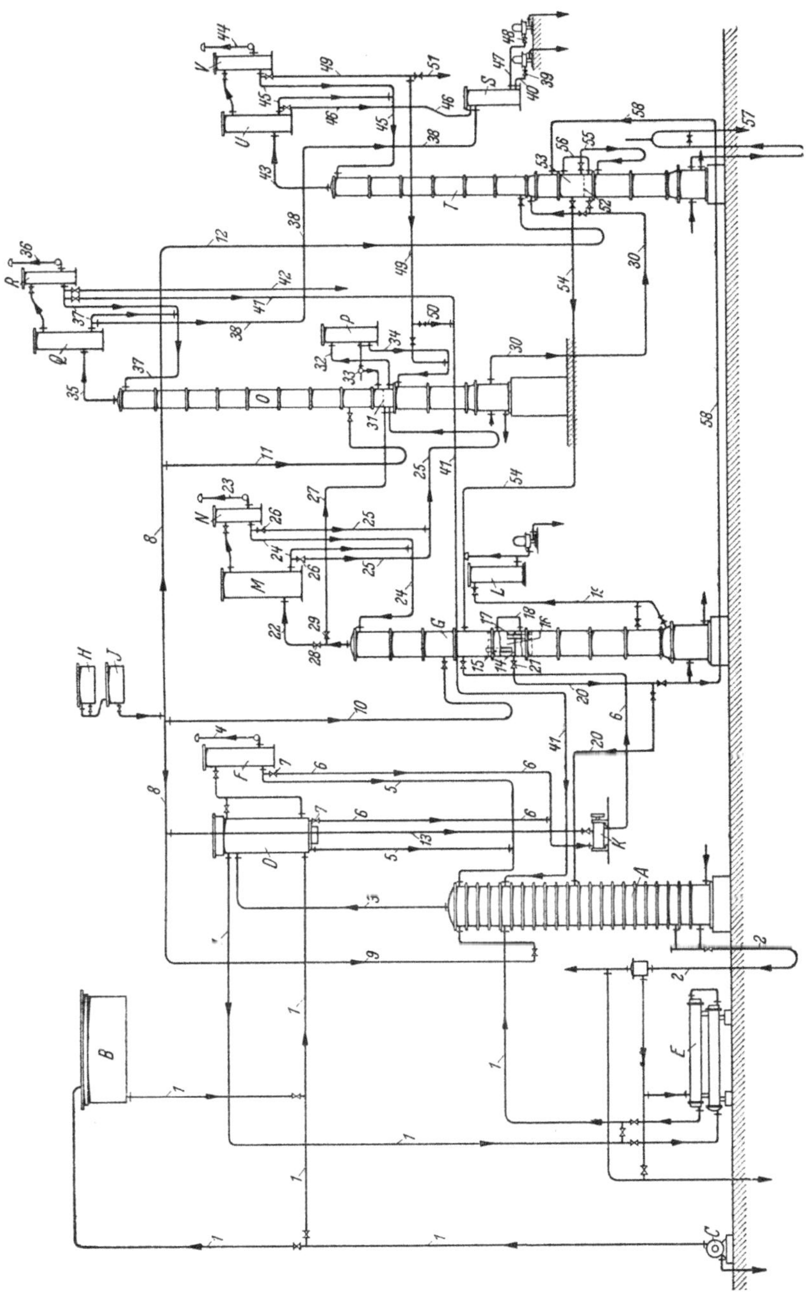

Abb. 182. Plan einer Rektifizieranlage zur Trennung von Azeton, Äthylalkohol, Butylalkohol und Wasser (VEB Maschinen- und Apparatebau Grimma i. Sa.)

Das wäßrige Ausgangsgemisch wird der Trennsäule *A* entweder vom Hochbehälter *B* oder auch mittels einer Pumpe *C* von tiefer angeordneten, auf der Zeichnung nicht dargestellten Behältern, z. B. Gärbottichen, aus durch die Leitungen *1* zugeführt. Auf diesem Wege geht die Flüssigkeit zunächst durch den Kondensatorvorwärmer *D*, in dem die Kondensationswärme des Rohdestillates zur Vorwärmung genutzt wird. Hierauf durchströmt die Flüssigkeit den Wärmeaustauscher *E*,

in dem die aus dem Unterteil der Kolonne *A* durch Rohr *2* austretende, von Azeton, Äthylalkohol und Butylalkohol völlig befreite Flüssigkeit (Schlempe) einen Teil ihrer Wärme an das zu destillierende Rohgemisch abgibt. Der Unterteil der Kolonne *A* wird direkt mit Dampf beheizt. Der Oberteil der Säule *A* ist durch das Rohr *3* mit dem Kondensatorvorwärmer *D* verbunden, an dem der Gasabscheider *F* angeschlossen ist. Im Kondensatorvorwärmer *D* wird das aus der Kolonne entweichende Dampfgemisch verflüssigt. Nicht kondensierbare Gase werden durch das Rohr *4* aus dem Gasabscheider *F* abgeführt. Das gasfreie Kondensat geht zum Teil durch die Leitungen *5* in die Kolonne *A* zurück, zum Teil gelangt es durch die Leitungen *6* zur Butylalkoholkolonne *G*. Die Mengen von Rücklauf und Destillat werden durch die Ventile *7* geregelt. Aus den Laugebehältern *H* und *J* kann zum Zwecke der Neutralisation flüchtiger Säuren Alkalilösung in die Säule *A* oder in die bereits von Kohlensäure befreiten Zwischendestillate gegeben werden. Die Alkalilösung wird entweder unmittelbar in die Kolonnen geführt, oder sie wird in besonderen stetig wirkenden Neutralisationsvorrichtungen mit den betreffenden Destillaten zusammengebracht. Für die Zuführung der Lauge zu den Kolonnen sind die Leitungen *8* bis *12* vorgesehen, die mit den erforderlichen Absperrorganen ausgestattet sind. Eine Neutralisationsvorrichtung *K* ist beispielsweise in Leitung *6* eingeschaltet. Die Lauge wird durch die Leitungen *8* und *13* zugebracht. Das der Butylalkoholkolonne *G* zufließende Gemisch wird in dem oberhalb des Blindbodens *14* befindlichen Kolonnenteil zerlegt in ein vorwiegend aus Azeton und Äthylalkohol bestehendes und nur wenig Butylalkohol und Wasser enthaltendes Destillat einerseits und in ein von Azeton und Äthylalkohol weitgehend befreites Butylalkohol-Wassergemisch andererseits. Die letztgenannte Flüssigkeit gelangt durch das Rohr *15* in einen durch den Blindboden *14* nach unten abgeschlossenen Scheideraum *16*. Hier scheidet sich die Flüssigkeit in zwei Schichten. Die obere, butylalkoholreiche Schicht wird durch das Überlaufrohr *17* in den unterhalb des Blindbodens befindlichen, mit indirekter Heizung versehenen Kolonnenteil geleitet. In diesem wird der Butylalkohol durch Abdestillieren des azeotropen Butylalkohol-Wassergemisches entwässert. Gleichzeitig werden etwaige Azeton- und Äthylalkoholanteile aus dem Butylalkohol abgetrieben. Die Destillationsdämpfe treten unterhalb des Blindbodens *14* aus dem unteren Kolonnenteil aus und werden durch das Rohr *18* in den den Scheideraum enthaltenden Teil der Kolonnen zurückgegeben. Der wasserfreie Butylalkohol wird am Fuße der Kolonne durch Rohr *19* abgezogen und nach dem Kühler *L* geleitet. Die untere Schicht der Scheideraumflüssigkeit läuft durch Leitung *20*, in der das Regulierventil *21* angeordnet ist, in die Säule *A* zurück. Aus dem Oberteil der Butylalkoholkolonne *G* gelangen die Destillatdämpfe durch das Rohr *22* nach dem Kondensator *M* und von diesem teilweise nach dem Ergänzungskondensator *N*, der mit einem Entlüftungsrohr *23* versehen ist. Das in den Kondensatoren *M* und *N* verflüssigte Gemisch fließt zu einem Teil durch die Leitungen *24* nach der Kolonne *G* zurück, zum anderen Teil wird das Kondensat durch die Leitungen *25* in die Azetonkolonne *O* geführt; zur Regelung der Mengenverhältnisse sind in den Leitungen *25* die Ventile *26* angeordnet. Eine an das Rohr *22* angeschlossene Leitung *27* gestattet die Umgehung der Kondensatoren *M* und *N*. Nach Schließen des Absperrorgans *28* und Öffnen des Absperrorgans *29* treten die Destillatdämpfe aus Kolonne *G* dann unmittelbar durch Leitung *27* in der Kolonne *O* über. In dieser wird das Azeton durch Rektifikation oben abgeschieden, während die azetonfreie Restflüssigkeit durch Leitung *30* aus dem direkt oder indirekt beheizten Kolonnenunterteil austritt. Zur Verstärkung der Trennwirkung ist die Azetonkolonne *O* mit einem seitlich angeordneten Zwischenkondensator *P* ausgestattet. Ein im Innern der Kolonne *O* angebrachter Blindboden *31* zwingt die Dämpfe, durch Leitung *32* die Kolonne zu verlassen und den Zwischenkondensator *P* zu durchstreichen. Nach Abscheidung eines an höher siedenden Bestandteilen reichen Kondensates gelangen die Dämpfe durch Leitung *33* oberhalb des Blindbodens wieder in die Kolonne *O*. Der im Zwischenkondensator *P* verflüssigte Destillatanteil kehrt durch Rohr *34* unterhalb des Blindbodens *31* in die Kolonne *O* zurück. [Die verstärkende Wirkung des Zwischenkondensators *P* kann auch durch eine zusätzliche Anzahl von Rektifizierböden ersetzt werden (Anmerkung des Verfassers).] Die rektifizierten Azetondämpfe treten aus der Kolonne *O* durch Rohr *35* in den Kondensator *Q* über. An diesen ist der mit dem Entlüftungsrohr *36* versehene Ergänzungskondensator *R* angeschlossen. In den Kondensatoren *Q* und *R* werden die Azetondämpfe verflüssigt. Das Kondensat wird zum Teil durch die Leitungen *37* nach Kolonne *O* zurückgeführt; aus dem Kondensator *Q* läuft es zum Teil durch Rohr *38* nach dem Schlangenkühler *S* und verläßt denselben durch das mit einem Regulierhahn *39* versehene Rohr *40*. Vom Ergänzungskondensator *R* aus kann durch die Leitung *41* Kondensat entnommen und nach der Säule *A* zurückgeleitet werden. Durch Rohr *42* kann im Ergänzungskondensator *R* gebildetes Kondensat aus der Apparatur entfernt werden. Die azetonfreie Restflüssigkeit gelangt durch Rohr *30* in die durch direkte oder indirekte Dampfzufuhr beheizte Äthylalkoholkolonne *T*. Diese liefert nach oben hochgradigen Äthylalkohol und nach unten völlig entgeistetes Wasser. Die Dämpfe des Äthylalkoholrektifikates verlassen die Kolonne *T* durch das Rohr *43*. Sie werden im Kondensator *U* und im Ergänzungskondensator *V* verflüssigt. Der Ergänzungskondensator *V* ist mit dem Entlüftungsrohr *44* versehen. Das Kondensat kehrt zum Teil durch die Leitungen *45* in die Äthylalkoholkolonne *T* zurück. Vom Kondensator *U* wird ein Teil des Kondensates durch Rohr *46* nach dem Kühler *S* geführt, aus dessen zweiter Schlange der hochprozentige Äthylalkohol durch Rohr *47* und Regulierventil *48* abläuft. Die am Ergänzungskondensator *V* angeschlossene Leitung *49* ermöglicht die Rückführung von Kondensat nach der Azetonkolonne *O*. Durch das Verbindungsrohr *50* kann dieser Destillatanteil über Leitung *41* nach der Destillierkolonne *A* geleitet werden. Durch Rohr *51* wird das betreffende Kondensat erforderlichenfalls aus der Apparatur ausgeschieden. Der mit der Restflüssigkeit durch Leitung *30* in die Äthylalkoholkolonne *T* gelangte Anteil des Butylalkohols reichert sich im mittleren Teil der Kolonne an, in der ein durch den Blindboden *52* nach unten abgeschlossener Scheideraum *53* eingebaut ist. Die in diesem angesammelte Flüssigkeit zerlegt sich in zwei Schichten, deren obere, butylalkoholreiche, durch Leitung *54* stetig abgezogen und mittels einer auf der Zeichnung nicht dargestellten Pumpe nach der Butylalkoholkolonne *G* befördert wird. Die untere, vorwiegend wäßrige Schicht läuft durch Rohr *55* in die unterhalb des Blindbodens *52* befindliche Entgeistungskolonne. Die Destillatdämpfe dieses Kolonnenteiles treten durch das Rohr *56* oberhalb des Flüssigkeitsspiegels in den Scheideraum *53* über. Das Lutterwasser verläßt den Unterteil der Kolonne *T* durch Rohr *57*. Für den Fall, daß die im Scheideraum *16* der Butylalkoholkolonne *G* als untere Schicht anfallende Flüssigkeit in der Äthylalkoholkolonne *T* aufgearbeitet werden soll, kann zwischen dem Scheideraum *16* und der Äthylalkoholkolonne *T* durch die absperrbaren Rohre *20* und *58* eine Verbindung hergestellt werden.

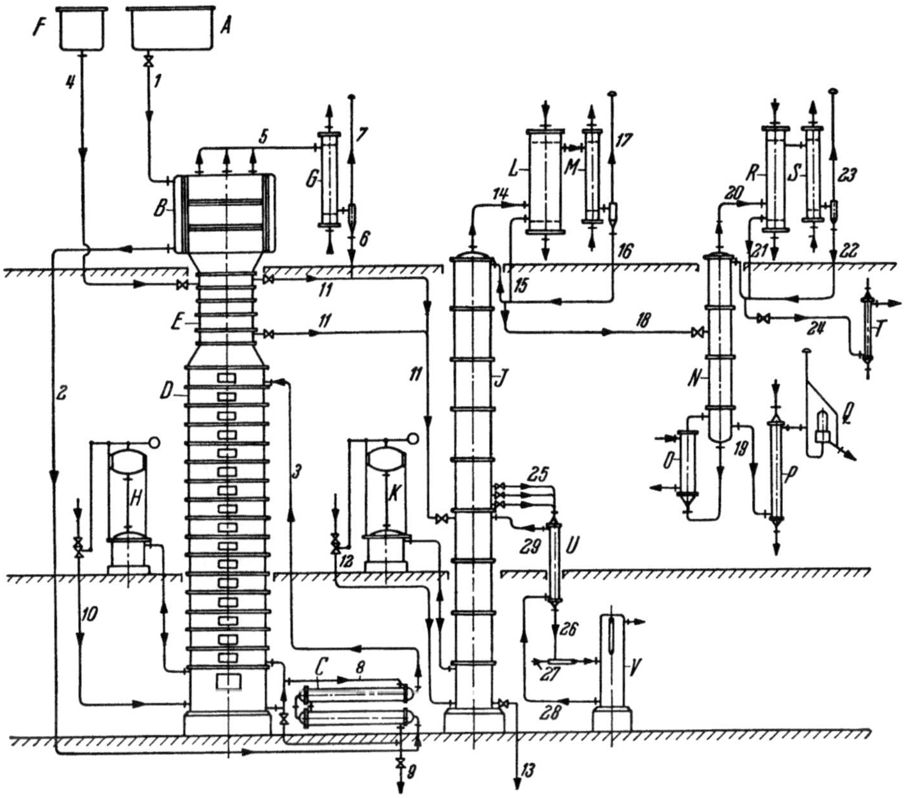

Abb. 183. Plan einer Anlage zur Aufbereitung von Sulfit-Ablauge (ähnlich den Anlagen von VEB Maschinen- und Apparatebau Grimma i. Sa.)

Aus dem Hochbehälter *A* wird das Ausgangsgemisch (Maische) der Abtriebsäule *D* durch die Leitungen *1*, *2* und *3* zugeführt. Auf diesem Wege gelangt es zunächst in den Kondensator-Vorwärmer *B*. Hier wird die Kondensationswärme des Rohdestillates zum Vorwärmen des Ausgangsgemisches ausgenützt. Die noch fehlende Wärme erhält es von der aus dem Sumpf der Säule *D* durch Leitung *8* austretenden Flüssigkeit (Schlempe) im Wärmeaustauscher *C*. Die Schlempe verläßt durch Leitung *9* die Anlage.

Die aus der Abtriebsäule *D* aufsteigenden Dämpfe werden in der aufgesetzten Neutralisationssäule *E* durch Alkalilösung, die aus dem Hochbehälter *F* durch Leitung *4* der Säule zufließt, neutralisiert. Die der Säule *E* entweichenden Dämpfe werden im Kondensator-Vorwärmer *B* niedergeschlagen. Die nicht kondensierbaren Gase, welche in der Hauptsache aus CO_2 bestehen und mit Rohdestillatdämpfen gesättigt sind, gelangen über Leitung *5* zum Gaskühler *G*. In diesem werden durch Frischwasser die Gase weitgehend gekühlt und dabei die Rohdestillatdämpfe bis auf einen kleinen Rest kondensiert. Dieses Kondensat fließt über Leitung *6* zur weiteren Trennung nach Säule *J*, während die nicht kondensierbaren Gase durch Leitung *7* ins Freie abströmen.

Die im Kondensator-Vorwärmer *B* kondensierenden Rohdestillatdämpfe gehen zum Teil als Rücklauf in die Neutralisationssäule *E* zurück, zum Teil werden sie durch Leitung *11* der Rektifiziersäule *J* zugeführt.

Der Sumpf der Abtriebsäule *D* wird mit Wasserdampf beheizt, der unmittelbar in den Apparat eingeblasen wird. Er strömt durch Leitung *10* zu. Seine Menge wird durch den Druckregler *H* geregelt. Das in die Rektifiziersäule *J* fließende Rohdestillat wird zerlegt in das Sumpfprodukt (Lutterwasser), welches die Säule *J* über Leitung *13* verläßt und in das Kopfprodukt, das aus einem hochgradigen Sprit und leichter siedendem Stoff (vornehmlich Azetaldehyd) besteht.

Das dampfförmige Kopfprodukt strömt durch Leitung *14* in den Kondensator *L* und wird vollständig niedergeschlagen. Nichtkondensierbare und mit Leichtersiedendem gesättigte Gase werden im Gaskühler *M* mit Frischwasser gekühlt. Die gekühlten Gase gelangen über Leitung *17* ins Freie, während das anfallende Kondensat zusammen mit dem Kondensat aus dem Kondensator *L* durch Leitung *16* bzw. *15* zum Teil als Rücklauf in die Rektifiziersäule *J* fließt, zum Teil der Säule *N* durch Leitung *18* zugeführt wird.

(Fortsetzung der Legende auf S. 302)

Als besonderes Beispiel für eine solche Koppelung mehrerer Grundvorgänge ist in Abb. 183 der Plan einer Anlage gezeigt, bei welcher auf den Rektifizierböden (der Neutralisationssäule *E* und in der anschließenden Abtriebsäule *D* in Abb. 183) eine zusätzliche chemische Reaktion (Neutralisation mittels Alkalilösung) und eine Desorption (Austreiben von Kohlensäure aus der Flüssigkeit) bezweckt werden.

IV. Rektifikation von idealen Gemischen mit mehr als drei Bestandteilen

1. Ermittlung der Zustandsänderung in der Säule, der Bodenzahl und des Mindestrücklaufverhältnisses mit Hilfe graphischer Methoden

Die rechnerische Behandlung der Trennung von Vielstoffgemischen ist dann möglich und sie wird besonders einfach, wenn die Kennzeichen idealer Lösungen vorliegen, d. h. wenn bei gleichbleibender Siedetemperatur der Dampfteildruck jedes Stoffes seinem Gehalt in der Flüssigkeit in Mol-% verhältnisgleich ist. Solche Gemische stellen beispielsweise Erdöle und ähnliche Öle dar, die sich aus Kohlenwasserstoffverbindungen zusammensetzen. Von den bekanntgewordenen Verfahren[1] zur Verfolgung der Konzentrationen und Ermittlung der Bodenzahl soll im folgenden zuerst dasjenige erläutert werden, welches die allgemeinste Gültigkeit besitzt und das sich am leichtesten an die Betrachtungen über Zweistoffgemische angliedern läßt. Auch hierbei wird die Annahme gemacht, daß die molare Verdampfungswärme unabhängig von der Zusammensetzung des Gemisches ist und daß in der Austauschsäule keine Mischungswärmen auftreten. Es folgt daraus, daß die durch die Verstärkungssäule strömenden Flüssigkeits- und Dampfmengen *F* und *D* [Mol/h] sich nicht ändern. Weisen sie in dem Querschnitt zwischen zwei

[1] Siehe z. B.: Smith, R. L.: Design of fractionating columns for multicomponent mixtures. Trans. Am. Inst. Chem. Eng. **37**, 333 (1941).

(Fortsetzung der Legende von S. 301)

In der Rektifiziersäule *J* reichert sich oberhalb des Zulaufes Fuselöl an. Es wird zusammen mit einem Teil der alkoholhaltigen Bodenflüssigkeit durch die Leitungen *25* abgezogen und durch den Wärmeaustauscher *U* sowie Leitung *26* dem Fuselölabscheider *V* zugeleitet, nachdem es vorher noch mit Frischwasser aus Leitung *27* gemischt wurde. Im oberen Teil des Abscheiders sammelt sich das Fuselöl an und fließt aus diesem in ein Sammelgefäß. Das vom Fuselöl befreite Alkohol-Wassergemisch wird durch Leitung *28*, Wärmeaustauscher *U* und Leitung *29* der Säule *J* wieder zugeführt. Beheizt wird die Säule *J* durch eingeblasenen Dampf aus Leitung *12*, dessen Menge vom Dampfdruckregler *K* geregelt wird.

Das der Säule *N* durch Leitung *18* zufließende Gemisch, das aus hochgradigem Sprit und Leichtersiedendem (vornehmlich Azetaldehyd) besteht, wird zerlegt in das Sumpfprodukt (vom Leichtersiedenden befreiter hochgradiger Sprit), das flüssig über Leitung *19*, Kühler *P* und Auslaufvorlage *Q* in einen Sammelbehälter fließt und in das Kopfprodukt (vornehmlich Azetaldehyd). Dieses dampfförmige Produkt wird im Kondensator *R* niedergeschlagen. Ein Teil davon dient als Rücklauf und fließt zusammen mit dem Kondensat aus dem Gaskühler *S* über Leitung *21* und *22* in die Säule zurück. Der andere Teil wird über Leitung *24* und Kühler *T* nach einem Sammelgefäß geleitet. Nichtkondensierbare gekühlte Gase gelangen aus Gaskühler *S* durch Leitung *23* ins Freie.

Die Heizwärme wird der Säule *N* durch Heizdampf zugeführt, welcher in dem Heizkörper *O* kondensiert.

Böden die Gehalte x_F, y_F, z_F usw. [Mol-%] in der Rücklaufflüssigkeit und x_D, y_D, z_D usw. [Mol-%] im Dampf auf, so kann für jeden der beliebig vielen Stoffe eine Gleichung angegeben werden, wie sie die Beziehung (247) darstellt. Sie besagt, daß in einem Darstellungsbild, das für jeden Bestandteil entworfen wird und in dem als Abszisse der Gehalt des jeweiligen Stoffes in der Flüssigkeit und als Ordinate der Gehalt im Dampf aufgetragen wird, die Abhängigkeit der Dampf- von der Flüssigkeitskonzentration durch eine Gerade gegeben ist. Für jeden Stoff kann demnach eine Verstärkungsgerade angegeben werden[1, 2]. Alle Verstärkungsgeraden verlaufen parallel und haben gegen die Abszisse eine Neigung, welche durch das Verhältnis F/D festgelegt ist. Jede Gerade schneidet die Diagonale des Schaubildes in einem Punkte, dessen Abszissenwert dem Gehalt des betreffenden Stoffes im Erzeugnis gleich ist. In Abb. 184 ist die Verstärkungsgerade einer Komponente mit dem Destillatgehalt x_E wiedergegeben. Auch der Schnittpunkt B der Verstärkungsgeraden mit der Ordinate ist wie bei den Zweistoff- oder Dreistoffgemischen durch den Ordinatenabschnitt o gemäß Gl. (113) festgelegt, wobei das Rücklaufverhältnis v ebenfalls das Verhältnis der Rücklaufmenge F zur Destillatmenge E darstellt.

Für die unterhalb der Zulaufstelle des zu trennenden Gemisches liegende Abtriebsäule gilt ähnliches, wie es für die Verstärkungssäule erläutert ist. Nach den Gln. (249) kann für jeden der beliebig vielen Stoffe eine Abtriebsgerade angegeben werden. Im Darstellungsbild hat jede dieser Geraden gemäß Gl. (248) gegen die Abszisse die gleiche Neigung, die durch das Verhältnis F'/D' der Flüssigkeits- und Dampfmenge bestimmt ist. Den Schnittpunkt jeder Abtriebsgeraden mit der Diagonalen des Darstellungsbildes gibt wie bei den Zwei- und Dreistoffgemischen der Gehalt des jeweiligen Stoffes im Ablauf an [s. Gl. (173)]. In Abb. 184 ist die Abtriebsgerade eines Stoffes mit dem Gehalte x_A im Ablauf wiedergegeben. Auch der Schnittpunkt der Verstärkungs- und der Abtriebsgeraden ist wie bei den Zweistoffgemischen durch den Gehalt des jeweiligen Stoffes im Zulauf und durch dessen Temperatur durch die Gln. (182, 183 u. 188) vorgegeben. Strömt beispielsweise die Mischung mit der Siedetemperatur auf dem Einlaufboden zu, so schneiden sich Verstärkungs- und Abtriebsgerade in einem Punkt, dessen Abszissenwert im Darstellungsbild durch den Gehalt des Stoffes im Zulauf gegeben ist.

Zu der Verstärkungs- und Abtriebsgeraden kommt bei idealen Gemischen eine zweite Berechnungsunterlage hinzu, welche gestattet, die

[1] Lewis, W. K., and G. L. Matheson: Design of rectifying columns for natural and refinery gasoline. Ind. Eng. Chem. **24**, 494 (1932).

[2] Cope jr., I. Q., u. W. K. Lewis: Graphical method of computation for rectifying complex hydrocarbon mixtures. Ind. Eng. Chem. **24**, 498 (1932).

Zusammensetzung eines Dampfes anzugeben, welcher aus einer Flüssigkeit mit bekannter Konzentration beim Sieden entsteht. Aus den Gln. (4), (9) und (9a) folgt nämlich

$$\left.\begin{aligned} x_D &= \frac{P_x}{p}\, x_F\,, \\ y_D &= \frac{P_y}{p}\, y_F\,, \\ z_D &= \frac{P_z}{p}\, z_F\,. \end{aligned}\right\} \tag{252}$$

Danach ist der Gehalt eines beliebigen Stoffes im Dampf berechenbar aus dem Gehalt des Stoffes in der Flüssigkeit, dem Siededruck, desselben Stoffes in reinem Zustande bei der vorliegenden Siedetemperatur und

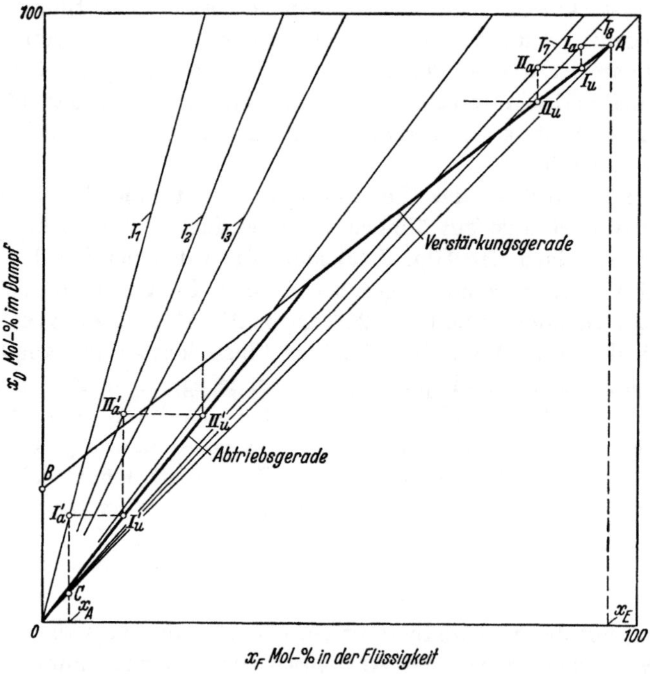

Abb. 184. Verfahren zur Ermittlung der theoretischen Bodenzahl eines stetig arbeitenden Rektifizierapparates zur Trennung eines idealen Gemisches mit mehr als drei Komponenten

aus dem Gesamtdruck, bei dem die Verdampfung des Gemisches stattfindet. Der Dampfgehalt für eine bestimmte Siedetemperatur ist also unmittelbar verhältnisgleich dem Flüssigkeitsgehalt. Die Gleichgewichtszustände für frei wählbare Siedetemperaturen sind deshalb in einem

Zustandsbild, in welchem der Flüssigkeitsgehalt eines Bestandteiles auf der Abszisse und der Dampfgehalt auf der Ordinate aufgetragen sind, durch Geraden gegeben, welche durch den Ursprung des Bildes verlaufen und deren Neigung gegen die Abszisse durch das Verhältnis des Siededruckes des reinen Stoffes bei der vorliegenden Temperatur, für welche die Gerade gilt, zum Gesamtdestillationsdruck bestimmt ist. In Abb. 184 sind derartige Gleichgewichtsgeraden für einen Stoff eines Vielstoffgemisches für verschiedene absolute Siedetemperaturen T_1, T_2 usw. wiedergegeben. Übt der Rücklaufkondensator keine verstärkende Wirkung aus, so ist in Abb. 184 der Gehalt des Destillates, des Rücklaufes auf den obersten Verstärkungsboden und des von diesem Boden aufsteigenden Dampfes durch Punkt A gegeben. Es sei ferner die Siedetemperatur auf dem obersten Boden der Verstärkungssäule bekannt und die Annahme gemacht, daß auf allen Rektifizierböden Flüssigkeitsdurchmischung und vollkommener Austausch stattfinden. Letzteres besagt, daß der von einem Boden aufsteigende Dampf mit der Flüssigkeit im Gleichgewicht steht, welche von demselben Boden abläuft. Für die Verhältnisse der Abb. 184 sei die Siedetemperatur auf dem obersten Boden der Verstärkungssäule mit T_8 gegeben, der eine bestimmte in dem genannten Bild eingetragene Gleichgewichtsgerade entspricht. Auf ihr liegt der Gleichgewichtspunkt I_a, welchem derselbe Dampfgehalt wie dem Punkte A zugeordnet ist, und welcher den Zusammenhang des Gehaltes im Dampf, der vom obersten Boden aufsteigt, und des Gehaltes in der Flüssigkeit, welche von demselben Boden abläuft, angibt. Die Senkrechte durch den Punkt I_a schneidet die Verstärkungsgerade im Punkt I_u. Durch dessen Ordinate ist der Gehalt des Bestandteiles in dem Dampf angegeben, der dem obersten Boden der Verstärkungssäule zuströmt und vom zweiten Boden — von oben ab gerechnet — kommt. Dieser Dampf ist aus der Flüssigkeit entstanden zu denken, welche vom zweiten Boden abfließt. Zur Auffindung ihres Gehaltes an dem Bestandteil, für den das Bild gilt, muß der Ordinatenwert des Punktes I_u zum Schnitt mit der Gleichgewichtsgeraden für diejenige Siedetemperatur gebracht werden, welche auf dem zweiten Boden vorliegt. Diese ist aber (falls sie nicht aus Betriebsbeobachtungen gegeben ist) im allgemeinen unbekannt. Sie kann nur durch Probieren und durch Erfüllung einer dritten Bedingung gefunden werden, nach der die Summe der Gehalte an den einzelnen Stoffen in der von jedem, also auch vom zweiten Boden ablaufenden Flüssigkeit den Wert 100 ergeben muß. Dabei muß für jeden Bestandteil die Verstärkungsgerade in seinem Zustandsbild wiedergegeben und die Veränderung der Zustände in der gezeigten Art verfolgt werden. Aus dem so gefundenen und in Abb. 184 angegebenen Punkt II_a folgt der auf der Verstärkungsgeraden liegende Punkt II_u. Er gibt den Zusammenhang zwischen Flüssigkeits- und Dampfgehalt in einem waagerechten Querschnitt unter dem zweiten Boden an. Die durch ihn verlaufende Abszissenparallele liefert auf der Gleichgewichtsgeraden für die auf dem dritten Boden herrschende Siedetemperatur einen Gleichgewichtspunkt, welcher den Gehalt im Rücklauf angibt, der den dritten Boden verläßt. Diese Temperatur muß auf die gleiche Weise wie diejenige auf dem zweiten Boden ermittelt werden. Auf die gezeigte Art ist es möglich, schrittweise die Konzentrationen und Temperaturen in der Verstärkungssäule von Boden zu Boden zu verfolgen. Bei Flüssigkeitsgehalten, die kleiner sind als der, welchen der Schnittpunkt der Verstärkungs- und Abtriebsgeraden angibt, muß auf die Abtriebsgerade übergegangen werden, indem dann die unteren Eckpunkte des Treppenlinienzuges auf die Abtriebsgerade zu liegen kommen.

Bei der Ermittlung der Konzentrations- und Temperaturänderung in der Rektifiziersäule kann aber auch von der Zusammensetzung des Ablaufes ausgegangen werden. Sind dessen Siedetemperatur mit T_1 und sein Gehalt x_A am betreffenden Stoff gegeben, so kann gemäß Abb. 184 der Gehalt eines Bestandteiles in dem von der Destilliereinrichtung aufsteigenden Dampf durch den Gleichgewichtspunkt I'_a angegeben werden, welcher auf der für T_1 geltenden Gleichgewichtsgeraden liegt und den Abszissenwert x_A aufweist. Die Abszissenparallele durch I'_a schneidet die Abtriebsgerade im Punkt I'_u. Dieser gibt die Abhängigkeit des Dampfgehaltes vom Flüssigkeitsgehalt im waagerechten Querschnitt unter dem ersten (untersten) Boden der Abtriebsäule an. Weil der von diesem Boden aufsteigende Dampf im Gleichgewicht mit der Flüssigkeit auf diesem Boden und dadurch mit dem Ablauf dieses Bodens steht, kann sein Gehalt an dem Einzelstoff durch einen Gleichgewichtspunkt II'_a gefunden werden, der im Darstellungsbild 184 auf der Senkrechten durch Punkt I'_u und auf der Gleichgewichtsgeraden liegt, welche für die auf dem ersten Boden herrschende Siedetemperatur gilt. Diese kann aber nur durch schrittweises Probieren aus der erwähnten entsprechenden Bedingung heraus gefunden werden, daß die Summe der Gehalte der einzelnen Stoffe in dem von jedem und damit auch vom ersten Boden der Abtriebsäule aufsteigenden Dampf den Wert 100 ergeben muß. Die Parallele zur Abszisse durch den so ermittelten Punkt II'_a liefert auf der Abtriebsgeraden den Schnittpunkt II'_u, der den Zusammenhang zwischen Dampf- und Flüssigkeitsgehalt im Querschnitt unter dem zweiten Boden der Abtriebsäule angibt. Aus ihm kann ein Gleichgewichtspunkt III'_a gefunden werden, so wie Punkt II'_a aus I'_a hervorging usw. Bei Flüssigkeitskonzentrationen, die größer sind als der durch den Schnittpunkt der Verstärkungs- und Abtriebsgeraden festgelegte Abszissenwert, wird auf die Verstärkungsgerade übergegangen.

Unabhängig davon, ob bei der Bodenzahlermittlung von der Destillat- oder Ablaufzusammensetzung ausgegangen wird, ist die in beiden Fällen gleiche theoretische Zahl von Rektifizierböden gleich der Anzahl der auf der Verstärkungs- und Abtriebsgeraden liegenden Eckpunkte I_u, II_u, $III_u \ldots$, I'_u, II'_u, III'_u, ... Man kann auch von den beiden Punkten A und C (s. Abb. 184) beim Zeichnen des Treppenlinienzuges ausgehen und jeweils die Eckpunkte auf den beiden Geraden zwischen den Ausgangspunkten und ihrem Schnittpunkt aufsuchen. Wird diese Anzahl durch das mittlere Verstärkungsverhältnis s_M (s. Abschn. D V, 3) geteilt, so erhält man die wirkliche Bodenzahl.

Zahlenbeispiel[1]: Es sind theoretische Bodenzahl und die Zustandsänderung in einer Rektifiziersäule zur Zerlegung eines Ausgangsgemisches aus verschiedenen Kohlenwasserstoffen bei einem Gesamtdruck von $p = 21$ ata und einer Siedetemperatur von 84° C sowie bei einem Rücklaufverhältnis von $v = 2$ zu ermitteln. Ein Mol des Gemisches besteht aus 0,34 Molen Flüssigkeit und 0,66 Molen Dampf. Die

Stoff	Ausgangsgemisch		Erzeugnis		Ablauf	
	Mole	Mol-%	Mole	Mol-%	Mole	Mol-%
Methan	26	26	26,0	43,4	—	—
Äthan	9	9	9,0	15,0	—	—
Propan	25	25	24,6	41,4	0,4	1,0
Butan	17	17	0,3	0,5	16,7	41,6
Pentan	11	11	—	—	11,0	27,4
Hexan	12	12	—	—	12,0	30,0
Summe	100	100	59,9	100	40,1	100

mittlere Zusammensetzung des teils dampfförmigen und teils flüssigen Ausgangsgemisches ist in der vorstehenden Zahlentafel angegeben.

Durch Angabe des Gesamtdruckes ist es unter Vernachlässigung des Druckverlustes im durch die Säule strömenden Dampf möglich, die Gleichgewichtskonstanten K der einzelnen Komponenten unter Benützung der Abb. 27 in Abhängigkeit von der Siedetemperatur zu bestimmen. Sie sind in Abb. 185 wiedergegeben, wobei im oberen Teil der genannten Abbildung der einfacheren Wiedergabe wegen für die Stoffe Methan und Äthan besondere Skaleneinteilungen eingetragen sind. Die Zahlen, welche den Senkrechten, die zu bestimmten Temperaturen gehören, beigeschrieben sind, geben unmittelbar die Gleichgewichtskonstanten K bei den jeweiligen Temperaturen an. Aus der Gl. (27) folgt

$$x_D = \frac{F'_{x0}}{F''_x} x_F = K x_F .$$

Ferner müssen die Summe der Gehalte der einzelnen Stoffe im Dampf und die Summe der Gehalte der Komponenten in der Flüssigkeit den Zahlenwert 100 ergeben.

Mit Hilfe dieser Beziehungen wurden die zu dem Druck von 21 ata gehörige Siedetemperatur des Ausgangsgemisches zu $t = 84°$ C und ferner die Temperatur

[1] Die zahlenmäßige Durchrechnung des Beispieles verdankt der Verfasser seinem ehemaligen Mitarbeiter Herrn Dipl.-Ing. R. Schumacher.

des Ablaufgemisches zu $t = 163°$ C sowie die Temperatur des Destillates zu $t = 19°$ C ermittelt. Die damit bekannten Zahlenwerte der Gleichgewichtskonstanten ermöglichen die Wiedergabe der Gleichgewichtsgeraden in den Abb. 186, 187 und 188. Zur Festlegung der Abtriebsgeraden ist die Kenntnis des Schnittpunktes letzterer mit der Verstärkungsgeraden durch Auffindung der Lage der Schnittpunktsgeraden erforderlich. Der Zahlenwert e muß dabei mit der Gl. (176) errechnet werden. Die mittlere Verdampfungswärme der Komponenten hat den Zahlenwert 2342 kcal/Mol[1] und für die Flüssigkeitswärme gilt $q_S = 46 \times 44 = 2010$ kcal/Mol. Die erstgenannte

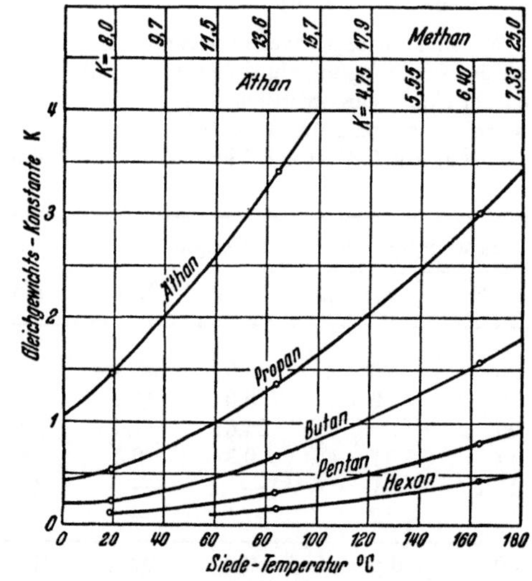

Abb. 185. Gleichgewichtskonstante von Kohlenwasserstoffen in Abhängigkeit von der Siedetemperatur bei einem Druck von 21 ata

Zahl 46 des Produktes stellt das mittlere Molekulargewicht und die zweitgenannte Zahl 44 den Wärmeinhalt je kg Flüssigkeit des Gemisches dar[2].

Bei der Errechnung des Wertes q_M ist letzterer als Gesamtwärmeinhalt des zugeführten Dampf-Flüssigkeitsgemisches zu deuten. Weil der Gesamtwärmeinhalt eines dampfförmigen Moles den Wert $2342 + 2010 = 4352$ hat[2], ergibt sich

$$e = \frac{r + q_S - q_M}{r} = \frac{2342 + 2010 - 3552}{2342} = 0{,}34 \,.$$

Mit dem an Hand der Abb. 184 erläuterten Verfahren ist in Abb. 186 die Verfolgung des Propangehaltes in der Säule gezeigt. Dabei wird zweckmäßigerweise von der Ablaufzusammensetzung ausgegangen und der Gehalt der 4 Komponenten soweit von Boden zu Boden ermittelt, bis das Hexan und das Pentan praktisch verschwinden. Dann werden von der Destillatzusammensetzung ausgehend die Gehalte der Stoffe in der Verstärkungssäule ermittelt und dabei festgestellt, wie sie sich vom Kopf der Säule ab nach unten verändern. Der Methan-

[1] Siehe Fußnote 1, S. 99.

[2] GROSSE, L.: Arbeitsmappe für Mineralölingenieure. Düsseldorf: VDI-Verlag 1951.

gehalt auf dem 11. Verstärkungsboden (von oben ab gerechnet, Einlaufboden) beträgt nur noch 1 Mol-%. Weiter nach unten in der Säule beginnt das Methan zu verschwinden. Bei der praktischen Durchrechnung derartiger Zahlenbeispiele,

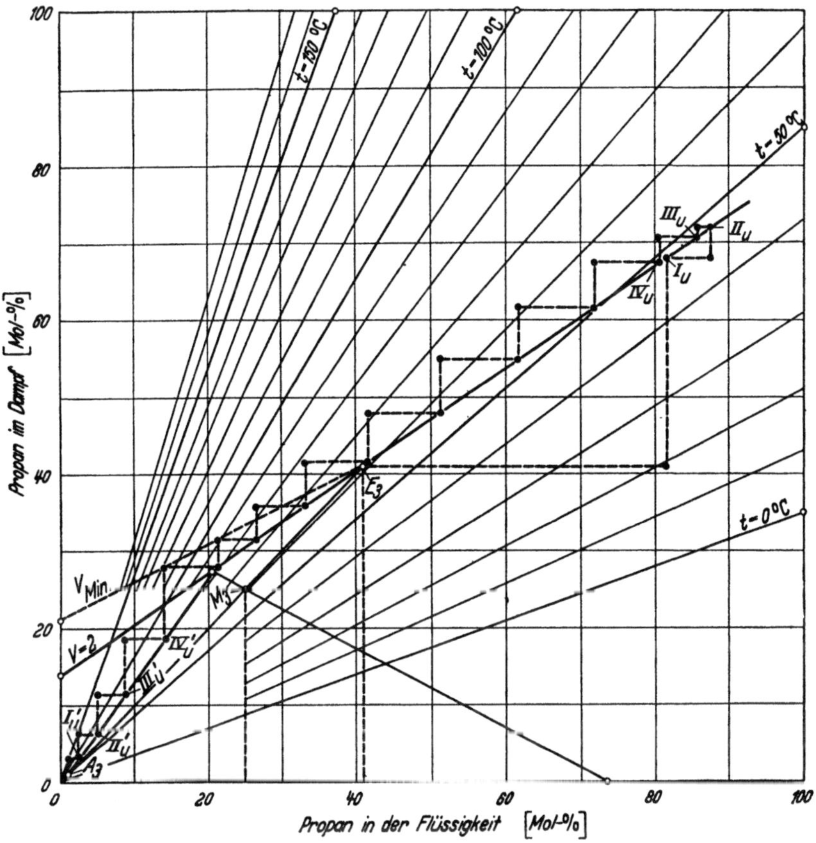

Abb. 186. Veränderung des Propangehaltes im stetig arbeitenden Rektifizierapparat

bei denen ein Stoff in noch großer Menge im Dampf, in der Flüssigkeit aber praktisch nicht mehr vorhanden ist, muß in der Gl. (112) der Geraden für die Verstärkungssäule gesetzt werden $x_F = 0$, so daß x_D einen konstant bleibenden Wert annimmt. Der Propangehalt des Destillates mit 41,4 Mol-% liefert den Schnittpunkt E_3 der Verstärkungsgeraden mit der Diagonalen (s. Abb. 186).

Aus ihm folgt der auf der Gleichgewichtsgeraden für $t = 19°$ C liegende Gleichgewichtspunkt, aus dem der Punkt I_u auf der Verstärkungsgeraden gefunden wird. Dieser gibt die Abhängigkeit des Flüssigkeitsgehaltes vom Dampfgehalt im waagerechten Querschnitt unter dem obersten Boden der Verstärkungssäule an. Entsprechendes gilt für die Punkte II_u, III_u, IV_u usw. und für die auf der Abtriebsgeraden liegenden Punkte I'_u, II'_u, III'_u und IV'_u. In der geschilderten Weise wird die Veränderung des Butangehaltes gemäß Abb. 187 und die Veränderung der Gehalte der anderen 4 Komponenten gemäß Abb. 188 ermittelt. Auch für Butan muß zuerst von der Ablaufkonzentration ausgegangen werden. Durch seinen Gehalt von 41,6 Mol-% ist der Schnittpunkt A_4 der Abtriebsgeraden mit der Diagonalen gegeben (s. Abb. 187). Die Senkrechte auf der Abszisse bei dem Werte von 41,6 Mol-% schneidet die Gleichgewichtsgerade für $t = 163°$ C in einem Punkte, welcher durch seinen Ordinatenwert den Butangehalt in dem Dampf angibt, welcher dem untersten Boden der Abtriebsäule zuströmt. Die Parallele zur Abszisse durch

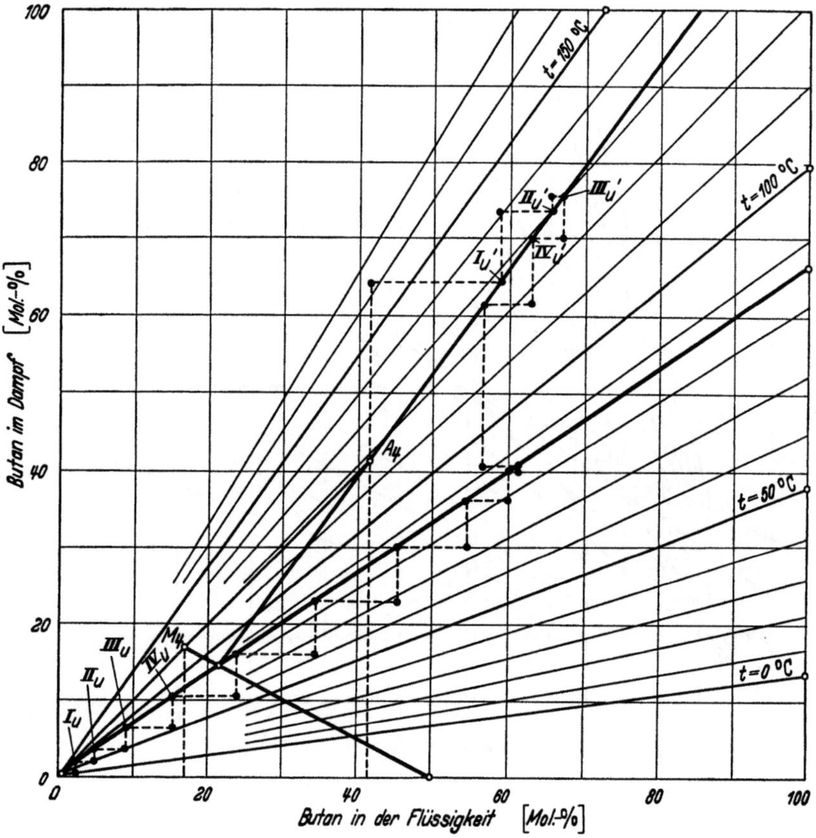

Abb. 187. Veränderung des Butangehaltes im stetig arbeitenden Rektifizierapparat

den genannten Punkt liefert auf der Abtriebsgeraden den Schnittpunkt I'_u. Er gibt die Zusammensetzung zwischen Flüssigkeits- und Dampfgehalt von Butan im waagerechten Querschnitt unter dem ersten (untersten) Abtriebsboden an, während die Punkte II'_u, III'_u und IV'_u für die Querschnitte unter dem zweiten, dritten und vierten Boden der Abtriebsäule gelten. Die Gehalte im Dampf und in der Flüssigkeit unter dem ersten (obersten), zweiten usw. Austauschboden der Verstärkungssäule sind an den Punkten I_u, II_u, III_u und IV_u usw. abzulesen. Die Verstärkungsgerade für Butan schneidet die Diagonale bei dem Abszissenwert von 0,5%. Danach ergeben sich für die Abtriebsäule 4 und für die Verstärkungssäule 11 theoretisch arbeitende Böden.

Die Veränderung der Gehalte eines jeden Stoffes geht aus Abb. 189 hervor, in welchem der Gehalt eines jeden Stoffes in der von dem jeweiligen Boden ablaufenden Flüssigkeit über der Bodenzahl aufgetragen ist. Zusätzlich sind durch die Endpunkte der Kurven die Gehalte im Ablauf und im Destillat angegeben. Die an den gleichen Stellen herrschenden Temperaturen sind aus Abb. 190 ersichtlich.

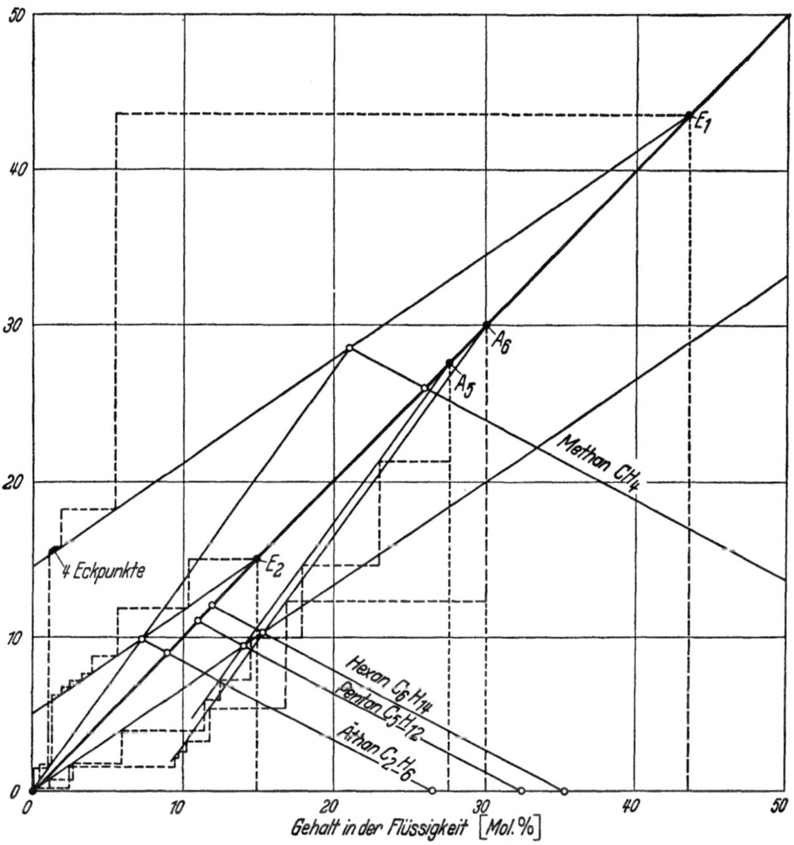

Abb. 188. Veränderung des Gehaltes von Methan, Äthan, Pentan und Hexan in der Rektifiziersäule

Nach Kenntnis der Abb. 189 muß nachträglich bemerkt werden, daß bei der Verfolgung der Gehalte in der Abtrieb- und in der Verstärkungssäule zunächst nur die Stoffe berücksichtigt werden, welche im Ablauf und im Destillat enthalten sind. Es zeigt sich, daß z. B. vom Pentan (s. Abb. 189), welches im Destillat nicht enthalten ist, ein Rest in der Verstärkungssäule in Erscheinung tritt, der bei der Bestimmung der Gehalte in der Verstärkungssäule bei der erstmaligen Einzeichnung der Stufen in den Bildern nicht berücksichtigt war, bei welcher vom obersten Boden der Verstärkungssäule ausgegangen wurde. Es ist deshalb nötig, eine Korrektur dadurch vorzunehmen, daß man die Stufen ein zweites Mal für den Bereich der Böden zeichnet, in welchem ein Pentangehalt gemäß Abb. 189 auftritt. Entsprechendes gilt für andere Gehalte.

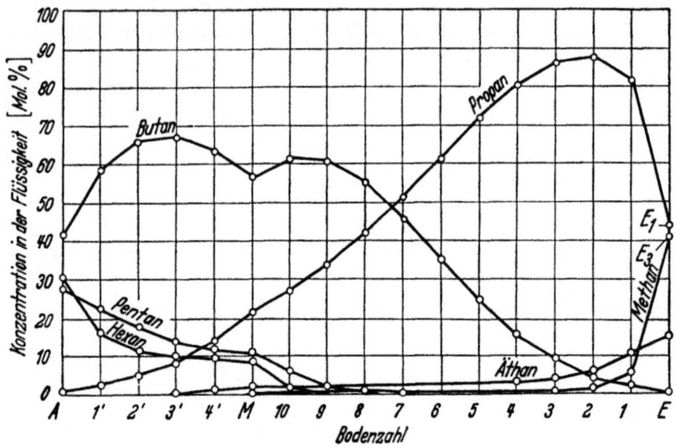

Abb. 189. Veränderung der Zusammensetzung der einzelnen Stoffe im Rektifizierapparat bei einem Rücklaufverhältnis von $v = 2$

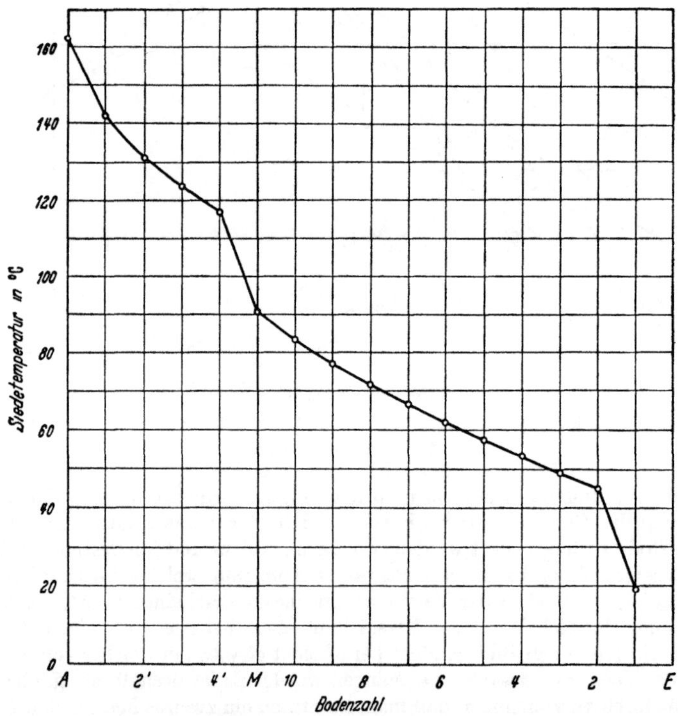

Abb. 190. Temperaturänderung im stetig arbeitenden Rektifizierapparat bei einem Rücklaufverhältnis von $v = 2$

Bei totalem Rücklauf (Rücklaufverhältnis $v = \infty$) fallen sowohl Verstärkungs- als auch Abtriebsgerade mit der Diagonalen zusammen. Für diesen Fall ist das Ergebnis der Auswertung in Abb. 191 wiedergegeben, in dem wieder die Konzentration in der Ablaufflüssigkeit eines Bodens über der Bodenzahl aufgetragen ist. Die Temperaturänderung von Boden zu Boden ist jetzt am stärksten, wie es Abb. 192 für $v = \infty$ zeigt.

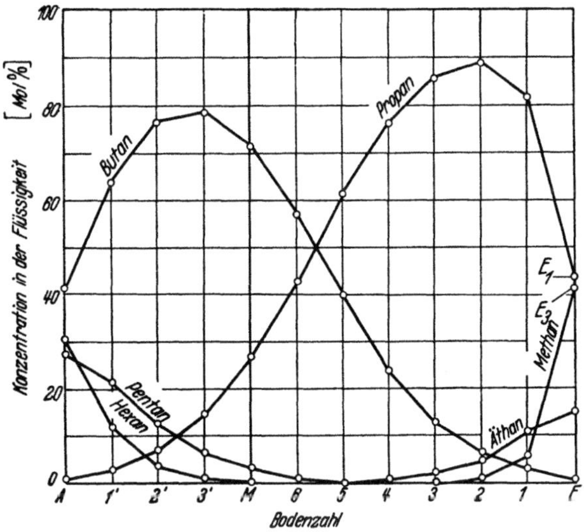

Abb. 191. Veränderung der Zusammensetzung der einzelnen Stoffe im Rektifizierapparat bei totalem Rücklauf (Rücklaufverhältnis $v = \infty$)

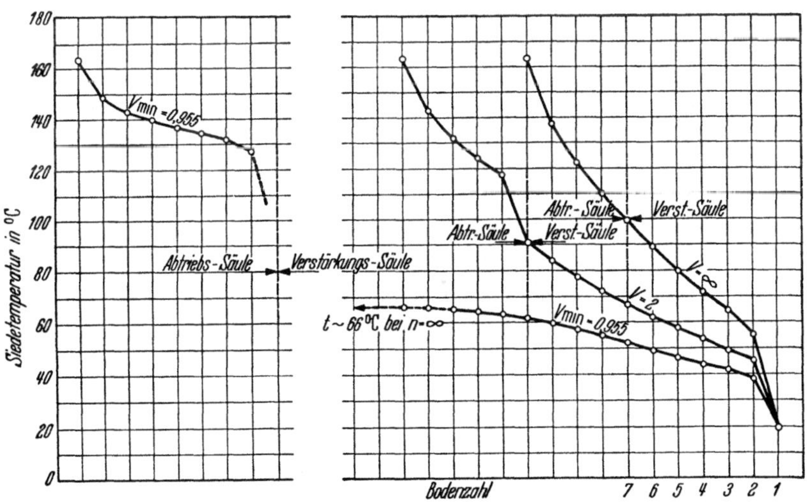

Abb. 192. Siedetemperatur in Abhängigkeit von der Bodenzahl für verschiedene Rücklaufverhältnisse

Mit abnehmendem Rücklaufverhältnis wird diese Temperaturänderung kleiner, bis man schließlich zu einem Rücklaufverhältnis gelangt, bei dem sich die Temperatur mit fortschreitender Bodenzahl (von oben ab gerechnet) immer weniger ändert, um sich im untersten Teil der Verstärkungssäule einem gleichbleibenden Grenzwert zu nähern. Dieser Grenzwert mit $t = 66°$ C ist nach Abb. 192 praktisch beim dreizehnten Boden (von oben ab gerechnet) erreicht. Das Rücklaufverhältnis, bei welchem sich dieser Grenzwert einstellt, ist das Mindestrücklaufverhältnis. Es hat im vorliegenden Falle den Wert $v_M = 0{,}955$. Für dasselbe hier gewählte Zahlenbeispiel haben mehrere Forscher, auf ganz anderen

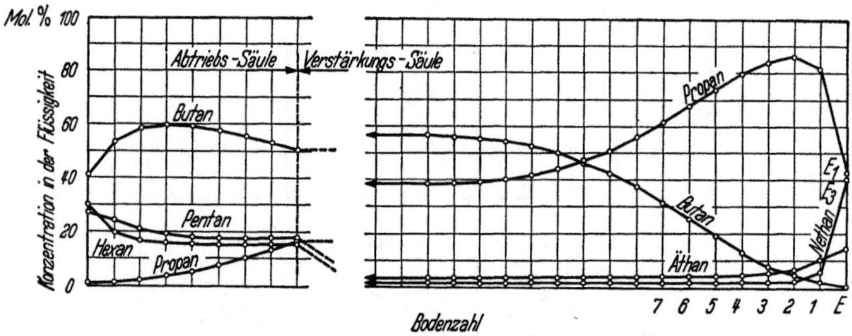

Abb. 193. Veränderung der Konzentrationen der einzelnen Stoffe im stetig arbeitenden Rektifizierapparat beim Mindestrücklaufverhältnis $v_M = 0{,}955$

Wegen als vorstehend erstmalig vom Verfasser angegeben, den gleichen Zahlenwert für v_M gefunden[1,2,3]. Es erfüllt die Bedingung, nach welcher die Bodenzahl unendlich groß wird, wobei nicht nur die Temperatur, sondern auch die Konzentrationen der einzelnen Stoffe im unteren Teil der Verstärkungssäule sich einem konstanten Grenzwerte nähern. Letzteres beweist Abb. 193. Die Bodenzahl nimmt einen endlichen Wert an, wenn v_M um einen beliebig kleinen Betrag vergrößert wird.

Das vorstehend erläuterte Verfahren ist in seiner Anwendung wohl zeitraubend. Diesem Nachteil steht aber der Vorteil gegenüber, daß es auf die einfachen grundsätzlichen und allgemein gültigen Beziehungen der Rektifikation von Mehrstoffgemischen aufbaut, deshalb auch allgemein anwendbar ist und keiner Erfahrungszahlen bedarf.

Wenn für die Zerlegung von idealen Vielstoffgemischen wie bei komplexen Mischungen Einzelkomponenten getrennt nicht angegeben werden

[1] Scheibel, E. G., and C. F. Montross: Empirical equation for theoretical minimum reflux. Ind. Eng. Chem. **38**, 268—277 (1946).

[2] Colburn, A. P.: Trans. Am. Inst. Chem. Eng. **37**, 805—825 (1941).

[3] Jenny, F. J.: Trans. Am. Inst. Chem. Eng. **35**, 635—677 (1939).

können, so ist das Gemisch durch eine Anzahl von Stoffen ersetzt zu denken (s. Abschn. C III, Abb. 69).

Das auch durch ein Zahlenbeispiel erläuterte Berechnungsverfahren gewährt infolge der graphischen Darstellungsweisen einen klaren Überblick über die maßgebenden Größen und läßt ihre Zusammenhänge deutlich erkennen. Sind die durch die Säulen strömenden Mengen festgelegt und ist darüber hinaus die Zusammensetzung entweder der Ausgangsmischung oder des Destillates oder des Ablaufes gegeben, so sind dadurch alle anderen Größen bestimmt. Das unumgängliche und aus dem Erläuterungstext hervorgehende Probieren erfordert viel Zeit. Aber auch die rechnerischen Methoden zur Behandlung der Vielstoffgemische sind nicht einfach. Führen sie schnell zum Ziel, dann sind die Ergebnisse nicht so genau wie die der graphischen Ausmittlungen.

2. Rechnerische Behandlung der Trennung von idealen Vielstoffgemischen

Es ist eine Anzahl von rechnerischen Verfahren [1–6] zur Bestimmung der wichtigsten Größen von Apparaten zur Trennung von idealen Vielstoffgemischen vorgeschlagen worden. Im folgenden wird eine gegenüber der Originalarbeit[4] etwas abgewandelte Methode erläutert, welche zu den einfachsten zählt. Steht der von einem Rektifizierboden aufsteigende Dampf im Phasengleichgewicht mit dem Ablauf desselben Bodens, was angenommen ist, so kann der Zusammenhang zwischen den Gehalten x_D und x_F eines Stoffes im Dampf und in der Flüssigkeit durch die erste der Gln. (252) angegeben werden. Die Gehalte und Drücke oberhalb und unterhalb eines Bodens werden durch die tief gestellten Zeiger o und u gekennzeichnet. Durch Division der beiden ersten und der beiden letzten der Gln. (252) erhält man

$$\left(\frac{x_D}{y_D}\right)_o = \left(\frac{P_x}{P_y}\right)_o \left(\frac{x_F}{y_F}\right)_u \tag{253a}$$

und

$$\left(\frac{y_D}{z_D}\right)_o = \left(\frac{P_y}{P_z}\right)_o \left(\frac{y_F}{z_F}\right)_u . \tag{253b}$$

---

[1] LEWIS, W. K., and E. R. SMOLEY: Am. Petrol. Inst. Proc., 10th Ann. Meeting XI, Nr. 1, 73 (1930).

[2] UNDERWOOD, A. J. V.: The Theory and Practise of Testing stills. Trans. Inst. Chem. Eng. **10**, 112—152 (1932).

[3] SMITH, R. L.: Design of Fractionating Columns for Multicomponent Mixtures. Trans. Am. Inst. Chem. Eng. **37**, 333—361 (1941).

[4] GILLILAND, E. R.: New Design Calculation for Multicomponent Rectification. Ind. Eng. Chem. **27**, 260—265 (1935).

[5] RIEDIGER, B.: Berechnung von Fraktionskolonnen für Vielstoffgemische. Berlin-Göttingen-Heidelberg: Springer 1951.

[6] HOFMANN, W.: Elemente der Vielstofftrennung. Dechema-Monographien **23**, Nr. 275—282, 92—109.

Das Verhältnis der Siededrücke zweier reiner Komponenten stellt hier gemäß Gl. (28b) die relative Flüchtigkeit dar:

$$\left.\begin{aligned}\left(\frac{P_x}{P_y}\right)_o &= (\alpha_{xy})_o,\\ \left(\frac{P_y}{P_x}\right)_o &= (\alpha_{yx})_o.\end{aligned}\right\} \tag{254}$$

Um von der Dampfzusammensetzung über einem Boden auf die Flüssigkeitskonzentration des Zulaufes zu demselben Boden schließen zu können, wird auf einfache Mengen-Bilanzgleichungen zurückgegriffen, wobei wieder Gleichheit der molaren Verdampfungswärme der einzelnen Stoffe vorausgesetzt ist. Die in der Verstärkungssäule und in der Abtriebsäule strömenden Dampf- und Flüssigkeitsmengen sind dann unveränderlich. Sie seien mit D und F sowie D' und F' [Mol/h] bezeichnet. Ferner bedeuten E [Mol/h] die Destillatmenge, x_E und y_E [Mol-%] die Gehalte zweier Stoffe im Destillat, A [Mol/h] die Ablaufmenge sowie x_A und y_A [Mol-%] die Gehalte zweier Einzelstoffe im Ablauf. Es muß dann gelten:

$$\left.\begin{aligned}D x_{Do} &= F x_{Fo} + E x_E,\\ D y_{Do} &= F y_{Fo} + E y_E\end{aligned}\right\} \tag{255a}$$

und

$$\left.\begin{aligned}F' x_{Fo} &= D' x_{Do} + A x_A,\\ F' y_{Fo} &= D' y_{Do} + A y_A.\end{aligned}\right\} \tag{255b}$$

Außer der Zusammensetzung des Zulaufes, dem Gesamtdruck und dem Rücklaufverhältnis können noch zwei voneinander unabhängige Konzentrationen, z. B. x_E und x_A, gegeben sein, ohne daß das System überbestimmt ist. Am einfachsten gewinnt man diese Erkenntnis aus den Erläuterungen des vorangehenden Abschnittes. Werden die beiden Gln. (255a) durcheinander dividiert, so erhält man:

$$\left(\frac{x_D}{y_D}\right)_o = \left(\frac{x_F}{y_F}\right)_o \frac{1 + \frac{E}{F}\frac{x_E}{x_{Fo}}}{1 + \frac{E}{F}\frac{y_E}{y_{Fo}}} = \left(\frac{x_F}{y_F}\right)_o (\beta_{xy})_o. \tag{256a}$$

Für die Abtriebsäule ergibt sich in ähnlicher Weise aus den Gl. (255b):

$$\left(\frac{x_D}{y_D}\right)_o = \left(\frac{x_F}{y_F}\right)_o \frac{1 - \frac{A}{F'}\frac{x_A}{x_{Fo}}}{1 - \frac{A}{F'}\frac{y_A}{y_{Fo}}} = \left(\frac{x_F}{y_F}\right)_o (\beta_{xy})'_o, \tag{256b}$$

wobei bedeuten

$$(\beta_{xy})_o = \frac{1 + \frac{E}{F}\frac{x_E}{x_{Fo}}}{1 + \frac{E}{F}\frac{y_E}{y_{Fo}}} \tag{257a}$$

und

$$(\beta_{xy})'_o = \frac{1 - \frac{A}{F'}\frac{x_A}{x_{F_o}}}{1 - \frac{A}{F'}\frac{y_A}{y_{F_o}}}. \tag{257b}$$

In diesen Gleichungen stellt E/F den reziproken Wert $(1/v)$ des Rücklaufverhältnisses v der Verstärkungssäule dar. Durch Einsetzen der Gl. (253a) in Gl. (256a) ergibt sich:

$$\left(\frac{x_F}{y_F}\right)_o = \left(\frac{\alpha_{xy}}{\beta_{xy}}\right)_o \left(\frac{x_F}{y_F}\right)_u. \tag{258}$$

Mit dieser Beziehung kann also aus den Flüssigkeitskonzentrationen im Ablauf (mit Zeiger u) auf die Zulaufkonzentrationen (mit Zeiger o) geschlossen werden und es wäre grundsätzlich möglich, die Konzentrationen in der ganzen Säule zu verfolgen. Dazu müßten aber die Temperaturen auf den einzelnen Böden bekannt sein, welche nach den Gesichtspunkten gefunden werden könnten, die im vorangehenden Abschnitt erläutert sind. Diese Durchrechnung wäre sehr umständlich. Um sie zu vereinfachen, werden für α_{xy} und β_{xy} Mittelwerte eingeführt, welche man sich als über die ganze Säulenhöhe unveränderliche Größen denken kann. Die Mittelwerte seien mit $\underline{\alpha}_{xy}$ und $\underline{\beta}_{xy}$ bezeichnet. Am einfachsten läßt sich der arithmetische Mittelwert bilden. Für totalen Rücklauf (Rücklaufverhältnis $v = \infty$) folgt

$$(\beta_{xy})_o = 1. \tag{259}$$

Werden die Gehalte in dem Querschnitt unter dem untersten Boden einer Verstärkungssäule durch den Zeiger s, über dem untersten Boden durch den Zeiger 1, über dem zweituntersten Boden durch den Zeiger 2 usw. gekennzeichnet, so ergibt sich:

$$\frac{x_{F_1}}{y_{F_1}} = \frac{\underline{\alpha}_{xy}}{\underline{\beta}_{xy}}\frac{x_{F_s}}{y_{F_s}},$$

$$\frac{x_{F_2}}{y_{F_2}} = \frac{\underline{\alpha}_{xy}}{\underline{\beta}_{xy}}\frac{x_{F_1}}{y_{F_1}} = \left(\frac{\underline{\alpha}_{xy}}{\underline{\beta}_{xy}}\right)^2 \frac{x_{F_s}}{y_{F_s}}.$$

Für den Querschnitt über dem obersten ($n$ten) Boden einer Säule wird entsprechend:

$$\frac{x_{Fn}}{y_{Fn}} = \left(\frac{\underline{\alpha}_{xy}}{\underline{\beta}_{xy}}\right)^n \frac{x_{F_s}}{y_{F_s}}. \tag{260}$$

Daraus folgt die theoretische Bodenzahl

$$n = \frac{\log \frac{x_{Fn}}{y_{Fn}}\frac{y_{F_s}}{x_{F_s}}}{\log \frac{\underline{\alpha}_{xy}}{\underline{\beta}_{xy}}}. \tag{261}$$

Handelt es sich um eine Abtriebsäule, dann beziehen sich die Gehalte mit dem Zeiger n auf den Querschnitt über dem Zulaufboden und die Bezeichnungen mit dem Zeiger s auf den Ablauf, wobei die Destilliereinrichtung als ein Boden gezählt wird. Wenn in besonderen Fällen $\underline{\alpha}_{xy}$ und $\underline{\beta}_{xy}$ für die Verstärkungs- und Abtriebsäule gleichgesetzt werden können, so sind x_{Fn} und y_{Fn} die Gehalte über dem obersten Verstärkungsboden und x_{Fs} und y_{Fs} die Gehalte im Ablauf des untersten Abtriebsbodens.

Gl. (261) hat allgemein und unabhängig davon Gültigkeit, ob der Kondensator eine verstärkende Wirkung ausübt oder nicht. Ist letzteres der Fall, dann ist $x_{Fn} = x_E$ und $y_{Fn} = y_E$ zu setzen. Für den obersten Verstärkungsboden wird dann $\beta_{xy} = 1$.

Beziehen sich die Konzentrationen in Gl. (261) auf zwei Stoffe, von denen der eine fast vollständig im Destillat und der andere fast vollständig im Ablauf enthalten ist, wobei im Gemisch der eine der nächst höher siedende des anderen ist, so werden diese beiden Stoffe Schlüsselkomponenten genannt. Es muß zugegeben werden, daß in der genannten Gl. (261) lediglich die Zahlenverhältnisse der Konzentrationen enthalten sind, womit letztere im einzelnen noch nicht bestimmt werden können. Aus der Aufgabenstellung müssen deshalb noch grundsätzliche Beziehungen bekannt sein oder abgeleitet werden, wie es folgend am Beispiel eines Dreistoffgemisches gezeigt ist. Handelt es sich um eine größere Anzahl von Komponenten, so führt eine Annahme und deren Nachprüfung, also ein Probieren, oft am schnellsten zum Ziele. Dabei tritt der Vorteil des im vorangehenden Abschnitt erläuterten graphischen Verfahrens besonders deutlich zutage.

Zahlenbeispiel: Es ist ein ideales Dreistoffgemisch zu zerlegen, in welchem Propan (C_3H_8), Butan (C_4H_{10}) und Pentan (C_5H_{12}) in gleichen Teilen vorhanden sind. Das Destillat soll 1 Mol-% Pentan und der Ablauf 1 Mol-% Propan enthalten. Das Rücklaufverhältnis betrage $v = 9$. Die Destillat- und Ablaufzusammensetzung sowie die Gesamtbodenzahl sind zu bestimmen.

Wie nachgewiesen wird, kann die Annahme gemacht werden, daß die relative Flüchtigkeit der beiden leichter siedenden Komponenten derjenigen der schwerer siedenden Stoffe für die ganze Säule gleich gesetzt werden kann ($\alpha_{xy} = \alpha_{yz}$). Es kann ferner angenommen werden, daß $\beta_{xy} = \beta_{yz}$ ist. In Gl. (261) gelten dann die Konzentrationen für den Querschnitt über dem obersten Verstärkungsboden und unter dem untersten Abtriebsboden. Übt der Kondensator keine verstärkende Wirkung aus, so kann $x_{Fn} = x_E$, $y_{Fn} = y_E$ und $z_{Fn} = z_E$ gesetzt werden. Aus den gemachten Annahmen und der letztgenannten Gleichung folgt:

$$\frac{x_{Fn}}{y_{Fn}} \frac{y_{Fs}}{x_{Fs}} = \frac{y_{Fn}}{z_{Fn}} \frac{z_{Fs}}{y_{Fs}} .$$

In dieser Beziehung ist laut Aufgabenstellung $x_{Fs} = 1$ Mol-% und $z_{Fn} = 1$ Mol-% zu setzen, die dann mit

$$y_{Fs} = 100 - x_{Fs} - z_{Fs} = 99 - z_{Fs}$$

und

$$y_{Fn} = 100 - x_{Fn} - z_{Fn} = 99 - x_{Fn}$$

übergeht in

$$\left(\frac{y_{Fs}}{y_{Fn}}\right)^2 = \frac{z_{Fs}}{x_{Fn}} = \left(\frac{99 - z_{Fs}}{99 - x_{Fn}}\right)^2, \qquad (261\,\text{a})$$

was mathematisch nur erfüllt werden kann, wenn $x_{Fn} = z_{Fs}$ ist. Zu der Gl. (261 a) mit zwei Unbekannten muß nun noch zu ihrer Ermittlung eine weitere Beziehung hinzutreten: Die Mischungsmenge M [Mol/h], welche in die Erzeugnismenge E und in die Ablaufmenge A zerlegt wird, sei mit 100 Mol/h angenommen:

$$100 = A + E.$$

Die Gesamtbilanz für den leichter siedenden Stoff lautet dann:

$$1\,A + x_{Fn}\,E = 100 \cdot 100/3, \text{ woraus mit } A = 100 - E \text{ folgt,}$$

$$E = \frac{3233{,}3}{x_{Fn} - 1}\,. \qquad (261\,\text{b})$$

Für den schwerst siedenden Stoff gilt entsprechend:

$$z_{Fs}A + 1\,E = 100 \cdot 100/3$$

oder

$$E = \frac{3333{,}3 - 100 \cdot z_{Fs}}{1 - z_F}\,. \qquad (261\,\text{c})$$

Werden die Ausdrücke auf der rechten Seite der Gln. (261 b) und (261 c) gleichgesetzt, so ergibt sich

$$x_{Fn} = z_{Fs} = 65{,}667 \text{ Mol-\%}.$$

Danach sind im Destillat 65,667 Mol-% Propan, 33,333 Mol-% Butan sowie 1 Mol-% Pentan und im Ablauf 1 Mol-% Propan, 33,333 Mol-% Butan und 65,667 Mol-% Pentan enthalten. Wird der berechnete Wert für $x_{Fn} = 65{,}667$ Mol-% in Gl. (261 b) eingesetzt, so ergibt sich $E = 50$ Mol/h und damit $A = 50$ Mol/h. Die Rücklaufmenge in der Verstärkungssäule wird dann $F = 9 \cdot 50 = 450$ Mol/h. Bei dem vorliegenden Gesamtdruck von $p = 14$ ata hat das Destillat eine Siedetemperatur von 67,5° C und der Ablauf eine Temperatur von 127° C. Die Siedetemperaturen sind leicht aus der Bedingung zu ermitteln, daß die Summe der Teildrücke der drei Stoffe dem Gesamtdruck gleich ist. Nacheinander werden zu angenommenen Temperaturen die Siededrücke der reinen Komponenten und damit für die gegebene Konzentration die Summe der Teildrücke bestimmt. Diejenige Temperatur ist die richtige, bei welcher die erwähnte Summe dem Gesamtdruck gleichkommt. Erstere wird über den angenommenen Temperaturen aufgetragen. Dort, wo die so erhaltene Linie die für den Gesamtdruck geltende Waagerechte im Darstellungsbild schneidet, wird die gesuchte Temperatur abgelesen.

Die relativen Flüchtigkeiten betragen am Kopf der Säule $\alpha_{xy} = 2{,}25$ sowie $\alpha_{yz} = 2{,}26$ und am Fuß der Kolonne $\alpha_{xy} = 1{,}76$ sowie $\alpha_{yz} = 1{,}75$. Die gemachte Annahme war also zulässig und es kann mit einem Mittelwert von $\alpha = 2$ gerechnet werden. Nunmehr kann auch nachgewiesen werden, daß die Annahme über die Gleichheit der β-Werte berechtigt war. Für den Querschnitt über dem obersten Verstärkungsboden ist bekanntlich $\beta_{xy} = \beta_{yz} = 1$ bei vollständiger Kondensation der Dämpfe im Kondensator. An der Zulaufstelle erreicht β gemäß Gl. (257 a) einen Höchstwert

$$\text{für Propan-Butan } \beta_{xy} = \frac{1 + \frac{50}{450} \cdot \frac{65{,}667}{33{,}333}}{1 + \frac{50}{450} \cdot \frac{33{,}333}{33{,}333}} = 1{,}1$$

und für Butan-Pentan $\beta_{yz} = \dfrac{1 + \dfrac{50}{450} \cdot \dfrac{33{,}333}{33{,}333}}{1 + \dfrac{50}{450} \cdot \dfrac{1}{33{,}333}} = 1{,}11\,.$

Die theoretische Gesamtbodenzahl der Verstärkungs- und der Abtriebsäule ist nunmehr nach Gl. (261) unter Benutzung der Zahlenwerte für die beiden leichter siedenden Komponenten gegeben zu:

$$n = \frac{\log \dfrac{65{,}667}{33{,}333} \cdot \dfrac{33{,}333}{1}}{\log \dfrac{2}{1{,}1}} = 7\,.$$

Die gleiche Bodenzahl erhält man, wenn die Zahlenwerte der mittel und schwerst siedenden Stoffe eingesetzt werden. Weil die Blase als ein Boden gezählt ist, beträgt die theoretische Gesamtbodenzahl $n - 1 = 6$.

3. Einfluß der Entnahme von Seitenprodukten

Den bisherigen Darlegungen liegt der meist zutreffende Fall zugrunde, daß die gesamte Rücklaufmenge, welche aus dem Rücklaufkondensator auf den obersten Boden der Verstärkungssäule zurückfließt, unverändert einen Boden nach dem andern überquerend nach unten strömt. Wird jedoch an einer Stelle der Kolonne seitlich Flüssigkeit als Teilerzeugnis entnommen, so hat dies nicht nur auf die Ablaufmenge, sondern auch auf die Wirkung der Rektifizierböden einen Einfluß, welche unterhalb der Entnahmestelle liegen. Diese Beeinflussung der Rektifizierwirkung rührt von der Veränderung der Lage der Verstärkungsgeraden her.

Für die folgenden Betrachtungen sei wieder gleichbleibende molare Verdampfungswärme des Gemisches vorausgesetzt. Strömt von der dem obersten Boden der Verstärkungssäule entweichenden Dampfmenge D [Mol/h] die Flüssigkeitsmenge F_0 [Mol/h] als Rücklauf auf denselben Boden zurück, so ist die Neigung der für den obersten Teil der Verstärkungssäule geltenden Verstärkungsgeraden v_0 durch das Verhältnis F_0/D gegeben. Sie schneidet die Diagonale des x_F, x_D-Bildes im Punkt A (s. Abb. 194) mit dem Abszissenwert, welcher dem Gehalt im Destillat des Stoffes gleich ist, für den das x_F, x_D-Bild gilt. Vom Rücklauf, welcher von dem Boden B (Abb. 195) abfließt, wird an der Stelle s_u oder s_0 die Seitenproduktmenge S [Mol/h] mit dem Gehalt x_S [Mol-%] entnommen. Die tiefer liegenden Rektifizierböden überquert dann nur noch die Flüssigkeitsmenge $F_u = F_0 - S$. Die für sie geltende Verstärkungsgerade v_u hat somit die Neigung F_u/D gegen die Abszisse. Wie aus Mengengleichungen läßt sich auch aus Abb. 195 ermitteln, daß sich die beiden Verstärkungsgeraden bei dem Abszissenwert x_G im Punkt P (Abb. 194) schneiden. Wird nämlich die Seitenmenge S bei s_u entnommen, so kann P als ein auf der Geraden v_0 liegender Punkt betrachtet werden, der den Zusammenhang zwischen x_{Du} (s. Abb. 195) und $x_{Fu} = x_S$ angibt. Wird jedoch die Menge S bei s_0 abgeführt, so strömt dem obersten Boden der unter dem Rektifizierboden B liegenden Austauschsäule nur noch die Menge $F_0 - S$ zu und Punkt P kann als auf der Verstärkungsgeraden v_u liegend angesehen werden. Weil die Gehalte x_{Du} und x_{Fu} unabhängig davon sind, ob der Apparat bei s_o oder s_u angezapft wird, gibt $x_{Fu} = x_S$ den Schnittpunkt P an.

Wird aus der Austauschsäule noch an einer zweiten Stelle unter Boden B (Abb. 195) Seitenprodukt abgeführt, so schließt sich an die Gerade v_u in Abb. 194 eine dritte Verstärkungsgerade an, deren Neigungs-

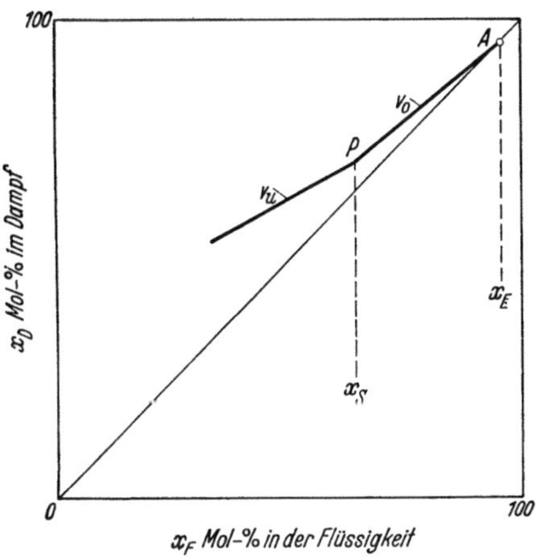

Abb. 194

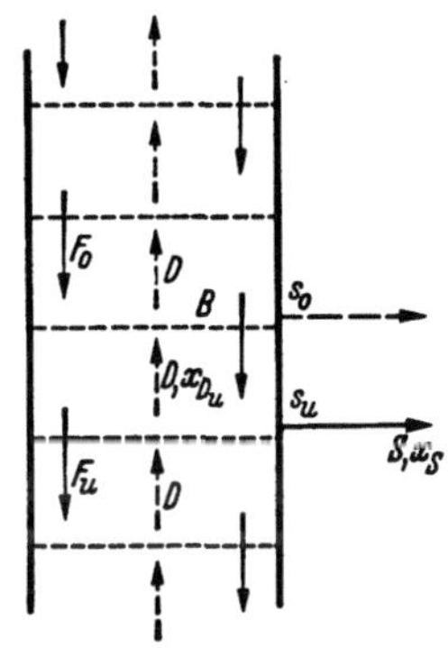

Abb. 195

Abb. 194. Die Verstärkungsgeraden bei Entnahme von Seitenprodukten

Abb. 195. Plan zur Ermittlung der Verstärkungsgeraden bei Entnahme von Seitenprodukten aus einer Rektifiziersäule

winkel gegen die Abszisse auf Grund der vorstehenden Darlegungen berechnet werden kann und kleiner ist als derjenige der Geraden v_u. Der Schnittpunkt dieser dritten Geraden mit v_u ist durch die Konzentration des zweiten Seitenproduktes gegeben.

Infolge der seitlichen Entnahmen wird im unteren Teil der Rektifiziersäule der Rücklauf kleiner. Trotzdem bleibt aber die nach oben steigende Dampfmenge in Mol/h gleich. Aus diesem Grunde soll die Säule über die ganze Höhe gleichen Durchmesser aufweisen.

Als einfaches Beispiel für eine Rektifiziersäule mit Seitenentnahme ist in Abb. 196 der Plan einer Öl-Rektifizieranlage gezeigt. Dem Ölgemisch wird vor seinem Eintritt in die Säule in einem Ofen soviel

Wärme zugeführt, daß das Öl als Flüssigkeits-Dampfgemisch der Kolonne zuströmt. Die unter der Zuströmstelle liegende Abtriebsäule wird mit überhitztem Wasserdampf beschickt. Wenn dieser eine höhere Temperatur hat als der ablaufende Rückstand, verdampft er, indem er

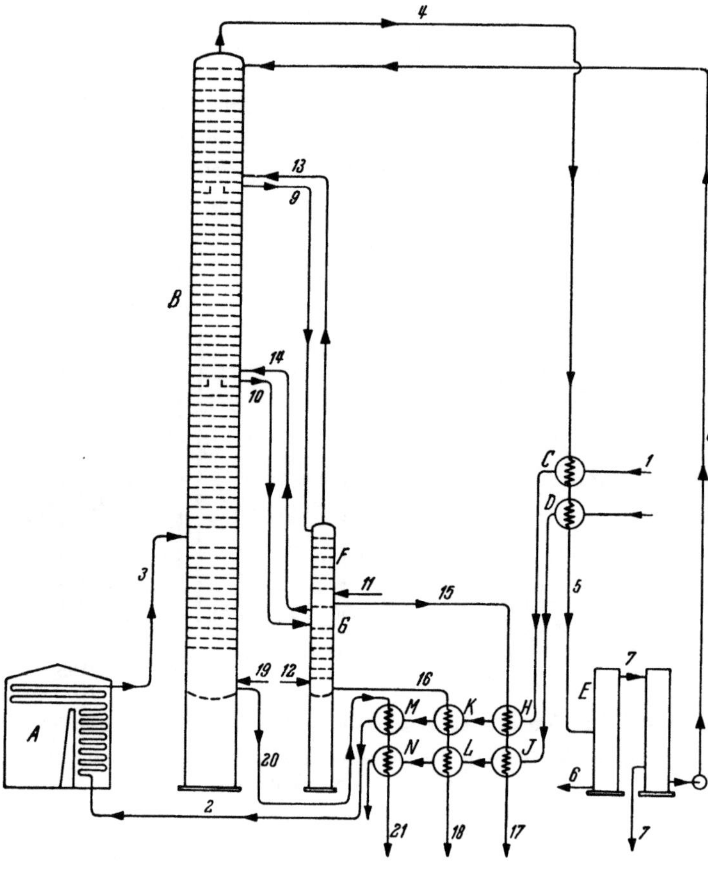

Abb. 196. Plan einer Öl-Rektifizieranlage

Das durch Leitung *1* zuströmende Rohöl wird in den Wärmeaustauschern *C, H, K, M* angewärmt und durch Leitung *2* dem Ofen *A* zugeleitet. In ihm wird dem Öl soviel Wärme zugefügt, daß es durch Leitung *3* als Dampf-Flüssigkeitsgemisch in die Rektifizierkolonne *B* eintritt. Die leichtest siedenden Bestandteile strömen durch Leitung *4* in den Wärmeaustauscher *C* und werden in diesem kondensiert. Die erhaltene Flüssigkeit wird im Kühler *D* gekühlt und durch Leitung *5* in ein Scheidegefäß *E* geleitet, aus dem durch Leitung *6* das abgeschiedene Wasser entfernt wird, während die leichtest siedende Flüssigkeit (Benzin) durch Leitung *7* der Apparatur als Erzeugnis entnommen und der Rücklauf durch Leitung *8* der Rektifizierkolonne *B* zugeführt wird. Durch Anzapfleitungen *9* und *10* werden Seitenprodukte entnommen, welche in den Strippern (Abtreibekolonnen) von leicht siedenden Bestandteilen befreit werden. Durch die Leitungen *11* und *12* wird Dampf eingeblasen, durch die Leitungen *13* und *14* strömt das Kopfprodukt in die Kolonne zurück. Die Seitenprodukte strömen durch die Leitungen *15* und *16* den Wärmeaustauschern *H* und *K* zu und werden, nachdem sie in den Kühlern *J* und *L* weiter gekühlt sind, durch die Leitungen *17* und *18* der Apparatur entnommen. Durch Leitung *19* wird dem unteren Teil der Kolonne Heißdampf zugeführt. Durch Leitung *20* strömt der Ablauf aus der Kolonne *B*, welcher nach seiner Kühlung in den Wärmeaustauschern *M* und *N* aus der Apparatur abgeführt wird

sich abkühlt, einen Teil des Öls. Durch die Abtriebsäule strömt also ein Wasser-Öldampfgemisch. Der Wasserdampf bewirkt in der ganzen Rektifizierkolonne eine Erniedrigung des Öldampfdruckes und damit eine Senkung der Siedetemperatur, was in manchen Fällen im Hinblick auf die Güte und Beschaffenheit der Erzeugnisse erforderlich ist. Manche Öle werden sowohl unter Verwendung von Heißdampf als auch noch unter Vakuum rektifiziert. Der Wasserdampf bleibt in der ganzen Säule überhitzt. Bei gleicher in Mol/h gegebener Menge bleibt sein Teildruck gleich. Er kann mit Hilfe der Beziehung (4) berechnet werden. Der Rückstand (das „getoppte" Rohöl) wird unter anderm als Heizöl in den Handel gebracht oder es wird in einer zweiten meist mit Unterdruck arbeitenden Anlage in einzelne Schmierölfraktionen zerlegt. Diese zweite Anlage entspricht im Aufbau derjenigen der Abb. 196. Ihrem Röhrenerhitzer wird der ungekühlte Ablauf der ersten Anlage zugeleitet[1]. Um vor allem die der Wärmestrahlung ausgesetzten Heizrohre des Ofens genügend mit Flüssigkeit zu beaufschlagen, wird in manchen Fällen einem Boden unterhalb des Eintrittsstutzens der Mischung an der Kolonne Rücklaufflüssigkeit entnommen und mittels einer Rezirkulationspumpe in das Ofen-Rohrsystem gedrückt.

Über die zu wählende Zahl der Rektifizierböden, welche zwischen zwei Seitenentnahmen vorgesehen werden, liegen neben den behandelten theoretischen Unterlagen reiche Erfahrungen vor. Diese Anzahl schwankt zwischen 2 und 20. Nicht immer ist die schärfste Trennung die günstigste, um das gewünschte Produkt zu erhalten. Es muß zugegeben werden, daß ursprünglich die praktische Zerlegung von Mineralölen in großtechnischen Anlagen einer theoretisch-wissenschaftlichen Behandlung und Vorausberechnung, beispielsweise der Bodenzahl, vorausgeeilt war.

H. Bestimmung der Abmessungen der Rektifiziersäule mit Austauschböden und ihre Wirkung

I. Grundgleichung zur Bestimmung des Säulendurchmessers

Zu den wichtigsten Aufgaben bei der Berechnung eines Rektifizierapparates gehört neben der Bestimmung der Bodenzahl die Ermittlung der Querschnittsfläche der Austauschsäule. Sie ist fast immer kreisförmig ausgebildet. Der Säulenquerschnitt wird ähnlich wie der Querschnitt einer Rohrleitung aus der in der Zeiteinheit durch ihn strömenden Menge

[1] Hirze, R.: Das Erdöl und die neueren Verfahren seiner Aufbereitung. Z. VDI 82, 1005 (1938) und Abb. 84.

und der Strömungsgeschwindigkeit des Stoffes berechnet. Danach ist der Kolonnenquerschnitt gegeben durch das Verhältnis der durch ihn in der Zeiteinheit strömenden Dampfmenge zu der im freien Säulenquerschnitt herrschenden Dampfgeschwindigkeit. Ist erstere in Mol/h gegeben und wird sie mit D sowie die Dampfgeschwindigkeit mit w_D [m/s] bezeichnet, so errechnet sich der Säulenquerschnitt f [m²] zu:

$$f = D \frac{22{,}4}{w_D \cdot 3600} \frac{273 + t}{273} \frac{760}{p}, \tag{262}$$

wobei t die Temperatur in °C und p den Druck in mm Q.-S. abs. bedeuten. Bei unveränderlicher molarer Verdampfungswärme kann die durch die Verstärkungssäule strömende Dampfmenge D auch durch die Erzeugnismenge E [Mol/h] und durch das Rücklaufverhältnis v ersetzt werden:

$$D = E\,(v + 1)\,.$$

Für die Berechnung des Durchmessers der Abtriebsäule ist für D in Gl. (262) die durch die Abtriebsäule strömende Dampfmenge einzusetzen. Da die Temperaturänderung in der Säule im Vergleich zu der Höhe der absoluten Temperatur im allgemeinen gering ist, genügt es, für t sowohl für die Verstärkungs- als auch für die Abtriebsäule einen Mittelwert einzusetzen. Gleiches gilt für p bei Rektifiziersäulen, in welchen der Druckverlust im strömenden Dampf im Vergleich zum absoluten Druck gering ist.

II. Überblick und Grundsätzliches über die Einbauten in Rektifiziersäulen

Der Klarheit wegen soll als Einleitung der folgenden Darlegungen und Berechnungen vorangestellt werden, daß alle Einbauten in Rektifiziersäulen nur den einen Zweck haben, einen möglichst vollkommenen Austausch der Einzelstoffe in den Phasen zu erzielen. Im einzelnen sind oft betriebliche Bedingungen für die Bauart und Konstruktion, wie z. B. ein großer Belastungsbereich, wenig oder keine Gefahr der Verschmutzung und Verkrustung und deren leichte Beseitigung oder geringer Druckverlust bei vorgeschriebener Leistung, ausschlaggebend. Nach diesen Gesichtspunkten werden im folgenden diejenigen Austauscheinbauten und die Apparate, in welche erstere eingebaut sind, an Hand ihrer Berechnung behandelt. Unter Berücksichtigung der vorstehend genannten Gesichtspunkte werden deshalb im folgenden die im einzelnen genannten Böden oder Apparate behandelt:

1. der Glockenboden,
2. der Siebboden,
3. der Ventiltellerboden,
4. die Rotationssäule,
5. die Filmkolonne mit Spiraleinbauten.

Bei den vier zuerst genannten Ausführungen spielen für die Berechnung und Betriebseignung diejenigen physikalischen Erscheinungen eine grundlegende Rolle, die den Energieumsatz zwischen Dampf und Flüssigkeit sowie das daraus folgende Mitreißen von Flüssigkeit in Form von Flüssigkeitslamellen oder -Tröpfchen bewirken. Auf Grund jahrzehntelanger Erfahrungen wird in den nachstehenden Ausführungen dargelegt, wann der genannte Fall vorliegt und wie dadurch die Trennwirkung von der Belastung abhängt (Belastungskurve). Bei dem an fünfter Stelle genannten Apparat bedingen den Austausch Schwerkräfte sowie Reibungskräfte zwischen den beiden Phasen.

Zunächst noch muß klargestellt werden, was unter den Begriffen *Belastungsgrenzen* und vor allem *Belastungsbereich* zu verstehen ist. Zur

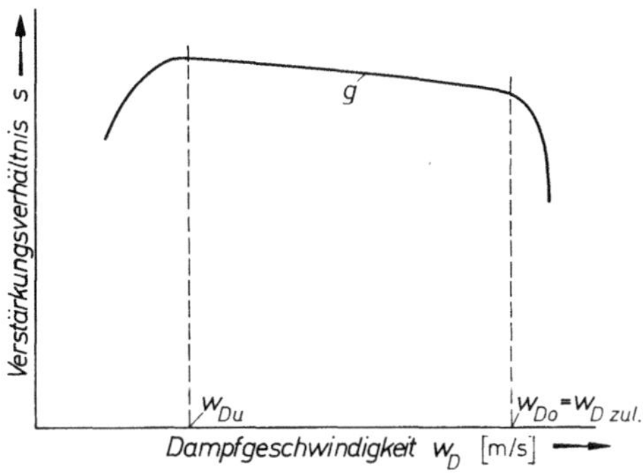

Abb. 197. Allgemeine Darstellung der Trennwirkung in Abhängigkeit von der Dampfgeschwindigkeit

Erläuterung ist in Abb. 197 eine allgemein mögliche Belastungskurve g wiedergegeben. Als Maßstab für die Belastung ist als Abszisse die auf den leer gedachten Säulenquerschnitt bezogene Dampfgeschwindigkeit aufgetragen und als Ordinate das Verstärkungsverhältnis als Maßstab für die Trennwirkung. Es nimmt bei der Dampfgeschwindigkeit w_{Do} stark ab, so daß die Rektifiziersäule betriebsunfähig werden kann. Wenn die Kurve für den oberen Belastungsbereich flach verläuft, wie es bei großen Bodenabständen wegen der von unten nach oben sich verändernden Flüssigkeitstropfen der Fall sein kann, dann besteht die Möglichkeit, ein Verstärkungsverhältnis je nach Betriebsbedingungen vorzuschreiben. Die untere Belastung ist durch die Dampfgeschwindigkeit w_{Du} festgelegt, bei deren Unterschreitung die Trennwirkung stark abnimmt oder die Säule betriebsunfähig wird. Der eigentliche Belastungsbereich ist dann gedeutet durch die Differenz

$$\Delta w = w_{Do} - w_{Du}\,. \tag{263}$$

Es ist ersichtlich, daß die Zahlenwerte der oberen Belastungsgrenze bei w_{Do} größer sind als der Belastungsbereich ($w_{Do} - w_{Du}$). Beim Glockenboden aber kann die untere Belastungsgrenze bei $w_{Du} = 0$ (mit $s_u = 0$) erreicht werden. Diese Tatsache ist ein Grund für seine besonders bei Fachleuten festzustellende und durch betriebliche Vorschriften bedingte Beliebtheit. Wenn der Boden keine Bohrungen besitzt, um ihn leer laufen zu lassen, hat der Glockenboden den Vorteil, daß bei Stillsetzung die Flüssigkeit auf jedem Boden verbleibt und bei Wieder-Inbetriebnahme die normalen Konzentrationen auf jedem Boden vorhanden sind und ein langes Anfahren bis zum Beharrungszustand überflüssig ist[1]. Allgemein sei an dieser Stelle vorausgesagt, daß die obere Grenzgeschwindigkeit durch Mitreißen der Flüssigkeit von einem Boden zum nächst höheren verursacht ist oder dadurch, daß der Überdruck unter einem Boden die Flüssigkeit durch den Rücklaufkanal bei entsprechender größerer Belastung auf den nächst höheren Boden drückt.

1. Der Glockenboden

a) Berechnung der zulässigen Dampfgeschwindigkeit

Der Glocken- oder Kapselboden beherrscht das Feld seit der Erfindung der Rektifikation. Betriebliche Gründe haben ihm zu dieser Vormachtstellung verholfen. Einerseits ist seine Trennwirkung in weiten Grenzen unabhängig von Belastungsschwankungen und anderseits ist er gegen Verschmutzungen und Verkrustungen weitgehend unempfindlich. Die Art und Weise, wie der Dampf unter den Glocken hervor- und in die Flüssigkeit strömt, ist bestimmend für konstruktive Abmessungen und gibt auch Anhaltspunkte für theoretische Berechnungen. Abb. 198a zeigt den Bewegungszustand für eine Glocke mit 50 mm Durchmesser, deren Rand gezackt ist, für eine auf den freien Säulenquerschnitt bezogene Dampfgeschwindigkeit von $w_D = 0{,}3$ m/s und Abb. 198b für eine Glocke, deren Rand geschlitzt ist, bei einer Dampfgeschwindigkeit[2] von $w_D = 0{,}15$ m/s. Die untere Begrenzung der Glocken mit Schlitzen zu versehen, hat bei sehr kleinen Belastungen den Vorteil, daß der Dampf stetig ohne ein Pendeln der Flüssigkeit unter den Glocken hervorströmt. Bei den genannten kleinen Dampfgeschwindigkeiten und bei dem verwendeten Gemisch Äthanol-Wasser bildet sich um die Glocken Schaum aus. Die Schaumfähigkeit und Schaumbeständigkeit hängt von der Art

---

[1] DIETER, K., u. B. WAHL: Das dynamische Verhalten von Rektifizierkolonnen mit großer Bodenzahl beim Anfahren der Anlage. Forsch. Gebiete Ingenieurw. **1967**, S. 37.

[2] Die Abbildungen sind einem Film über die „Bewegungsvorgänge auf Austauschböden" entnommen, welcher im Institut für Apparatebau der Techn. Hochschule Karlsruhe vom Institut für wissenschaftlichen Film, Göttingen, aufgenommen worden ist.

des Gemisches und vom Druck ab, bei dem rektifiziert wird. Wird die Dampfgeschwindigkeit erhöht, so wird der Schaum zerschlagen und verwandelt sich beim Glockenboden zunächst in eine Masse von Flüssigkeitslamellen, wie es Abb. 198 für eine Dampfgeschwindigkeit von 1,2 m/s in einer Säule mit Glasmänteln zeigt. Es ist zu erkennen, daß die von einer Bodenplatte emporgeschleuderte Flüssigkeit bereits die nächst höher

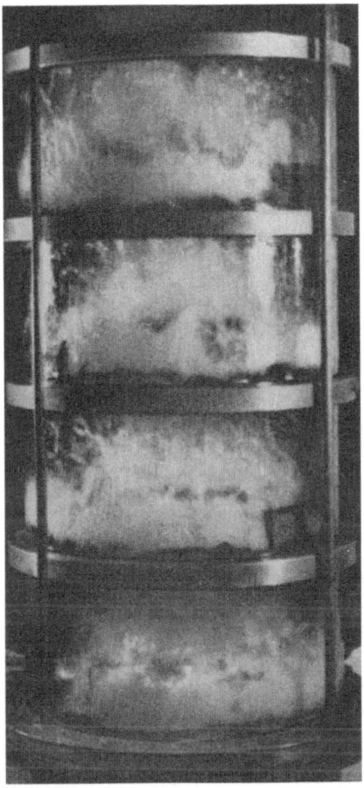

Abb. 198

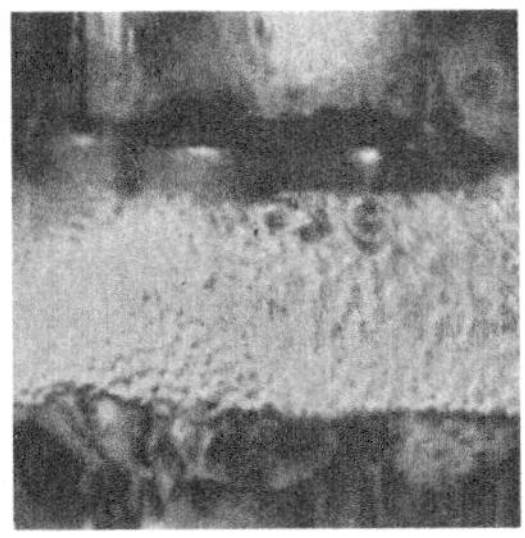

Abb. 198a

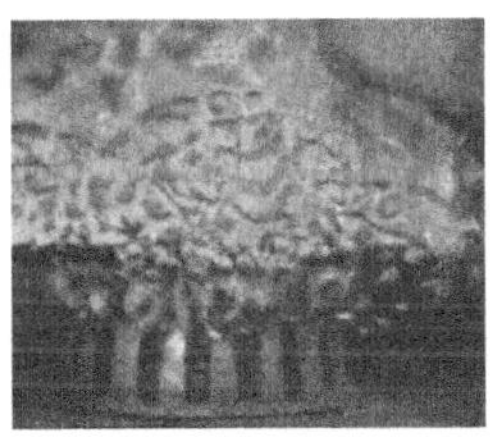

Abb. 198b

Abb. 198. Flüssigkeitsverteilung in einer Rektifiziersäule bei einer Dampfgeschwindigkeit von $w_D = 1{,}2$ m/s; Gemisch: Äthylalkohol-Wasser, Säulendurchmesser 400 mm, Bodenabstand 200 mm (Atmosphärendruck)[1]

Abb. 198a. Bewegungszustand auf einem Glockenboden; Dampfgeschwindigkeit $w_D = 0{,}3$ m/s, Versuchsflüssigkeit: Äthylalkohol-Wasser mit 50 Mol-% Alkohol (Atmosphärendruck)[1]

Abb. 198b. Bewegungszustand auf einem Schlitzglockenboden; Dampfgeschwindigkeit $w_D = 0{,}15$ m/s, Versuchsflüssigkeit: Äthylalkohol-Wasser mit 50 Mol-% Alkohol (Atmosphärendruck)[1]

[1] Siehe Fußnote 2, S. 326.

liegende Bodenplatte erreicht. Diese Erscheinung ist entscheidend für die noch folgende Ermittlung der höchstzulässigen Dampfgeschwindigkeit. Für sie sind im älteren Schrifttum 0,3 bis 0,4 m/s angegeben worden und sie ist auch tatsächlich gültig für Austauschböden, bei denen die Flüssigkeit durch kreisrunde Rohre abgeleitet wird. Bereits um das Jahr 1930 beobachtete der Verfasser dieses Buches, daß sich Flüssigkeitsgemische in mit Glasmantelschüssen ausgestatteten Säulen bei Erreichung einer bestimmten Belastung in Form von Schaum oder Lamellen über

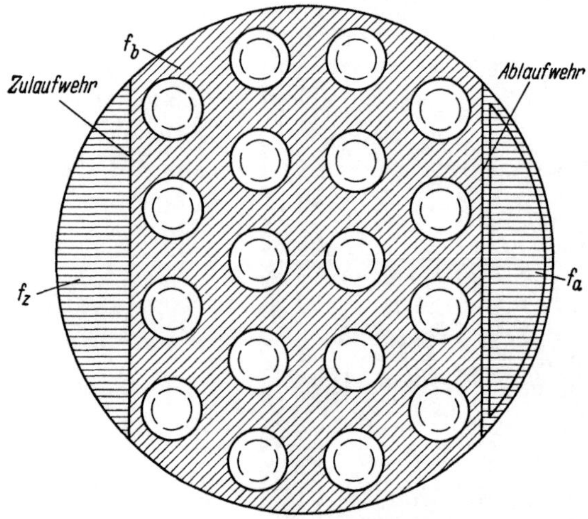

Abb. 199. Aufteilung der Grundrißfläche eines Glockenbodens

den Ablaufrohren stauten und bei weiterer Steigerung der Dampfgeschwindigkeit den Raum zwischen den Böden ausfüllten. Diese Beobachtung führte ihn zu der klaren Erkenntnis, daß die Flüssigkeit vor dem Verlassen des Bodens in eine zusammenhängende Masse übergeführt werden muß. Die vom Verfasser schon damals gefundene Lösung bestand in der Anordnung eines Überfallwehres, über welches sich der Schaum, die Tropfen oder die Lamellen bewegen und anschließend zu einer einheitlichen Flüssigkeitsmasse zusammenfallen können. Durch Rohre oder eine Leitung mit segmentförmigem oder irgendwie geformten Querschnitt kann sodann die Flüssigkeit zur nächst tieferen Bodenplatte gelangen. Den Grundriß einer diesen Erkenntnissen entsprechenden Bodenkonstruktion, für welche der Verfasser seit der genannten Zeit in seinen Vorlesungen, Vorträgen und Veröffentlichungen eintrat, zeigt Abb. 199. Die waagerecht schraffierten Flächen f_z und f_a stellen die Grundflächen für den Zu- und Ablaufbecher dar, während die schräg schraffierte Fläche f_b dem Dampf außerhalb der Glocken zur Verfügung steht, um nach oben abzuströmen. Durch das Ablaufwehr wurde erreicht, daß gegenüber den alten Angaben die Belastung auf ein Vielfaches gesteigert werden konnte[1]. Durch das Zu- und Ablaufwehr wird weiterhin die Flüssigkeit gezwungen, sich gleichmäßig verteilt über die Bodenplatte hinweg zu bewegen. Jahrzehntelange Beobachtungen und Erfahrungen haben gezeigt, daß die Querschnittsfläche f_a (s. Abb. 199) hinter dem Ablaufwehr einen Stau der Ablaufflüssigkeit verhindert, wenn sie 10% vom gesamten Säulenquerschnitt ausmacht. Diese Feststellung ist besonders wichtig für Hochleistungsböden und sie gilt auch für Sieb- und für Ventilteller-Böden. Die genannte Zahl von 10% für f_a ist ein Mittelwert. Die hängt vor allem von der wohl noch nicht berechenbaren Schaumfähigkeit und Schaumbeständigkeit sowie von der Flüssigkeitsmenge ab.

Nachdem ein genügend langes Ablaufwehr und ein genügend großer Ablaufbecher gefunden waren, stellt nicht mehr ein zu kleines Ablaufrohr den engsten Querschnitt in der Austauschsäule dar. Die höchstzulässige Belastung ist vielmehr dadurch gegeben, daß ins Gewicht fallende Flüssigkeitsmengen bei einer bestimmten – der sogenannten höchstzulässigen – Dampfgeschwindigkeit von einem Boden auf den nächst höheren mitgerissen werden. Durch sehr viele Versuche ist nachgewiesen, daß dann die Trennwirkung und damit das Verstärkungsverhältnis des Bodens sinkt. Auf dieser Erscheinung und den geschilderten Bewegungsvorgängen auf Austauschböden fußend ist es nunmehr möglich, eine Theorie zur Berechnung der höchst zulässigen Dampfgeschwindigkeit aufzustellen[2]. Diese Theorie, die zu einer dimensionslosen Kennzahl führt, welche die maßgeblichen Veränderlichen enthält, konnte durch zahlreiche Meßergebnisse bestätigt werden. Gemäß Abb. 200 wird der Dampf unter den Glocken so umgelenkt, daß er außerhalb von ihnen in einer bestimmten Höhenlage von unten nach oben strömend in die Flüssigkeit tritt.

Bei Erreichen der Belastungsgrenze stellt sich dann eine senkrecht nach oben gerichtete Geschwindigkeit w_G ein, die man unter Benützung einer idealisierten Vorstellung auf die Fläche zwischen den Glocken bezieht und die etwa in der Höhe der unteren Ränder der Glocken herrscht. In dem freien Querschnitt oberhalb der Glocken sinkt die Dampfgeschwindigkeit auf einen mittleren Betrag w_D, dessen höchstzulässiger Wert zu bestimmen ist. Der Quotient der beiden genannten Dampfgeschwindigkeiten ergibt das Querschnittsverhältnis

$$\varphi_G = \frac{w_G}{w_D} \,. \tag{264}$$

[1] Das Ablaufwehr war nie zum Patent angemeldet.

[2] KIRSCHBAUM, E.: Neues aus der Rektifiziertechnik. VDI-Z. 98, 1797—1804 (1956).

Durch Konstruktionsgrößen bedingt, stellt sich in den Dampfhälsen (s. Abb. 200) eine Geschwindigkeit w_H ein, die ein Vielfaches Z_1 von w_G beträgt und die ein Querschnittsverhältnis

$$\varphi_H = \frac{w_H}{w_D} = Z_1 \frac{w_G}{w_H} \tag{264a}$$

liefert. Die Beobachtungen zeigen, daß die Flüssigkeit in Form von Lamellen und Tropfen aus dem Raum zwischen den Glocken mit einer bestimmten Geschwindigkeit — im folgenden mit w_F bezeichnet — hochgeschleudert wird, bei Erreichen der Belastungsgrenze die Strecke ΔH

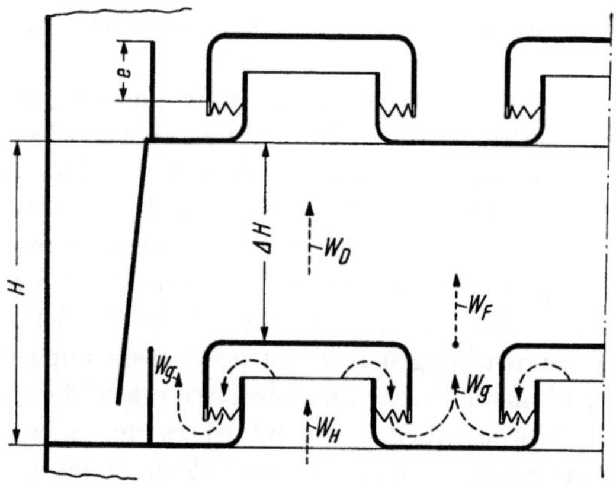

Abb. 200. Schnitt durch einen Glockenboden

durchwandert und am Gipfelpunkt der Wurfbahn mit einer Geschwindigkeit null gerade die nächst höherliegende Bodenplatte erreicht. Ein Teil der von der Dampfmenge G_D bei Verminderung ihrer Geschwindigkeit von w_G auf w_D umgesetzten Energie wird der hochgeworfenen Flüssigkeitsmenge G'_F mitgeteilt. Es gilt daher

$$\frac{G_D}{2}(w_G^2 - w_D^2)\,\eta = \frac{G'_F}{2}(w_F^2 - 0), \tag{265}$$

wenn η den Grad der Energieumsetzung bedeutet. Wird die gesamte Rücklaufmenge G_F beim Überqueren des Bodens durch den aus den Glocken austretenden Dampf Z_2 mal hochgeworfen, so kann in Gl. (265) gesetzt werden

$$G'_F = Z_2 G_F . \tag{266}$$

Damit und mit $w_G = w_D \varphi_G$ folgt aus Gl. (265):

$$w_D = w_F \sqrt{\frac{Z_2 G_F}{\eta G_D} \frac{1}{\varphi_G^2 - 1}} . \tag{267}$$

In dieser Beziehung ist die Abschußgeschwindigkeit der Flüssigkeit w_F unbekannt. Sie kann durch die Konstruktionsgröße ΔH ersetzt werden, vgl. Abb. 200. Der Zusammenhang zwischen diesen beiden Größen ist durch die Feststellung gegeben, daß die höchst zulässige Dampfgeschwindigkeit $w_D = w_{D_0}$ dann erreicht ist, wenn die Flüssigkeit von einem Boden aus gerade so hoch geschleudert wird, daß sie die untere Seite der darüberliegenden Bodenplatte erreicht, d. h., wenn die Flüssigkeit um den Betrag ΔH hochgehoben wird, bei dem die Flüssigkeitsgeschwindigkeit auf den Wert null sinkt. Die zwischen den beiden Endzuständen geleistete Arbeit muß dann gleich sein dem Unterschied der Energien, welche die Masse der Flüssigkeitsteilchen besitzt, also

$$\frac{G_F Z_2}{2}(w_F^2 - 0) = G_F Z_2 \Delta H g ; \tag{268}$$

daraus folgt

$$w_F = \sqrt{2 g \Delta H} . \tag{269}$$

Bei sonst gleichen Verhältnissen sind die Dampf- und Flüssigkeitsmengen proportional ihrer Dichte ϱ_F und ϱ_D, so daß

$$\frac{G_F}{G_D} = C \frac{\varrho_F}{\varrho_D} \tag{270}$$

gesetzt werden kann. Die Konstante C hängt von dem Mengenverhältnis zwischen Dampf und Flüssigkeit ab. Mit den Gln. (269) und (270) geht nunmehr die Beziehung (267) über in

$$w_D = \sqrt{\frac{\varrho_F}{\varrho_D} \Delta H} \sqrt{\frac{2 g Z_2 C}{\eta}} \sqrt{\frac{1}{\varphi_G^2 - 1}} . \tag{271}$$

Sie ist dimensionsgerecht; denn auf beiden Seiten der Gleichung ergibt sich dieselbe Dimension. Bringt man die Ausdrücke $\sqrt{\frac{\varrho_F}{\varrho_D} \Delta H}$ sowie $\sqrt{g}$ auf die linke Seite von Gl. (271), so erhält man einen dimensionslosen Ausdruck

$$R = \frac{w_D}{\sqrt{\frac{\varrho_F}{\varrho_D} \Delta H g}} , \tag{272}$$

R ist auf Grund noch folgender Auswertungen für den Glockenboden auch für andere Bodenbauarten sehr gut geeignet, die alle für die Belastbarkeit einer Rektifiziersäule maßgeblichen Größen enthält. Sie sei daher mit „Rektifizierzahl" bezeichnet. Es folgt somit

$$R = \sqrt{2 Z_2 \frac{C}{\eta}} \sqrt{\frac{1}{\varphi_G^2 - 1}} . \tag{273}$$

Für ein gegebenes Querschnittsverhältnis φ_G oder $\varphi_H = Z_1 \varphi_G$ und einen festgelegten Glockendurchmesser stellt das Produkt der rechten Seite von Gl. (273) eine Konstante dar.

Es ist naheliegend, daß sowohl der Abstand der Glocken (und damit das Querschnittsverhältnis) als auch der Glockendurchmesser selbst den Wirkungsgrad η und mit ihm die höchst zulässige Dampfgeschwindigkeit entscheidend beeinflussen. Da es sich um verschiedene und sich überlagernde Einflüsse handelt, konnten nur planmäßige Versuche

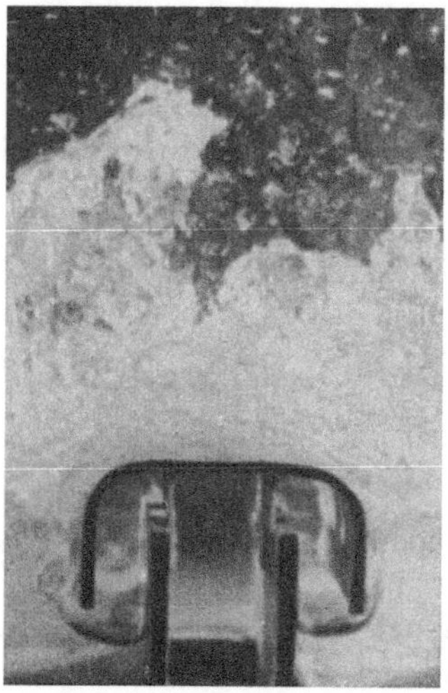

Abb. 201a

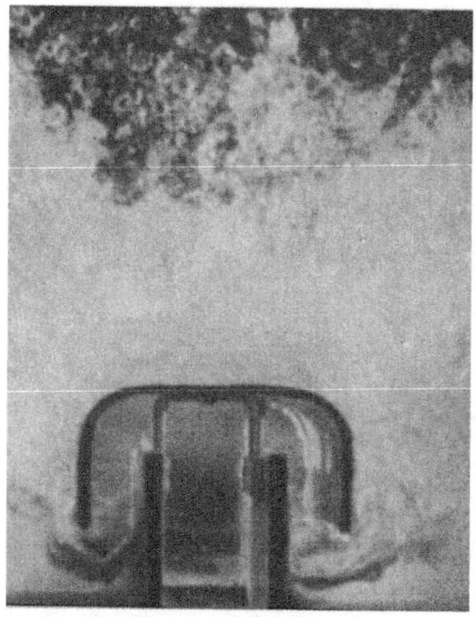

Abb. 201b

Abb. 201a. Strömungszustand bei einer Austauschglocke, in der Luft durch Wasser strömt. Luftgeschwindigkeit im Zuführungskamin 3 m/s

Abb. 201b. Strömungszustand um eine Austauschglocke. Luft strömt durch Wasser. Luftgeschwindigkeit im Zuführungskamin 8 m/s

Aufschluß geben. Sie wurden im Institut für Apparatebau und Verfahrenstechnik der Universität Karlsruhe während einer Reihe von Jahren durchgeführt. Um über den Glockendurchmesser Aufschluß zu bekommen, mußten zunächst Unterlagen über das günstigste Querschnittsverhältnis geschaffen werden. Sie wurden an Böden mit 750 mm Durchmesser teils mit größeren und teils mit kleineren Glocken erhalten[1,2].

Eine Vorstellung darüber, welchen Weg sich der Dampf unterhalb und neben der Glocke in der Flüssigkeit bahnt, geben die photographischen Aufnahmen der Abb. 201a und 201b. Sie wurden erhalten durch

[1] Kirschbaum, E.: Leistung und Wirkung von Rektifizier-Dampfprall- und Glockenböden. Chem.-Ing.-Tech. **25**, 73—80 (1953).

[2] Kirschbaum, E.: Berechnung von Rektifizierglockenböden. Chem.-Ing.-Tech. **28**, 713—721 (1956).

Versuche an Schnittmodellen, bei denen Luft von Atmosphärendruck durch Wasser strömte. Das Modell entspricht einem Glockendurchmesser von 100 mm. Die erste Abbildung zeigt den Strömungszustand für eine Luftgeschwindigkeit von 3 m/s im Luftzuführungskamin und die zweite Abbildung für eine Geschwindigkeit von 8 m/s. Bei letzterem liegt die Begrenzung der Gasdurchströmfläche unter der Glocke

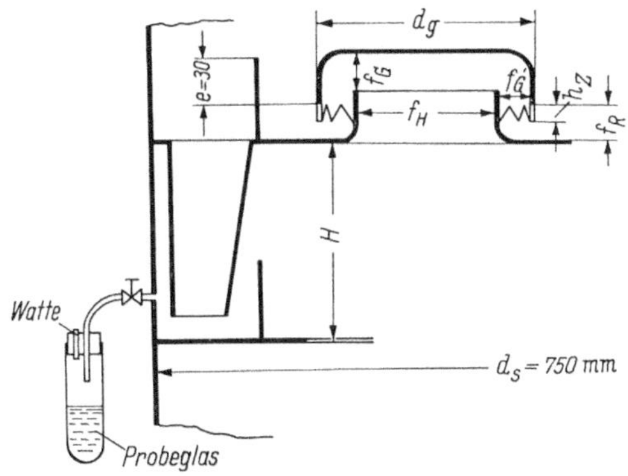

Abb. 202. Hauptmaße einer gezackten Glocke

Abb. 202a. Untersuchter Glockenboden $\varphi_H = 10, 12$

tiefer und die waagerechte Durchströmtiefe ist entsprechend größer. In beiden Fällen bildet sich neben und oberhalb der Glocke Schaum aus und es werden Flüssigkeitstropfen und -lamellen über die Schaumschicht emporgeschleudert. Bei nicht schäumenden Gemischen ist die Schaumschicht durch eine von Flüssigkeitstropfen durchsetzte Sprudelschicht ersetzt. Aus den Abb. 201a und 201b geht hervor, daß es zwecklos ist, den Dampfhals wesentlich über die Höhenlage des Glockenrandes zu führen. Es ergibt sich hierdurch nur eine unnötige Steigerung des Druckverlustes im Dampf.

Der Weg zur Auffindung des günstigsten Querschnittsverhältnisses sei im folgenden am Beispiele einiger Versuchsreihen aus der großen Zahl derjenigen gezeigt, bei denen der kleinste Glockendurchmesser $d_g = 38$ mm und die Dampfdurchdringtiefe $e = 30$ mm (s. Abb. 202) betrugen. Der Glockenrand war mit Zacken versehen, deren Höhe $h_z = 3$ mm

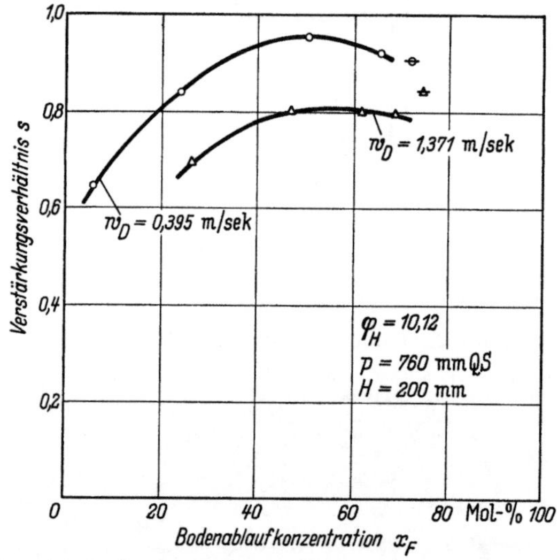

Abb. 203. Abhängigkeit des Verstärkungsverhältnisses s von der Bodenablaufkonzentration x_F für einen Destillationsdruck $p = 760$ mm Q.-S.

betrug. Damit der Dampf beim Durchströmen eines Bodens einen möglichst kleinen Druckverlust erleidet, sind zur Vermeidung von Beschleunigungskräften der Querschnitt f_H im Dampfhals gemäß Abb. 202, die Fläche f_G zwischen oberem Rand des Dampfhalses und Glocke sowie der Ringquerschnitt f'_G zwischen senkrechter Glockenbegrenzung und Dampfhals und die Fläche f_R senkrecht unterhalb des Glockenrandes gleich groß ausgeführt worden. Zur Bestimmung der Verstärkungsverhältnisse wurde jedem der 5 eingebauten Böden Proben des Äthanol-Wassergemisches mittels Probegläsern (s. Abb. 202) entnommen. Einer der untersuchten Böden ist in Abb. 202a dargestellt. Sein Querschnittsverhältnis betrug $\varphi_H = d_S^2 \pi / 4 \Sigma f_H = 10{,}12$. Mit den entnommenen Proben wurde das Verstärkungsverhältnis s jedes Bodens (s. Abschn. DV, 2) bei einer konstant gehaltenen Dampfgeschwindigkeit w_D ermittelt und über der Bodenablaufkonzentration x_F aufgetragen, wie es z. B. Abb. 203

zeigt. Sämtliche Messungen wurden bei totalem Rücklauf (Rücklaufverhältnis $v = \infty$) vorgenommen. Die Versuchspunkte, die sich auf den obersten Boden beziehen, sind mit einem Querstrich versehen, weil sie für den Verlauf der Kurven nicht verwendet werden dürfen. Für eine Bodenablaufkonzentration von $x_F = 50$ Mol-% Äthanol kann aus den Versuchskurven der Abb. 203 das zu einer bestimmten Dampfgeschwindigkeit w_D gehörige Verstärkungsverhältnis s abgelesen werden. Damit

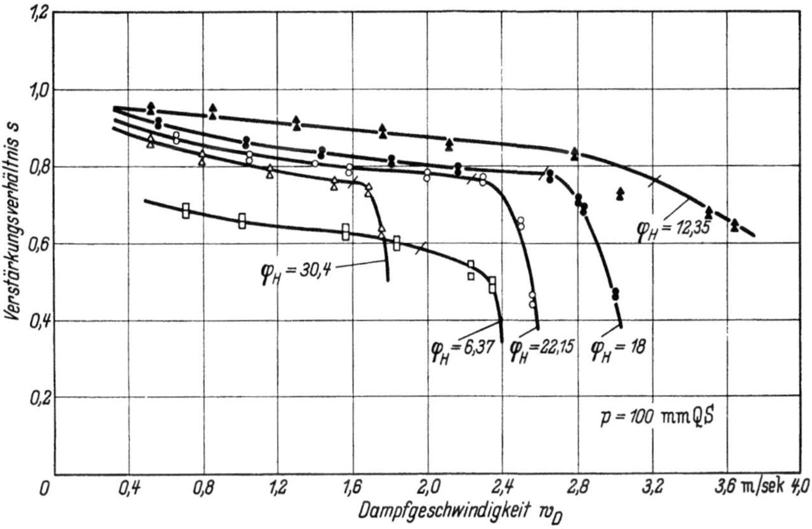

Abb. 204. Belastungskurven für Vakuumbetrieb und für einen Bodenabstand $H = 150$ mm

läßt sich zur Bodenablaufkonzentration von $x_F = 50$ Mol-% die Belastungskurve ermitteln, welche die Abhängigkeit des Verstärkungsverhältnisses s von der Dampfgeschwindigkeit w_D wiedergibt. Indem jeweils an 5 Böden mit den Querschnittsverhältnissen von $\varphi_H = 6{,}37$; 10,12; 12,35; 18; 22,15 und 30,4 bei den Bodenabständen von $H = 200$ mm und 150 mm sowie bei den Drücken von $p = 760$ mm Q.-S. und 100 mm Q.-S. Messungen vorgenommen wurden, ergaben sich sehr viele Kurven, von denen zwei in Abb. 203 dargestellt sind. Aus ihnen wurden die Belastungskurven erhalten, von denen diejenigen für einen Druck von 100 mm Q.-S. und einen Bodenabstand von $H = 150$ mm in Abb. 204 wiedergegeben sind. Der Querstrich an den einzelnen Linien gibt an, wo die höchstzulässige Dampfgeschwindigkeit liegt. Wird diese über dem jeweiligen φ_H aufgetragen, so folgt als Ergebnis die Abb. 205. Für alle untersuchten Fälle erreicht die höchstzulässige Dampfgeschwindigkeit einen größten Wert bei etwa

$$\varphi_H = 10. \tag{274}$$

Dieser Wert ergab sich auch bei größeren Glocken. Einem φ_H von 10 entspricht ein φ_G von 1,83. Auf Grund der Gln. (264) und (264a) ist φ_H direkt proportional φ_G. Nach Gl. (271) ist die zulässige Dampfgeschwindigkeit proportional dem Ausdruck $\sqrt{1/(\varphi_G^2 - 1)}$ und damit auch

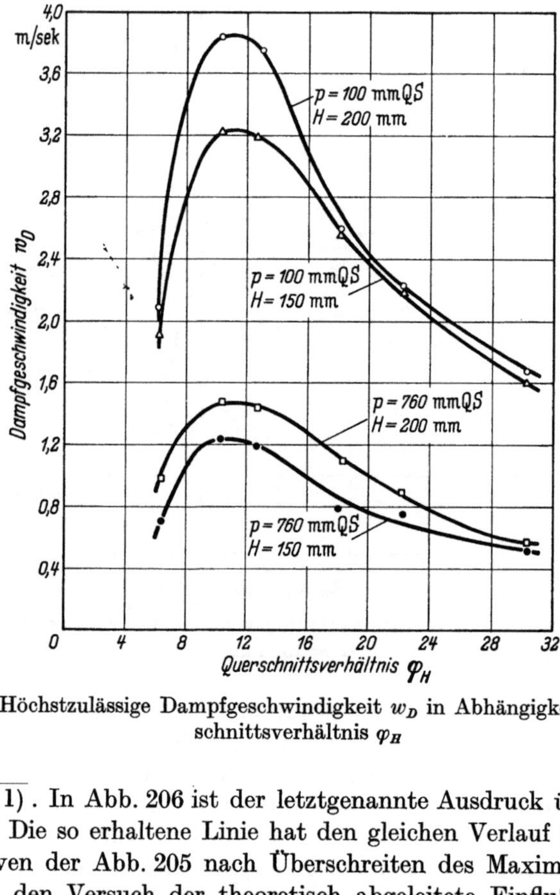

Abb. 205. Höchstzulässige Dampfgeschwindigkeit w_D in Abhängigkeit vom Querschnittsverhältnis φ_H

$\sqrt{1/(\varphi_H^2 - 1)}$. In Abb. 206 ist der letztgenannte Ausdruck über φ_H aufgetragen. Die so erhaltene Linie hat den gleichen Verlauf wie die Versuchskurven der Abb. 205 nach Überschreiten des Maximums. Damit ist durch den Versuch der theoretisch abgeleitete Einfluß des Querschnittsverhältnisses auf die Dampfgeschwindigkeit als richtig bestätigt. Der von der Theorie abweichende Verlauf des linken Astes der Versuchskurven der Abb. 205 ist leicht zu erklären. Bei φ_H-Werten kleiner als 8 bis 12 liegen die Glocken so nahe beieinander, daß die Dampfströme benachbarter Glocken sich vereinigen, ohne genügend Flüssigkeit für den Austausch zu finden. Liegt das Querschnittsverhältnis φ_H über 12, so bleibt Flüssigkeit zwischen den Glocken vom Dampf unberührt. In beiden Fällen ist ein Abnehmen der zulässigen Dampfgeschwindigkeit die Folge.

Nicht nur über den Einfluß des Querschnittverhältnisses, sondern auch über den Einfluß des Glockendurchmessers auf Wirkung und Belastbarkeit von Rektifiziersäulen herrschte lange Unklarheit. Der Grundgedanke, daß die Dampfmenge, welche je Zentimeter Glockenumfang auf der Außenseite der Glocke nach oben strömt, sich mit dem Glockendurchmesser ändert, veranlaßte den Verfasser des Buches während mehrerer Jahre mit einer Säule von 750 mm Durchmesser Versuche mit dem

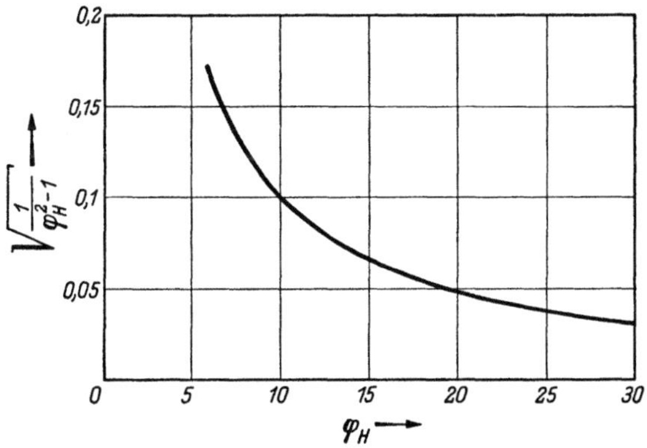

Abb. 206. Abhängigkeit des Ausdruckes $\sqrt{1/\varphi_H^2 - 1}$ vom Querschnittsverhältnis

Gemisch Äthanol-Wasser durchzuführen. Um auch die physikalischen Größen zu ändern, wurden verschiedene Drücke in der Säule eingestellt. Für die Auswertung der theoretischen Gleichung wurden jedoch auch andere Gemische in Betracht gezogen. Unter Wahrung des Querschnittsverhältnisses von $\varphi_H = 10$ wurden Glockendurchmesser von 35, 50,70 und 90 gewählt. Alle Glocken waren gezackt. Damit ähnlich wie bei Ermittlung des günstigsten Querschnittsverhältnisses die Belastungskurven auf eine Bodenablaufkonzentration von 50 Mol-% bezogen werden konnten, mußten für jeden Glockendurchmesser 5 Böden in die Säule eingebaut werden und ähnlich wie in Abb. 203 für eine bestimmte Dampfgeschwindigkeit zu der gewählten Bodenablaufkonzentration das Verstärkungsverhältnis abgegriffen werden, wobei die Eintauschtiefe e wieder 30 mm betrug. Als Beispiel zweier Versuchsreihen[1] sind in Abb. 207 die Belastungskurven für die zwei Glockendurchmesser von 38 und 90 mm und für eine Dampfdurchdringtiefe von $e = 30$ mm und für totalen Rücklauf ($v = \infty$) wiedergegeben. Bei allen Kurven nimmt bei kleinen Belastungen s mit wachsendem w_D wegen der Abnahme der Austauschzeit wenig ab, um in begrenzten Bereichen sogar gleichzubleiben, weil

[1] KIRSCHBAUM, E.: Einfluß des Glockendurchmessers von Rektifizierböden auf ihre Wirkung und Belastbarkeit. Chem.-Ing.-Techn. **23**, 213—222 (1951).

die wachsende Geschwindigkeit durch Zunahme der Turbulenz den Austausch verbessert und einer Abnahme von s entgegenwirkt. Bei den Dampfgeschwindigkeiten aber, welche die genannten Querstriche an den

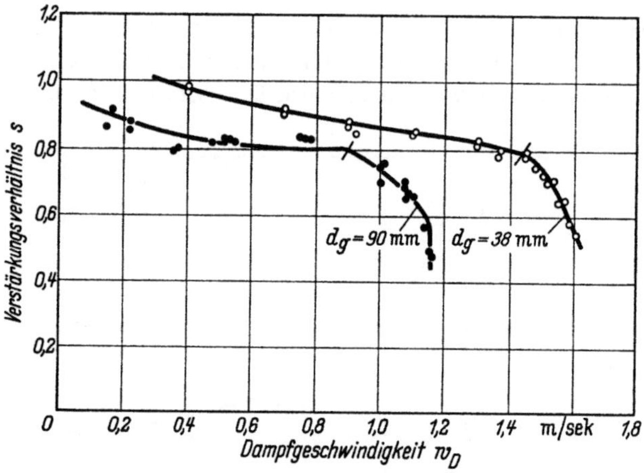

Abb. 207. Belastungskurven eines Glockenbodens bei verschiedenen Glockendurchmessern, $H = 200$ mm

Gemisch: Äthanol-Wasser, Druck: $p = 760$ mm Q.-S.

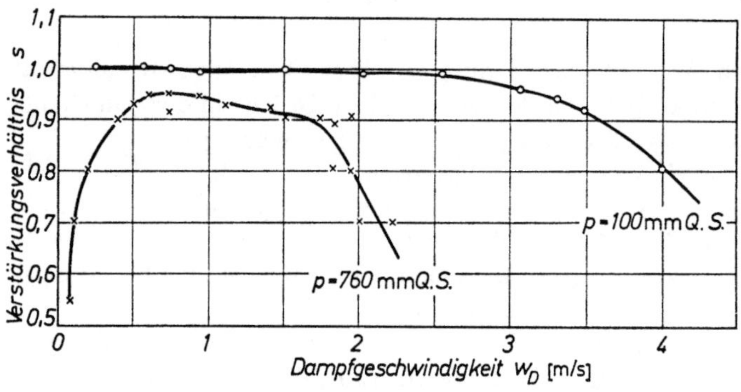

Abb. 208. Verstärkungsverhältnis s eines Rektifizier-Glockenbodens in Abhängigkeit von der Dampfgeschwindigkeit für verschiedene Säulendrücke und $\varphi_H = 10$. Versuchsgemisch: Äthanol-Wasser, Bodenablaufkonzentration 50 Mol-%, Rücklaufverhältnis $v = \infty$, Säulendurchmesser 750 mm, Glockendurchmesser 50 mm, Bodenabstand 500 mm

Belastungskurven angeben, wird die Hauptmasse der Flüssigkeit bis zur nächst höher liegenden Bodenplatte geworfen und die Trennwirkung nimmt dann mit steigender Belastung ab. Dieses Abnehmen wird mit zunehmendem Bodenabstand allmählich kleiner. Weil gerade die großen Bodenabstände in den letzten Jahren an Bedeutung zugenommen haben, stellte der Verfasser eine große Reihe reproduzierbarer Versuche auch mit Glockenböden mit dem Gemisch Äthanol-Wasser an, wobei das Querschnittsverhältnis von $\varphi_H = 10$ auch bei verschiedenen Glockendurchmessern beibehalten wurde. Als Beispiele sind in der Abb. 208 für einen Bodenabstand von $H = 500$ mm für die Drücke von $p = 100$ sowie 760 mm QS und in der zweiten Darstellung, Abb. 209, bei einem Druck von $p = 760$ mm QS die Versuchskurven

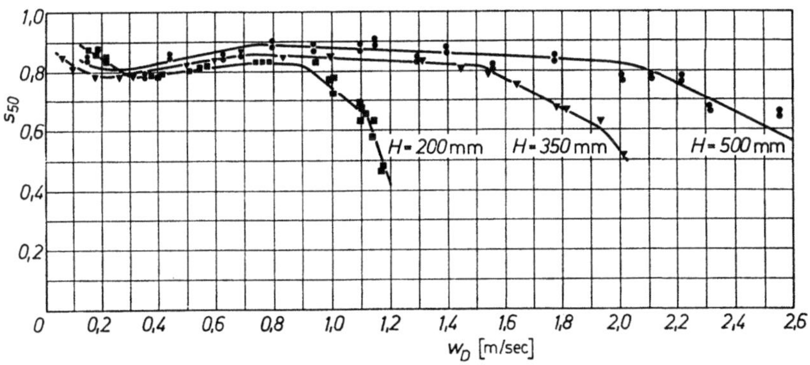

Abb. 209. Verstärkungsverhältnis s eines Rektifizier-Glockenbodens in Abhängigkeit von der Dampfgeschwindigkeit für verschiedene Bodenabstände. Gemisch: Äthanol-Wasser, $D = 750$ mm, $F/D = 1$, $p = 760$ Torr. Glockenboden: $e = 25$ mm, $d_g = 90$ mm, $H = 500, 350, 200$ mm, $\varphi_H = 10$

für drei Bodenabstände bis zu $H = 500$ mm wiedergegeben. Es war der Zweck, eine Gleichung zu finden, die es gestattet, die höchstzulässige Dampfgeschwindigkeit mindestens bis zu $H = 500$ mm zu finden. Zu diesem Zwecke ist in der Zahlentafel 10 eine Anzahl von Versuchen reproduzierbarer Ergebnisse sowie verschiedener Betriebs- und Konstruktionsgrößen zusammengestellt und in Abb. 210 die Rektifizierzahl R über dem Glockenmesser aufgetragen. Alle Punkte ergeben für die Berechnung des Säulendurchmessers die Gleichung[1]:

$$R = \frac{w_D}{\sqrt{\frac{\varrho_F}{\varrho_D} \cdot \Delta H \cdot g}} = \frac{0{,}485}{d_g^{0{,}2}} \,. \tag{275}$$

Dabei wird der Glockendurchmesser d_g in cm angegeben. Wird die Gleichung explizit formuliert, so ergibt sich

$$w_D = \frac{1{,}52}{d_g^{0{,}2}} \cdot \sqrt{\frac{\varrho_F}{\varrho_D} \cdot \Delta H}\,, \quad [\text{cm/s}] \tag{276}$$

wobei ΔH und d_g in cm einzusetzen sind.

[1] Die zahlenmäßige Auswertung verdankt der Verfasser seinem ehemaligen Mitarbeiter Herrn Dipl.-Ing. B. WAHL.

Zahlentafel 10

Boden-abstand mm	ΔH mm	Dampf-dichte kg/m³	Glocken-durch-messer mm	Säulen-durch-messer mm	Dampf-geschw. m/s	Verstär-kung s	Zeichen
500	460	1,245	90	750	2,05	0,8	△
500	460	0,192	90	750	4,6	0,8	◇
500	470	0,192	50	750	4,6	0,8	◓
500	470	1,245	50	750	2,2	0,8	◩
350	310	1,245	90	750	1,5	0,8	◪
350	310	0,63	90	750	2,15	0,8	◒
350	310	0,325	90	750	2,6	0,8	[▽]
350	310	0,192	90	750	3,6	0,8	▼
150	130	1,245	38	750	1,2	0,8	⦸
150	130	0,192	38	750	3,1	0,8	●
200	180	1,245	38	750	1,4	0,8	□
200	180	0,645	38	750	1,75	0,8	▲
200	180	0,192	38	750	3,3	0,7	▽
200	175	1,245	50	750	1,2	0,7	⦶
200	165	1,245	70	750	1,10	0,8	⊖
200	160	1,245	90	750	1,00	0,7	○
200	175	0,101	50	400	3,4	0,7	[▼]
150	115	1,245	50	300	1,0	0,7	⊕
200	170	2,71	50	300	0,8	0,7	◍

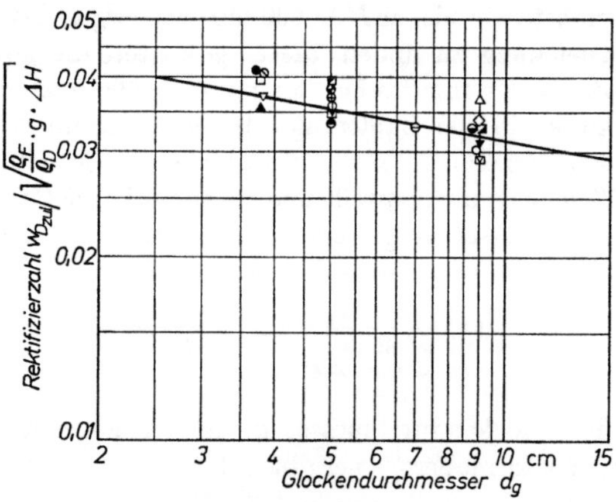

Abb. 210. Die Rektifizierzahl R in Abhängigkeit vom Glockendurchmesser bis zu Bodenabständen von 500 mm

Zahlenbeispiel: Die Dichte des zu zerlegenden Gemisches betrage $\varrho_D = 1{,}25\ \text{kg/m}^3$ und $\varrho_F = 866\ \text{kg/m}^3$, der Glockendurchmesser $d_g = 8$ cm und der Bodenabstand

$\Delta H = 21$ cm. Für die höchstzulässige Dampfgeschwindigkeit ergibt sich dann:

$$w_D = \frac{1,52}{8^{0,2}} \cdot \sqrt{\frac{866}{1,25} \cdot 21} = 120 \text{ cm/s} = 1,2 \text{ m/s}.$$

Wird der Bodenabstand $\Delta H = 50$ cm benutzt, so ergibt sich die zulässige Dampfgeschwindigkeit

$$w_D = \frac{1,52}{8^{0,2}} \cdot \sqrt{\frac{866}{1,25} \cdot 50} = 186 \text{ cm/s} = 1,86 \text{ m/s}.$$

b) Einfluß des Rücklaufverhältnisses auf Wirkung und Belastbarkeit

Die Belastungskurven, welche bisher mitgeteilt wurden, gelten für ein Rücklaufverhältnis von $v = \infty$. Bildet man den Quotienten aus dem Temperaturgefälle ϑ zwischen Dampf und Flüssigkeit und der übertragenen Wärmemenge Q (s. Abschn. D VII), so ergibt sich eine Abnahme

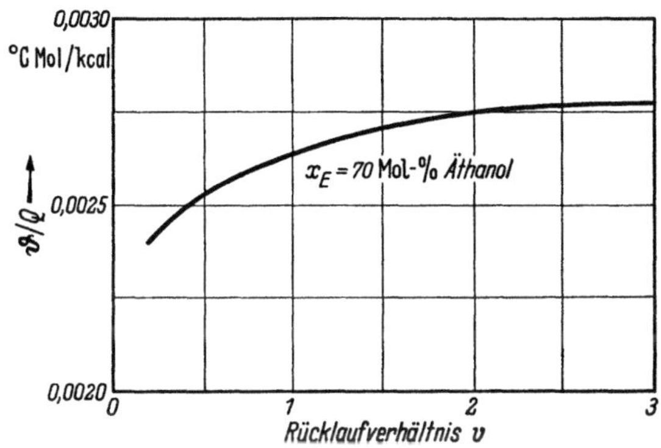

Abb. 211. Der Quotient aus Temperaturgefälle und zwischen Dampf und Flüssigkeit übertragener Wärmemenge in Abhängigkeit vom Rücklaufverhältnis
Gemisch: Äthanol-Wasser; Druck: $p = 760$ mm Q.-S.

von ϑ/Q mit steigendem v, wie es Abb. 211 für das Gemisch Äthanol-Wasser bei der Erzeugniskonzentration $x_E = 70$ Mol-% Äthanol zeigt. Daraus ist zu schließen, daß bei Bodenkolonnen das Verstärkungsverhältnis mit wachsendem Rücklaufverhältnis steigt. Das Rücklaufverhältnis steht mit der Rücklaufmenge F [Mol/h] und der in der Verstärkungssäule aufsteigenden Dampfmenge D [Mol/h] durch die auf Grund einer einfachen Mengenbilanz sich ergebenden Gleichung

$$\frac{F}{D} = \frac{v}{v+1} \tag{277}$$

in Beziehung.

Zur experimentellen Nachprüfung des Einflusses von v wurden 5 Böden benutzt, deren Konstruktion aus Abb. 212 ersichtlich ist. Der

Säulendurchmesser betrug 750 mm, der Glockendurchmesser 90 mm und die Dampfdurchdringtiefe $e = 30$ mm. Die Zacken des Glockenrandes hatten eine Höhe von 10 mm. Aus den für bestimmte Dampfgeschwindigkeiten geltenden s, x_F-Kurven konnten die für eine Bodenablaufkonzentration von $x_F = 50$ Mol-% geltenden Belastungskurven gewonnen werden. Sie sind für verschiedene Rücklaufverhältnisse in Abb. 213

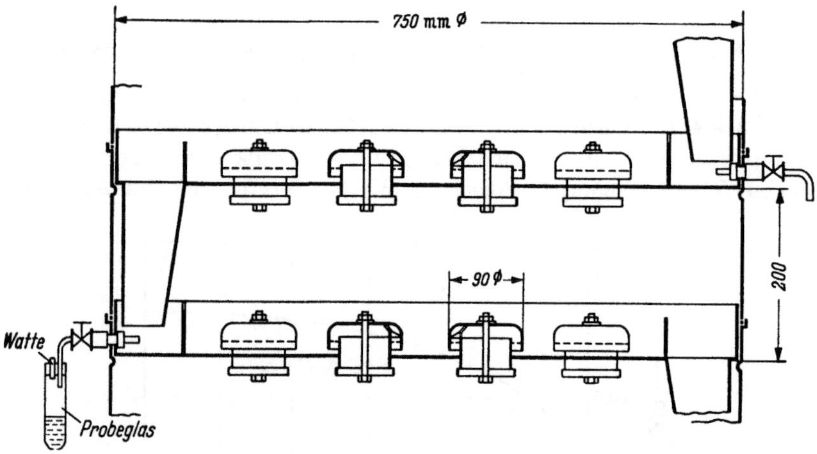

Abb. 212. Querschnitt durch die untersuchten Rektifizierböden

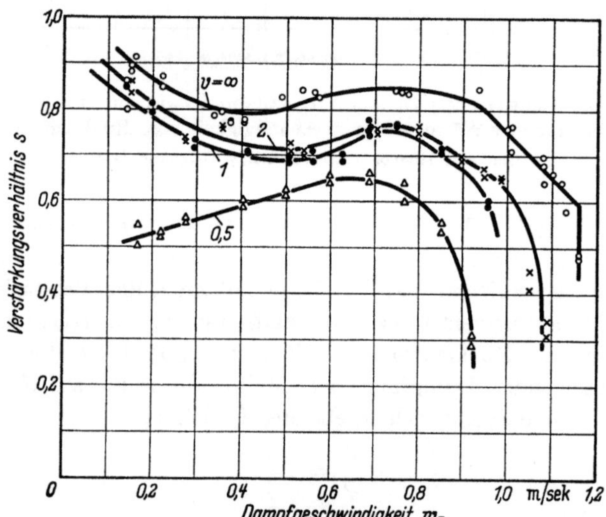

Abb. 213. Die Belastungskurven für verschiedene Rücklaufverhältnisse des Gemisches Äthylalkohol-Wasser

wiedergegeben[1]. Sie bestätigen grundsätzlich die Richtigkeit der theoretischen Voraussagen. Je kleiner das Rücklaufverhältnis ist, desto tiefer liegt das Verstärkungsverhältnis und die höchstzulässige Dampfgeschwindigkeit. Für die Höchstbelastung kann man danach die in der nachstehenden Tabelle angeführten Werte angeben.

v	s	w_D
∞	0,82	0,91 m/s
1	0,71	0,73 m/s
0,5	0,65	0,65 m/s

Zum Rücklaufverhältnis $v = \infty$ gehöre eine höchstzulässige Dampfgeschwindigkeit w_∞ und zu einem beliebigen $v < \infty$ gehöre w_v. Wird v

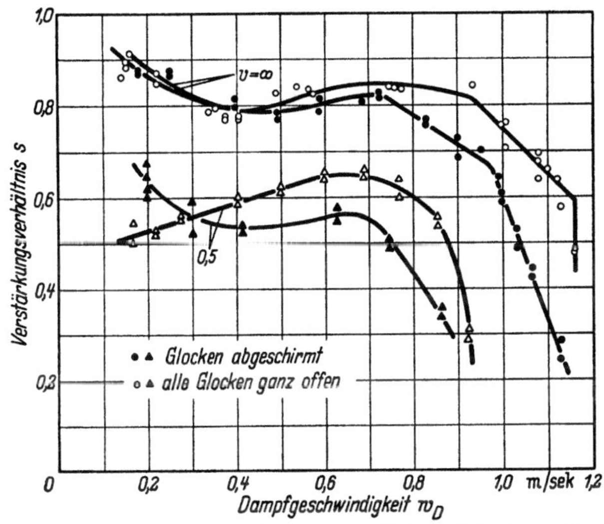

Abb. 214. Vergleich der Belastungskurven von Rektifizierböden mit nicht und mit teils gegen das Ablaufwehr abgeschirmten Glocken

gemäß Gl. (277) durch den Quotient F/D ausgedrückt, so folgt aus den vorstehenden Zahlenwerten

$$w_v = w_\infty \left(\frac{F}{D}\right)^{1/3}. \tag{278}$$

Analog gilt in den Grenzen $\infty > v > 0{,}5$ bei der Grenzbelastung wenigstens angenähert für das Verstärkungsverhältnis

$$s_v = s_\infty \left(\frac{F}{D}\right)^{1/4}. \tag{279}$$

[1] KIRSCHBAUM, E.: Einfluß des Rücklaufverhältnisses auf Wirkung und Belastbarkeit von Rektifizierböden. Chem.-Ing.-Tech. **26**, 461—465 (1954).

Bei den Versuchen konnte beobachtet werden, daß bei kleineren Rücklaufverhältnissen die Flüssigkeitsmenge auf den Böden etwas abnahm. Um dieser Erscheinung entgegenzuwirken, wurden die vor dem Ablaufwehr angeordneten Glocken am Umfang bis zum Boden durch Abschirmbleche geschlossen, die mit dem Mittelpunkt der Glocken einen Winkel von 170° einschlossen. Wirkung und Belastbarkeit dieser abgeschirmten Glocken zeigt Abb. 214. Aus diesem geht hervor, daß sich die Abschirmung nur schädlich auswirkte.

Gemäß Abb. 213 liegt die Belastungskurve am günstigsten beim Rücklaufverhältnis $v = \infty$. In der Verstärkungssäule ist dann $F = D$. Bei Abtriebsäulen kann aber F größer werden als D. Man schließt also einen Sicherheitsfaktor ein, wenn man für Abtriebsäulen die Gln. (275) und (213) anwendet. Die Kurven der Abb. 276 gelten nur für den Fall, daß $F < D$ ist. Je größer F ist, um so günstiger liegen die Belastungskurven der Verstärkungssäule.

c) Einfluß der Dampfdurchdringtiefe auf Wirksamkeit und Belastbarkeit

Die Dampfdurchdringtiefe e stellt gemäß Abb. 200 und Abb. 202 den senkrechten Abstand zwischen dem obersten Punkt der Zacken und dem Rande des Ablaufbechers dar. Sie ist ein Maß für den Weg, den der Dampf beim Durchströmen der Flüssigkeit zurücklegt. Hinsichtlich des Druckverlustes werden sich ohne Zweifel beachtliche Unterschiede bei den verschiedenen Durchdringtiefen ergeben. Bei der Wirkung und Belastbarkeit überlagern sich jedoch mancherlei Einflüsse, so daß nur planmäßige Versuche Aufschluß geben konnten[1]. Sie wurden durchgeführt mit Böden von 750 mm Durchmesser und Glocken von 38 mm Durchmesser (s. Abb. 202a). Durch Änderung der Höhe des Ablaufwehres wurden die Durchdringtiefen $e = 30$, 20, 10, 0 und $-\,5$ mm eingestellt. Es wurden jeweils 5 Böden mit einer bestimmten Durchdringtiefe in die Säule eingebaut. An den erhaltenen s, x_F-Kurven wurde das zu $x_F = 50$ Mol-% gehörende Verstärkungsverhältnis s abgegriffen. Das Hauptergebnis stellt die Abb. 215 dar. Die fünf gewählten Durchdringtiefen haben nahezu dieselbe höchstzulässige Dampfgeschwindigkeit des Gemisches Äthanol-Wasser. Bei ihr liegt das Verstärkungsverhältnis zwischen 0,75 und 0,83, wobei der kleinere Wert der kleineren Durchdringtiefe zugeordnet ist. Bei ihr liegt aber die Grenzdampfgeschwindigkeit etwas höher als die berechnete. Nur bei $e = 10 - 30$ mm fallen beide Geschwindigkeiten zusammen. Bei Teilbelastungen zwischen $w_D = 0{,}6$ m/s und $w_D = 1{,}5$ m/s ist s bei größeren Werten von e größer, ohne aber

[1] KIRSCHBAUM, E.: Einfluß der Dampfdurchdringtiefe auf Wirkung, Belastbarkeit und Druckverlust von Rektifizier-Glocken- und -Siebböden. Chem.-Ing.-Tech. 31, 779—784 (1959).

$s = 0,75$ zu unterschreiten. Man muß sich dabei vergegenwärtigen, daß bei $e = -5$ mm und z. B. bei $w_D = 0,6$ m/s der Dampf die Flüssigkeit nur sehr kurzzeitig berührt. Es ist der Schluß zulässig, daß der ganze Austausch und damit die Rektifikation vollzogen ist, sobald der Dampf in die Flüssigkeit tritt[1]. Die Übergangszahlen zwischen den beiden Phasen an ihrer Grenzfläche müssen demnach sehr groß sein, was die Darlegung über den Mechanismus der Rektifikation im Abschn. D I, 3 als zutreffend bestätigt. Bei Dampfgeschwindigkeiten unter $w_D = 0,6$ m/s nimmt s mit

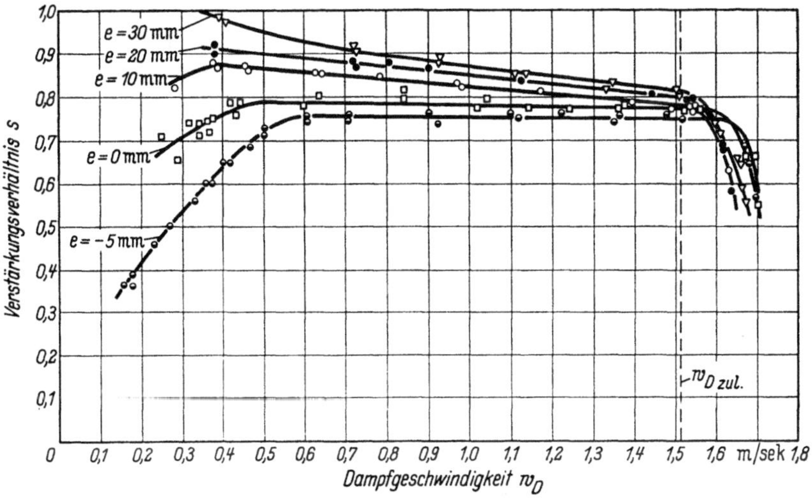

Abb. 215. Verstärkungsverhältnis s eines Rektifizier-Glockenbodens bei verschiedenen Dampfdurchdringtiefen e in Abhängigkeit von der Dampfgeschwindigkeit w_D

Versuchsstoff: Äthanol-Wasser; Bodenablaufkonzentration: $x_F = 50$ Mol-% Äthanol; Druck im Säulenkopf: $p = 760$ mm Q.-S.; Rücklaufverhältnis: $v = \infty$; Säulendurchmesser: $d_S = 760$ mm; Glockendurchmesser: $d_g = 38$ mm; Querschnittsverhältnis: $\varphi_H = 10,12$; Bodenabstand: $H = 200$ mm

abnehmender Belastung zu, weil der Dampf mit kleinerer Geschwindigkeit durch die Flüssigkeit strömt und weniger Flüssigkeitströpfchen auf den nächst höheren Boden mitgerissen werden. Bei den kleineren Durchdringtiefen, vor allem bei $e = -5$ mm, nimmt die Trennwirkung mit sinkender Belastung stark ab, sobald $w_D = 0,6$ m/s unterschritten wird. In diesem Bereich streicht der Dampf über die Oberfläche der Flüssigkeit hinweg, wie es bei den Versuchen durch Schaugläser beobachtet werden konnte. Bei $e = -5$ mm und $w_D = 0,2$ m/s sinkt der Wert von s sogar auf einen Wert von 0,42. Wenn der erwähnte Bereich kleiner Belastungen auch von praktisch geringer Bedeutung ist, so sind doch die

[1] Grassmann, P.: Zur Vorausberechnung des Verstärkungsverhältnisses von Rektifizierböden. Chem.-Ing.-Tech. **29**, 497—504 (1957).

kleinen Eintauchtiefen bei voller Belastung dann von besonderer Wichtigkeit, wenn es darauf ankommt, den Druckverlust im durchströmenden Dampf vor allem im Vakuumbetrieb niedrig zu halten. Für letzteren wurden bei den Versuchen analoge Kurven erhalten, wie sie in Abb. 215 für Atmosphärendruck dargestellt sind.

d) Einfluß der Ausführungsform des Glockenrandes auf Wirksamkeit und Belastbarkeit

Um einen merklichen Unterschied zwischen den verschiedenen Ausführungsformen zu erhalten, wurden Glocken mit einem Durchmesser von 90 mm und Böden nach der Ausführungsform gemäß Abb. 212 gewählt. Die Zacken bildeten gleichseitige Dreiecke und hatten eine Höhe

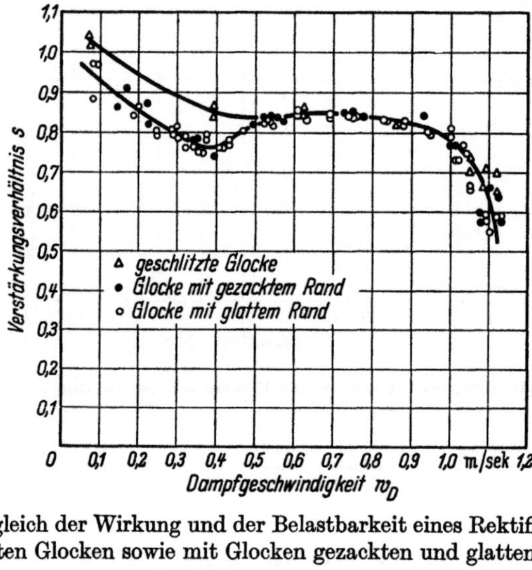

Abb. 216. Vergleich der Wirkung und der Belastbarkeit eines Rektifizierbodens mit geschlizten Glocken sowie mit Glocken gezackten und glatten Randes

Versuchsgemisch: Äthanol-Wasser; Bodenablaufkonzentration: $x_F = 50$ Mol-% Äthanol; Rücklaufverhältnis: $v = \infty$; Druck am Säulenkopf: $p = 760$ mm Q.-S.; Bodenabstand: $H = 200$ mm; Säulendurchmesser: $d_S = 750$ mm; Glockendurchmesser: $d_g = 90$ mm; Querschnittsverhältnis $\varphi_H = 10$

von 10 mm. Die Schlitze reichten bis zur Bodenplatte, hatten eine Breite von 9 mm und eine Höhe von 16,5 mm. Sie waren oben abgerundet. Ihr höchster Punkt lag so hoch wie der oberste Punkt der Zacken. Auf diese Höhenlage wurden die Glockenränder abgedreht, um die glatten Ränder zu erhalten. Der Dampfkamin lag noch um 10 mm höher als dieser glatte Glockenrand und der Rand des Ablaufwehres um 30 mm höher, so daß sich wieder eine Dampfdurchdringtiefe von $e = 30$ mm ergab. Es wurde das Gemisch Äthanol-Wasser bei totalem Rücklauf

($v = \infty$) rektifiziert. Von jeder der drei Ausführungsformen wurden jeweils fünf Böden mit 750 mm Durchmesser in die Säule eingebaut und an den für verschiedene Dampfgeschwindigkeiten geltenden s, x_F-Kurven die Verstärkungsverhältnisse abgelesen, welche zu einer Bodenablaufkonzentration von $x_F = 50$ Mol-% gehören. Die so erhaltenen s-Werte sind in Abb. 216 über der Dampfgeschwindigkeit für die drei Ausführungsformen aufgetragen. Für Dampfgeschwindigkeiten, die größer sind als 0,5 m/s, fallen die Belastungskurven für die drei Ausführungsformen zusammen, und sie ergeben demgemäß auch dieselbe höchstzulässige Dampfgeschwindigkeit bei gleichem Verstärkungsverhältnis. Im Bereich für Dampfgeschwindigkeiten, die kleiner sind als 0,5 m/s, fallen die Kurven für glatten und gezackten Glockenrand zusammen, während die Belastungslinie für die Glocken mit geschlitzten Rändern etwas höher liegt als die Linie der beiden anderen Ausführungsarten. Glocken mit geschlitzten Rändern ergeben demnach bei niederen Belastungen eine etwas bessere Trennwirkung. Im Hauptbelastungsbereich zeigen die drei Ausführungsformen hinsichtlich Trennwirkung und Belastbarkeit keinen Unterschied. Daß bei kleinen Belastungen die Glocken mit geschlitztem Rand eine etwas bessere Trennwirkung als die anderen Ausführungsarten ergeben, mag seinen Grund darin haben, daß der Dampf ohne Schwankungen gleichmäßiger verteilt in die Flüssigkeit strömt.

e) Einfluß der im Dampf mitgerissenen Flüssigkeit auf Trennwirkung und Belastbarkeit

Die Belastungsgrenze eines Austauschbodens ist dadurch festgelegt, daß bei einer bestimmten Dampfgeschwindigkeit große Mengen von Flüssigkeit von einem Boden auf den nächst höher liegenden mitgenommen werden. Dadurch wird das Verstärkungsverhältnis wesentlich verschlechtert. Die Geschwindigkeit festzustellen, bei der diese beachtliche Verschlechterung der Trennwirkung eintritt, war stets eine Hauptaufgabe planmäßiger Versuche. Losgelöst von Rektifizierproblemen sind auch eine Anzahl von Versuchen über das Mitreißen von Flüssigkeit in Bodensäulen mit jedoch sich widersprechenden Ergebnissen durchgeführt worden[1–5].

---

[1] SOUDERS JR., M., and G. G. BROWN: Design of fractionating columns. Ind. Eng. Chem. **26**, 98—103 (1934).

[2] HOLBROOK, G. E., and E. M. BAKER: Entrainment in a bubble-cap destillation column. Ind. Eng. Chem. **26**, 1063—1067 (1934).

[3] ASHRAF, F. A., T. L. CUBBAGE, and R. L. HUNTINGTON: Entrainment in oil-absorbers. Ind. Eng. Chem. **26**, 1068—1072 (1934).

[4] STRANG, L. C.: Entrainment in a bubble-cap fractionating column. Trans. Inst. Chem. Eng. **12**, 169—178 (1934).

[5] SHERWOOD, T. K., and F. J. JENNY: Entrainment in plate columns. Ind. Eng. Chem. **27**, 265—272 (1935).

Um auf rechnerischem Wege einen zahlenmäßigen Anhaltspunkt für die Beeinflussung der Wirkung eines Austauschbodens durch im Dampf mitgerissene Flüssigkeit zu gewinnen, soll im folgenden die Erniedrigung des Verstärkungsverhältnisses in Abhängigkeit von der im Dampf mitgerissenen Flüssigkeit berechnet werden[1]. Die Ableitungen und das Ergebnis werden besonders einfach, wenn vollständiger Rücklauf, d. h. ein Rücklaufverhältnis von $v = \infty$ zugrundegelegt wird.

In Abb. 217 stellen x_{Du} den Gehalt an Leichtersiedendem in dem Dampfgemisch dar, welches dem betrachteten Boden zuströmt und x_D

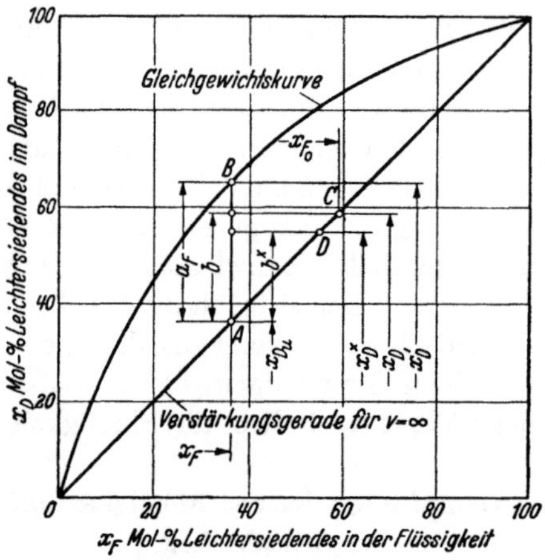

Abb. 217. Bestimmung des Verstärkungsverhältnisses s für das Rücklaufverhältnis $v = \infty$

den Gehalt an Leichtersiedendem in dem von demselben Boden aufsteigenden Dampf unter Ausschluß der mitgerissenen Flüssigkeit. Der Betrag b entspricht dann der Anreicherung für den Fall, daß der Dampf keine Flüssigkeit mit sich führt und daß kein vollkommener Austausch vorliegt. Wird jedoch Flüssigkeit mitgerissen, dann hat das von dem Boden aufsteigende Gemisch von Dampf und Flüssigkeit einen mittleren Gehalt x_D^* [Mol-%] an Leichtersiedendem, welcher um die wirkliche Anreicherung b^* über dem Gehalt x_{Du} liegt. Es ist zu bemerken, daß die Verstärkungsgerade auch dann, wenn ein Dampf-Flüssigkeitsgemisch von Boden zu Boden aufsteigt, dieselbe Bedeutung hat wie in dem Falle, bei dem reiner trockener Dampf von einem Boden zu dem darüberliegenden strömt. An die Stelle der Konzentration von trockenem, reinem Dampf tritt bei Mitreißen von Flüssigkeit die mittlere Konzentration des aufsteigenden Dampf-Flüssigkeitsgemisches. Zu der Konzentration x_{Du} des

[1] KIRSCHBAUM, E.: Belastung von Austauschböden. VDI-Beiheft Verfahrenstechnik **1939**, 131—139.

dem betrachteten Boden zuströmenden Dampfes ergibt sich gemäß Abb. 217 ein Gehalt x_F in der Flüssigkeit, welche denselben Boden verläßt. Für die vorliegenden Betrachtungen sei wieder Flüssigkeitsdurchmischung vorausgesetzt, so daß die Flüssigkeitskonzentration x_F als auf dem ganzen Boden herrschend angesehen werden kann. Die im aufsteigenden Dampf mitgerissenen Flüssigkeitsteilchen besitzen dann ebenfalls einen Gehalt von x_F [Mol-%]. Der Anteil an Flüssigkeit in dem vom Boden aufsteigenden Flüssigkeits-Dampfgemisch sei mit f [Mol-%] bezeichnet. Die mittlere Konzentration des Dampf-Flüssigkeitsgemisches ist dann durch die folgende Gleichung bestimmt:

$$x_D^* = \left(\frac{100-f}{100}\right) x_D + \frac{f}{100} x_F . \qquad (280)$$

Für $v = \infty$ wird $x_{Du} = x_F$, so daß gilt:

$$b^* = x_D^* - x_F \qquad (281)$$

und

$$x_D^* = x_F = \left(\frac{100-f}{100}\right) x_D + \frac{f}{100} x_F - x_F = \left(1 - \frac{f}{100}\right)(x_D - x_F) . \qquad (282)$$

Daraus folgt:

$$b^* = \left(1 - \frac{f}{100}\right) b . \qquad (283)$$

Für den Fall, daß Flüssigkeit im Dampf mitgerissen wird, ist das Verstärkungsverhältnis durch $s^* = b^*/a_F$ gegeben, während das Verstärkungsverhältnis für den Fall trockenen Dampfes (ohne Mitreißen von Flüssigkeit) durch $s = b/a_F$ festgelegt ist. Die Verschlechterung des Verstärkungsverhältnisses durch im Dampf mitgerissene Flüssigkeit in Prozent ist bestimmt durch:

$$e = \frac{s - s^*}{s} 100 = \frac{b - b^*}{b} 100 . \qquad (284)$$

Wird in Gl. (284) der Wert für b^* aus Gl. (285) eingesetzt, so ergibt sich

$$e = f . \qquad (285)$$

Diese Beziehung besagt, daß die Verschlechterung des Verstärkungsverhältnisses (und damit des Wirkungsgrades) bei vollständigem Rücklauf (Rücklaufverhältnis $v = \infty$) gleich ist dem Anteil an Flüssigkeit in dem aufsteigenden Dampf-Flüssigkeitsgemisch. Enthält z. B. das einem Boden entströmende Dampf-Flüssigkeitsgemisch 20 Mol-% Flüssigkeit, so liegt das Verstärkungsverhältnis um 20% tiefer als in dem Falle, bei welchem der Dampf keine Flüssigkeit mit sich führt.

Gl. (284) gilt für alle Gemische und alle Konzentrationen, solange das Rücklaufverhältnis den Wert $v = \infty$ hat. Bei kleineren Rücklaufverhältnissen ist die Beeinträchtigung der Wirkung der Austauschböden größer als bei $v = \infty$. Durch das Mitreißen von Flüssigkeit wird nämlich die

Rücklaufmenge vergrößert, so daß bei einem endlichen Rücklaufverhältnis durch das Mitreißen von Flüssigkeit im Dampf die Verstärkungsgerade im x_F, x_D-Bild tiefer gelegt wird. Die Berechnung der Verschlechterung des Verstärkungsverhältnisses kann für endliche Werte von v mit denselben Grundgleichungen durchgeführt werden, wie sie bei den obigen Ableitungen benutzt sind. Für das Gemisch Äthylalkohol-Wasser und für ein Rücklaufverhältnis von $v = 3$ ergibt sich beispielsweise, daß

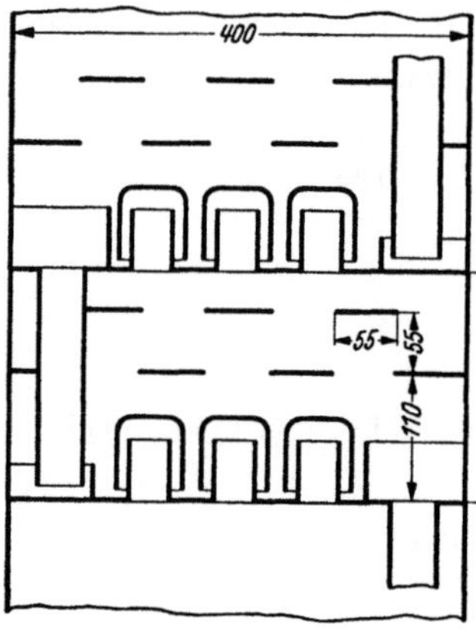

Abb. 218

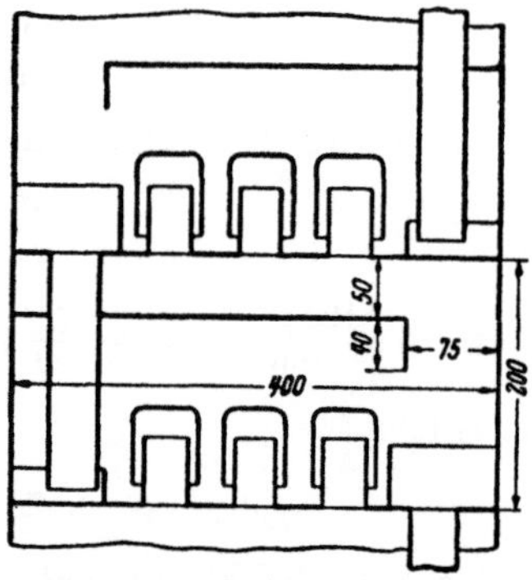

Abb. 219

Abb. 218. Schematische Darstellung der untersuchten Glockenböden mit Prallblechen (maßstäblich)

Abb. 219. Schematische Darstellung der untersuchten Glockenböden mit Prallplatten (maßstäblich)

bei einer Flüssigkeitskonzentration von 30 Mol-% und für einen Flüssigkeitsgehalt im Dampf-Flüssigkeitsgemisch von 20 Mol-% die Verschlechterung durch Mitreißen von Flüssigkeit im Dampf 40% beträgt. Bei höheren Alkoholkonzentrationen in der Flüssigkeit nimmt die Verschlechterung des Verstärkungsverhältnisses noch zu.

Der Gedanke liegt nahe, die Wirkung und Belastbarkeit von Austauschböden dadurch zu verbessern, daß die im Dampf mitgerissene Flüssigkeit zwischen den Böden ausgeschieden wird. Dies kann beispielsweise durch den Einbau von Prallblechen angestrebt werden, wie es Abb. 218 zeigt. Die Prallbleche sind in zwei Höhenlagen und gegeneinander versetzt angeordnet. Es ist auch möglich, gemäß Abb. 219 zwischen jedem Boden eine Prallplatte anzubringen. An der Stelle des Prallbleches, wo letzteres vom Dampf umströmt wird, ist es nach unten zu einem Ablenkrand umgebogen. Durch die Umlenkung wird nicht nur die Flüssigkeit aus dem Dampf ausgeschieden, sondern es tritt auch eine Dampfdurchmischung ein. Eine andere Versuchseinrichtung zeigt Abb. 220, bei welcher zwischen den Böden Füllkörperschichten eingebaut sind, die in einem bestimmten Abstand vom Boden auf einem Rost lagern. Diese bezwecken dann nicht nur die Ausscheidung der Flüssigkeit aus dem Dampf, sondern auch die Herbeiführung einer zusätzlichen Austauschfläche zwischen den Phasen, indem auf der Oberfläche der Füllkörper die emporgeschleuderten Flüssigkeitsteilchen ausgebreitet werden. Die in die

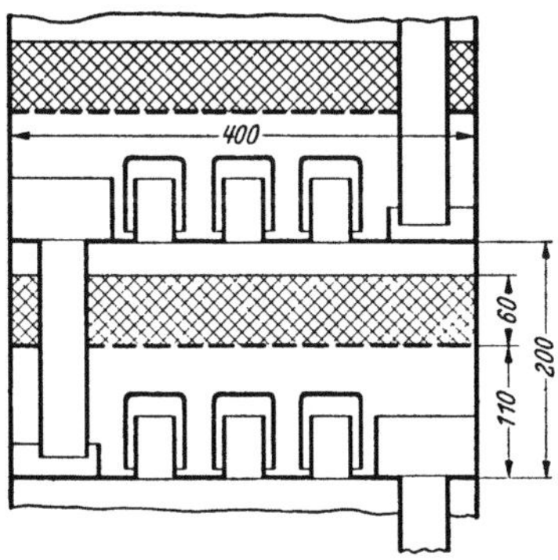

Abb. 220. Schematische Darstellung der untersuchten Glockenböden mit Füllkörperschichten (maßstäblich)

Füllkörperschicht getragene Flüssigkeit kann stetig auf den Boden zurücktropfen. Die gezackten Glocken der in den Abb. 218 bis 220 dargestellten Böden hatten einen Durchmesser von 50 mm bei einem Querschnittsverhältnis von $\varphi_H = 10$. Bei den mit den genannten, in den Abb. 218 bis 220 gezeigten, Vorrichtungen vom Verfasser durchgeführten Versuchen konnte beobachtet werden, daß die Flüssigkeitsausscheidung bei Verwendung der Füllkörper am vollkommensten war. Mittels optischer Hilfsmittel wurde festgestellt, daß auch bei Dampfgeschwindigkeiten von 0,1 m/s und darunter ohne Einbauten zwischen den Böden stets Flüssigkeit in Form von feinen Nebeltröpfchen im Dampf fortgetragen wurde. Auch bei Verwendung der Prallbleche waren diese vorhanden. Lediglich die Füllkörper ergaben einen vollkommen reinen, nebelfreien Dampf. Die mit den erwähnten Flüssigkeitsabscheidevorrichtungen erhaltenen Versuchsergebnisse sind in Abb. 221 wiedergegeben, in welchem als Abszisse die auf den freien Säulenquerschnitt bezogene Dampfgeschwindigkeit und als Ordinate das ermittelte Verstärkungsverhältnis aufgetragen sind. Zum Vergleich sind in die Abbildung Versuchsergebnisse aufgenommen, die bei Betrieb ohne Verwendung von Abscheidevorrichtungen gewonnen wurden. Es ist ersichtlich, daß der Einbau der Prallbleche bei großen Geschwindigkeiten wohl eine Erhöhung des Verstärkungsverhältnisses gegenüber dem Falle ohne Einbauten zur Folge hat. Das Verstärkungsverhältnis nimmt aber auch von einer bestimmten Belastung an ähnlich wie bei Betrieb ohne Einbauten ab. Erst die Verwendung

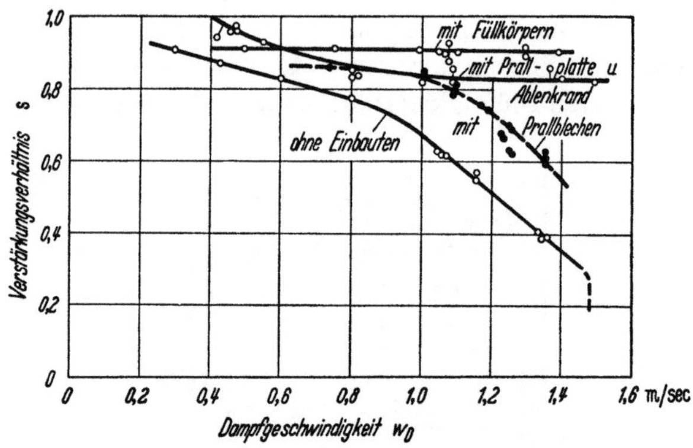

Abb. 221. Das Verstärkungsverhältnis s von Glockenböden ohne und mit Einbauten in Abhängigkeit von der Dampfgeschwindigkeit w_D

Gemisch: Äthanol-Wasser; Rücklaufverhältnis $v = \infty$; Bodenablaufkonzentration $x_F = 50$ Mol-%; Bodenabstand $H = 200$ mm; Sattelfüllkörper 25 mm; 60 mm Schichthöhe; Atmosphärendruck

von Prallplatten mit Ablenkrad oder von Füllkörperschichten brachte eine nahezu gleichbleibende Wirkung bis zu einer Dampfgeschwindigkeit, die bei 1,5 m/s bzw. bei 1,4 m/s liegt.

f) Druckverlust im durch Glockenböden strömenden Dampf

Zur vollständigen Beurteilung von Rektifizierböden gehört auch der Druckverlust, den der Dampf beim Durchströmen der Böden erleidet. Während man aber in der Lage ist, die zulässige Dampfgeschwindigkeit vorauszuberechnen, fehlt bis heute eine Beziehung, den erwähnten Druckverlust zahlenmäßig vorauszubestimmen. Einerseits ist diese Aufgabe ebenso wichtig, wie die Ermittlung der Dampfgeschwindigkeit, andererseits ist die Zahl der Einflüsse auf den Druckverlust so verschiedenartig und so groß, daß eine übersichtliche Beziehung zur Festlegung des Druckverlustes äußerst schwierig ist. Deshalb wird im folgenden der Druckverlust erläutert und es werden anschließend Versuchsablesungen mitgeteilt, welche gewisse Gesetzmäßigkeiten erkennen lassen und die es doch ermöglichen, wenigstens angenähert auf vorgegebene Verhältnisse zu schließen. Von Einfluß sind konstruktive Größen, die physikalischen Eigenschaften der zu trennenden Gemische und betriebliche Zustände, zu denen vor allem die Dampfgeschwindigkeit gehört.

Am einfachsten ist der Druckverlust eines Bodens gedeutet durch den Druckunterschied zwischen den beiden Dampfräumen unter- und oberhalb des Bodens. Er stellt eine Summe von Einzelverlusten dar, die in der Hauptsache durch 3 Summanden gegeben sind. Sie werden an Hand der Abb. 222 erläutert. Um Beschleunigungsverluste zu vermeiden, werden die Querschnitte f_1, f_2 und f_3 gleich groß ausgeführt. Der Querschnitt f_4 kann ebenso oder etwas größer als die anderen Querschnitte sein und der obere Rand des Dampfhalses liegt um ein bestimmtes Mindestmaß — etwa 10 mm — höher als der höchste Punkt der Zackung, um ein Durchregnen der Flüssigkeit bei Betriebsschwankungen zu vermeiden. Der Dampf gelangt aus dem Raum unter dem Boden von der Stelle 1 mit dem Druck p_1 nach der Stelle 2 mit dem Druck p_2. Dabei erleidet er einen Druckabfall $\Delta p_1 = p_1 - p_2$, welcher ein reiner Strömungsverlust ist. Danach tritt der Dampf unter der Glocke hervor von der Stelle 2 durch den Querschnitt unter dem Glockenrand, welcher auch Schlitze darstellen kann, in die Flüssigkeitsmasse nach der Stelle 3 mit dem Druck p_3. Der Druckunterschied $\Delta p_2 = p_3 - p_2$ stellt den Eintrittsverlust dar. Dann muß der Dampf noch die Flüssigkeitsschicht durchdringen und den Weg von der Stelle 3 nach der Stelle 4 mit dem absoluten Druck p_4 zurücklegen. Wenn auch dabei bis zu einem gewissen Maße noch Strömungswiderstände auftreten, so sei dieser Druckabfall $\Delta p_3 = p_4 - p_3$ doch kurz Schichtverlust genannt. Er ist sehr verschieden, je nachdem die Flüssigkeit stark, schwach oder nicht schäumt.

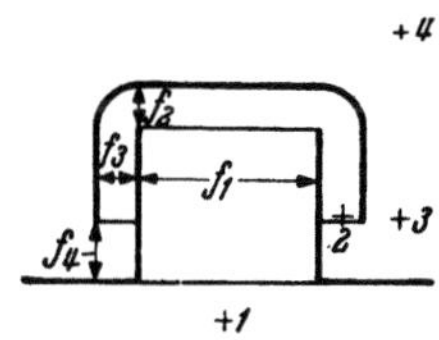

Abb. 222. Dampfdurchströmflächen auf einem Glockenboden

Der Eintrittsverlust bei verschwindend kleiner Dampfgeschwindigkeit liefert nicht nur den Anfangspunkt für die Druckverlustkurve, welche die Abhängigkeit des Druckabfalles im Dampf von der Dampfgeschwindigkeit angibt, sondern er ist auch maßgebend für den Überdruck, welcher zum Anfahren eines Rektifizierbodens erforderlich ist. Dieser Überdruck stellt sich auf der Innenseite der Glocke bei Beginn der Blasenablösung ein, wenn die Glocke noch nicht von dampfdurchströmter Flüssigkeit umgeben ist. Er ist von der Dampfdurchdringtiefe e und von der Oberflächenspannung σ der Flüssigkeit abhängig[1] und weicht nur wenig von dem Mindestwert ab, der sich unmittelbar nach dem Anfahren mit steigender Belastung einstellt.

Daß bei kleinen Belastungen ein Kleinstwert des Druckverlustes auftreten kann, der sowohl mit sinkender als auch mit steigender Belastung wächst, geht aus Abb. 223 hervor. In ihm ist nach Versuchen des Verfassers der Druckverlust in einer Säule von 400 mm Durchmesser und mit 6 Böden aus Porzellan aufgetragen, von denen jeder mit 4 Pilzglocken

[1] Sigwart, K.: Der Flüssigkeitsstand auf Glockenböden. Z. VDI-Beiheft Verfahrenstechnik **1943**, 79; **1943**, 116 und **1944**, 67.

(s. Abb. 278) ausgestattet war. Bei $w_D = 0{,}08$ m/s erreicht der Druckverlust der 6 Böden einen Kleinstwert von $\Delta p = 82$ mm W.-S., der bei der vorliegenden Dampfdurchdringtiefe von $e = 20$ mm mit steigender Belastung wächst, um bei $w_D = 1$ m/s einen Wert von $\Delta p = 246$ mm W.-S.

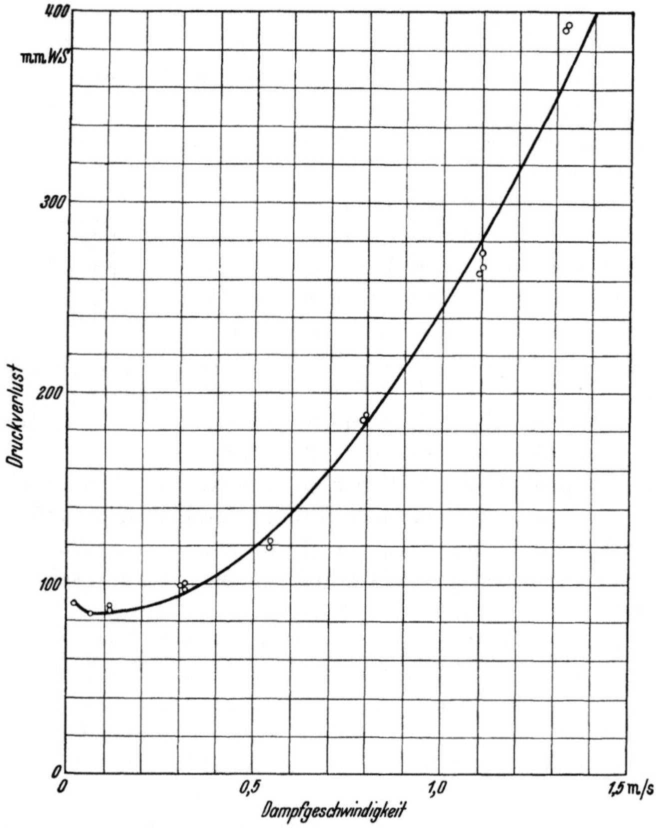

Abb. 223. Druckverlust von 6 Böden aus Porzellan mit Pilzglocken von 100 mm Durchmesser

Gemisch: Äthanol-Wasser; Konzentration in der Blase $\xi_B = 10$ Gew.-% Alkohol; Dampfdurchdringtiefe $e = 20$ mm; Bodenabstand $H = 200$ mm; Rücklaufverhältnis $v = \infty$; Atmosphärendruck

anzunehmen. Der Mindestwert und das Ansteigen des Druckverlustes bei Dampfgeschwindigkeiten, die kleiner sind als 0,08 m/s, kommen dadurch zustande, daß in diesem Belastungsbereich der Dampf unter den Glocken nicht stetig, sondern stoßweise in Form von einzelnen Blasen hervortritt, wobei sich noch keine Schaumschicht ausbildet. Bei $w_D = 0$ m/s hat der Dampf den Vorspannungsdruck zu überwinden. Erst bei $w_D = 0{,}08$ m/s beginnt sich ein Gemisch von Flüssigkeit und Dampf zu bilden.

Es ist naheliegend, daß neben der Dampfgeschwindigkeit auch die Dampfdurchdringtiefe e eine ausschlaggebende Rolle spielt. Diesen Einfluß zeigen die beiden Abb. 224 und 225. Die Ergebnisse wurden erhalten unter Verwendung einer Säule mit 750 mm Durchmesser und mit Böden, deren Glocken einen Durchmesser von 38 mm aufwiesen. Es wurde, um Ungenauigkeit infolge Konzentrationsänderungen auszuschalten, Wasser

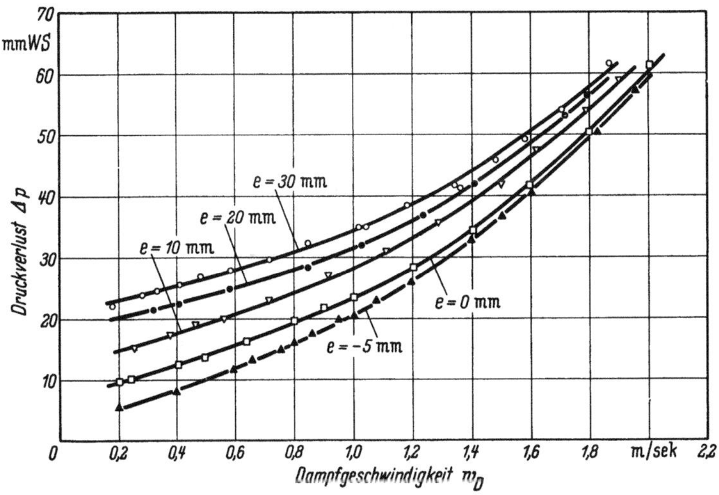

Abb. 224. Druckverlust Δp eines Glockenbodens bei verschiedenen Dampfdurchdringtiefen e in Abhängigkeit von der Dampfgeschwindigkeit w_D

Phasenpaar: Wasser-Wasserdampf; Druck im Säulenkopf: p = 760 mm Q.-S.; Rücklaufverhältnis: $v = \infty$; Säulendurchmesser: d_S = 750 mm; Glockendurchmesser: d_g = 38 mm; Querschnittsverhältnis: φ_H = 10,12; Bodenabstand: H = 200 mm

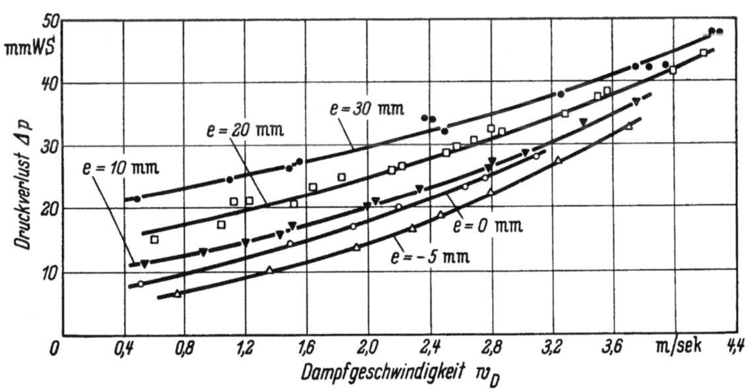

Abb. 225. Druckverlust eines Glockenbodens bei verschiedenen Dampfdurchdringtiefen e in Abhängigkeit von der Dampfgeschwindigkeit w_D

Phasenpaar: Wasser-Wasserdampf; Druck im Säulenkopf: p = 100 mm Q.-S.; Rücklaufverhältnis: $v = \infty$; Säulendurchmesser: d_S = 750 mm; Bodenabstand: H = 200 mm; Glockendurchmesser: d_g = 38 mm; Querschnittsverhältnis: φ_H = 10,12

rektifiziert. Die Zackenhöhe betrug $e' = 3$ mm (s. Abb. 226). Aus den drei Abb. 223, 224 und 225 geht hervor, daß der Einfluß der Geschwindigkeit w_D vom Belastungsbereich abhängig ist. Der Exponent, mit dem man w_D in einer Gleichung zur Berechnung des Druckverlustes Δp versehen muß, ändert sich demnach in weiten Grenzen. Wird nach Abb. 223 die Geschwindigkeit von $w_D = 0{,}5$ m/s auf $w_D = 1$ m/s bei der Rektifikation des Gemisches Äthanol-Wasser erhöht, so steigt der Druckverlust der 6 verwendeten Böden von $\Delta p = 120$ mm W.-S. auf 243 mm W.-S. Die Belastungsgrenze[1] lag bei 1 m/s. Wird bei $e = 20$ mm w_D von 0,5 m/s auf 1 m/s erhöht (s. Abb. 224), so steigt der Druckverlust eines Bodens von 23 mm auf 32 mm. Das Querschnittsverhältnis betrug stets $\varphi_H = 10$. Eine Erhöhung der Dichte des Dampfes bei $w_D = 1{,}5$ m/s und $e = 20$ mm von $\varrho_D = 0{,}089$ kg/m³ ($p = 100$ mm Q.-S.) auf $\varrho_D = 0{,}598$ kg/m³ ($p = 760$ mm Q.-S.) hat nach den Abb. 224 und 225 ein Anwachsen des Druckverlustes von $\Delta p = 22$ mm W.-S. auf $\Delta p = 45$ mm W.-S. zur Folge. Die beiden zuletzt genannten Abbildungen zeigen deutlich, daß durch die Wahl kleiner Dampfdurchdringtiefen e der Druckverlust niedrig gehalten werden kann, ohne die höchstzulässige Dampfgeschwindigkeit und das sich dabei ergebende Verstärkungsverhältnis auf Grund der Versuchskurven der Abb. 215 zu beeinträchtigen. Im Vakuumbetrieb mit $\varrho_D = 0{,}089$ kg/m³ sinkt der Druckverlust eines Bodens für $w_D = 2{,}0$ m/s von $\Delta p = 29$ mm W.-S. auf $\Delta p = 18$ mm W.-S., wenn die Dampfdurchdringtiefe von $e = 30$ mm auf $e = 0$ gesenkt wird, wie aus Abb. 225 hervorgeht. Es hat den Anschein, daß bei gleicher Bodenkonstruktion die Geschwindigkeit des Dampfes und seine Dichte den Druckverlust am weitaus stärksten beeinflussen. So klein der Einfluß der Dampfdurchdringtiefe auf Wirkung und Belastbarkeit in dem praktisch interessierenden Geschwindigkeitsbereich ist, so groß ist der Einfluß auf den Druckverlust. Die Wahl kleiner Durchdringtiefen e gibt demnach die Möglichkeit, durch rein konstruktive Maßnahmen den Druckverlust zu beschränken.

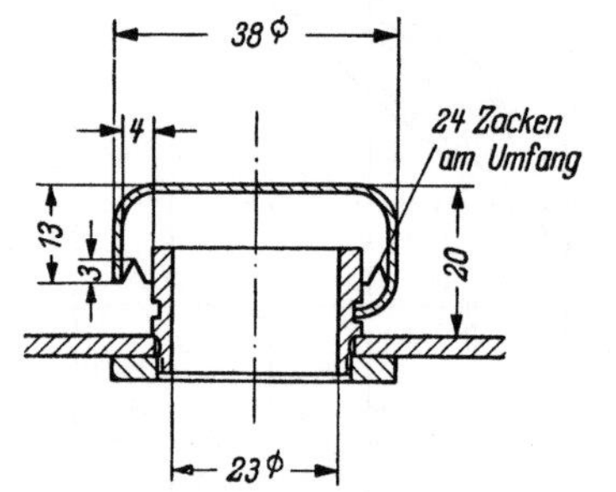

Abb. 226. Schnitt durch eine Glocke mit 38 mm Außendurchmesser

In derselben Richtung wirkt sich, wenn auch schwächer, eine Verringerung des Glockendurchmessers aus, wie aus einem Vergleich der

[1] Kirschbaum, E.: Wirkung, Druckverlust und Flüssigkeitsinhalt von Rektifizierböden aus Porzellan. VDI-Beiheft Verfahrenstechnik **1944**, 91 und Chem.-Ing.-Tech. **21**, 61—63 (1949).

Abb. 224 und 227 hervorgeht. Bei sonst gleichen Bedingungen gilt ersteres für einen Glockendurchmesser von 38 mm und letzteres für 90 mm. In beiden Fällen sind die Glockenränder gezackt. Das letztgenannte Bild soll grundsätzlich zeigen, ob und wie der Druckverlust bei einer bestimmten Dampfgeschwindigkeit von der Rücklaufmenge abhängt. Für $w_D = 0{,}8$ m/s wird für einen Boden $\Delta p = 42$ mm W.-S. Bei

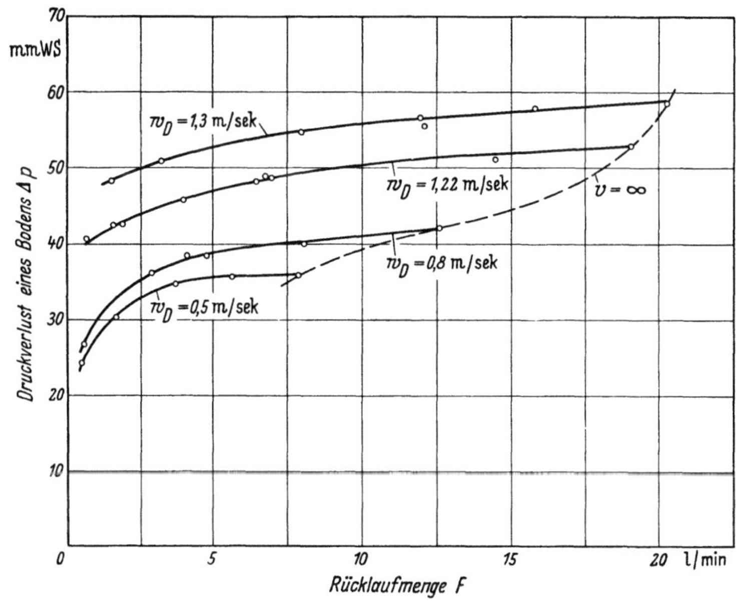

Abb. 227. Druckverlust in Abhängigkeit von der Rücklaufmenge bei verschiedenen Dampfgeschwindigkeiten

Phasenpaar: Wasser-Wasserdampf; Druck am Säulenkopf: $p = 760$ mm Q.-S.; Bodenabstand: $H = 200$ mm; Dampfdurchdringtiefe: $e = 20$ mm; Glockendurchmesser: $d_g = 90$ mm

sonst gleichen Verhältnissen ergibt nach Abb. 223 für $e = 30$ mm und $w_D = 0{,}8$ m/s der kleinere Glockendurchmesser von $d_g = 38$ mm einen Druckverlust von nur 31 mm. Aus Abb. 227 erkennt man, daß mit wachsender Rücklaufmenge bei jeder Geschwindigkeit der Druckverlust steigt, um bei der Betriebsweise mit vollkommenem Rücklauf ($v = \infty$) einen nahezu unveränderlichen Wert zu erreichen. Besonders deutlich geht der Zusammenhang zwischen Druckverlust und Glockendurchmesser (bei $\varphi_H \approx 10$) aus Abb. 228 hervor. Es gilt für Böden mit gezackten Glocken von 90 und 200 mm Durchmesser. In beiden Fällen betrug die Zackenhöhe 10 mm. Zusätzlich ist für die größere Glocke noch der Druckverlust für den Fall eingetragen, daß der Glockenrand geschlitzt ist und daß die Schlitze mit je 6 mm Breite und 24 mm Höhe bis zur Boden-

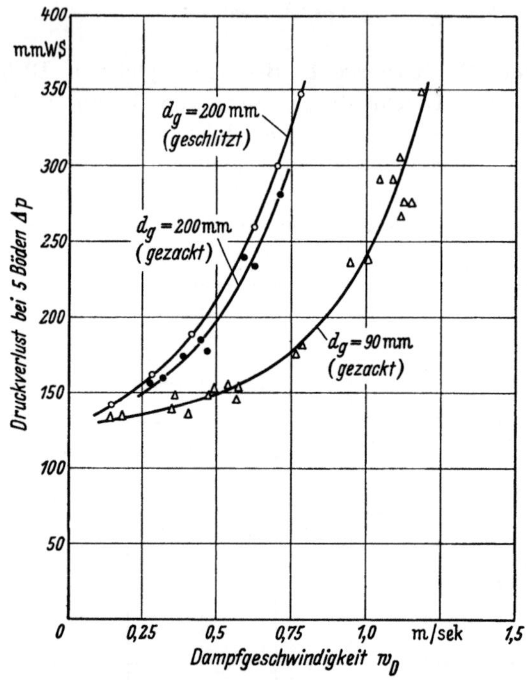

Abb. 228. Druckverlust von Rektifizierböden mit gezackten und mit geschlitzten Glocken

Gemisch: Äthanol-Wasser; Blasenkonzentration: $\xi_B = 10$ Gew.-% Äthanol; Druck am Säulenkopf: $p = 760$ mm Q.-S.; Rücklaufverhältnis: $v = \infty$; Dampfdurchdringtiefe: $e = 20$ mm

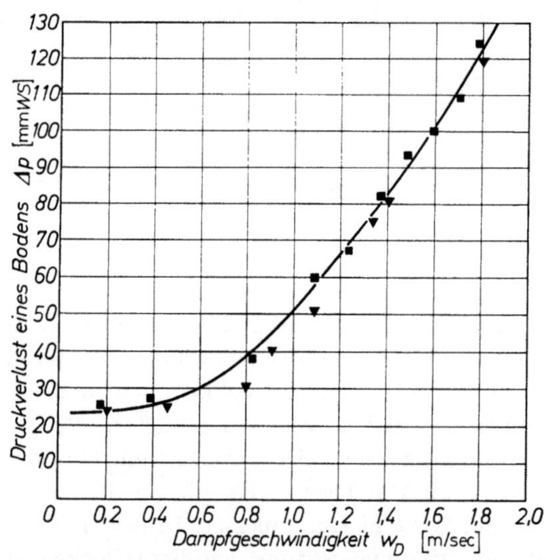

Abb. 229. Druckverlust eines Glockenbodens. $e = 25$ mm, $F/D = 1$, $D = 750$ mm, $p = 760$ mm QS, $H = 500$ mm Äthanol-Wasser, 50 Mol-%
■ $d_g = 50$ mm, ▼ $d_g = 90$ mm (nach eigenen Versuchen)

platte reichen. Abb. 228 zeigt ebenfalls, daß bei sonst gleichen Bedingungen dem größeren Glockendurchmesser auch der größere Druckverlust zugeordnet ist. Ferner hat die Glocke mit geschlitztem Rand im praktischen Belastungsbereich bei $d_g = 200$ mm einen um etwa 10% größeren Druckverlust als die gezackte Glocke. Diese Erscheinung ist damit zu erklären, daß der Dampfstrom in den Glockenrandschlitzen tiefer reicht als unter den Zacken der Glocke gleicher Größe.

Schließlich wurden noch Druckverluste beim selben Gemisch und bei einer im Mittel gleichen Konzentration durchgeführt, wobei 2 Glockendurchmesser $d_g = 50$ mm und $d_g = 90$ mm verwendet wurden und der Bodenabstand $H = 500$ mm betrug. Die Ergebnisse zeigt Abb. 229. Es ergab sich, daß der Glockendurchmesser keinen ausschlaggebenden Einfluß hat.

2. Der Siebboden

Seine Wirkungsweise und Konstruktion ist schon im Abschnitt D III, S. 151 beschrieben worden. Einen Siebboden im Betrieb zeigt die Abb. 230. Der Dampf strömt durch die Löcher der Bodenplatte in die

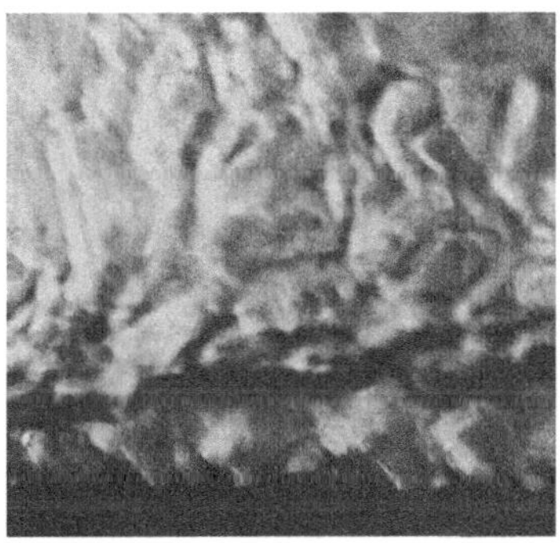

Abb. 230. Bewegungszustand auf einem Siebboden bei einer Flüssigkeitskonzentration von 50 Mol-% Alkohol im Äthylalkohol-Wassergemisch
Lochdurchmesser 2 mm, Lochabstand 7 mm; Dampfgeschwindigkeit $w_D = 0{,}3$ m/s

auf dem Boden gestaute Flüssigkeit. Es kann sich ein Schaum- oder Sprudelgemisch bilden, das vom Lochdurchmesser, den Gemischeigenschaften und auch vom Bodenabstand abhängt. Da sich der Siebboden, vor allem mit weiten Bohrungen von 10 mm und mehr in neuester Zeit bewährt hat, wird er im folgenden ausführlich behandelt.

a) Berechnung der zulässigen Dampfgeschwindigkeit

Um ein günstiges Betriebsverhalten zu erreichen, ist es wichtig, das schon beim Glockenboden eingeführte Querschnittverhältnis für den

Siebboden zu untersuchen. Es kann bei Anordnung der Bohrungen auf den Eckpunkten gleichseitiger Dreiecke leicht aus dem Lochdurchmesser d und der Teilung t berechnet werden. Ohne Verlustflächen durch Zu- und Ablaufbecher, Wehr- und Bodenbefestigungen erhält man aus einfachen Geometriebeziehungen:

$$\varphi = 1{,}1\,(t/d)^2 \tag{286}$$

Für die Zu- und Ablaufflächen werden wie beim Glockenboden je 10% des Säulenquerschnittes vorgeschlagen.

Zahlenbeispiel: Weist ein Siebboden bei $d = 2{,}5$ mm eine Teilung $t = 7$ mm auf und machen die Zu- und Ablaufbecher je 10% und die übrigen Totflächen 15% vom Säulenquerschnitt aus, so wird das Querschnittsverhältnis:

$$\varphi = \frac{1{,}1 \cdot \left(\frac{7}{2{,}5}\right)^2}{0{,}8 \cdot 0{,}85} = 12{,}7\,.$$

Der Einfluß des Querschnittsverhältnisses wurde an einer Siebbodensäule mit einem Durchmesser von 400 mm untersucht[1]. Die Teilung und der Lochdurchmesser wurden in den in Zahlentafel 11 angegebenen

Zahlentafel 11

Teilung t [mm]	Lochdurchmesser d [mm]	Querschnittsverhältnis φ
7	1	80
	1,5	35,6
	2,5	12,8
	3,5	6,5
15	2	97,5
	3,5	31,8
	5	15,6
	7	8,0
	9	4,8
25	3,6	80,2
	8,2	15,5
	10,0	10,4
	13,5	5,8

Grenzen verändert. Der Bodenabstand betrug zunächst $H = 155$ mm. Er wurde bei weiteren Versuchen bis auf 500 mm erhöht. Als Versuchsgemisch stand Äthanol-Wasser zur Verfügung.

Um einen Beurteilungsmaßstab und Richtlinien für die richtige Bemessung und Konstruktion von Siebböden zu gewinnen, werden die Ver-

[1] KIRSCHBAUM, E.: Hochleistungs-Rektifizier-Siebböden, Chem. Ing. Techn. **34**, 283—292 (1962).

suchsergebnisse in Abb. 231 dargestellt. Sie enthält die Abhängigkeit der oberen Belastungsgrenze w_{Do} und den Belastungsbereich $\Delta w_D = w_{Do} - w_{Du}$ vom Querschnittverhältnis. Die ausgezogenen Linien kennzeichnen die obere Belastungsgrenze bedingt durch Flüssigkeitsmitreißen im Dampf und die gestrichelten Kurven die durch Stau der Flüssigkeit auf den Böden infolge zu hohen Druckverlustes im Dampf. Letztere kann durch konstruktive Maßnahmen vermieden werden. Aus Abb. 231

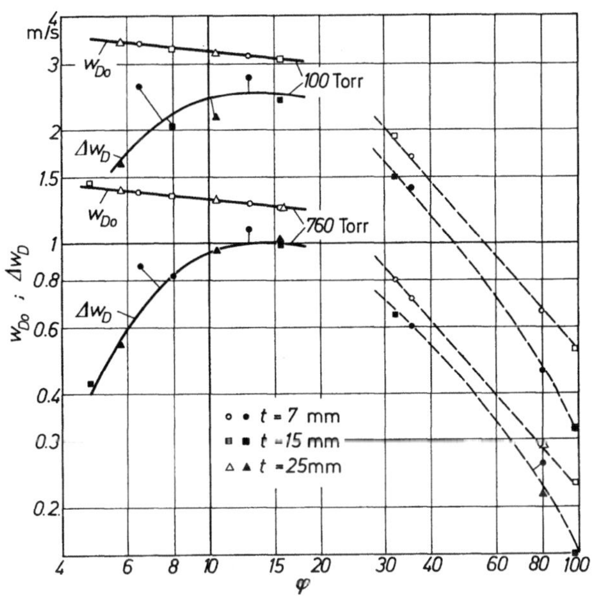

Abb. 231. Obere Grenzgeschwindigkeit w_{Do} und Belastungsbereich Δw_D in Abhängigkeit vom Querschnittsverhältnis φ für Atmosphärendruck und Vakuum. Säulen-Dmr. 400 mm, Gemisch Äthanol/Wasser, totaler Rücklauf

ist ersichtlich, daß die höchstzulässige Dampfgeschwindigkeit nur vom Querschnittsverhältnis φ und nicht von den Einzelabmessungen abhängt. Wird beispielsweise φ von 5 auf 10 erhöht, so steigt Δw_D von 0,43 auf 0,95 m/s, also um 120%. Eine weitere Vergrößerung von $\varphi = 10$ auf 15 erweitert den Belastungsbereich um 5%, verringert jedoch die obere Belastungsgrenze um 4%. Ein allgemein günstiges Querschnittsverhältnis liegt demnach zwischen $\varphi = 10$ und 15 und man kann für allgemeine Verhältnisse einen Wert

$$\varphi = 13 \tag{287}$$

empfehlen. Diese Empfehlung konnte durch Messungen des Druckverlustes und der Trennwirkung allgemein bestätigt werden.

Neben dem Querschnittschnittverhältnis wurde der Einfluß der Dampfdurchdringtiefe e auf die Wirksamkeit und Belastbarkeit untersucht. Weil beim Rektifizieren von Gemischen die Austauschzahlen zwischen den Phasen groß sind, kann man vermuten, daß dieser Einfluß

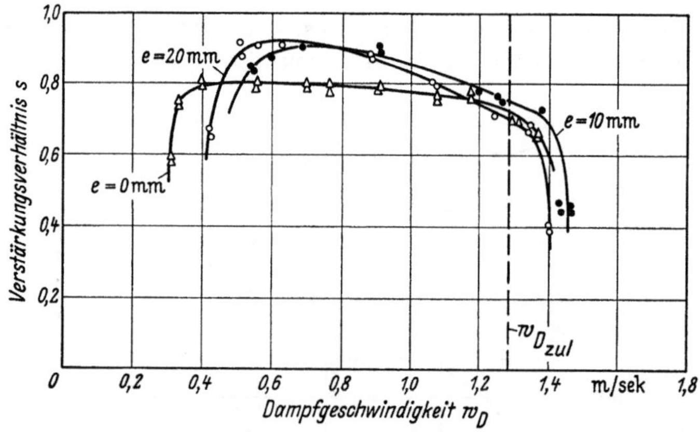

Abb. 232. Verstärkungsverhältnis s eines Siebbodens bei verschiedenen Dampfdurchdringtiefen e in Abhängigkeit von der Dampfgeschwindigkeit w_D

Versuchsstoff: Äthanol-Wasser; Druck am Säulenkopf: p = 760 mm Q.-S.; Bodenablaufkonzentration: x_F = 50 Mol-% Äthanol; Rücklaufverhältnis: $v = \infty$; Säulendurchmesser: d_F = 750 mm; Bodenabstand: H = 150 mm; Lochdurchmesser: d = 2,5 mm; Lochteilung: t = 7 mm; Querschnittsverhältnis: φ = 12,8

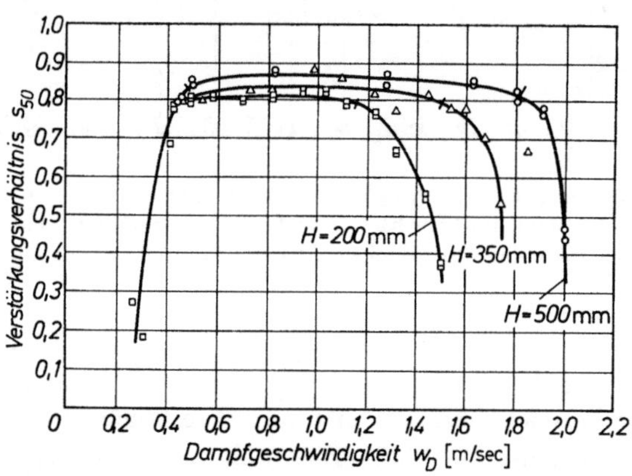

Abb. 233. Belastungskurven eines Siebbodens. Äthanol-Wasser, p = 760 Torr, $F/D = 1$, D_s = 750 mm ⌀, d_L = 10 mm ⌀, e = 25 mm

vor allem bei Erreichen der höchstzulässigen Dampfgeschwindigkeit vernachläßigbar ist. Die Abb. 232 bestätigt die Ergebnisse des Glockenbodens. Für Dampfdurchdringtiefen e = 0 bis 20 mm liegt die Belastungsgrenze bei s = 0,7 und w_{Do} = 1,28 m/s. Das Abnehmen des Verstärkungsverhältnisses bei niedrigen Belastungen ist auf das Durchregnen der

Flüssigkeit durch die Bohrungen zurückzuführen. Diese mit Böden mit kleinen Lochdurchmessern und geringem Bodenabstand durchgeführten Messungen wurden ergänzt durch Versuche mit dem weitlochigen Siebboden ($d = 10$ mm) und Bodenabständen bis 500 mm. In Abb. 233

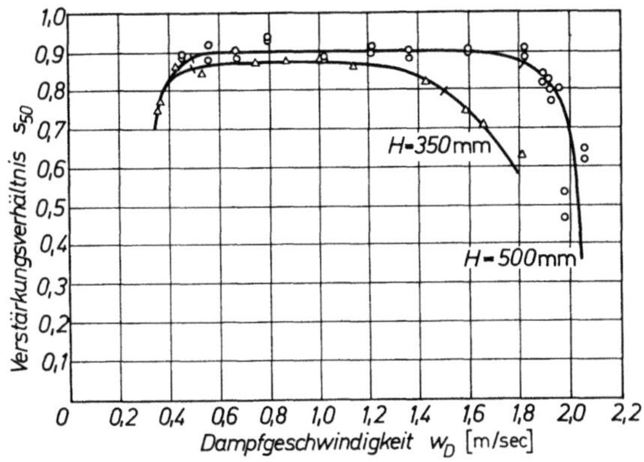

Abb. 234. Belastungskurven eines Siebbodens. Äthanol-Wasser, $p = 760$ Torr, $F/D = 1$, $D_S = 750$ mm ⌀, $d_L = 10$ mm ⌀, $e = 50$ mm

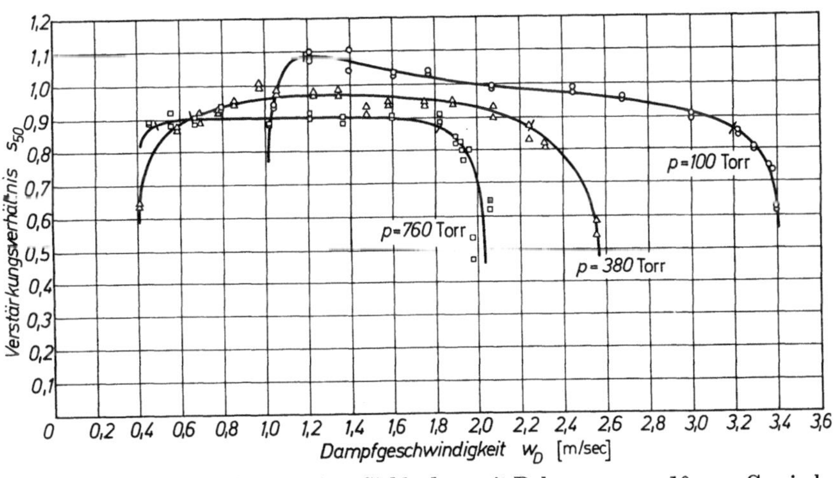

Abb. 235. Belastungskurven eines Siebbodens mit Bohrungen von 10 mm. Gemisch: Äthanol-Wasser, $F/D = 1$, $D_s = 750$ mm ⌀, $H = 500$ mm. $d_L = 10$ mm ⌀, $e = 50$ mm

betrug die Dampfdurchdringtiefe $e = 25$ mm und in Abb. 234 50 mm. In beiden Fällen ist die obere Belastungsgrenze praktisch unabhängig von der Dampfdurchdringtiefe.

Das Betriebsverhalten des Siebbodens mit einem Lochdurchmesser $d = 10$ mm bei Drucken von 760, 380 und 100 mm QS zeigt Abb. 235.

Die Wirkung und Belastbarkeit bei dem großen Bodenabstand $H = 500$ mm lassen ihn für entsprechende Trennaufgaben geeignet erscheinen.

Zur Bestimmung der zulässigen Dampfgeschwindigkeit wird wie beim Glockenboden eine „Rektifizierzahl" mit der aus den Versuchen gewonnenen oberen Belastungsgrenze gebildet, die über dem Lochdurchmesser d_L aufgetragen wird. Aus einer Ausgleichsrechnung erhält man

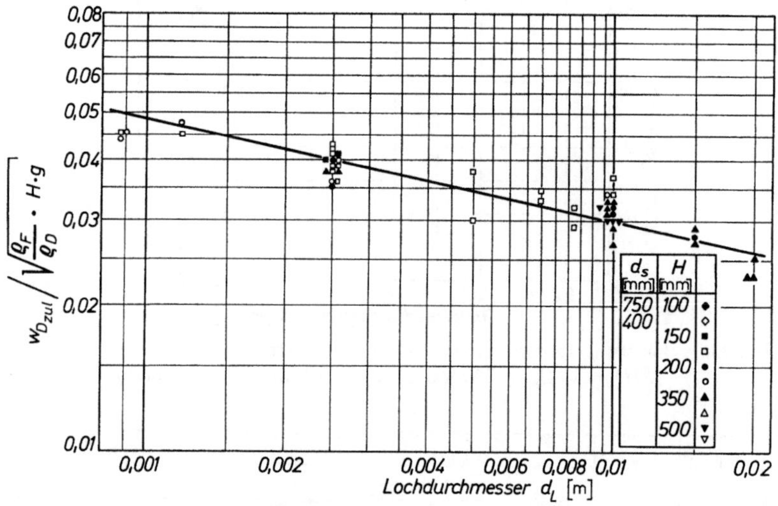

Abb. 236. Obere Belastungsgrenze des Siebbodens mit $\varphi \approx 13$

die in Abb. 236 eingezeichnete Beziehung für die zulässige Dampfgeschwindigkeit in expliziter Form[1]:

$$w_{D\,\text{zul}} = w_{Do} = 0{,}0115 \cdot d_L^{-0{,}2} \cdot \sqrt{\frac{\varrho_F}{\varrho_D} \cdot g \cdot H} \quad [\text{m/s}]\,. \tag{288}$$

In dieser Gleichung ist bei $\varphi \approx 13$ der Lochdurchmesser d_L in m, der Bodenabstand H in m und die Erdbeschleunigung g in m/s² einzusetzen. Gleichung (288) gilt für totalen Rücklauf, die Veränderung der einzelnen Variablen ist in Zahlentafel 12 eingetragen.

Zahlenbeispiel: Das Gemisch Äthanol-Wasser soll in einer Siebbodensäule mit einem Lochdurchmesser $d_L = 0{,}01$ m und einem Bodenabstand $H = 500$ mm bei einer mittleren Flüssigkeitszusammensetzung $x_F = 50$ Mol-% getrennt werden. Der Betriebsdruck beträgt 380 mm QS. Wie groß ist die zulässige Dampfgeschwindigkeit?

Lösung: Für Äthanol-Wasser bei 380 mm QS und einer Flüssigkeitskonzentration $x_F = 50$ Mol-% ist das Dichteverhältnis $\varrho_F/\varrho_D = 1270$. Damit wird:

$$w_{D\,\text{zul}} = 0{,}0115 \cdot 0{,}01^{-0{,}2} \sqrt{1270 \cdot 0{,}5 \cdot 9{,}81} = 2{,}3 \text{ m/s}\,.$$

[1] Die zahlenmäßige Auswertung verdankt der Verfasser seinem ehemaligen Mitarbeiter Herrn Dipl.-Ing. R. Schmidt.

Zahlentafel 12. Versuchswerte für den Siebboden mit $\varphi \approx 13$

Lochdurchmesser d_L [mm]	Bodenabstand H [m]	Säulendurchmesser D [m]	Dichteverhältnis ϱ_F/ϱ_D
0,9	0,135	0,4	645
	0,2		
			4400
1,2	0,1	0,4	645
	0,2		
2,5	0,135	0,4	280
			645
			945
			1840
			4400
			8550
	0,15		645
			4400
		0,75	645
	0,2	0,4	280
		0,75	645
	0,35		645
5,0	0,15	0,40	645
			4400
7,0	0,15	0,40	645
			4400
8,0	0,15	0,40	645
			4400
10,0	0,15	0,40	645
			4400
	0,2		280
	0,2	0,75	645
	0,35		645
			1270
			4400
	0,5		645
			1270
			4400
15,0	0,2	0,75	645
	0,35		
20,0	0,35	0,75	645
			1270
			4000

b) Druckverlust im durch Siebböden strömenden Dampf

Die Abhängigkeit des Druckverlustes von der Dampfgeschwindigkeit für einen Siebboden mit einem Lochdurchmesser von 10 mm, einem Querschnittverhältnis $\varphi \approx 13$ und einem Bodenabstand $H = 500$ mm ist in Abb. 237 eingetragen. Die Dampfdurchdringtiefe e hat zwischen

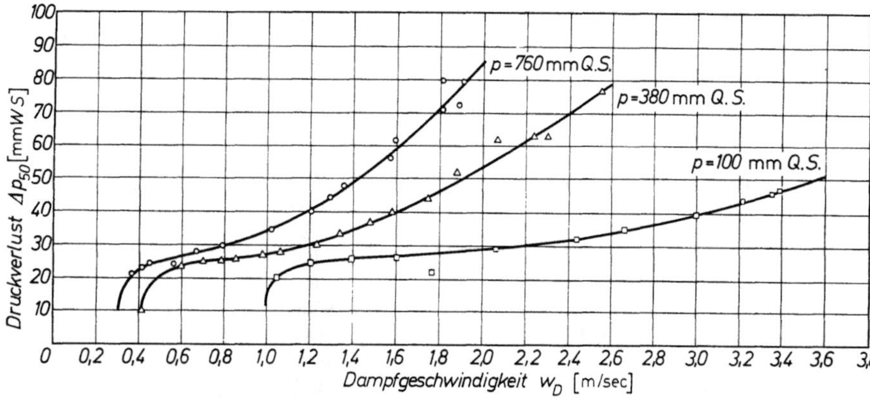

Abb. 237. Druckverlustkurven eines Siebbodens. Gemisch: Äthanol-Wasser (50% Äth.), $F/D = 1$, $D_s = 750$ mm $\varnothing$, $H = 500$ mm, $d_L = 10$ mm $\varnothing$, $e = 50$ mm

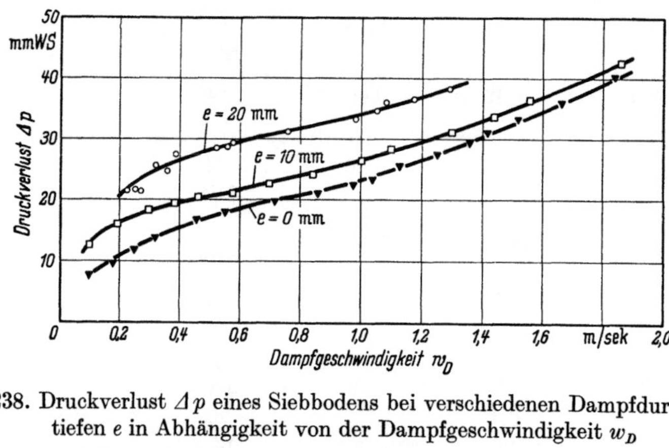

Abb. 238. Druckverlust Δp eines Siebbodens bei verschiedenen Dampfdurchdringtiefen e in Abhängigkeit von der Dampfgeschwindigkeit w_D

Phasenpaar: Wasser-Wasserdampf; Druck im Säulenkopf: $p = 760$ mm Q.-S.; Rücklaufverhältnis: $v = \infty$; Säulendurchmesser: $d_S = 750$ mm; Bodenabstand: $H = 150$ mm; Lochdurchmesser: $d = 2{,}5$ mm; Lochteilung: $t = 7$ mm; Querschnittsverhältnis: $\varphi = 12{,}8$

$e = 25$ und 50 mm nur einen unwesentlichen Einfluß auf den Druckverlust. Druckverlustkurven für das Phasenpaar Wasser-Wasserdampf bei kleinem Bodenabstand und Bohrungen von $d_L = 2{,}5$ mm zeigt für Atmosphärendruck Abb. 238.

Aus den im Rahmen der Versuche zur Bestimmung des günstigsten Querschnittverhältnisses erhaltenen Versuche kann der Druckverlust für die untersuchten Böden durch die Gleichung

$$\Delta p = C \cdot w_D^m \cdot \varrho_D^n \tag{289}$$

angegeben werden. Für $\varphi \approx 13$ und $e = 20$ wurden im Mittel die Werte $m = 1$ und $n = 0{,}45$ gefunden. Die Konstante C ist stoffgebunden, was die Aufstellung einer allgemeingültigen Gleichung äußerst schwierig gestaltet. Deshalb sei mit der Beziehung (289) der Aufstellung einer Druckverlustformel Genüge getan. Ergänzend wird auf die Literatur[1] verwiesen.

3. Der Ventiltellerboden

Ein allgemeiner Überblick über den Aufbau und die Wirkungsweise des Ventiltellerbodens ist im Abschnitt DIII S. 154 gegeben worden. Ergänzend dazu wird eine weitere, in eigenen Untersuchungen erprobte

Abb. 239

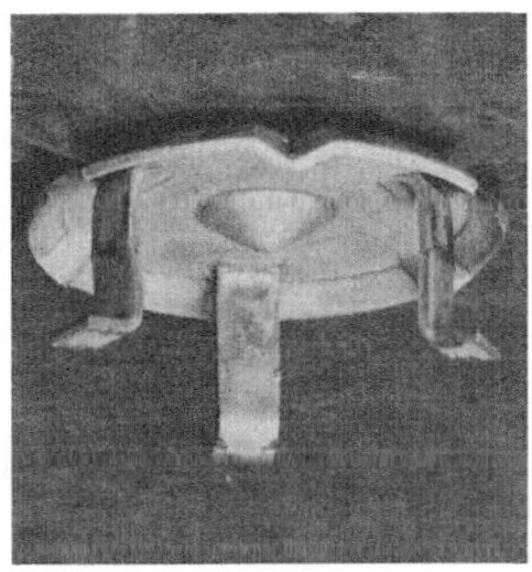

Abb. 240

Abb. 239. Ansicht des untersuchten Kegel-Ventiltellerbodens der Maschinenfabrik Augsburg-Nürnberg, Werk Gustavsburg

Abb. 240. Ansicht eines Kegel-Ventiltellers der M.A.N. Gustavsburg (Ansicht von unten)

Ausführungsform in der Abb. 239 gezeigt. Die mit einer kegeligen Ventilplatte versehenen Ventile werden mit drei Distanzfüßen in der Bodenplatte gehaltert; ein einzelnes Ventil zeigt die Abb. 240. Der in der Ventilplatte sichtbare Kegel dient als Strömungsführung für den Dampf und soll den Druckverlust erniedrigen.

[1] Zelfel, E.: Siebböden, Bd. 1 Betriebsverhalten und Berechnung. TH München 1962; Bd. 2 Sonderkonstruktionen, TH München 1962. Chase, J. D.: Sieve tray design. Pt. I. Chem. Engng. 74 (1967) Nr. 16. S.105/16. Pt. II. Nr. 18. S. 139/46.

Für die Ventiltellerböden ist schon im Hinblick auf die verschiedenen Ausführungen eine allgemein gültige Gleichung für die Berechnung der zulässigen Dampfgeschwindigkeit nicht bekannt. Es werden daher Versuchsergebnisse an zwei verschiedene Ausführungsformen im folgenden mitgeteilt.

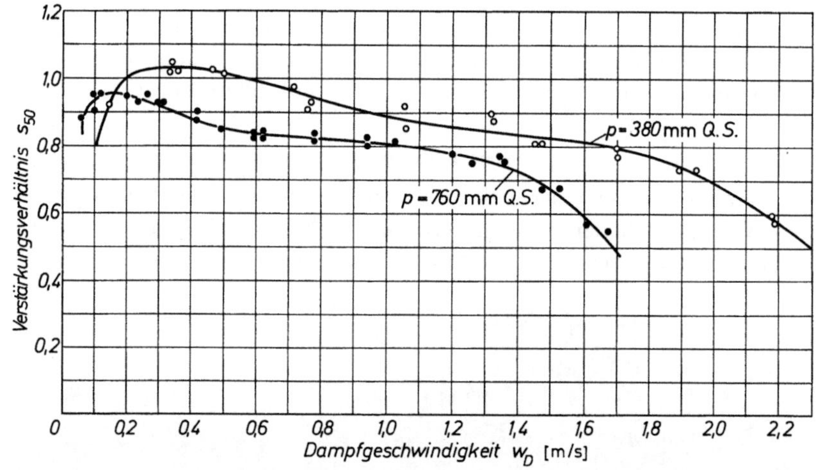

Abb. 241. Belastungskurven des Kegelventiltellerbodens, Ausführung M.A.N. Gustavsburg. Gemisch: Äthanol-Wasser, $F/D = 1$, Säulendurchmesser $D = 750$ mm ∅, $x_F = 50\%$, Bodenabstand: $H = 350$ mm, Eintauchtiefe: $e = 25$ mm

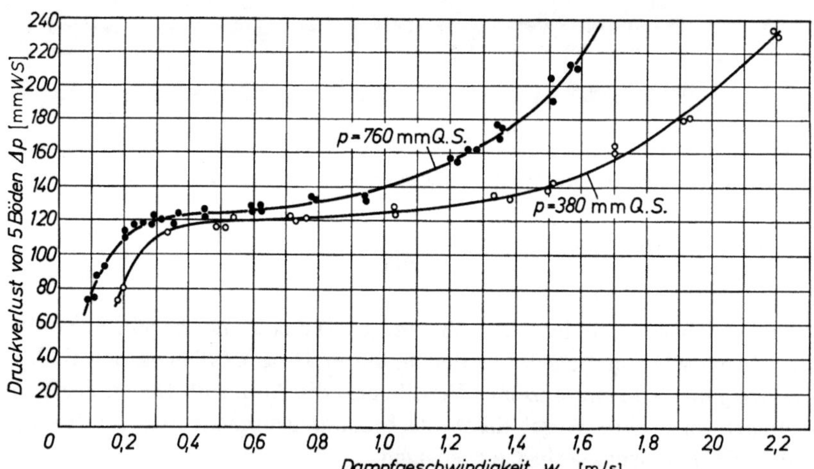

Abb. 242. Druckverlustkurven des Kegelventiltellerbodens, Ausführung M.A.N. Gustavsburg. Gemisch: Äthanol-Wasser, $F/D = 1$, Säulendurchmesser: $D = 750$ mm ∅, Bodenabstand: $H = 350$ mm, Eintauchtiefe: $e = 25$ mm

Der in Abb. 239 abgebildete MAN-Kegelventiltellerboden wurde in einer Säule mit 750 mm Durchmesser bei einem Bodenabstand von 350 mm mit dem Gemisch Äthanol-Wasser untersucht. Die Belastungskurven für zwei Betriebsdrucke sind in Abb. 241 dargestellt. Sie zeigen einen dem Glockenboden ähnlichen Verlauf, vor allem ist gegenüber dem Siebboden durch die beweglichen Ventile eine Erweiterung des Belastungsbereiches nach unten festzustellen. Das für eine Bodenablaufkonzentration $x_F = 50$ Mol-% gemessene Verstärkungsverhältnis beträgt bei

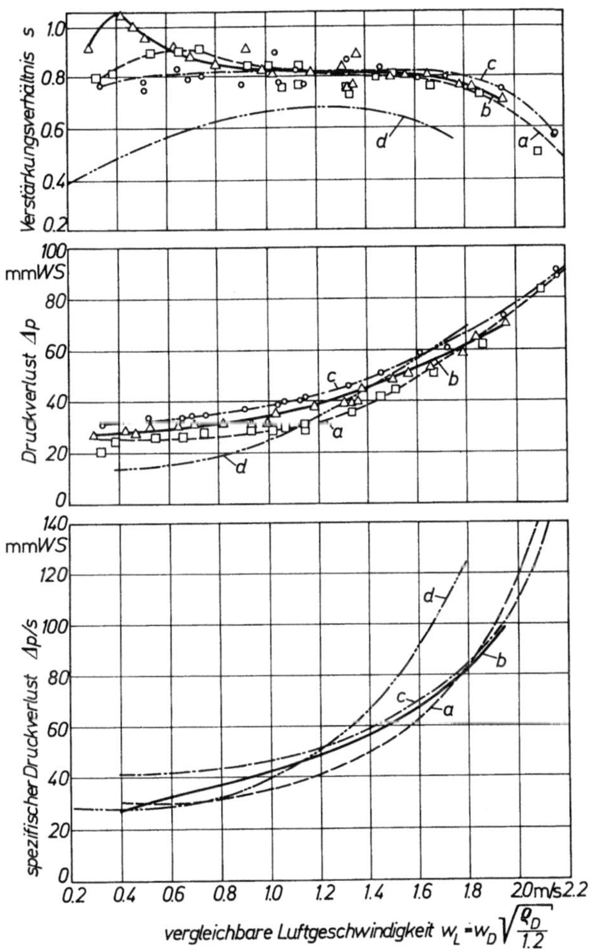

Abb. 243. Trennwirkung, Druckverlust und spezifischer Druckverlust in Abhängigkeit von der Dampfbelastung beim Ventilboden. Es sind w_D in m/s einzusetzen. Die Kurven *a* bis *c* entsprechen unterschiedlichen Wehrhöhen: *a* 19 mm, *b* 25 mm, *c* 38 mm. *d* Glockenboden. Druck 100 mm WS, Bodenabstand 508 mm, nach F. W. Glitsch, Bauart Gutehoffnungshütte, Sterkrade AG.

Normaldruck und einer Dampfbelastung von 0,3 m/s $s = 0{,}92$, für die gleiche Dampfgeschwindigkeit wird bei 380 Torr ein $s = 1{,}03$ erreicht. Ein deutlicher Abfall der Trennleistung tritt bei Normaldruck für Dampfgeschwindigkeiten, die größer als 1,45 m/s sind, auf. Im Vakuum liegt die obere Belastungsgrenze bei $w_D = 2$ m/s. Die Druckverluste der 5 in die Säule eingebauten Böden zeigt für die gleichen Druckverhältnisse Abb. 242. Aus den Kurven ist ersichtlich, daß bei kleinen Dampfbelastungen die Dampfdurchdringtiefe durch Durchregnen der Bodenflüssigkeit durch die Bohrungen abnimmt.

Weitere Versuchsergebnisse an einem Ventiltellerboden sind in Abb. 243 dargestellt[1]. Es wurde ein Boden nach Abb. 94a, S. 155, verwendet. Der Säulendurchmesser betrug 800 mm, die Versuche wurden bei einem Druck von 100 mm QS durchgeführt. Als Versuchsgemisch wurde Äthylbenzol-Styrol verwendet. Zum Vergleich sind die Kurven eines unter dem gleichen Bedingungen gemessenen Glockenbodens mit angegeben.

Der Einfluß der Wehrhöhe auf die Trennwirkung ist bei dem untersuchten Boden nicht sehr wesentlich, wie aus den Kurven *a*, *b*, *c* ersichtlich ist. Der auf das Verstärkungsverhältnis bezogene Druckverlust $\Delta p/s$ ist zur Beurteilung von Böden in der Vakuumrektifikation von Bedeutung, weil es dabei mit Rücksicht auf die thermische Instabilität des Gemisches auf einen geringen Druck im Kolonnensumpf ankommt. Der Ventiltellerboden ist in der Trennwirkung dem Glockenboden eindeutig überlegen. Hinsichtlich des spezifischen Druckverlustes ergeben sich bei hohen Belastungen Vorteile für den Ventiltellerboden, bei kleinen Belastungen ist der Glockenboden günstiger.

Weitere Untersuchungen an Ventiltellerböden wurden von verschiedenen Autoren[2] durchgeführt.

4. Sonderbauarten von Rektifiziereinrichtungen für die Rektifikation bei niedrigen Betriebsdrücken

Die Forderung, eine Rektifikation im Vakuum bei Absolutdrücken unterhalb 20 Torr bis zu 0,5 Torr durchzuführen, folgt aus der meist geringen thermischen Stabilität hochmolekularer und hochsiedender organischer Verbindungen, die eine schonende Verarbeitung bei niedrigen Temperaturen verlangen. Bei einer im Vakuum betriebenen Rektifiziereinrichtung ist in erster Linie auf einen geringen Druckverlust des Dampfes in der Kolonne zu achten, damit auch im Kolonnensumpf ein niedriger

[1] RAICHLE, L., u. R. BILLET; Rektifizierwirkung von Ventilböden. Chem. Ing. Techn. **37**, 669—672 (1965).

[2] Siehe z. B. K. HOPPE: Druckverlust und Stoffaustausch in Ventilböden. Chem. Ing. Techn. **39**, 659—666 (1967).

Betriebsdruck eingehalten werden kann. Da bei Verminderung des Betriebsdruckes trotz steigender Dampfgeschwindigkeit der Mengendurchsatz abnimmt, ist das nach der Kondensation des Dampfes als Rücklauf aufgegebene Flüssigkeitsvolumen klein und die Bildung einer ausreichenden Flüssigkeitsoberfläche und damit Austauschfläche erschwert. Um eine gute Trennwirkung zu erreichen, muß eine große spezifische Flüssigkeitsoberfläche erzeugt werden. Hochmolekulare Stoffe haben meist auch eine hohe Zähigkeit und eine niedrige Diffusionszahl in der flüssigen Phase. Es müssen darum Maßnahmen ergriffen werden, um den ungünstigen Einfluß dieser Stoffeigenschaften auf andere Weise auszugleichen. Für eine schonende Behandlung ist ferner auf eine kurze Verweilzeit des Produktes in der Kolonne zu achten.

Die bei normalen Betriebsbedingungen oder nur wenig vermindertem Druck gebräuchlichen Kolonneneinbauten wie Glocken-, Sieb- und Ventiltellerböden scheiden aus den obengenannten Gründen ganz aus. Bei Füllkörperkolonnen wird bei kleinen Rücklaufmengen die vollständige Benetzung der Füllkörper problematisch. Für die Rektifikation im Vakuum zwischen 0,5 und 20 Torr wurden Sonderbauarten entwickelt, von denen zwei Bauarten näher betrachtet werden.

a) Die Rotationskolonne

In Anlehnung an den in der Absorptionstechnik seit langem bekannten Feldwäscher wurde vom Verfasser[1] eine Rektifiziersäule mit rotierenden Einbauten entwickelt, die sich im Großbetrieb bereits bei sehr niedrigen Drücken bewährt hat. Der Aufbau der Kolonne geht aus Abb. 244 hervor. An einer rotierenden Welle *a* sind in gleichmäßigen Abständen Trichtergruppen *b* befestigt. Jede Trichtergruppe taucht in die auf dem zugehörigen Fangboden *C* befindliche Rücklaufflüssigkeit ein und schleudert sie zu mehreren großflächigen Flüssigkeitsschleiern ausgebreitet horizontal an die Kolonnenwand. Dort wird die Flüssigkeit von einem Ring vertikal stehender nach innen ausgerichteter Bleche, die als Tropfenfänger wirken, aufgenommen und über den Fangboden zum Rotor zurückgeleitet. Der eigentliche, von Fangboden zu Fangboden nach unten über ein koaxial zur Welle angeordnetes Überlaufwehr ablaufende Rücklaufstrom beträgt nur wenige Prozent der in jeder Stufe von den Rotoren umgewälzten Flüssigkeitsmenge, d. h. der Rücklauf wird in jeder Stufe aufgefangen, angesammelt und eine Flüssigkeitsmenge zersprüht, die ein Vielfaches der eigentlichen Rücklaufmenge beträgt. Der Dampf strömt durch die Öffnungen *d* und tritt mit der zu einer feinen Sprühschicht aufgelösten Flüssigkeit in Austausch. Eine Trichtergruppe und ein Fangboden bilden zusammen eine Austauscheinheit.

[1] Kirschbaum, E.: Neues aus der Rektifiziertechnik. VDI-Z. 98, 1797—1804 (1956).

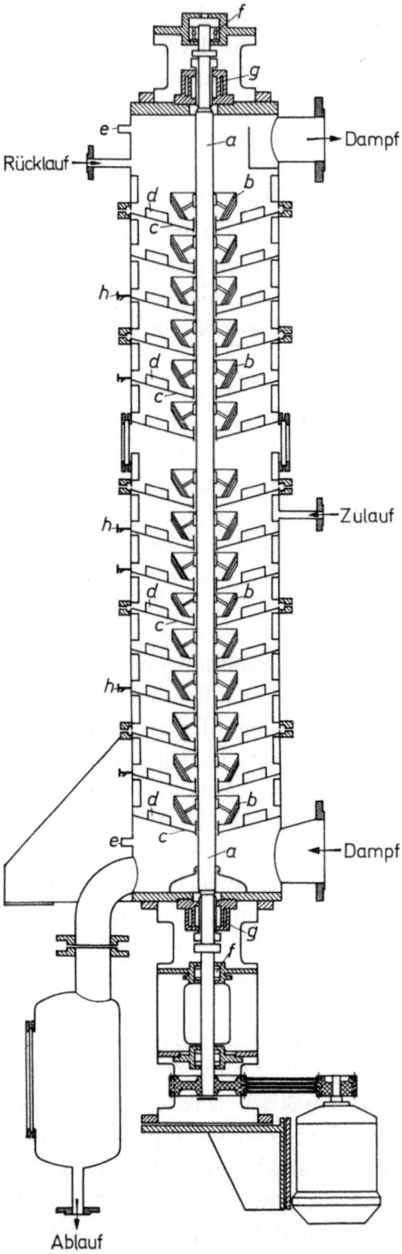

Abb. 244. Tiefvakuum-Rotationssäule mit 15 Austauschsystemen (Ausführung Fa. Müller-Schuss KG., Weidenau)

Trennwirkung und Druckverlust hängen von der in der Sprühschicht gebildeten Flüssigkeitsoberfläche ab. Deren Größe ist durch die Fördermenge der Trichter, die Verweilzeit der Flüssigkeit in der Sprühschicht und den Grad ihrer Zerteilung bestimmt. Die Fördercharakteristik der Trichter ist dabei so ausgebildet, daß die umgewälzte Flüssigkeitsmenge unabhängig von der Rücklaufbelastung ist. Damit hängt auch die Größe der Austauschfläche nur wenig von der Rücklaufbelastung ab und die Trennwirkung der Kolonne und ihre einwandfreie Funktion ist auch bei kleinsten Rücklaufmengen, wie sie im Vakuum auftreten, gewährleistet. Da die Verweilzeit der Flüssigkeitsteilchen in der Sprühschicht nur wenige hundertstel Sekunden beträgt und sich die Flüssigkeitsteilchen auf ihrem Flug an die Kolonnenwand weiter zerteilen, werden auf der Flüssigkeitsseite so günstige Stoffaustauschverhältnisse erzielt, daß der flüssigkeitsseitige Widerstand ganz hinter dem dampfseitigen zurücktritt.

Das Betriebsverhalten dieser Kolonne wurde an einer Säule mit einem Durchmesser von 500 mm und 15 Austauschgruppen in einer Forschungsarbeit[1] eingehend untersucht. Dazu wurden Rektifizierversuche mit dem Gemisch 1,2-Phthalsäuredimethylester/1,2-Phthalsäurediäthylester bei einem Druck von 3 und 6 mm QS am Kopf der Kolonne sowie mit dem

[1] Wolf, D.: Trennwirkung und Druckverlust in einer Rektifiziersäule mit rotierenden Einbauten. Diss. TH Karlsruhe 1966.

Isomerengemisch trans-Dekalin/cis-Dekalin bei einem Kopfdruck von 10, 20 und 30 mm QS durchgeführt. Einige der erhaltenen Ergebnisse über Trennwirkung und Druckverlust werden hier auszugsweise mitgeteilt.

Der Trennvorgang erfolgt ebenso wie bei den üblichen Bodenkolonnen durch eine stufenweise Anreicherung von Leichtersiedendem im Dampf

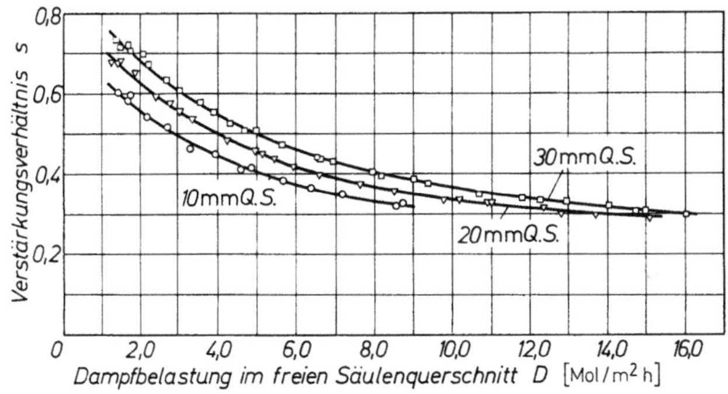

Abb. 245. Belastungskurve der Rotations-Säule. Vers.-Gemisch: trans-Dekalin/cis-Dekalin, Drehzahl: 850 U/min, Rücklaufverh.: ∞

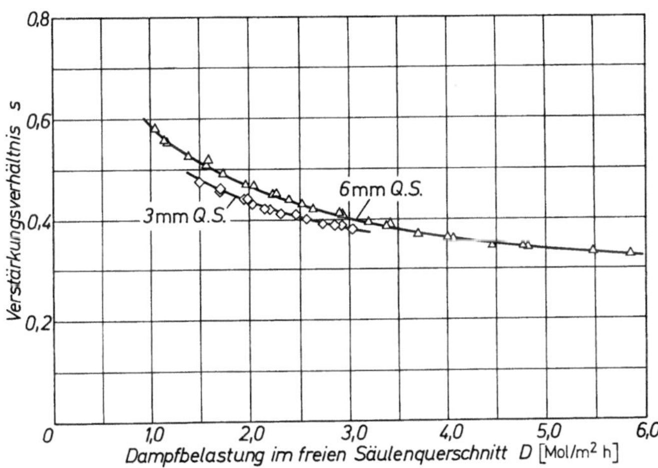

Abb. 245a. Belastungskurve der Rotations-Säule. Vers.-Gemisch: Dimethyl-/Diäthylphthalat, Drehzahl: 850 U/min, Rücklaufverh.: ∞

von Austauschgruppe zu Austauschgruppe. Die Trennwirkung einer Austauschgruppe kann wie die eines Bodens durch das Verstärkungsverhältnis gedeutet werden.

In Abb. 245 und 245a ist das Verstärkungsverhältnis in Abhängigkeit von der stündlich durchgesetzten Dampfmenge aufgetragen. Die Belastungskurven zeigen einen hyperbolischen Verlauf. Der Abfall der

Trennwirkung mit steigender Belastung ist dadurch erklärt, daß im Gegensatz zu den üblichen Austauschböden die Austauschfläche nicht mit der Belastung ansteigt, während die Austauschzeit entsprechend abnimmt; die gleichzeitige Zunahme der Stoffaustauschzahl gleicht dies nur zum Teil aus. Eine Belastungsgrenze durch Mitreißen der Flüssigkeit

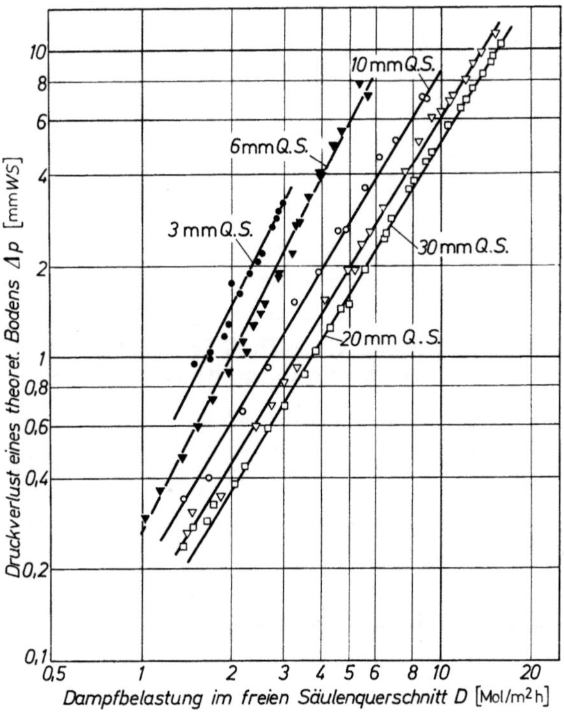

Abb. 246. Druckverlust der Rotations-Säule. Versuchsgem.: trans-Dekalin/cis-Dekalin ○ ▽ □, Dimethyl-/Diäthylphthalat ▼ ■, Drehzahl: 850 U/min, aufverh.: ∞

durch den nach oben strömenden Dampf tritt nicht auf, da die Geschwindigkeit der Flüssigkeit sehr hoch ist und ihre Dichte wesentlich größer ist als die des Dampfes. Bei gleicher Dampfbelastung zeigen die Versuche beim höheren Druck eine größere Trennwirkung, was darin begründet ist, daß mit zunehmender Dampfdichte die durch die Flüssigkeitsbewegung hervorgerufene Turbulenz im Dampf ansteigt.

Ursache für die Entstehung des Druckgefälles im Dampf ist der Strömungswiderstand der Einbauten und der Sprühschicht. Für die Bewertung einer im Vakuum betriebenen Rektifiziereinrichtung maßgebend ist dabei der Zusammenhang zwischen Druckverlust und erzielter Trennwirkung. Als kennzeichnende Größe wurde in Abb. 246 der Druckverlust bezogen auf die Zahl der erreichten Gleichgewichtsstufen, d. h. der Druckverlust, der auf einen theoretischen Boden entfällt, in Abhängigkeit von der durchgesetzten Dampfmenge dargestellt. Der Druckverlust eines theoretischen Bodens nimmt etwa quadratisch mit der Belastung zu. Bei gleicher Dampfbelastung führt die Abnahme der Dampfdichte und die entsprechende Zunahme der Dampfgeschwindigkeit zu einer Vergrößerung des Druckverlustes.

b) Die Filmkolonne

Die Weiterentwicklung der in der Rektifiziertechnik seit langem bekannten Füllkörperkolonne im Hinblick auf ihren Einsatz zu Rektifi-

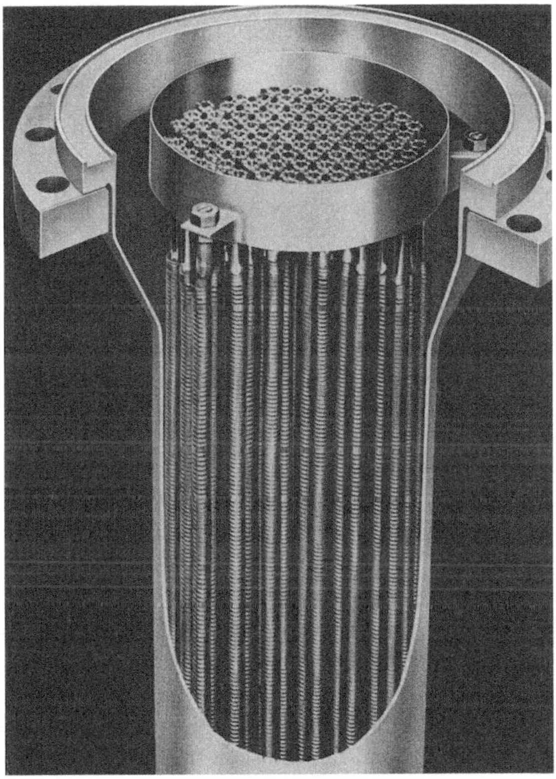

Abb. 247. Schnitt durch eine Austauschkolonne, System Kloß, Hersteller Julius Montz, Hilden

zieraufgaben im Vakuum hat zum Bau der Filmkolonne geführt. Filmkolonnen arbeiten wie Füllkörpersäulen. Anstelle ungeordneter Schüttungen sind regelmäßig angeordnete, vertikale Einbauten Träger des Flüssigkeitsfilms. Um eine gleichmäßige und vollständige Benetzung aller Einbauten zu erreichen, sind diese so ausgebildet, daß Oberflächenspannungskräfte wirksam werden.

Als Beispiel sei die Filmkolonne „System Kloss“[1] näher beschrieben. Abb. 247 zeigt einen Kolonnenschuß mit den Einbauten und dem Verteilerboden. Träger des Flüssigkeitsfilms sind parallel und senkrecht an-

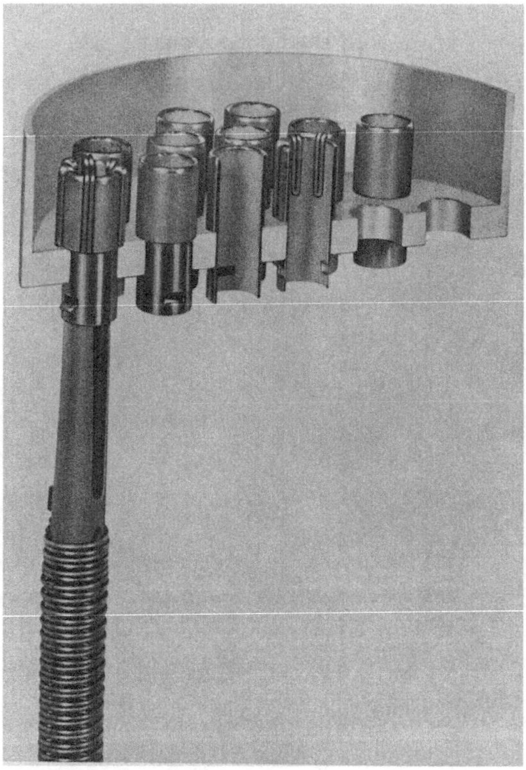

Abb. 247a. Schnitt durch den Verteiler-Boden der Filmkolonne, System Kloß, Hersteller Julius Montz, Hilden

geordnete, zweigängige Schraubenfedern, die zwischen dem oben angeordneten Verteilerboden und einem unteren Rost leicht gespannt sind. Durch die Streckung dieser Austauschelemente entstehen Zwischenräume zwischen den Drahtwindungen der zweigängigen Schraubenfedern, in denen der Film gebildet und geführt wird. Dieser fließt damit in den konstruktiv gebildeten Strombahnen längs der Windungen herab. Jedes Austauschelement besitzt aufgeschobene Abstandshülsen, damit eine

[1] Hersteller: Julius Montz, Hilden.

gegenseitige Berührung der Elemente und auch eine Berührung der Kolonnenwand ausgeschlossen wird. Dadurch wird eine gleichmäßige, von der Bauhöhe unabhängige und somit in jedem beliebigen Kolonnenquerschnitt konstant bleibende Flüssigkeitsverteilung erzielt. Dies setzt zunächst eine gleichmäßige Flüssigkeitsaufgabe auf alle Austauschelemente voraus, d. h. die bei Vakuumbetrieb relativ kleine Rücklaufmenge muß auf eine große Anzahl gleichgroßer Teilströme aufgegliedert werden. Abb. 247a zeigt einen Schnitt durch den Verteilerkopf, aus dem der Aufbau der Verteilelemente zu ersehen ist. Sie bestehen aus Kaminröhrchen, die flüssigkeitsdicht in den Verteilerboden gepreßt und am

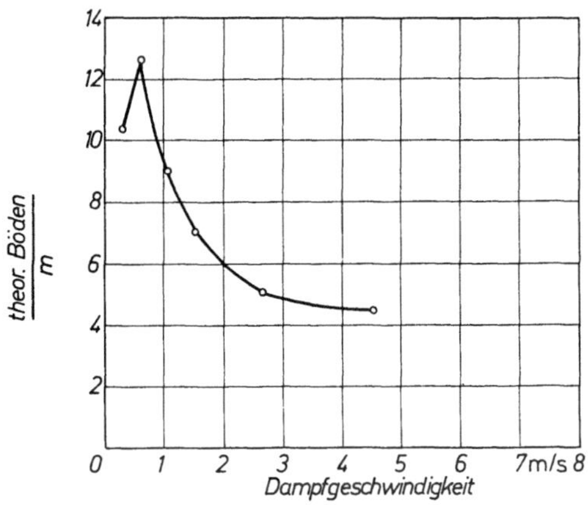

Abb. 248. Trennwirkung je m Austauschelement, Bündel mit 7 Elementen von je 12 mm Dmr.; n-Decan/trans-Dekalin, $p = 10$ Torr, $v = \infty$

oberen Rand mit Drahtklammern bestückt sind. Die Drahtklammern heben die Flüssigkeit über den Kaminrand und bewirken, daß jedes Austauschelement einen gleichgroßen Anteil der Rücklaufmenge erhält.

Über Trennwirkung und Druckverlust dieser Kolonne liegen nur wenige Messungen[1] an einer kleinen Säule mit 7 Austauschelementen von je 12 mm Durchmesser vor. Als Maßstab für die Trennwirkung wird die im Kapitel über Füllkörpersäulen ausführlich behandelte Anzahl der theoretisch arbeitenden Böden, welche die gleiche Trennwirkung von 1 m Säulenhöhe haben, angegeben. In Abb. 248 ist dieser Wert in Abhängigkeit von der Dampfgeschwindigkeit im freien Säulenquerschnitt für das Gemisch n-Dekan/trans-Dekalin bei einem Druck von 10 mm QS aufgetragen. Die Trennwirkung fällt sehr stark mit zunehmender Belastung ab.

[1] Bevers, K.: Untersuchung der Vakuumrektifikation an wendelförmigen Austauschelementen nach Kloss. Chem. Ing. Tech. **36**, 217—221 (1964).

Zur Kennzeichnung des Druckverlustes der Dampfströmung ist in Abb. 249 der Druckverlust, der auf einen theoretischen Boden entfällt, für das gleiche Gemisch bei einem Druck von 10 mm QS in Abhängigkeit von der Dampfgeschwindigkeit wiedergegeben.

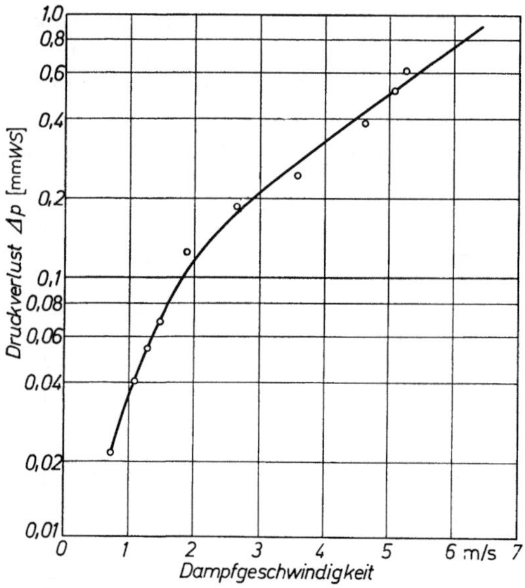

Abb. 249. Druckverlust je m Austauschelement; $p = 10$ mm QS, Bündel mit 7 Elementen von je 12 mm Dmr.; n-Decan-/trans-Dekalin

III. Einfluß der Strömungsrichtung der Phasen auf die Rektifizierwirkung eines Bodens. (Flüssigkeitsdurchmischung, Dampfdurchmischung, gegensinnige und gleichsinnige Flüssigkeitsführung)

1. Allgemeines

Nimmt man an, daß die Rücklaufflüssigkeit und der Dampf, welche einem Rektifizierboden zuströmen, während einer bestimmten Zeitspanne in einem wärmedichten Gefäß aufgefangen und danach unendlich lange Zeit dem Wärme- und Stoffaustausch unterworfen bleiben, so befinden sich am Ende dieser Austauschzeit die Flüssigkeit und der über ihr stehende Dampf im Phasengleichgewicht miteinander. Dieser Vorgang läßt die für die Bestimmung der theoretischen Bodenzahl eines Rektifizierapparates allgemein gemachte Annahme als sehr naheliegend erscheinen, nach welcher der von einem vollkommen arbeitenden Boden aufsteigende Dampf mit dem Gehalt x^{I}_{Do} [Mol-%] an Leichtersiedendem sich im Phasengleichgewicht mit der Flüssigkeit befindet, welche von demselben Boden abläuft und welche einen Gehalt von x_{Fa} [Mol-%] an Leichtersiedendem in einem Zweistoffgemisch besitzt. Es gilt also:

$$x^{\mathrm{I}}_{Do}///x_{Fa}\,.$$

Die Gehalte an Leichtersiedendem im Dampf und in der Flüssigkeit, welche dem Boden zuströmen, seien mit x_{Lu} und x_{Fe} [Mol-%] bezeichnet. Die theoretische Anreicherung an Leichtersiedendem im Dampf ist dann durch den Unterschied $a = x^{\mathrm{I}}_{Do} - x_{Du}$ gegeben. In Wirklichkeit wird infolge der von der Annahme abweichenden Verhältnisse durch einen Boden eine Erhöhung des Gehaltes an Leichtersiedendem im Dampf um den Betrag b [Mol-%] erzielt. Das Verstärkungsverhältnis (Austauschverhältnis) $s = b/a$ liefert wohl eine Unterlage, mit der man einfach die Bodenzahl eines Rektifizierapparates bestimmen kann (s. Abschn. DV, 1, 2 und 3 sowie E I). Es bietet aber keinen Anhaltspunkt zur Beurteilung der Vollkommenheit der Wirkung eines Bodens oder sogar für die Angabe eines Wirkungsgrades. Es zeigt sich nämlich, daß der Zahlenwert von s wesentlich größer werden kann als 1. Wie weit er im Idealfalle anwachsen kann, läßt sich aus der Kenntnis der Anreicherung im Dampf ermitteln, welche ein Boden im Bestfalle erzielen kann. Diese ermöglicht auch die Angabe eines Wirkungsgrades.

2. Graphisches Verfahren zur Bestimmung der theoretischen Anreicherung, des theoretischen Verstärkungsverhältnisses und des Wirkungsgrades bei Kreuzstrom zwischen Flüssigkeit und Dampf auf einem Rektifizierboden[1]

In der Rektifiziersäule strömt der Dampf zwischen den Böden parallel zur Säulenachse. In den Rücklaufrohren bewegt sich die Flüssigkeit wohl auch parallel zur Säulenachse, auf dem Boden selbst jedoch senkrecht zu ihr (s. Abb. 250). Die ganze Flüssigkeitsmenge kreuzt auf dem Boden den Dampf derart, daß sie zuerst die Teildampfmenge trifft, welche in der Nähe des Flüssigkeitszulaufes durch den Boden tritt und zuletzt den Dampf, der den Flüssigkeitsablauf umspült. Es sei zunächst angenommen, daß der Dampf dem betrachteten Boden an allen Stellen mit derselben Zusammensetzung zuströmt. Die molare Verdampfungswärme des Gemisches sei wieder unabhängig von der Konzentration, so

[1] Kirschbaum, E.: Wirkung von Rektifizierböden und zweckmäßige Flüssigkeitsführung. Forsch. Gebiete Ingenieurw. **1934**, 245. Im Gegensatz zu dem angegebenen einfachen zeichnerischen Verfahren behandelte später das Problem H. Hausen: Wirkungsgrad von Rektifikationsböden und theoretische Bodenzahl. Forschung **1936**, S. 177.

daß die zu- und abströmenden Dampf- und Flüssigkeitsmengen unveränderlich sind.

Denkt man sich die Säule durch einen Schnitt $I - I$ in Abb. 250 in zwei gleiche Teile zerlegt, so läßt sich der geschilderte Austauschvorgang zwischen Dampf und Flüssigkeit sowohl auf den Teil rechts als auch auf den Teil links vom Schnitt $I - I$ anwenden. Sowohl der linken wie der rechten Hälfte des Bodens strömt die Dampfmenge $D/2$ [Mol/h] mit derselben Konzentration x_{Du} [Mol-%] zu. An der Halbierungsstelle der Säule hat die Flüssigkeit den Gehalt x'_F. In der linken Hälfte steigt der Dampf mit x''_{Do} und in der rechten Hälfte mit x'_{Do} vom Boden auf. Wenn in jedem Teil Flüssigkeitsdurchmischung und vollkommener Austausch vorliegen, gelten die Beziehungen für das Phasengleichgewicht:

$$x''_{Do} /// x_{Fa} \quad \text{und} \quad x'_{Do} /// x'_F \,.$$

Für die rechte Hälfte des Bodens gilt die Mengengleichung, wenn F [Mol/h] die Rücklaufmenge bedeutet:

$$F x_{Fe} + \frac{D}{2} x_{Du} = F x'_F + \frac{D}{2} x'_{Do} \,,$$

woraus folgt

$$\frac{D}{2} (x'_{Do} - x_{Du}) = F (x_{Fe} - x'_F) \,. \tag{290}$$

Entsprechend wird für die linke Bodenhälfte:

$$\frac{D}{2} (x''_{Do} - x_{Du}) = F (x'_F - x_{Fa}) \,. \tag{291}$$

Werden E [Mol/h] Erzeugnis der Säule entnommen, dann ist

$$v = \frac{F}{E}$$

das Rücklaufverhältnis, mit dem die Beziehung besteht:

$$D = E (v + 1) \,.$$

Damit gehen die Beziehungen (290) und (291) über in:

$$\frac{x'_{Do} - x_{Du}}{x_{Fe} - x'_F} = 2 \frac{v}{v+1} \,, \tag{292}$$

$$\frac{x''_{Do} - x_{Du}}{x'_F - x_{Fa}} = 2 \frac{v}{v+1} \,. \tag{293}$$

Der mittlere Gehalt x^{II}_{Do} des vom Boden aufsteigenden Dampfes wird aus der Mischungsgleichung

$$\frac{D}{2} x'_{Do} + \frac{D}{2} x''_{Do} = D x^{II}_{Do}$$

bestimmt zu

$$x^{II}_{Do} = \frac{x'_{Do} + x''_{Do}}{2} \,. \tag{294}$$

Er kann zeichnerisch auf Grund der Gln. (292), (293) und (294) ermittelt werden, wie es Abb. 251 zeigt. In ihm ist neben der Gleichgewichtskurve eines Zweistoffgemisches die Verstärkungsgerade wiedergegeben, deren Neigungswinkel α gegen die Abszisse nach Gl. (114) durch die Beziehung

$$\operatorname{tg}\alpha = \frac{v}{v+1}$$

bestimmt ist. Der Zusammenhang zwischen x_{Du} und x_{Fa} ist durch den auf der Verstärkungsgeraden liegenden Punkt A gegeben, während eine

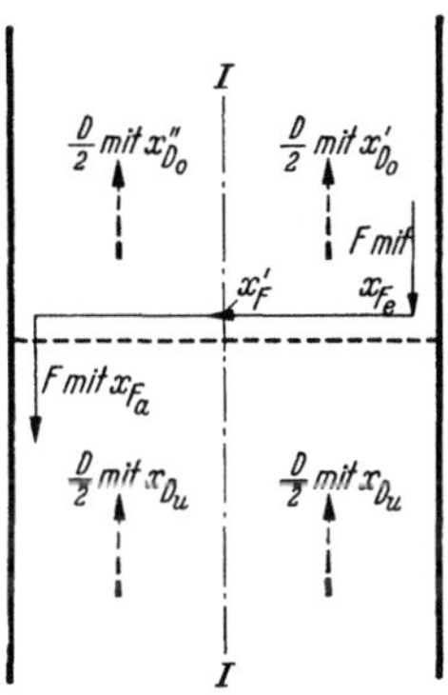

Abb. 250

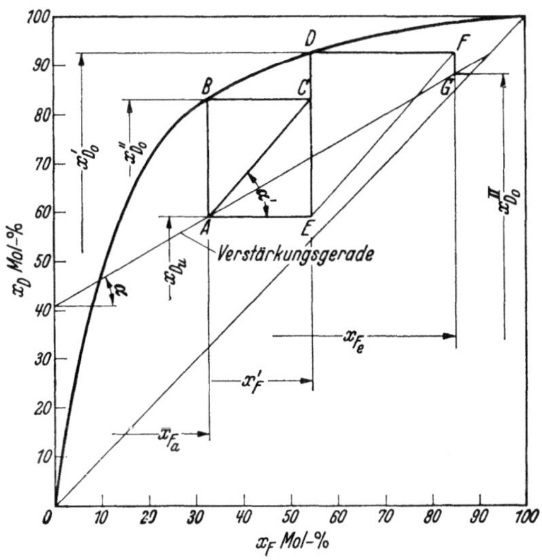

Abb. 251

Abb. 250. Schema für zweifache Teilung

Abb. 251. Ermittlung der Flüssigkeits- und Dampfkonzentrationen bei zweifacher Teilung

Ordinatenparallele durch den Abszissenwert x_{Fa} auf der Gleichgewichtskurve im Punkte B den Gehalt x''_{Do} abschneidet. Wird durch Punkt A eine Gerade mit der Neigung

$$\operatorname{tg}\alpha' = 2\operatorname{tg}\alpha \tag{295}$$

gelegt, so liefert auf ihr die Abszissenparallele durch Punkt B den Punkt C mit dem Abszissenwert x'_F. Dadurch ist die Bedingung (293) erfüllt. Da $x'_{Do}|||x'_F$, ist x'_{Do} durch Punkt D gegeben, der auf der Gleichgewichtskurve liegt und den Abszissenwert x'_F hat. Durch Punkt E, welcher den Schnittpunkt der Waagerechten durch Punkt A und der Senkrechten durch Punkt C darstellt, wird eine Gerade mit dem Neigungswinkel α' gelegt. Sie schneidet die Abszissenparallele durch Punkt D im

Punkte F mit dem Abszissenwert x_{Fe}, so daß die Bedingung (292) erfüllt ist. Der Abszissenwert x_{Fe} ergibt auf der Verstärkungsgeraden den Punkt G, dem der Dampfgehalt x_{Do}^{II} zugeordnet ist, welcher das arithmetische Mittel zwischen x'_{Do} und x''_{Do} darstellt.

Während bei vollkommener Flüssigkeitsdurchmischung auf einem Boden und bei vollkommenem Stoffaustausch der von einem Boden aufsteigende Dampf den Gehalt x_{Do}^{I} aufweist, wobei $x_{Do}^{\mathrm{I}} /// x_{Fa}$, erhält man nach der vorgenommenen Teilung der Säule in zwei Hälften einen mittleren Gehalt von x_{Do}^{II} im aufsteigenden Dampf, für den gilt

$$x_{Do}^{\mathrm{II}} > x_{Do}^{\mathrm{I}} . \tag{296}$$

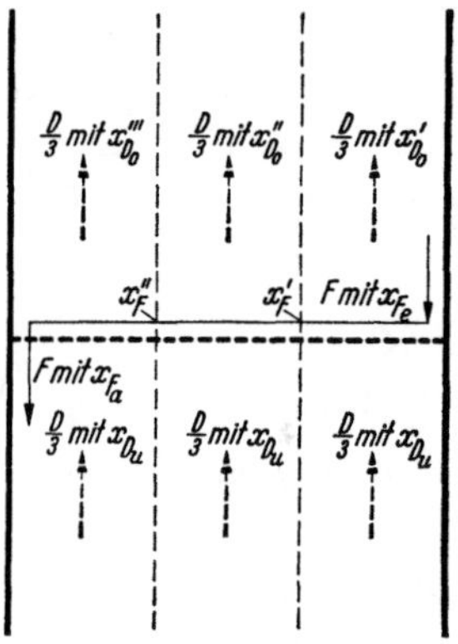

Abb. 252.
Schema für die dreifache Teilung

Aus diesem Ergebnis geht hervor, daß der Kreuzstrom eine bessere Wirkung ergibt als Flüssigkeitsdurchmischung.

Statt in zwei kann die Säule auch in drei gleiche Teile unterteilt werden, von denen jeder von der gleichen Dampfmenge $D/3$ durchströmt wird. Legt man zugrunde, daß in jedem der Teile Flüssigkeitsdurchmischung und vollkommener Austausch stattfinden, so steht der in jedem Teil über dem Boden aufsteigende Dampf mit der Flüssigkeit im Phasengleichgewicht, welche den jeweiligen Teil verläßt. Mit den in Abb. 252 angegebenen Bezeichnungen gilt deshalb:

$$x'_{Do} /// x'_F ; \qquad x''_{Do} /// x''_F ; \qquad x'''_{Do} /// x_{Fa} . \tag{297}$$

Für die dreifache Aufteilung ergeben sich dann die den Bedingungen (292) und (293) entsprechenden Gleichungen:

$$\frac{x'_{Do} - x_{Du}}{x_{Fe} - x'_F} = 3 \frac{v}{v+1} , \tag{298}$$

$$\frac{x''_{Do} - x_{Du}}{x'_F - x''_F} = 3 \frac{v}{v+1} , \tag{299}$$

$$\frac{x'''_{Do} - x_{Du}}{x''_F - x_{Fa}} = 3 \frac{v}{v+1} . \tag{300}$$

Der mittlere Gehalt des vom Boden aufsteigenden Dampfes wird:

$$x_{Do}^{\mathrm{III}} = \frac{x'_{Do} + x''_{Do} + x'''_{Do}}{3} . \tag{301}$$

Er kann zeichnerisch auf die Gln. (298) bis (301) fußend auf dieselbe Weise gefunden werden, die für die zweifache Teilung an Hand der

Abb. 251 erläutert ist. Für die gleiche Bodenablaufkonzentration x_{Fa} und das gleiche Rücklaufverhältnis ergibt sich dann:

$$x_{Do}^{\mathrm{III}} > x_{Do}^{\mathrm{II}} > x_{Do}^{\mathrm{I}} \tag{302}$$

und

$$\left(x_{Do}^{\mathrm{III}} - x_{Do}^{\mathrm{II}}\right) < \left(x_{Do}^{\mathrm{II}} - x_{Do}^{\mathrm{I}}\right). \tag{303}$$

Für eine Aufteilung des Säulenquerschnittes in vier gleiche Teile wird entsprechend ein mittlerer Gehalt x_{Do}^{IV} erhalten, der durch die Beziehungen

$$x_{Do}^{\mathrm{IV}} > x_{Do}^{\mathrm{III}} > x_{Do}^{\mathrm{II}} > x_{Do}^{\mathrm{I}} \tag{302a}$$

und

$$\left(x_{Do}^{\mathrm{IV}} - x_{Do}^{\mathrm{III}}\right) < \left(x_{Do}^{\mathrm{III}} - x_{Do}^{\mathrm{II}}\right) < \left(x_{Do}^{\mathrm{II}} - x_{Do}^{\mathrm{I}}\right) \tag{303a}$$

gekennzeichnet ist. Auf die gezeigte Art können ein x_{Do}^{V}, x_{Do}^{VI}, x_{Do}^{VIII} usw. erhalten werden. Die Unterschiede zwischen zwei mittleren einander folgenden Gehalten werden um so kleiner, je größer die Zahl der Aufteilungen ist.

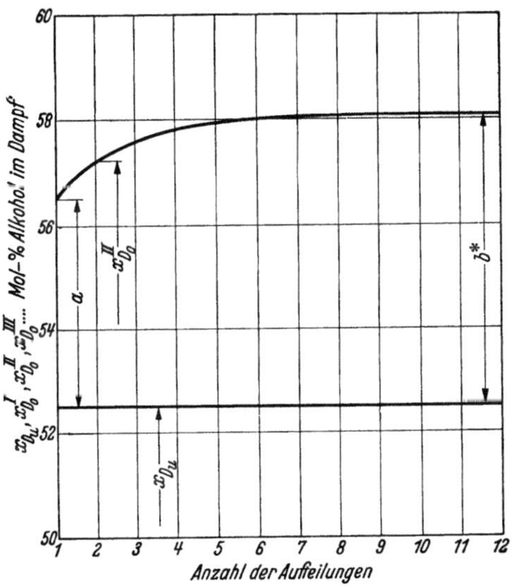

Abb. 253. Die mittleren Dampfgehalte in Abhängigkeit von der Anzahl der Teilungen

Nach dem erläuterten Verfahren sind beispielsweise die mittleren Gehalte in dem vom Boden aufsteigenden Dampf eines Äthylalkohol-Wassergemisches für mehrere Aufteilungen, für ein Rücklaufverhältnis von $v = 1$, einen Gehalt im Erzeugnis von $x_E = 75$ Mol-% Alkohol und für den Fall ermittelt worden, daß die Bodenablaufkonzentration $x_{Fa} = 30$ Mol-% Alkohol beträgt. Die Ergebnisse sind in Abb. 253 wiedergegeben. Auf der Abszisse ist die Anzahl der Aufteilungen und auf der

Ordinate der einer bestimmten Aufteilungszahl zugeordnete mittlere Gehalt im Dampf über dem Boden aufgetragen. Zu der gegebenen Ablaufkonzentration $x_{Fa} = 30$ Mol-% liefert der entsprechende Punkt auf der Verstärkungsgeraden (Punkt A in Abb. 251) einen Alkoholgehalt in dem dem Boden zuströmenden Dampf von $x_{Du} = 52{,}4$ Mol-%. Die Ordinatenparallele durch den Abszissenwert $x_{Fa} = 30$ Mol-% ergibt auf der Gleichgewichtskurve einen Schnittpunkt (Punkt B in Abb. 251) mit dem Ordinatenwert $x_{Do}^{\mathrm{I}} = 56{,}5$ Mol-%. Für Flüssigkeitsdurchmischung auf dem ganzen Boden, bei welcher der Säulenquerschnitt als ein einziger Teil betrachtet wird, errechnet sich demnach eine theoretische Anreicherung von $a = x_{Do}^{\mathrm{I}} - x_{Du} = 56{,}5 - 52{,}4 = 4{,}1$ Mol-%, die ebenfalls in Abb. 253 angegeben ist. Bei zweifacher Aufteilung ergibt sich nach Abb. 253 ein mittlerer Gehalt in dem vom Boden aufsteigenden Dampf von $x_{Do}^{\mathrm{II}} = 57{,}2$ und bei sechsfacher Aufteilung ein $x_{Do}^{\mathrm{IV}} = 58$ Mol-%. Abb. 253 zeigt, daß sich die Kurve, welche die Abhängigkeit der Dampfgehalte von der Zahl der Säulenteile angibt, asymptotisch dem Wert $x_{Do}^{\infty} = 58{,}1$ Mol-% nähert, welcher bei unendlichfacher Aufteilung erreicht wird. Aus derselben Abbildung geht hervor, daß der Wert x_{Do}^{∞} mit genügender Genauigkeit schon bei achtfacher Aufteilung erreicht wird ($x_{Do}^{\mathrm{VIII}} \approx x_{Do}^{\infty}$). Beim Kreuzstrom und in dem Fall, in welchem an jeder Stelle der Dampf mit der Flüssigkeit, aus welcher er entstanden ist, im Phasengleichgewicht steht, ist deshalb die höchstmögliche Anreicherung an Leichtersiedendem im Dampf gegeben durch:

$$b^* = x_{Do}^{\infty} - x_{Du}\,. \tag{304}$$

Die Bedingung, daß der Dampf dem Boden an allen Stellen mit gleicher Konzentration zuströmt, kann stets dadurch erfüllt werden, daß der Dampf vor seinem Eintritt in den Boden durchmischt wird (Fall der Dampfdurchmischung). Mit der durch Gl. (304) gegebenen bestmöglichen Verstärkung errechnet sich ein theoretisches Verstärkungsverhältnis von

$$s^* = \frac{b^*}{a}\,. \tag{305}$$

In Abb. 254 ist s^* in Abhängigkeit von der Ablaufkonzentration x_{Fa} für verschiedene Rücklaufverhältnisse und für das Gemisch Äthylalkohol-Wasser unter der Annahme aufgetragen, daß das Erzeugnis $x_E = 75$ Mol-% Alkohol enthält. Danach liegt im Falle der Dampfdurchmischung der Zahlenwert für das theoretische Verstärkungsverhältnis in bestimmten Konzentrationsgebieten weit über 1. Er weist bei allen Rücklaufverhältnissen einen Mindestwert auf und steigt von diesem aus im Gebiete hoher Konzentrationen, vor allem aber in dem niedriger Konzentrationen, an.

Der Wirkungsgrad η eines Bodens kann nunmehr bestimmt werden aus dem Verhältnis der wirklichen zur bestmöglichen Anreicherung oder aus dem Verhältnis des wirklichen zum theoretischen Verstärkungsverhältnis:

$$\eta = \frac{b}{b^*} \cdot 100 = \frac{s}{s^*} \cdot 100\,[\%]\,. \tag{306}$$

Für das Gemisch Äthylalkohol-Wasser habe beispielsweise bei $v = 4$, $x_E = 75$ Mol-% und $x_{Fa} = 50$ Mol-% Alkohol das Verstärkungsverhältnis einen Zahlenwert von $s = 0{,}9$. Der Wirkungsgrad beträgt dann nicht 90%. Zu den genannten Betriebsbedingungen wird vielmehr aus Abb. 254

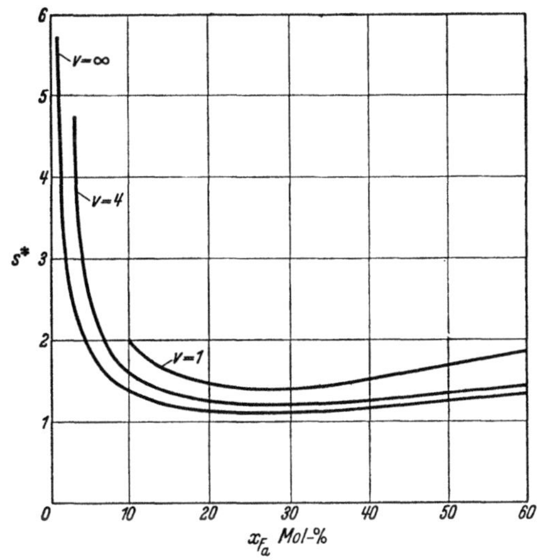

Abb. 254. Das theoretische Verstärkungsverhältnis s^* in Abhängigkeit von der Bodenablaufkonzentration x_{Fa} (Äthylalkohol-Wasser, $x_E = 75$ Mol-%)

ein theoretisches Verstärkungsverhältnis von $s^* = 1{,}32$ abgelesen, welches einen wirklichen Wirkungsgrad von $\eta = 0{,}9/1{,}32 \cdot 100 = 68\,\%$ liefert. Der Unterschied zwischen den Zahlenwerten von η und $s \cdot 100$ hängt in hohem Maße von der Bodenablaufkonzentration ab[1]. Bei dem angeführten Beispiel kann bei niederen Ablaufgehalten x_{Fa} der Unterschied $100\,s - \eta$ auf ein vielfaches von dem berechneten Wert $90 - 68 = 22$ steigen, wie es Abb. 255 zeigt. Aus ihm geht hervor, wie irreführend und abwegig es ist, den Wert $100\,s$ als Wirkungsgrad anzusehen.

Auf einem Rektifizierboden ist der Kreuzstrom zwischen Flüssigkeit und Dampf um so vollkommener verwirklicht, je länger der Flüssigkeitsweg ist und um so mehr dadurch eine Flüssigkeitsdurchmischung vermieden wird. Es muß jedoch beachtet werden, daß bei großen Säulendurchmessern dem günstigen Einfluß eines langen Flüssigkeitsweges der nach-

[1] Kirschbaum, E.: Untersuchungen über die Wirkung von Austauschböden. VDI-Beiheft Verfahrenstechnik **1936** Nr. 3, 1—9.

teilige Einfluß des ungleichmäßigen Flüssigkeitsstromes über den Boden überlagert ist, dem durch bauliche Maßnahmen, z. B. durch ein genügend langes Zu- und Ablaufwehr entgegengewirkt werden kann.

Den vorstehenden Ableitungen liegt der Fall zugrunde, daß der Dampf einem Rektifizierboden an allen Stellen mit derselben Zusammensetzung zuströmt. Dies trifft jedoch nur für den untersten Boden einer Säule zu, dem die Dämpfe unmittelbar aus einer Destilliereinrichtung

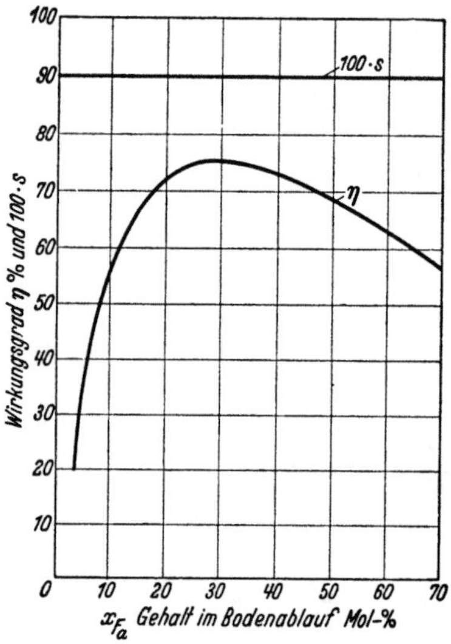

Abb. 255

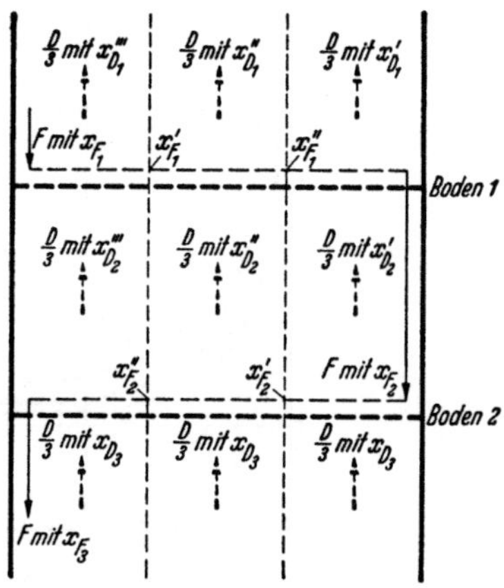

Abb. 256

Abb. 255. Unterschied zwischen 100 *s* und wirklichem Wirkungsgrad (Äthylalkohol-Wasser)

Gehalt an Leichtersiedendem im Destillat $x_E = 75$ Mol-%, Rücklaufverhältnis $v = 4$

Abb. 256. Schema für die gegensinnige Flüssigkeitsführung

zugeleitet werden. Über den Böden selbst entweicht aber der Dampf mit einer Zusammensetzung, die sich längs des Flüssigkeitsweges ändert. Diese Änderung hängt bei sonst gleichen Bedingungen von der Richtung ab, in welcher sich die Flüssigkeit auf den einzelnen Böden bewegt.

Meist gelangt der Rücklauf in der Nähe des Säulenmantels an einer Stelle auf den Boden, welche im Säulenquerschnitt dem Ablaufrohr gegenüberliegt und die Flüssigkeit bewegt sich auf einem Boden in entgegengesetzter Richtung zu derjenigen auf dem darunter- und dem darüberliegenden Boden. Es liegt dann eine gegensinnige Flüssigkeitsführung vor. Sie ist aus Abb. 256 ersichtlich, in dem die bei einer Dreiteilung des Querschnittes sich ergebenden Konzentrationen eingetragen sind. Nimmt man an, daß der über jedem Boden in einem bestimmten Querschnittsteil aufsteigende Dampf mit der Flüssigkeit im Phasengleichgewicht steht, welche denselben Teil verläßt,

$$(x'''_{D_1}|||x'_{F_1};\qquad x''_{D_1}|||x''_{F_1};\qquad x'_{D_1}|||x_{F_2}\quad \text{usw.}), \tag{307}$$

so folgt in Anlehnung an die Gln. (298) bis (300)

$$\frac{x'_{D_1} - x'_{D_2}}{x''_{F_1} - x_{F_2}} = 3 \cdot \frac{v}{v+1}, \tag{308}$$

$$\frac{x''_{D_1} - x''_{D_2}}{x'_{F_1} - x''_{F_2}} = 3 \cdot \frac{v}{v+1}, \tag{309}$$

$$\frac{x'''_{D_1} - x'''_{D_2}}{x'_{F_1} - x_{F_1}} = 3 \cdot \frac{v}{v+1}. \tag{310}$$

Ist der Gehalt x_{D_3} des dem untersten Boden an allen Stellen mit gleicher Zusammensetzung zuströmenden Dampfes gegeben, so können nach dem an Hand der Abb. 251 gezeigten Verfahren die Dampfgehalte über den Böden 2 und 1 (s. Abb. 256) in den einzelnen Teilen und auch die Flüssig-

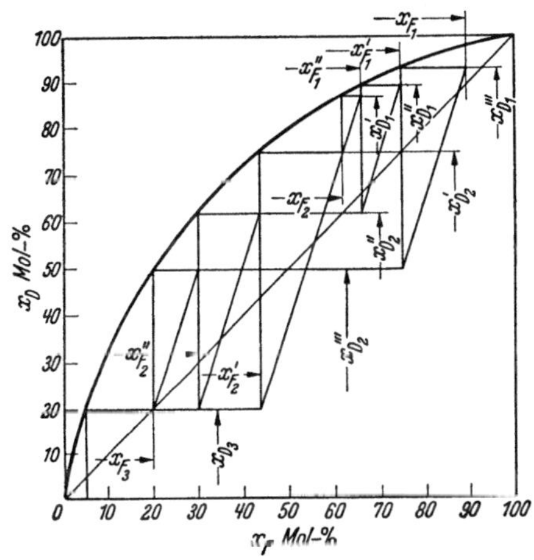

Abb. 257

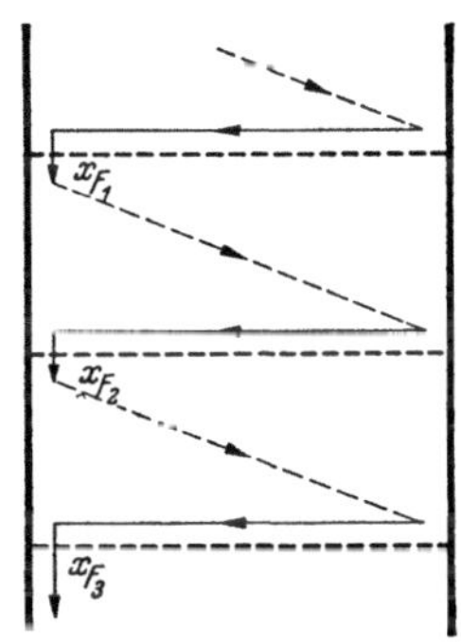

Abb. 258

Abb. 257. Ermittlung der Flüssigkeits- und Dampfgehalte bei Dreiteilung und bei gegensinniger Flüssigkeitsführung (Rücklaufverhältnis $v = \infty$)

Abb. 258. Plan für die gleichsinnige Flüssigkeitsführung

keitskonzentrationen an den Stellen, wo der Rücklauf die betreffenden Teile verläßt, ermittelt werden. In Abb. 257 ist diese Ermittlung für die Dreiteilung des Säulenquerschnittes und für ein Rücklaufverhältnis von $v = \infty$ durchgeführt, für welches die Verstärkungsgerade mit der Diagonalen des Schaubildes zusammenfällt. In Abb. 257 sind die der Abb. 256

entsprechenden Gehalte angegeben. Mit zunehmender Zahl der Aufteilungen nähern sich die über den Böden sich einstellenden mittleren Gehalte an Leichtersiedendem im Dampf einem Wert, der bei unendlichfacher Aufteilung erreicht wird. An Hand der Abb. 253 wurde gezeigt, daß dieser Endwert mit genügender Genauigkeit schon bei einer endlichen und nicht hochliegenden Aufteilungszahl erreicht wird. Die Veränderung der Flüssigkeits- und Dampfkonzentration über einem Boden erhält man, indem die für die einzelnen Querschnittsteile sich ergebenden Gehalte in der Flüssigkeit und im Dampf über dem Flüssigkeitsweg aufgetragen werden.

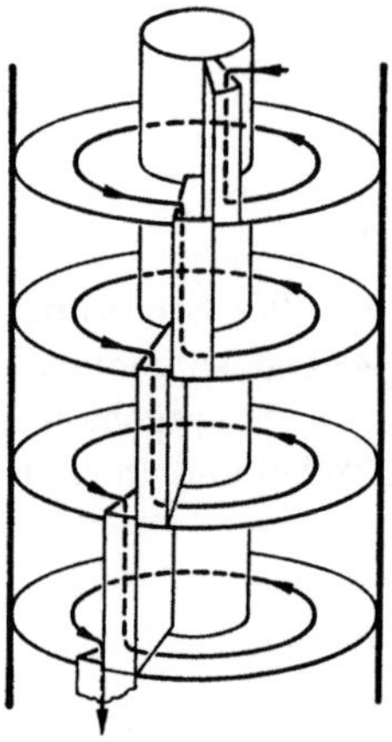

Abb. 259

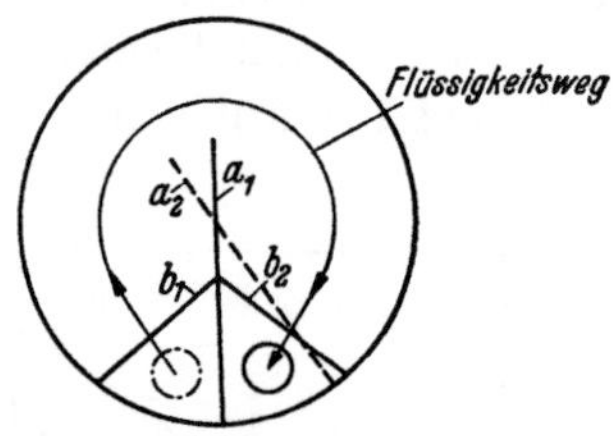

Abb. 260

Abb. 259. Siebbodensäule mit gleichsinniger Flüssigkeitsführung (Gesellschaft für Lindes Eismaschinen)

Abb. 260. Schema der gleichsinnigen Flüssigkeitsführung

In der gleichen Weise wie für die gegensinnige Flüssigkeitsführung können die Anreicherung eines Bodens und die Veränderung der Gehalte in der Flüssigkeit und im Dampf auch für die gleichsinnige Flüssigkeitsführung ermittelt werden. Bei ihr strömt gemäß Abb. 258 die Flüssigkeit auf jedem Boden in derselben Richtung. Abb. 259 zeigt, daß diese Flüssigkeitsführung durch Anwendung ringförmiger Austauschböden verwirklicht werden kann, bei denen Zu- und Ablauf unmittelbar nebeneinander liegen, und die Räume zwischen dem Zu- und Ablauf durch eine Wand getrennt sind. Nach dem Schema der Abb. 260 kann auch bei Glockenböden der kreisförmige Flüssigkeitsweg zur Verwirklichung der gleichsinnigen Flüssigkeitsführung angewendet werden. Es sind die zwischen zwei Böden angeordnete senkrechte Trennwand mit a_1, die Flüssigkeitszu- und Ablaufwehre auf einem Boden mit b_1 sowie b_2 und die nächst tiefer angeordnete Trennwand mit a_2 bezeichnet. Die Flüssigkeit ist auf ihrem Wege der Fliehkraft unterworfen und der Flüssigkeitsweg wird lang.

Eine andere Bauart mit ebenfalls gleichsinniger Flüssigkeitsführung zeigt Abb. 261. Jedem Boden mit Ringtunneln wird die Flüssigkeit am Säulenmantel aufgegeben. Sie überquert den Boden stets von außen

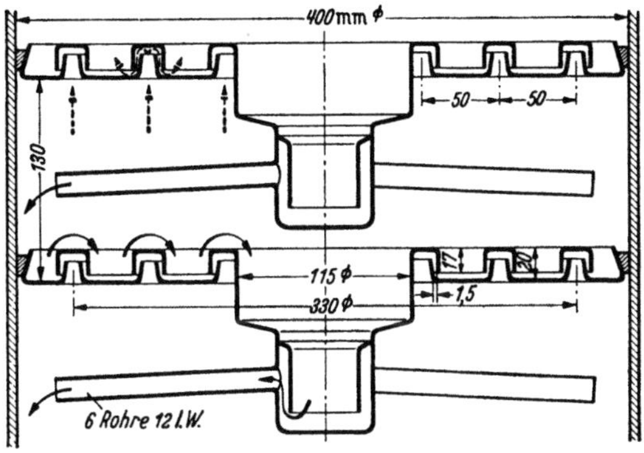

Abb. 261. Ringtunnelboden (Firma Kühni, Allschwil-Basel)

nach innen, fließt durch einen zylindrischen Ablaufbecher ab und wird aus diesem durch radial angeordnete, gerade Rohre von neuem nach dem Säulenmantel geleitet[1]. Anstelle der Ringtunnel werden neuerdings auch Böden mit verschiedenartig geformten Schlitzen verwendet.

3. Rechnerisches Verfahren zur Bestimmung der theoretischen Anreicherung und der Konzentrationsänderung über den Austauschböden sowie des Wirkungsgrades bei Kreuzstrom zwischen Flüssigkeit und Dampf

Das vorstehend erläuterte einfache zeichnerische Verfahren[2] läßt sich auch in Gleichungen fassen[3] und es ist damit möglich, Auswertungen vorzunehmen, wie nachstehend gezeigt wird. Auch unter Zuhilfenahme rein rechnerischer Methoden ist das gleiche Problem schon behandelt worden[4].

---

[1] Kirschbaum, E.: Verkrustung und Druckverlust von Rektifizierböden. VDI-Beiheft Verfahrenstechnik **1937** Nr. 5, 139/148.

[2] Siehe Fußnote 1, S. 379.

[3] Kirschbaum, E., u. W. Quade: Ein neues, genaues und einfaches Verfahren zur Bestimmung der Trennwirkung von Austauschböden. Forsch. Gebiete Ingenieurw. **1937**, H. 2, 63—67.

[4] Hausen, H.: Wirkungsgrad von Rektifikationsböden und theoretische Bodenzahl. Forsch. Gebiete Ingenieurw. **1936**, H. 4. — Die Wirkung des Austausches auf Rektifikationsböden. Z. Angew. Math. u. Mech. **17**, H. 1 (1937). — Graphisches Verfahren zur Berechnung der Wirkung von Rektifikationsböden. Z. Ges. Kälte-Ind. (**1937**), H. 4. — Zeichnerische Ermittlung des Austausches auf Rektifikationsböden. Forsch. Gebiete Ingenieurw. 8, H. 6 (1937).

Man denke sich den Querschnitt einer Säule wieder in mehrere z. B. n gleiche Teile zerlegt, wie es in Abb. 262 dargestellt ist. Von der Bodenablaufstelle an gerechnet erhält man dann einen ersten, einen zweiten, einen k-ten bis zu einem n-ten Teil. Die Flüssigkeitsmenge F [Mol/h] fließt dem Boden mit einem Gehalt an Leichtersiedendem von x_{Fe}

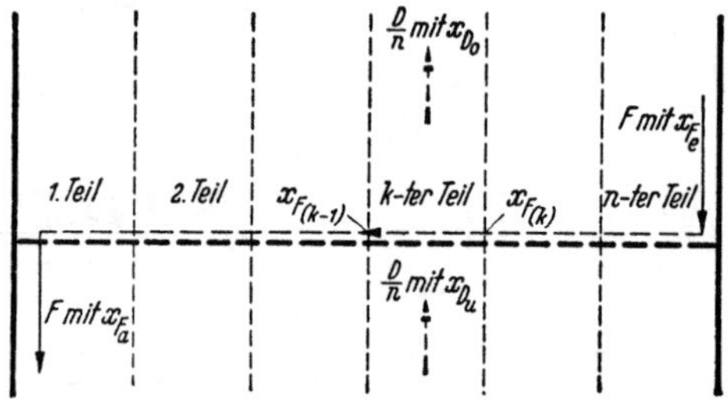

Abb. 262. Darstellung der Aufteilung des Säulenquerschnittes

[Mol-%] zu und mit x_{Fa} [Mol-%] vom Boden ab. In den k-ten Teil hinein gelangt sie mit $x_{F(k)}$ [Mol-%] und sie verläßt diesen mit $x_{(k-1)}$ [Mol-%]. Von der gesamten in der Säule aufsteigenden Dampfmenge D [Mol/h] strömt dem betrachteten k-ten Teil nur der Bruchteil D/n [Mol/h] mit x_{Du} [Mol-%] an Leichtersiedendem zu und von ihm strömt die gleiche Dampfmenge mit x_{Do} [Mol-%] ab.

a) Mathematische Fassung und Grenzübergang auf unendlichfache Aufteilung

Die dem k-ten Teil insgesamt zuströmende Menge an Leichtersiedendem ist gleich derjenigen, welche ihn verläßt. Daraus folgt die den Beziehungen (298) bis (300) entsprechende Grundgleichung:

$$\frac{x_{D_o} - x_{D_u}}{x_{F(k)} - x_{F(k-1)}} = n\,\frac{F}{D}\,. \tag{311}$$

Um den Grenzübergang auf unendlichfache Aufteilung vornehmen zu können, wird das Teilungsverhältnis

$$t_{(k)} = k/n \tag{312}$$

eingeführt. Es stellt das Verhältnis der Zahl des betrachteten Teiles zur Gesamtzahl der Teile dar. Unter der Annahme, daß der Flüssigkeitsweg in jedem Querschnittsteil gleich lang ist und die Länge l aufweist, ist der Zahlenwert für $t_{(k)}$ auch bestimmt durch das Verhältnis der Weglänge der k Teile zu der ganzen Weglänge der n Teile:

$$t_{(k)} = \frac{k\,l}{n\,l}\,. \tag{312a}$$

Der Unterschied des Teilungsverhältnisses zweier benachbarter Teile ist dann gegeben durch die Beziehung:

$$t_{(k)} - t_{(k-1)} = 1/n\,. \tag{313}$$

Wird der Wert für n aus Gl. (313) in Gl. (311) eingeführt, so erhält man die Ausgangsgleichung:

$$\frac{x_{F(k)} - x_{F(k-1)}}{t_{(k)} - t_{(k-1)}} = \frac{D}{F}\,(x_{Do} - x_{Du})\,. \tag{314}$$

Die linke Seite dieser Gleichung stellt einen Differenzenquotienten dar. Er geht in den Differentialquotienten dx_F/dt über, wenn die Aufteilungszahl unendlich groß wird. Man erhält dann:

$$\frac{dx_F}{dt} = \frac{D}{F}\,(x_{Do} - x_{Du})\,. \tag{315}$$

Der Wert t kann in Anbetracht der Beziehung (312a) gedeutet werden als das Verhältnis des Abstandes der betrachteten Stelle vom Bodenablauf zu der gesamten Weglänge. An der Bodenablaufstelle hat dieser den Zahlenwert 0 und an der Zulaufstelle den Wert 1. Die Gl. (315) stellt die allgemeinste Form dar, welche den Zusammenhang zwischen dem Verlauf der Flüssigkeitskonzentration auf einem Boden und dem Verlauf der Dampfkonzentrationen unterhalb und oberhalb desselben Bodens wiedergibt. In ihr bedeuten x_F den Gehalt an Leichtersiedendem in der Flüssigkeit an einer bestimmten Stelle des Bodens und x_{Du} sowie x_{Do} den Gehalt im Dampf senkrecht unter- und oberhalb derselben Stelle. Sie wird in der angeschriebenen Form zur Auffindung der Anreicherung eines Bodens für die beiden Fälle der gegen- und gleichsinnigen Flüssigkeitsführung auf einem Boden benutzt. Wenn jedoch im Falle der Dampfdurchmischung der Dampf dem Boden an allen Stellen mit gleicher Konzentration zuströmt, kann Gl. (315) durch Trennung der Veränderlichen integriert werden, wobei man die Beziehung erhält:

$$\int\limits_{x_{Fa}}^{x_{Fe}} \frac{dx_F}{x_{Do} - x_{Du}} = \frac{D}{F}\,t\,. \tag{316}$$

Die obere Grenze x_{Fe} des Integrals der linken Seite der Gl. (316) stellt den Gehalt an Leichtersiedendem in der Flüssigkeit dar, welche dem Boden zuströmt, und die untere Grenze x_{Fa} den Gehalt im Bodenablauf.

b) Auswertung der gewonnenen Beziehungen

α) Dampfdurchmischung. Im folgenden soll zunächst gezeigt werden, wie Gl. (316) benutzt wird, um bei gegebenem x_{Fa} den Verlauf von x_F und x_{Do} zu finden. Es sei in diesem Beispiel das Gemisch Äthylalkohol-Wasser gewählt, dessen Gleichgewichtskurve in Abb. 263 dargestellt ist.

Der Gehalt an Leichtersiedendem im Erzeugnis habe einen Wert von $x_E = 75$ Mol-% Alkohol und das molare Rücklaufverhältnis sei $v = 4$. Durch die beiden letztgenannten Größen sind gemäß Abb. 263 die

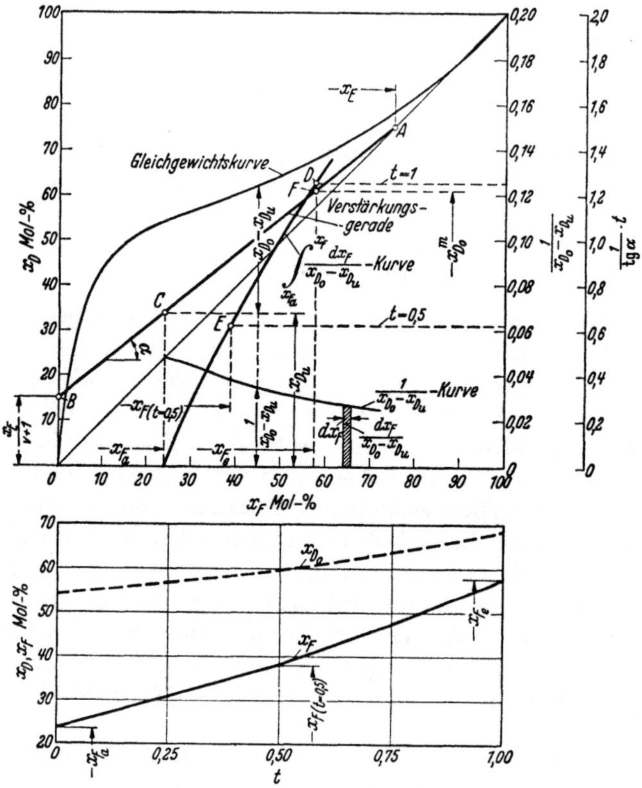

Abb. 263. Bestimmung des Verlaufes der Flüssigkeitskonzentration für den Fall der Dampfdurchmischung

Punkte A und B festgelegt, durch deren Verbindung sich die Verstärkungsgerade ergibt. Sie hat gegen die Waagerechte den Neigungswinkel α, der mit den strömenden Mengen durch die Beziehung

$$\frac{F}{D} = \operatorname{tg} \alpha \tag{317}$$

verknüpft ist, wobei $\operatorname{tg} \alpha$ abgelesen werden kann und eine bekannte, konstante Größe darstellt. In Abb. 263 ist $\operatorname{tg} \alpha = 4/5 = 0{,}8$. Die Bodenablaufkonzentration sei gegeben mit $x_{Fa} = 24$ Mol-%. Zu diesem Abszissenwert gehört der Punkt C auf der Verstärkungsgeraden mit dem Ordinatenwert x_{Du}. Für alle $x_F > x_{Fa}$ kann, wie aus Abb. 263 ersichtlich ist, die

Differenz $x_{Do} - x_{Du}$ als Ordinatenabschnitt zwischen der Gleichgewichtskurve und der Waagerechten in dem Abstand x_{Du} vom Ordinatenursprung abgelesen werden. Es ist vollkommener Austausch angenommen, wobei an jeder beliebigen Stelle des Bodens x_{Do} mit x_F im Phasengleichgewicht steht ($x_{Do}///x_F$). Es besteht auch die Möglichkeit, einen Einzelwirkungsgrad einzuführen, indem man für x_{Do} einen kleineren Wert einsetzt als hier für den vollkommenen Stoffaustausch des Phasengleichgewichts zugrunde gelegt ist. Über den jeweiligen x_F-Werten werden die Kehrwerte von $x_{Do} - x_{Du}$ aufgetragen, was eine $\frac{1}{x_{Do} - x_{Du}}$-Kurve ergibt (s. Abb. 263). Unter ihr schneidet das Abszissenelement dx_F die Fläche $\frac{dx_F}{x_{Do} - x_{Du}}$ ab. Ermittelt man von x_{Fa} ab bis zu einem beliebigen x_F die Flächenstücke unterhalb der $\frac{1}{x_{Do} - x_{Du}}$-Kurve und trägt die Zahlenwerte als Ordinate über x_F auf, so erhält man die in Abb. 263 eingezeichnete Integralkurve. Die erwähnten Zahlenwerte der Flächenstücke stellen gemäß den Gln. (316) und (317) den Betrag $t/\text{tg}\,\alpha$ dar. Er nimmt für $t = 1$ den Ordinatenwert $1/0{,}8 = 1{,}25$ an und wird von der Integralkurve im Punkt D erreicht. Letzterer liefert die gesuchte Bodenzulaufkonzentration x_{Fe}. Entsprechend kann eine beliebige Flüssigkeitskonzentration für z. B. $t = 0{,}5$, also für den halben Flüssigkeitsweg, durch Punkt E gefunden werden. Trägt man das zu jedem t gehörige x_F auf, so erhält man die in Abb. 263 unten gezeichnete x_F-Linie, wobei in dieselbe Abbildung noch die x_{Do}-Linie eingetragen werden kann, da bei jedem beliebigen t das x_{Do} mit x_F im Phasengleichgewicht steht. Der Mittelwert x_{Do}^m der Dampfkonzentration braucht nicht erst durch Flächenausmittlung gefunden zu werden. Er wird bereits durch x_{Fe} auf der Verstärkungsgeraden in Punkt F (Abb. 263) abgeschnitten.

***β*) Gleich- und gegensinnige Flüssigkeitsführung.** Der behandelte Fall der Dampfdurchmischung liegt bei dem untersten Boden aller Austauschböden vor. Die über diesem liegenden Böden können so gebaut sein, daß sich die Flüssigkeit auf allen Böden in gleicher Richtung oder daß sie sich auf einem Boden in entgegengesetzter Richtung zu derjenigen auf dem darüber- und darunterliegenden Boden bewegt. Soll die Konzentrationsverteilung auf einem Boden für diese beiden Fälle ermittelt werden, dann muß auf die Gl. (315) zurückgegriffen werden, weil nämlich dann x_{Du} keine konstante Größe ist, sondern sich mit t ändert. Die zahlenmäßige Auswertung der Gl. (315) soll für das Beispiel der gleichsinnigen Flüssigkeitsführung an Hand der Abb. 264 gezeigt werden, die für dieselben Verhältnisse gilt wie Abb. 263. In ersterer ist die Flüssigkeitskonzentration x_{F_1} in Abhängigkeit von t für den untersten Boden gegeben. Sie wurde mit Hilfe des gezeigten Verfahrens für die Dampfdurchmischung bestimmt. Die gestrichelt eingezeichnete Linie für x_{Du_1}

stellt die Konzentration im Dampf über dem ersten (untersten) Boden dar, wobei an jeder Stelle x_{Du_1} und x_{F_1} Phasengleichgewichtsgehalte darstellen. Mit diesen Angaben soll der Verlauf der Konzentration in der

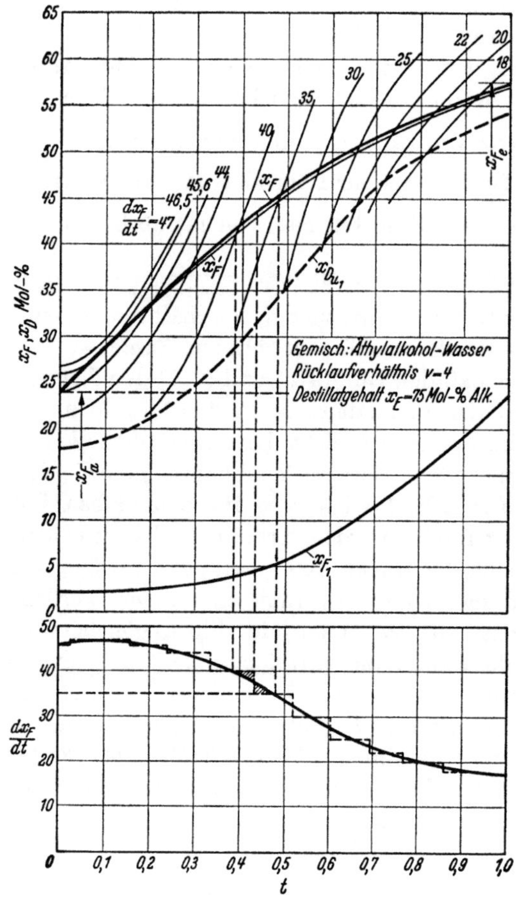

Abb. 264. Bestimmung des Verlaufes der Flüssigkeitskonzentration für die gleichsinnige Flüssigkeitsführung

Flüssigkeit und im Dampf auf bzw. über dem zweituntersten Boden ermittelt werden. Die Zulaufkonzentration des ersten Bodens stellt gleichzeitig die Ablaufkonzentration x_{Fa} des betrachteten zweiten Bodens dar, so daß damit der Ausgangspunkt der Linie, welche den Verlauf der Flüssigkeitskonzentration auf dem zweiten Boden angibt, durch den Ordinatenwert x_{Fa} bei $t = 0$ gegeben ist.

Gl. (315) wird nach dem bekannten Verfahren von RUNGE[1] unter Zuhilfenahme der Isoklinen gelöst. Diese Linien stellen in dem t, x_F-Bild den geometrischen Ort aller Punkte dar, in welchen dx_F/dt denselben Wert hat. Es soll z. B. die Linie für $dx_F/dt = 30$ eingezeichnet werden. Für $t = 0{,}5$ wird an der x_{Du_1}-Linie ein x_{Du} von 35,05 abgelesen. Da $\frac{D}{F} = \frac{1}{\operatorname{tg} \alpha}$ mit 1,25 gegeben ist, gilt:

$$1{,}25(x_{Do} - 35{,}05) = 30\,.$$

Daraus wird x_{Do} zu 59,05 Mol-% errechnet. Mit dem Dampf der Zusammensetzung x_{Do} steht die Flüssigkeit mit $x_F = 36{,}6$ Mol-% im Phasengleichgewicht. Dieser Zahlenwert wird über $t = 0{,}5$ aufgetragen. Danach werden für dasselbe dx_F/dt die zu anderen t-Werten gehörigen x_F-Werte bestimmt. Die Verbindungslinie dieser Punkte stellt die Isokline für $dx_F/dt = 30$ dar. Auf die gleiche Weise werden weitere Isoklinen in bestimmten Abständen in das Bild eingetragen, wie es aus Abb. 264 ersichtlich ist. Im Schnittpunkt einer Isokline mit der gesuchten x_F-Kurve ist die Neigung der letzteren durch den Zahlenwert gegeben, der zu der betreffenden Isokline gehört. Man kann deshalb von dem genannten Ausgangspunkt, der durch x_{Fa} bei $t = 0$ festgelegt ist, beginnend einen Polygonzug einzeichnen, indem man die einzelnen geraden Stücke so aneinanderreiht, daß sie sich jeweils in der Mitte zwischen zwei Isoklinen schneiden. Auf diese Weise erhält man eine x'_F-Kurve (s. Abb. 264), die schon sehr nahe an der gesuchten x'_F-Kurve liegt. Eine zweite schon hinreichend genaue Annäherung erhält man, indem man aus den Schnittpunkten der x'_F-Kurve mit den Isoklinen die Abhängigkeit des dx'_F/dt von t ermittelt. Die so erhaltene und in Abb. 264 unten wiedergegebene Kurve wird danach graphisch integriert, indem sie durch einen treppenförmigen Linienzug ersetzt wird. Dabei müssen die Überschußflächen einander gleich sein, wie es in Abb. 264 durch die schraffierten Flächen angedeutet ist. Nach Annahme eines Integrationspoles erhält man die gesuchte, im oberen Teil der Abbildung dick eingezeichnete x_F-Kurve. Aus Abb. 264 geht hervor, daß die x'_F-Kurve tatsächlich sehr wenig von der x_F-Kurve abweicht. Eine Wiederholung des Integrationsverfahrens zur Erhöhung der Genauigkeit ist deshalb überflüssig.

Der Verlauf der Dampfkonzentration über dem zweituntersten Boden ist durch das Phasengleichgewicht mit der Flüssigkeit festgelegt.

Noch einfacher als der hier gezeigte Fall liegt derjenige der gegensinnigen Flüssigkeitsführung. Bei ihm hat die x_F-Kurve in ihrem untersten Punkte eine waagerechte Tangente. In Gl. (315) wird nämlich für $t = 0$ der Unterschied $x_{Do} - x_{Du}$ und damit auch dx_F/dt gleich Null.

[1] Hütte, Bd. 1; 28. Aufl. Berlin: Verl. von W. Ernst u. Sohn 1955; S. 217.

c) Konzentrationsverlauf und theoretisches Verstärkungsverhältnis in einer Trennsäule

Wie sich die Konzentrationen in der Flüssigkeit und im Dampf in einer Trennsäule ändern, zeigt für die praktisch möglichen Fälle der

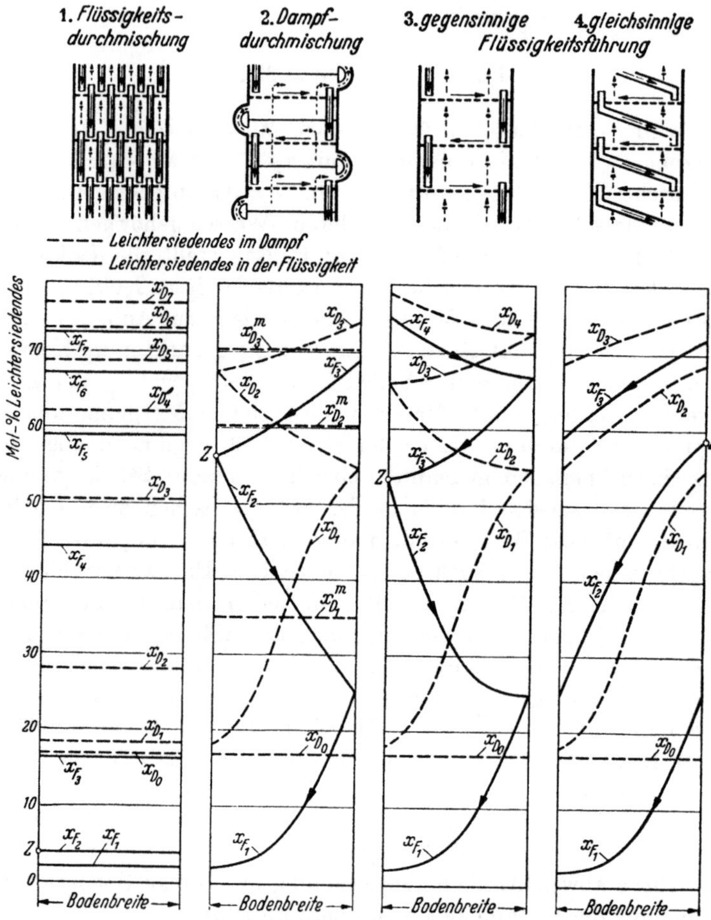

Abb. 265. Darstellung der möglichen Strömungszustände in einer Rektifiziersäule. Gehalt an Leichtersiedendem in der Flüssigkeit und im Dampf in Abhängigkeit vom Flüssigkeitsweg

Flüssigkeitsdurchmischung, der Dampfdurchmischung, der gegensinnigen und der gleichsinnigen Flüssigkeitsführung Abb. 265. Im oberen Teil der Abbildung ist schematisch gezeigt, wie die genannten vier Fälle verwirklicht werden können, während im unteren Teil der Abbildung die

Konzentrationsverläufe in Abhängigkeit vom Flüssigkeitsweg dargestellt sind. Vom untersten Boden läuft in allen vier Fällen die Flüssigkeit mit 1,87 Mol-% Äthylalkohol im Äthylalkohol-Wassergemisch ab und sie gelten für einen Destillatgehalt von $x_E = 75$ Mol-% Alkohol sowie für ein Rücklaufverhältnis von $v = 4$. Der Verlauf der Flüssigkeitskonzentration auf dem untersten Boden ist mit x_{F_1}, derjenige auf dem zweituntersten Boden mit x_{F_2} usw. bezeichnet, während x_{D_0} den Gehalt im

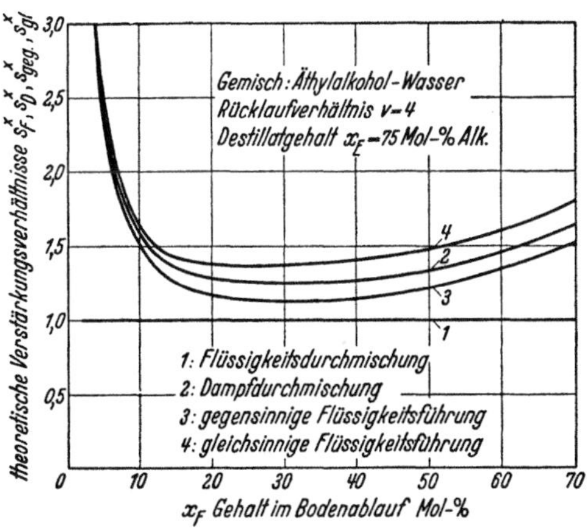

Abb. 266. Die theoretischen Verstärkungsverhältnisse einer Verstärkungssäule für den Fall der Flüssigkeitsdurchmischung, der Dampfdurchmischung, der gegensinnigen und der gleichsinnigen Flüssigkeitsführung (Gemisch Äthylalkohol-Wasser)

Dampf unter dem ersten Boden angibt, x_{D_1} den Konzentrationsverlauf im Dampf über dem untersten Boden, x_{D_2} den Konzentrationsverlauf im Dampf über dem zweituntersten Boden usw. Die Mittelwerte der Gehalte an Leichtersiedendem bei der Dampfdurchmischung sind mit $x_{D_1}^m$, $x_{D_2}^m$ usw. bezeichnet. Schon die Lage des Punktes Z, der den Gehalt an Leichtersiedendem angibt, mit dem die Flüssigkeit auf den zweituntersten Boden gelangt, läßt erkennen, welcher der vier Fälle der günstigste ist.

Der Vergleich zwischen den einzelnen Strömungszuständen wird besonders klar, wenn man die theoretischen Anreicherungen an Leichtersiedendem im Dampf der gekennzeichneten Fälle teilt durch die Anreicherung beim Falle 1, der Flüssigkeitsdurchmischung. Die so erhaltenen theoretischen Verstärkungsverhältnisse $s_F^\times$, $s_D^\times$, $s_{geg}^\times$ und $s_{gl}^\times$ sind in Abb. 266 in Abhängigkeit von der Bodenablaufkonzentration aufgetragen. Die Kurven weisen bei einer bestimmten Flüssigkeitskonzentration einen Kleinstwert auf. In Abb. 266 liegt die Linie 4 am höchsten. Dies bedeutet, daß die gleichsinnige Flüssigkeitsführung die beste Wirkung ergibt. Gemäß Linie 1 stellt die Flüssigkeitsdurchmischung mit einem

Zahlenwert des theoretischen Verstärkungsverhältnisses von $s_F^{\times} = 1$ den weitaus ungünstigsten Fall dar. Bei ihr steht der von einem Boden aufsteigende Dampf im Phasengleichgewicht mit der von demselben Boden abströmenden Flüssigkeit. Der Verlauf der Konzentration auf Rektifizierböden ist auch durch Versuche bestimmt worden[1] und ergibt mit den theoretisch ermittelten Linien der Abb. 265 eine sehr gute Übereinstimmung.

Das angegebene Verfahren ist sowohl für die Verstärkungssäule als auch für die Abtriebsäule anwendbar. Auswertungsergebnisse für beide

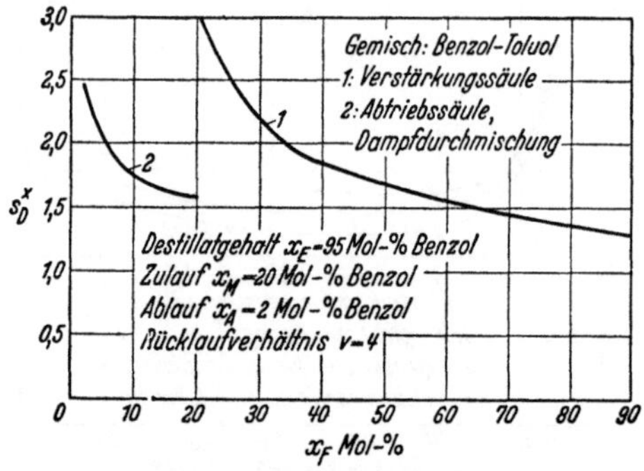

Abb. 267. Die theoretischen Verstärkungsverhältnisse für Verstärkungs- und Abtriebsäule für den Fall der Dampfdurchmischung

Säulen und für das Gemisch Benzol-Toluol für den Fall der Dampfdurchmischung zeigt Abb. 267. Es ist angenommen, daß das Gemisch mit Siedetemperatur in den Apparat strömt. In beiden Säulen nimmt das theoretische Verstärkungsverhältnis mit zunehmender Bodenablaufkonzentration ab.

Weil über einem Rektifizierboden die Konzentration im Dampf allein schon durch Diffusion einem Ausgleich zustrebt, wird der Unterschied zwischen gleichsinniger und gegensinniger Flüssigkeitsführung in Wirklichkeit den theoretischen Wert nach Abb. 266 nicht erreichen. Dies beweisen nicht veröffentlichte Versuche des Verfassers, die mit einer Säule nach Abb. 261 für gleichsinnige Flüssigkeitsführung und zum Vergleich mit gegensinniger Flüssigkeitsführung bei üblicher Anordnung der Böden durchgeführt wurden. Die Siebböden wiesen Bohrungen mit 2,5 mm Durchmesser bei 7 mm Teilung auf. Es wurde Äthanol-Wasser unter Einhaltung totalen Rücklaufes ($v = \infty$) rektifiziert, der Säulendurchmesser betrug 400 mm und der Bodenabstand 200 mm. Die Ergebnisse zeigen

[1] Kirschbaum, E., and C. A. Andrews: On the efficiency of rectification column plates. J. Inst. Petrol. Technol. **1936**, 803.

die beiden Belastungskurven der Abb. 268. Bei der höchstzulässigen Dampfgeschwindigkeit von $w_D = 1{,}28$ m/s ergibt die gegensinnige Flüssigkeitsführung ein Verstärkungsverhältnis von $s = 0{,}76$ und die gleichsinnige Flüssigkeitsführung von $s = 0{,}82$. Unterschiede in ähnlicher Größenordnung liefern an anderer Stelle veröffentlichte Versuchsergeb-

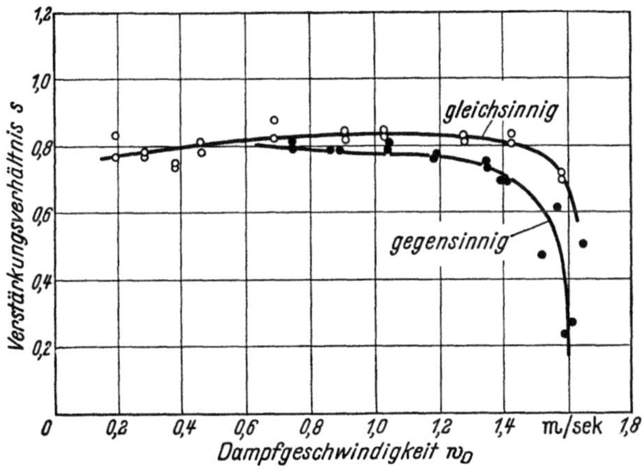

Abb. 268. Vergleich zwischen gegensinniger und gleichsinniger Flüssigkeitsführung

nisse[1]. Die Tatsache, daß die gemessenen Verstärkungsverhältnisse beachtlich unter den theoretischen Werten liegen, dürfte vor allem damit zu begründen sein, daß durch das Hochwerfen der Flüssigkeitsteilchen über die Bodenplatte die Flüssigkeit selbst durchmischt wird.

d) Der wirkliche Wirkungsgrad

Auf Grund der Gl. (306) ist allgemein der wirkliche Wirkungsgrad durch das Verhältnis der wirklichen Anreicherung zur theoretischen Anreicherung oder auch durch das Verhältnis des wirklichen zum theoretischen Verstärkungsverhältnis gegeben. Da bei sonst gleichen Bedingungen das theoretische Verstärkungsverhältnis bei den 4 gekennzeichneten Fällen der Flüssigkeits- und Dampfführung verschieden ist, ergibt sich bei gleichem wirklichen Verstärkungsverhältnis für jeden der genannten 4 Fälle ein anderer wirklicher Wirkungsgrad, der durch das Zahlenverhältnis des für die vier Fälle gleichen Verstärkungsverhältnisses zu dem bei den vier Fällen verschiedenen theoretischen Verstärkungsverhältnis gegeben ist.

[1] Kirschbaum, E.: Untersuchungen über die Wirkung von Austauschböden. VDI-Beiheft Verfahrenstechnik **1936**, Nr. 3, S. 1/9.

IV. Bauliche Ausführungen von Rektifizierböden[1]

Beim Sieb- und Glockenboden bestehen in der Anordnung der Zu- und Ablaufwehre sowie der Kanäle für den Rücklauf keinerlei Unterschiede. An die Stelle der beim baulich sehr einfachen Siebboden verwendeten ebenen Platte mit Bohrungen treten beim Glockenboden die

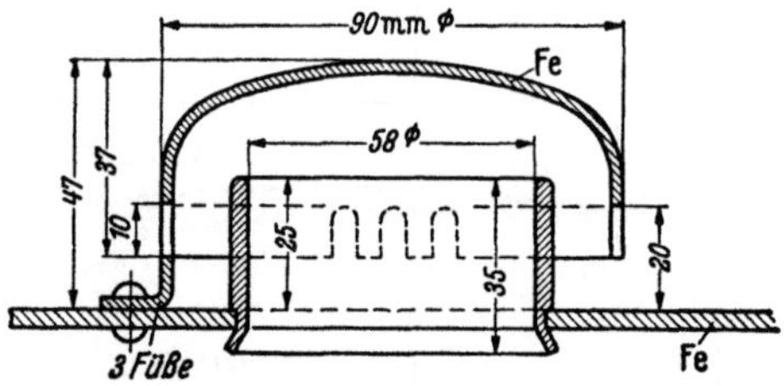

Abb. 269. Gezahnte Glocken niederer Bauart (C. Canzler, Düren, Rhld.)

mit Dampfhälsen und Glocken versehenen Böden. Der Rand der Glocken kann gezackt oder geschlitzt ausgeführt werden.

Eine Zwischenlösung stellt die Ausführung nach Abb. 269 dar. Es sind niedere Zacken am Glockenrand vorgesehen, welche auch als offene

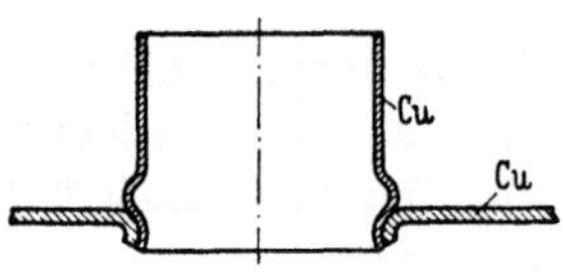

Abb. 270

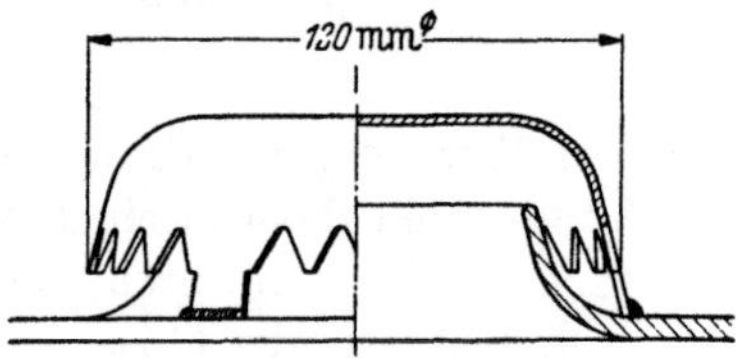

Abb. 271

Abb. 270. In den Boden eingebördelter Dampfhals

Abb. 271. Glockenboden mit hochgezogenem Dampfkamin

Schlitze betrachtet werden können. Der Dampfkamin ist in den Boden eingesetzt, durch Aufdornen befestigt und gedichtet. Abb. 270 zeigt, daß bei weichem Material der Lochrand umgebogen und auf die dadurch entstandene Rundung der Dampfkamin, der vor dem Einsetzen mit einem Wulst versehen wird, aufgedornt werden kann. Bei walzbarem Material kann der Dampfkamin, ohne ihn besonders in die Bodenplatte einzusetzen, aus letzterer durch Streckung des Metalles hochgezogen werden. Diese Ausführung ist in Abb. 271 dargestellt.

[1] Bei der Anfertigung von Entwürfen und Bildern des Kapitels IV und des Abschnittes L war mein ehemaliger Mitarbeiter, Herr Ing. K. Jakobs, behilflich.

Einen Austauschboden mit derartigen Dampfkaminen und Glocken zeigt Abb. 272.

Vielfach wird der Boden der leichten Reinigung wegen ausbaubar eingesetzt, was durch verschiedenartige konstruktive Maßnahmen er-

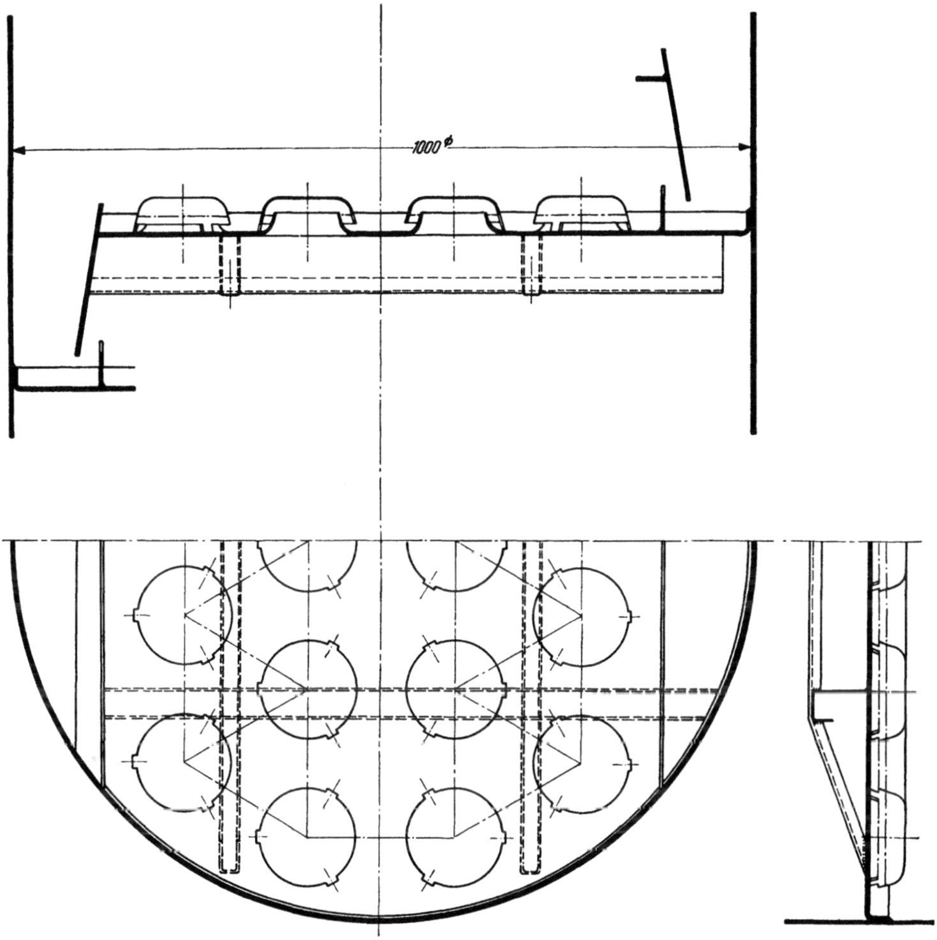

Abb. 272. Nicht ausbaubarer Rektifizierboden

reicht werden kann. Eine Lösung zeigt beispielsweise Abb. 273. Die Glocken sind an verstellbaren Tragschienen befestigt. Sehr hochgebaute Glocken haben aber im Vergleich zu niederen den Nachteil, daß sie nicht nur mehr Baustoff erfordern, sondern auch die Austauschfläche verringern, indem sie aus der Flüssigkeitsmasse herausragen, während über niederen Glocken sich eine zusammenhängende Schaum- oder Sprudelmasse ausbilden kann. Die in Abb. 274 dargestellte Ausführung[1] ermöglicht, die ausbaubare Bodenplatte mittels ihrer Aufhängevorrichtung zu verstellen. Gleiches ist bei dem Boden gemäß Abb. 275 der Fall. Eine einfache Dichtung des Bodens gegen den Säulenmantel zeigt Abb. 276. Auch dieser Boden kann leicht vom Säulenmantel gelöst und aus der Säule herausgenommen werden.

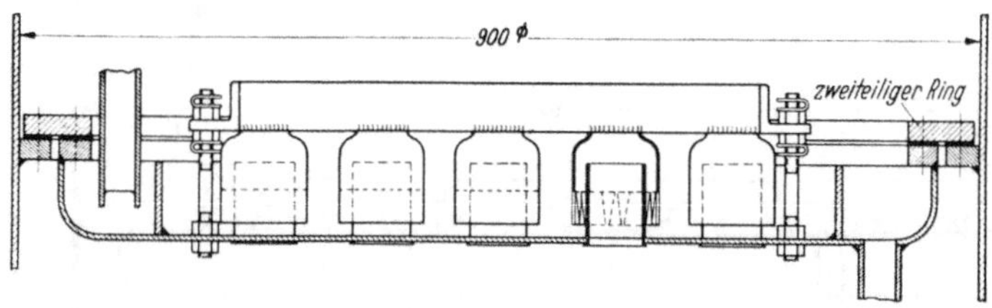

Abb. 273. Glockenboden mit an Tragschienen befestigten Glocken (Rheinische Maschinen- und Apparatebau-Anstalt Peter Dinkels & Sohn, G. m. b. H., Mainz)

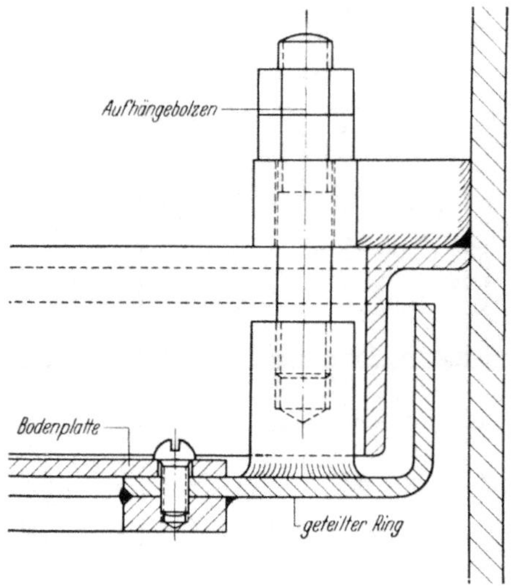

Abb. 274. Flüssigkeitsdichtung eines ausbaubaren Bodens (VEB Maschinen- und Apparatebau, Grimma i. Sa.)

Oft ist für die Konstruktion des Rektifizierapparates die Wahl des Baustoffes von ausschlaggebender Bedeutung. Ein Musterbeispiel einer werkstoffgerechten Konstruktion stellt die Pilzglocke aus Porzellan dar (s. Abb. 277). Die mit Beschwerungskörpern versehenen Glocken sind mittels dreier Tragrippen auf dem Dampfhals zentriert. Die erwähnten

[1] Warnecke, A.: Neuere Ausführungen im Kolonnenbau. VDI-Beiheft Verfahrenstechnik **1944**, Nr. 2, 38—47.

Beschwerungskörper wirken sich insofern günstig auf die Wirkung und Belastbarkeit der Böden aus, als sie wie eine Flüssigkeitsabscheidevor-

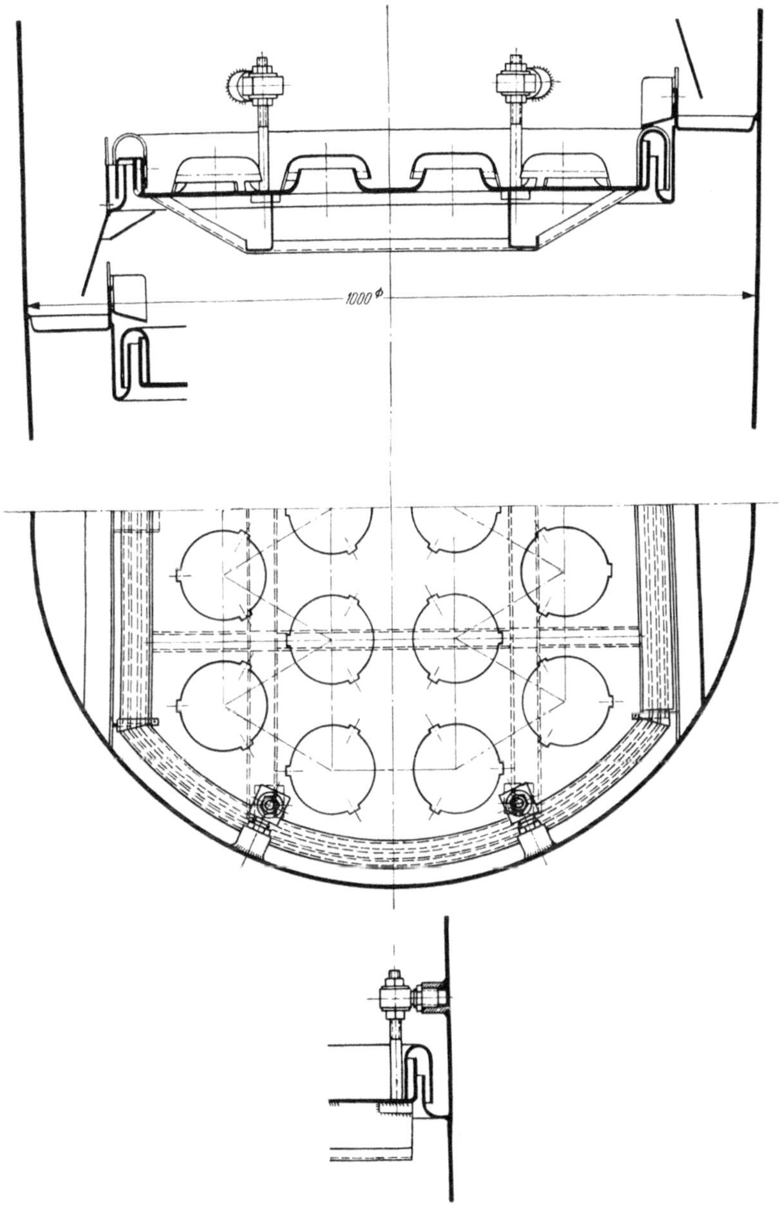

Abb. 275. Ausbaubarer Rektifizierboden (C. Canzler, Düren, Rhld.)

richtung wirken[1]. Die Böden zeichnen sich durch hohe Korrosionsfestigkeit aus. Eine Ansicht eines Austauschbodens aus Porzellan zeigt Abb. 278. Die einzelnen Mantelschüsse aus Porzellan, die bis zu Durchmessern von

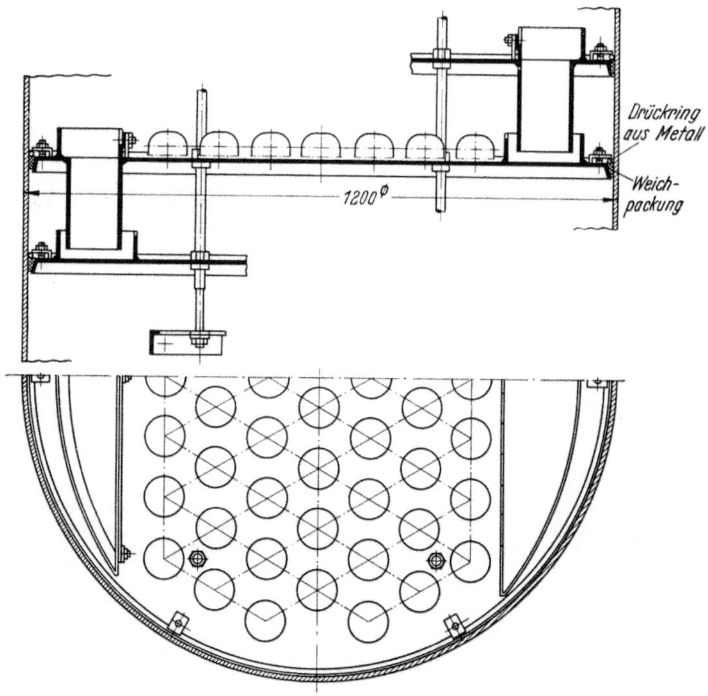

Abb. 276. Abdichtung eines Rektifizierbodens gegen den Säulenmantel (Fa. Heckmannwerk OHG, Leipzig)

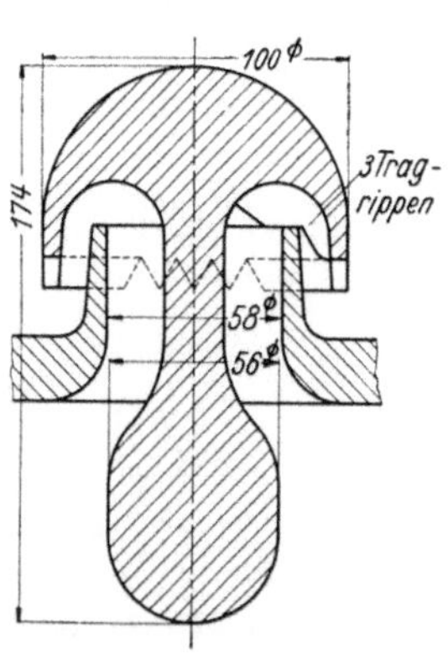

Abb. 277. Pilzglocke aus Porzellan

1000 mm ausgeführt und in Betrieb sind, werden durch Zugstangen zusammengehalten, welche außerhalb der Kolonne angeordnet und zwischen zwei Flanschen aus Eisen gespannt sind, welche um den untersten und obersten Mantelschuß gelegt werden.

Bei großen Säulendurchmessern (etwa über 3 m) besteht die Gefahr,

[1] Kirschbaum, E.: Wirkung, Druckverlust und Flüssigkeitsinhalt von Rektifizierböden aus Porzellan. VDI-Beiheft Verfahrenstechnik **1944**, 91 und Chem.-Ing.-Tech. **21**, 61/63 (1949).

Abb. 278. Glockenboden aus Porzellan. Säulendurchmesser 750 mm

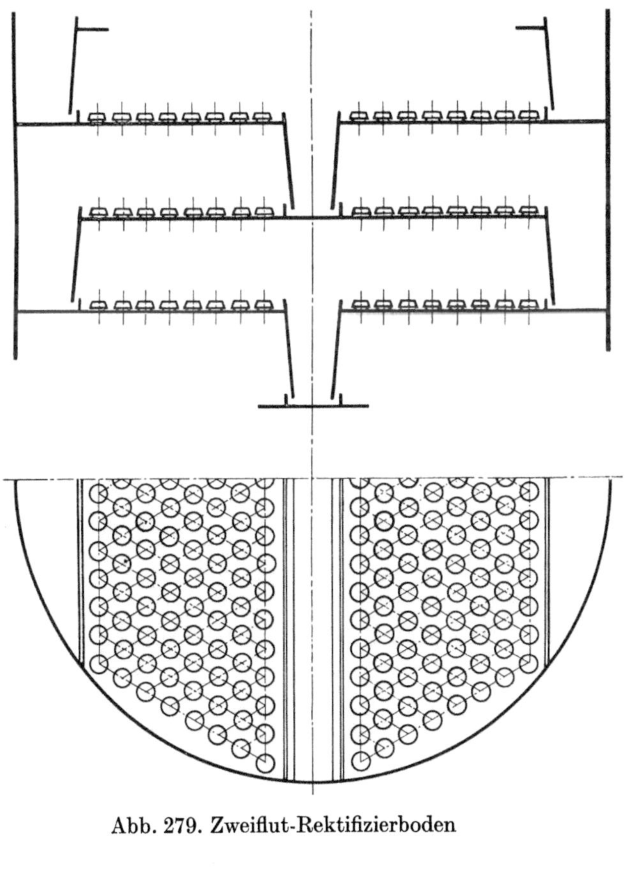

Abb. 279. Zweiflut-Rektifizierboden

daß der Dampf nicht an allen Stellen gleichmäßig verteilt durch den Boden strömt, indem der Durchdringwiderstand verschieden ist. In der Nähe des Flüssigkeitszulaufes stellt sich wegen des langen Flüssigkeits-

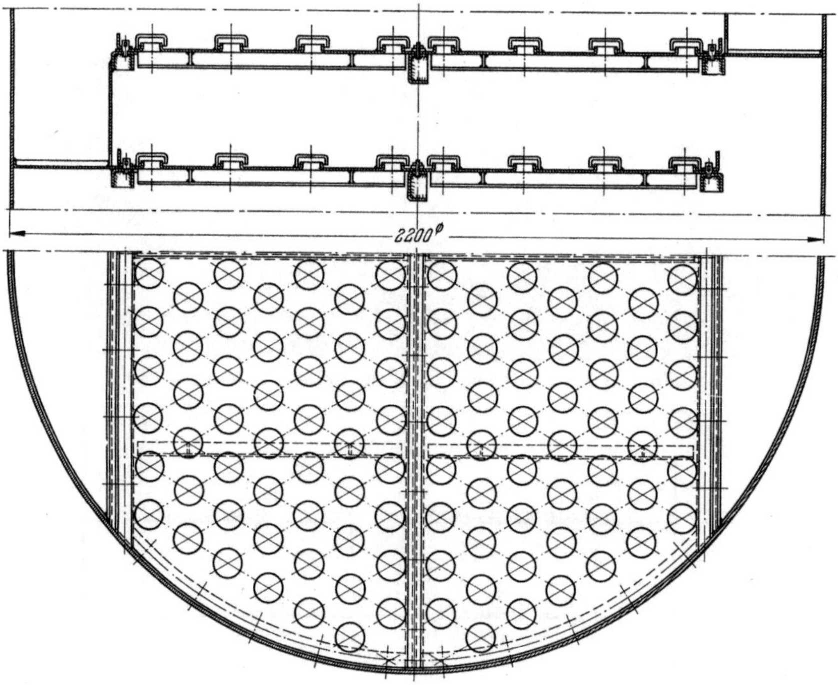

Abb. 280. Zerlegbarer Rektifizierboden (Fa. Samesreuther-Müller-Schuss G.m.b.H., Weidenau)

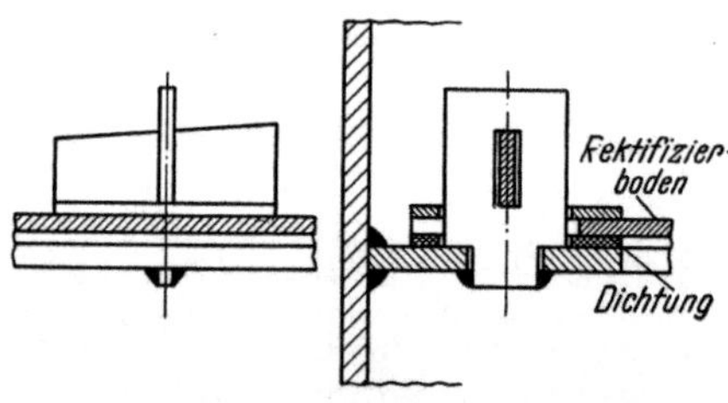

Abb. 281. Keilverbindung zur Befestigung und Abdichtung von Rektifizierböden (Fa. Samesreuther-Müller-Schuss G.m.b.H., Weidenau)

weges eine gewisse Anstauung der Flüssigkeitsmasse ein, die sich soweit auswirkt, daß bei kleinen Belastungen Dampf nur in der Nähe des Ablaufwehres unter den Glocken hervortritt, während die Glocken beim Zulaufwehr durch Überschwemmung von Flüssigkeit still gelegt sind und nicht arbeiten. Um diesem Übelstand abzuhelfen, wird der Flüssigkeitsweg gekürzt. In Abb. 279 ist eine Lösung gezeigt, bei welcher abwechslungsweise die Flüssigkeit von einem in Säulenmitte angeordneten geraden Zulaufwehr zu dessen beiden Seiten nach außen strömt und auf dem darunter und darüber angeordneten Boden von außen nach innen fließt. Grundsätzlich liegt hierbei die gegensinnige Flüssigkeitsführung vor.

Böden mit großem Säulendurchmesser werden vielfach gemäß Abb. 280 zerlegbar gebaut, so daß die einzelnen Teile durch Mannlöcher eingebracht werden können. Bei dem zuletzt genannten Bild ist zur Befestigung der Bodensegmente in der Säule eine Keilverbindung verwendet worden, die in Abb. 281 gesondert dargestellt ist.

J. Rektifikation in Füllkörpersäulen

I. Allgemeines

Wenn sich auch im allgemeinen Dampf und Flüssigkeit auf den Rektifizierböden einer Säule im Kreuzstrom zueinander bewegen, so ist doch die Hauptströmungsrichtung über die ganze Säule betrachtet dadurch gekennzeichnet, daß sich die Flüssigkeit von oben nach unten und der Dampf von unten nach oben im Gegenstrom zueinander bewegen. Der Zweck der Böden ist lediglich der, zwischen den beiden Phasen eine möglichst große Berührungsfläche und andere für den Wärme- und Stoffaustausch günstige Bedingungen herbeizuführen.

Sowohl der Gegenstrom zwischen Flüssigkeit und Dampf als auch eine Berührungsfläche zwischen den beiden Phasen können aber auch dadurch erreicht werden, daß das Innere einer Säule mit sogenannten Füllkörpern ausgefüllt wird, welche von einem Rost getragen werden. Auf diese Füllkörper wird die Flüssigkeit möglichst gleichmäßig verteilt aufgegeben, welche die Füllkörperoberfläche benetzt und über sie nach unten rieselt. Ihr entgegen strömen von unten nach oben die Dämpfe (oder Gase). Unter der Voraussetzung vollständiger Benetzung der Füllkörperoberfläche bietet letztere unmittelbar ein Maß für die Größe der Berührungsfläche zwischen Dampf und Flüssigkeit. Der Weg der Phasen in der Füllkörperschicht soll möglichst lang und die Strömung derart sein, daß sich günstige Verhältnisse für den Wärme- und Stoffaustausch ergeben. RASCHIG hat erkannt, daß Ringe aus irgendwelchen Baustoffen die letztgenannte Bedingung am besten dann erfüllen, wenn ihr Durchmesser gleich der Höhe ist. In diesem Falle lagern sich die Ringe im

Innern einer Schicht ungeordnet, d. h. derart, daß die Achse des Zylinders eine schräge Lage einnimmt. Beide Phasen müssen dann einen Zickzackweg in der Füllkörperschicht zurücklegen. Unter Beachtung der verschiedenen Anwendungsfälle sind die Füllkörper nach den folgend angegebenen Hauptgesichtspunkten zu beurteilen:

1. Größe der Oberfläche je Raumeinheit,
2. Baustoffe und Anschaffungskosten,
3. Strömung der Phasen und deren Verteilung in der Füllkörperschicht,
4. Druckverlust im Dampf (oder Gas),
5. Mechanische Festigkeit gegen Druck und Stoß,
6. Reinigungsmöglichkeit.

Es gibt eine sehr große Anzahl von Füllkörpern, deren Form und Größe als das Ergebnis des Bestrebens angesehen werden kann, einem oder mehreren der angeführten Gesichtspunkte weitestgehend gerecht

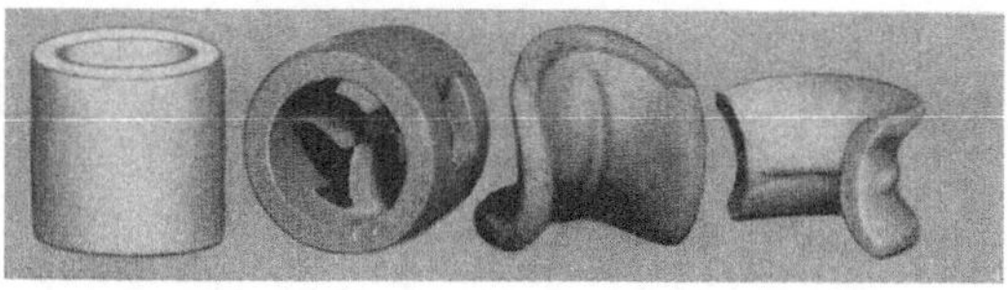

Abb. 282. Verschiedene Füllkörper aus Porzellan

zu werden. Im folgenden werden bewußt nur die im Großbetrieb verwendeten Füllkörper behandelt. Von der Betrachtung der Laboratoriumsfüllkörper, auf die an anderer Stelle[1] eingegangen ist, wurde absichtlich Abstand genommen, obwohl der Verfasser seit langem Forschungen mit Laboratoriumsfüllkörpern anstellte. Die Fließvorgänge in Laboratoriums- und großtechnischen Füllkörpersäulen sind grundverschieden, was vor allem daraus sich ergibt, daß die Rücklaufmenge in großbetrieblichen Säulen ein Vielfaches von derjenigen in Laboratoriumsapparaten beträgt. Die Grenze zwischen beiden liegt schätzungsweise bei einer Füllkörperabmessung von etwa 5 mm und einem Säulendurchmesser von 50 mm. Diese Angaben werden mit Vorbehalt gemacht im Hinblick auf Sonderfälle und die Entwicklung der Technik. Es ist durchaus denkbar, daß weite Säulen, welche die Wirkung sehr vieler Böden haben sollen, mit kleinen Füllkörpern von 2 oder 3 mm Abmessung gefüllt werden, wie es beispielsweise bei der Gewinnung von Schwerwasser zutreffen dürfte.

Die Oberfläche, die allgemein in m^2 je m^3 Füllraum angegeben wird, hängt von der Füllkörpergröße und -form ab. Abb. 282 zeigt Füllkörper

[1] Krell, E.: Handbuch der Laboratoriums-Destillation. Berlin: VEB Deutscher Verlag der Wissenschaften, 1958.

aus keramischem Baustoff und Abb. 283 aus metallischem. In ersterem sind dargestellt (von links nach rechts) der Raschigring, der Pallring, der Berl-Sattelfüllkörper und der Intalox-Füllkörper[1] (jeweils 25 mm Abmessung). Letzteres zeigt (ebenfalls von links nach rechts) den Raschigring, den Prym-Ring, den Pallring und den Supersattel[2] (jeweils 25 mm Abmessung). Der Prym-Ring unterscheidet sich vom Raschig-Ring durch Wulste im Mantel des Ringes, welche ein enges Aneinanderliegen der Ringe verhindern sollen, und durch das Vorhandensein eines Zwischensteges im Innern des Ringes, welcher die Oberfläche vergrößert. Der Sattel-Füllkörper läßt durch seine Form das Bestreben nach Erzielung eines kleinen Druckverlustes erkennen. Beim Supersattel bezwecken die ausgestanzten Lappen, den richtigen Abstand der einzelnen Füllkörper voneinander zu wahren und den Dampfdurchtrittsquerschnitt zu vergrößern und damit den Druckverlust im durchströmenden Dampf zu

Abb. 283. Verschiedene Füllkörper aus Metall

verringern. Entscheidend für den Austausch zwischen den beidenPhasen ist die Oberfläche der Füllkörper, welche von der Flüssigkeit berieselt wird. Anhaltspunkte liefern die folgenden Zahlen, welche bei regelloser Schüttung die Oberfläche je Kubikmeter Füllung angeben (Prospekten entnommen):

1. Raschig-Ringe (Porzellan oder Steinzeug):

Abmessung	Oberfläche
8 × 8 mm (1 mm Wandstärke)	550 m² je m³
15 × 15 mm (2 mm Wandstärke)	310 m² je m³
25 × 25 mm (3 mm Wandstärke)	195 m² je m³
35 × 35 mm (4 mm Wandstärke)	135 m² je m³
50 × 50 mm (5 mm Wandstärke)	95 m² je m³
70 × 70 mm (7 mm Wandstärke)	72 m² je m³
100 × 100 mm (10 mm Wandstärke)	44 m² je m³

Werden die letztgenannten Ringe geordnet gesetzt, so steigt die spez. Oberfläche O auf 65 m² je m³. Ringe mit den Abmessungen 200 × 200 × 15 mm weisen gesetzt eine Oberfläche auf von $O = 32{,}5$ m²/m³.

[1] LEVA, M.: Tower Packings and Packed Tower Design. The U.S. Stoneware Company, Akron, Ohio, USA, 1953.

[2] DBP 1029346.

Zur Ermittlung der wirklichen Gas- oder Dampfgeschwindigkeit ist die Kenntnis des Festvolumens der Füllkörper notwendig. Es beträgt für die angegebenen Wandstärken rund 24% des Gesamtvolumens für Ringe mit einer Abmessung von 8 und 25 mm. Bei 50 mm Abmessung macht es nur etwa 20% aus. Wird der 25 mm-Ring aus Metall mit 0,8 mm Wandstärke ausgeführt, so sinkt das Festvolumen auf nur 8%. Das Gewicht von Porzellan-Ringen mit 25 mm Abmessung beträgt 630 kg je m³ bei 3 mm Wandstärke. Bei den erwähnten 8 mm-Ringen aus Porzellan sinkt es auf 600 kg/m³ und bei den 50 mm-Porzellan-Ringen auf 530 kg/m³. Bei der Ausführung aus Steinzeug ergibt sich dasselbe Gewicht. Die Flußstahl-Ringe 25 × 25 × 0,8 mm wiegen 640 kg/m³.

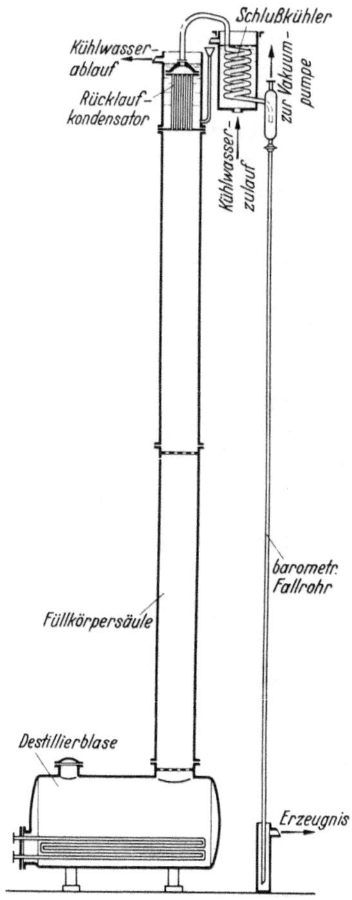

Abb. 284. Absatzweise und mit Unterdruck arbeitender Rektifizierapparat mit Füllkörpersäule (Chemische Fabrik Dr. F. Raschig, G. m. b. H., Ludwigshafen/Rh.)

2. Sattel-Füllkörper (Porzellan):

Abmessung	Oberfläche
6 mm	1150 m² je m³
15 mm	450 m² je m³
25 mm	260 m² je m³
50 mm	120 m² je m³

Das Festvolumen der Sattel-Füllkörper aus Porzellan mit den Abmessungen 6, 25 und 50 mm soll 45, 25 und 22% betragen.

3. Prym-Ringe (Metall):

Abmessung	Oberfläche
2 mm	2000 m² je m³
6 mm	1000 m² je m³
8 mm	700 m² je m³
15 mm	400 m² je m³
25 mm	255 m² je m³
45 mm	140 m² je m³

Neben den erwähnten Füllkörpern gibt es noch eine Reihe anderer Arten wie Vollkörper, Hohlkugeln, Dreikante, Drahtspiralen sowie die verschiedensten Arten von Horden. Im Rahmen der folgenden Behandlung der Wirkung von Füllkörpern wird noch auf einige Sonderausführungen eingegangen.

Der Vorteil der Füllkörper liegt im wesentlichen in der freien Wahl der Baustoffe, ferner auch in dem kleinen Druckverlust, der vor allem bei der Rektifikation im Unterdruckgebiet ins Gewicht fällt.

Der Aufbau von Rektifizierapparaten mit Füllkörpersäulen ist gleich demjenigen von absatzweise oder stetig arbeitenden Apparaten mit Austauschböden. Der Unterschied besteht nur darin, daß im erstgenannten

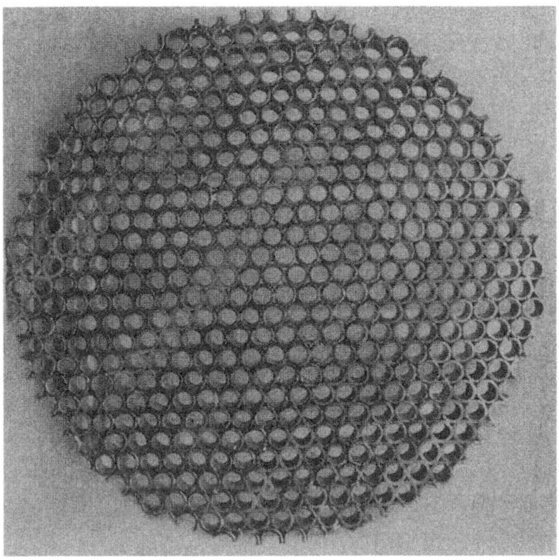

Abb. 285. Tragrost aus aneinandergefritteten Ringen

Falle das Innere der Verstärkungs- oder Abtriebsäule nicht mit Austauschböden ausgestattet, sondern lediglich mit Füllkörpern aufgefüllt ist, die auf Rosten gelagert sind. Abb. 284 zeigt den Aufbau einer absatzweise und unter Vakuum arbeitenden Füllkörperkolonne. Als Roste werden meist gelochte Platten oder Streckmetall verwendet, das sich durch einen großen freien Querschnitt auszeichnet. Letzteren gewährt auch ein Rost aus aneinandergefritteten, senkrecht angeordneten Ringen (s. Abb. 285).

II. Bestimmung der Schichthöhe und des Durchmessers von Füllkörpersäulen

1. Vorblick

Die Abtrennung von Flüssigkeiten aus ihren Gemischen wurde als ein Austauschvorgang zwischen den beiden Phasen erkannt (s. Abschn. DI). Infolge des Konzentrationsunterschiedes zwischen diesen wandert der leichter siedende Stoff aus der Flüssigkeit in den Dampf und das Schwerersiedende in umgekehrter Richtung. Letzteres kondensiert an der Berührungsfläche der beiden Phasen und bringt durch Abgabe seiner Kondensationswärme das Leichtersiedende zum Verdampfen. Es muß deshalb möglich sein, Schichthöhe und Durchmesser einer Füllkörpersäule mit Hilfe der Stoffübergangsgleichungen zu berechnen. Wie umständlich eine solche Methode wird, geht schon aus dem Hinweis hervor, daß die Gleichgewichtskonzentrationen an der Berührungsfläche mathematisch mit erfaßt werden müssen. Ein solcher Berechnungsweg hat wohl den Vorteil, daß alle eine Rolle spielenden Einflüsse getrennt berücksichtigt werden müssen und daß letztere bei der Auswertung von Versuchen klar erkannt werden können. Dieser Vorteil wird jedoch zum Nachteil, wenn es darauf ankommt, eine zusammenfassende Beurteilung der Wirkung von Füllkörpersäulen abzugeben oder wenn Wert darauf gelegt wird, auf möglichst einfache Weise eine Füllkörpersäule vorauszuberechnen. Aus diesem Grunde bedient man sich eines Begriffes, in welchem alle für die Gesamtwirkung maßgebenden Größen, also Austauschzahlen, wirksame Austauschfläche und Berührungszeit zusammengefaßt enthalten sind. Diesen Begriff gibt die vergleichsmäßige theoretische Bodenzahl ab, welche folgend kurz mit Wertungszahl bezeichnet wird. Wegen ihrer besonderen Bedeutung wird sie im folgenden zuerst behandelt.

2. Die Wertungszahl als Maßstab für die Wirkung von Füllkörpersäulen

Die Wertungszahl ist als vergleichsmäßige theoretische Bodenzahl gedeutet durch die Anzahl von theoretisch arbeitenden Böden, welche dieselbe Wirkung haben wie eine Füllkörpersäule mit einer bestimmten Schichthöhe[1]. Bei einem theoretisch arbeitenden Boden steht der von ihm aufsteigende Dampf im Phasengleichgewicht mit der ihn verlassenden Flüssigkeit. Danach kann nach einem vom Verfasser angegebenen, einfachen graphischen Verfahren[2] die Wertungszahl n_t aus den Dampfkonzentrationen unter- und oberhalb der Füllkörperschicht bestimmt werden, wie es an Hand der Abb. 286 gezeigt ist. Ihm liegt ein Rücklaufverhältnis von $v = \infty$ zugrunde, so daß die Verstärkungsgerade mit der Diagonale des x_F, x_D-Bildes zusammenfällt, in das im linken Teil der Abb. 286 die Gleichgewichtskurve des bei Vergleichsversuchen verwendeten Gemisches Äthylalkohol-Wasser eingetragen ist. Ist der Gehalt

[1] Kirschbaum, E.: Neue Fragen und Erkenntnisse aus der Rektifikationstechnik. VDI-Z. **75**, 1212/16 (1931). Siehe dazu W. A. Peters: The efficiency and capacity of fractionating columns. (H.E.T.P.-Wert) Ind. Eng. Chem. **14**, 476 (1922). (H.E.T.P. = height equivalent theoretical plate.)

[2] Kirschbaum, E.: Rektifizierwirkung und Druckverlust in Füllkörpersäulen. Z. VDI Beiheft Verfahrenstechnik **1941**, Nr. 3, 53—58.

x_B [Mol-%] an Leichtersiedendem in der Destillierblase, auf welcher die Füllkörpersäule aufgesetzt ist, gegeben, so gibt der Punkt 0 durch seinen Ordinatenwert den Gehalt des der Blase entweichenden Dampfes und durch seinen Abszissenwert den Gehalt des in die Blase strömenden, vom untersten (ersten) der theoretisch arbeitenden Böden abfließenden

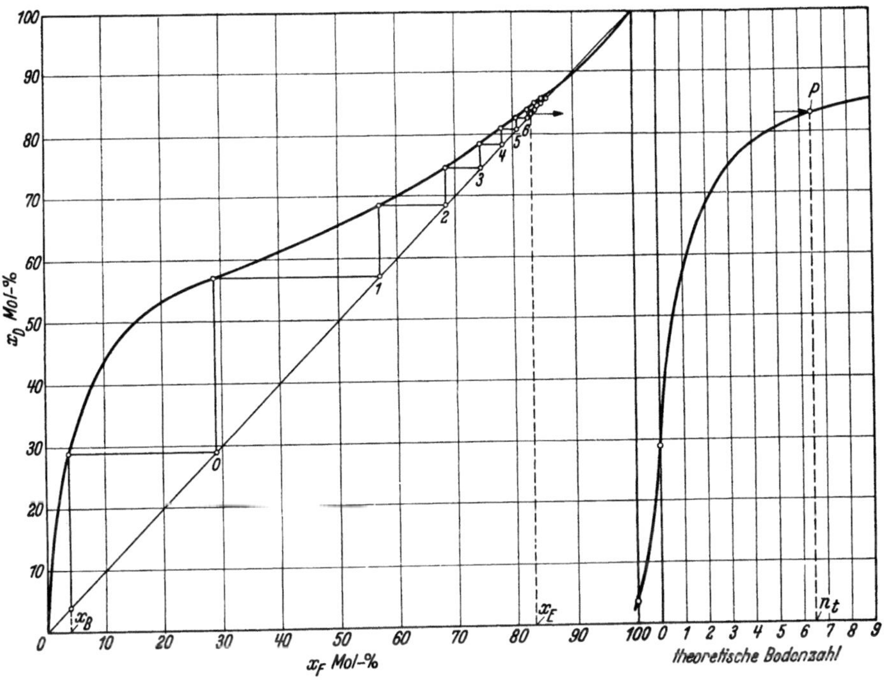

Abb. 286. Bestimmung der theoretischen Bodenzahl
(Gemisch: Äthylalkohol-Wasser, Rücklaufverhältnis $v = \infty$, Atmosphärendruck)

Rücklaufes an. Der Ordinatenwert des Punktes 1 liefert den Gehalt im Dampf über dem 1. Boden, der Ordinatenwert des Punktes 2 den Alkoholgehalt im Dampf über dem 2. Boden usw. Die Punkte 0, 1, 2, 3 usw. liegen auf der Verstärkungsgeraden und stellen Eckpunkte des Treppenlinienzuges zwischen der Gleichgewichtskurve und der Verstärkungsgeraden dar, der allgemein zur Bestimmung der theoretischen Bodenzahl benützt wird (s. Abschn. DV und EI). Im rechten Teil der Abb. 286 ist über der theoretischen Bodenzahl n_t der Gehalt an Leichtersiedendem im Dampf über dem jeweiligen Boden aufgetragen, wobei der Punkt 0 auf der Abszissenachse der Stelle über der Flüssigkeit in der Blase entspricht. Ist außer der Blasenkonzentration noch der Destillatgehalt x_E [Mol-%] bekannt, der bei vollständiger Kondensation des Dampfes im

Rücklaufkondensator auch gleich der Konzentration des Rücklaufes ist, welcher vom Rücklaufkondensator auf die Füllkörpersäule zurückströmt, so liefert der Schnittpunkt P der Abszissenparallelen im Abstand x_E von der Abszisse mit der x_D, n_t-Kurve im rechten Teil der Abb. 286 als Abszissenwert die gesuchte Wertungszahl und damit die theoretische Anzahl von Böden, deren Wirkung derjenigen einer Füllkörpersäule, an der die Gehalte x_B und x_E gemessen worden sind, gleich ist.

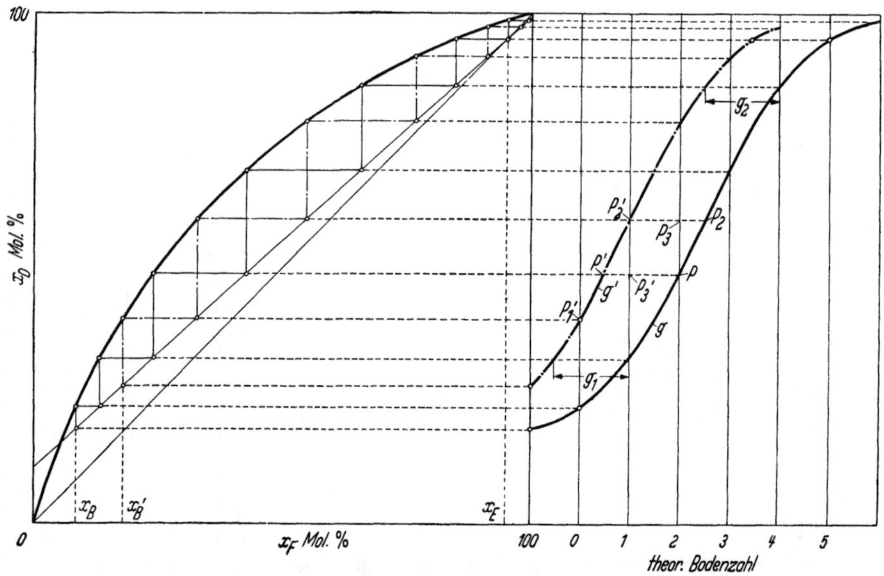

Abb. 287. Bestimmung der Wertungszahl für endliches Rücklaufverhältnis

Mit diesem Verfahren zur Bestimmung der Wertungszahl n_t ist es nicht erforderlich, auf eine ganze Zahl abzurunden, wie es für die Festlegung der einer praktischen Ausführung zugrunde zu legenden Bodenzahl notwendig ist. Es ist vielmehr die Anzahl der mit Flüssigkeitsdurchmischung und vollkommenem Austausch arbeitenden Böden zur Erzielung einer bestimmten Trennwirkung, z. B. der Trennung von x_B auf x_E [Mol-%], als Wirkungsmaßstab eingeführt.

In Abb. 287 ist für ein Zweistoffgemisch ohne ausgezeichneten Punkt und für ein endliches Rücklaufverhältnis die Abhängigkeit der Dampfkonzentration über den gedachten theoretisch arbeitenden Böden von der Bodenzahl für zwei Blasenkonzentrationen ermittelt. Zu x_B ergibt sich die Linie g und zu x_B' die Linie g'. Aus der Konstruktion folgt, daß die eine Linie aus der anderen durch eine Verschiebung in waagerechter Richtung hervorgeht. Deshalb sind die Strecken g_1 und g_2 gleich groß und es ist auch $P' P_3' = P_2 P_3$. Der ermittelte Punkt P kann daher durch Probieren zu einem Korrekturverfahren benutzt werden, um die Lage des Punktes P' zwischen zwei ganzen Bodenzahlen genau zu bestimmen. Es können danach auch kleine Wertungszahlen n_t genau ermittelt werden.

3. Wirkung und Belastbarkeit verschiedener Füllkörper

Weil Füllkörperform- und -größe die Oberfläche je m^3 Füllraum festlegen, hängt von ihnen die Wirkung in hohem Maße ab. Sie beeinflussen aber auch die Strömung der Medien, so daß auch die Belastbarkeit durch sie gegeben ist. Es ist am einfachsten, die jeweilige Belastung durch diejenige Dampfgeschwindigkeit w_D [m/s] anzugeben, welche im leer gedachten Säulenquerschnitt herrscht. Trägt man über dieser die Wertungszahl n_t auf, so erhält man ein zweidimensionales Belastungsbild, welches die Trennwirkung in Abhängigkeit von der Dampfgeschwindigkeit angibt. Derartige, im Rahmen von Versuchen des Verfassers erhaltene Belastungskurven werden im folgenden behandelt. Sie beziehen sich auf seit langem bekannte (z. B. der Raschig-Ring), teils verlassene oder erst in jüngster Zeit entwickelte Füllkörper (z. B. der Supersattel und der Pallring). Es wurden mit Absicht Vertreter dieser drei Gruppen gewählt, um die Entwicklungstendenz sowie die Vor- und Nachteile bestimmter konstruktiver Maßnahmen aufzuzeigen. Bei den in diesem Abschnitt behandelten Versuchen wurde das Gemisch Äthanol-Wasser rektifiziert, wobei in der Destilliereinrichtung eine Konzentration von $\xi_B = 10$ Gew.-% Äthanol eingehalten wurde. Für die zuletzt durchgeführten Versuche mit den Raschig-Ringen, Pallringen und Supersätteln aus Kupfer und mit 25 mm Abmessung wurde ein Säulendurchmesser von 300 mm und eine Schichthöhe von 2 m verwendet, für die anderen älteren Messungen, die in diesem Abschnitt behandelt werden, eine Säule mit 400 mm Durchmesser bei 1 m Schichthöhe. Der Apparat wurde stets mit totalem Rücklauf betrieben und der Rücklauf bei der weiteren Säule mit Segnerschem Verteilerrad (s. Abb. 300), bei der engeren mit Aufgabeboden (s. Abb. 331) auf die Füllkörperschicht aufgegeben. Vergleichsversuche zeigten, daß die genannten beiden Aufgabenvorrichtungen dieselbe Trennwirkung und Belastbarkeit ergaben. Bei den Messungen mußte jeweils diejenige Versuchseinrichtung benutzt werden, die gerade zur Verfügung stand. Dort, wo die Druckverluste in dem durch die Füllkörperschicht strömenden Dampf für einen Vergleich im Zusammenhang mit den Belastungskurven Bedeutung haben, werden die empirischen Befunde mitgeteilt. Bei der Verwendung der höheren Säule wurden die Messungen mit dem Phasenpaar Wasser-Wasserdampf zum Zwecke der Ausschaltung von Ungenauigkeiten durch Konzentrationsänderung der Gemische durchgeführt.

Zunächst wurde ein Vergleich zwischen sehr verschiedenen Füllkörperformen angestellt. Grundsätzlich ist die Wirkung um so besser, je größer die Wertungszahl n_t ausfällt, welche aus der Konzentration in der Destilliereinrichtung und im Rücklauf, der vom Kondensator kommt, nach dem erläuterten Verfahren ermittelt wird. Die Ergebnisse sind in Abb. 288 wiedergegeben. Jede der Kurven gilt bei etwa gleicher Abmessung für eine bestimmte Füllkörperform. Die Füllkörper bestanden aus unglasiertem Porzellan. Der „Vollkörper" ist in Abb. 289 dargestellt.

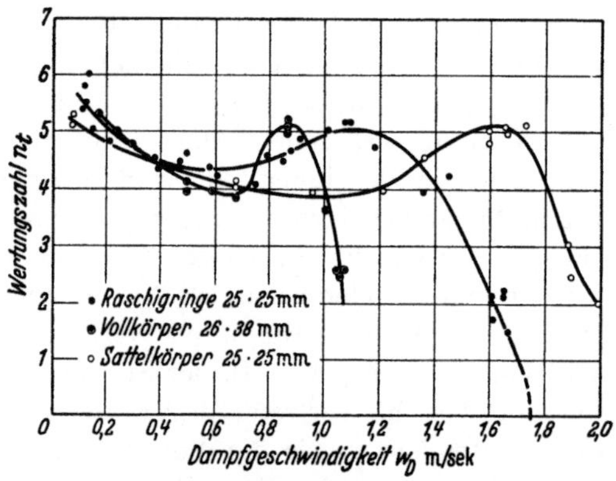

Abb. 288

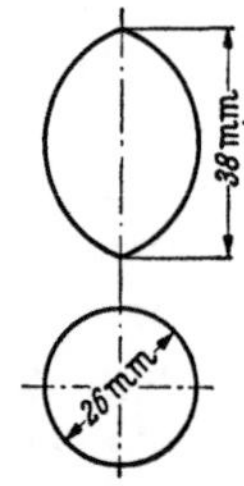

Abb. 289

Abb. 288. Abhängigkeit der Wertungszahl von der Belastung für verschiedene Füllkörper aus Porzellan

Säulendurchmesser 400 mm; Schichthöhe 1 m; Äthylalkohol-Wasser; Rücklaufverhältnis $v = \infty$

Abb. 289. Untersuchter Voll-Füllkörper

Nach Abb. 288 nimmt mit steigender Belastung die Wirkung zunächst ab, weil die Berührungszeit zwischen den Phasen sinkt. Nach Erreichen eines Kleinstwertes, der für den Vollkörper und für den Sattel-Füllkörper bei etwa $n_t = 3{,}9$ sowie für den Raschig-Ring bei $n_t = 4{,}3$ liegt, gibt das Anwachsen der Austauschzahlen und der wirksamen Austauschfläche mit steigender Geschwindigkeit den Ausschlag. Es ergibt sich, daß jeder Füllkörperform eine ganz bestimmte höchstzulässige Dampfgeschwindigkeit w_{Do} zugeordnet ist, bei welcher die theoretische Bodenzahl einen Höchstwert erreicht. Bei den Vollkörpern mit der Abmessung 26×38 mm liegt sie bei $w_{Do} = 0{,}85$ m/s, bei den Raschig-Ringen bei 1,1 m/s und bei den Sattel-Füllkörpern bei $w_{Do} = 1{,}6$ m/s. Als teilweiser Ausgleich zu dem Nachteil der kleinen höchstzulässigen Belastung der Voll-Füllkörper ist anzuführen, daß sie am leichtesten zu reinigen sind. Bei der Bemessung des Säulenquerschnittes darf der Wert w_{Do} nicht überschritten werden. Gemäß Abb. 288 wird bei den drei untersuchten Füllkörpern von etwa gleicher Abmessung ein Maximum der Wertungszahl von $n_{to} = 5{,}1$ bei der jeweiligen höchstzulässigen Geschwindigkeit erreicht.

Es wäre möglich, daß die Oberflächenbeschaffenheit der Füllkörper ihre Trennwirkung beeinflußt, indem eine rauhe, porige Oberfläche gleichmäßiger von der Flüssigkeit benetzt wird als eine glatte Oberfläche. Vergleichsversuche des Verfassers[1] mit porösen und glasierten Raschig-Ringen zeigen jedoch (s. Abb. 290), daß die Oberflächenbeschaffenheit gegenüber anderen Einflüssen keine praktisch zu beachtende Rolle spielt.

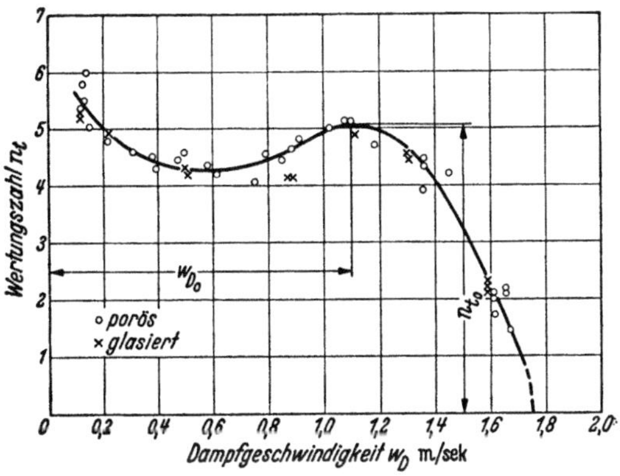

Abb. 290. Vergleich zwischen der Wirkung von porösen und glasierten Raschig-Ringen aus Porzellan mit einer Abmessung von 25 mm

Säulendurchmesser 400 mm; Schichthöhe 1 m; Äthylalkohol-Wasser; Rücklaufverhältnis $v = \infty$; Atmosphärendruck

Von besonderer Bedeutung ist jedoch der Einfluß der Füllkörpergröße auf Wirkung und Belastbarkeit bei sonst gleicher Füllkörperform. Die Versuchsergebnisse[1] der Abb. 291 lehren, daß kleinere Füllkörper eine bessere Trennwirkung aufweisen, dafür aber eine kleinere höchste auf den freien Säulenquerschnitt bezogene Dampfgeschwindigkeit zulassen als große Füllkörper. Der Verlauf der Versuchskurven der Abb. 291 ist nicht nur durch die Berührungszeit und die ebenfalls von der Geschwindigkeit abhängigen Austauschzahlen, sondern auch durch die bei den Versuchen beobachtete Erscheinung bedingt, daß bei Geschwindigkeiten, welche über der höchstzulässigen liegen, innerhalb der Füllkörperschicht die Flüssigkeit teilweise durchmischt wird, indem sie an bestimmten Stellen nach oben gerissen wird und an anderen Stellen nach unten rieseln kann. Nach Überschreiten der erwähnten zulässigen Geschwindigkeit wird die Flüssigkeit im unteren Teil in der Mitte der

[1] Siehe Fußnote 2, S. 412.

Säule nach oben getragen. Im oberen Teil staut sie sich über den ganzen Querschnitt und läuft vornehmlich in der Nähe des Mantels nach unten. Da unterhalb des Rostes der Versuchsanordnung noch ein Glasschuß angeordnet war, konnte beobachtet werden, daß bei Geschwindigkeiten, die oberhalb der zulässigen liegen, der Großteil der Flüssigkeit in dicken Bächen am Säulenumfang ablief.

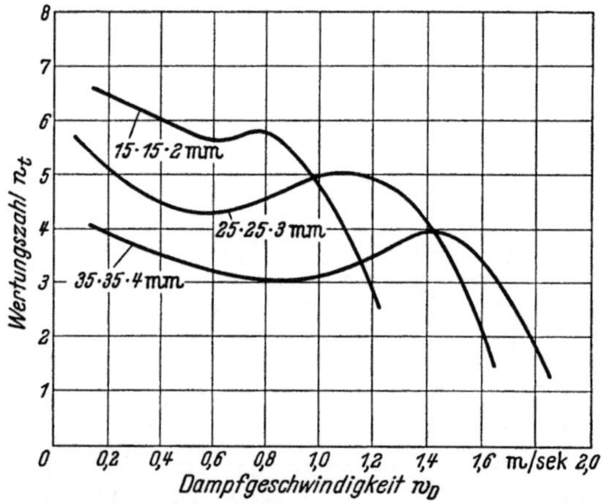

Abb. 291. Wertungszahl n_t in Abhängigkeit von der Dampfgeschwindigkeit w_D für Porzellan-Raschig-Ringe verschiedener Größe

Versuchsgemisch: Äthylalkohol-Wasser; Blasenkonzentration ξ_B = 10 Gew.-% Äthanol; Rücklaufverhältnis $v = \infty$; Schichthöhe H = 1 m; Säulendurchmesser d_S = 400 mm

In Zahlentafel 13 sind die wichtigsten Versuchsergebnisse der Abb. 291 zusammengestellt. Sie gelten für die Bedingung der Versuche, bei denen die Flüssigkeit in der Destillierblase mit etwa 10 Gew.-% Alkohol auf

Zahlentafel 13. *Höchstzulässige Dampfgeschwindigkeit w_{D_0}, Druckverlust Δp_0 und maximale Wertungszahl n_{t_0} von Raschig-Ringen*

Abmessung mm	w_{D_0} m/s	n_{t_0}	Δp_0 mm W.-S./m
15	0,75	5,8	70
25	1,1	5,1	60
35	1,45	3,85	60

eine Destillatkonzentration von im Mittel 90 Gew.-% Alkohol angereichert wurde. Die Dichte der Dämpfe oberhalb der Füllkörper betrug also rund 1,38 kg/m³. In Zahlentafel 13 ist noch der Druckverlust

Δp_0 [mm W.-S./m] angegeben, den der Dampf erleidet, wenn er mit der Geschwindigkeit w_{D_0} die 1 m hohe Füllkörperschicht durchströmt. Als Rost wurde bei den Versuchen Streckmetall verwendet.

Durch Wahl bestimmter Formen und Abmessungen wird immer wieder versucht, Vorteile in der Wirkung, Belastbarkeit oder im Druckverlust oder gleichzeitig in mehreren der genannten Eigenschaften zu erzielen. Um zu zeigen, wie sich Form und Größe auf die angeführten Betriebseigenschaften auswirken, werden Versuchsergebnisse[1] von Füllkörpern mitgeteilt, welche in Abb. 292 dargestellt sind. Die Ringe sind längs- oder quergerillt, wodurch eine Oberflächenvergrößerung beabsichtigt ist. Bei den Versuchen zeigte sich aber, daß die Rillen das gegenseitige Verstreben der Ringe begünstigen. Die Spule (der zweite Füllkörper von unten) stellt eine Zwischenform zwischen Raschig-Ring und Sattelfüllkörper dar, während der Sternfüllkörper (unten) eine besondere Form aufweist. Nach Abb. 293 liegt die Trennwirkung der längs- und der quergerillten Ringe mit 25 mm Abmessung zwischen derjenigen der glatten Raschig-Ringe von 25 und 35 mm Abmessung. Unter Beachtung der Belastbarkeit kann geschlossen werden, daß weder Längs- noch Querrillen einen Vorteil bieten. Die Spulen zeigen eine ähnliche Belastungslinie wie die Raschig-Ringe mit 25 mm Durchmesser. Nach Erreichen eines Mindestwertes steigt die Wertungszahl n_t mit zunehmender Belastung bis zu einem Höchstwert von $n_{t_0} = 4{,}9$, welcher sich bei der höchstzulässigen Dampfgeschwindigkeit von $w_{D_0} = 1{,}15$ m/s einstellt. In Wirkung und Belastbarkeit unterscheiden sich also die letztgenannten Füllkörper nur wenig. Bei der Gesamtbeurteilung darf aber die schwierige Herstellung der Spulen und ihr damit verbundener hoher Anschaffungspreis nicht außer acht gelassen werden. Bei der Belastungskurve (Abb. 293) der Sternfüllkörper fällt auf, daß ein maximaler n_t-Wert sich nicht einstellt. Die Wirkung nimmt vielmehr stetig mit zunehmender Dampfgeschwindigkeit ab. Bis $w_D = 1{,}07$ m/s liegt er aber unter demjenigen der Raschig-Ringe mit 15 mm Abmessung.

Nicht nur in der Trennwirkung und Belastbarkeit unterscheiden sich die behandelten Füllkörper, sondern auch im Druckverlust des Dampfes. Dies beweisen Versuchsergebnisse der Abb. 294 und 295, in denen der Druckverlust Δp in Abhängigkeit von der Dampfgeschwindigkeit aufgetragen ist. Unter Verwertung der Belastungskurven der Abb. 293 ergibt sich, daß die Ringe mit Längsrillen bei ihrer höchstzulässigen Dampfgeschwindigkeit von $w_{D_0} = 1{,}2$ m/s einen Druckverlust Δp von 70 mm W.-S./m, die Spulen bei $w_{D_0} = 1{,}15$ m/s ein Δp von 60 mm W.-S./m und die Sternfüllkörper beispielsweise bei $w_D = 0{,}8$ m/s ein Δp von 44 mm W.-S./m aufweisen. Die Sättel aus Porzellan ergeben bei

[1] Kirschbaum, E.: Neuartige Füllkörper und ihre Beurteilung. Angew. Chem. B **20**, 197—200 (1948).

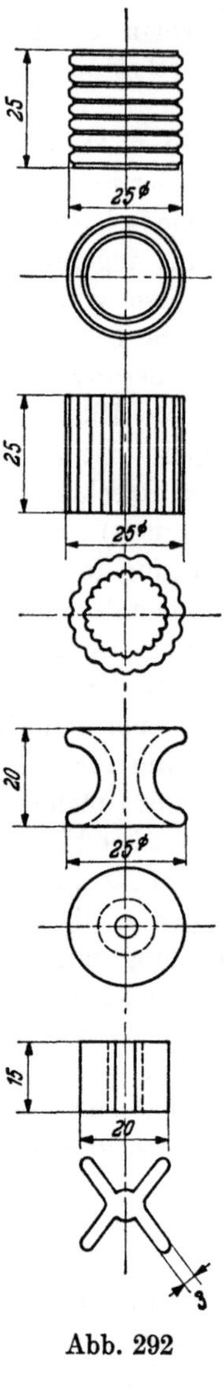

Abb. 292

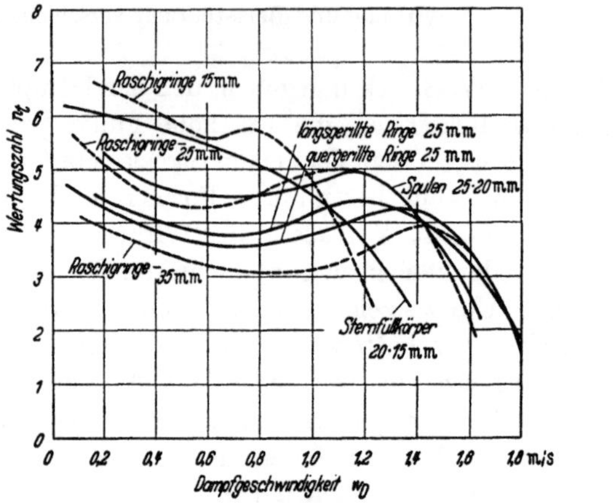

Abb. 293

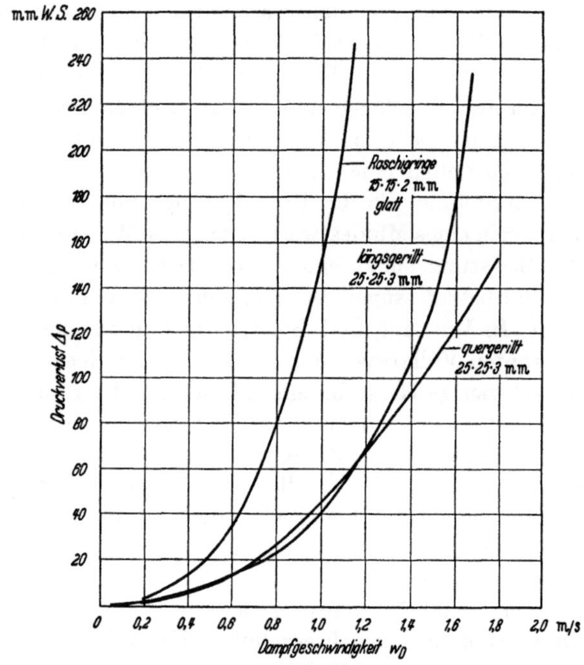

Abb. 294

Abb. 292. Besondere Füllkörperarten

Abb. 293. Abhängigkeit der Wertungszahl n_t von der Dampfgeschwindigkeit w_D für verschiedene Füllkörper

Schichthöhe 1 m; Säulendurchmesser 400 mm; Rücklaufverhältnis $v = \infty$; Atmosphärendruck; Versuchsgemisch: Äthylalkohol-Wasser; Konzentration in der Destillierblase 10 Gew.-% Alkohol

Abb. 294. Druckverlust Δp in Abhängigkeit von der Dampfgeschwindigkeit w_D für Ringe mit Rillen aus Steinzeug und für Porzellan-Raschig-Ringe

Gemisch: Äthylalkohol-Wasser; Schichthöhe 1 m; Säulendurchmesser 400 mm; Rücklaufverhältnis $v = \infty$; Konzentration in der Blase 10 Gew.-% Alkohol

der höchstzulässigen Dampfgeschwindigkeit $w_{D0} = 1{,}6$ m/s (s. Abb. 288) einen Druckverlust von nahezu 60 mm W.-S./m. Diese gemessenen Druckverluste legen die höchste Belastbarkeit fest und geben damit einen Anhaltspunkt für die Wahl der Dampfgeschwindigkeit zur Bestimmung des Säulendurchmessers.

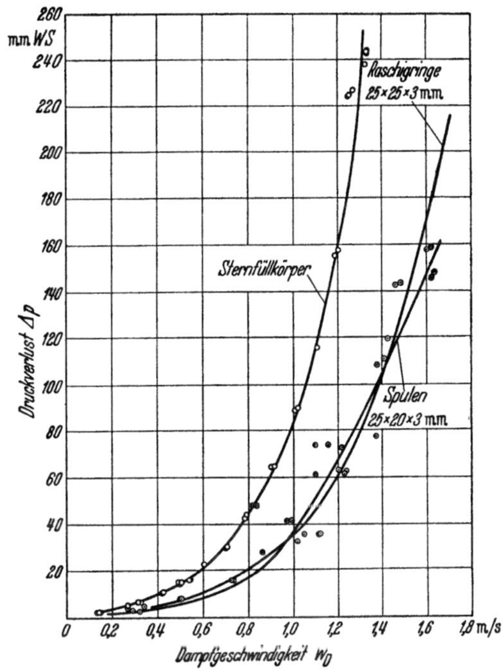

Abb. 295. Druckverlust Δp in Abhängigkeit von der Dampfgeschwindigkeit w_D für Porzellan-Spulen, Sternfüllkörper aus Steinzeug und Raschig-Ringe aus Porzellan

Gemisch: Äthylalkohol-Wasser; Schichthöhe 1 m; Säulendurchmesser 400 mm; Rücklaufverhältnis $v = \infty$; Konzentration in der Blase 10 Gew.-% Äthanol

Der Intalox-Füllkörper wurde in einer Säule mit 300 mm Durchmesser und 2 m Schichthöhe untersucht. Beim Vergleich der Versuchsergebnisse mit denen anderer ist der Einfluß der Säulenhöhe und des Säulendurchmessers zu berücksichtigen. Nach Abb. 296 liegt die höchstzulässige Dampfgeschwindigkeit ähnlich wie beim Berl-Sattelfüllkörper bei $w_{D0} = 1{,}5$ m/s. Dabei wird eine Wertungszahl von $n_{t0} = 8{,}2$ erreicht, die nach Abb. 288 etwa derjenigen von Raschig-Ringen gleicher Abmessung bei einer Säule von 400 mm Durchmesser und 2 m Schichthöhe entspricht. Die Druckverlustlinie in Abb. 297 für das Phasenpaar Wasser-Wasserdampf gestattet einen Vergleich mit den im folgenden zu behandelnden Füllkörpern.

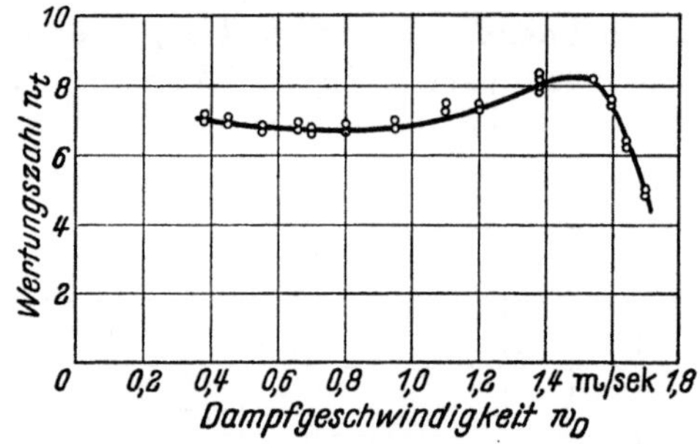

Abb. 296. Wertungszahlen 25 mm großer Intalox-Füllkörper aus keramischem Baustoff

Versuchsgemisch: Äthanol-Wasser; Blasenkonzentration: $\xi_B = 10$ Gew.-% Äthanol; Rücklaufverhältnis: $v = \infty$; Schichthöhe: $H = 2$ m; Säulendurchmesser: $d_S = 300$ mm; Flüssigkeitsaufgabe durch Verteilerboden

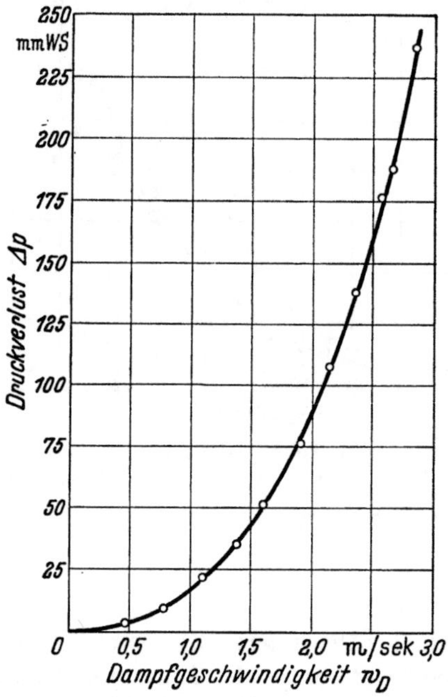

Abb. 297. Druckverlust von Intalox-Sattelkörpern der Abmessung 25 mm

Phasenpaar: Wasser-Wasserdampf; Schichthöhe: $H = 2$ m; Säulendurchmesser: $d_S = 300$ mm; Druck am Säulenkopf: $p = 760$ mm Q.-S.; Flüssigkeitsaufgabe durch Verteilerboden

Ein völlig neuer Weg wurde beschritten bei der Formgestaltung des Pallringes[1] und des Supersattels[2] (s. Abb. 283). Der Grundgedanke ist,

[1] DBP Nr. 833 159.
[2] DBP Nr. 1 029 346.

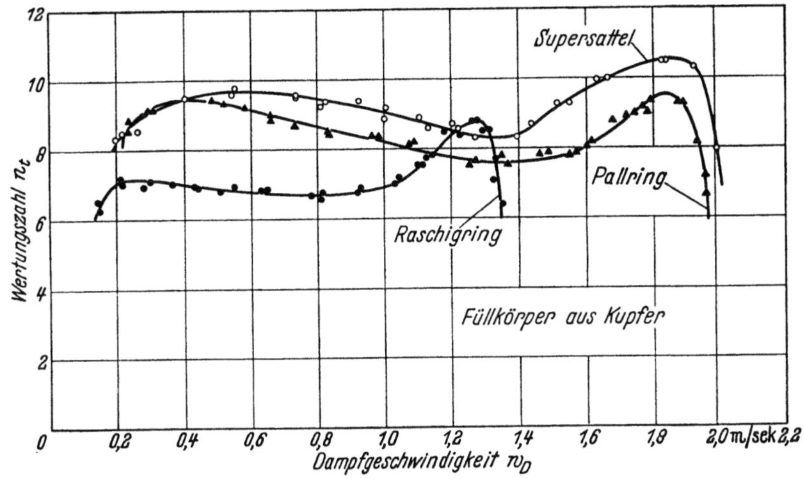

Abb. 298. Wertungszahlen verschiedener 25 mm großer Füllkörper in loser Schüttung für Äthanol-Wasser als Versuchsflüssigkeit

Säulendurchmesser: d_S = 300 mm; Säulenhöhe: H = 2 m; Druck am Säulenkopf: p = 760 mm Q.-S.; Rücklaufverhältnis: $v = \infty$; Blasenkonzentration: ξ_B = 10 Gew.-% Äthanol; Flüssigkeitsaufgabe durch Verteilerboden

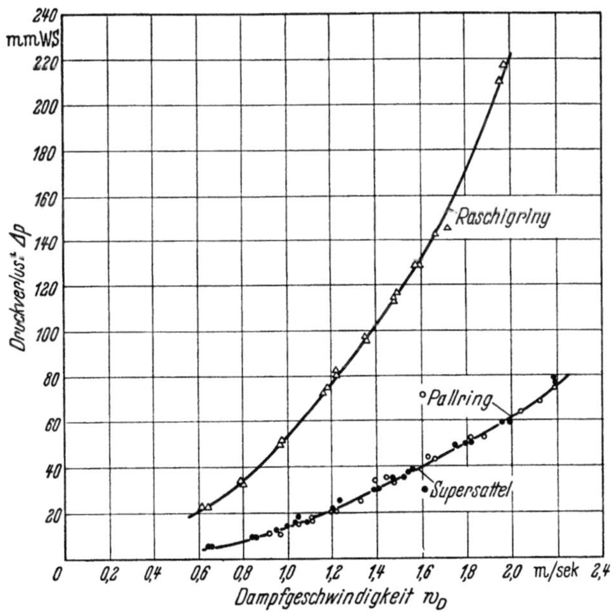

Abb. 299. Druckverlust strömenden Wasserdampfes in einer Säule mit verschiedenen Füllkörpern

Säulendurchmesser: d_S = 300 mm; Säulenhöhe: H = 2 m; Füllkörpergröße: 25 × 25 mm; Werkstoff: Kupfer; Phasenpaar: Wasser-Wasserdampf; Dampfdichte: ϱ_D = 0,598 kg/m³; Flüssigkeitsaufgabe durch Verteilerboden

dem Dampf mittels Durchbrechungen der Füllkörperwände einen vergrößerten Strömungsquerschnitt zu schaffen, was zu einer Verminderung der Druckverluste, einer Vergrößerung der Belastbarkeit und infolge zusätzlicher Turbulenz zu einer Verbesserung der Trennwirkung führen soll. Entscheidend ist, daß die Flächenstücke der Durchbrechungen nicht wegfallen, sondern lediglich abgebogen werden und mit dem Füllkörper als Berieselungs- und Austauschfläche in Verbindung bleiben. Daß dieser Gedankengang zu einem vollen Erfolg führte, zeigen die Versuchskurven der Abb. 298 und 299, in welche nicht nur die Belastungs- und Druckverlustkurven des Supersattels und Pallringes aus Kupfer, sondern auch die entsprechenden Linien des Raschig-Ringes aus Kupfer mit derselben Abmessung von 25 mm eingezeichnet sind. Es wurde das Gemisch Äthanol-Wasser rektifiziert. Der Raschig-Ring weist bei einer Dampfgeschwindigkeit von 1,28 m/s eine Wertungszahl von 8,8 auf. Der Pallring hingegen ergibt bei einer Dampfgeschwindigkeit von 1,82 m/s eine maximale Wertungszahl von 9,5. Am besten erwies sich der Supersattel, der bei einer höchstzulässigen Dampfgeschwindigkeit von 1,88 m/s eine Wertungszahl von 10,5 erreicht. Die Druckverluste im Dampf sind für die Rektifikation von Wasser bei totalem Rücklauf in Abb. 299 über der (im leer gedachten Säulenquerschnitt herrschenden) Dampfgeschwindigkeit aufgetragen. Während die Supersättel und Pallringe die gleichen Druckverluste aufweisen, liegt er bei den Raschig-Ringen um ein Vielfaches höher.

4. Einfluß der Flüssigkeitsaufgabe

Bedingung für eine gute Wirkung von Füllkörpersäulen ist, daß die Oberfläche der Füllkörper überall gleichmäßig von Flüssigkeit benetzt und berieselt wird. Deshalb ist es von Bedeutung, die Flüssigkeit so auf die Füllkörperschicht aufzugeben, daß sowohl der oberste Teil der Schicht an allen Stellen von Flüssigkeit bespült wird als auch letztere selbst in der Schicht über den ganzen Säulenquerschnitt gleichmäßig verteilt bleibt. Zu dieser Flüssigkeitsaufgabe werden in der Technik verschiedenartige Vorrichtungen benützt. Sie beeinflussen ausschlaggebend die Trennwirkung und Belastbarkeit. Zur Klärung dieser Frage wurden deshalb Versuche mit einer Füllkörpersäule von 400 mm Durchmesser und einer Schichthöhe von 4 m durchgeführt[1]. Sie war mit Porzellan-Raschig-Ringen mit 25 mm Abmessung gefüllt und auf einer Destillierblase aufgesetzt, in welcher die Blasenfüllung 10 Gew.-% Alkohol im Äthylalkohol-Wassergemisch aufwies. Der Druck betrug etwa 760 mm Q.-S.

[1] Kirschbaum, E.: Einfluß der Flüssigkeitsaufgabe, der Schichthöhe, der Schüttung und des Druckes auf die Rektifizierwirkung, den Druckverlust und den Flüssigkeitsinhalt von Füllkörpersäulen. VDI-Beiheft Verfahrenstechnik **1944**, Nr. 2, 33/37.

abs. Als Aufgabevorrichtungen wurden nacheinander verwendet ein Rückdruck-Verteilerrad, eine Brause, ein Spritzknopf und ein in Säulenmitte angeordnetes Rohr. Die drei erstgenannten Teile zeigen die Abb. 300, 301 und 302. Wie die Versuchsergebnisse der Abb. 303 erkennen lassen,

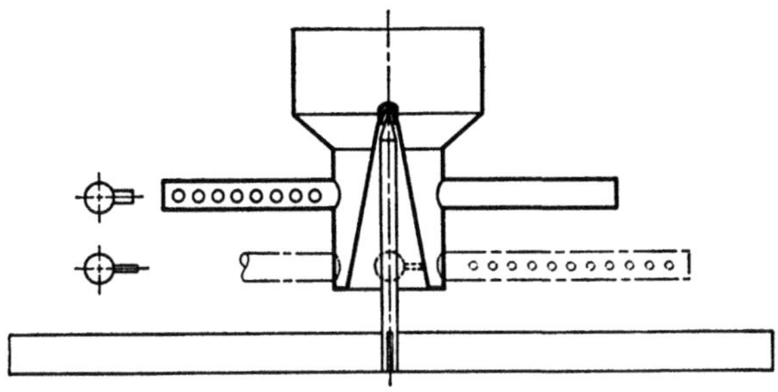

Abb. 300. Verteilerrad

wirkt sich die verschiedenartige Flüssigkeitsaufgabe bei kleinen Belastungen am stärksten aus. Die oberste Linie gilt für den Fall, daß die Flüssigkeit mit Verteilerrad aufgegeben wird. Bei kleinen Belastungen nimmt

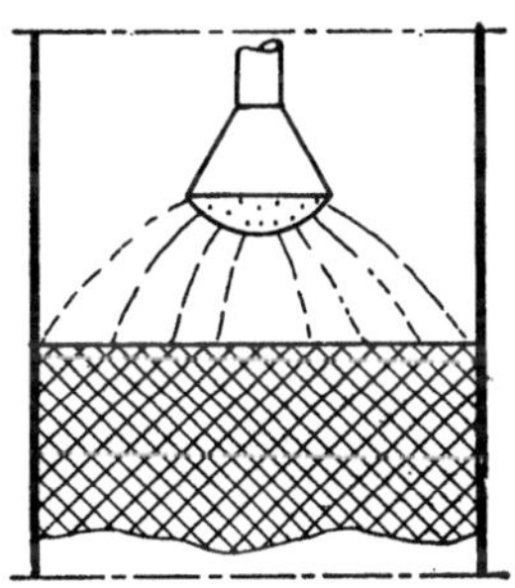

Abb. 301

Abb. 302

301. Brause als Aufgabevorrichtung

Abb. 302. Spritzknopf als Aufgabevorrichtung

infolge Abnahme der Austauschzeit die Trennwirkung zunächst mit steigender Geschwindigkeit bis zu einem bei $w_D = 0{,}5$ m/s liegenden Mindestwert ab. Danach gibt das Anwachsen der Austauschzahlen den Ausschlag, bis bei $w_D = 1{,}1$ m/s die Wertungszahl einen Höchstwert von 14,6 erreicht, um bei weiterer Steigerung der Belastung stark abzunehmen. Wird der Rücklauf nur durch ein Rohr aufgegeben, dann ergibt sich die schlechteste Wirkung, indem, gemäß der in Abb. 303 gestrichelt gezeichneten Linie, bei kleinen Belastungen n_t stark abnimmt. Die Versuchslinien, welche der Flüssigkeitsaufgabe mittels Spritzknopf und mittels Brause entsprechen, liegen zwischen den beiden erwähnten obersten und untersten Kurven. Auffallend ist, daß für die gewählte große Schichthöhe von 4 m bei der höchstzulässigen Dampfgeschwindigkeit alle untersuchten Arten von Flüssigkeitsaufgaben die gleiche Bodenzahl von etwa 14 ergeben. Dies läßt sich mit folgenden Erscheinungen erklären:

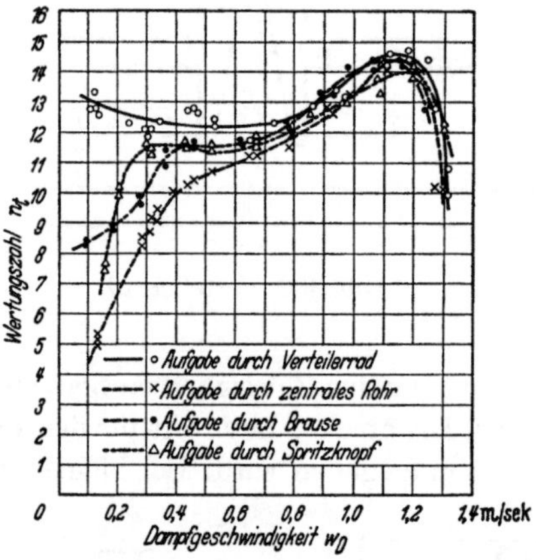

Abb. 303. Die Wertungszahl in Abhängigkeit von der Dampfgeschwindigkeit bei verschiedenartiger Aufgabe der Flüssigkeit

Raschig-Ringe aus Porzellan 25 mm; Schichthöhe 4 m; Säulendurchmesser 400 mm; Gemisch: Äthylalkohol-Wasser; Konzentration in der Destillierblase 10 Gew.-% Alkohol; Rücklaufverhältnis $v = \infty$; Atmosphärendruck

Bei Verwendung des Verteilerrades ist die Flüssigkeit im obersten Teil der Säule gleichmäßig über den Säulenquerschnitt verteilt. Im unteren Teil hingegen befindet sich wegen der Randgängigkeit der Flüssigkeit die Hauptmenge in der Nähe des Mantels. Diese nachteilige Schwerpunktsverlagerung nach dem Mantel ist durch die Aufgabe mittels eines Rohres vermindert. Dafür arbeitet aber der oberste Säulenteil schlechter, weil in ihm die Flüssigkeit im wesentlichen in der Säulenmitte sich befindet. Während also im erstgenannten Fall die Säule im oberen Teil besser arbeitet, ist im zweitgenannten Fall ihre Wirkung im unteren Teil besser. Daß diese Erklärung zutreffend ist, beweisen Versuche an einer Säule mit einer Schichthöhe von $H = 1$ m, wobei wahlweise die Flüssigkeit mittels Verteilerrad und durch ein Rohr aufgegeben wurde. Nach Abb. 304 wird durch die Flüssigkeitszufuhr in der Säulenmitte gegenüber gleichmäßiger Verteilung bei der Aufgabe der Höchstwert der Wertungszahl von etwa 5 auf 2,7 erniedrigt, weil im wesentlichen die Ringe in der Säulenmitte berieselt sind. Indem der Dampf in der Nähe des Mantels an der Flüssigkeit vorbei durch unbenetzte Füllkörper strömt, steigt bei verschlechterter Trennwirkung die höchstzulässige Dampfgeschwindigkeit von 1,1 auf 1,55 m/s.

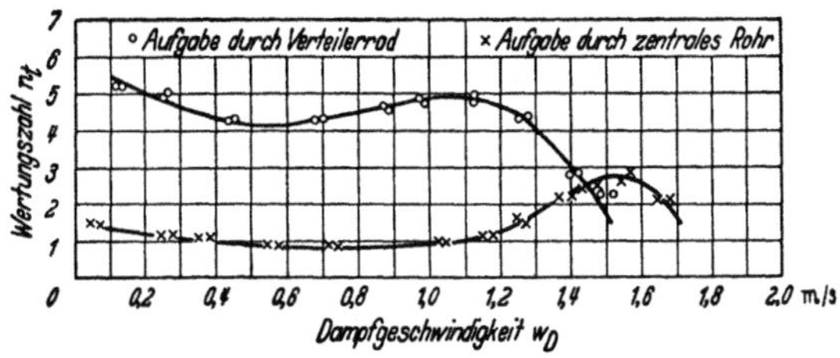

Abb. 304. Die Wertungszahl in Abhängigkeit von der Dampfgeschwindigkeit bei verschiedenartiger Aufgabe der Flüssigkeit. Bedingungen wie für Abb. 303, ausgenommen die Schichthöhe $H = 1$ m

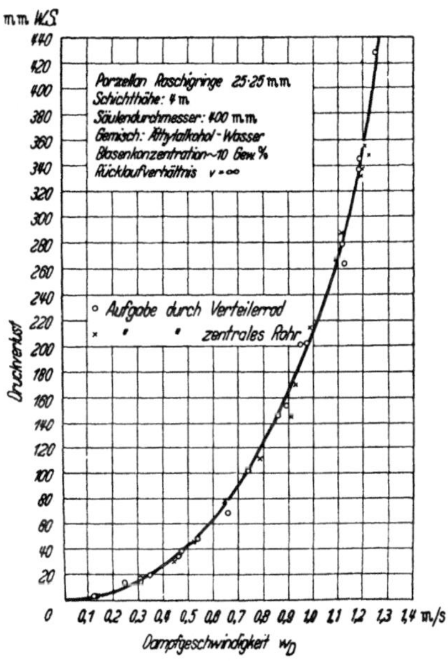

Abb. 305. Druckverlust einer Füllkörperschicht in Abhängigkeit von der Dampfgeschwindigkeit bei verschiedenartiger Flüssigkeitsaufgabe

Aus den mitgeteilten Versuchsergebnissen geht hervor, daß die Art der Flüssigkeitsaufgabe für das betriebliche Verhalten von Füllkörpersäulen von großer Bedeutung ist. Es ist möglich, den Rücklaufkondensator in der Anordnung nach Abb. 284 unmittelbar als Verteilervorrichtung zu benützen, indem die Kondensatorrohre gleichmäßig über den Querschnitt verteilt angeordnet werden. Um zu verhindern, daß die

Flüssigkeit an der Unterseite der unteren Bodenplatte entlangläuft, müssen die Rohre über diese Unterseite etwas überstehen. Auch müssen die Rohre möglichst gleichmäßig gekühlt werden, damit jedes Rohr eine gleiche Kondensatmenge abgibt.

Mehrere Jahre später, nachdem die vorstehend besprochenen Versuche abgeschlossen waren, ist ein Aufgabe-Verteilerboden entwickelt worden (s. Abb. 331). Mit ihm wurden Messungen an Füllkörpersäulen von 300 mm, 400 mm und 750 mm Durchmesser vorgenommen. Es ergaben sich die gleichen Belastungskurven und Druckverluste wie bei Verwendung des Verteilerrades.

Ein Einfluß der Art der Flüssigkeitsaufgabe auf den Druckverlust im durchströmenden Dampf konnte bei der großen Schichthöhe von 4 m nicht festgestellt werden, wie die Versuchsergebnisse (des Verfassers) der Abb. 305 beweisen.

5. Einfluß der Lagerung der Füllkörper

Durch den bei den Versuchen des Verfassers verwendeten Glasmantel der Säule mit der 1 m hohen Füllkörperschicht konnte beobachtet werden, daß die Lagerung der Ringe von mancherlei Zufälligkeiten abhängig

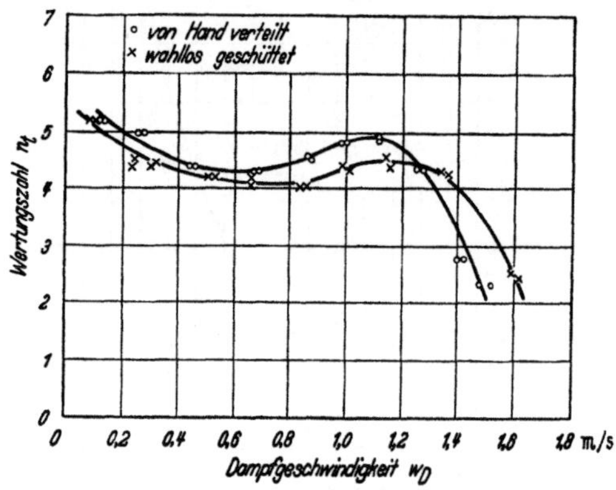

Abb. 306. Die Wertungszahl in Abhängigkeit von der Dampfgeschwindigkeit bei verschiedenartiger Schüttung der Füllkörper

Porzellan-Raschig-Ringe 25 mm; Schichthöhe 1 m; Säulendurchmesser 400 mm; Aufgabe durch Verteilerrad; Gemisch: Äthylalkohol-Wasser; Blasenkonzentration 10 Gew.-% Alkohol; Rücklaufverhältnis $v = \infty$; Atmosphärendruck

ist. Es ergaben sich bei wahlloser Schüttung stellenweise Hohlräume, die von Hand beseitigt werden konnten. Um festzustellen, ob diese scheinbar geringfügigen Unterschiede in der Art der Einbringung der Füllkörper in die Säule deren Trennwirkung beeinflussen, wurden für die eine Versuchsreihe die Füllkörper wahllos geschüttet und für einen anderen Versuch von Hand verteilt. Abb. 306 zeigt, daß im letztgenannten Fall die Wirkung besser ist. Sie ist durch die auf 1 m Schichthöhe untergebrachte größere Füllkörpermenge und durch die sich dadurch ergebende großere Füllkörperoberfläche bedingt. Bei den mitgeteilten Versuchen wurden die Füllkörper von Hand gleichmäßig verteilt oder sie wurden in die mit Wasser gefüllte Säule eingeworfen. Bei Reihen- oder Vergleichsversuchen ist stets die gleiche Füllungsart gewählt worden.

Je nach dem Herstellungsgang sind Form und Abmessung der Füllkörper nicht immer gleich, obwohl für sie die gleiche Form und Abmessung angegeben werden. Aus diesem Grunde sind die Belastungskurven und Druckverluste von Füllkörpern nicht immer absolut gleich. Bei 25 × 25 mm großen Raschig-Ringen aus Porzellan konnten Abmessungen von 23 bis 28 mm festgestellt werden.

6. Einfluß der Rieselmenge und der Konzentration der zu trennenden Flüssigkeit auf die Trennwirkung von Füllkörpersäulen

Die gezeigten Belastungskurven geben die Wertungszahl n_t in Abhängigkeit von der Dampfgeschwindigkeit w_D an. Mit steigender Dampfgeschwindigkeit ändert sich bei gleichgehaltenem Rücklaufverhältnis

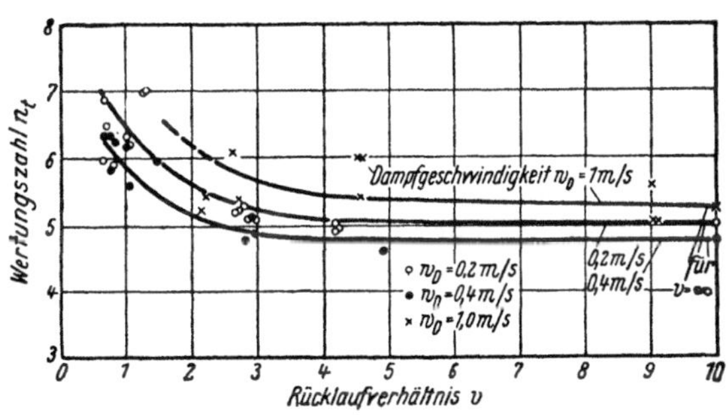

Abb. 307. Die Wertungszahl n_t in Abhängigkeit vom Rücklaufverhältnis v für verschiedene Dampfgeschwindigkeiten w_D

auch die auf die Füllkörperschicht aufgegebene Flüssigkeitsmenge. Um die einzelnen Einflüsse auf die Trennwirkung erkennen zu können, ist es notwendig, bei konstant gehaltener Dampfgeschwindigkeit die Rücklaufmenge zu ändern und unter diesen Bedingungen die Trennwirkung zu ermitteln. Die Ergebnisse von Versuchen in dieser Richtung sind in Abb. 307 wiedergegeben, in welchem die Wertungszahl über dem Rücklaufverhältnis für drei bei den Versuchen konstant gehaltenen Dampfgeschwindigkeiten aufgetragen ist. Sie wurden wieder mit Porzellan-Raschig-Ringen von 25 mm Durchmesser, einer Schichthöhe von 1 m und einem Säulendurchmesser von 400 mm unter Verwendung eines Flüssigkeitsaufgaberades durchgeführt[1]. Als Versuchsgemisch diente Äthylalkohol-Wasser und es wurde eine Konzentration in der Destillierblase von 10 Gew.-% Alkohol aufrechterhalten. Es ist auffallend, daß bei jeder Dampfgeschwindigkeit die Wertungszahl n_t mit abnehmendem Rücklaufverhältnis v steigt. Dies bedeutet, daß bei sonst gleichen Bedingungen und damit auch bei gleichgehaltener Dampfgeschwindigkeit die Wirkung um so besser ist, je weniger Flüssigkeit bei den gewählten

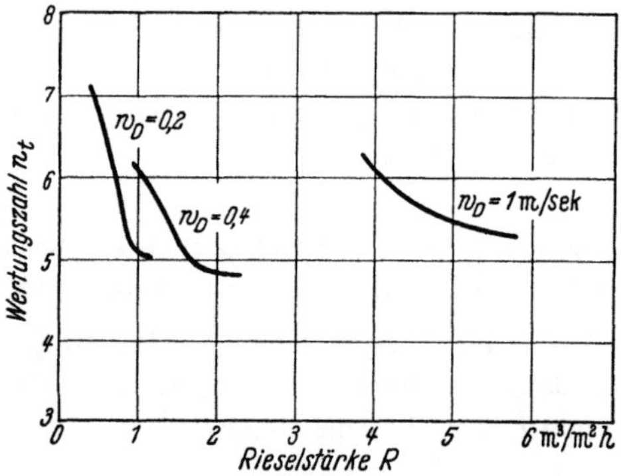

Abb. 308. Wertungszahl n_t in Abhängigkeit von der Rieselstärke für verschiedene Dampfgeschwindigkeiten w_D

Versuchsbedingungen auf die Füllkörperschicht aufgegeben wird. Diese Feststellung läßt sich dadurch erklären, daß die Dicke des auf die Füllkörperfläche sich ausbreitenden Flüssigkeitsfilmes mit abnehmender Rieselmenge kleiner wird und daß damit auch die Wärme- und Stoffleitstrecken in der Flüssigkeit abnehmen. Allgemein geht aus diesen Messungen hervor, daß im Falle der Rektifikation der Austausch in der flüssigen Phase einen Einfluß auf den Gesamtaustausch zwischen Flüssigkeit und Dampf hat, was auch andere Forschungen bestätigen[2,3]. Mit Abb. 307 läßt sich für gleichgehaltene Geschwindigkeiten die Abhängigkeit der Wertungszahl von der Flüssigkeitsmenge angeben, welche auf die Füllkörperschicht aufgegeben und im Sinne einer Verallgemeinerung der Ergebnisse auf die Einheit des Säulenquerschnitts bezogen wird. Sie sei mit Rieselstärke $R\,[m^3/m^2h]$ bezeichnet. In Abb. 308 ist sie als Abszisse und die Wertungszahl als Ordinate aufgetragen. Die drei Kurven

[1] Kirschbaum, E.: Einfluß der Rieselmenge auf die Rektifizierwirkung von Füllkörpersäulen. VDI-Beiheft Verfahrenstechnik **1943**, Nr. 4, 113/115.

[2] Linde, H.: Über Modellversuche an Rektifizierböden. Diss. Techn. Hochschule Braunschweig 1937.

[3] Bragg, L. B.: Füllkörpersäule scharfe Trennung mit Stedmann-Füllung. Trans. Am. Inst. Chem. Eng. **19**, 19—50 (1941).

gelten für die untersuchten Dampfgeschwindigkeiten von 0,2; 0,4 und 1 m/s. Der untere Endpunkt jeder dieser drei Linien entspricht dem Rücklaufverhältnis $v = \infty$. Der größte untersuchte Wert der Rieselstärke verhält sich zum kleinsten gemessenen Werte wie 15:1. Diese Darstellung der Abb. 308 zeigt besonders deutlich, daß bei allen Belastungen die Wirkung der Füllkörper mit abnehmender Rieselmenge zunimmt. Die Wertungszahl wächst im Bereiche zwischen den bei den

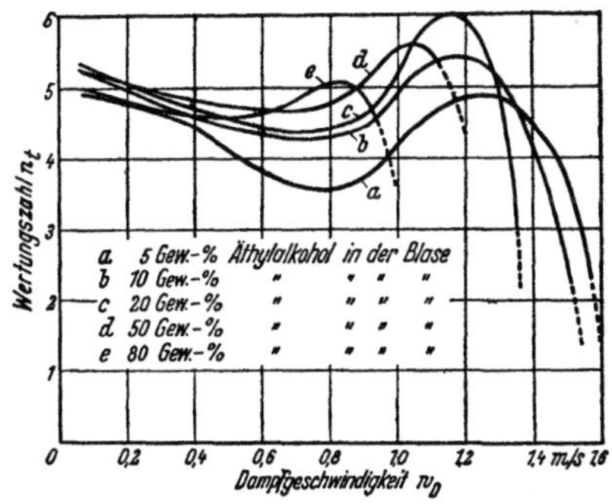

Abb. 309. Wirkung von Porzellan-Raschig-Ringen mit 25 mm Abmessung bei Konzentrationen in der Blasenfüllung von 5, 10, 20, 50 und 80 Gew.-% Äthylalkohol

Säulendurchmesser 100 mm; Schichthöhe 1 m; Rücklaufverhältnis $v = \infty$; Atmosphärendruck

Versuchen erreichten größten und kleinsten Rieselmengen angenähert proportional mit $\sqrt[4]{1/R}$. Voraussetzung für diese bedeutsamen Ergebnisse ist die bei allen Belastungen gleichmäßige Verteilung der Flüssigkeit bei ihrer Aufgabe. Ist diese Voraussetzung nicht erfüllt, dann ist der Einfluß der Rieselmenge durch denjenigen der Flüssigkeitsaufgabe überlagert und verändert.

Es kann vermutet werden, daß neben der Rieselmenge vor allem die Konzentration des Gemisches die Füllkörperwirkung stark beeinflußt. Es verhalten sich nämlich die Wärmeleitzahlen von Äthylalkohol und Wasser, die als Versuchsstoffe verwendet wurden, im flüssigen Zustand wie 1:3 und die Dampfdichte der beiden Stoffe bei Atmosphärendruck wie 2,72:1. Bei den Versuchen[1] wurden Konzentrationen in der Destillierblase von $\xi_B = 5$, 10, 20, 50 und 80 Gew.-% Alkohol eingestellt. Die Versuchsergebnisse der Abb. 309 zeigen, daß bei $\xi_B = 80$ Gew.-% die höchstzulässige Dampfgeschwindigkeit nur 0,82 m/s beträgt, während sie bei einer Blasenflüssigkeit mit 10 Gew.-% Alkohol auf 1,1 bis 1,2 m/s steigt. Bei diesen Höchstgeschwindigkeiten wurde im erstgenannten

[1] Kirschbaum, E.: Rektifizierwirkung und Druckverlust in Füllkörpersäulen, VDI-Beiheft Verfahrenstechnik **1941**, Nr. 3, 53/58.

Falle am Kopf der Säule eine Konzentration von rund 92,5 Gew.-% und im zweitgenannten Falle von rund 90 Gew.-% Alkohol erreicht.

Der erwähnte Einfluß der Wärmeleitzahl wirkt sich auf Grund der Versuchsergebnisse der Abb. 309 nicht in dem erwarteten Maße aus. Obwohl Wasser die höhere Wärmeleitzahl besitzt, sinkt n_{t_0} bei der wasserreichsten Blasenfüllung auf den kleinsten Wert von 4,85 bei einer höchstzulässigen Dampfgeschwindigkeit von 1,25 m/s. Auffallend ist, daß n_{t_0} bei $\xi_B = 20$ Gew.-% Alkohol den höchsten Wert von 6 erreicht, während n_{t_0} für $\xi_B = 50$ Gew.-% zwischen den erwähnten größten und kleinsten Werten liegt. Diese Erscheinung läßt darauf schließen, daß dem Einfluß der Wärmeleitzahl ein anderer überragender Einfluß überlagert sein muß. Er kann in der Schaumfähigkeit des Gemisches erblickt werden, die bekanntlich in hohem Maße von der Konzentration abhängig ist. Bei $\xi_B = 20$ Gew.-% wird die Flüssigkeit in der Säule offenbar weitestgehend in Schaum verwandelt, wobei sich die größte Austauschfläche zwischen Flüssigkeit und Dampf ergibt.

7. Rektifikation verschiedener Gemische in Füllkörpersäulen bei Atmosphärendruck und Unterdrücken sowie praktische Berechnungsunterlagen

Auch bei den im folgenden mitgeteilten Messungen wurden Raschig-Ringe aus Porzellan benützt, weil zur Zeit der Versuchsdurchführung die Hochleistungsfüllkörper in der Form des Supersattels oder des Pallringes noch nicht bekannt waren. Bei den universellen Untersuchungen wurden zunächst die Zweistoff-Gemische Benzol-Toluol, Äthanol-Wasser, Benzol-Äthylenchlorid und Essigsäure-Wasser verwendet. Der absolute Druck ist in den Grenzen von 50 bis 760 mm Q.-S. geändert worden. Anschließend ist noch Äthylenchlorid-Toluol bei Atmosphärendruck und Unterdrücken bis zu 15 mm Q.-S. untersucht worden. Bei den meisten Messungen wurde eine Säule mit 100 mm Durchmesser bei einer Schichthöhe von 1 m verwendet, die mit Porzellan-Raschig-Ringen mit einer Abmessung von 8 mm gefüllt war.

Belastungskurven[1,2] der zuerst genannten vier Zweistoffgemische zeigt Abb. 310. In allen Fällen nimmt mit steigender Belastung die Wertungszahl wegen der Abnahme der Austauschzeit bis zu einem Kleinstwert ab, um von diesem an stetig anzuwachsen. Ursache für diese Wirkungsverbesserung ist die Vergrößerung der Übergangszahlen infolge Turbulenz und die erhebliche Zunahme des Flüssigkeitsinhaltes der

[1] Kirschbaum, E., u. A. David: Untersuchungen über die Rektifikation verschiedener Gemische in Füllkörpersäulen bei Atmosphärendruck und Unterdrücken. Chem.-Ing.-Tech. 25, 592—594 (1953).

[2] David, A.: Dissertation Techn. Hochschule Karlsruhe 1953.

Säule, die sich in einer Vergrößerung der Aufenthaltszeit der Flüssigkeit auswirkt. Das auffallend stark ausgeprägte Maximum jeder Kurve kann damit erklärt werden, daß der Rücklauf mit einem Boden aufgegeben wurde. Bei Erreichung der Belastungsgrenze hat sich möglicherweise eine Schaumschicht zwischen Boden und Füllkörper ausgebildet. Wird die Dampfgeschwindigkeit so weit gesteigert, daß die Flüssigkeit in der

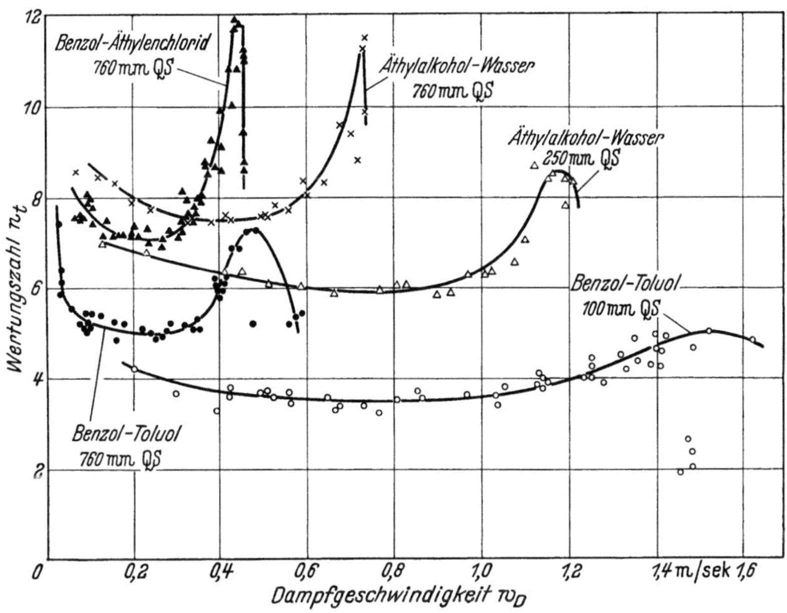

Abb. 310. Wertungszahl in Abhängigkeit von der Dampfgeschwindigkeit

Schicht teils nach oben gerissen wird und sich dadurch vermischt, dann nimmt die Wirkung wieder ab. Dadurch ist es bedingt, daß die Wertungszahl einen Höchstwert erreicht. Sie legt die höchst zulässige Belastung mit der „oberen Grenzgeschwindigkeit“ w_{D_0} fest. In allen Fällen nehmen das Minimum und das Maximum der Wertungszahl ab, wenn der Druck sinkt. So kann aus Abb. 310 für das Gemisch Benzol-Toluol abgelesen werden: Für einen Druck von 760 mm Q.-S. liegt das Minimum bei $w_D = 0{,}25$ m/s mit $n_t = 5$ und für $p = 100$ mm Q.-S. liegt es bei $w_D = 0{,}8$ m/s mit $n_t = 2{,}5$. Den beiden genannten Drücken entsprechen die Maxima bei $w_D = 0{,}45$ m/s mit $n_t = 7{,}2$ und bei $w_D = 1{,}5$ m/s mit $n_t = 5$. Ein weiterer Vergleich der Auswertungen für verschiedene Drücke zeigt, daß die maximale Dampfgeschwindigkeit mit sinkendem Druck steigt. Zur Sicherheit sei jedoch vermerkt, daß die den maximalen Dampfgeschwindigkeiten zugeordneten maximalen Mengengeschwindigkeiten [Mol/m²h] mit abnehmendem Druck ebenfalls abnehmen. Je tiefer der absolute Druck in einer Füllkörpersäule ist, desto weniger leistet sie mengenmäßig.

Der Ast der Belastungskurve, welcher zwischen dem Minimum und dem Maximum der n_t-Werte liegt, ist für die Auswertung der Ablesungen und für die Vorausberechnung einer Säule von besonderer Bedeutung. Dieser Teil der Belastung sei daher mit Hauptabschnitt bezeichnet.

Für die praktische Berechnung einer Füllkörpersäule interessiert vor allem die obere Grenze des Hauptabschnittes, welche durch die obere Grenzgeschwindigkeit festgelegt ist. Sie kann durch den folgend erläuterten Zustand gedeutet werden: Am tiefsten Punkt der schräg liegenden Ringe fallen in den Hohlraum der tiefer lagernden Ringe Tropfen mit einem Durchmesser d_T, so daß sich ihr Gewicht durch das Produkt $C_1 d_T^3 \varrho_F$ ausdrücken läßt, wobei C_1 eine Konstante und ϱ_F die Dichte der Flüssigkeit bedeuten. Die Auftriebskraft $(C_1 d_T^3 \varrho_D\, g)$ sei vernachlässigt, weil die Dichte ϱ_D des Dampfes gegenüber derjenigen der Flüssigkeit verschwindend klein ist. Jeder Tropfen wird von unten vom Dampf angeströmt, so daß auf ersteren eine Strömungskraft $C_2 d_T^2 w_D^2 \varrho_D \cdot g$ ausgeübt wird. Für die Newtonsche Strömung kann C_2 als Konstante angesehen werden. Der Grenzzustand ist denkbar, bei dem bei Erreichen der oberen Grenzgeschwindigkeit Gewicht und Stoßkraft gleich sind. Es muß dann sein:

$$C_1 d_T^3 \varrho_F\, g = C_2 d_T^2 w_{Do}^2 \varrho_D\, g\,. \tag{318}$$

Daraus wird:

$$w_{Do} = \sqrt{\frac{C_1}{C_2}\, d_T\, \varrho_F}\, \sqrt{\frac{1}{\varrho_D}}\,. \tag{319}$$

Bleibt der Tropfendurchmesser bei unveränderlicher Ringabmessung gleich und wird auch ϱ_F im Vergleich zu dem in weiten Grenzen schwankenden ϱ_D als Konstante betrachtet, so geht der Ausdruck unter dem ersten Wurzelzeichen der Gl. (319) in eine Konstante über. Wenn also die geschilderte Vorstellung richtig ist, welche in der Gl. (319) ihren Niederschlag findet, dann muß die obere Grenzgeschwindigkeit direkt proportional dem Werte $\sqrt{1/\varrho_D}$ sein. Um die Richtigkeit dieser Überlegung nachzuprüfen, wurden in Abb. 311 die bei sämtlichen Versuchen erhaltenen oberen Grenzgeschwindigkeiten über der Dichte des Dampfes in der Säule aufgetragen. Für ϱ_D ist der größte in der Säule auftretende Wert zu verwenden, weil dieser den Schwebezustand des Tropfens bedingt. Die Versuchspunkte ergeben im doppeltlogarithmischen Bild eine Gerade, welche die Gleichung befolgt:

$$w_{Do} = 0{,}84\sqrt{\frac{1}{\varrho_D}}\,. \tag{320}$$

Die empirische Gl. (320) bestätigt die Richtigkeit der theoretisch abgeleiteten Gl. (319). Man kann mit ihr die obere Grenzgeschwindigkeit für die verwendete Säule vorausberechnen. Nach Gl. (320) muß

$$w_{Do}^2 \varrho_D = 0{,}84^2 \tag{320a}$$

sein.

Verquickt man diese Beziehung mit der Grundgleichung, mit der man den Druckverlust Δp [mm W.-S.] vorausberechnen kann, welchen

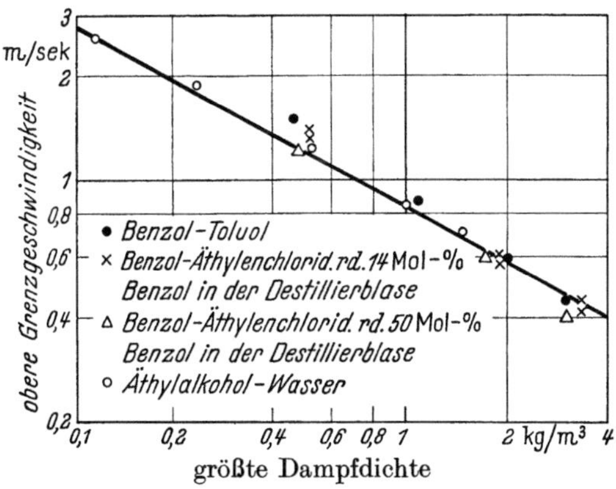

Abb. 311. Obere Grenzgeschwindigkeit in Abhängigkeit von der größten Dampfdichte

ein Gas oder ein Dampf beim Durchströmen eines Rohres oder einer Füllkörperschicht erleiden, so läßt sich eine Voraussage machen über die Höhe des Druckverlustes, der sich bei der oberen Grenzgeschwindigkeit einstellt. Diese Gleichung lautet:

$$\Delta p = \zeta \frac{w_D^2}{2} \varrho_D \frac{H}{d_r} \,. \tag{321}$$

In ihr bedeuten ζ den Strömungsfaktor, H [m] die Schichthöhe und d_r [m] den Füllkörperdurchmesser. Um Gl. (321) allgemein anwendbar zu gestalten, ist vorgeschlagen worden[1], an Stelle von d_r einen „hydraulischen Zwischenraumradius" einzuführen.

Im Gegensatz zur Strömung im Rohr ist der Strömungsfaktor ζ bei berieselten Füllkörpern nicht nur von der Re-Zahl des Dampfes, sondern auch noch von andern Einflußgrößen abhängig. Der Druckverlust hat, wie die Messungen zeigen, beim Erreichen der oberen Grenzgeschwindigkeit w_{Do} bei allen Gemischen und Drücken für 8×8 mm Raschig-Ringe im Mittel einen Wert von

$$\Delta p_m = 240 \text{ mm W.-S./m.} \tag{321a}$$

[1] Barth, W.: Der Druckverlust bei der Durchströmung von Füllkörpersäulen und Schüttgut mit und ohne Berieselung. Chem.-Ing.-Tech. **23**, 289/93 (1951).

In Abb. 312 sind vier der aufgenommenen Druckverlustkurven wiedergegeben. Der Knickpunkt, welcher die obere Grenzgeschwindigkeit festlegt, ist durch einen Doppelkreis gekennzeichnet. Ein der Beziehung (321a) entsprechender Zusammenhang ist auch für Füllkörper

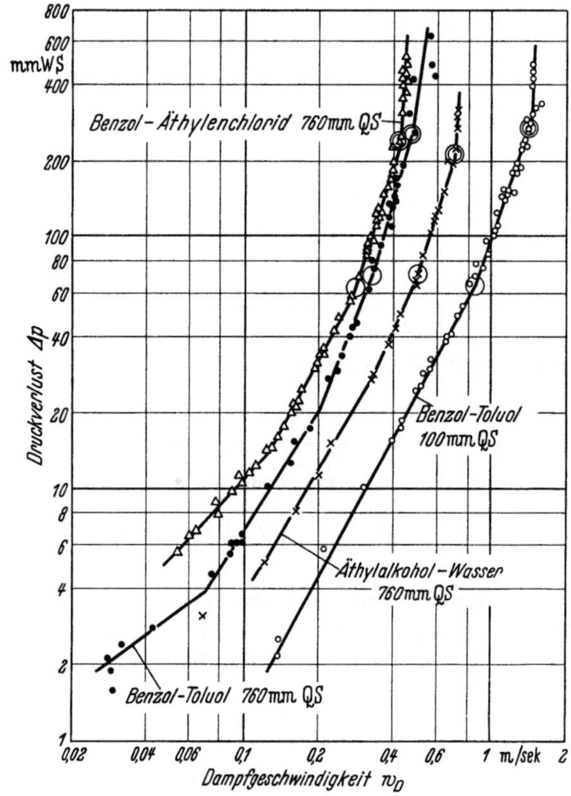

Abb. 312. Druckverlust in Abhängigkeit von der Dampfgeschwindigkeit (Bedingungen wie für Abb. 310

gefunden worden, welche eine größere Abmessung als 8 mm aufweisen[1], (s. S. 418, Zahlentafel 13). Für eine Abmessung von z. B. $d_r = 25$ mm ergab sich $\Delta p = 70$ mm W.-S./m.

Mit der Beziehung (320) ist für ein gegebenes Gemisch und für die bei den Versuchen verwendeten Ringe die obere Grenzgeschwindigkeit berechenbar. Sie wird allgemein für die Bestimmung des Säulendurchmessers verwendet. Für die Festlegung der Schichthöhe ist aber die

[1] Mach, E.: Druckverluste und Belastungsgrenzen von Füllkörpersäulen. VDI-Forschungsheft 375. Berlin: VDI-Verlag 1935.

Kenntnis der Wertungszahl erforderlich. In ihr kommt die Größe der Austauschzahlen zum Ausdruck. Grundsätzlich sind sie mit Hilfe bekannter Gleichungen bestimmbar, in denen die maßgebenden, dimensionslosen Kennzahlen auftreten. In diesen sind neben den Stoffaustausch- und Diffusionszahlen noch weitere physikalische Größen enthalten. Letztere sind für die untersuchten Gemische nicht oder nur ungenau bekannt. Deshalb und weil die Versuche, dimensionslose Kenngrößen zum Zwecke der Vorausberechnung der Wertungszahl zu einer Gleichung zusammenfassen, zu keinem praktisch verwertbaren Ergebnis führten, wurde folgendes Gedankenexperiment auf seine Brauchbarkeit hin geprüft. In einer Beziehung zur Berechnung der Übergangskoeffizienten und damit auch der Wertungszahl n_t treten dieselben erwähnten, nicht oder nur ungenau bekannten Werte auf, deren Kenntnis für die Bestimmung des Druckverlustes ebenfalls erforderlich ist, wobei zu bedenken ist, daß allgemein und auch für kleine w_D-Werte der Faktor ζ in Gl. (321) von verschiedenen Kennzahlen abhängig ist. Der Druckverlust Δp selbst wurde aber bei den Versuchen gemessen. Bringt man also diesen in eine Beziehung zur Wertungszahl, dann umgeht man die Erfassung jener erwähnten unbekannten Zahlen. Es wurde deshalb der Hauptabschnitt einer besonderen Betrachtung unterzogen. Er beginnt bei einem Druckverlust von etwa 70 mm W.-S./m gemäß den in Abb. 312 eingetragenen Kreisen und endet bei einem Druckverlust von 240 mm W.-S./m (in Abb. 312 durch Doppelkreise gekennzeichnet). Aus nahezu 300 für diesen Hauptabschnitt geltenden Versuchswerten wurde die dimensionslose Zahl n_t/ζ gebildet, welche mit „Grundwert" bezeichnet sei. Es zeigte sich, daß dieser bei allen Druckverlusten angenähert gleich ist und im Mittel den Wert

$$\frac{n_t}{\zeta} = 0{,}13 \tag{322}$$

hat. Lediglich die Versuche mit dem Gemisch Essigsäure-Wasser lieferten von dem genannten Wert etwas nach unten abweichende Ergebnisse. Dies kann damit erklärt werden, daß das Gemisch die Destillierblase, welche aus Elektrolytkupfer bestand, angriff, wobei sich Kupferacetat bildete. Das gelöste Salz beeinflußte das Siedegleichgewicht des Flüssigkeitsgemisches, was die Meßergebnisse beeinträchtigte. Zudem mußten die Versuche mit dem erwähnten Gemisch in besonders kurzer Zeit durchgeführt werden, um eine unzulässig große Korrosion zu vermeiden.

Weil Gl. (322) den ganzen Hauptabschnitt erfaßt, gilt sie für den wichtigen Grenzfall der oberen Grenzgeschwindigkeit, was in einem Zahlenbeispiel nachgewiesen sei: Für die Rektifikation von Benzol-Toluol mit einer Dichte von $\varrho_D = 3\ \mathrm{kg/m^3}$ sollen für einen Druck von 760 mm Q.-S. die obere Grenzgeschwindigkeit und die ihr zugeordnete Wertungszahl bestimmt werden, wenn 8 mm-Raschig-Ringe zur Anwendung kommen. (Das Beispiel entspricht der zugeordneten Versuchskurve in Abb. 310.) Zu $\varrho_D = 3$ kg/m³ ergibt sich mit Gl. (320) eine obere Grenzgeschwindigkeit von $w_{Do} = 0{,}84 \sqrt{1/3} = 0{,}48$ m/s. Weil ihr ein Druckverlust von 240 mm W.-S./m zugeordnet ist, folgt mit $w_{Do}^2 \varrho = 0{,}84^2$ und Gl. (321) $240 = \zeta \frac{0{,}48^2}{2} \cdot 3 \cdot \frac{1}{0{,}008} \cdot \frac{1}{9{,}81}$ woraus berechnet wird: $\zeta = 55$. Nach Gl. (322) wird die Wertungszahl

$$n_t = 0{,}13 \cdot 55 = 7{,}15 .$$

Dieser Wert stimmt mit dem aus Abb. 310 entnehmbaren gut überein.

Der Beginn des Hauptabschnittes ist durch einen Druckverlust von etwa 70 mm W.-S./m gekennzeichnet, dem eine sog. untere Grenzgeschwindigkeit w_{Du} zugeordnet ist. Der Zusammenhang zwischen Druckverlust und Geschwindigkeit ist ähnlich wie beim Erreichen der oberen Belastungsgrenze durch Strömungsvorgänge bedingt. Zu dem Druckverlust von 70 mm W.-S./m kann aus Abb. 312 eine untere Grenzgeschwindigkeit von $w_{Du} = 0{,}32$ m/s abgelesen werden. (Sie läßt sich auch nach den von Mach aufgestellten Gleichungen[1] berechnen.) Mit Hilfe der Gl. (321) berechnet sich der Strömungsfaktor ζ zu 36. Damit folgt eine zu der unteren Grenzgeschwindigkeit gehörige Wertungszahl von $n_t = 0{,}13 \cdot 36 = 4{,}7$. Diese Zahl liegt um 6% unter dem Versuchswert. Versuch und Rechnung stimmen jedoch genau überein, wenn berücksichtigt wird, daß bei der kleineren Wertungszahl, die sich bei der unteren Grenzgeschwindigkeit ergibt, ein ϱ_D von 2,75 kg/m³ einzusetzen ist.

Bei der Rektifikation von Äthanol-Wasser bei Atmosphärendruck unter Verwendung einer Säule mit 400 mm Durchmesser und eines Rückdruckrades als Aufgabevorrichtung wurde für die Grenzbelastung festgestellt, daß die höchstzulässige Dampfgeschwindigkeit (obere Grenzgeschwindigkeit) um etwa 5% unterhalb derjenigen der Säule mit 100 mm Durchmesser lag. Der maximale n_t-Wert war jedoch bei der weiten Säule wesentlich kleiner als bei der engen. Daß der Säulendurchmesser, dessen Einfluß für die Abmessungen von 400 mm und 750 mm vergleichsweise – nicht aber für 100 mm und 400 mm – untersucht ist, eine ausschlaggebende Rolle spielt, geht aus einem der folgenden Kapitel hervor. Diese scheinbare Unstimmigkeit verschwindet jedoch, wenn man bedenkt, daß der Säulenquerschnitt nicht mit der oberen Grenzgeschwindigkeit berechnet wird, sondern daß stets noch ein Überlastungszuschlag eingeschlossen wird. Beträgt dieser beispielsweise 20%, so ist der so verringerten und der Berechnung des Säulenquerschnittes zugrunde zu legenden Dampfgeschwindigkeit eine Wertungszahl zugeordnet, die für

[1] Mach, E.: Druckverluste und Belastungsgrenzen von Füllkörpersäulen. VDI-Forschungsheft 375, Berlin: VDI-Verlag 1935.

die beiden Säulen nur so viel voneinander abweicht, wie es der Einfluß des Säulendurchmessers vermuten läßt (s. Abschn. J, 10).

Das stark ausgeprägte Maximum zeigte sich auch bei der Verwendung der Säule mit 100 mm Durchmesser und Atmosphärendruck für

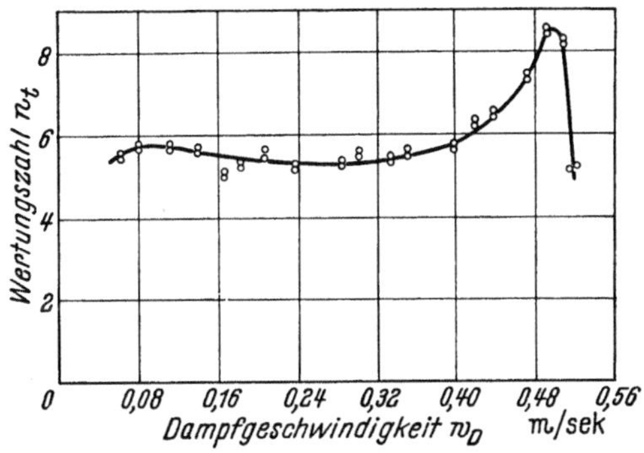

Abb. 313. Wertungszahl n_t in Abhängigkeit von der Dampfgeschwindigkeit w_D am Säulenkopf

(Atmosphärendruck)

8-mm-Porzellan-Raschig-Ringe; Schichthöhe 1 m; Säulendurchmesser 100 mm; Gemisch: Äthylenchlorid-Toluol; Blasenkonzentration: 5 Mol-% Äthylenchlorid; Rücklaufverhältnis: $v = \infty$

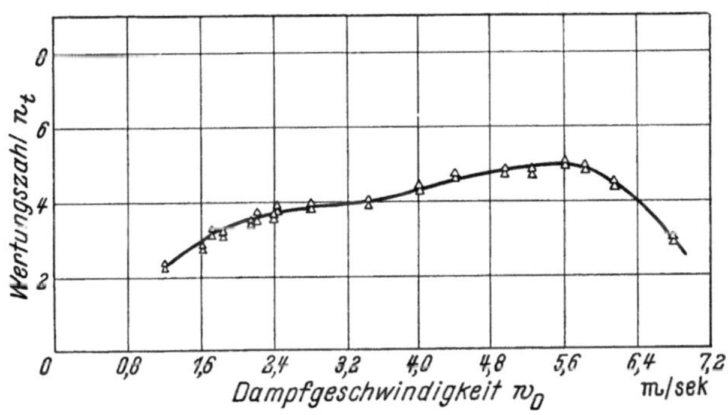

Abb. 314. Wertungszahl n_t in Abhängigkeit von der Dampfgeschwindigkeit w_D am Säulenkopf

Druck p = 15 mm Q.-S.

8-mm-Porzellan-Raschig-Ringe; Schichthöhe 1 m; Säulendurchmesser 100 mm; Gemisch: Äthylenchlorid-Toluol; Blasenkonzentration 5 Mol-% Äthylenchlorid; Rücklaufverhältnis $v = \infty$

das Gemisch Äthylenchlorid-Toluol[1], wie aus Abb. 313 hervorgeht. Es war jedoch gemäß Abb. 314 wesentlich schwächer, wenn der absolute Druck auf 15 mm Q.-S. gesenkt wurde. Um in einem Bild die Belastungskurven für die absoluten Drücke von 750 mm Q.-S. bis 15 mm Q.-S. erfassen zu können, ist in Abb. 315 die Wertungszahl über der Mengen-

[1] Kirschbaum, E., W. Busch u. R. Billet: Rektifikation in Füllkörpersäulen bei Atmosphärendruck und Unterdrücken. Chem.-Ing.-Tech. **28**, 475/480 (1956).

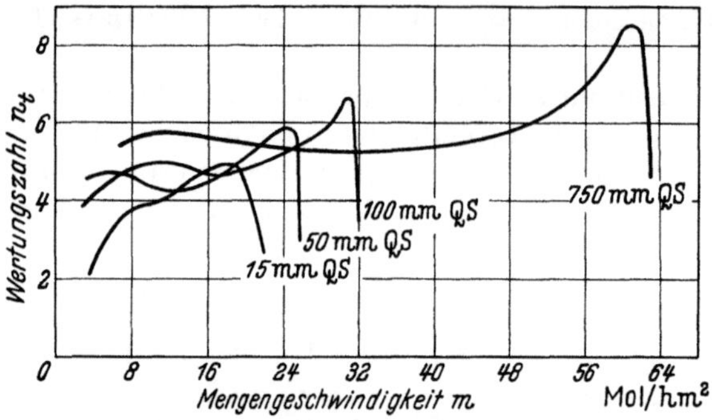

Abb. 315. Wertungszahl n_t in Abhängigkeit von der Mengengeschwindigkeit m am Säulenkopf bei Atmosphärendruck und Unterdrücken

8-mm-Porzellan-Raschig-Ringe; Schichthöhe 1 m; Säulendurchmesser 100 mm; Gemisch: Äthylenchlorid-Toluol; Blasenkonzentration 5 Mol-% Äthylenchlorid; Rücklaufverhältnis $v = \infty$

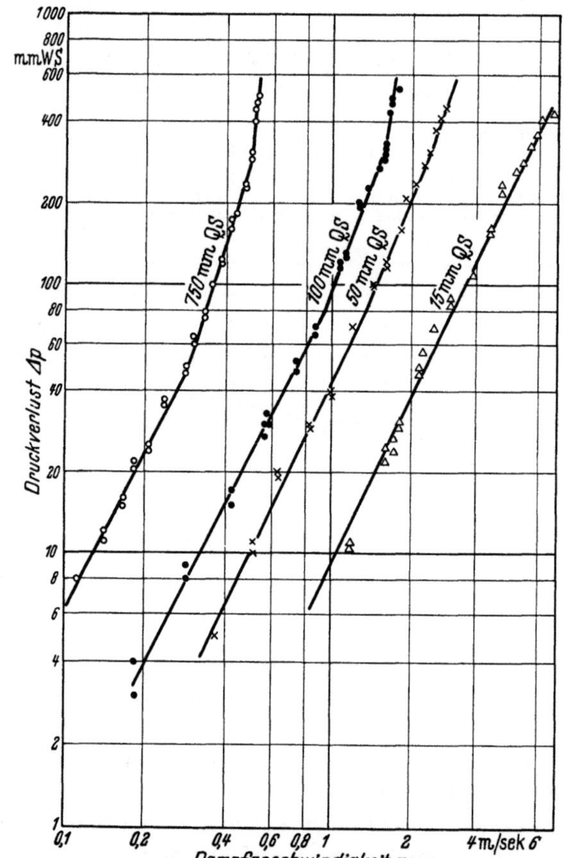

Abb. 316. Druckverlust Δp in Abhängigkeit von der Dampfgeschwindigkeit w_D am Säulenkopf bei Atmosphärendruck und Unterdrücken

8-mm-Porzellan-Raschig-Ringe; Schichthöhe 1 m; Säulendurchmesser 100 mm; Gemisch: Äthylenchlorid-Toluol; Blasenkonzentration 5 Mol-% Äthylenchlorid; Rücklaufverhältnis $v = \infty$

geschwindigkeit m [Mol/m²h] aufgetragen. Es zeigt sich, daß, wie bei den Rektifizierböden, die Trennwirkung mit abnehmendem Druck sinkt. Mit Hilfe der gemessenen Druckverluste, welche in Abb. 316 in Abhängigkeit von der Dampfgeschwindigkeit für verschiedene Drücke aufgetragen sind, ist es möglich, eine Extrapolation für Drücke vorzunehmen, die kleiner sind als 15 mm Q.-S. In Abb. 317 sind diese Linien,

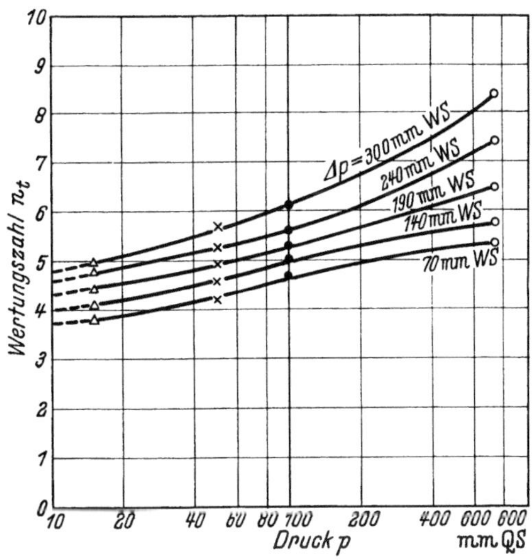

Abb. 317. Wertungszahl n_t in Abhängigkeit vom Druck p am Säulenkopf bei konstantem Druckverlust Δp

8-mm-Porzellan-Raschig-Ringe; Schichthöhe 1 m; Säulendurchmesser 100 mm; Gemisch: Äthylenchlorid-Toluol; Blasenkonzentration 5 Mol-% Äthylenchlorid; Rücklaufverhältnis $v = \infty$

mit denen die Extrapolation vorgenommen wird, gestrichelt gezeichnet. Die Wertungszahl ist in der genannten Darstellung über dem absoluten Druck aufgetragen, während die einzelnen Kurven für bestimmte Druckverluste Δp in der gesamten 1 m hohen Füllkörperschicht gelten. Die Gl. (320) wurde auch für das letztgenannte Gemisch als gültig gefunden. Lediglich die Konstante vor dem Wurzelzeichen der rechten Seite der Gl. (320) lag für Äthylenchlorid-Toluol um einige Prozente über 0,84, was mit der Unreinheit des Gemisches zusammenhängen kann. Auch die Gültigkeit der Beziehung (322) wurde bestätigt.

Bei der Rektifikation des Gemisches Äthanol-Wasser in einer Säule mit 400 mm Durchmesser und 1 m Schichthöhe, die mit Raschig-Ringen aus Porzellan mit einer Abmessung von 25 mm gefüllt war, ergaben sich die gleichen Zusammenhänge wie für das Gemisch Äthylenchlorid-Toluol. In Abb. 318 sind die Belastungskurven für die absoluten Drücke von 760 mm Q.-S. bis 50 mm Q.-S. dargestellt. Danach nimmt die Trennwirkung mit sinkendem Druck ebenfalls ab. Eine Extrapolation auf tiefere Drücke gestatten die Kurven in Abb. 319, welche für verschiedene Druckverluste Δp gelten und den Zusammenhang zwischen

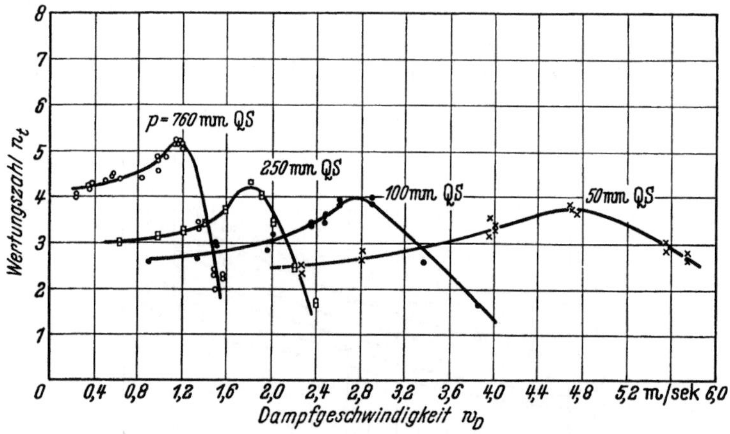

Abb. 318. Wertungszahl n_t in Abhängigkeit von der Dampfgeschwindigkeit w_D am Säulenkopf bei Atmosphärendruck und Unterdrücken

25-mm-Porzellan-Raschig-Ringe; Schichthöhe 1 m; Säulendurchmesser 400 mm; Gemisch: Äthanol-Wasser; Blasenkonzentration 4 Mol-% Äthanol; Rücklaufverhältnis $v = \infty$

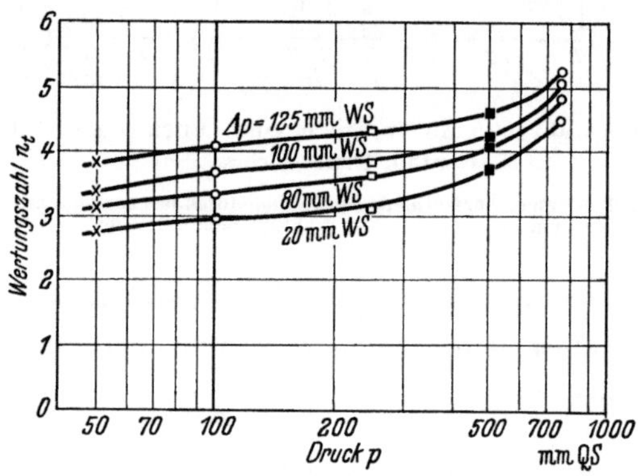

Abb. 319. Wertungszahl n_t in Abhängigkeit vom Druck p am Säulenkopf bei konstantem Druckverlust Δp

25-mm-Porzellan-Raschig-Ringe; Schichthöhe 1 m; Säulendurchmesser 400 mm; Gemisch: Äthanol-Wasser; Blasenkonzentration 4 Mol-% Äthanol; Rücklaufverhältnis $v = \infty$

Wertungszahl und absolutem Druck wiedergeben. Für die größeren Raschig-Ringe mit 25 mm Abmessung geht Gl. (320) über in

$$w_{D\,0} = 1{,}28 \sqrt{\frac{1}{\varrho_D}} \tag{320b}$$

und die Gl. (322) wurde auch für die größeren Ringe als gültig gefunden ($n_t/\zeta = 0{,}13$).

8. Flüssigkeitsverteilung in der Füllkörperschicht

Bei den vorstehend mitgeteilten Ergebnissen betrug die Schichthöhe der untersuchten Füllkörpersäulen bei allen Versuchsreihen entweder 1 m oder 2 m. Um die Ergebnisse der in den folgenden Abschnitten mitgeteilten Messungen erklären zu können, ist es notwendig, auf die Verteilung der Flüssigkeit in der Füllkörperschicht einzugehen. Man

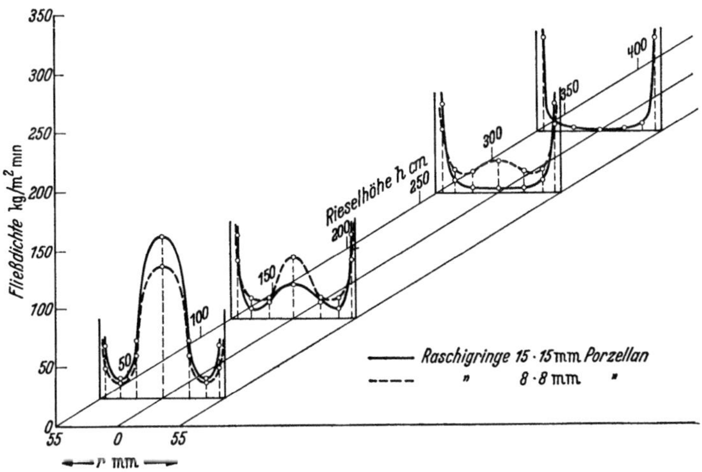

Abb. 320. Fließdichte in Abhängigkeit von der Rieselhöhe und vom Abstand von der Säulenmitte

führt zweckmäßigerweise den Begriff der Fließdichte ein, welche die in der Zeiteinheit durch 1 m² Säulenquerschnitt strömende Flüssigkeitsmenge angibt. Sie ist in Abb. 320 für verschiedene Stellen der Schicht und damit in Abhängigkeit vom Abstand der betrachteten Stelle von der Säulenmitte und in Abhängigkeit von der Rieselhöhe aufgetragen. Letztere stellt diejenige Wegstrecke dar, welche die Flüssigkeit nach ihrem Auftreffen auf die Füllkörperschicht bis zu dem betrachteten Querschnitt in senkrechter Richtung zurücklegt. Sie wurde zunächst aus Versuchen mit einer Säule von 110 mm Durchmesser und unter Verwendung von Wasser als Versuchsflüssigkeit erhalten. Die Darstellung zeigt, daß die in der Säulenmitte durch ein Rohr aufgegebene Flüssigkeit sich mit zunehmender Rieselhöhe in Richtung zum Säulenmantel bewegt und daß große Ringe die Flüssigkeit rascher nach außen leiten als kleine. Ähnliche für verschiedene Zustände geltende Ergebnisse zeigt Abb. 321, in dem die Rieselhöhe als Abszisse und als Ordinate der sogenannte Schwerpunktsabstand aufgetragen sind. Der Schwerpunkt wird gemäß Abb. 321 dadurch gefunden, daß die Flüssigkeitsmengen, welche durch bestimmte Kreisringe des Säulenquerschnitts fließen, als Kräfte P_1, P_2, P_3 usw. aufgefaßt und diese Kräfte im Schwerpunkt der längs einer Geraden aufgeschnittenen und gerade ausgestreckten Kreisringfläche angreifend gedacht werden. Die Resultierende dieser Kräfte wirkt dann im Schwerpunktsabstand x_s vom Mittelpunkt der Säule.

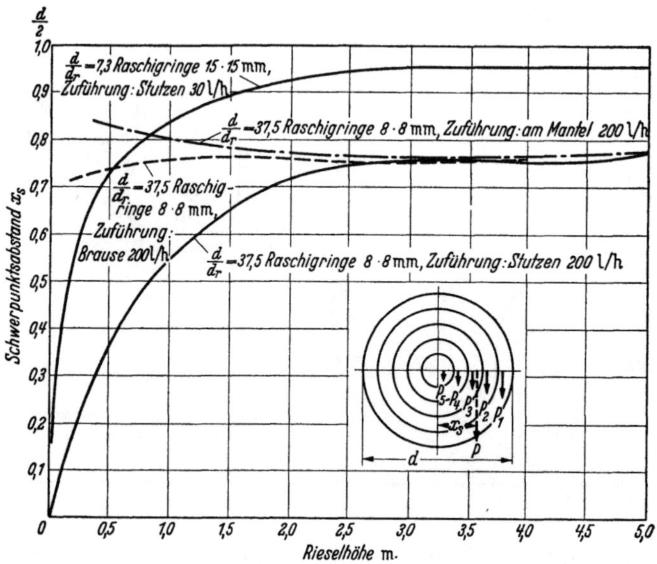

Abb. 321. Verlagerung des Schwerpunktes der Flüssigkeit in Füllkörperschichten

In der Abbildung bedeuten d den Säulendurchmesser und d_r die Abmessung der Porzellan-Raschig-Ringe. Aus dem Vergleich der Kurven geht hervor, daß große Ringe die Flüssigkeit stärker nach außen leiten und daß von einer gewissen Rieselhöhe ab der Schwerpunktsabstand den gleichen Wert von $x_s = 0{,}76 \cdot d/2$ für $d/d_r = 37{,}5$ beibehält. Bei Sattel-Füllkörpern aus Porzellan mit 25 mm Abmessung und einem Turmdurchmesser von 300 mm ($d/d_r = 12$) sinkt x_s auf $0{,}72 \cdot d/2$. Einer gleichmäßigen Flüssigkeitsverteilung entspricht ein x_s von $0{,}67 \cdot d/2$. Als Versuchsflüssigkeit wurde Wasser verwendet. Die Schwerpunktsverlagerung zeigte sich als unabhängig von der Menge der aufgegebenen Rieselflüssigkeit.

Ein Grund für die festgestellte Bewegung der Flüssigkeit liegt in der Tatsache, daß sich die Füllkörper am Säulenmantel geordnet anlagern, so daß größere Durchströmquerschnitte entstehen können. Abb. 322 zeigt, daß sich beispielsweise Ringe von 25 mm Abmessung in einem Glasmantel von 400 mm Durchmesser vorwiegend mit der Kreisringfläche an den Mantel oder mit der Ringachse parallel zur Mantelfläche legen. Dadurch fehlen auch schräge Ableitungswände, welche die Flüssigkeit vom Mantel wegführen könnten. In der Schicht selbst lagern an einen Füllkörper an seiner Fläche gegen den Umfang mehr Füllkörper an als gegen die Mitte, so daß auch dadurch ein Ableiten der Flüssigkeit gegen den Mantel möglich ist. Im Hinblick auf die geschilderten Erscheinungen soll das Verhältnis des Säulendurchmessers zur Füllkörperabmessung einen bestimmten Wert, nämlich etwa 10 nicht unterschreiten. Dasselbe Ergebnis liefern auch Versuche über Druckverluste in

Abb. 322. Lagerung der Raschig-Ringe im glatten Mantel

Füllkörpersäulen (s. Abschn. J III). Es wird auch angegeben[1], daß bei großen Säulendurchmessern die Flüssigkeit sich nicht beachtlich nach dem Säulenmantel zu bewegt. Dadurch, daß der Mantel in gewellter Form (s. Abb. 323) ausgeführt wird, kann die falsche Lagerung der Ringe am Säulenmantel vermieden werden. An dem gewellten Mantel aus Glas lagern sich die Ringe gemäß Abb. 324 schräg. Diese schräge Lage der Ringe war bereits der Erfindungsgedanke von Raschig. Für enge Säulen mit 4, 8 und 16 cm Durchmesser ist die günstige Wirkung der Mantelwellung nachgewiesen[2]. Für größere Säulendurchmesser werden sie im folgenden Abschnitt behandelt.

Stets ist noch eine nachteilige Erscheinung festzustellen, nämlich die der Bachbildung, welche von der Oberflächenspannung der Flüssigkeiten herrührt. Sie hat zur Folge, daß die Füllkörper nicht überall von der Flüssigkeit in dünner Schicht berieselt werden, sondern daß sich die

[1] Baker, T., T. H. Chilton, and H. C. Vernon: The course of liquor flow in packed towers. Trans. Am. Inst. Chem. Eng. **31**, 296—313 (1935).

[2] Stürmann, O. H.: Leistungssteigerung von Füllkörpersäulen durch neue Wandformen. Diss. Universität Hamburg 1937.

Flüssigkeit mit zunehmender Rieselhöhe zu Flüssigkeitsbächen zusammenzieht. Abb. 325 zeigt, wie Wasser von etwa 20° C, das gleichmäßig in einer Menge von 200 l/h mittels einer Brause aufgegeben wird, den Rost einer 1,5 m hohen Säule mit einem Durchmesser von 300 mm verläßt, die mit Porzellan-Raschig-Ringen mit 8 mm Abmessung aufgefüllt

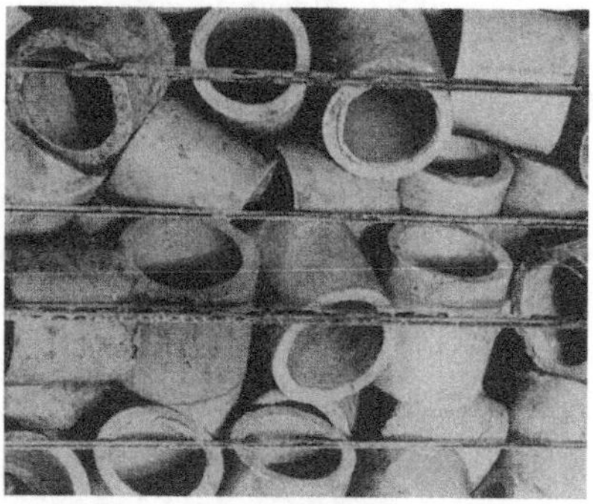

Abb. 324

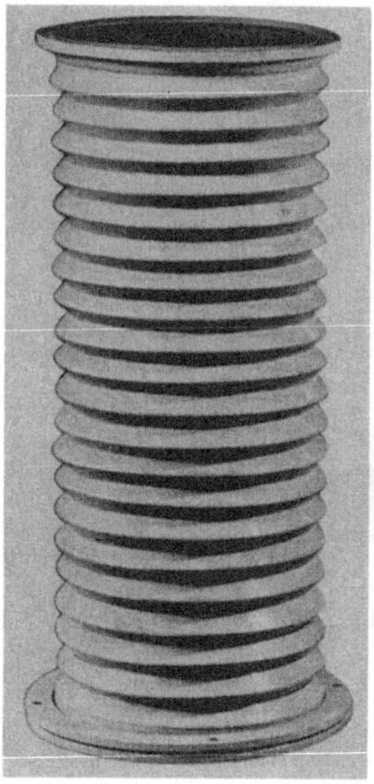

Abb. 323

Abb. 325

Abb. 323. Ansicht des 1 m hohen, gewellten Mantelschusses mit 400 mm Innendurchmesser

Abb. 324. Lagerung der Raschig-Ringe im gewellten Mantel

Abb. 325. Flüssigkeitsverteilung unter dem Tragrost einer Füllkörpersäule

ist. Wird atmosphärische Luft mit einer Geschwindigkeit von etwa 0,5 m/s durch die Schicht gesaugt, so nimmt die Zahl der aus der Füllkörperschicht kommenden Flüssigkeitsstrahlen von 60 auf 30 ab und letztere reichern sich mehr in der Nähe des Umfanges an. Es ist möglich, daß die Bachbildung von der Füllkörpergröße und -form sowie von der Art und Menge der Rieselflüssigkeit beeinflußt wird.

Wird in der Füllkörperschicht eine Vorrichtung eingebaut, welche die nachteilige Flüssigkeitsverteilung beseitigt und die Bäche unterbindet, so wird dadurch die Wirkung verbessert. Eine solche Vorrichtung zeigt Abb. 326. Der konische Verteilerboden weist Löcher auf, von denen

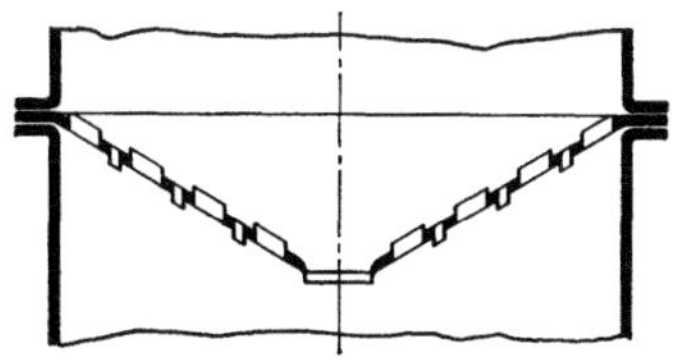

Abb. 326. Konischer Verteilerboden

die weiten für den Dampf- und die engen für den Flüssigkeitsdurchtritt vorgesehen sind. Die günstige Wirkung dieser Verteilervorrichtung beweisen vorliegende Versuchsergebnisse[1].

9. Wahre und mittlere spezifische Wertungszahl als Maßstab für die Rektifizierwirkung von Füllkörpersäulen

Die Erkenntnisse über die Flüssigkeitsverteilung in Füllkörperschichten lassen vermuten, daß nicht nur die Art der Lagerung der Füllkörper am Säulenmantel, sondern auch die Höhe der Füllkörperschicht selbst einen Einfluß auf Trennwirkung und Belastbarkeit haben. Um zu prüfen, wie groß dieser Einfluß unter Berücksichtigung der Randgängigkeit der strömenden Stoffe tatsächlich ist, war es erforderlich, nicht nur auf größere Schichthöhen überzugehen, sondern gleichzeitig zwei Säulen zu untersuchen, von denen die eine mit glattem Mantel die übliche Randgängigkeit aufweist, während die andere möglichst ohne Randgängigkeit arbeiten sollte.

Dies wurde dadurch erreicht, daß der Mantel gemäß Abb. 323 gewellt ausgeführt wurde. Die Länge der schrägen Flächen betrug 30 mm. Durch die Wellung wurden die Füllkörper gezwungen, sich am Mantel schräg zu lagern, wie es Abb. 324 zeigt, das unter Verwendung eines gewellten Glasmantels angefertigt wurde. Der kleinste Innendurchmesser des gewellten Mantels betrug 400 mm und war gleich dem Innendurchmesser des glatten Mantels. Die verwendeten Steinzeugringe hatten eine mittlere Abmessung von 25 mm. Durch den Fabrikationsgang bedingt schwankte die Abmessung zwischen 23 und 28 mm.

In Abb. 327 sind die Belastungskurven für verschiedene Schichthöhen H und den glatten Mantel wiedergegeben. Alle Kurven weisen einen Maximalwert von n_t bei einer Dampfgeschwindigkeit von 1,1 m/s auf.

[1] Kirschbaum, E.: Verfahren zur Bestimmung der Höhe von Füllkörpersäulen der Destillier- und Rektifiziertechnik. VDI-Beiheft Verfahrenstechnik **1943**, Nr. 1, 15/20.

Bei $H = 2$ m liegt er bei $n_t = 8$ und steigt bei $H = 4$ m auf $n_t = 14{,}6$ an. Welche Veränderung die Mantelwellung bewirkt, zeigen die Belastungskurven nach Abb. 328. Die höchstzulässige Belastung entspricht jetzt einer Dampfgeschwindigkeit von 1,3 m/s, und das Maximum der

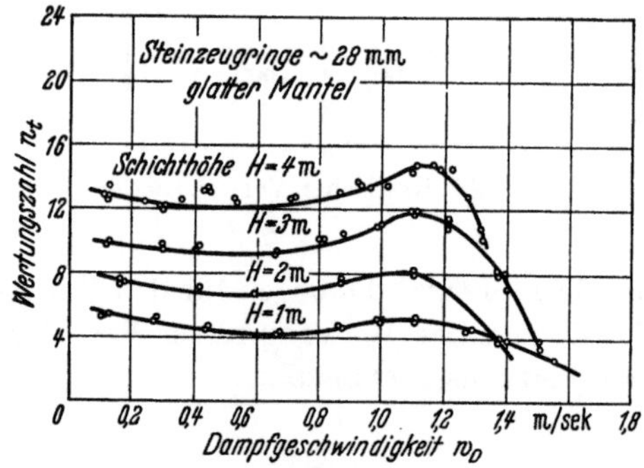

Abb. 327. Wertungszahl n_t bei verschiedenen Schichthöhen einer Füllkörpersäule von 400 mm Dmr.

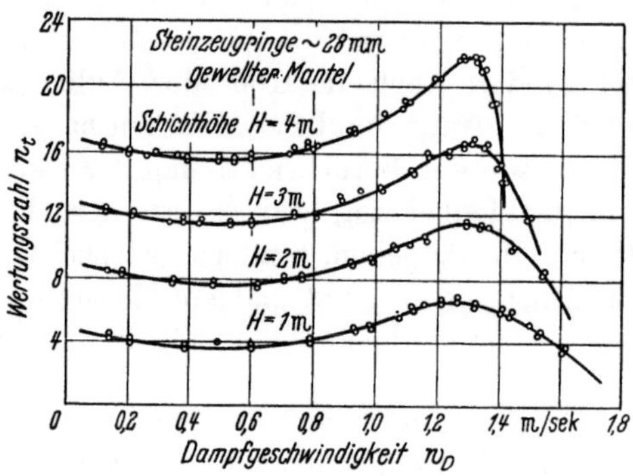

Abb. 328. Wertungszahl n_t bei verschiedenen Schichthöhen einer Füllkörpersäule von 400 mm Dmr.

Wertungszahl für eine Schichthöhe von $H = 4$ m liegt bei $n_t = 21{,}8$. Die höchstzulässige Dampfgeschwindigkeit ist demnach durch die Wellung um 18% gestiegen. Noch deutlicher tritt die Steigerung von n_t in Erscheinung, wenn diese über der Schichthöhe für die höchstzulässigen Dampfgeschwindigkeiten aufgetragen wird, Abb. 329. Für $H > 1$ m ergibt der Zusammenhang zwischen Wertungszahl und Schichthöhe eine Gerade. Der Tangens des Winkels, den diese beiden Geraden mit der Horizontalen einschließen, gibt die wahre spezifische Wertungszahl

$$n_s = \frac{d n_t}{d H} \tag{323}$$

an, welche begrifflich die Anzahl theoretischer Böden darstellt, die auf 1 m Schichthöhe entfällt. Für $H > 1$ m liegt sie für den glatten Mantel

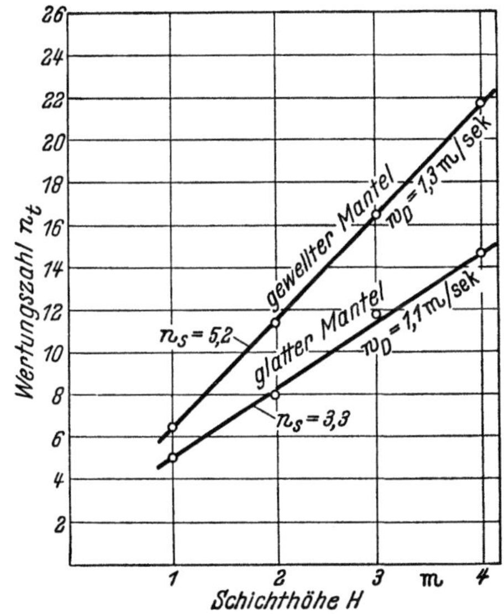

Abb. 329. Die Wertungszahl von Füllkörpersäulen mit glattem und gewelltem Mantel

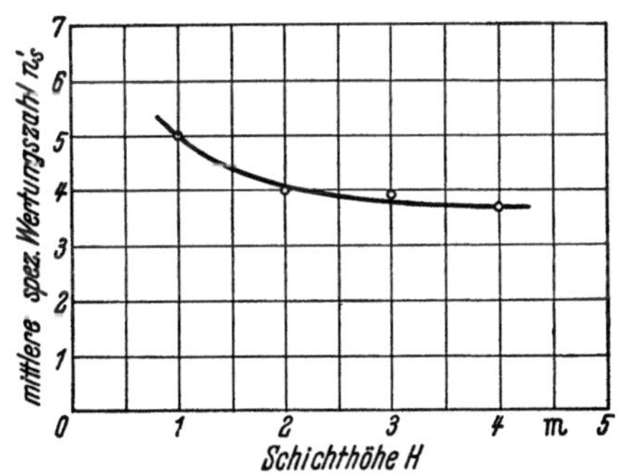

Abb. 330. Mittlere spezifische Wertungszahl in Abhängigkeit von der Schichthöhe

Versuchsgemisch: Äthanol-Wasser; Blasenkonzentration: $\xi_B = 10$ Gew.-% Äthanol; Druck am Säulenkopf: $p = 760$ mm Q.-S.; Rücklaufverhältnis: $v = \infty$; Durchmesser des glatten Mantels: $D_S = 400$ mm; Füllkörper: Steinzeugringe der mittleren Abmessung 25 × 25 mm; Dampfgeschwindigkeit: $w_D = 1{,}1$ m/s

bei $n_s = 3{,}3$, und beim gewellten Mantel hat sie trotz der höheren Belastbarkeit den Wert von $n_s = 5{,}2$ und liegt damit um 58% höher. Für $H = 1$ m bewirkt die Wellung eine Erhöhung des Maximalwertes von n_t

von 5 auf 6,5 um 30%. Die Wellung wirkt sich also erst bei größeren Schichthöhen besonders günstig aus.

Während die wahre spezifische Wertungszahl Aufschluß darüber gibt, wie die Säule in einzelnen Querschnitten wirkt, ist es zweckmäßig, für praktische Berechnungen einen Mittelwert der wahren spezifischen Wertungszahl einzuführen, welcher für eine bestimmte Säulenhöhe H_1 gilt. Diese mittlere spezifische Wertungszahl n_s' stellt den Integralmittelwert über einen bestimmten Schichthöhenbereich dar, beispielsweise von $H = 0$ bis $H = H_1$. Mathematisch ist deshalb n_s' durch die folgende Gleichung bestimmt

$$n_s' = \frac{1}{H_1} \int\limits_{H=0}^{H=H_1} n_s \, dH. \tag{324}$$

Diese Zahl kann auch aus Versuchswerten berechnet werden, indem die wirkliche Wertungszahl durch den Zahlenwert der Schichthöhe geteilt wird:

$$n_s' = \frac{n_t}{H}. \tag{325}$$

In Abb. 330 ist n_s' über H für den glatten Säulenmantel aufgetragen. Danach ergibt sich aus Abb. 327, daß bei $w_D = 1{,}1$ m/s für $H = 1$ m $n_s' = 5$ und für $H = 4$ m $n_s' = 3{,}7$ beträgt.

10. Einfluß des Säulendurchmessers auf Wirkung und Belastbarkeit von Füllkörpersäulen[1]

Die Strömungsverhältnisse im Innern einer Füllkörperschicht sind derart verwickelt und einer rechnerischen Erfassung so unzugänglich, daß der einzig sichere Weg der Erforschung nur derjenige des Experimentes ist. Deshalb wurden für im übrigen vollkommen gleiche Verhältnisse Trennwirkung und Belastbarkeit von zwei Füllkörpersäulen mit 750 und 400 mm Durchmesser gemessen. Die Säulenquerschnitte verhielten sich also wie 3,5 zu 1. In beiden Fällen wurde das Gemisch Äthanol-Wasser zerlegt; es wurden Porzellan-Raschig-Ringe mit einer Abmessung von im Mittel 23 mm bei einer Schichthöhe von 1 m benutzt.

Entscheidend für die Wirksamkeit einer Füllkörpersäule ist, daß die Flüssigkeit bei allen Belastungen gleichmäßig über den Säulenquerschnitt verteilt aufgegeben wird. Deshalb wurde für beide Säulen ein besonders konstruierter Aufgabeboden verwendet. Wegen seiner günstigen Wirkungsweise und seiner Bedeutung für den Betrieb großtechnischer

[1] Kirschbaum, E.: Einfluß des Säulendurchmessers und der Randgängigkeit auf Wirkung und Belastbarkeit von Füllkörpersäulen. Chem.-Ing.-Tech. **28**, 639/644 (1956).

Füllkörpersäulen ist er in Abb. 331 für die Säule mit 750 mm Durchmesser wiedergegeben. Er hat die Form einer zylindrischen Schale mit einem ebenen, unten versteiften Boden von 680 mm Durchmesser und einem Mantelstück von 135 mm Höhe. An einem Punkt liegt der Boden fest auf, während er an zwei anderen Stellen des Umfanges der Höhe nach verstellt werden kann, um eine waagerechte Lage der Bodenplatte stets einhalten zu können. Beim Einbau wurde mittels einer Wasserwaage die horizontale Lage erzielt, und während des Betriebs konnte sie

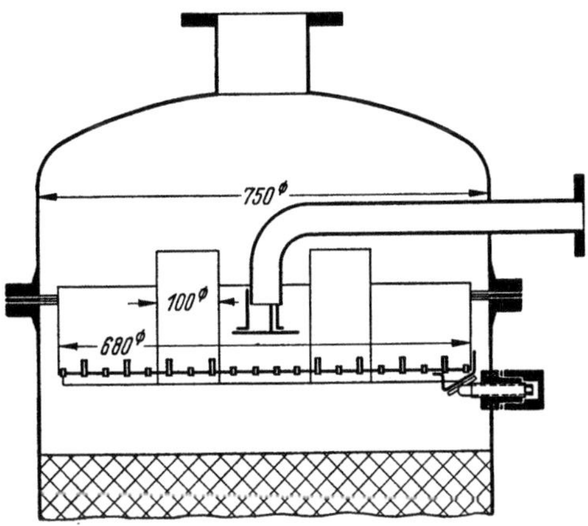

Abb. 331. Aufgabeboden für gleichmäßige Flüssigkeitsverteilung

vermittels der Licht- und Schaugläser unter- und oberhalb des Verteilers kontrolliert und nötigenfalls durch zwei Schrauben eingeregelt werden. Auf der Bodenplatte sind gleichmäßig verteilt Flüssigkeitsdurchströmröhrchen dicht eingesetzt, deren untere Enden 3 mm tiefer liegen als die Begrenzung der Platte. Um bei allen Belastungen einen gleichmäßigen Durchfluß zu sichern, sind 188 Röhrchen mit 6 mm Innen-Durchmesser vorgesehen, deren obere Enden 6 mm über der Platte liegen (Überstandshöhe), 104 Röhrchen mit 4 mm Innen-Durchmesser und 20 mm Überstandshöhe sowie 104 Röhrchen mit 2 mm Innen-Durchmesser und 20 mm Überstandshöhe. In dem Querschnitt, in welchem sich die Platte befindet, stehen dem Dampf 25% der gesamten Säulenfläche zur Verfügung, und zwar die Hälfte davon in der 35 mm breiten Ringfläche zwischen Säulenmantel und Verteilerplatte und die andere Hälfte in vier schwerpunktmäßig verteilten Rohren auf der Platte mit je 100 mm Durchmesser.

Durch Messung der Konzentration in der Destilliereinrichtung und im Rücklauf, der vom Kondensator auf die Säule zurückströmt, wurden die Wertungszahl n_t für das Rücklaufverhältnis $v = \infty$ und aus der

Kondensatmenge des Heizdampfes die auf den freien Säulenquerschnitt bezogene Dampfgeschwindigkeit w_D ermittelt. Die so erhaltenen Belastungskurven für die beiden Säulen mit 400 und mit 750 mm Durchmesser sind in Abb. 332 wiedergegeben. Danach nimmt die Wertungszahl mit wachsender Belastung zunächst bis zur Erreichung eines Minimalwertes ab. Er liegt für die kleine Säule bei $n_t = 5{,}15$ und steigt bei einer Dampfgeschwindigkeit von $w_D = 1$ m/s an auf einen Höchstwert von $n_t = 6{,}1$. Für die große Säule liegt der Minimalwert von n_t etwas unter 5,

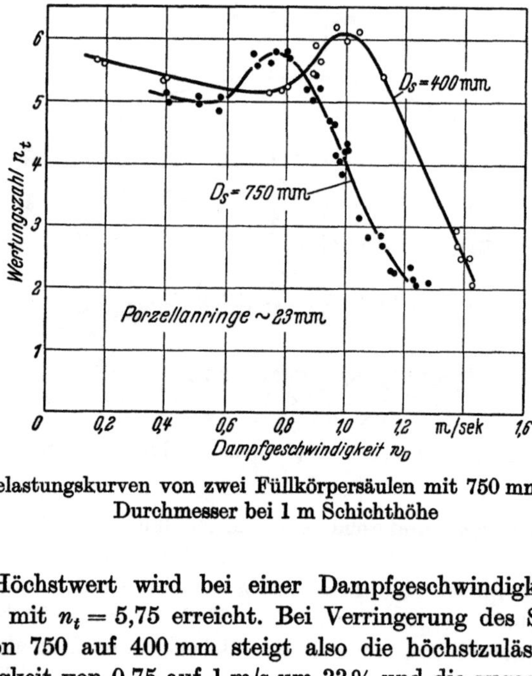

Abb. 332. Belastungskurven von zwei Füllkörpersäulen mit 750 mm und 400 mm Durchmesser bei 1 m Schichthöhe

und der Höchstwert wird bei einer Dampfgeschwindigkeit von $w_D = 0{,}75$ m/s mit $n_t = 5{,}75$ erreicht. Bei Verringerung des Säulendurchmessers von 750 auf 400 mm steigt also die höchstzulässige Dampfgeschwindigkeit von 0,75 auf 1 m/s um 33 % und die zugeordnete Wertungszahl um 18,5 %. Dieses Ergebnis ist um so überraschender als das Verhältnis des Säulendurchmessers zur Ringabmessung bei der großen Säule höher liegt als bei der kleinen. Offenbar sind bei der großen Säule mehr Möglichkeiten zu ungleichmäßiger Strömung der beiden Phasen im Säulenquerschnitt geboten. Die Richtigkeit dieser Vermutung bestätigen Messungen über den Konzentrationsverlauf im Rücklauf unter dem Rost. Trägt man die Differenz $x_a - x_i$ der Alkoholgehalte in der Flüssigkeit, die am Mantel außen und in der Säulenmitte den Rost verläßt, gemäß Abb. 333 über der Dampfgeschwindigkeit auf, so zeigt sich, daß bei Geschwindigkeiten bis 0,8 m/s die erwähnte Differenz negativ ist, was besagt, daß die Alkoholkonzentration in der Säulenmitte höher ist als am Mantel. Wird hingegen die günstigste Belastung überschritten, so wird $x_a - x_i$ positiv. Bei einer Dampfgeschwindigkeit von 1,0 m/s liegt bei 23 mm-Ringen der Alkoholgehalt im Rücklauf am Mantel um 15% höher als in der Mitte der Säule. Eine wichtige Ursache für dieses sonderbare Verhalten liegt darin, daß sich die Füllkörper am Mantel nicht in der Weise lagern wie in der Säulenmitte. Diese Erscheinung wirkt sich offenbar in der Dampfströmung schon bei Schichthöhen von nur 1 m aus. Bei größeren Schichthöhen sind vermutlich die Unterschiede

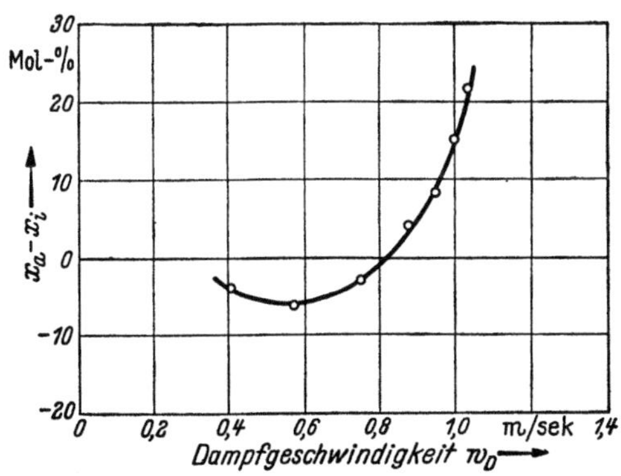

Abb. 333. Verteilung der Rücklaufkonzentration unter dem Tragrost

Versuchsgemisch: Äthanol Wasser; Blasenkonzentration: $\xi_B = 10$ Gew.-% Äthanol; Rücklaufverhältnis: $v = \infty$; Säulendurchmesser: $D_S = 750$ mm; Schichthöhe: $H = 1$ m

zwischen Füllkörpersäulen verschiedenen Durchmessers noch größer als nach Abb. 332. Infolge der besonderen Lagerung der Ringe am Mantel wird vor allem der Dampf in Mantelnähe mit größerer Geschwindigkeit strömen als in einigem Abstand von der Mantelwand. Diese Erscheinung der Randgängigkeit[1] tritt vor allem bei großen Schichthöhen auch bei der Flüssigkeit in Erscheinung.

11. Berechnung von Füllkörpersäulen mit Hilfe der Stoffübergangszahlen

Der Grundvorgang der Rektifikation ist ein gekoppelter Wärme- und Stoffaustausch. Die Berechnung einer Füllkörpersäule muß deshalb auch unter Zuhilfenahme der Stoffübergangsgleichungen möglich sein. Weil aber die Konzentrationen an der Berührungsfläche zwischen den beiden Phasen nicht gleich sind, muß der Stoffübergang in zwei Teilen behandelt werden. Der eine Teil betrifft die Stoffwanderung von der Kernmasse der Flüssigkeit bis an deren Oberfläche und der andere Teil die Stoffbewegung von dieser Berührungsfläche weg in die Dampfmasse hinein.

[1] Dieses Wort wurde auf Vorschlag von Herrn Dr. Hegelmann gewählt.

Die gekennzeichnete Bewegungsrichtung ist diejenige des leichter siedenden Stoffes in einem Zweistoffgemisch, das wieder als Beispiel gewählt sei.

Die für den Austausch maßgebenden Gehalte x_D und x_F [Mol-%] an Leichtersiedendem im Dampf und in der Flüssigkeit in einem waagerechten Querschnitt einer Säule (Abb. 334) ergeben einen Punkt G auf der Austauschgeraden, der in Abb. 335 wiedergegeben ist. Aus dessen unterem Teil sind die den genannten Konzentrationen zugeordneten Dampf- und Flüssigkeitstemperaturen t_D und t_F zu entnehmen. Zwischen

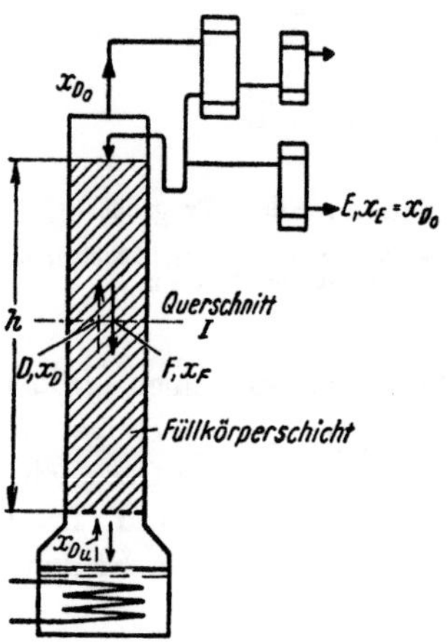

Abb. 334

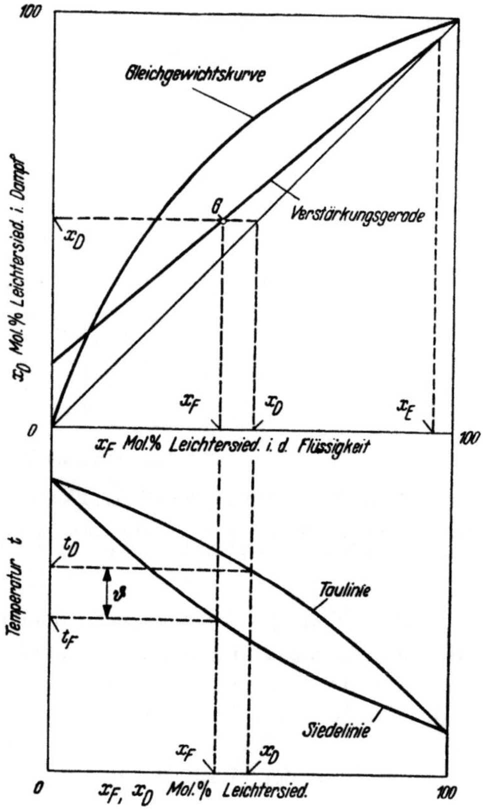

Abb. 335

Abb. 334. Plan eines absatzweise arbeitenden Rektifizierapparates mit Füllkörpern

Abb. 335. Zusammenhang zwischen Konzentrationen und Temperaturen beim gekoppelten Wärme- und Stoffaustausch der Rektifikation

diesen liegt die gemeinsame Oberflächentemperatur t_0, welche die Gleichgewichtsgehalte x_{D_0} und x_{F_0} festlegt. Daraus folgen gemäß den Abb. 88 und 89 für den leichter siedenden Stoff das treibende Gefälle $(x_F - x_{F_0})$ für die Flüssigkeit und $(x_{D_0} - x_D)$ für den Dampf. Die zu überwindenden Stoffübergangswiderstände werden in den Stoffübergangszahlen σ_f und σ_d [Mol/m²h] erfaßt. Sie stellen diejenige Stoffmenge an Leichtersiedendem dar, welche je m² Austauschfläche, je Stunde und je Einheit des Konzentrationsunterschiedes übergeht. Als Austauschfläche ist wieder die Füllkörperoberfläche eingeführt. Es genügt, die Betrachtungen auf den leichter siedenden Stoff zu beschränken, wenn auch grundsätzlich die Möglichkeit besteht, dieselben Überlegungen für das Schwerersiedende

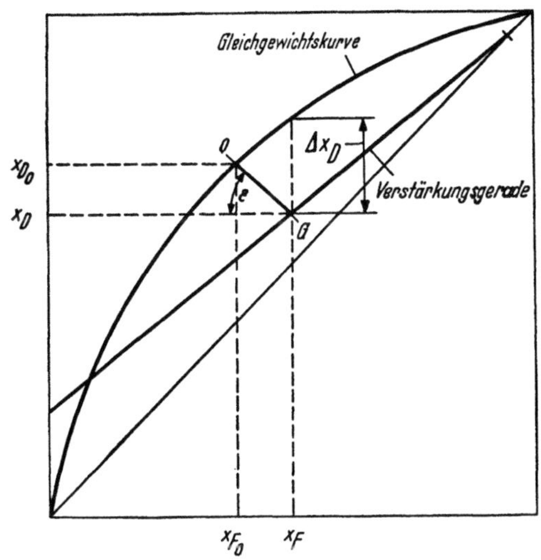

Abb. 336. Zusammenhang zwischen den Konzentrationen in der Flüssigkeit und im Dampf

anzustellen, das in entgegengesetztem Sinne zu dem Leichtersiedenden sich bewegt (s. Abb. 89). Die stündlich und je Flächeneinheit von der Flüssigkeit an deren Oberfläche und von da in den Dampfkern wandernde Menge an Leichtersiedendem L ist gegeben durch

$$\frac{L}{zf} = \sigma_f \frac{x_F - x_{F_0}}{100} = \sigma_d \frac{x_{D_0} - x_D}{100}, \tag{324}$$

wobei z [h] die Austauschzeit und f [m²] die Austauschfläche bedeuten. Die Übergangszahlen verhalten sich dann wie die Konzentrationsunterschiede:

$$\frac{\sigma_f}{\sigma_d} = \frac{x_{D_0} - x_D}{x_F - x_{F_0}} = \operatorname{tg} \varepsilon. \tag{325}$$

In Abb. 336 ist durch den Winkel ε der auf der Gleichgewichtskurve liegende Punkt 0 festgelegt, welcher den Gleichgewichtszustand an der Berührungsfläche angibt und der ursächlich durch die Größe der Stoffübergangszahlen bedingt ist. Daß beide beim Trennvorgang der Rektifikation eine Rolle spielen, geht aus den vorstehenden Abschnitten hervor. Ob in Sonderfällen, wie sie beispielsweise bei der Absorption gelegentlich vorkommen, die eine der beiden Übergangszahlen gegenüber der anderen vernachlässigt werden kann, müssen besondere Forschungen zeigen[1,2,3,4]. Die auf die unendlich kleine Höhe dH der Füllkörperschicht entfallende Oberfläche df kann der Höhe direkt proportional gesetzt werden: $df = C\,dH$, wobei der Proportionalitätsfaktor C durch den Säulendurchmesser d und die Oberfläche O [m²/m³] der Füllkörper bestimmt ist zu $C = O d^2 \pi/4$. Längs dem betrachteten unendlich kleinen Höhenstück dH ändere sich der Gehalt an Leichtersiedendem im Dampf um den Betrag dx_D [Mol-%], so daß bei konstanter Dampfmenge D [Mol/h] der Dampf an Leichtersiedendem aufnimmt:

$$D\,dx_D = \sigma_d C\,dH\,(x_{D_0} - x_D)\,. \tag{326}$$

Die Flüssigkeit gibt gleichzeitig bei konstanter Flüssigkeitsmenge F [Mol/h] an Leichtersiedendem ab:

$$F\,dx = \sigma_f \cdot C \cdot dH\,(x_F - x_{F_0})\,. \tag{327}$$

Die Integration der Gl. (326) und (327) liefert

$$\frac{\sigma_d \cdot C}{D} \int\limits_{H=0}^{H=H} dH = \frac{\sigma_d \cdot C \cdot H}{D} = \int\limits_{x_D = x_{Du}}^{x_D = x_{D_0}} \frac{dx_D}{x_{D_0} - x_D} = N_d \tag{326a}$$

und

$$\frac{\sigma_F \cdot C}{F} \int\limits_{H=0}^{H=H} dH = \frac{\sigma_f \cdot C \cdot H}{F} = \int\limits_{x_F = x_{Fu}}^{x_F = x_{F_0}} \frac{dx_F}{x_F - x_{F_0}} = N_f\,. \tag{327a}$$

Die Integrale werden im internationalen Schrifttum[5,6,7,8] „Zahl der Übergangseinheiten" (NTU = Number of Transfer Units) genannt und stellen ein Maß für die Schwierigkeit der Trennung dar. Sie sind über die Gl. (326a) und (327a) mit der Stoffübergangszahl der Dampfphase σ_d und der Flüssigphase σ_f verknüpft. Die Größen D, F und C konnten

---

[1] JACKSON, M. L., and N. H. CEAGLSKE: Distillation, vaporization and gas absorption in a wetted wall column. Ind. Eng. Chem. **42**, 1188—1198 (1950).

[2] STUKE, B.: Zur Rektifikation in Füllkörperkolonnen. Chem-Ing.-Tech. **25**, 677—682 (1953).

[3] LÖW, H. P.: Stoffaustausch zwischen Rieselfilm und gegenströmendem Dampf bei Zweistoffgemischen. Diss. Eidg. Techn. Hochschule Zürich, 1958

[4] SEMMELBAUER, R.: Die Berechnung der Schütthöhe in Absorptionskolonnen Chem. Engng. Sci. **22**, 1237/55 (1967).

[5] CHILTON, T. H., and A. P. COLBURN: Distillation and Absorption in Packed Columns Ind. Eng. Chem. **27**, 255/60 (1935).

[6] COLBURN, A. P.: The Simplified Calculation of Diffusional Processes. General Consideration of Two-Film Resistances. Trans. Am. Inst. Chem. Eng. **35**, 211/36 (1939).

[7] APPEL, F. J., and J. C. ELGIN: Countercurrent Extraction of Benzoic Acid between Toluene and Water. Ind. Eng. Chem. **29**, 451/59 (1937).

[8] SHERWOOD, T. K., J. E. EVAN, and J. V. A. LONGCOR: Extraction in Spray and Packed Columns. Trans. Am. Inst. Chem. Eng. **35**, 597/620 (1939).

als konstante Werte vor das Integral gesetzt werden. Für die Stoffübergangszahlen werden konstant gedachte Integralmittelwerte über der Schüttungshöhe H verwendet, wie man es bei der Berechnung von Wärmeaustauschapparaten mit einer konstant gedachten Wärmedurchgangszahl mit Erfolg getan hat.

Eine Auswertung der Integrale für N_d und N_f ist nur möglich, wenn die Oberflächenkonzentrationen bekannt sind. Diese sind nach Gl. (325) mit den Stoffübergangszahlen σ_f und σ_d verknüpft. Da im allgemeinen die Stoffübergangszahlen nicht bekannt sind, ist die Lage des Oberflächenzustandes (Abb. 336) nicht anzugeben und damit der Integralausdruck nicht lösbar. Eine Berechnung der Übergangseinheiten gelingt, wenn man die in beiden Phasen auftretenden endlichen Stoffübergangszahlen σ_f und σ_d zu einer Stoffaustauschzahl σ_F oder σ_D zusammenfaßt und diese auf das Gesamtkonzentrationsgefälle der zugehörigen Phase bezieht. Die Gl. (326a) und (327a) gehen dann über in

$$N_D = \int\limits_{x_D = x_{Du}}^{x_D = x_{Do}} \frac{d x_D}{\Delta x_D} = \frac{\sigma_D \cdot C}{D} H \tag{326b}$$

und

$$N_F = \int\limits_{x_F = x_{Fu}}^{x_F = x_{Fo}} \frac{d x_F}{\Delta x_F} = \frac{\sigma_F \cdot C}{F} H . \tag{327b}$$

Beide Werte sind leicht zu ermitteln, wie in Abb. 337 für N_D gezeigt ist. Zu einem beliebigen x_D wird Δx_D als Ordinatenabschnitt zwischen der Verstärkungsgeraden und der Gleichgewichtskurve abgelesen und der reziproke Wert $\frac{1}{\Delta x_D}$ über x_D aufgetragen. Der durch Schraffur gekennzeichnete Flächenstreifen $dN = dN_D$ mit der Breite dx_D stellt das Flächenelement

$$dN = dN_D = \frac{d x_D}{\Delta x_D}$$

dar und die gesamte Fläche $abcd$ den Integralwert N_D in den Grenzen $x_D = x_{Du}$ bis $x_D = x_{Do} = x_E$. Um die durch Beziehung 326b gegebene Verknüpfung zwischen der Stoffaustauschzahl und der Zahl der Übergangseinheiten physikalisch erklären zu können, müssen die Zusammenhänge zwischen den individuellen Werten N_d, N_f, σ_d und σ_f und den Gesamtwerten N_D, N_F, σ_D und σ_F ermittelt werden.

Wird die Höhe der Schüttung H durch die Zahl der Übergangseinheiten N geteilt, dann erhält man den Quotienten

$$H_d = \frac{H}{N_d}, \quad H_D = \frac{H}{N_D}, \tag{326c}$$

$$H_f = \frac{H}{N_f}, \quad H_F = \frac{H}{N_F}, \tag{327c}$$

der „Höhe einer Übergangseinheit“ (HTU = Height of one Transfer Unit) genannt wird. Hiermit kann der Zusammenhang zwischen dem H_d, H_f und H_D-Wert abgeleitet werden. Setzt man die beiden Beziehungen der Gl. (326c) gleich, dann ergibt sich

$$\frac{H_D}{\Delta x_D} = \frac{H_d}{x_{Do} - x_D}$$

und nach Erweitern

$$H_D = H_d \left(1 + \frac{(\Delta x_D + x_D) - x_{Do}}{x_{Do} - x_D}\right). \tag{326d}$$

Aus den Gl. (326a) und (327a) folgt durch Gleichsetzen

$$\frac{x_F - x_{Fo}}{x_{Do} - x_D} = \frac{dx}{dy} \frac{H_f}{H_d}. \tag{328}$$

Führt man die mittlere Neigung der Gleichgewichtskurve im interessierenden Konzentrationsbereich m ein, dann erhält man aus Gl. (326d) und (328) sowie der Mengenbilanz $F dx = D dy$ die endgültige Beziehung

$$H_D = H_d + H_f \frac{m}{\frac{F}{D}}. \tag{329a}$$

Eine ähnliche Ableitung ergibt den Zusammenhang zwischen H_d, H_f und H_F:

$$H_F = H_f + H_d \frac{1}{\frac{m}{\frac{F}{D}}}. \tag{329b}$$

Die Verknüpfung zwischen H_D und H_F erhält man schließlich durch Einsetzen von H_f aus Gl. (329b) in Gl. (329a)

$$H_D = H_F\, m \cdot \frac{D}{F}. \tag{330}$$

Ersetzt man die Höhe der Übergangseinheiten durch die Stoffübergangs- und Stoffaustauschzahlen, dann findet man die Zusammenhänge zwischen den Stoffaustausch- und Stoffübergangszahlen:

$$\frac{1}{\sigma_D \cdot C} = \frac{1}{\sigma_d \cdot C} + \frac{m}{\sigma_f \cdot C} \tag{331}$$

und

$$\frac{1}{\sigma_F \cdot C} = \frac{1}{\sigma_f \cdot C} + \frac{1}{m \cdot \sigma_d \cdot C}. \tag{332}$$

Entsprechend erhält man den Zusammenhang zwischen den Stoffaustauschzahlen aus Gl. (330):

$$\frac{1}{\sigma_D \cdot C} = \frac{m}{\sigma_F \cdot C}. \tag{333}$$

Vergleicht man die Höhe einer Übergangseinheit H_D mit der im vorstehenden behandelten Wertungszahl n_t, so zeigt sich, daß beide gleiche

Zahlenwerte annehmen, wenn die Gleichgewichtskurve parallel zur Verstärkungsgeraden verläuft, was sich leicht mathematisch nachweisen läßt. Im allgemeinen Fall weichen beide Zahlenwerte voneinander ab, bedingt durch die gegenseitige Lage von Gleichgewichtskurve und Verstärkungsgerade. Für die in Abb. 337 angegebenen Grenzwerte von x_{Du}

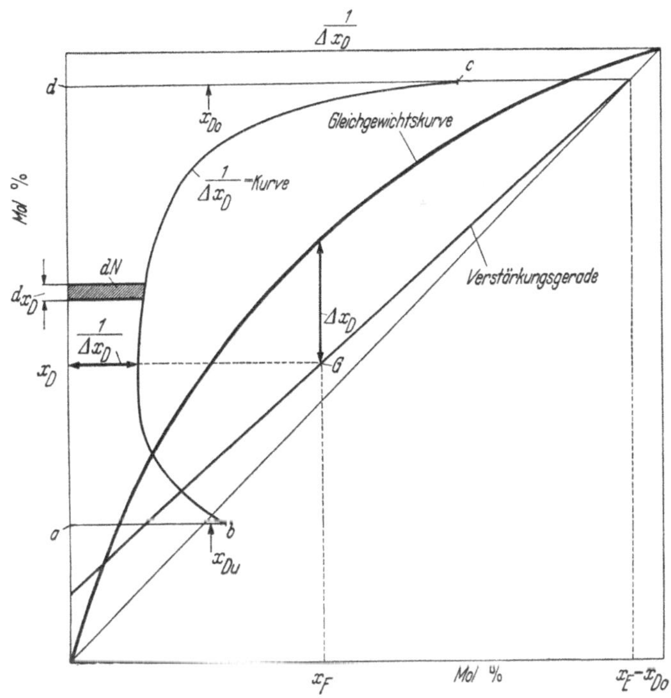

Abb. 337. Ermittlung des Integralwertes $\int_{x_D=x_{Du}}^{x_D-x_{Do}} dx_D/\Delta x_D$ für ein Zweistoffgemisch

und x_{Do} ergeben sich beispielsweise ein n_t von 5 und ein N_D von 5,4. Beim Gemisch Äthanol-Wasser gelangt man von $x_{Du} = 5$ Mol-% Alkohol mit einem theoretischen Boden ($n_t = 1$) auf $x_{Do} = 48{,}1$ Mol.-%. Für dieselben Grenzen wird $N_D = 1{,}3$. Mit einer Wertungszahl $n_t = 3$ gelangt man von derselben Ausgangskonzentration ausgehend auf eine Endkonzentration von $x_{Du} = 71{,}3$ Mol-%. Für dasselbe Intervall wird $N_D = 4$.

III. Druckverluste in Füllkörpersäulen

Füllkörper werden sowohl von Flüssigkeit berieselt zum Rektifizieren und zur Durchführung anderer Stoffaustauschvorgänge als auch unberieselt zum Ausscheiden von Schwebeteilchen aus Gasen und Dämpfen benützt. Die Vorausberechnung des Druckverlustes, den der Dampf oder das Gas beim Durchströmen einer Füllkörperschicht erleidet, ist deshalb für die beiden genannten Fälle von besonderer Bedeutung, weil nur mit ihr die Siedetemperatur in der Destillierblase eines mit einer Füllkörpersäule ausgestatteten Apparates ermittelt werden kann und die Bestimmung des Kraftbedarfes des Gebläses, welches Gase durch die Füllkörperschicht drückt, möglich ist.

1. Unberieselte Füllkörper

Den größten Einfluß auf den Druckverlust hat die Gas- bzw. Dampfgeschwindigkeit w [m/s]. Als Rechengröße ist für sie die im freien

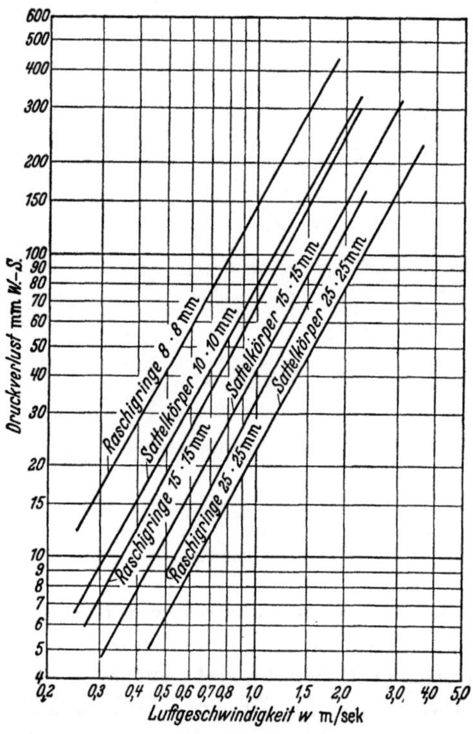

Abb. 338. Druckverluste von Porzellan-Raschig-Ringen und Sattelkörpern in Abhängigkeit von der Luftgeschwindigkeit. Schichthöhe 1 m

Säulenquerschnitt herrschende Geschwindigkeit eingeführt worden. Auf Grund von im Apparatebaulaboratorium der Universität Karlsruhe (des Verfassers) durchgeführten Versuchen[1] ergibt gemäß Abb. 338 und

[1] MACH, E.: Druckverluste und Belastungsgrenzen von Füllkörpersäulen. VDI-Forsch.-Heft 375. Berlin: VDI-Verlag 1935.

339 die Abhängigkeit des Druckverlustes von der Geschwindigkeit in einem Schaubild, in welchem auf den Koordinaten die Werte in doppelt-logarithmischem Maßstab aufgetragen sind, eine Gerade. Die Versuche wurden an einer Säule mit $d = 300$ mm Durchmesser und mit atmosphärischer Luft mit einer Dichte von 1,2 kg/m³ durchgeführt. Für Porzellanringe mit einer Abmessung von 8 bis 25 mm wächst danach der Druck-

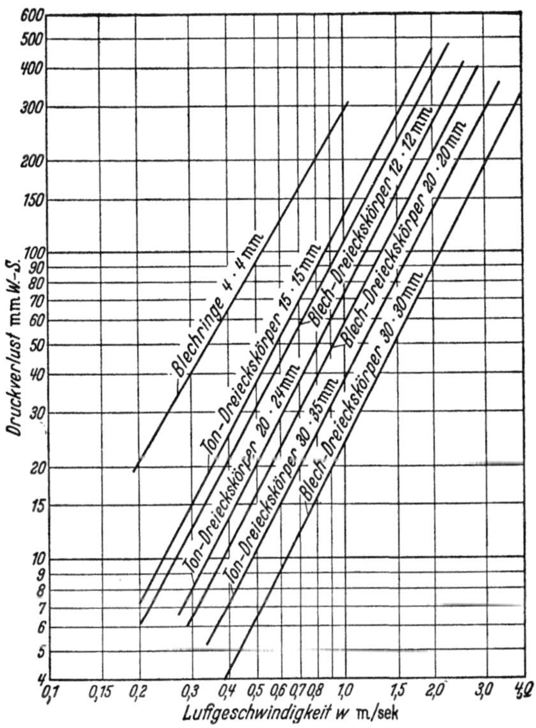

Abb. 339. Druckverluste verschiedener Prym-Körper in Abhängigkeit von der Luftgeschwindigkeit. Schichthöhe 1 m

verlust im Mittel mit $w^{1,85}$ und für Sattelfüllkörper mit derselben Abmessung mit $w^{1,82}$. Im allgemeinen nimmt mit abnehmender Füllkörperabmessung der Exponent der Geschwindigkeit ab, indem gleichzeitig der Druckverlust wächst. Letzteres geht aus Abb. 340 hervor, in dem der Druckverlust über dem Kehrwert der Füllkörperabmessung d_r [m] aufgetragen ist. Das Steigen des Druckverlustes mit abnehmender Füllkörperabmessung bei sonst gleichen Bedingungen hat allgemein und damit auch bei berieselten Füllkörpern Gültigkeit. Die Zähigkeit des Gases hat auf Grund theoretischer Betrachtungen nur einen geringen Einfluß auf den Druckverlust. Versuchsmäßig konnte er nicht festgestellt werden. Die Dichte ϱ [kg/m³] des Gases oder der Dämpfe spielt jedoch eine große Rolle, wie die in Abb. 341 wiedergegebenen Versuchsergebnisse zeigen.

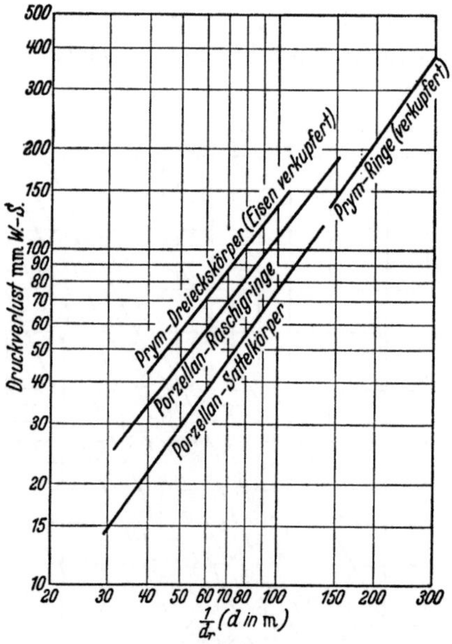

Abb. 340. Druckverluste von Füllkörpern in Abhängigkeit vom Kehrwert der Füllkörperabmessung d_r. Luftgeschwindigkeit 1 m/s, Schichthöhe 1 m

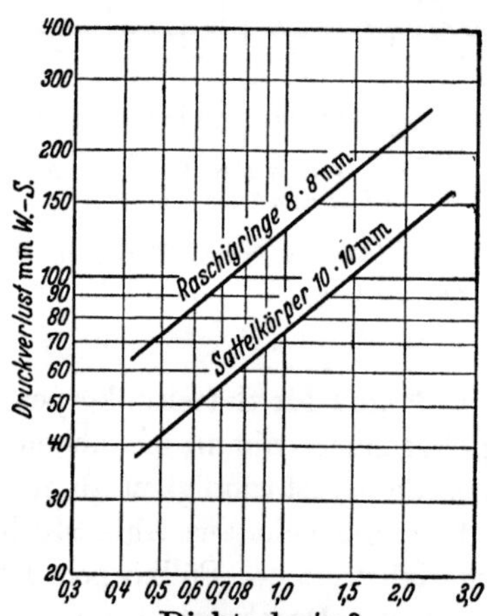

Abb. 341. Druckverluste von Raschig-Ringen 8 × 8 mm und von Sattelkörpern 10 × 10 mm in Abhängigkeit von der Dichte des Gases. Gasgeschwindigkeit 1 m/s, Schichthöhe 1 m

Bedeutet H die Füllkörperschichthöhe in m, so kann zusammenfassend der Druckverlust Δp von unberieselten Porzellan-Raschig-Ringen mit Abmessungen von 8 bis 25 mm durch die Beziehung

$$\Delta p = 0{,}27\, H \frac{w^{1,85}\, \varrho^{0,83}}{d_r^{1,27}} \quad [\text{mm W.-S.}] \tag{334}$$

und für Porzellan-Sattelfüllkörper von denselben Abmessungen durch die Gleichung

$$\Delta p = 0{,}13\, H \frac{w^{1,82}\, \varrho^{0,83}}{d_r^{1,4}} \quad [\text{mm W.-S.}] \tag{335}$$

wiedergegeben werden. Danach ergibt sich für 25 mm-Raschig-Ringe ($d_r = 0{,}025$ m) aus Porzellan je m Schichthöhe ($H = 1$ m) und für atmosphärische Luft ($\varrho = 1{,}2$ kg/m^3) ein Druckverlust von $\Delta p = 33$ mm W.-S. Die einzelnen Größen müssen stets in den angegebenen Maßeinheiten beim Gebrauch der Gln. (334) und (335) eingeführt werden. Der Druckverlust eines zweckmäßig gebauten Rostes (z. B. aus Streckmetall) beträgt etwa 20% von dem einer 1 m hohen Schicht. Dieser Zahlenwert gilt auch angenähert für berieselte Füllkörper. Verschmutzungen und schon ein geringer Anteil an zerbrochenen Körpern können den Druckverlust leicht um 20 bis 40% steigern. Bei einem Versuch ergab ein Anteil von 2% an zerbrochenen Körpern eine Druckverluststeigerung um 20%.

Je kleiner das Verhältnis z des Säulendurchmessers d zur Füllkörperabmessung d_r ist, um so größer ist der Strömungsquerschnitt, den die Füllkörper an der Säulenwand frei lassen und um so mehr Luft strömt an der Wand entlang. Dieser Einfluß der Randgängigkeit wirkt sich dahingehend aus, daß der Druckverlust nach Unterschreiten des Verhältnisses von etwa $z = 10$ beachtlich abnimmt[1]. Aus diesem Grunde soll dieses Zahlenverhältnis beim Entwurf von Füllkörpersäulen nicht unterschritten werden.

2. Berieselte Füllkörper

Der Druckverlust berieselter Füllkörper ist größer als derjenige trockener Füllkörper. Er steigt mit zunehmender Rieselmenge, wenn auch der Haupteinfluß durch die Gas- oder Dampfgeschwindigkeit gegeben ist, welche auf den freien Säulenquerschnitt bezogen wird. Abb. 342 zeigt, daß der Druckverlust zunächst mit steigender Geschwindigkeit w bis zu einem Wert wächst, an dem die Versuchslinien einen Knick aufweisen. Dieser erste Knick gibt die untere Grenzgeschwindigkeit w_u an, von der ab sich die Flüssigkeit im Innern der Schicht zu stauen beginnt. Eine große Zahl von Versuchen mit verschiedenen Füllkörpern, Gasen und Flüssigkeiten ergab, daß diese Geschwindigkeit bei Porzellan-

[1] Siehe Fußnote 1, S. 460.

Raschig-Ringen mit 15, 25 und 35 mm Durchmesser, ferner bei Sattel-Füllkörpern von 10, 15 und 25 mm Abmessung und bei einer Reihe von dreieckförmigen Füllkörpern einem Druckverlust von 50 bis 70 mm W.-S. je m Schichthöhe entspricht. Lediglich Raschig-Ringe mit 8 mm Durchmesser ergaben bei den Bedingungen der Abb. 342 einen Druckverlust,

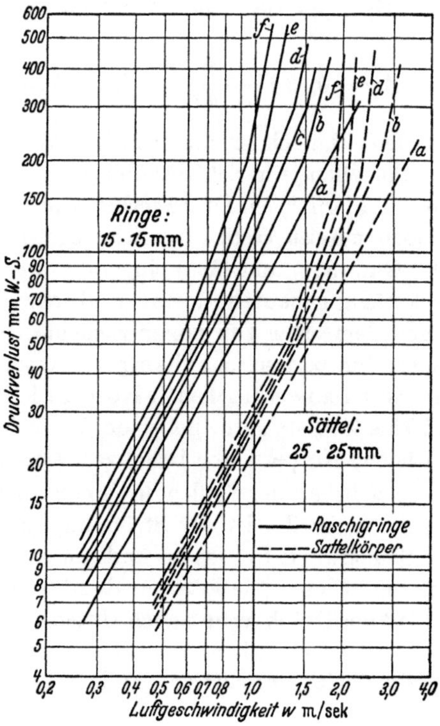

Abb. 342. Druckverluste berieselter Porzellan-Raschig-Ringe 15 × 15 mm und Sattelkörper 25 × 25 mm in Abhängigkeit von der Luftgeschwindigkeit. Schichthöhe 1 m, Rieselflüssigkeit: Wasser. *a* ohne Berieselung, *b* 1 m³/m² h Berieselung, *c* 2 m³/m² h Berieselung, *d* 4 m³/m² h Berieselung, *e* 8 m³/m² h Berieselung, *f* 12 m³/m² h Berieselung

der etwa doppelt so groß ist wie der angegebene Wert. Die Geschwindigkeit w_u ist für verschiedene Füllkörper in Abhängigkeit von der in m³ je m² Säulenquerschnitt und je Stunde angegebenen Rieselmenge in Abb. 343 aufgetragen. Für Porzellan-Raschig-Ringe mit einer Abmessung von 25 mm, welche von atmosphärischer Luft umströmt sind, liegt w_u bei 1 m/s. Mit steigender Geschwindigkeit über den Wert w_u hinaus nimmt gemäß Abb. 342 der Druckverlust stärker zu als bei $w < w_u$, bis die Versuchskurven einen zweiten Knick aufweisen, welcher eine obere

Grenzgeschwindigkeit w_0 angibt. Von dieser Belastung ab wird sehr viel Flüssigkeit im Innern der Schicht gestaut und zum Teil nach oben gerissen. Über den Füllkörpern bildet sich eine sprudelnde Flüssigkeitsschicht. Auf Grund der in Abschn. J II mitgeteilten Versuchsergebnisse

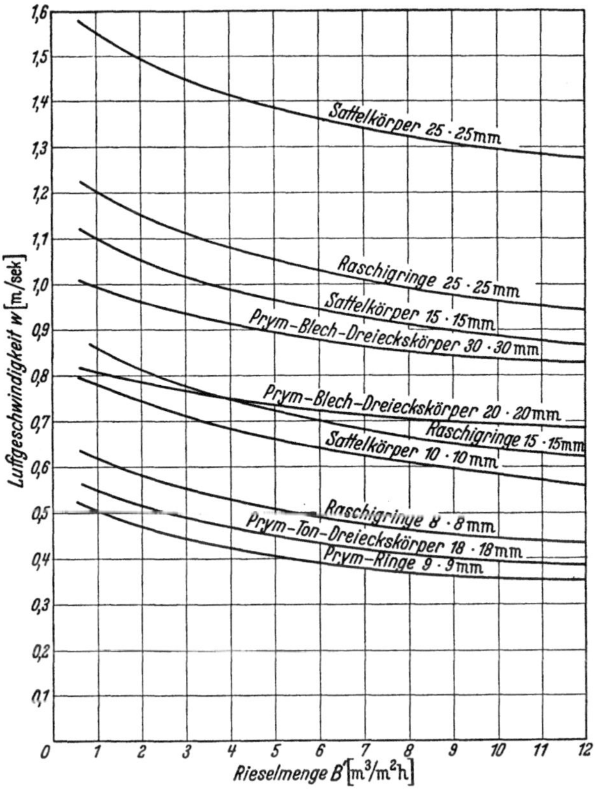

Abb. 343. Untere Grenzgeschwindigkeiten einiger Füllkörper in Abhängigkeit von der Berieselungsmenge. Stoffpaar: Wasser, Luft

kann geschlossen werden, daß die günstigste Wertungszahl n_{t0} sich gerade bei der genannten oberen Grenzgeschwindigkeit w_0 einstellt. Für den praktischen Betrieb kommen nur die Geschwindigkeiten in Betracht, welche unterhalb der oberen Grenzgeschwindigkeit w_0 liegen.

Die in den Abb. 342 und 343 enthaltenen Versuchsergebnisse gelten für den Fall, daß die Flüssigkeit gleichmäßig in der Schicht verteilt ist. Sie wurden an einer Säule mit 300 mm Durchmesser erhalten, auf welche die Flüssigkeit mittels eines Verteilerrades aufgegeben wurde. Bei ungleichmäßiger Flüssigkeitsverteilung, besonders bei Bachbildung, kann der Druckverlust gegenüber dem bei gleichmäßiger Flüssigkeitsverteilung kleiner werden. Indessen kann dieser Einfluß[1] im Hinblick darauf vernachlässigt werden, daß die Genauigkeit der Vorausberechnung des Druckverlustes von berieselten Säulen nicht so groß ist wie bei trockenen Füllkörpern, weil im erstgenannten Falle eine dichtere Schichtung oder Verschmutzung den Druckverlust mehr erhöhen als in unberieselten Füllkörperschichten.

Neben der Rieselmenge hat auch die Zähigkeit der Flüssigkeit einen Einfluß auf den Druckverlust. Er läßt sich für Geschwindigkeiten unterhalb w_u am einfachsten aus der Grundgleichung

$$\Delta p = k_b H w^n \quad [\text{mm W.-S.}] \tag{336}$$

berechnen, in der k_b die Widerstandszahl für berieselte Füllkörper bedeutet. Sie stellt den Druckverlust für eine Schichthöhe von 1 m und eine Gasgeschwindigkeit von 1 m/s dar und ist auf Grund von Versuchsergebnissen aus der Beziehung zu errechnen:

$$k_b = k_i + 0{,}005\, k_i^{1{,}5}\, B'. \tag{337}$$

B' bedeutet die Rieselmenge in m^3/m^2h und k_i die Widerstandszahl der benetzten (befeuchteten, nicht berieselten) Füllkörper, also für $B' = 0$. Sie ist vom Druckverlust trockener Füllkörper, von der Dichte des Gases oder der Dämpfe und von der Zähigkeit der Flüssigkeit abhängig:

$$k_i = k_t \varrho^{0{,}83} \cdot (1 + 0{,}124 E'). \tag{338}$$

In dieser Gleichung bedeuten E' die Zähigkeit der Flüssigkeit in °Engler sowie k_t die Widerstandszahl der trockenen Füllkörper. Letztere stellt den Druckverlust in mm W.-S. dar für 1 m Schichthöhe trockener Füllkörper, für eine Geschwindigkeit von $w = 1$ m/s und für eine Dichte des Gases von $\varrho = 1$ kg/m³. Sie kann für Ringe und Sättel mit den Gln. (334) und (335) berechnet werden. Ist die kinematische Zähigkeit ν_F der Flüssigkeit in m²/s gegeben, dann wird:

$$k_i = 1{,}1\, k_t \varrho^{0{,}83} \cdot (1 + 1{,}32 \cdot 10^4 \nu_F). \tag{338a}$$

Der Geschwindigkeitsexponent n in Gl. (336) hat im Mittel den Wert 1,9. Bei Berieselung mit Wasser kann

$$k_i = 1{,}4\, k_t \tag{338b}$$

gesetzt werden.

Bei der Ermittlung des Druckverlustes in berieselten Füllkörperschichten geht man derart vor, daß man zuerst die Widerstandszahl k_t für trockene Füllkörper mit Hilfe der Gln. (334) und (335) berechnet, daraus mit den Gln. (338), (338a) oder (338b) die Zahl k_i und mit Hilfe

---

[1] Siehe Fußnote 1, S. 460.

der Gl. (337) die Widerstandszahl k_b bestimmt, welche nach Gl. (336) den Druckverlust liefert.

Zahlenbeispiel: Durch eine mit Porzellan-Raschig-Ringen mit einer Abmessung von 25 mm gefüllte Säule mit 1 m Durchmesser strömen stündlich 2500 m^3 Gas, das eine Dichte von $\varrho = 0{,}8\ kg/m^3$ besitzt. Es werden stündlich 16 m^3 Flüssigkeit mit einer kinematischen Zähigkeit von $\nu_F = 30 \cdot 10^{-6}\ m^2/s$ aufgegeben. Die Gasgeschwindigkeit errechnet sich damit zu $w = 0{,}88$ m/s und die Rieselmenge zu $B' = 20{,}5\ m^3/m^2h$. Die aus Gl. (334) mit $d_r = 0{,}025$ m folgende Widerstandszahl der trockenen Füllkörperschicht $k_t = 29{,}2$ wird in Gl. (338a) eingesetzt und die Widerstandszahl k_f der benetzten Füllkörper berechnet zu $k_f = 37{,}2$. Mit diesem Wert läßt sich die Widerstandszahl der berieselten Füllkörper aus Gl. (337) zu $k_b = 60{,}3$ ermitteln und Gl. (293) anschließend lösen. Man bestimmt so den Druckverlust der berieselten Füllkörper unter Verwendung der Hochzahl $n = 1{,}9$ für die Geschwindigkeit zu $\Delta p = 47$ mm W.-S. je 1 m Schichthöhe.

Es zeigt sich, daß in Übereinstimmung mit den Ergebnissen der Abb. 343 mit steigender Füllkörperabmessung auch die untere Grenzgeschwindigkeit steigt. Bei gegebener Leistung wird deshalb bei großen Füllkörperabmessungen der Säulenquerschnitt kleiner als bei kleinen Füllkörpern. In umgekehrter Richtung verändert sich aber gemäß Abb. 291 die erforderliche Schichthöhe. Außer der Forderung nach sehr großen Leistungen kann auch Verschmutzungs- und Verstopfungsgefahr die Wahl großer Füllkörper als zweckmäßig erscheinen lassen.

K. Flüssigkeitsinhalt von Rektifiziersäulen

Für das betriebliche Verhalten einer Rektifizieranlage sind in erster Linie die Trennwirkung und die Belastbarkeit ausschlaggebend. Daneben spielt aber auch noch die Stoffmenge eine Rolle, welche sich im Betriebszustand in der Säule aufhält. Sie sei mit Betriebsinhalt J [kg] bezeichnet und kann dem Flüssigkeitsinhalt (hold-up) gleichgesetzt werden, da die Dampfmenge im Vergleich zur Flüssigkeitsmenge sehr klein ist. Der Flüssigkeitsinhalt bedeutet für die Rektifiziersäule etwas Ähnliches wie das Schwungrad für eine Kolben-Kraftmaschine. Er wirkt nämlich im Falle von Schwankungen irgendwelcher Betriebswerte zwischen den Größen, welche sich einerseits auf die zugeführten Stoffe beziehen und andererseits auf die eine Rektifiziersäule verlassenden Stoffe, ausgleichend. Die Speicherwirkung ist durch die Stoffmenge im Apparat selbst bedingt. Je größer letztere ist, desto elastischer verhält sich der Apparat bei Veränderung beispielsweise der Zulaufmenge, der Zulaufkonzentration, der Kühlwassermenge für den Rücklaufkondensator und damit des Rücklaufverhältnisses usw. Für die Regelung eines Rektifizierapparates ist deshalb der Wert J von ausschlaggebender Bedeutung[1]. Ein neuer Gesichts-

[1] ENGEL, F. V. A.: Regel- und meßtechnische Aufgaben bei der Überwachung von Trennkolonnen. VDI-Beiheft Verfahrenstechnik **1943**, 99—110.

punkt tritt hinzu, wenn der Apparat absatzweise arbeitet. Entleeren sich die Böden, wie es beispielsweise bei Siebböden oder bei Glockenböden mit einer Bohrung in der Bodenplatte für die selbsttätige Entleerung der Fall ist, dann bedarf es einer längeren Anfahrzeit bis zum Beharrungszustand und von der Gutsmenge geht ein gewisser Teil für den Betriebsinhalt ab. Nebenbei sei bemerkt, daß für Laboratoriumskolonnen der Betriebsinhalt dann für die Brauchbarkeit der Einrichtung überhaupt entscheidend ist, wenn sehr kleine Ausgangsmengen für analytische oder präparative Zwecke zur Verfügung stehen.

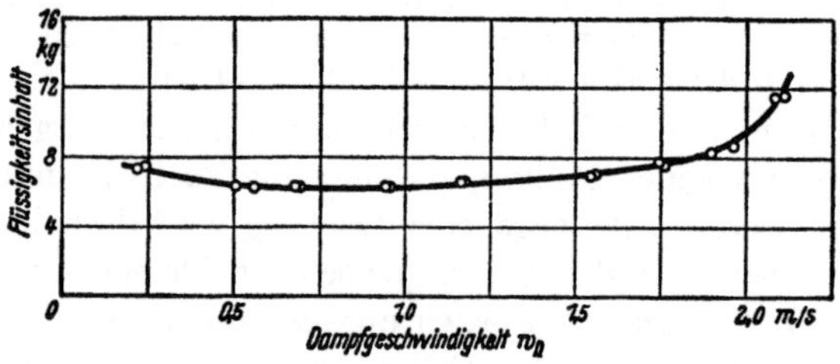

Abb. 344. Flüssigkeitsinhalt J einer Säule mit vier Glockenböden in Abhängigkeit von der Dampfgeschwindigkeit w_D

Gemisch: Äthylalkohol-Wasser; Rücklaufverhältnis: $v = \infty$; Konzentration in der Destillierblase: 10 Gew.-% Alkohol; Bodenabstand: H = 350 mm; Säulendurchmesser: 400 mm; Druck: p = 760 mm Q.-S.; 15 Glocken je Boden

Zur vergleichsweisen Beurteilung des Flüssigkeitsinhaltes werden im folgenden einige Ergebnisse von Versuchen (des Verfassers) mitgeteilt, welche an Boden- und Füllkörpersäulen durchgeführt worden sind. In Abb. 344 ist die Flüssigkeitsmenge in kg über der Dampfgeschwindigkeit [m/s] aufgetragen, welche sich im Betrieb auf 4 Glockenböden und im Kondensator befindet. Daß die letztgenannte Menge sehr klein ist, beweisen Versuchsergebnisse des Verfassers[1], welche in Abb. 345 wiedergegeben sind und für Geschwindigkeiten gelten, welche unter 0,43 m/s liegen. Bei etwa gleichen Betriebsbedingungen und einer Dampfgeschwindigkeit von 1 m/s weisen 4 Glockenböden einen Betriebsinhalt von 6,3 kg auf. Bei w_D = 0,5 m/s behält der Glockenboden den gleichen Flüssigkeitsinhalt bei. Noch größere Unterschiede liefert ein Vergleich mit der Füllkörpersäule (Abb. 346). Wird das Äthylalkohol-Wassergemisch mit Verteilerrad auf die Füllkörperschicht aufgegeben, so liefert eine 4 m hohe Säule, welche mit Porzellan-Raschig-Ringen von 25 mm Abmessung gefüllt ist und einen Durchmesser von 400 mm hat, bei w_D = 1 m/s einen Flüssigkeitsinhalt (in der Füllkörperschicht und im Kondensator) von 21 kg. Diese Schicht entspricht in ihrer Trennwirkung 14 theoretisch arbeitenden Böden, so daß

[1] KIRSCHBAUM, E.: Wirkung, Druckverlust und Flüssigkeitsinhalt von Sprühböden in Sprühböden. VDI-Beiheft Verfahrenstechnik **1943**, 31—36.

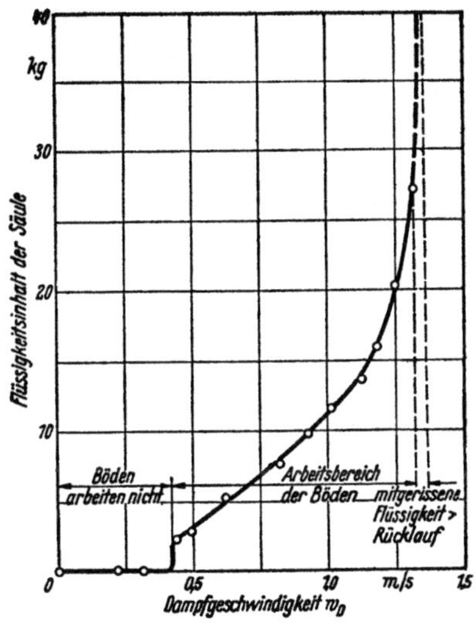

Abb. 345. Flüssigkeitsinhalt einer Säule mit vier Sprühböden

Gemisch: Äthylalkohol-Wasser; Rücklaufverhältnis: $v = \infty$; Blasenkonzentration: $x_B = 17$ Gew.-%; Bodenabstand: $H = 350$ mm; Säulendurchmesser: 400 mm; Druck: $p = 760$ mm Q.-S.

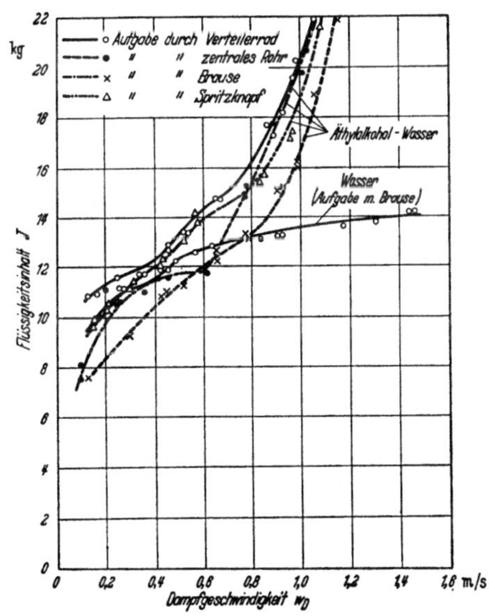

Abb. 346. Flüssigkeitsinhalt J [kg] einer Füllkörpersäule in Abhängigkeit von der Dampfgeschwindigkeit w_D [m/s] bei verschiedenen Aufgabevorrichtungen

Porzellan-Raschig-Ringe: 25 mm; Schichthöhe: 4 m; Säulendurchmesser: 400 mm; Gemisch: Äthylalkohol-Wasser; Blasenkonzentration: 10 Gew.-%; Rücklaufverhältnis: $v = \infty$

auf einen Boden 1,5 kg Flüssigkeit entfallen. Da die Wirkung von 4 wirklichen Böden etwa derjenigen von 3 theoretisch arbeitenden Glockenböden entspricht, kann gesagt werden, daß Füllkörpersäulen, welche mit 25 mm-Ringen gefüllt sind, einen kleineren Betriebsinhalt aufweisen als Glockenböden. Mit abnehmender Belastung wird der Unterschied noch größer. Denkt man sich die Menge von 21 kg gleichmäßig auf die Füllkörperoberfläche verteilt, so hat der Film eine Dicke von 0,1 mm. Allerdings spielt auch die Art der Flüssigkeitsaufgabe eine Rolle. Für Dampfgeschwindigkeiten, die größer sind als 0,8 m/s hat jedoch die Dampfdichte den größten Einfluß. Wenn beispielsweise durch die wasserberieselte Säule Wasserdampf strömt, wird bei $w_D = 1{,}4$ m/s ein Betriebsinhalt von 14 kg erreicht. Bei der genannten Geschwindigkeit wird hochprozentiger Äthylalkohol bereits nach oben gerissen und die Säule ist nicht mehr betriebsfähig.

L. Einzel- und Zubehörteile

I. Wärmeaustauscher

Neben der Austauschsäule bilden Wärmeaustauschapparate die Hauptteile eines Rektifizierapparates. Wie bei der einfachen Destillierblase muß auch beim absatzweise und beim stetig arbeitenden Rekti-

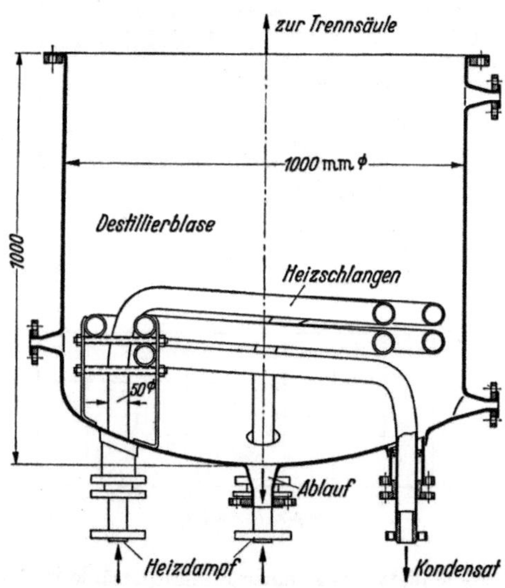

Abb. 347. Destillierblase eines stetig arbeitenden Rektifizierapparates mit Heizschlange (C. Canzler, Düren, Rhld.)

fizierapparat in einer Destilliereinrichtung aus Flüssigkeit Dampf erzeugt werden. Die Abb. 79, 80, 81, 82 und 83 zeigen Beispiele von Destillierblasen. Für die stetig arbeitenden Rektifizierapparate mit Verstärkungs- und Abtriebsäule ist zu ergänzen, daß dann, wenn der Ablauf aus Wasser

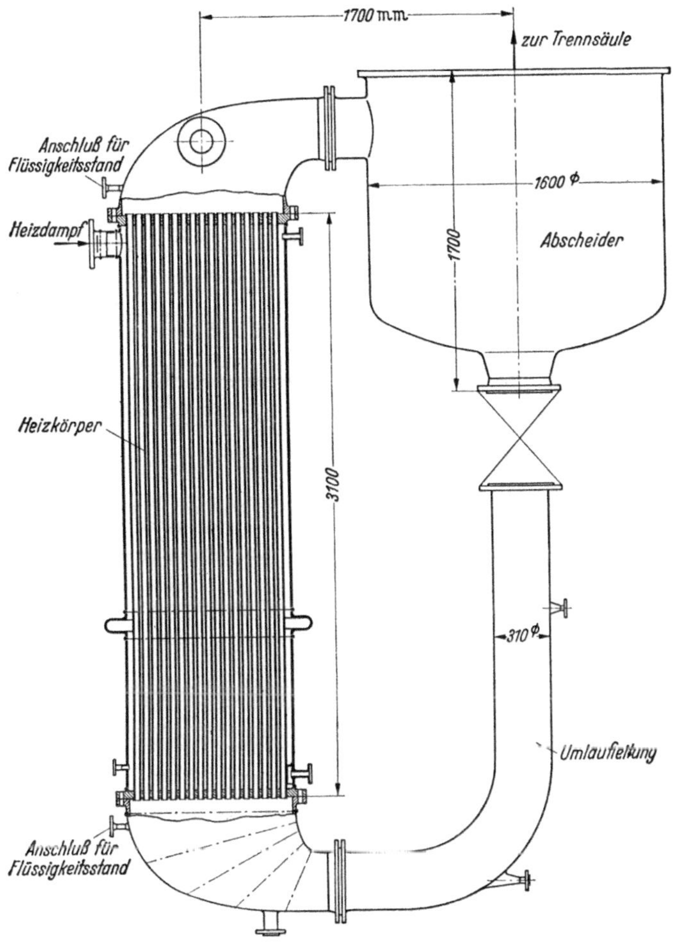

Abb. 348. Destilliereinrichtung eines stetig arbeitenden Rektifizierapparates, bestehend aus einem neben der Säule angeordneten Heizkörper mit senkrechten langen Rohren (C. Canzler, Düren, Rhld.)

besteht, meist Wasserdampf als Heizmittel durch gelochte Rohre in die Ablaufflüssigkeit oder in den Dampfraum unter dem untersten Boden der Abtriebsäule eingeblasen wird. Sollen Ablauf und Heizdampf nicht miteinander in Berührung kommen, so kann bei kleineren Leistungen eine Heizschlange (s. Abb. 347) oder bei größeren zu erzeugenden Dampf-

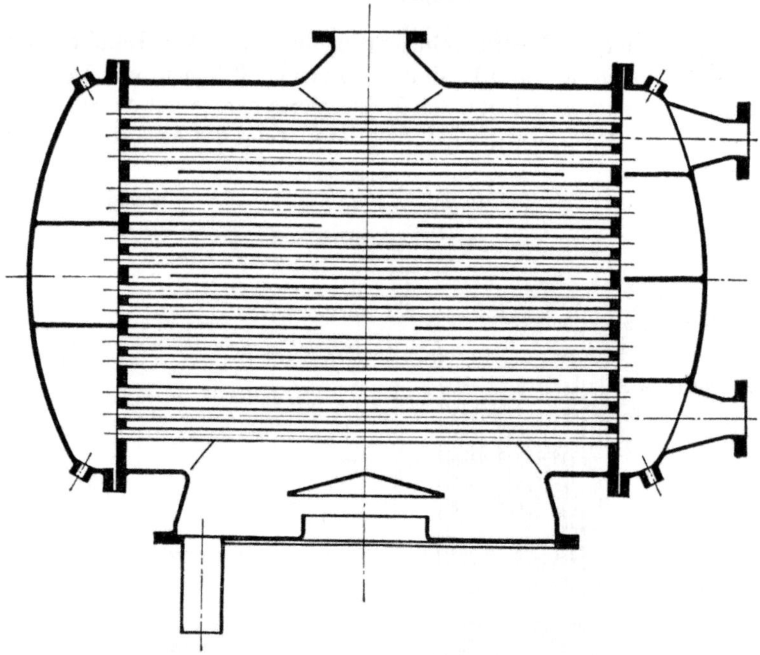

Abb. 349. Unmittelbar auf der Rektifiziersäule angeordneter Dephlegmator aus walzbarem Material mit waagerechten Rohren

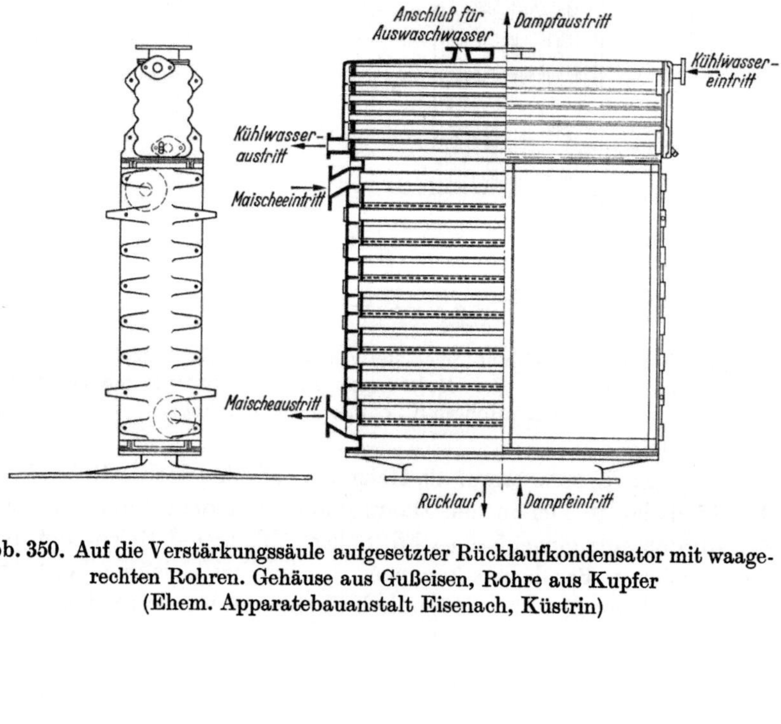

Abb. 350. Auf die Verstärkungssäule aufgesetzter Rücklaufkondensator mit waagerechten Rohren. Gehäuse aus Gußeisen, Rohre aus Kupfer (Ehem. Apparatebauanstalt Eisenach, Küstrin)

mengen ein Heizkörper mit geraden Rohren verwendet werden, der unmittelbar unter oder neben der Rektifiziersäule angeordnet ist. Abb. 348 zeigt einen neben der Trennsäule angeordneten Heizkörper mit senkrechten Rohren, der für große Leistungen in Frage kommt. In ihm findet ein den Wärmeübergang fördernder Flüssigkeitsumlauf statt. Durch ein

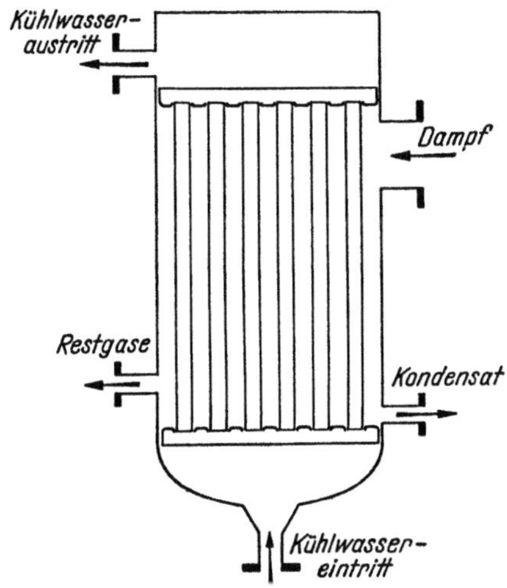

Abb. 351. Wärmeaustauscher mit stehend angeordneten Rohren

in die Rücklaufleitung eingebautes Regelventil kann derjenige scheinbare Flüssigkeitsstand eingestellt werden, bei dem sich die größte Leistung ergibt[1]. Der scheinbare Flüssigkeitsstand stellt sich in einem Rohr ein, welches unten mit dem Raum unter dem unteren Einwalzboden und oben mit dem Raum über dem oberen Einwalzboden verbunden ist.

Die aus der Säule kommenden Dämpfe werden teilweise oder ganz im Rücklaufkondensator niedergeschlagen, der entweder unmittelbar auf die Säule aufgesetzt oder neben ihr angeordnet ist. Für den erstgenannten Fall zeigen die Abb. 349 und 350 Ausführungen mit waagerechten Rohren. In besonderen Fällen (z. B. Spiritusindustrie) werden Rohre aus Kupfer in Gußwände eingewalzt (Abb. 350). Als Beispiel für einen auf die Rektifiziersäule unmittelbar aufgesetzten Rücklaufkondensator mit senkrechten Rohren dient der in Abb. 284 dargestellte Apparat. Abb. 96 zeigt einen getrennt aufgestellten Rücklaufkondensator mit geraden Rohren. Einen Kondensator mit oben offenen Kühlrohren gibt Abb. 351

[1] Siehe dazu DRP. Nr. 620997 (Canzler, Düren).

wieder. Er hat den Vorteil, daß die im Innern von Kühlwasser durchflossenen Rohre auf der Wasserseite leicht zu reinigen sind.

Als Schlußkühler werden bei mittleren und größeren Leistungen Wärmeaustauscher mit geraden Rohren (s. z. B. Abb. 96) und für kleinere Ausführungen Schlangenkühler (s. Abb. 284) verwendet. Die Berechnung der Wärmeaustauschfläche dieser Apparate ist im Schrifttum getrennt behandelt[1].

II. Meß- und Regeleinrichtungen

Unter den Zubehörteilen haben die Meß- und Regelungseinrichtungen in neuerer Zeit laufend an Bedeutung gewonnen. Steigende Qualitätsansprüche an die chemischen Produkte und erhöhte Durchsätze einerseits und die Rationalisierungsbestrebungen andererseits erfordern genau und zuverlässig arbeitende Meß- und Regelungseinrichtungen. Die für den Ablauf eines Verfahrens wichtigen Energie- und Mengenströme, Zustandsgrößen und Stoffeigenschaften müssen laufend gemessen oder geregelt werden. Eine Erläuterung einzelner automatisch wirkender Meß- und Regelgeräte würde an dieser Stelle zu weit führen, und es sei auf das Fachschrifttum verwiesen[2]. Lediglich andeutungsweise zeigt Abb. 352 mit Legende, welch vielfältige Aufgaben der Regelungstechnik bei der großtechnischen Destillation und Rektifikation zufallen.

[1] Siehe Fußnote 1, S. 229.

[2] Hengstenberg, J., B. Sturm u. O. Winkler: Messen und Regeln in der Chemischen Technik. Berlin, Göttingen, Heidelberg: Springer-Verl. 1957.

(Erläuterung von Abb. 352 auf S. 475)

Das Rohöl wird durch mehrere Wärmeaustauscher in den gasbeheizten Ofen *I* gepumpt, auf Zulauftemperatur erhitzt und anschließend im unteren Drittel der Rektifiziersäule aufgegeben. Für einen konstanten Mengenstrom sorgt der Regler *1*. Die Heizgasmenge des Ofens *I* wird wie die des Ofens *II* über die Öltemperatur am Ofenausgang geregelt (Regler *2* und *7*). Konstanten Heizgasdruck stellt Regler *15* ein.

Das Sumpfprodukt des Rezirkulationsteils wird, gesteuert durch den Niveauregler *17*, dem Ofen *II* zugeführt, dort teilweise verdampft und als Dampf-Flüssigkeitsgemisch der Rektifizierkolonne zur Weiterverarbeitung zugeleitet. Der Ablauf der Rektifiziersäule wird unter Verwendung des Niveaureglers *16* abgezogen. Das Kopfprodukt wird in einem Behälter mit Niveauregelung (*4*) gesammelt und zum Teil in die Rektifiziersäule zurückgeleitet. Der Rest wird in der Benzinkolonne weiterverarbeitet. Die gewünschte Zusammensetzung des Kopfproduktes gewährleistet Regler *3*, der über die Temperatur die Rücklaufmenge einstellt. Denselben Zweck erfüllt Regler *8* der Benzinkolonne.

In den Nebenkolonnen für Gasöl, Petroleum *I* und Petroleum *II* werden die der Rektifiziersäule entnommenen Seitenprodukte schärfer getrennt. Die im Sumpf anfallenden Flüssigkeitsmengen werden über die Niveauregler *18*, *19* und *20*, sowie *21* in der Benzinkolonne, abgezogen. Die leichter siedenden Kohlenwasserstoffe strömen in die Rektifiziersäule zurück.

Die Destilliereinrichtungen der Nebenkolonnen sind ölbeheizt. Dem Heizöl wird die nötige Wärme im Ofen *II* und im Wärmeaustauscher *a*, der die Ablaufwärme des Sumpfproduktes ausnützt, mitgeteilt. Je nach Sollwerteinstellung des Reglers *6*, der die Ausgangstemperatur des Heizölkreislaufes regelt, wird zu der über den Wärmeaustauscher strömenden Heizölmenge noch Öl aus dem Sammelbehälter gepumpt. Der Heizöldruck wird vom Regler *5* konstant gehalten.

Den Druck in der Dampfleitung überwacht Regler *14*. Die Dampfmengenregler *9*, *10*, *11*, *12* und *13* sorgen für die zur Siedepunktserniedrigung notwendigen Dampfmengen in den Kolonnen.

Mit A_1, A_2, B_1, B_2, C_1, C_2, E_1—E_4, F_1—F_6 und H_1—H_6 sind Temperaturmeßgeräte bezeichnet worden.

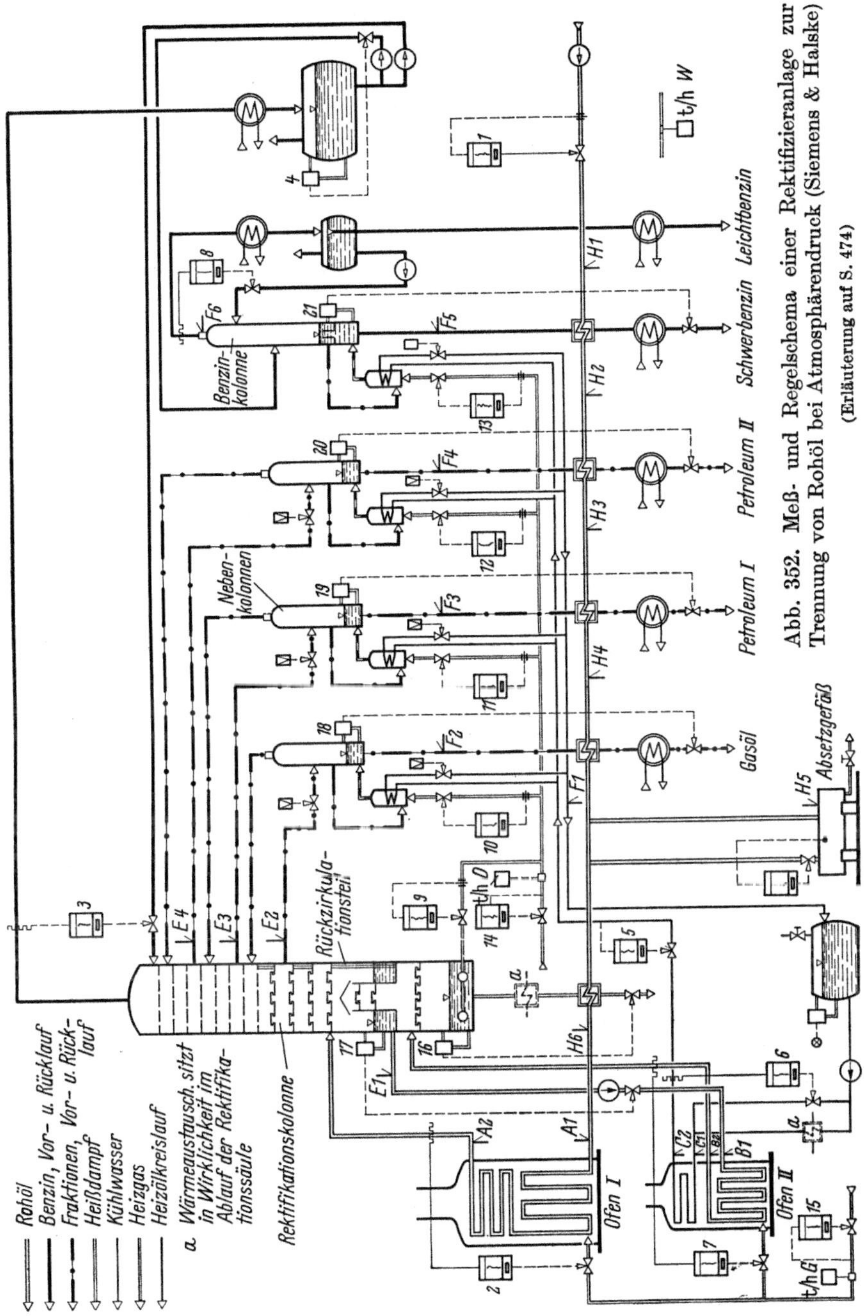

Abb. 352. Meß- und Regelschema einer Rektifizieranlage zur Trennung von Rohöl bei Atmosphärendruck (Siemens & Halske)

(Erläuterung auf S. 474)

M. Anhang

Phasengleichgewichte

In den nachfolgenden Tabellen sind Daten zum Phasengleichgewicht flüssig-dampfförmig von Zweistoffgemischen zusammengefaßt, die so gut wie ausschließlich aus dem Schrifttum stammen. Die Literaturstellen, an denen über die jeweils verwendeten Verfahren und Methoden sowie etwaige Fehlergrenzen nachgelesen werden kann, wurden stets angegeben. Die Schrifttumsstellen des Anhanges sind in der Zusammenstellung 3 (Seite 487) aufgeführt.

In der Zusammenstellung 1 sind die Zweistoffgemische, von denen Dampf-Flüssigkeit-Gleichgewichtswerte angegeben werden, alphabetisch aufgeführt. Die leichter siedende Komponente ist stets zuerst genannt. Die Gemischnummer gibt an, unter welcher Nummer das Gleichgewicht in der nachfolgenden Zusammenstellung der Gleichgewichtswerte zu finden ist. Mit Hilfe des gleichfalls angegebenen Verhältnisses der Molekulargewichte beider Komponenten kann die Umrechnung von Mol- in Gewichtsprozente nach Gl. (2a) durchgeführt werden.

In der Zusammenstellung 2 sind Gleichgewichtswerte und Siedetemperaturen für 46 verschiedene Zweistoffgemische enthalten. Es werden nicht die Originalwerte aufgeführt, sondern aus diesen durch graphische Interpolation für jeweils gleiche Prozentzahlen erhaltene Werte. Hierzu wurden die Gleichgewichtskurven auf Millimeterpapier mit einer Fläche von 1 m^2 gezeichnet, so daß 1% einem Zentimeter entsprach. Auch die Siedetemperaturkurven wurden entsprechend interpoliert. Die angegebenen Flüssigkeitskonzentrationen von 0, 1, 3, 5, 10, 15, 20% . . . beziehen sich sowohl auf Mol- als auch auf Gewichtsprozente. Für den Dampf erfolgt die Konzentrationsangabe getrennt nach Mol- und Gewichtsprozenten. Die Angabe der Siedetemperatur bezieht sich auf die in Gewichtsprozenten angegebenen Flüssigkeitsgehalte. Liegen ausgezeichnete Punkte vor, so sind sie gesondert angegeben.

In einer weiteren Zeile sind unter jeder Spalte die Literaturanmerkungen angeführt. Die Zahlen beziehen sich auf die Nummern der Zusammenstellung 3. Die nicht in Klammern gesetzten Zahlen geben die Schrifttumsstellen an, die den oben angeführten Werten zugrunde liegen.

Die in Klammern gesetzten Zahlen verweisen auf Arbeiten, in denen sich Zahlenangaben der gleichen Art befinden, die aber nicht mit aufgenommen wurden.

Bei einigen Gemischen weichen manchmal verschiedene Flüssigkeitswerte von den üblichen ab. In solchen Fällen verweist eine hochgestellte Zahl bei den betreffenden Dampfwerten auf eine unten angeführte Anmerkung, in welcher der zu dem angegebenen Dampfwert gehörige Flüssigkeitswert vermerkt ist.

Die in der Zusammenstellung 2 aufgeführten und in 18 Zahlentafeln unterteilten Gleichgewichte werden in 4 Kurventafeln wiedergegeben, um einen Überblick über den Verlauf der Gleichgewichtskurven zu erhalten.

Zusammenstellung 1

Alphabetisches Verzeichnis der Zweistoffgemische, deren Phasengleichgewichte flüssig-dampfförmig im Anhang aufgeführt sind

Gemisch-nummer	Verhältnis μ_L/μ_S der Mol.gewichte beider Stoffe	Gemisch (leichter siedende Flüssigkeit zuerst genannt)
1	0,78360	Aceton – n-Butanol
2	0,48647	Aceton – Chloroform
3	1,81092	Aceton – Methanol
4	3,22308	Aceton – Wasser
5	0,94506	Ammoniak – Wasser
6	0,58980	Äthanol – Benzol
7	0,35006	Äthanol – Trichloräthylen
8	2,55706	Äthanol – Wasser
9	1,07423	Äthylenchlorid – Toluol
10	0,78923	Benzol – Äthylenchlorid
11	1,30075	Benzol – Essigsäure
12	0,77961	Benzol – n-Heptan
13	0,84782	Benzol – Toluol
14	0,51397	n-Butanol – Essigsäurebutylester
15	1,52889	Chloroform – Benzol
16	0,58820	Essigsäure – Essigsäureanhydrid
17	1,91232	Essigsäureäthylester – Äthanol
18	1,46713	Essigsäureäthylester – Essigsäure
19	1,02047	n-Heptan – Methylcyclohexan
20	1,08748	n-Heptan – Toluol
21	1,10311	n-Hexan – Benzol
22	0,69546	Methanol – Äthanol
23	0,41019	Methanol – Benzol
24	0,30697	Methanol – Trichloräthylen
25	1,77802	Methanol – Wasser
26	1,00000	i-Octan (2,2,4-Trimethylpentan) – n-Octan
27	0,72003	n-Pentan – n-Heptan
28a	0,87035	Phenol – o-Kresol
28b	0,87035	Phenol – m-Kresol
28c	0,87035	Phenol – p-Kresol
29	0,78591	Propan – i-Butylen
30	3,33465	i-Propanol – Wasser
31	3,49722	Salpetersäure – Wasser
32	2,02386	Salzsäure – Wasser
33	1,31075	Schwefelkohlenstoff – Aceton
34	0,22953	Schwefelkohlenstoff – Tetrachlorkohlenstoff
35	0,87551	Stickstoff – Sauerstoff
36	3,33926	Tetrachlorkohlenstoff – Äthanol
37	1,86953	Tetrachlorkohlenstoff – Benzol
38	1,66981	Tetrachlorkohlenstoff – Toluol
39	0,80660	Toluol – n-Octan
40	0,39148	Wasser – Ameisensäure
41	0,24312	Wasser – i-Butanol
42	0,24312	Wasser – n-Butanol
43	0,30008	Wasser – Essigsäure
44	0,18755	Wasser – Furfurol
45	0,19147	Wasser – Phenol
46	0,18373	Wasser – Schwefelsäure

Zusammenstellung 2

Zahlentafel 1

Gemisch:	Aceton – n-Butanol		Aceton – Chloroform			Aceton – Methanol		
Gemisch-Nr.:	1		2			3		
Druck:	760 mm QS = 1,033 ata		760 mm QS = 1,033 ata			755 mm QS = 1,026 ata		
Flüss. Mol-% Gew.-% leicht. Siedend.	Dampf Mol-% Aceton	Dampf Gew.-% Aceton	Siede-temp. °C (Gew.-%)	Dampf Mol-% Aceton	Dampf Gew.-% Aceton	Siede-temp. °C (Gew.-%)	Dampf Mol-% Aceton	Dampf Gew.-% Aceton
0	0,00	0,00	61,44	0,00	0,00	64,70	0,00	0,00
1	9,0	8,7	61,68	0,61	0,65	64,35	5,0	3,75
3	22,2	22,1	62,16	2,02	2,02	63,70	13,0	10,1
5	32,7	33,7	62,60	3,45	3,57	63,11	19,1	15,1
10	53,9	54,9	63,61	7,38	7,82	61,80	28,5	24,0
15	68,1	68,4	64,27	11,69	13,03	60,79	34,4	31,8
20	75,8	76,6	64,52	16,02	19,39	59,97	38,9	38,7
25	81,5	83,1	64,46	21,21	26,23	59,26	42,8	44,6
30	85,3	85,7	64,04	27,40	33,08	58,51	46,4	49,1
35	88,2	88,8	63,55	33,90	39,85	57,94	49,9	54,9
40	90,8	91,2	63,01	40,68	46,56	57,37	53,2	58,7
45	92,7	93,1	62,40	47,50	53,24	56,81	56,4	61,9
50	94,2	94,6	61,72	54,47	60,23	56,24	59,6	64,4
55	95,5	95,6	61,06	60,68	65,67	55,80	62,6	66,9
60	96,4	96,4	60,39	66,79	70,83	55,60	66,1	69,6
65	97,1	96,9	59,73	72,64	75,47	55,49	69,4	72,4
70	97,5	97,5	59,10	77,98	79,83	55,30	72,8	75,4
75	98,1	97,9	58,53	82,80	84,09	55,10	76,33	78,75
80	98,5	98,4	58,00	87,13	88,22	54,95	80,18	82,28
85	98,9	98,8	57,53	90,91	91,66	54,72	84,10	85,87
90	99,29	99,11	57,08	94,24	94,61	54,74	88,50	89,61
95	99,59	99,52	56,64	97,23	97,40	55,13	94,85	94,02
97	99,71	99,71	56,48	98,41	98,43	55,37	96,25	96,07
99	99,91	99,84	56,33	99,53	99,50	55,85	98,74	98,46
100	100,00	100,00	56,26	100,00	100,00	56,20	100,00	100,00
Schrifttum	10					45 (1, 3, 32)	45 (1, 32)	
Ausgez. Pkt.							–	88, 42
Kurven-tafel	I						I	

Zahlentafel 2

Gemisch:	Aceton – Wasser			Ammoniak – Wasser			Ammoniak – Wasser		
Gemisch-Nr.:	4			5a			5b		
Druck:	760 mm QS = 1,033 ata			735,56 mm QS = 1 ata			5,0 ata		
Flüss. Mol-% Gew.-% leicht. Siedend.	Siede-temp. °C (Gew.-%)	Dampf Mol-% Aceton	Dampf Gew.-% Aceton	Siede-temp. °C (Gew.-%)	Dampf Mol-% Ammoniak	Dampf Gew.-% Ammoniak	Siede-temp. °C (Gew.-%)	Dampf Mol-% Ammoniak	Dampf Gew.-% Ammoniak
0	100,0	0,00	0,00	99,1	0,00	0,00	151,10	0,00	0,00
1	97,6	27,9	17,4	95,3	13,2	12,6	147,90	8,3	8,5
3	92,9	51,5	53,7	88,1	32,3	32,1	141,00	24,3	24,1
5	88,7	63,0	64,5	81,9	47,2	48,0	134,60	36,5	36,5
10	80,7	75,4	79,0	68,4	71,5	72,2	120,60	59,7	60,5
15	75,0	79,4	84,6	57,1	83,8	84,4	107,70	74,7	75,3
20	70,9	81,3	88,6	46,2	90,9	91,6	96,00	89,0	84,7
25	67,7	82,6	90,9	36,6	95,1	95,5	85,10	90,3	90,8
30	65,3	83,4	92,0	27,4	97,6	97,8	74,80	94,2	94,6
35	63,95	83,8	92,6	18,3	98,8	99,0	64,50	96,6	96,8
40	63,0	84,2	93,0	10,0	99,5	99,6	55,00	98,0	98,2
45	62,2	84,6	93,3	1,9	99,8	99,8	45,90	99,0	99,11
50	61,6	85,0	93,7	– 5,5	99,93	99,99	38,00	99,51	99,60
55	61,2	85,5	94,0	– 12,7	100,00[1]	100,00[2]	30,80	99,91	99,96
60	60,9	86,3	94,3	– 17,8			24,80	100,00[3]	100,00[4]
65	60,55	86,9	94,5	– 21,4			20,00		
70	60,2	87,5	94,7	– 24,7			16,10		
75	59,85	88,2	94,8	– 27,1			13,00		
80	59,55	89,8	95,0	– 29,1			10,30		
85	59,1	91,5	95,1	– 31,0			8,00		
90	58,5	93,5	95,81	– 32,2			6,10		
95	57,7	96,2	97,24	– 33,1			4,80		
97	57,25	97,55	98,04	– 33,4			4,10		
99	56,65	99,13	99,22	– 33,8			3,60		
100	56,1	100,00	100,00	– 34,0			3,40		
Schrifttum	9, 15, 72 (47)	47 (3, 9, 15)		76 (41)	76 (54)		76 (41)	76	
Kurven-tafel		I			I			I	

[1] Flüssigkeitswert 52 Mol-%. [2] Flüssigkeitswert 55,5 Gew.-%.
[3] Flüssigkeitswert 57 Mol-%. [4] Flüssigkeitswert 55,8 Gew.-%.

Zahlentafel 4

Gemisch: Äthanol – Benzol				Äthanol – Trichloräthylen			Äthanol – Wasser		
Gemisch-Nr.:	6			7			8a		
Druck:	760 mm QS = 1,033 ata			760 mm QS = 1,033 ata			100 mm QS = 0,136 ata		
Flüss. Mol-% Gew.-% leicht. Siedend.	Siede-temp. °C (Gew.-%)	Dampf Mol-% Äthanol	Dampf Gew.-% Äthanol	Siede-temp. °C (Gew.-%)	Dampf Mol-% Äthanol	Dampf Gew.-% Äthanol	Siede-temp. °C (Gew.-%)	Dampf Mol-% Äthanol	Dampf Gew.-% Äthanol
0	80,09	0,00	0,00	87,20	0,00	0,00	51,35	0,00	0,00
1	77,5	5,4	5,32	78,10	12,5	9,7	50,60	5,75	5,18
3	73,9	14,3	13,48	72,92	24,1	17,1	49,20	18,3	17,1
5	71,85	20,9	18,29	71,80	29,2	20,2	48,05	28,4	27,8
10	69,25	30,0	24,15	71,22	37,4	23,8	45,70	43,9	46,2
15	68,3	34,5	26,80	71,00	42,9	25,9	43,75	51,9	57,3
20	68,0	37,2	28,45	70,93	45,7	26,9	42,15	56,0	64,3
25	68,0	48,9	29,63	70,82	47,6	27,7	40,85	58,5	69,3
30	68,0	40,3	30,89	70,80	48,9	28,2	39,75	60,4	72,9
35	68,0	41,4	32,29	70,85	49,8	29,1	38,85	62,3	75,2
40	68,0	42,6	33,89	70,92	50,6	30,4	38,10	64,1	76,8
45	68,05	43,9	35,71	71,00	51,4	31,7	37,65	65,9	78,0
50	68,25	45,4	37,66	71,15	52,2	33,4	37,25	67,7	79,1
55	68,55	47,3	39,67	71,35	53,0	35,4	36,90	69,8	80,2
60	68,95	49,3	41,89	71,63	53,92	37,8	36,60	72,1	81,3
65	69,4	51,5	44,64	72,13	55,20	41,21	36,34	74,6	82,5
70	70,05	54,0	48,05	72,63	57,00	45,23	36,00	77,3	83,8
75	70,9	57,1	52,06	73,30	59,79	51,52	35,70	80,4	85,3
80	71,8	61,2	56,77	74,01	63,42	56,68	35,40	83,6	87,1
85	72,85	66,4	62,86	74,90	68,32	65,90	35,05	86,8	89,3
90	74,25	73,1	71,35	75,98	76,34	73,40	34,70	90,78	91,2
95	76,05	83,8	83,64	77,15	86,06	83,62	34,40	95,12	95,35
97	76,9	89,7	89,77	77,66	90,53	88,82	34,32	97,02	97,05
99	77,85	96,5	96,66	78,15	96,20	95,94	34,29	98,97	99,01
100	78,4	100,00	100,00	78,40	100,00	100,00	34,25	100,00	100,00
Schrifttum	20 (23, 51)	20 (14, 23)		23	23		39	39	
Ausgez. Punkt	68, 0	43, 45	31, 23		52, 59	27, 90		98, 20	99, 25
Kurventafel	I			I					

Gemisch: Äthanol – Wasser				Äthylenchlorid – Toluol			Benzol – Äthylenchlorid		
Gemisch-Nr.:	8b			9			10		
Druck:	760 mm QS = 1,033 ata			760 mm QS = 1,033 ata			760 mm QS = 1,033 ata		
Flüss. Mol-% Gew.-% leicht. Siedend.	Siede-temp. °C (Gew.-%)	Dampf Mol-% Äthanol	Dampf Gew.-% Äthanol	Siede-temp. °C (Gew.-%)	Dampf Mol-% Äthylenchlorid	Dampf Gew.-% Äthylenchlorid	Siede-temp. °C (Gew.-%)	Dampf Mol-% Benzol	Dampf Gew.-% Benzol
0	100,00	0,00	0,00	110,60	0,00	0,00	83,70	0,00	0,00
1	98,90	10,0	6,5	110,08	2,78	2,81	83,61	1,16	1,13
3	96,75	24,8	20,5	109,20	7,32	7,30	83,46	3,43	3,40
5	94,95	32,2	38,0	108,35	11,30	11,30	83,33	5,66	5,58
10	91,45	43,7	52,0	106,57	20,0	20,1	83,01	11,17	11,13
15	88,95	50,1	59,5	104,77	27,8	28,0	82,76	16,61	16,52
20	87,15	53,2	64,8	102,95	35,0	35,1	82,57	21,99	21,90
25	85,75	55,4	68,6	101,25	41,8	41,7	82,38	27,28	26,70
30	84,65	57,5	71,4	99,93	48,4	48,2	82,20	32,38	31,21
35	83,75	59,4	73,3	98,84	54,7	54,5	82,05	37,34	36,20
40	83,10	61,4	74,7	97,60	60,2	60,2	81,81	42,26	42,01
45	82,45	63,2	75,9	96,30	65,0	65,0	81,65	47,15	46,91
50	81,90	65,2	77,1	94,90	69,4	69,4	81,52	52,01	51,82
55	81,45	67,6	78,2	93,45	73,6	73,6	81,45	56,85	56,71
60	81,00	70,3	79,4	92,25	77,4	77,4	81,31	61,68	61,57
65	80,60	72,6	80,7	91,07	81,2	81,2	81,12	66,51	66,50
70	80,20	75,4	82,2	89,88	84,6	84,6	80,97	71,31	71,21
75	79,80	78,6	83,9	88,70	87,9	87,8	80,86	76,10	76,04
80	79,35	82,08	85,9	87,55	90,9	90,8	80,74	80,89	80,82
85	78,95	85,82	88,3	86,50	93,5	93,5	80,60	85,68	85,69
90	78,50	89,84[1]	91,3	85,52	95,8	95,8	80,42	90,47	90,33
95	78,15	94,66	95,04	84,55	97,99	97,98	80,30	95,24	95,21
97	78,20	96,81	96,86	84,20	98,80	98,79	80,25	97,15	97,12
99	78,25	98,95	98,93	83,80	99,62	99,60	80,25	99,05	99,01
100	78,30	100,00	100,00	83,65	100,00	100,00	80,20	100,00	100,00
Schrifttum	39 (3, 22, 31, 37, 38, 44)	39 (14, 22, 31, 37, 38, 54, 74)		38	38		59	6 (49, 59, 65)	
Ausgez. Punkt		89, 40	95, 57						
Kurventafel	I			I			I		

[1] Flüssigkeitswert 87 Mol-%.

Zahlentafel 5

Gemisch:	Benzol – Essigsäure			Benzol – n-Heptan			Benzol – Toluol		
Gemisch-Nr.:	11			12			13		
Druck:	758 mm QS = 1,030 ata			760 mm QS = 1,033 ata			760 mm QS = 1,033 ata		
Flüss. Mol-% Gew.-% leicht. Siedend.	Siede-temp. °C (Gew.-%)	Dampf Mol-% Benzol	Dampf Gew.-% Benzol	Siede-temp. °C (Gew.-%)	Dampf Mol-% Benzol	Dampf Gew.-% Benzol	Siede-temp. °C (Gew.-%)	Dampf Mol-% Benzol	Dampf Gew.-% Benzol
0	118,20	0,00	0,00	98,42	0,00	0,00	110,56	0,00	0,00
1	115,54	6,00	6,40	97,95	2,05	2,04	109,91	2,50	2,50
3	110,42	25,3	23,8	97,08	6,05	6,11	108,79	7,11	7,13
5	106,21	33,7	35,3	96,24	9,95	9,98	107,61	11,2	13,0
10	99,46	46,7	47,0	94,28	18,70	18,50	105,05	20,8	20,6
15	95,36	55,9	55,8	92,25	26,40	27,39	102,79	29,4	29,1
20	92,20	61,5	63,5	90,78	33,70	33,50	100,75	37,2	37,2
25	90,02	65,3	68,2	89,20	40,15	39,53	98,81	44,2	44,3
30	88,41	67,9	70,8	87,83	45,65	44,90	97,13	50,7	50,9
35	87,10	70,5	73,2	86,65	50,65	49,75	95,58	56,6	56,6
40	85,81	72,8	75,4	85,74	55,23	54,42	94,09	61,9	62,0
45	84,92	75,1	77,5	84,92	59,58	58,89	92,69	66,7	67,0
50	84,07	77,4	79,5	84,13	63,75	63,01	91,40	71,3	71,4
55	83,36	79,6	81,5	83,42	67,73	66,83	90,11	75,5	75,5
60	82,76	81,5	83,4	82,78	71,35	70,85	88,80	79,1	79,3
65	82,20	83,9	85,3	82,20	74,78	74,00	87,63	82,5	82,6
70	81,67	85,4	87,2	81,64	78,18	77,45	86,52	85,7	85,7
75	81,10	87,4	89,1	81,13	81,55	81,02	85,44	88,5	88,6
80	80,68	89,5	90,8	80,70	85,00	84,51	84,40	91,2	91,2
85	80,33	91,7	92,6	80,48	90,30	88,11	83,33	93,6	93,6
90	80,02	94,2	94,3	80,28	92,20	91,86	82,25	95,9	95,8
95	79,82	97,0	96,4	80,18	95,75	95,68	81,11	98,00	97,92
97	79,75	98,16	97,63	80,14	97,34	97,20	80,66	98,80	98,74
99	79,69	99,20	99,19	80,13	99,07	99,10	80,21	99,61	99,52
100	79,67	100,00	100,00	80,12	100,00	100,00	80,01	100,00	100,00
Schrifttum	45 (25, 59)	45 (25, 46, 59)		20, 63	20, 63 (65)		6 (42, 57)	69 (42, 57)	
Kurventafel	I			I			II		

Zahlentafel 6

Gem.:	n-Butanol-Essigs.-butylester		Chloroform – Benzol			Essigs. – Essigs.-anhydrid	
Gemisch-Nr.:	14		15			16	
Druck:	760 mm QS = 1,033 ata		760 mm QS = 1,033 ata			750 mm QS = 1,019 ata	
Flüss. Mol-% Gew.-% leicht. Siedend.	Dampf Mol-% n-Butanol	Dampf Gew.-% n-Butanol	Siede-temp. °C (Gew.-%)	Dampf Mol-% Chloroform	Dampf Gew.-% Chloroform	Dampf Mol-% Essigsäure	Dampf Gew.-% Essigsäure
0	0,00	0,00	80,60	0,00	0,00	0,00	0,00
1	2,41	2,74	80,54	1,25	1,15	2,30	2,24
3	7,40	7,21	80,40	3,75	3,67	7,00	6,80
5	11,6	11,1	80,29	6,30	6,20	11,5	11,6
10	20,4	19,0	79,95	13,00	12,61	21,9	23,2
15	27,0	24,9	79,51	20,06	19,30	32,3	33,3
20	32,5	29,8	79,10	27,22	25,91	41,6	42,3
25	37,2	34,3	78,68	34,27	31,89	49,3	50,3
30	41,5	38,4	78,21	41,46	39,37	55,7	56,5
35	45,6	42,4	77,66	48,48	46,01	61,6	61,4
40	49,3	46,3	77,11	54,88	52,52	66,9	65,2
45	52,9	50,0	76,55	60,52	58,70	71,1	68,9
50	56,5	53,5	75,90	65,86	64,54	74,3	72,4
55	60,2	57,1	75,25	71,02	69,51	77,2	75,6
60	63,6	60,76	74,67	75,58	74,22	80,1	78,6
65	67,1	64,50	73,86	79,66	78,68	82,8	81,5
70	70,76	67,39	72,91	83,43	82,83	85,5	84,5
75	74,50	72,77	71,85	87,07	86,40	88,0	86,2
80	78,52	77,49	70,65	90,47	89,70	90,4	89,7
85	83,16	82,25	68,89	93,29	93,09	92,7	92,4
90	88,00	87,16	66,70	95,72	95,63	95,0	95,0
95	93,16	92,49	64,18	97,94	97,91	97,50	97,46
97	95,36	94,81	63,10	98,74	98,73	98,30	98,48
99	98,02	97,60	61,96	99,61	99,51	99,40	99,50
100	100,00	100,00	61,40	100,00	100,00	100,00	100,00
Schrifttum	10		50 (34, 55, 71)	50 (55, 71)		46	
Ausgez. Punkt	73, 03	63, 10					
Kurventafel	II		II			II	

Zahlentafel 7

Gemisch:	Essigsäureäthylester – Äthanol			Essigsäureäthylester – Essigsäure		n-Heptan – Methylcyclohexan		
Gemisch-Nr.:	17			18		19		
Druck:	760 mm QS = 1,033 ata			746,8–764,4 mm QS		760 mm QS = 1,033 ata		
Flüss. Mol-% Gew.-% leicht. Siedend.	Siedetemp. °C (Gew.-%)	Dampf Mol-% Essigsäureäthylester	Dampf Gew.-% Essigsäureäthylester	Dampf Mol-% Essigsäureäthylester	Dampf Gew.-% Essigsäureäthylester	Siedetemp. °C (Gew.-%)	Dampf Mol-% n-Heptan	Dampf Gew.-% n-Heptan
0	78,32	0,00	0,00	0,00	0,00	100,80	0,00	0,00
1	77,94	2,24	2,40	3,05	2,97	100,78	1,15	1,12
3	77,23	6,60	6,61	9,4	8,9	100,73	3,35	3,37
5	76,61	10,5	10,8	15,7	15,3	100,68	5,45	5,46
10	75,40	18,9	19,8	30,5	29,2	100,55	10,75	10,79
15	74,50	25,6	27,4	42,2	41,4	100,41	16,00	16,02
20	73,79	31,1	33,8	51,1	50,8	100,28	21,20	21,24
25	73,19	35,9	39,5	58,4	58,2	100,14	26,40	26,39
30	72,70	40,0	44,5	64,9	64,3	100,00	31,55	31,55
35	72,32	43,6	48,7	70,4	69,6	99,86	36,65	36,67
40	72,09	47,0	52,4	75,2	74,2	99,72	41,80	41,81
45	71,96	50,1	56,0	79,7	78,3	99,58	46,90	46,95
50	71,85	53,0	59,2	84,1	82,0	99,43	51,90	51,91
55	71,79	56,0	62,4	88,0	85,5	99,29	56,90	56,90
60	71,79	59,1	65,13	91,6	88,8	99,16	61,85	61,83
65	71,82	62,3	67,90	94,8	91,8	99,03	66,80	66,80
70	72,00	65,7	70,89	97,0	94,8	98,90	71,65	71,61
75	72,45	69,62	73,98	98,2	97,1	98,78	76,40	76,46
80	73,15	74,27	77,33	98,8	98,5	98,67	81,15	81,16
85	74,00	79,40	81,27	99,3	99,2	98,57	85,90	85,99
90	75,05	85,00	86,28	99,7	99,6	98,49	90,70	90,67
95	76,11	91,24	92,11	99,75	99,80	98,44	95,35	95,39
97	76,51	94,10	94,69	99,85	99,86	98,42	97,30	97,30
99	76,92	97,80	97,90	99,97	99,94	98,41	99,15	99,17
100	77,15	100,00	100,00	100,00	100,00	98,40	100,00	100,00
Schrifttum	24	24		24		8, 26, 35, 63	8, 26, 35, 63 (30)	
Ausgez. Punkt.		57, 90	72, 67					
Kurventafel	II			II		II		

Zahlentafel 8

Gemisch:	n-Heptan – Toluol			n-Hexan – Benzol			Methanol – Äthanol		
Gemisch-Nr.:	20			21			22		
Druck:	760 mm QS = 1,033 ata			760 mm QS = 1,033 ata			760 mm QS = 1,033 ata		
Flüss. Mol-% Gew.-% leicht. Siedend.	Siedetemp. °C (Gew.-%)	Dampf Mol-% n-Heptan	Dampf Gew.-% n-Heptan	Siedetemp. °C (Gew.-%)	Dampf Mol-% n-Hexan	Dampf Gew.-% n-Hexan	Siedetemp. °C (Gew.-%)	Dampf Mol-% Methanol	Dampf Gew.-% Methanol
0	110,62	0,00	0,00	80,10	0,00	0,00	78,30	0,00	0,00
1	110,35	1,80	1,77	79,78	2,42	2,70	78,10	1,35	1,40
3	109,83	5,20	5,20	79,10	7,10	7,00	77,75	4,20	4,20
5	109,29	8,60	8,58	78,49	11,09	11,2	77,40	6,90	6,95
10	108,00	16,45	16,52	77,10	19,1	19,3	76,55	13,65	13,86
15	107,28	23,35	23,37	76,01	25,8	26,0	75,65	20,30	20,79
20	106,08	29,40	29,63	75,15	31,7	32,0	74,58	27,05	27,77
25	105,15	34,80	35,11	74,40	37,1	37,4	73,57	33,65	34,84
30	104,40	39,82	40,14	73,65	42,2	42,6	72,55	40,25	41,61
35	103,70	44,73	44,94	72,90	47,0	47,5	71,65	46,75	47,89
40	102,90	49,52	49,70	72,17	51,8	52,1	70,85	52,75	53,13
45	102,44	54,0	54,26	71,51	56,3	56,6	70,08	58,35	58,96
50	101,88	58,2	58,41	71,03	60,2	60,8	69,40	63,60	63,37
55	101,35	62,3	62,56	70,62	64,0	64,5	68,78	68,15	67,52
60	100,85	66,4	66,64	70,26	67,6	68,0	68,20	72,10	71,37
65	100,45	70,4	70,65	69,90	71,0	71,5	67,65	75,80	75,24
70	100,06	74,4	74,57	69,56	74,4	74,9	67,08	79,40	78,98
75	99,70	78,5	78,59	69,34	78,2	78,3	66,58	82,90	82,78
80	99,35	82,6	82,69	68,85	82,2	82,2	66,10	86,45	86,35
85	99,00	86,9	87,02	68,80	86,2	86,3	65,65	89,90	89,83
90	98,72	91,2	91,19	68,76	90,60	90,52	65,23	93,40	93,38
95	98,50	95,5	95,57	68,72	95,21	95,17	64,90	96,75	96,79
97	98,45	97,3	97,31	68,72	97,12	97,08	64,78	98,05	98,06
99	98,44	99,1	99,08	68,71	99,09	99,02	64,65	99,40	99,42
100	98,40	100,00	100,00	68,70	100,00	100,00	64,60	100,00	100,00
Schrifttum	8, 60, 63 (26)	8, 60, 63 (26)		70	70		1	1 (3)	
Kurventafel	II			III			III		

Zahlentafel 9

Gemisch:	Methanol – Benzol			Methanol – Trichloräthylen			Methanol – Wasser		
Gemisch-Nr.:	23			24			25		
Druck:	760 mm QS = 1,033 ata			760 mm QS = 1,033 ata			760 mm QS = 1,033 ata		
Flüss. Mol-% Gew.-% leicht. Siedend.	Siede-temp. °C (Gew.-%)	Dampf Mol-% Methanol	Dampf Gew.-% Methanol	Siede-temp. °C (Gew.-%)	Dampf Mol-% Methanol	Dampf Gew.-% Methanol	Siede-temp. °C (Gew.-%)	Dampf Mol-% Methanol	Dampf Gew.-% Methanol
0	80,10	0,00	0,00	87,24	0,00	0,00	100,00	0,00	0,00
1	71,50	16,9	11,9	68,75	13,7	15,1	99,1	6,85	6,73
3	64,00	32,7	24,3	63,18	35,5	27,7	97,3	18,75	18,62
5	60,50	40,3	31,2	61,28	46,5	29,8	95,6	27,05	28,21
10	58,26	49,9	37,0	60,08	58,5	31,3	91,7	42,25	43,37
15	57,96	55,3	38,0	59,87	62,4	31,6	88,45	53,15	53,83
20	57,87	57,1	38,5	59,70	63,8	31,9	86,0	60,20	62,15
25	57,80	57,7	38,8	59,60	64,6	32,3	83,3	65,20	68,05
30	57,72	58,2	38,9	59,43	65,0	33,1	82,05	69,20	72,40
35	57,70	58,5	38,9	59,36	65,3	34,2	80,35	72,65	75,61
40	57,73	58,7	39,0	59,40	65,6	35,1	78,85	75,35	78,39
45	57,75	59,0	39,6	59,40	65,9	36,41	77,5	77,60	80,80
50	57,80	59,2	40,9	59,44	66,1	38,21	76,3	79,70	82,96
55	57,88	59,7	42,4	59,62	66,4	40,47	75,15	81,75	84,71
60	57,95	60,3	44,2	59,82	66,7	43,00	74,05	83,75	86,24
65	58,22	61,0	46,1	60,14	67,24	45,45	72,9	85,75	87,77
70	58,56	61,8	48,8	60,42	68,11	48,70	71,75	87,80	89,28
75	58,91	63,0	51,9	60,75	69,48	53,17	70,6	89,90	90,88
80	59,35	64,6	56,1	61,15	71,57	58,59	69,5	92,00	92,56
85	60,40	68,1	62,1	61,65	74,70	64,80	68,3	94,05	94,33
90	61,57	74,9	71,3	62,19	78,97	72,90	67,15	96,10	96,18
95	62,91	84,70	82,38	62,94	86,50	82,14	65,85	98,10	98,12
97	63,52	89,60	88,26	63,40	91,20	87,00	65,35	98,90	98,89
99	64,30	95,88	95,80	64,14	96,93	94,60	64,85	99,65	99,63
100	64,70	100,00	100,00	64,70	100,00	100,00	64,6	100,00	100,00
Schrifttum	23 (34, 64, 68)	23 (64, 68)		23	23		3, 7, 28, 35, 72 (36)	3, 28, 35 (7, 17)	
Ausgez. Punkt	57, 7	60, 36	38, 46		67, 74	33, 97			
Kurventafel	III			III			III		

Zahlentafel 10

Gemisch:	i-Octan (2,2,4-Trimethylpentan) – n-Octan			n-Pentan – n-Heptan			n-Pentan – n-Heptan		
Gemisch-Nr.:	26			27a			27b		
Druck:	760 mm QS = 1,033 ata			10,33 ata			20,06 ata		
Flüss. Mol-% Gew.-% leicht. Siedend.	Siede-temp. °C (Gew.-%)	Dampf Mol-% i-Octan	Dampf Gew.-% i-Octan	Siede-temp. °C (Gew.-%)	Dampf Mol-% n-Pentan	Dampf Gew.-% n-Pentan	Siede-temp. °C (Gew.-%)	Dampf Mol-% n-Pentan	Dampf Gew.-% n-Pentan
0	125,40	0,00	0,00	202,70	0,00	0,00	246,50	0,00	0,00
1	125,10	2,21	2,21	200,85	2,21	2,48	244,98	1,91	1,98
3	124,50	6,6	6,6	197,49	6,89	7,30	241,98	5,52	5,43
5	123,95	10,3	10,3	194,22	11,9	12,0	239,06	8,9	8,96
10	122,64	19,0	19,0	187,12	23,6	23,1	232,53	16,9	17,4
15	121,48	27,0	27,0	180,55	32,5	32,6	226,42	24,7	25,0
20	120,28	34,5	34,5	174,35	40,7	41,1	220,27	32,0	32,6
25	119,06	41,2	41,2	168,95	48,1	48,8	215,08	39,0	39,7
30	117,83	47,4	47,4	164,29	54,5	55,1	210,37	45,9	46,4
35	116,55	53,0	53,0	160,11	60,3	60,6	205,75	51,8	52,5
40	115,22	58,4	58,4	156,05	65,6	65,9	201,27	57,6	58,3
45	113,80	63,7	63,7	152,40	70,2	70,6	197,25	62,8	63,7
50	112,39	68,5	68,5	148,99	74,5	74,8	193,40	68,0	68,4
55	111,06	72,7	72,7	145,95	78,2	78,5	189,69	72,5	72,6
60	109,70	76,6	76,6	143,05	81,8	81,8	186,24	76,5	76,5
65	108,40	80,3	80,3	140,48	84,8	84,8	183,38	80,1	80,0
70	107,11	83,7	83,7	138,00	87,5	87,5	180,59	83,5	83,5
75	105,85	86,8	86,8	135,63	90,0	90,0	177,83	86,6	86,7
80	104,47	89,6	89,6	133,49	92,2	92,4	175,16	89,7	89,7
85	103,11	92,4	92,4	131,55	94,4	94,5	172,51	92,4	92,6
90	101,73	95,0	95,0	129,60	96,4	96,4	169,79	95,1	95,3
95	100,40	97,6	97,6	127,81	98,21	98,14	167,12	97,58	97,60
97	99,90	98,47	98,47	127,15	98,91	98,89	166,09	98,58	98,52
99	99,41	99,49	99,49	126,40	99,64	99,60	165,05	99,51	99,49
100	99,20	100,00	100,00	126,10	100,00	100,00	164,60	100,00	100,00
Schrifttum	8	8		18	18		18	18	
Kurventafel	III			III					

Zahlentafel 11

Gemisch:	Phenol – o-Kresol		Phenol – m-Kresol		Phenol – p-Kresol	
Gemisch-Nr.:	28a		28b		28c	
Druck:	760 mm QS = 1,033 ata		760 mm QS = 1,033 ata		760 mm QS = 1,033 ata	
Flüss. Mol-% Gew.-% leicht. Siedend.	Dampf Mol-% Phenol	Dampf Gew.-% Phenol	Dampf Mol-% Phenol	Dampf Gew.-% Phenol	Dampf Mol-% Phenol	Dampf Gew.-% Phenol
0	0,00	0,00	0,00	0,00	0,00	0,00
1	1,51	1,50	2,08	2,10	1,95	2,00
3	4,37	4,32	6,05	6,00	5,48	5,48
5	7,06	7,00	9,70	9,70	8,86	8,80
10	13,3	13,20	17,8	17,6	16,4	16,2
15	19,2	19,12	24,8	24,8	23,3	23,3
20	24,9	24,87	31,6	31,6	29,7	29,7
25	30,6	30,51	38,2	38,2	35,9	35,6
30	36,0	36,0	44,2	44,2	41,4	41,4
35	41,4	41,3	49,9	49,6	46,9	46,9
40	46,5	46,4	54,9	54,5	52,3	52,3
45	51,4	51,4	59,4	59,2	57,3	57,6
50	56,3	56,3	63,8	63,7	62,4	62,7
55	61,1	61,1	68,2	68,1	67,5	67,7
60	65,9	65,8	72,4	72,3	72,1	72,4
65	70,5	70,5	76,3	76,3	76,6	76,7
70	74,9	75,1	80,2	80,2	80,6	80,7
75	79,4	79,60	83,8	83,9	84,3	84,4
80	83,8	83,88	87,4	87,4	87,8	87,7
85	88,13	88,10	90,8	90,7	91,0	90,9
90	92,20	92,15	94,00	93,92	94,11	94,00
95	96,10	96,10	96,98	96,97	97,13	97,11
97	97,65	97,66	98,19	98,20	98,30	98,28
99	99,21	99,22	99,41	99,41	99,45	99,42
100	100,00	100,00	100,00	100,00	100,00	100,00
Schrifttum	56		56		56	
Kurventafel					III	

Zahlentafel 12

Gemisch:	Propan – Isobutylen			Propan – Isobutylen			i-Propanol – Wasser		
Gemisch: Nr.:	29a			29b			30		
Druck:	14,06 ata			21,09 ata			760 mm QS = 1,033 ata		
Flüss. Mol-% Gew.-% leicht. Siedend.	Siedetemp. °C (Gew.-%)	Dampf Mol-% Propan	Dampf Gew.-% Propan	Siedetemp. °C (Gew.-%)	Dampf Mol-% Propan	Dampf Gew.-% Propan	Siedetemp. °C (Gew.-%)	Dampf Mol-% i-Propanol	Dampf Gew.-% i-Propanol
0	85,60	0,00	0,00	106,10	0,00	0,00	100,00	0,00	0,00
1	84,55	2,90	2,83	105,21	2,30	2,25	98,5	15,0	22,2
3	82,36	7,86	7,71	103,52	6,40	6,30	95,9	32,5	34,8
5	80,25	12,3	12,1	101,84	10,18	10,00	93,6	43,5	46,5
10	75,51	21,7	21,5	97,70	18,4	18,2	88,9	50,1	63,2
15	71,60	29,9	29,6	93,81	26,2	26,3	85,6	52,0	72,1
20	68,39	37,2	36,9	90,30	33,7	33,6	84,0	53,3	75,4
25	65,68	43,8	43,5	87,29	40,3	40,1	83,08	54,4	76,6
30	63,18	49,7	49,3	84,85	46,2	45,9	82,62	55,4	77,5
35	60,80	55,0	54,6	82,49	51,6	51,3	82,22	56,3	78,1
40	58,61	59,9	59,6	80,15	56,6	56,3	81,97	57,2	78,6
45	56,58	64,4	64,4	77,85	61,3	61,2	81,77	58,6	79,1
50	54,60	68,8	68,8	75,59	65,9	65,7	81,59	60,2	79,7
55	52,97	73,0	73,2	73,53	70,2	70,1	81,42	62,1	80,2
60	51,41	77,0	77,1	71,70	74,2	74,1	81,24	64,2	80,7
65	49,91	80,7	80,7	69,91	78,0	77,9	81,04	66,6	81,2
70	48,41	84,0	83,9	68,10	81,6	81,5	80,84	69,35	81,9
75	46,93	87,0	86,8	66,39	85,0	84,9	80,61	72,55	82,9
80	45,31	89,7	89,6	64,67	88,2	88,0	80,38	76,5	84,4
85	43,70	92,3	92,1	62,99	91,2	91,0	80,19	81,15	86,4
90	41,90	94,80	94,61	61,31	94,10	93,99	80,19	86,4	89,2
95	40,10	97,32	97,30	59,72	96,99	96,93	80,54	92,45	93,5
97	39,38	98,40	98,40	59,15	98,16	98,17	81,01	95,3	95,7
99	38,62	99,50	99,50	58,59	99,40	99,43	81,79	98,3	98,4
100	38,30	100,00	100,00	58,30	100,00	100,00	82,30	100,00	100,00
Schrifttum	61	61		61	61		15, 75 (9, 51)	15, 75 (9, 51)	
Ausgez. Punkt							80, 7	68, 4	87, 83
Kurventafel	III						III		

Zahlentafel 13

Gemisch:	Salpetersäure – Wasser			Salzsäure – Wasser			Schwefelkohlenstoff – Aceton		
Gemisch-Nr.:	31			32			33		
Druck:	760 mm QS = 1,033 ata			740,5 – 763,4 mm QS			760 mm QS = 1,033 ata		
Flüss. Mol-% Gew.-% leicht. Siedend.	Siedetemp. °C (Gew.-%)	Dampf Mol-% Salpetersäure	Dampf Gew.-% Salpetersäure	Siedetemp. °C (Gew.-%)	Dampf Mol-% Salzsäure	Dampf Gew.-% Salzsäure	Siedetemp. °C (Gew.-%)	Dampf Mol-% Schwefelkohlenstoff	Dampf Gew.-% Schwefelkohlenstoff
0	100,00	0,00	0,00	100,00	0,00	0,00	56,19	0,00	0,00
1	100,20	0,04	0,07	100,40	0,01	0,00	55,55	4,60	4,71
3	100,55	0,12	0,14	100,79	0,08	0,01	54,36	12,6	12,6
5	100,95	0,25	0,17	101,55	0,31	0,11	53,19	19,4	19,5
10	102,00	1,06	0,45	104,35	4,78	0,75	50,21	29,8	31,5
15	103,20	2,61	0,83	107,60	38,92	4,27	47,50	37,4	38,9
20	104,45	6,4	1,49	109,84	86,20	19,29	45,12	43,7	45,5
25	105,80	11,8	2,64	106,04	95,97	48,60	43,41	49,0	50,8
30	107,35	19,65	4,40	90,70	97,60	78,66	42,25	53,3	55,4
35	108,50	29,05	6,50	62,50	98,53	95,20	41,36	56,2	59,2
40	110,85	42,50	8,57	29,20	99,39	97,80	40,69	58,2	62,1
45	113,40	56,95	16,69	3,85	99,68[1]	98,60	40,21	59,9	64,0
50	114,70	73,15	25,00	–19,75	99,90[2]	99,11	39,87	61,4	65,6
55	116,55	83,85	34,12			99,50	39,54	63,1	67,1
60	118,20	91,2	44,50			99,90	39,33	64,6	68,7
65	119,60	94,6	58,05				39,11	66,0	70,2
70	117,40	96,9	72,10				39,05	67,40	71,51
75	117,40	98,12	84,82				38,99	69,05	72,95
80	112,80	98,74	93,64				39,06	70,95	74,58
85	104,95	99,15	97,83				39,53	73,65	76,68
90	95,90	99,40	99,27				40,35	77,80	80,01
95	87,70	99,60	99,74				41,74	85,05	85,94
97	85,85	99,63	99,83				42,92	89,05	90,02
99	84,25	99,80	99,89				44,96	94,80	95,17
100	83,40	100,00	100,00				46,34	100,00	100,00
Schrifttum	21,52 (51)	21,52 (5)		4 (45,54)	4 (45,54)		59	59	
Ausgez. Punkt	120	38,6	68,73		11,30	20,20		66,44	72,11
Kurventafel	III			III			III		

[1] Flüssigkeitswert 42,9 Mol-%. [2] Flüssigkeitswert 44,5 Mol-%.

Zahlentafel 14

Gemisch:	Schwefelkohlenstoff – Tetrachlorkohlenstoff			Stickstoff – Sauerstoff			Stickstoff – Sauerstoff	
Gemisch-Nr.:	34			35a			35b	
Druck:	760 mm QS = 1,033 ata			760 mm QS = 1,033 ata			5,17 ata	
Flüss. Mol-% Gew.-% leicht. Siedend.	Siedetemp. °C (Gew.-%)	Dampf Mol-% Schwefelkohlenstoff	Dampf Gew.-% Schwefelkohlenstoff	Siedetemp. °K (Gew.-%)	Dampf Mol-% Stickstoff	Dampf Gew.-% Stickstoff	Dampf Mol-% Stickstoff	Dampf Gew.-% Stickstoff
0	76,69	0,00	0,00	90,96	0,00	0,00	0,00	0,00
1	75,40	2,10	2,11	90,60	2,63	3,50	2,38	2,48
3	73,10	6,30	6,39	90,00	7,89	9,28	6,90	6,94
5	71,00	10,4	10,9	89,39	13,2	14,7	11,15	11,23
10	66,90	20,5	21,3	88,06	25,0	26,0	21,8	21,8
15	63,57	29,7	31,8	86,95	35,8	35,7	30,9	31,0
20	61,09	38,3	40,5	85,81	44,3	44,5	38,9	39,0
25	58,98	46,5	46,7	84,72	52,0	52,3	46,1	46,1
30	57,18	53,6	51,9	83,90	58,6	58,9	52,3	52,5
35	55,60	59,3	56,3	83,20	64,6	64,6	58,2	58,2
40	54,26	63,7	61,7	82,58	69,6	69,9	63,3	63,4
45	53,12	67,5	66,2	82,00	74,2	74,5	68,1	68,3
50	52,15	71,2	70,4	81,39	78,0	78,3	72,5	72,6
55	51,21	74,8	74,2	80,85	81,3	81,6	76,4	76,4
60	50,45	78,4	77,9	80,40	84,3	84,4	79,9	79,8
65	49,77	81,6	81,4	79,90	87,1	87,1	83,1	83,1
70	49,10	84,7	84,6	79,40	89,5	89,5	86,1	86,1
75	48,55	87,6	87,6	78,99	91,8	91,8	88,8	88,9
80	48,02	90,5	90,5	78,69	93,8	93,8	91,5	91,5
85	47,52	93,1	93,0	78,48	95,7	95,7	93,9	93,8
90	47,12	95,5	95,5	78,20	97,1	97,3	96,0	96,0
95	46,66	97,85	97,72	77,85	98,5	98,6	98,06	98,09
97	46,50	98,70	98,70	77,70	99,00	99,20	98,88	98,88
99	46,39	99,59	99,60	77,59	99,96	99,80	99,67	99,65
100	46,34	100,00	100,00	77,54	100,00	100,00	100,00	100,00
Schrifttum	59 (58)	49 (58,59)		2	2 (19)		19	
Kurventafel	III			III				

Zahlentafel 15

Gemisch:	Tetrachlorkohlenstoff – Äthanol			Tetrachlorkohlenstoff – Benzol			Tetrachlorkohlenstoff – Toluol	
Gemisch-Nr.:	36			37			38	
Druck:	745 mm QS = 1,013 ata			760 mm QS = 1,033 ata			762 mm QS = 1,036 ata	
Flüss. Mol-% Gew.-% leicht. Siedend.	Siede-temp. °C (Gew.-%)	Dampf Mol-% Tetrachlorkohlenstoff	Dampf Gew.-% Tetrachlorkohlenstoff	Siede-temp. °C (Gew.-%)	Dampf Mol-% Tetrachlorkohlenstoff	Dampf Gew.-% Tetrachlorkohlenstoff	Dampf Mol-% Tetrachlorkohlenstoff	Dampf Gew.-% Tetrachlorkohlenstoff
0	77,91	0,00	0,00	80,23	0,00	0,00	0,00	0,00
1	77,56	8,7	11,8	80,20	1,4	1,21	2,29	3,02
3	76,90	16,0	23,6	80,10	3,6	3,68	3,63	7,71
5	76,28	21,6	29,9	80,03	6,0	6,09	10,70	11,38
10	74,82	32,7	40,0	79,85	11,8	11,92	20,2	19,6
15	73,59	41,2	48,0	79,70	17,4	17,67	29,0	28,4
20	72,44	47,1	54,6	79,51	22,7	23,19	36,9	36,3
25	71,31	50,9	60,1	79,30	27,9	28,39	44,2	43,5
30	70,25	53,4	64,7	79,01	33,1	33,73	50,6	49,8
35	69,24	54,9	68,6	78,82	38,0	38,52	56,5	56,0
40	68,35	56,2	72,0	78,64	42,85	43,59	61,8	61,9
45	67,44	57,4	74,6	78,44	47,7	48,54	66,5	66,9
50	66,64	58,5	76,8	78,25	52,4	53,29	70,8	71,1
55	65,90	59,78	78,2	78,09	57,15	57,92	74,8	74,9
60	65,37	61,28	79,4	77,91	61,9	62,55	78,4	78,3
65	64,81	63,01	80,5	77,73	66,6	67,21	81,7	81,6
70	64,42	65,32	81,5	77,51	71,2	71,79	84,7	84,7
75	64,11	68,19	82,35	77,30	75,9	76,41	87,5	87,6
80	63,88	72,40	83,20	77,15	80,6	80,95	90,0	90,1
85	63,59	77,77	84,70	76,99	85,35	85,62	92,6	92,7
90	64,30	83,88	87,10	76,89	90,15	90,25	95,0	95,1
95	67,85	91,58	92,12	76,73	95,05	95,06	97,57	97,58
97	70,52	95,09	94,96	76,71	97,05	97,04	98,58	98,52
99	73,90	98,49	98,30	76.70	99,02	99,01	99,53	99,51
100	75,92	100,00	100,00	76,69	100,00	100,00	100,00	100,00
Schrifttum	71	71		59 (29, 34)	12, 33, 73 (65)		13	
Ausgez. Punkt		62, 97	84, 54					
Kurventafel	IV			IV			IV	

Zahlentafel 16

Gemisch:	Toluol – n-Octan			Wasser – Ameisensäure		Wasser – i-Butanol		
Gemisch-Nr.:	39			40		41		
Druck:	760 mm QS = 1,033 ata			750 mm QS = 1,019 ata		760 mm QS = 1,033 ata		
Flüss. Mol-% Gew.-% leicht. Siedend.	Siede-temp. °C (Gew.-%)	Dampf Mol-% Toluol	Dampf Gew.-% Toluol	Dampf Mol-% Wasser	Dampf Gew.-% Wasser	Siede-temp. °C (Gew.-%)	Dampf Mol-% Wasser	Dampf Gew.-% Wasser
0	125,40	0,00	0,00	0,00	0,00	107,90	0,00	0,00
1	125,11	1,68	1,71	0,50	0,48	103,65	5,37	4,8
3	124,59	5,08	5,07	1,50	1,35	98,55	13,7	12,0
5	124,04	8,34	8,33	2,40	2,51	95,75	20,8	16,7
10	122,65	16,0	16,0	4,95	6,00	91,56	34,4	24,8
15	121,24	23,1	22,9	8,05	11,19	90,09	42,0	29,3
20	120,15	29,5	29,4	12,07	18,02	89,70	47,7	31,3
25	119,21	35,6	35,4	16,87	25,98	89,48	52,8	32,2
30	118,29	41,4	41,2	22,86	34,80	89,28	57,0	32,70
35	117,34	46,7	45,5	29,87	42,95	89,21	60,3	32,80
40	116,40	51,7	51,2	37,67	50,20	89,20	62,8	32,80
45	115,63	56,4	55,6	45,63	57,46	89,22	64,5	32,80
50	114,88	59,5	59,7	53,48	64,40	89,23	65,6	32,80
55	114,13	64,6	63,8	61,19	70,50	89,30	66,1	32,80
60	113,40	68,5	67,9	68,27	75,80	89,31	66,27	32,80
65	112,82	72,3	72,4	74,28	80,19	89,32	66,30	32,80
70	112,45	76,0	75,4	80,10	83,60	89,33	66,33	32,80
75	112,05	79,8	79,5	85,21	86,92	89,40	66,32	32,80
80	111,57	83,7	83,5	89,29	90,08	89,45	66,32	32,80
85	111,13	87,7	87,5	92,45	93,02	89,55	66,48	32,85
90	110,80	91,7	91,6	95,20	95,80	89,90	67,10	33,90
95	110,50	95,8	95,7	97,87	98,11	92,19	68,63	39,35
97	110,42	97,43	97,41	98,81	98,92	94,41	70,49	47,20
99	110,40	99,10	99,12	99,68	99,67	97,78	76,90	76,70
100	110,40	100,00	100,00	100,00	100,00	100,00	100,00	100,00
Schrifttum	8	8 (62)		46 (3)		66 (16)	66 (16, 43)	
Ausgez. Punkt				42, 6	22. 51	89, 20	66, 76	32, 80
Kurventafel	IV			IV		IV		

Zahlentafel 17

Gemisch:	Wasser – n-Butanol			Wasser – Essigsäure			Wasser – Furfurol		
Gemisch-Nr.:	42			43			44		
Druck:	760 mm QS = 1,033 ata			760 mm QS = 1,033 ata			760 mm QS = 1,033 ata		
Flüss. Mol-% Gew.-% leicht. Siedend.	Siede-temp. °C (Gew.-%)	Dampf Mol-% Wasser	Dampf Gew.-% Wasser	Siede-temp. °C (Gew.-%)	Dampf Mol-% Wasser	Dampf Gew.-% Wasser	Siede-temp. °C (Gew.-%)	Dampf Mol-% Wasser	Dampf Gew.-% Wasser
0	117,70	0,00	0,00	118,20	0,00	0,00	161,70	0,00	0,00
1	111,82	8,6	7,4	116,25	2,05	2,08	138,00	8,00	12,5
3	106,41	20,0	16,7	113,40	6,00	5,77	103,86	24,0	53,0
5	102,01	27,7	23,1	111,45	9,70	9,01	100,00	41,0	59,7
10	96,11	39,9	32,8	108,40	18,00	16,44	98,20	80,0	63,8
15	94,49	48,9	37,6	106,50	24,90	22,94	97,90	87,0	64,7
20	93,38	56,1	40,6	105,25	31,30	29,09	97,87	89,0	64,8
25	92,90	62,1	42,2	104,30	37,30	35,29	97,86	90,0	64,8
30	92,89	66,2	42,5	103,60	42,85	41,65	97,85	90,5	64,8
35	92,85	68,9	42,5	103,00	47,85	47,24	97,85	90,6	64,8
40	92,81	70,9	42,5	102,55	52,60	52,41	97,80	90,6	64,8
45	92,80	72,6	42,5	102,15	57,35	56,69	97,80	90,6	64,8
50	92,74	74,0	42,5	101,75	62,10	61,00	97,80	90,7	64,8
55	92,73	75,2	42,5	101,50	66,80	65,31	97,80	90,7	64,8
60	92,70	75,4	42,5	101,20	71,45	69,47	97,78	90,7	64,9
65	92,69	75,4	42,5	101,00	75,50	73,64	97,70	90,7	65,2
70	92,65	75,6	42,5	100,80	79,15	77,65	97,65	90,7	66,3
75	92,62	75,6	42,52	100,65	82,60	81,57	97,80	90,7	67,8
80	92,61	75,3	42,52	100,50	86,05	85,35	97,95	90,7	70,5
85	92,60	75,3	42,52	100,35	89,55	89,21	98,00	90,7	74,4
90	92,50	75,35	42,82	100,25	93,00	93,03	98,04	90,8	79,5
95	94,08	75,40	45,40	100,15	96,50	96,59	98,52	92,37	87,45
97	95,86	76,75	53,65	100,12	97,95	97,87	99,03	94,15	91,80
99	98,23	78,75	80,05	100,05	99,35	99,34	99,65	97,30	97,00
100	100,00	100,00	100,00	100,00	100,00	100,00	100,00	100,00	100,00
Schrifttum	66	66		25, 48, 77 (3, 27, 51)	25, 27, 48, 77 (3, 17,50, 53, 54, 45)		51	51	
Ausgez. Punkt.	92, 50	42, 50	75, 35				97,7	91,0	65,49
Kurven-[tafel]	IV			IV			IV		

Zahlentafel 18

Gemisch:	Wasser – Phenol			Wasser – Schwefelsäure		
GemischNr.:	45			46		
Druck:	760 mm QS = 1,033 ata			760 mm QS = 1,033 ata		
Flüss. Mol-% Gew.-% leicht. Siedend.	Siede-temp. °C (Gew.-%)	Dampf Mol-% Wasser	Dampf Gew.-% Wasser	Flüss. Mol-% leicht. Siedend.	Dampf Mol-% Wasser	Dampf Gew.-% Wasser
0	182,0	0,00	0,00	0,00	0,00	0,00
1	124,5	54,9	50,13	8,2	8,20	1,5[1]
3	110,6	71,0	66,22	10	25,35	24,6
5	105,6	84,0	73,69	15	66,62	45,1
10	101,8	88,9	82,90	20	81,11	82,3
15	101,5	91,6	85,68	25	88,87	95,0
20	101,4	93,2	86,72	30	92,79	97,8
25	101,35	94,4	87,34	35	95,10	99,0
30	101,30	95,3	87,34	40	96,93	99,7
35	101,10	96,0	87,77	45	98,33	100,0
40	100,95	96,45	88,19	50	99,13	
45	100,68	96,75	88,19	55	99,49	
50	100,56	96,95	88,19	60	99,61	
55	100,47	97,10	88,23	65	99,80	
60	100,39	97,25	88,23	70	99,88	
65	100,33	97,35	88,32	74,55	100,00	
70	100,28	97,40	88,40			
75	100,24	97,50	88,57			
80	100,14	97,51	88,66			
85	99,85	97,51	89,09			
90	99,61	97,54	90,33			
95	99,88	97,60	92,95			
97	99,92	97,75	94,75			
99	99,97	98,58	97,59			
100	100,00	100,00	100,00			
Schrifttum	11	11 (56)		78 (40, 54)		
Ausgez. Punkt		98, 14	90, 6		8, 20	1, 5
Kurven-tafel	IV			IV		

[1] Flüssigkeitswert 1,5 Gew.-%.

Zusammenstellung 3

Schrifttum zum Anhang

1. Amer, H. H., R. R. Paxton, and M. van Winkle: Ind. Eng. Chem. **48**, 142—146 (1956).
2. Baly, R.: Phil. Mag. I. Sci. **49**, 517 (1900).
3. Bergström, H.: Siehe E. Hausbrand: Die Wirkungsweise der Destillier- und Rektifizierapparate, Teil 2 und 3, 4. Auflage. Berlin: Springer 1921.
4. Berl, E., u. H. Staudinger: Z. Anorg. Chem. **43**, 101 (1930).
5. Boll: Siehe E. Hausbrand: Die Wirkungsweise der Destillier- und Rektifizierapparate, 141, 266—267. Berlin: Springer 1921.
6. Bragg, L. B., and A. R. Richards: Ind. Eng. Chem. **34**, 1088—1091 (1942).
7. Bredig, G., u. R. Bayer: Z. Phys. Chem., Abt. A **130**, 1—14 (1927).
8. Bromiley, E. C., and D. Quiggle: Ind. Eng. Chem. **25**, 1136—1138 (1933).
9. Brunjes, A. S., and M. P. Bogart: Ind. Eng. Chem. **35**, 255—260 (1943).
10. —, and C. C. Furnas: Ind. Eng. Chem. **27**, 396—400 (1935).
11. Brusset, H., et J. Gaynes: Compt. Rend. **236**, 1563—1565 (1953).
12. Bushmakin, I. N., E. D. Voyeikova: J. Gen. Chem. (russ.) **19**, 1615 (1949).
13. Carey, J. S.: Dissertation, Mass. Inst. Technol., 1930.
14. Carroll, B. H., G. K. Rollefsen, and J. H. Mathews: J. Am. Chem. Soc. **47**, 1785—1791 (1925).
15. Choffe, B., et I. Asselineau: Revue Inst. Franc. Pétrole **11**, 948—954 (1956).
16. Colburn, A. P., E. M. Schoenborn, and D. Shilling: Ind. Eng. Chem. **35**, 1250—1254 (1943).
17. Cornell, L. W., and R. E. Montonna: Ind. Eng. Chem. **25**, 1331—1335 (1933).
18. Cummings, L. W. T., F. W. Stones, and M. A. Volante: Ind. Eng. Chem. **25**, 729—732 (1933).
19. Dodge, B. F., and A. K. Dunbar: J. Am. Chem. Soc. **49**, 591—610 (1927).
20. Ellis, S. R. M.: Trans. Inst. Chem. Eng. **30**, 58—64 (1952).
21. —, and J. M. Thwaites: J. Appl. Chem. **7**, 152—160 (1957).
22. Evans, P. N.: Ind. Eng. Chem. **8**, 260—262 (1916).
23. Fritzweiler, R., u. K. R. Dietrich: Beih. Z. Ver. Deut. Chem. **4**, 10 (1933).
24. Furnas, C. C., and W. B. Leighton: Ind. Eng. Chem. **29**, 709—710 (1937).
25. Garner, F. H., S. R. M. Ellis, and C. J. Pearce: Chem. Eng. Sci. **3**, 48—54 (1954).
26. —, and R. T. W. Hall: J. Inst. Petrol **41**, 1—28 (1955).
27. Garwin, L., and P. O. Haddad: Ind. Eng. Chem. **45**, 1558—1562 (1953).
28. Green, S. J., and R. E. Vener: Ind. Eng. Chem. **47**, 103—109 (1955).
29. Grimm, H. G.: Z. Phys. Chem., Abt. A **140**, 321—341 (1929).
30. Griswold, J.: Ind. Eng. Chem. **35**, 247—250 (1943).
31. Grumbt, J. A.: Forsch. Gebiete Ingenieurw. **1**, H. 9—10 (1930).
32. Harper, B. G., and J. C. Moore: Ind. Eng. Chem. **49**, 411—414 (1957).
33. Hayter, A. J.: Thesis, University London, 1950
34. Haywood, J. K.: J. Phys. Chem. **3**, 317 (1899).
35. Hughes, H. E., and J. O. Maloney: Chem. Eng. Progr. **48**, 192—200 (1952).
36. Jänecke, E.: Z. Phys. Chem., Abt. A **164**, 401—416 (1933).
37. Johnson, A. J., and W. F. Furter: Can. J. Technol. **34**, 413—424 (1956).
38. Jones, C. A., E. M. Schoenborn, and A. P. Colburn: Ind. Eng. Chem. **35**, 666—672 (1943).
39. Kirschbaum, E., u. F. Gerstner: Z. VDI Beiheft Verfahrenstechnik 10—15, 1939.

40. Knietsch, R.: Ber. Deut. Chem. Ges. **34**, 4069—4115 (1901).
41. Kracek, F. C.: J. Phys. Chem. **34**, 499 (1932).
42. Mach, G. M., and S. N. Asarowa: J. Appl. Chem. **19**, 585—596 (1946).
43. Marshall: J. Chem. Soc. (London) **89**, 1350 (1906).
44. Öman, E., H. Cunnelius: Tekn. Tidskr. **55**, 33 (1925); Ind. Eng. Chem. **17**, 964 (1925).
45. Othmer, D. F.: Ind. Eng. Chem. **20**, 743—746 (1928).
46. — Ind. Eng. Chem. Anal. **4**, 232—234 (1932).
47. —, and F. R. Morley: Ind. Eng. Chem. **38**, 751—757 (1946).
48. —, S. J. Silvis, and A. Spiel: Ind. Eng. Chem. **44**, 1864—1872 (1952).
49. Pahlavouni, E.: Bull. Soc. Chim. Belg. **36**, 533—547 (1927).
50. Pascal, Dupry, Evo et Garnier: Bull. Soc. Chim. France **29**, 9 (1921).
51. Perry, J. H.: Chemical engineers' handbook, pp. 1126—1132, New York-London: McGraw-Hill Book Comp. Inc. 1934.
52. Potier, J.: Compt. Rend. **235**, 432—434 (1952).
53. Povarnin, G., and V. Markov: J. Russ. Phys.-Chem. Soc. **55**, 381 (1924).
54. Raleigh, Lord: Phil. Mag. J. Sci. **4**, 521—537 (1902).
55. Reinders, W., et C. H. de Minjer: Rec. Trav. Chim. Pays-Bas **59**, 369—391 (1940).
56. Rhodes, F. H., J. H. Wells, and G. W. Murray: Ind. Eng. Chem. **17**, 1199—1201 (1925).
57. Rosanoff, M. A., C. W. Bacon, and J. F. W. Schulze: J. Am. Chem. Soc. **36**, 1999 (1914).
58. —, —, and R. H. White: J. Am. Chem. Soc. **36**, 1803—1825 (1914).
59. —, and C. W. Easley: J. Am. Chem. Soc. **31**, 953—987 (1909).
60. Rose, A., and E. T. Williams: Ind. Eng. Chem. **47**, 1528—1533 (1955).
61. Scheeline, H. W., and E. R. Gilliland: Ind. Eng. Chem. **31**, 1056—1057 (1939).
61. Schnuse, W.: Diplomarbeit, T. H. Braunschweig, 1945.
63. Sieg, L.: Chem.-Ing.-Tech. **22**, 322—326 (1950).
64. Soday, F., and G. W. Bennett: J. Chem. Educ. **7**, 1336 (1930).
65. Stage, H., u. G. R. Schultze: Öl u. Kohle, **40**, 90—95 (1944).
66. Stockhardt, T. S., and C. M. Hull: Ind. Eng. Chem. **23**, 1438—1440 (1931).
67. Tallmadge, J. A., and L. N. Canjar: Ind. Eng. Chem. **46**, 1279—1281 (1954).
68. —, D. W. Schroeder, W. C. Edmister, and L. N. Canjar: Chem. Eng. Progr. Symposium Ser. **10**, 137—142 (1954).
69. Todd, F.: Ind. Eng. Chem. **32**, 287—288 (1940).
70. Tongberg, C. A., and F. Johnston: Ind. Eng. Chem. **25**, 733—735 (1933).
71. Tyrer, D.: J. Chem. Soc. London: 101, 81—90, 1104—13 (1912).
72. Uchida, S., S. Ogawa, M. Hirata, G. Shimada, and S. Shimokawa: Chem. Eng. (Japan) **17**, 191—195 (1953).
73. Watson, H. E.: Ind. Chem. **28**, 339—340 (1952).
74. Wiley, R. M., and E. H. Harder: Ind. Eng. Chem. Anal. **7**, 349—350 (1935).
75. Wilson, A., and E. L. Simons: Ind. Eng. Chem. **44**, 2214—2219 (1952).
76. Wucherer, J.: Z. Ges. Kälte-Ind. **39**, 97—104, 136—140 (1932).
77. York, R. Jr., and R. C. Holmes: Ind. Eng. Chem. **34**, 345—350 (1942).
78. Zeisberg, F. C.: Chem. Metallurg. Eng. **27**, 22 (1922).

Sachverzeichnis

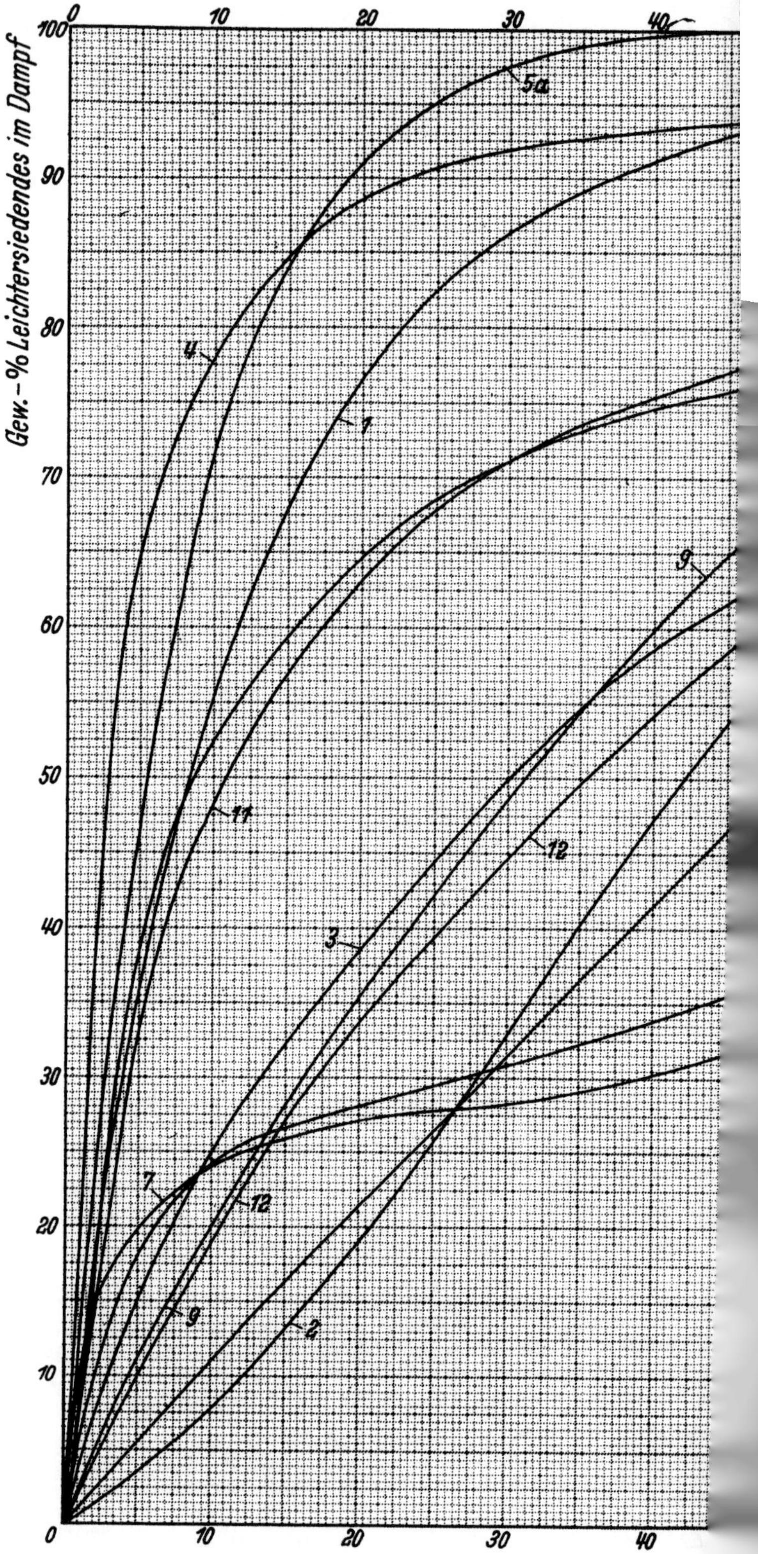
Gew.-% Leichtersiedendes im Dampf
0
10
20
30
40
50
60
70
80
90
100
5a
4
1
11
3
12
9
7
2

Kurventafel I

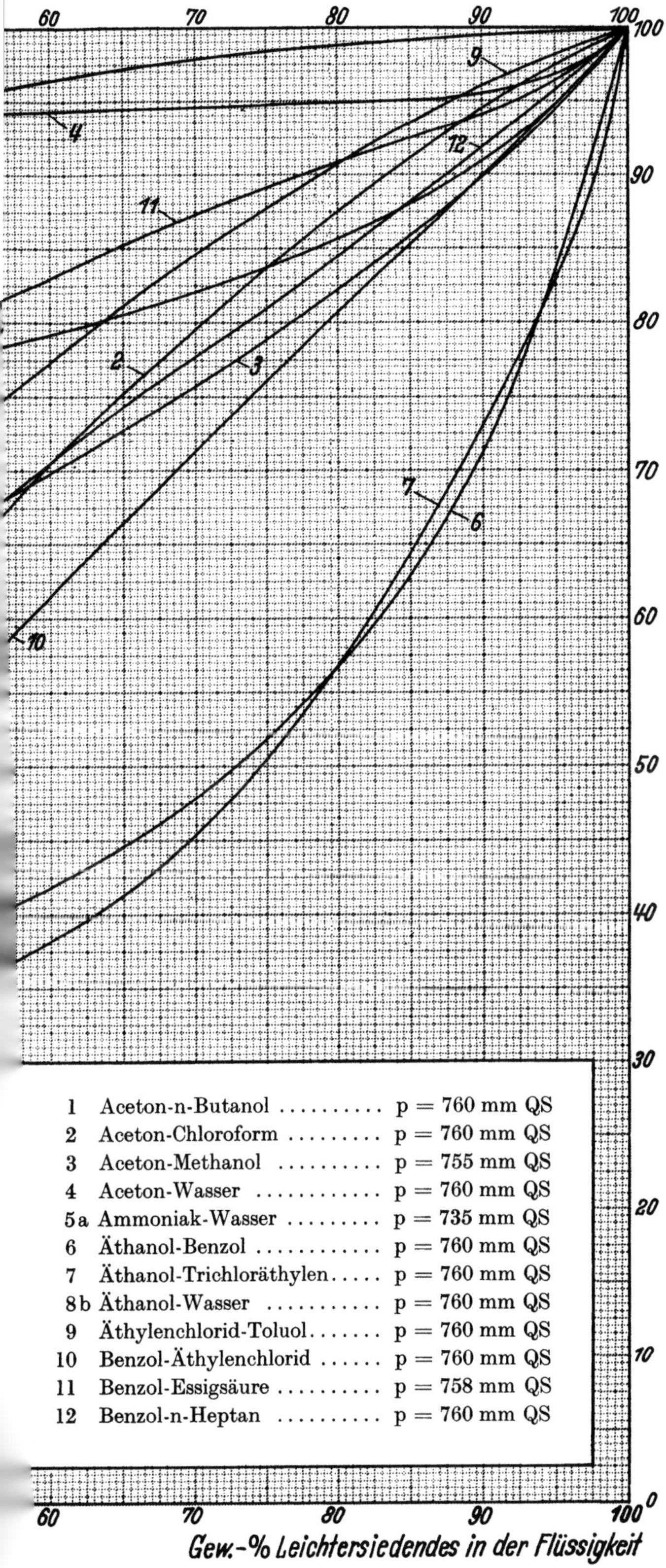

Springer-Verlag, Berlin · Heidelberg · New York

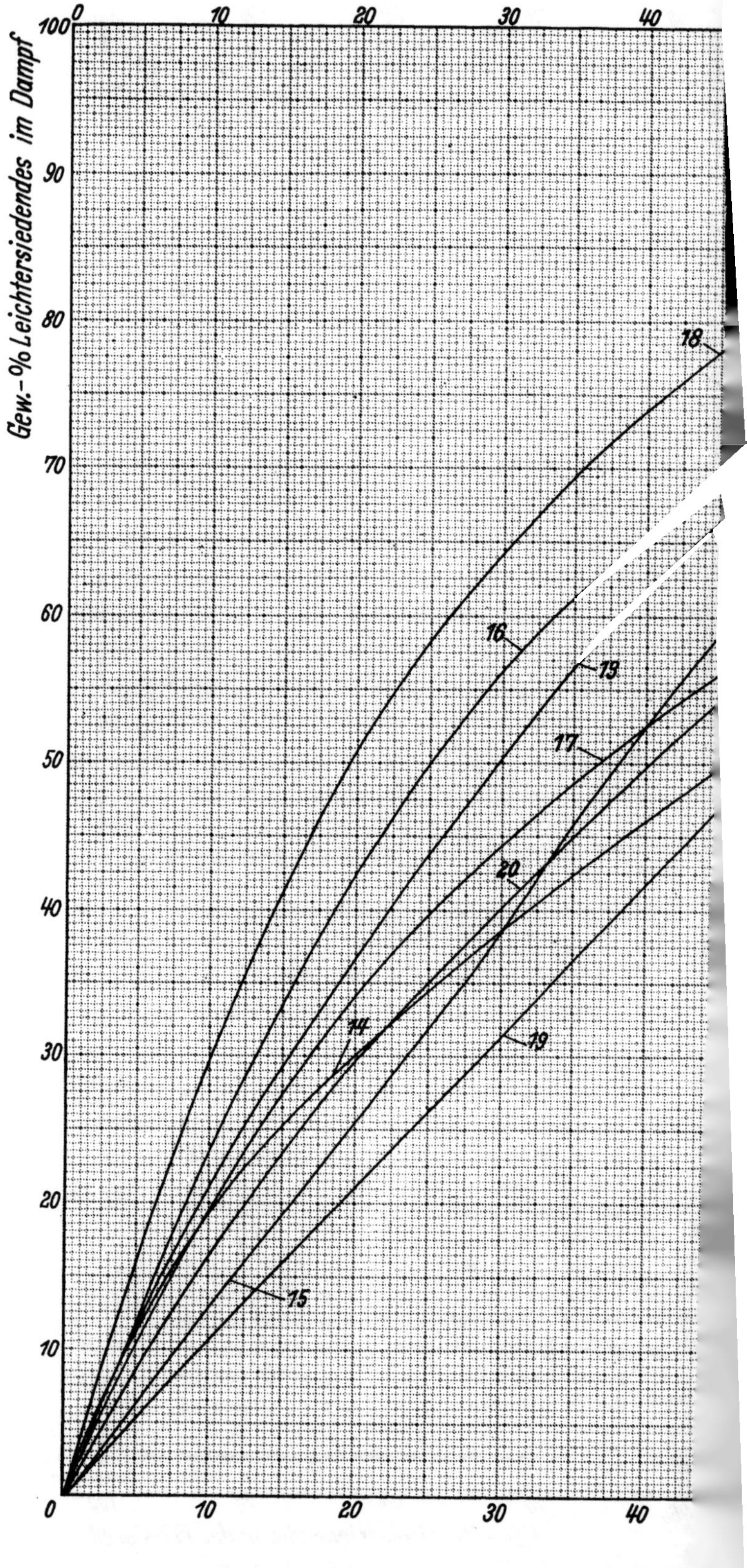

Gew.-% Leichtersiedendes im Dampf
0
10
20
30
40
50
60
70
80
90
100
18
16
13
17
20
14
19
15

Kurventafel II

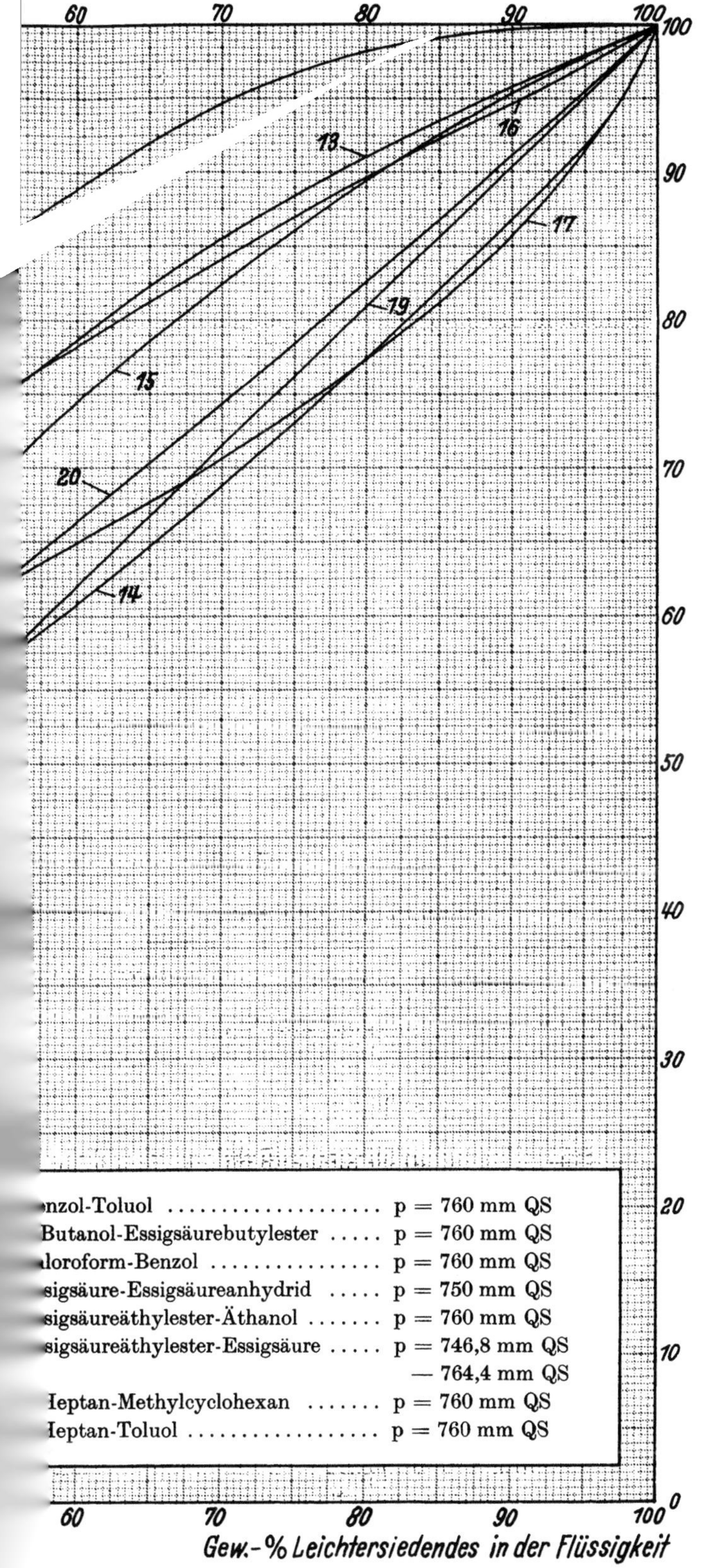

Springer-Verlag, Berlin · Heidelberg · New York

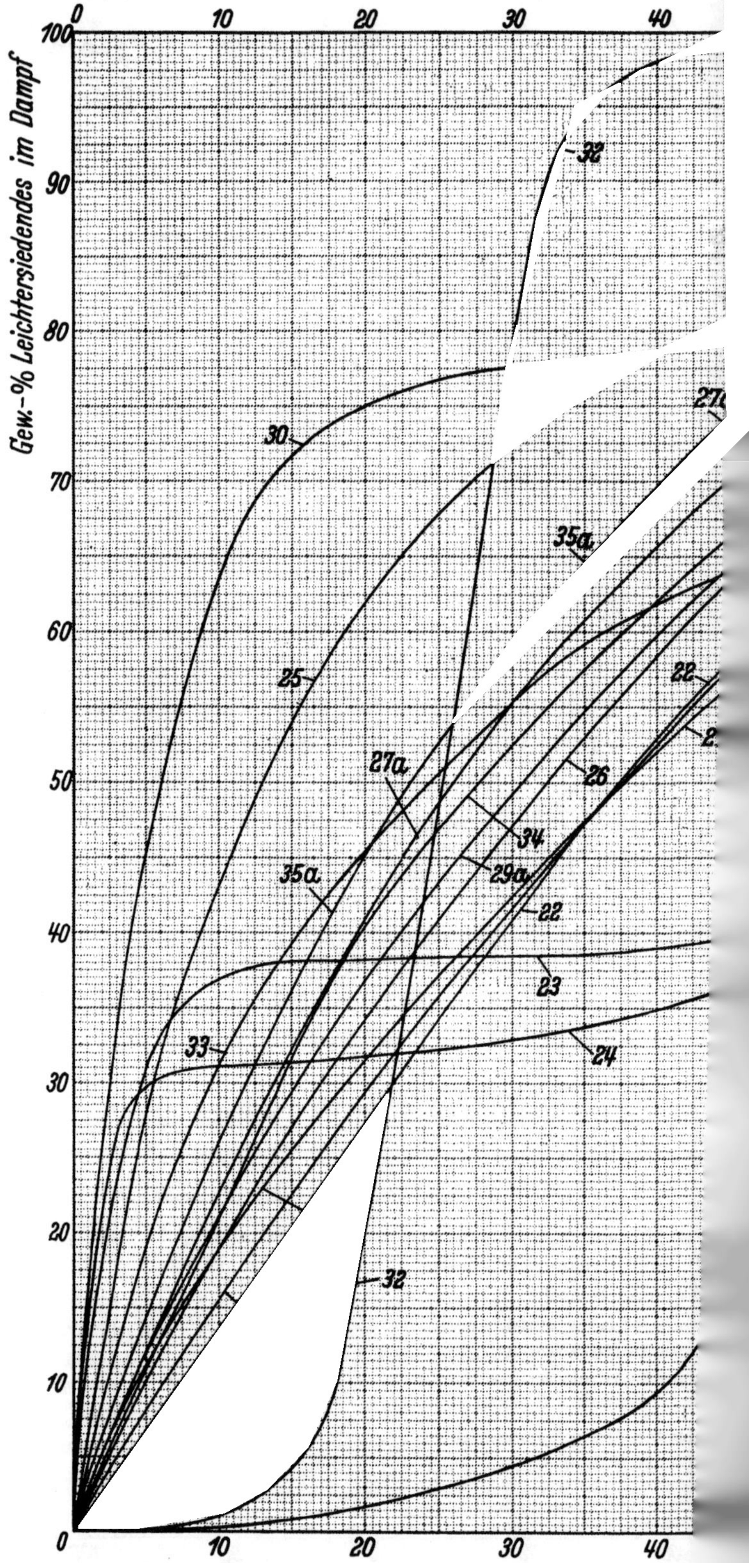

Gew.-% Leichtersiedendes im Dampf
0
10
20
30
40
50
60
70
80
90
100
30
25
32
27a
35a
22
26
34
29a
23
24
33

Kurventafel III

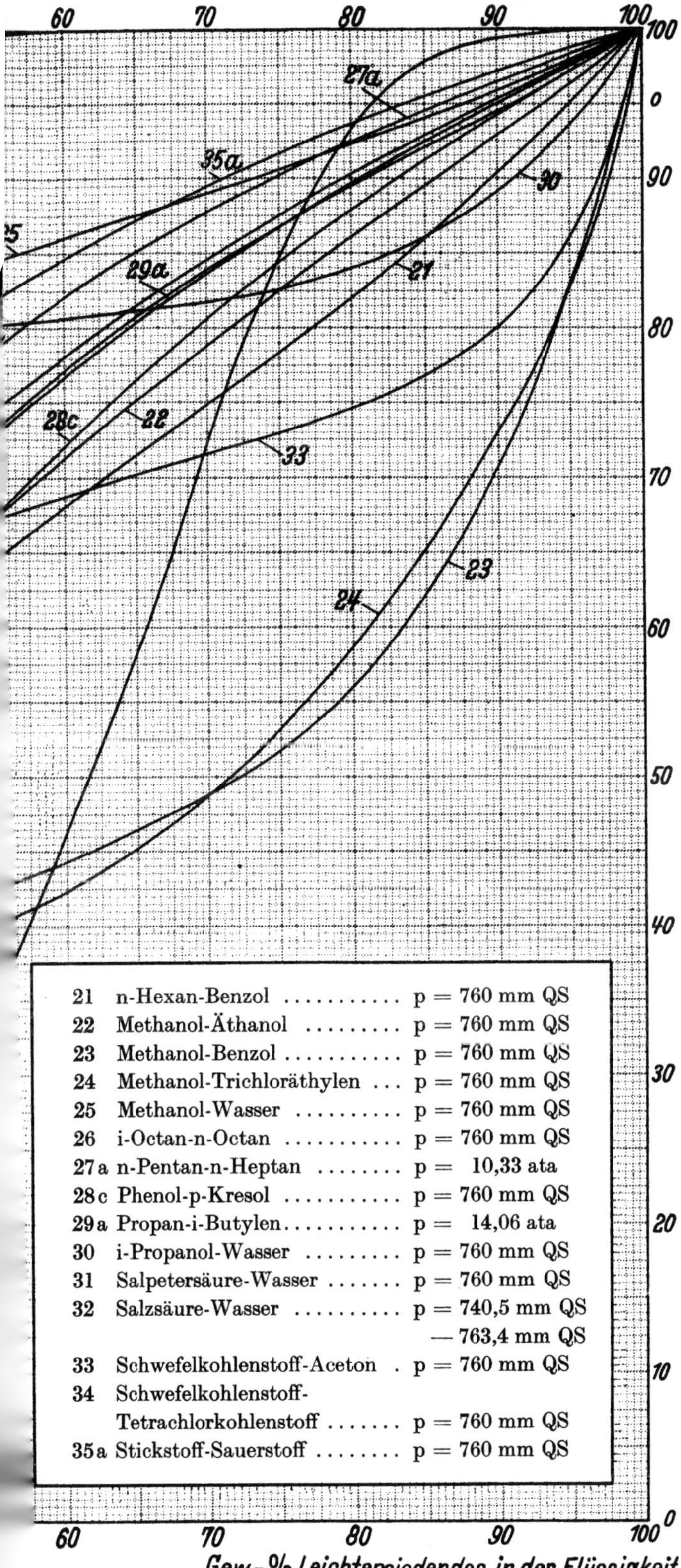

Springer-Verlag, Berlin · Heidelberg · New York

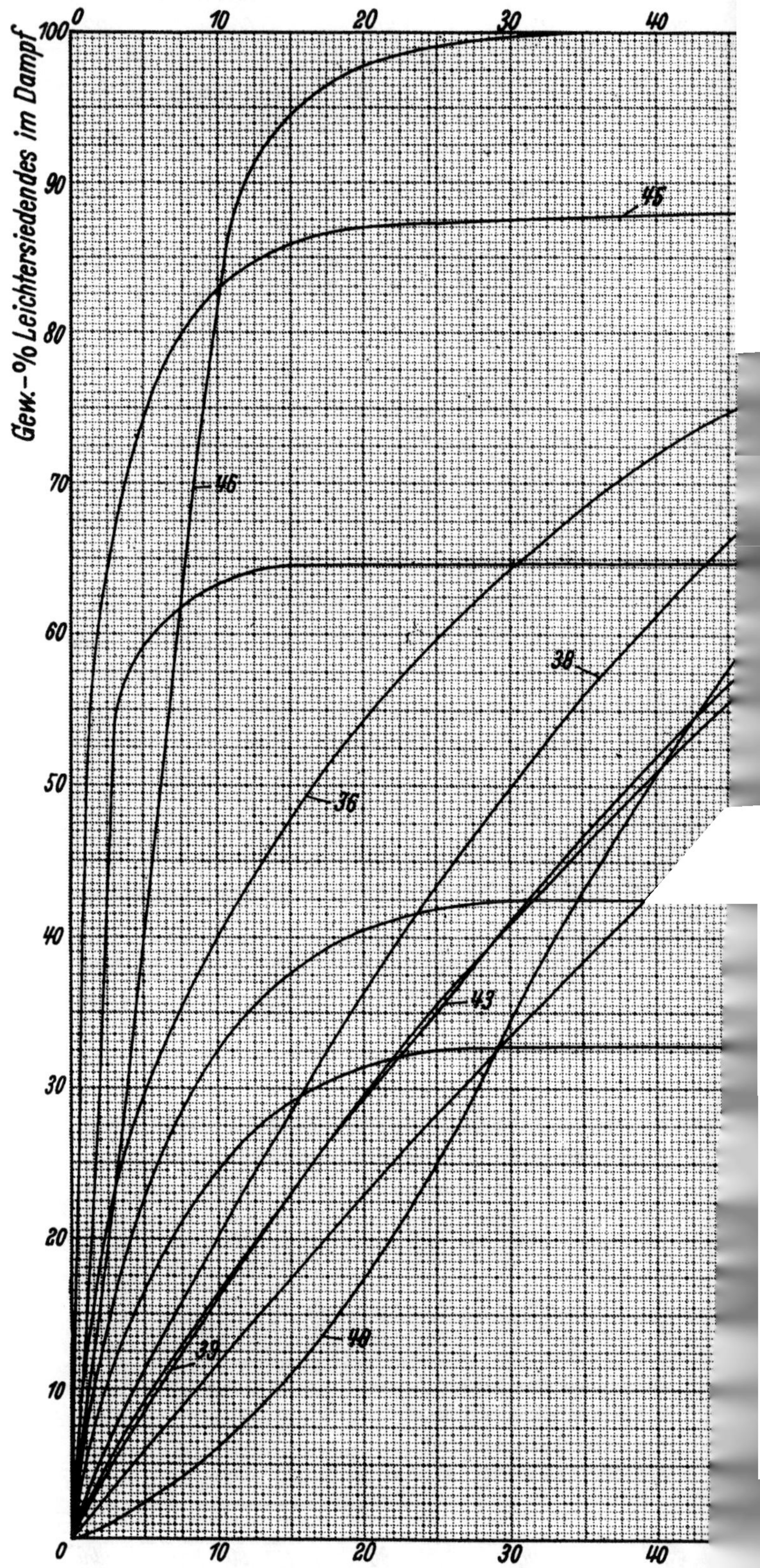
Gew.-% Leichtersiedendes im Dampf
0
10
20
30
40
50
60
70
80
90
100
46
45
38
36
43
39
48

Kurventafel IV

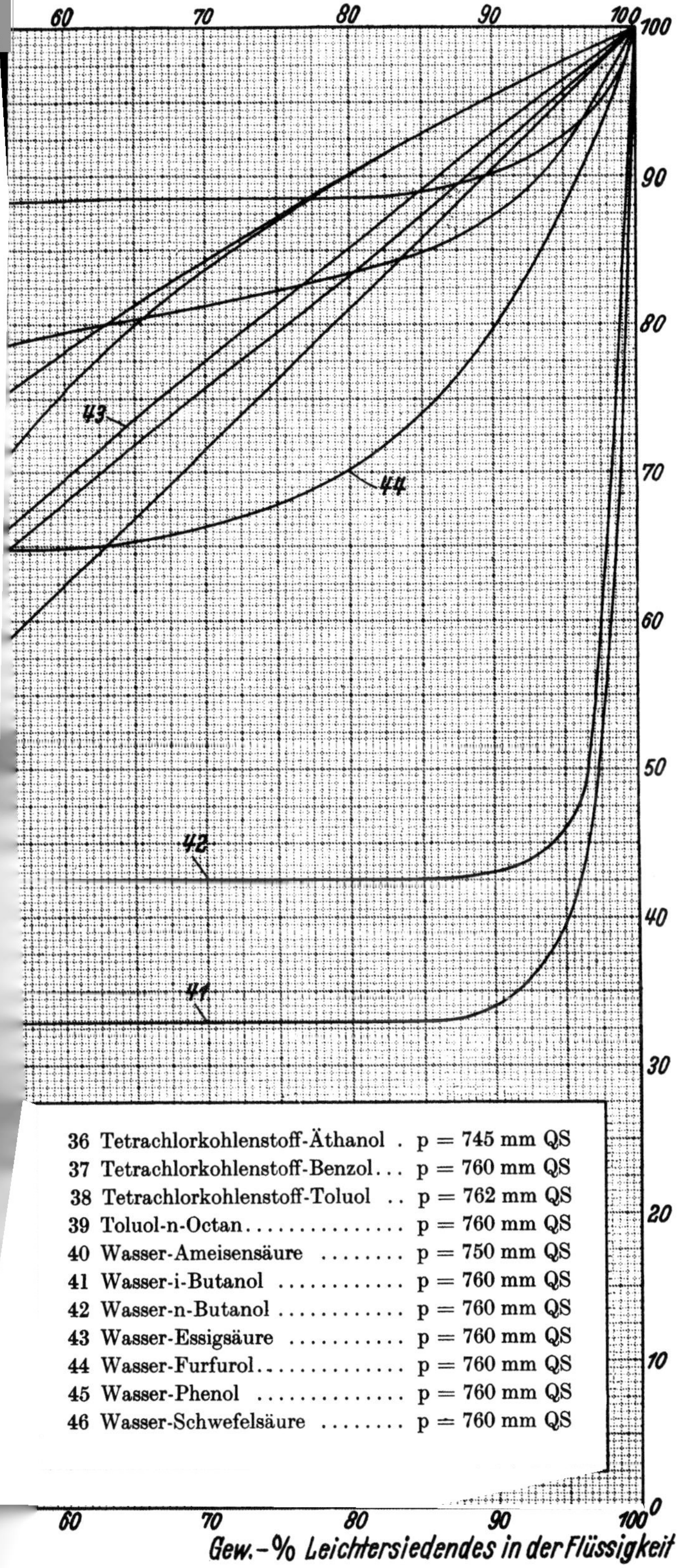

Springer-Verlag, Berlin · Heidelberg · New York

GPSR Compliance

The European Union's (EU) General Product Safety Regulation (GPSR) is a set of rules that requires consumer products to be safe and our obligations to ensure this.

If you have any concerns about our products, you can contact us on ProductSafety@springernature.com

In case Publisher is established outside the EU, the EU authorized representative is:

Springer Nature Customer Service Center GmbH
Europaplatz 3
69115 Heidelberg, Germany

Batch number: 10620143

Printed by Printforce, the Netherlands